3 Kartenübersicht Luxemburg

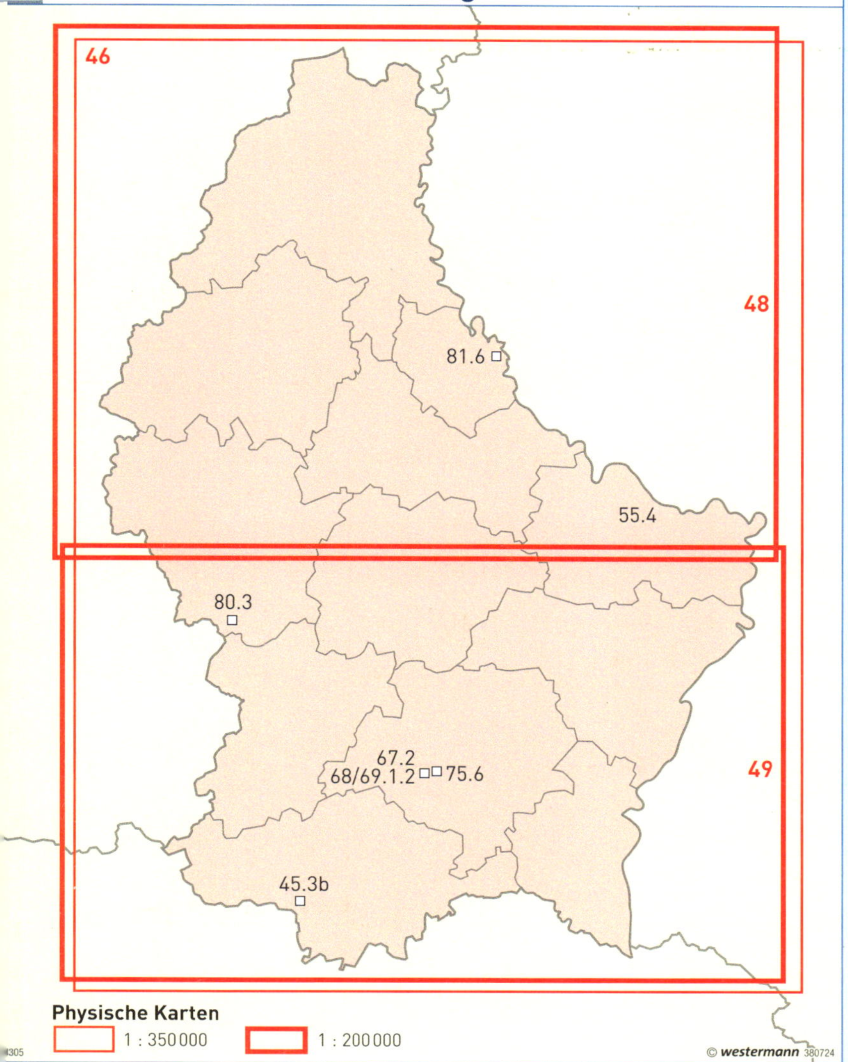

4 Kartenübersicht Europa

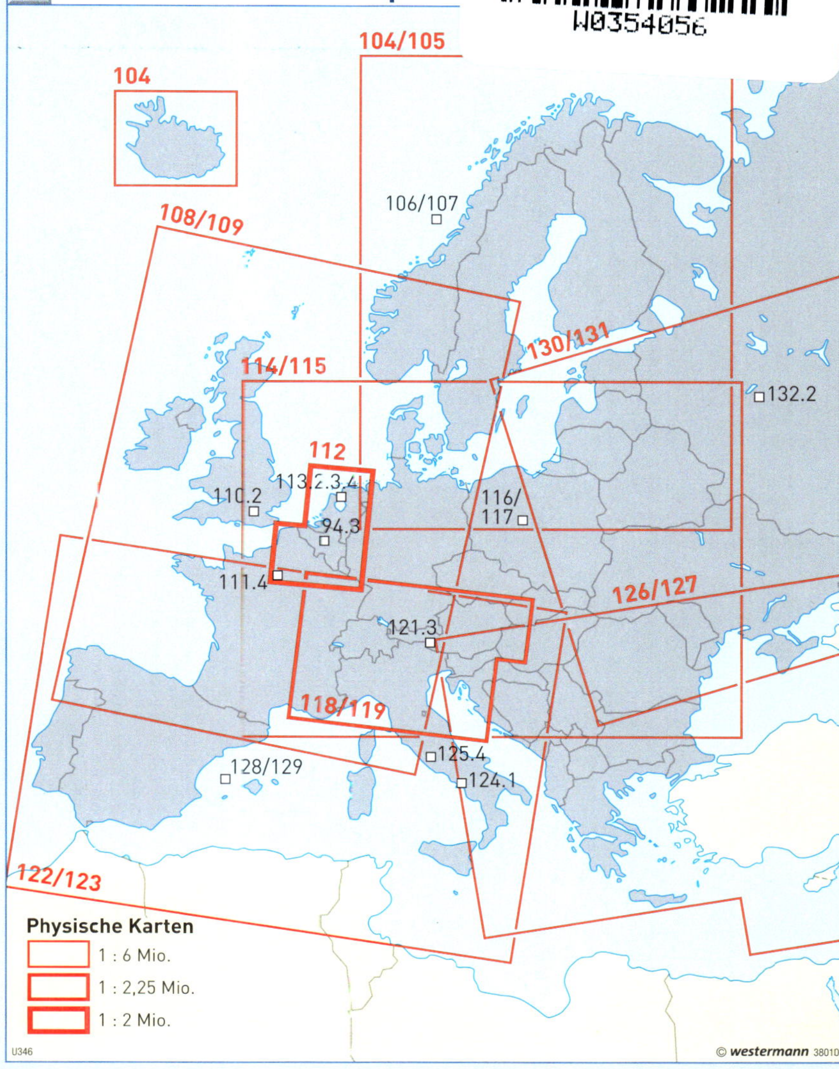

5 Übersicht zu den historischen Karten

Raum	Vor- und Frühgeschichte und Antike	Mittelalter	Frühe Neuzeit	Neuzeit	Jüngste Geschichte
Luxemburg	🔴 S. 101 Steinzeit 🟡🔴 S. 54.1, 55.2 Römerzeit	🟡🔴 S. 55.4 Stadtanlage, S. 58/59 Bergbau 🟢 S. 56 Ottonen	🟢 S. 57 Westfälischer Friede	🟢 S. 59.4 Deutscher Bund, Kaiserreich 🟣 S. 66 [1] Erläuterungen zum Luxemburger Wappen	🔵🟢 S. 61.4, 63.3 Weimarer Republik, Nationalsozialismus 🔵🟢 S. 62/63, 64/65 2. Weltkrieg und Deutsche Teilung 🔴🟡 S. 68/69, 72/73 Strukturwandel und Stadtwachstum
Europa	🟣🔴 S. 101 Steinzeit 🟡🔴 S. 36/87 Griechenland und Römisches Reich, Völkerwanderung 🟣🔴 S. 124 Pompeji, Rom, Christentum	🟣🟡🟢 S. 88 Karl der Große, Kreuzzüge, Handel	🟣🟢 S. 90 Reformation	🔵🟢 S. 90/91 Absolutismus, Napoleon, Bürgerliche Revolutionen 🔵🟢 S. 92/93 Weltkriege und Grenzen	🔵🟢 S. 61.3 1. Weltkrieg 🔵🟢 S. 77.4,5 Kalter Krieg, Bündnisse 🔵🟢 S. 77.6 Bürgerkrieg Jugoslawien 🟢🟡 S. 94/95 Europäische Union 🔴 S. 110/111 London und Paris 🔴 S. 121 Alpengletscher
Asien	🔵🟣 S. 140 Alexander der Große 🟣 S. 162 Jesus und Palästina	🟢 S. 140 Dschingis Khan, Asien 🟡🔴 S. 141 Seidenstraße	🟢 S. 132 Russland	🔴 S. 154 [1] Peking	🟡🔴 S. 133 Aralsee 🟡🔴 S. 149 Borneo 🟡 S. 155 China 🔴 S. 159 Indien 🟡🔴 S. 165 Dubai
Afrika	🟡🔴 S. 168 Ägypten	🟣 S. 164 Islam, Orient	🟢 S. 170 Stämme, Afrika	🟢 S. 170 Kolonien, Afrika 🔴 S. 170 Südafrika	🔴 S. 170 Südafrika
Ozeanien	🔴 S. 16 Besiedlung			🔴 S. 187 Australien	🟢 S. 184 Australien
Amerika	🟡🔴 S. 16 Besiedlung Hochkulturen		🟢 S. 190 Amerika	🟢 S. 190 Amerika 🔴🟡🟢 S. 204 USA, Staaten, Goldrausch, Einwanderung	🟡 S. 195 [3] Bananenanbau 🔴 S. 208 New York 🔴 S. 209 Washington D.C. 🟡🔴 S. 217 Amazonien
Erde	🟡🔴 S. 16 Besiedlung Neolithikum Hochkulturen	🟣 S. 18 [1] Weltbilder	🔵🟢 S. 18 [2] Entdeckungen	🔵🟡🟢 S. 20 Imperialismus, 1. Weltkrieg 🔵 S. 42 [2] Polargebiet	🔵🟢 S. 22 2. Weltkrieg, Kalter Krieg, Bündnisse 🔵 S. 28 Menschenrechte, Flüchtlinge, Vereinte Nationen

🔴 Siedlungs- und Landschaftsgeschichte 🟣 Kultur- und Religionsgeschichte 🟢 Territorialgeschichte 🔵 Kriege und Konflikte 🟡 Wirtschaftsgeschichte

Diercke Drei

Luxemburg

Universalatlas

Erdkunde | Geschichte | Wirtschaft | Politik

Die Auswahl der Karten in diesem Atlas erfolgte in Abstimmung mit der **Commission Nationale pour les Programmes de Géographie de l'Enseignement Secondaire Technique** in Luxemburg.

Ein Teil der Karten des Luxemburg-Kapitels entstand in der Arbeitsgruppe **„Lëtzebuerger Schoulatlas"** 2003 durch Alex Storoni (dir.), Remy Frideres und Annemarie Zimmer-Wirth und wird seither fortgeführt.

An diesem Werk haben beratend mitgewirkt:

- Klaus Claaßen, Groß Ippener
- Gisèle Coner, Luxemburg
- Nadine Diekmann-Boubaker, Katlenburg
- Prof. Mag. Franz Forster, St. Ulrich-Steyr
- Peter Gaffga, Eggenstein-Leopoldshafen
- Nicole Ganser-Servé, Esch-sur-Alzette
- Prof. Dr. Reinhard Hoffmann, Trier
- Bénita Kayser, Esch-sur-Alzette
- Ina Lenz, Michelstadt
- Dr. Rolf Löttgers, Siegen
- Prof. Dr. Jürgen Newig, Flintbek
- Friedrich Pauly, Wiesbaden
- Prof. Dr. Notburga Protze, Halle/Saale
- Prof. Dr. Alexander Siegmund, Heidelberg

Hergestellt in der Westermann Kartographie

Leitung: Thomas Michael
Redaktion: Thomas Michael, Irene Munt, Björn Richter, Reinhold Schlimm, Christine Wenzel
Multimedia-Redaktion: Dr. Erik Braune
Kartographische Gestaltung und Technik: Michael Albrecht
Titelgestaltung: Janssen Kahlert Design & Kommunikation, Hannover (in Anlehnung an eine Illustration von Gerd Gücker)
Illustration: Johann Brandstetter, Jo Hermann, Ingrid Schobel

1. Auflage 2012
Druck A[1] / Jahr 2012
Alle Drucke der Serie A sind im Unterricht parallel verwendbar.

Druck und Bindung: westermann druck GmbH, Braunschweig

ISBN 978-3-14-**101014**-5

Mix
Produktgruppe aus vorbildlich bewirtschafteten Wäldern, kontrollierten Herkünften und Recyclingholz oder -fasern
FSC
www.fsc.org Zert.-Nr. SGS-COC-002645
© 1996 Forest Stewardship Council

www.diercke.de – das Internetportal mit kostenlosen Zusatzinformationen zu allen Karten des Diercke Drei Universalatlas inklusive der Anbindung an GoogleEarth™ und Google Maps™; freier Zugang zum Diercke WebGIS, dem Geographischen Informationssystem zur eigenständigen Arbeit mit statistischen Karten.

Durch die Eingabe des Karten-Codes im Suchfeld erhalten Sie Informationen und weitere Materialien zu jeder Karte der gewählten Doppelseite. Darüber hinaus ermöglicht der in diesen Atlas eingedruckte Online-Schlüssel den Download der Software Diercke Globus, dem Online-Atlas mit allen Karten des Diercke Drei Universalatlas in 3-D.

Online Schlüssel DW78-BYUD-MSYR

Atlas-Registrierung und Globus-Download

1. Starten der Registrierung unter www.diercke.de/registrierung.xtp („Schnellregistrierung, empfohlen für Schüler").

2. Online Schlüssel sowie Vor- und Nachnamen in die weißen Felder eingeben und anschließend auf „REGISTRIEREN" klicken.

3. Den zurückerhaltenen persönlichen Benutzernamen und das zugehörige Passwort unten auf dieser Atlasseite eintragen.
   Der Atlas ist nun registriert und der Diercke Premium-Bereich ist freigeschaltet.

4. Nun kann auch der Diercke Globus Online unter www.diercke.de/webglobus_download.xtp heruntergeladen und installiert werden.

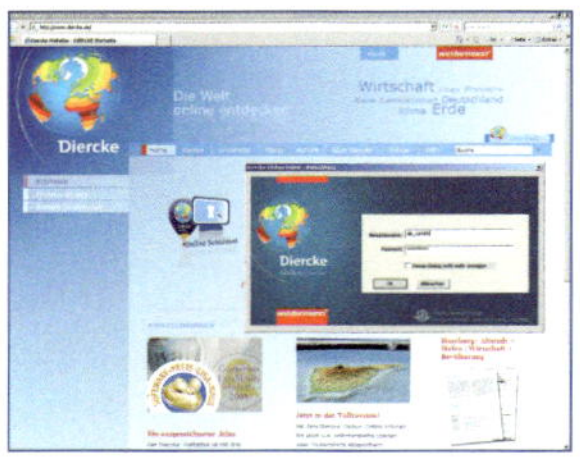

5. Wenn der Diercke Globus das erste Mal gestartet wird, bitte noch einmal den Benutzernamen und das erhaltene Passwort eingeben.

   Der Globus ist jetzt aktiviert.

Meine Zugangsdaten zum Diercke Premium-Bereich

Benutzername

Passwort

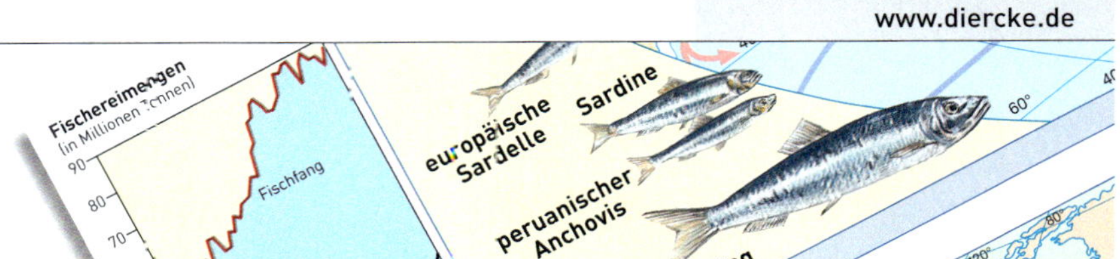
Fischereimengen
Fischfang
europäische Sardelle
Sardine
peruanischer Anchovis

Inhaltsverzeichnis

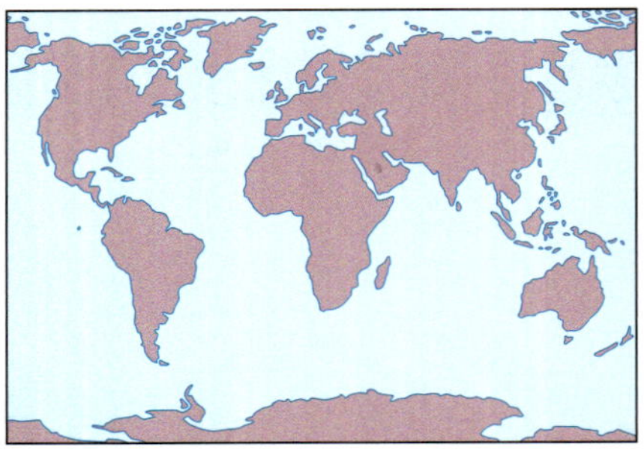

ERDE

Erde – Topographie		6/7	
Physische Übersicht	1:90 000 000	6/7	1
Die längsten Flüsse der Erde		6	2
Die höchsten Berge der Erde		6/7	3
Die größten Seen der Erde		7	4
Erde – Plattentektonik		8/9	
Plattentektonik, Vulkanismus und Erdbeben	1:90 000 000	8/9	1
Schalenbau der Erde		8	2
Schnitt durch die Erdkruste		8/9	3
Entwicklung der Erde		10/11	
Kontinente vor 250 Millionen Jahren		10	1
Kontinente vor 135 Millionen Jahren		10	2
Kontinente vor 60 Millionen Jahren		11	3
Kontinente in der Gegenwart		11	4
Entwicklung des Lebens (Modell)		10/11	5
Erde – Klima		12/13	
Klimazonen	1:80 000 000	12/13	1
Niederschläge im Juli (Nordsommer/Südwinter)	1:180 000 000	12	2
Niederschläge im Januar (Nordwinter/Südsommer)	1:180 000 000	13	3
Erde – Ökozonen/Vegetation	1:90 000 000	14/15	
Erde – Ur- und Frühgeschichte		16/17	
Menschen besiedeln die Erde	1:130 000 000	16/17	1
Neolithische Revolution und Anfänge der Hochkulturen	1:130 000 000	16/17	2
Erde – Geographische Entdeckungen		18/19	
Weltbilder – Darstellungen von der Erde als Scheibe		18/19	1
Entdeckungsreisen und koloniale Eroberungen	1:90 000 000	18/19	2
Erde – Zeitalter des Imperialis mus		20/21	
Die Welt um 1914	1:90 000 000	20/21	1
Handelsgüter der Kolonien (um 1914)	1:180 000 000	20	2
Die Welt im Ersten Weltkrieg (1914–1918)	1:180 000 000	21	3
Erde – Bündnisse seit dem Zweiten Weltkrieg		22/23	
Zweiter Weltkrieg 1939–1945 (Bündnisse)	1:180 000 000	22	1
Das Zeitalter des Kalten Krieges (1949–1989)	1:100 000 000	22/23	2
Politische und militärische Bündnisse 2009	1:180 000 000	23	3
Erde – politisch		24/25	
Politische Übersicht	1:95 000 000	24/25	1
Politische Systeme 2008	1:180 000 000	24	2
Präsidentielles Regierungssystem		25	3
Parlamentarische Monarchie		25	4
Einparteiensystem		25	5
Erde – Staaten		26/27	
Erde – Vereinte Nationen		28/29	
Politische Flüchtlinge	1:90 000 000	28/29	1
Menschenrechte	1:180 000 000	28	2
Kinderrechte	1:180 000 000	29	3
Erde – Bevölkerung		30/31	
Bevölkerungsdichte und Megastädte	1:90 000 000	30/31	1
Bevölkerungsentwicklung	1:180 000 000	30	2
Lebenserwartung und Säuglingssterblichkeit	1:180 000 000	31	3
Erde – Entwicklungsstand		32/33	
Lebensbedingungen	1:140 000 000	32	1
Ernährung	1:140 000 000	32	2
HIV/Aids	1:140 000 000	33	3
Alphabetismus	1:140 000 000	33	4
Erde – Wirtschaft		34/35	
Wirtschaftsbündnisse und Kommunikation	1:120 000 000	34/35	1
Welthandel mit Rohstoffen	1:120 000 000	34/35	2
Erde – Tourismus		36/37	
Tourismus	1:90 000 000	36/37	1
Amtssprachen	1:180 000 000	36	2
Zeitzonen	1:180 000 000	37	3
Erde – Umwelt		38/39	
Erde bei Nacht		38	1
Treibhausgas Kohlenstoffdioxid	1:140 000 000	38	2
Landschaftswandel	1:140 000 000	39	3
Treibhauseffekt und Kohlenstoffkreislauf		39	4
Wandel der Arktis 1979 – 2005		39	5
Erde – Weltmeere		40/41	
Weltmeere als Nahrungsquelle/Umweltbelastung	1:90 000 000	40/41	1
Pflanzliche Primärproduktion	1:180 000 000	40	2
Meeresfischfang, Fischverzehr und Fischereikonflikte	1:180 000 000	41	3
Erde – Polargebiete		42/43	
Nordpolargebiet (Arktis)	1:48 000 000	42	1
Entdeckung/Hoheitsansprüche	1:72 000 000	42	2
Pole und Magnetfeld der Erde		42	3
Südpolargebiet (Antarktis)	1:48 000 000	43	4
Weltmeere – Wasserzirkulation	1:180 000 000	43	5
Erde im Weltall		242/243	
Milchstraßensystem (Galaxie)		242	1
Das Sonnensystem		242/243	2
Größenvergleich Sonne und Planeten		242	3
Erde – Magnetfeld		242	4
Die Mondphasen		242	5
Die Bahn der Erde um die Sonne		243	6

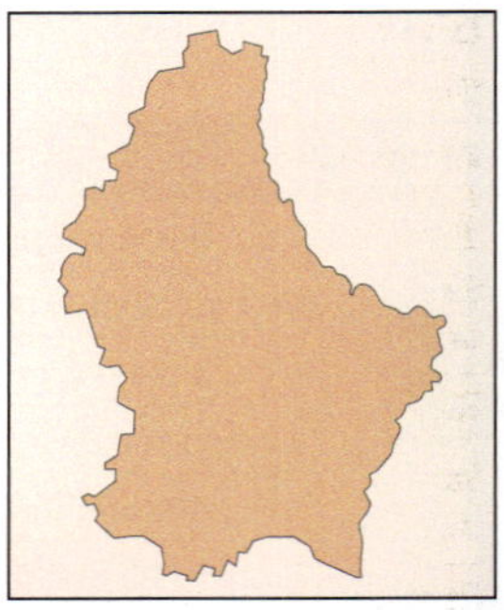

LUXEMBURG

Luxemburg – Vom Bild zur Karte		44/45	
Esch-Belval – Zentrum	1:2 000	44	1
Esch-Belval	1:10 000	44	2
Esch-sur-Alzette	1:30 000	45	3a
Karte von Esch-sur-Alzette	1:30 000	45	3b
Luxemburg	1:300 000	45	4
Luxemburg und Umgebung	1:3 000 000	45	5
Mitteleuropa	1:15 000 000	44	6
Europa	1:60 000 000	44	7
Luxemburg – Topographie und Klima		46/47	
Physische Übersicht	1:350 000	46	1
Temperaturen im Januar	1:700 000	47	2
Temperaturen im Juli	1:700 000	47	3
Klimadiagramme		47	4
Niederschläge im Jahr	1:700 000	47	5
Luxemburg – physisch	1:200 000	48/49	
Luxemburg – Geologie und Gesteine		50/51	
Geologie	1:350 000	50	1
Erdzeitalter		50	2
Geologisch-Geomorphologisches Schnittprofil		50	3
Luxemburg – Natur- und Kulturlandschaft		52/53	
Naturlandschaften	1:350 000	52	1
Kulturlandschaften	1:350 000	53	2
Luxemburg – Römisches Reich und Mittelalter		54/55	
Germanien und Raetien zur Römerzeit 100 n. Chr.	1:3 500 000	54	1
Römerzeit um 200 n. Chr.	1:1 500 000	55	2
Stauferzeit 11. – 13. Jh.	1:1 500 000	55	3
Echternach um 1550	1:12 500	55	4
Luxemburg – Heiliges Römisches Reich		56/57	

Heiliges Römisches Reich um 1000	1:6 000 000	56	1
Heiliges Römisches Reich Deutscher Nation um 1648	1:6 000 000	57	2
Luxemburg – territoriale Veränderungen		**58/59**	
Stadt Luxemburg um 1550	1:12 500	58	1
Luxemburg 1789	1: 1 750 000	58	2
Stadt Luxemburg um 1840	1:12 500	59	3
Luxemburg 1839	1: 1 750 000	59	4
Luxemburg – staatlicher Wandel 1815 bis 1942		**60/61**	
Deutscher Bund 1815	1:9 000 000	60	1
Deutsches Kaiserreich 1871	1:9 000 000	60	2
Europa im Ersten Weltkrieg 1914 – 1918	1:24 000 000	61	3
Weimarer Republik 1932	1:9 000 000	61	4
Der Zweite Weltkrieg und seine Folgen		**62/63**	
Deutschland im Europa des Zweiten Weltkrieges	1:24 000 000	62	1
Nationalsozialistisches Deutschland 1942	1:9 000 000	63	2
Besatzungsmächte 1945 – 1949	1:9 000 000	63	3
Berlin		**64/65**	
Das geteilte Berlin 1945 – 1990	1:500 000	64	1
Berlin – Hauptstadt Deutschlands	1:500 000	65	2
Berlin – City (westliche und östliche Innenstadt)	1:20 000	64/65	3
Luxemburg – politisch		**66/67**	
Luxemburg – Verwaltung	1:350 000	66	1
Stadt Luxemburg – Flächennutzung und Verwaltung	1:12 500	67	2
Luxemburg – Stadtlandschaft im Wandel		**68/69**	
Luxemburg – Stadtlandschaft 1952	1:50 000	68	1
Luxemburg – Stadtlandschaft 2010	1:50 000	69	2
Luxemburg – Wirtschaft und Verkehr		**70/71**	
Luxemburg – Wirtschaft und Verkehr	1:350 000	70	1
Signaturen		71	2
Wirtschaftsunternehmen Goodyear – Global Player		71	3
Luxemburg – Strukturwandel einer Großregion		**72/73**	
Saarland/Lothringen/Luxemburg – Wirtschaft und Verkehr 1957	1:500 000	72	1
Beschäftigte in Luxemburg nach Wirtschaftssektoren		72	2
Saarland/Lothringen/Luxemburg – Wirtschaft und Verkehr 2012	1:500 000	73	3
Pendlerverflechtungen in der Großregion	1:5 000 000	73	4
Luxemburg – Verkehrserschließung		**74/75**	
Verkehrsdichte – Eisenbahn	1:14 000 000	74	1
Verkehrsdichte – Straßenverkehr	1:14 000 000	74	2
Verkehrsdichte – Schifffahrt	1:14 000 000	74	3
Verkehrsdichte – Flugverkehr	1:14 000 000	74	4
Rotterdam Europoort – Tor zur Welt	1:200 000	75	5
Flughafen Luxemburg im Luftbild	1:10 000	75	6
Luxemburg – Bevölkerung und Migration		**76/77**	
Luxemburg – Bevölkerungsdichte	1:350 000	76	1
Altersstruktur		76	2
Bevölkerungsentwicklung		76	3
Europa – Auflösung des Ostblocks 1989	1:24 000 000	77	4
Europäische Bündnisentwicklung	1:24 000 000	77	5
Jugoslawien – Auflösung eines Vielvölkerstaates	1:7 000 000	77	6
Bevölkerungsstruktur Luxemburgs		77	7
Migration aus dem ehemaligen Jugoslawien		77	8
Luxemburg – Energieverbund		**78/79**	
Mitteleuropa – Energiewirtschaft	1:5 000 000	78	1
Entstehung von Braunkohle und Steinkohle		79	2
Rheinisches Braunkohlerevier – Landschaftswandel	1:250 000	79	3
Umsiedlung des Dorfes Immerath	1:12 500	79	4
Luxemburg – Umwelt und Energiequellen		**80/81**	
Luxemburg – Windenergie	1:550 000	80	1
Luxemburg – Sonnenenergie	1:550 000	80	2
Beckerich – Energieversorgung	1:40 000	80	3
Luxemburg – Wasserressourcen	1:550 000	81	4
Luxemburg – Gewässergüte	1:550 000	81	5
Vianden – Wasserkraftwerk	1:40 000	81	6
Europa – Umwelt		**82/83**	
Europa – Raumstrukturen/Lichtverschmutzung	1:15 000 000	82/83	1
London – Einkernballung bei Nacht		83	2
Randstad (NL) – Mehrkernballung		83	3

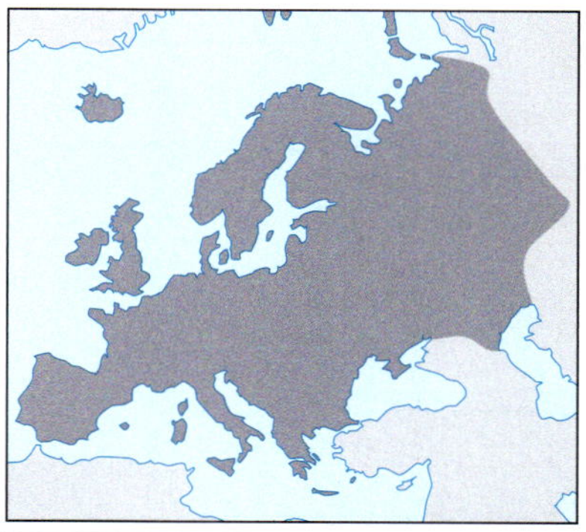

EUROPA

Europa – Topographie		**84/85**	
Der Maßstab		84	1
Physische Übersicht	1:18 000 000	84/85	2
Europa – Antike		**86/87**	
Phönikische und Griechische Kolonisation	1:24 000 000	86	1
Einführung in die Geschichtskarte		86	
Handel und Wirtschaft im Römischen Reich	1:24 000 000	87	2
Völkerwanderungen und Reiche (bis zum Tode Theoderichs um 526)	1:60 000 000	87	3
Europa – Mittelalter		**88/89**	
Europa am Ende der Herrschaft Karls des Großen um 814	1:30 000 000	88	1
Europa zur Zeit der ersten Kreuzzüge Ende 12. Jh.	1:30 000 000	88	2
Handel und Wirtschaft im 15. Jahrhundert	1:24 000 000	89	3
Europa – Neuzeit		**90/91**	
Reformation in Europa um 1570	1:24 000 000	90	1
Absolutismus in Europa um 1740	1:24 000 000	90	2
Das Zeitalter Napoleons um 1812	1:24 000 000	91	3
Revolution und Reaktion 1848/1849	1:24 000 000	91	4
Europa – Staaten seit 1914		**92/93**	
Europa vor dem Ersten Weltkrieg (1914)	1:36 000 000	92	1
Europa nach dem Ersten Weltkrieg (1920/1921)	1:36 000 000	92	2
Europa vor dem Zweiten Weltkrieg (1939)	1:36 000 000	92	3
Europa nach dem Zweiten Weltkrieg (1949)	1:36 000 000	92	4
Politische Übersicht	1:24 000 000	93	5
Europäische Union		**94/95**	
Organe der Europäischen Union		94	1
Europäische Zusammenschlüsse	1:30 000 000	94	2
Brüssel – Hauptsitz der EU	1:25 000	94	3
EU – Wirtschaftskraft der Regionen	1:30 000 000	95	4
Ausländische Arbeitnehmer	1:30 000 000	95	5
Europa – Bevölkerung und Mobilität		**96/97**	
Altersaufbau		96	1
Bevölkerung	1:30 000 000	96	2
Bevölkerungsentwicklung in einem hochentwickelten Land (Beispiel Deutschland)		96	3
Staatssprachen und Sprachminderheiten	1:30 000 000	97	4
Individuelle Mobilität	1:30 000 000	97	5
Europa – Klima		**98/99**	
Temperaturen im Januar	1:36 000 000	98	1
Temperaturen im Juli	1:36 000 000	98	2
Niederschläge im Winterhalbjahr	1:36 000 000	99	3
Niederschläge im Sommerhalbjahr	1:36 000 000	99	4
Europa – Landwirtschaft und Böden		**100/101**	
Landwirtschaft	1:18 000 000	100/101	1
Würm-/Weichselkaltzeit	1:40 000 000	101	2
Bodentypen	1:40 000 000	101	3
Europa – Wirtschaft und Energie		**102/103**	
Wirtschaft	1:18 000 000	102	1
Nicht erneuerbare Energierohstoffe	1:40 000 000	103	2
Erneuerbare Energiereserven	1:40 000 000	103	3
Nordeuropa – physisch	**1:6 000 000**	**104/105**	
Nordseeraum/Ostseeraum – Wirtschaft und Ressourcen	**1:6 000 000**	**106/107**	

Westeuropa – physisch	1:6 000 000	108/109	
London und Paris – Global Cities		110/111	
Die Entwicklung von London	1:1 000 000	110	1
London	1:50 000	110	2
Die Entwicklung von Paris	1:1 000 000	111	3
Paris	1:50 000	111	4
Benelux-Länder		112/113	
Niederlande/Belgien/Luxemburg – physisch	1:2 000 000	112	1
Niederlande – Neulandgewinnung	1:2 000 000	113	2
Überflutungsgefahr	1:2 000 000	113	3
Deltawerke – Küstenschutzprojekt	1:500 000	113	4
Mitteleuropa – physisch	1:6 000 000	114/115	
West- und Mitteleuropa – Wirtschaft und Verkehr	1:6 000 000	116/117	
Alpen – physisch	1:2 250 000	118/119	
Alpen – Tourismus		120/121	
Sommer- und Wintertourismus	1:2 250 000	120/121	1
Alpentransit	1:10 000 000	120	2
Landschaftswandel – Glocknermassiv um 1850 und 2008	1:150 000	121	3
Südwesteuropa – physisch	1:6 000 000	122/123	
Südeuropa		124/125	
Golf von Neapel – Leben am Vulkan	1:300 000	124	1
Europa – Alter der Gebirge	1:40 000 000	124	2
Vulkanische Großformen und ihre Entstehung		124	3
Rom	1:50 000	125	4
Die Ausbreitung des Christentums im Römischen Reich	1:25 000 000	125	5
Südosteuropa/Türkei – physisch	1:6 000 000	126/127	
Mittelmeerraum – Wirtschaft und Tourismus	1:10 000 000	128/129	
Osteuropa – physisch	1:6 000 000	130/131	

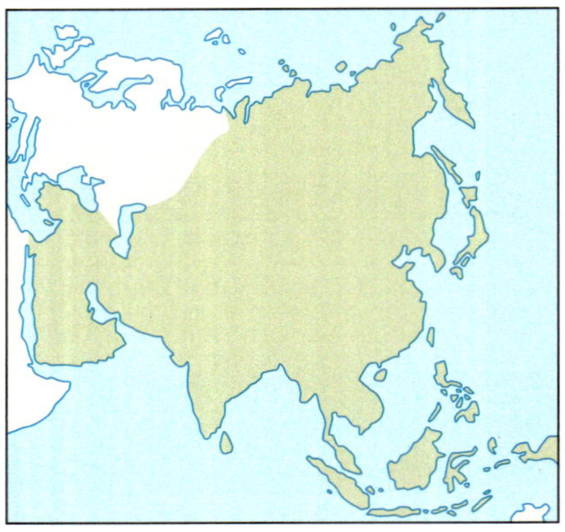

ASIEN

Russland/Zentralasien		132/133	
Russlands Aufstieg zur Großmacht 1462–1914	1:48 000 000	132	1
Moskau – Machtzentrum Russlands	1:50 000	132	2
Mittelsibirien – Wirtschaft	1:6 000 000	133	3
Aralsee 1960/2010	1:6 000 000	133	4
Russland/Zentralasien – physisch	1:18 000 000	134/135	
Russland/Zentralasien – Wirtschaft	1:18 000 000	136/137	
Eurasien – Topographie		138/139	
Physische Übersicht	1:36 000 000	138/139	1
Bangladesch – physisch	1:4 000 000	139	2
Asien – Staaten und Geschichte		140/141	
Der Feldzug Alexanders 334–323 v. Chr.	1:28 000 000	140	1
Asien um 1300	1:56 000 000	140	2
Seidenstraße zur Zeit Marco Polos (1254–1324)	1:42 000 000	141	3
Politische Übersicht	1:56 000 000	141	4
Asien – Landwirtschaft und Klima		142/143	
Asien – Landwirtschaft	1:36 000 000	142	1
Temperaturen und Winde im Januar	1:100 000 000	143	2
Temperaturen und Winde im Juli	1:100 000 000	143	3
Niederschläge im Jahr	1:100 000 000	143	4
Südasien – Monsun	1:36 000 000	143	5
Südwest- und Nordost-Monsun		143	6
Asien – Wirtschaft und Besiedlung		144/145	
Wirtschaft	1:36 000 000	144/145	1
Bangkok – Stadtwachstum und Landschaftsverbrauch	1:250 000	145	2
Südostasien – physisch	1:18 000 000	146/147	
Südostasien – Wirtschaft und Landschaftswandel		148/149	
Wirtschaft	1:18 000 000	148/149	1
Borneo 1980 – Wirtschaft	1:18 000 000	149	2
Japan		150/151	
Naturrisiken	1:16 000 000	150	1
Erdbeben im Raum Tokio	1:3 000 000	150	2
Tokio – Weltstadt	1:500 000	150	3
Japan – Bevölkerung	1:16 000 000	151	4
Japan – Wirtschaft	1:6 000 000	151	5
Südasien und Ostasien – physisch	1:18 000 000	152/153	
Ostasien – Wirtschaft		154/155	
Peking – Machtzentrum Chinas	1:50 000	154	1
China – Raumentwicklung seit 1980	1:36 000 000	154	2
Wirtschaft	1:18 000 000	154/155	3
China		156/157	
Küstenregion Shanghai	1:1 000 000	156	1
Tiefwasserhafen Yangshan	1:150 000	156	2
Shanghai Innenstadt und die Sonderwirtschaftszone Pudong	1:50 000	157	3
China – Außenhandel	1:150 000 000	157	4
Südasien – Wirtschaft und Bevölkerung		158/159	
Wirtschaft	1:18 000 000	158	1
Religionen	1:36 000 000	159	2
Bevölkerung und Städtewachstum	1:36 000 000	159	3
Dürregefährdung/Bewässerung	1:36 000 000	159	4
Raumentwicklung	1:36 000 000	159	5
Westasien – physisch	1:18 000 000	160/161	
Israel/Weltreligionen		162/163	
Palästina zur Zeit Jesu	1:2 500 000	162	1
Lebensgrundlage Wasser	1:2 500 000	162	2
Siedlungsgebiete	1:1 000 000	162	3
Erde – Religionen	1:140 000 000	163	4
Jerusalem – heilige Stadt für drei Religionen	1:25 000	163	5
Orient		164/165	
Ausbreitung des Islam 632–750	1:48 000 000	164	1
Mekka (Makkah al-Mukarramah) – Pilgerstadt	1:125 000	164	2
Haram – Moschee	1:15 000	164	3
Dubai – Wandel zur Tourismusmetropole 1990/2008	1:250 000	165	4

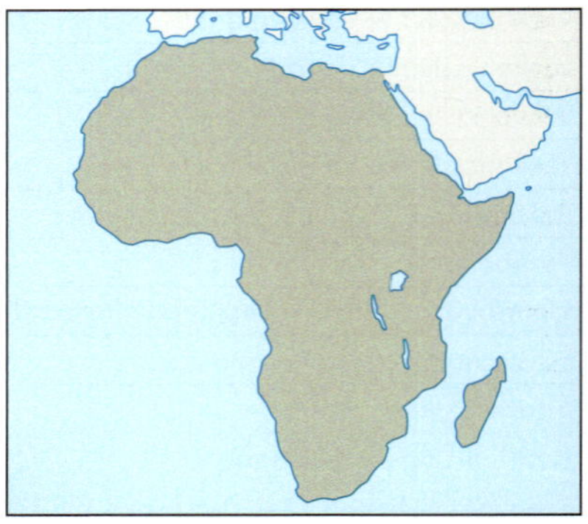

AFRIKA

Nördliches Afrika/Naher Osten (Orient) – Wirtschaft	1:18 000 000	166/167	
Afrika – Topographie		168/169	
Ägypten – eine antike Stromkultur	1:9 000 000	168	1
Der Nil – ein Fremdlingsfluss	1:18 000 000	168	2
Physische Übersicht	1:36 000 000	168/169	3
Afrika – Staaten und Geschichte		170/171	
Afrikanische Staaten im 15.–17. Jahrhundert	1:54 000 000	170	1
Afrika – 1914/1918	1:54 000 000	170	2
Politische Übersicht	1:54 000 000	171	3
Die Burenstaaten bis 1902	1:16 000 000	170	4
Südafrika – Erbe der Apartheid	1:16 000 000	170	5
Südafrika – Bevölkerung 2007	1:16 000 000	171	6
Afrika – immerfeuchte und wechselfeuchte Tropen		172/173	
Temperaturen im Januar	1:72 000 000	172	1
Vegetationsbedeckung im Januar	1:72 000 000	172	2
Niederschläge im Januar	1:72 000 000	173	3
Temperaturen im Juli	1:72 000 000	172	4

Vegetationsbedeckung im Juli	1:72 000 000	172	5
Niederschläge im Juli	1:72 000 000	173	6
Passatkreislauf		173	7
Sahara und Sahel		**174/175**	
Wüstenarten und Wüstenausbreitung (Desertifikation)	1:36 000 000	174	1
Sahara – Wüstenarten im Satellitenbild	1:3 000 000	174	2
Ouargla – Brunnenoase in Algerien	1:100 000	175	3
Grundwasser führende Gesteinsschichten in der Nordsahara		175	4
El Fasher (Sudan) – Desertifikation in der Sahel-Zone	1:1 500 000	175	5
Klimadiagramm El Fasher/ Niederschlagsvariabilität in der Sahel-Zone		175	6
Afrika – Landwirtschaft		**176/177**	
Landwirtschaft	1:36 000 000	176	1
Kilimandscharo und Meru (Tansania) – Natur- und Kulturlandschaft	1:500 000	177	3
Okavango-Binnendelta (Botsuana) – Landnutzung	1:3 000 000	177	4
Afrika – Wirtschaft		**178/179**	
Wirtschaft (Übersicht) und ökologischer Fußabdruck	1:36 000 000	178	1
Nigerdelta – Erdölwirtschaft	1:2 250 000	179	2
Bergbau	1:72 000 000	179	3
Industrie	1:72 000 000	179	4
Afrika (nördlicher Teil) – physisch	**1:18 000 000**	**180/181**	
Afrika (südlicher Teil) – physisch	**1:18 000 000**	**182/183**	

OZEANIEN

Australien/Ozeanien – physisch		**184/185**	
Physische Übersicht	1:36 000 000	184/185	1
Hawaii – ein Hotspotvulkan	1:2 000 000	185	2
Maloelap-Atoll (Marshall-Inseln)	1:500 000	185	3
Australien und Neuseeland – Wirtschaft		**186/187**	
Wirtschaft	1:18 000 000	186/187	1
Niederschläge im Jahr	1:84 000 000	186	2
Temperaturen im Januar	1:84 000 000	186	3
Temperaturen im Juli	1:84 000 000	186	4
Ureinwohner (Aborigines)	1:54 000 000	187	5
Einwanderung	1:54 000 000	187	6

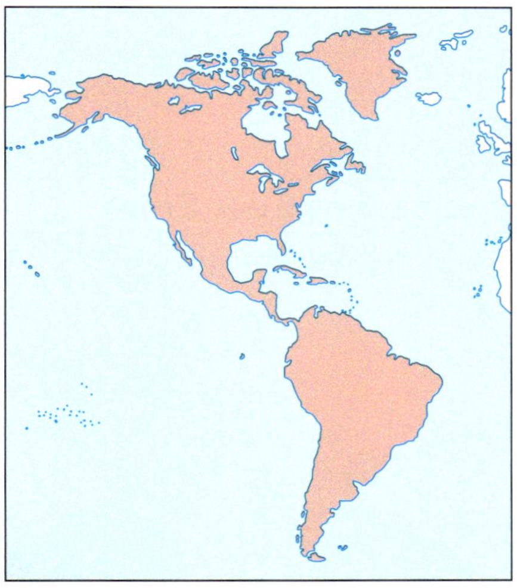

AMERIKA

Amerika – Topographie		**188/189**	
Physische Übersicht	1:36 000 000	188/189	1
Topographie		189	2
Amerika – Staaten und Geschichte		**190/191**	
Urbevölkerung Anfang 16. Jahrhundert	1:64 000 000	190	1
Europäisierung Mitte 18. Jahrhundert	1:64 000 000	190	2
Nationenbildung um 1825	1:64 000 000	191	3
Politische Übersicht	1:64 000 000	191	4
Amerika – Klima		**192/193**	
Temperaturen im Januar	1:64 000 000	192	1
Temperaturen im Juli	1:64 000 000	192	2
Niederschläge im Jahr	1:64 000 000	193	3
Hurrikan Katrina	1:16 000 000	193	4
Entstehung eines Hurrikans		193	5
Amerika – Landwirtschaft		**194/195**	
Landwirtschaft	1:36 000 000	194/195	1
Bananenhandel – CO_2-Emission (ökologischer Rucksack)		194	2
Mittelamerika – Bananenanbau	1:16 000 000	195	3
Amerika – Wirtschaft und Erschließung		**196/197**	
Wirtschaft	1:36 000 000	196	1
Panamakanal – Verbindung der Weltmeere	1:600 000	197	2
Nordamerika (nördlicher Teil) – physisch	**1:18 000 000**	**198/199**	
Vereinigte Staaten/Mittelamerika – physisch	**1:18 000 000**	**200/201**	
Nordamerika (südlicher Teil)/Mittelamerika – Wirtschaft	**1:18 000 000**	**202/203**	
USA – Geschichte und Gegenwart		**204/205**	
Einwanderung und Erschließung	1:36 000 000	204	1
Politische Entwicklung	1:36 000 000	204	2
Ethnische Gliederung	1:36 000 000	204	3
Kalifornien um 1830	1:6 000 000	205	4
Kalifornien um 2008	1:6 000 000	205	5
Kalifornisches Längstal – Panoramabild		205	6
USA – Tourismus im Südwesten		**206/207**	
Coloradoplateau/Grand Canyon – Nutzung eines Trockenraums	1:1 000 000	206	1
Stadtwachstum und Wasserverbrauch in Las Vegas	1:1 000 000	206	2
Las Vegas – 1992 und 2010		206	3
Entstehung des Grand Canyon durch Tektonik und Erosion		207	4
Grand Canyon – Gesteine und Landschaftsformen		207	5
USA – Städte im Nordosten		**208/209**	
New York – Manhattan	1:50 000	208	1
New York – Manhattan – Gebäudehöhenmodell		209	2
New York – kulturgeprägte Wohngebiete	1:200 000	209	3
New York – Bevölkerungsdichte	1:500 000	209	4
Washington D. C. – Machtzentrum der USA	1:50 000	209	5
Mittel- und Südamerika (Lateinamerika)		**210/211**	
Tenochtitlán und Umgebung um 1500	1:500 000	210	1
Mexiko-Stadt 2008	1:500 000	210	2
Inversion		210	3
Yucatán (Mexiko) – Kultur- und Massentourismus	1:1 500 000	211	4
Galápagos-Inseln (Ecuador) – Naturtourismus und Naturschutz	1:1 500 000	211	5
Südamerika – physisch	**1:18 000 000**	**212/213**	
Südamerika – Wirtschaft		**214/215**	
Südamerika – Wirtschaft	1:18 000 000	214/215	1
Anden – Höhenstufen der Vegetation		215	2
Südamerika – Regenwald		**216/217**	
Amazonien – Eingriff in den tropischen Regenwald	1:15 000 000	216	1
Tropischer Regenwald – Stoffkreisläufe und Folgen der Abholzung		216	2
Acre und Rondônia – Rodungsstrukturen	1:5 000 000	217	3
Mato Grosso – Sojaanbauflächen an Erschließungsstraßen	1:500 000	217	4

KARTEN- UND ATLASARBEIT

Überblick Methodentraining	1
Sachwortregister	218/219
Register	220–241
Mitarbeiter- und Quellenverzeichnis	241
Von der Kugel auf die Ebene	**Umschlag Rückseite**

1 Physische Übersicht

Landhöhen (in Meter)
- über 1500
- 1000 – 1500
- 500 – 1000
- 200 – 500
- 0 – 200
- Depression
- Inlandeis
- 4807 Höhenangabe

Meerestiefen (in Meter)
- 0 – 200
- 200 – 2000
- 2000 – 4000
- 4000 – 6000
- 6000 – 8000
- über 8000 m
- 7758 Tiefenangabe

Verteilung Land – Wasser

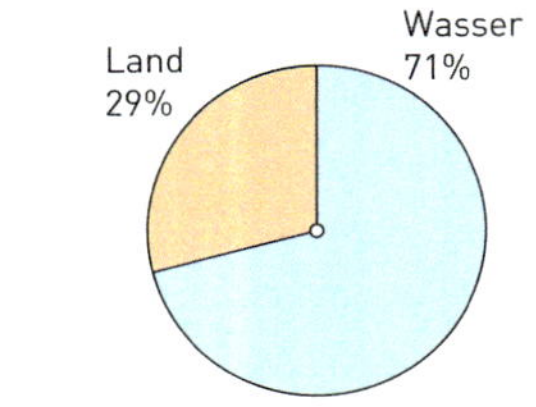

Größe der Kontinente
(in Prozent der Landoberfläche)

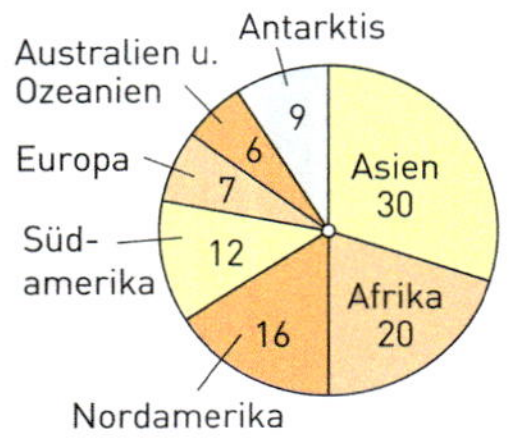

Größe der Weltmeere
(in Prozent der Wasseroberfläche)

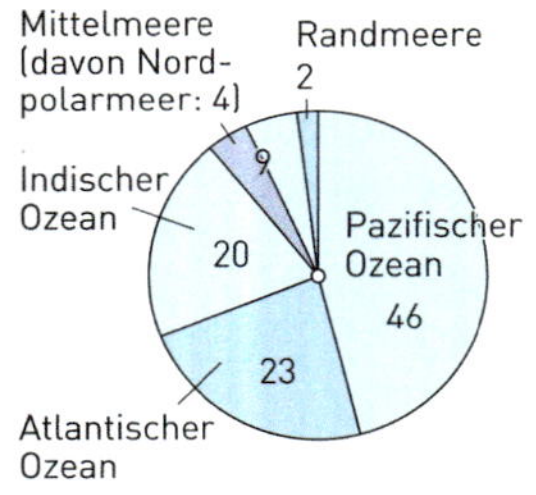

2 Die längsten Flüsse der Erde

Kontinent	Fluss	Länge	Seite
Europa	Wolga	3531 km	7, M3
	Donau	2888 km	7, K3
	Dnjepr	2285 km	85, H2
Asien	Jangtsekiang	6300 km	7, P4
	Huang He	4900 km	7, P4
	Mekong	4500 km	7, P5
Afrika	Nil	6671 km	7, L4
	Kongo	4375 km	7, K5
	Niger	4184 km	7, K5
Australien und Ozeanien	Darling	2735 km	7, Q7
	Murray	2590 km	184, E8
	Murrumbidgee	1580 km	184, E8
Amerika	Amazonas	6437 km	6, F6
	Paraná	3998 km	6, G7
	Mississippi	3778 km	6, E4
Antarktis	Ein unter dem Eis liegendes Gewässernetz verbindet über 150 Unter-Eis-Seen und ist Hunderte von Kilometern lang.		

3 Die höchsten Berge der Erde

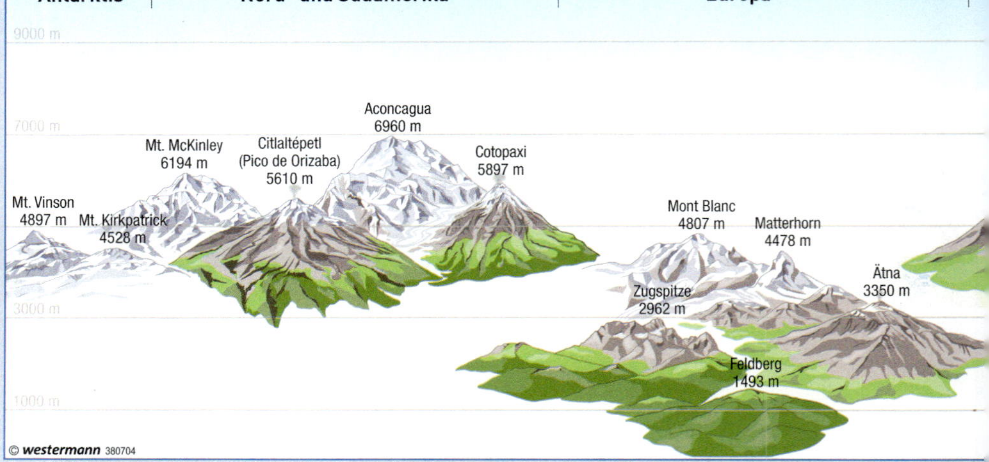

Maßstab 1 : 90 000 000

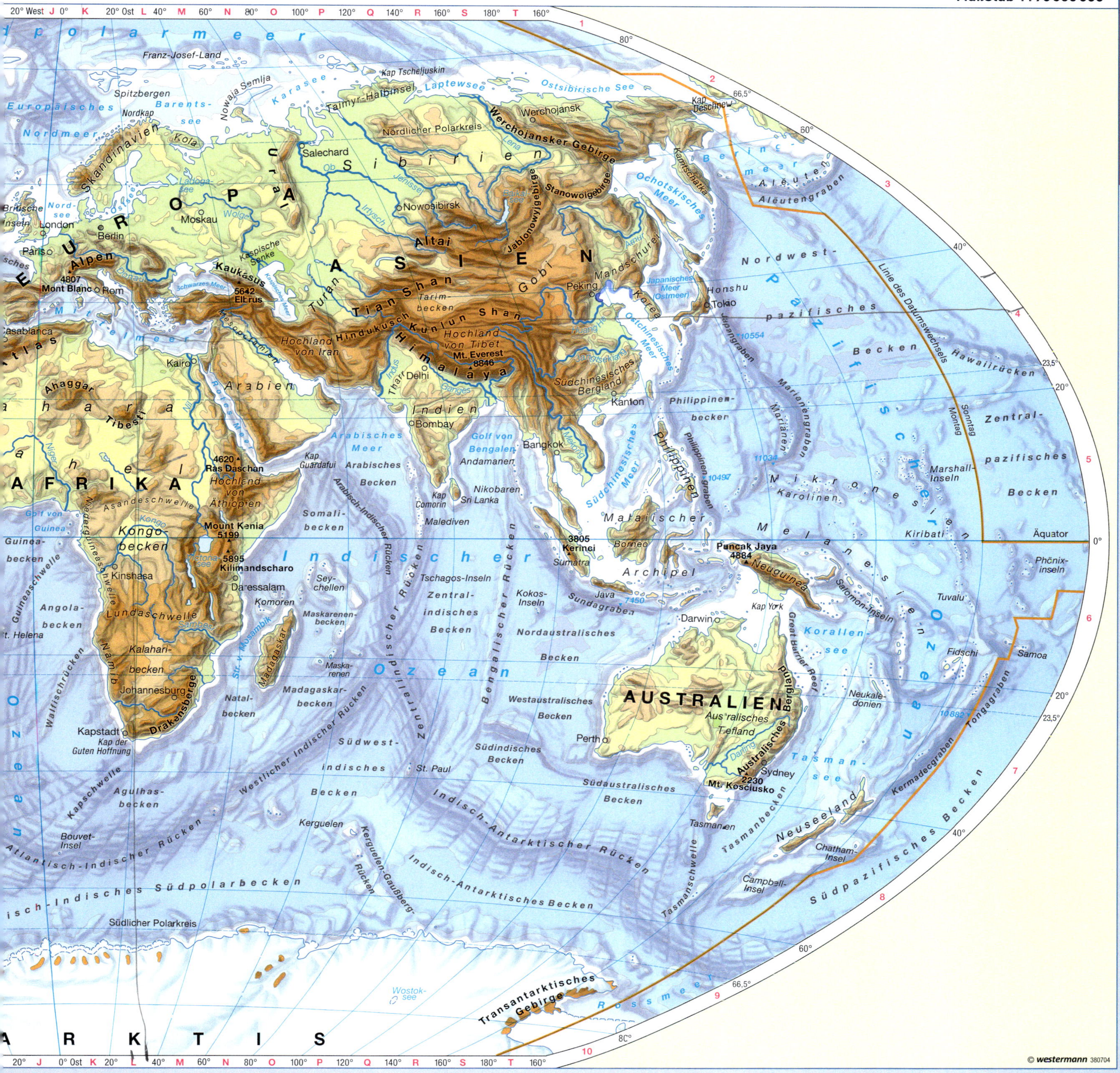

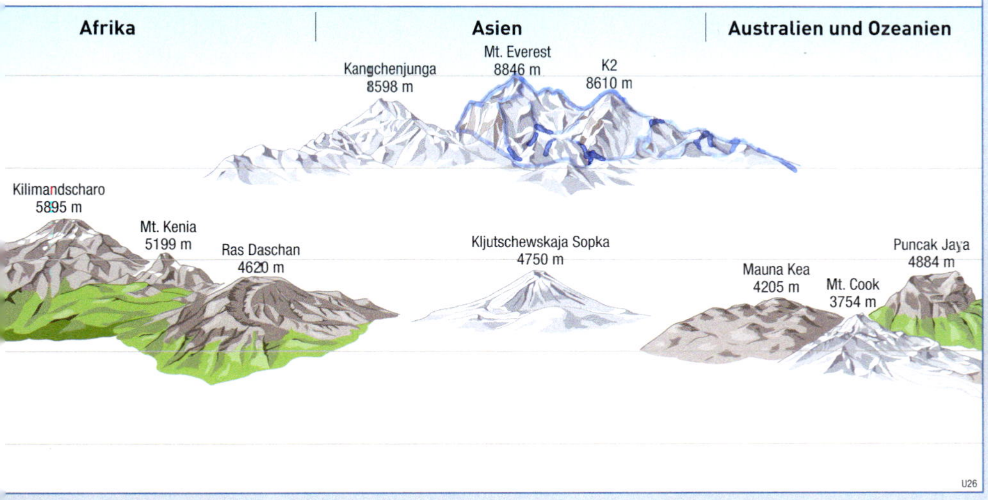

4 Die größten Seen der Erde

Kontinente	See	Größe	Seite
Europa	Ladogasee Onegasee Vänersee	17 703 km² 9 616 km² 5 616 km²	7, L3 85, H1 85, H2
Asien	Kaspisches Meer Baikalsee Balchaschsee	386 500 km² 31 500 km² 18 400 km²	7, M3 7, P3 134, H5
Afrika	Victoriasee Tanganjikasee Malawisee	69 400 km² 32 600 km² 29 600 km²	7, L6 169, J7 169, J8
Australien und Ozeanien	Eyresee Torrenssee Gairdnersee	9 323 km² 5 700 km² 4 350 km²	184, D7 184, D7 184, D8
Amerika	Oberer See Huronsee Michigansee	82 100 km² 59 600 km² 57 800 km²	6, E3 188, K5 188, K5
Antarktis	Wostoksee (unter dem Eis)	15 690 km²	43 4, F2

1 Plattentektonik, Vulkanismus und Erdbeben

Urkontinent (alter Festlandskern)

ältere Faltungszone (Erdaltertum)

junge Faltungszone (Erdmittelalter bis Gegenwart)

Plattengrenzen
(zum Teil vermutet)

Tektonische Platten driften auseinander (ozeanische Rücken)

tauchen ab (Tiefseegraben)

verschieben sich gegeneinander

stoßen zusammen (Kollision)

Naturkatastrophen seit 1980

aktiver Vulkan

2001 schweres Erdbeben im Jahr

Erdbeben mit Flutwelle (Tsunami)

1996 schwere Flutwelle (Tsunami) im Jahr

Die höchsten aktiven Vulkane der Kontinente:

1	Guallatiri	6071 m
2	Lascar	5990 m
3	Popocatépetl	5452 m
4	Kljutschewskaja Sopka	4750 m
5	Mount Rainier	4395 m
6	Mauna Loa	4170 m
7	Kamerunberg	4070 m
8	Colima	3984 m
9	Kerinci	3800 m
10	Mount Erebus	3795 m
11	Nyiragongo	3475 m
12	Mount Spurr	3374 m
13	Ätna	3350 m
14	Ruapehu	2797 m
15	Big Ben	2745 m
16	Stromboli	926 m

2 Schalenbau der Erde

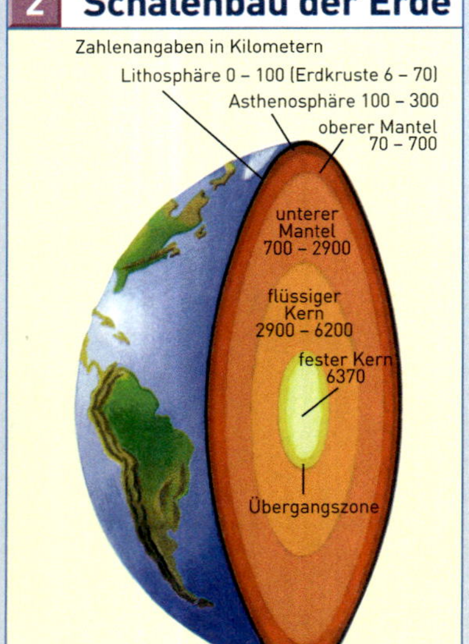

3 Schnitt durch die Erdkruste

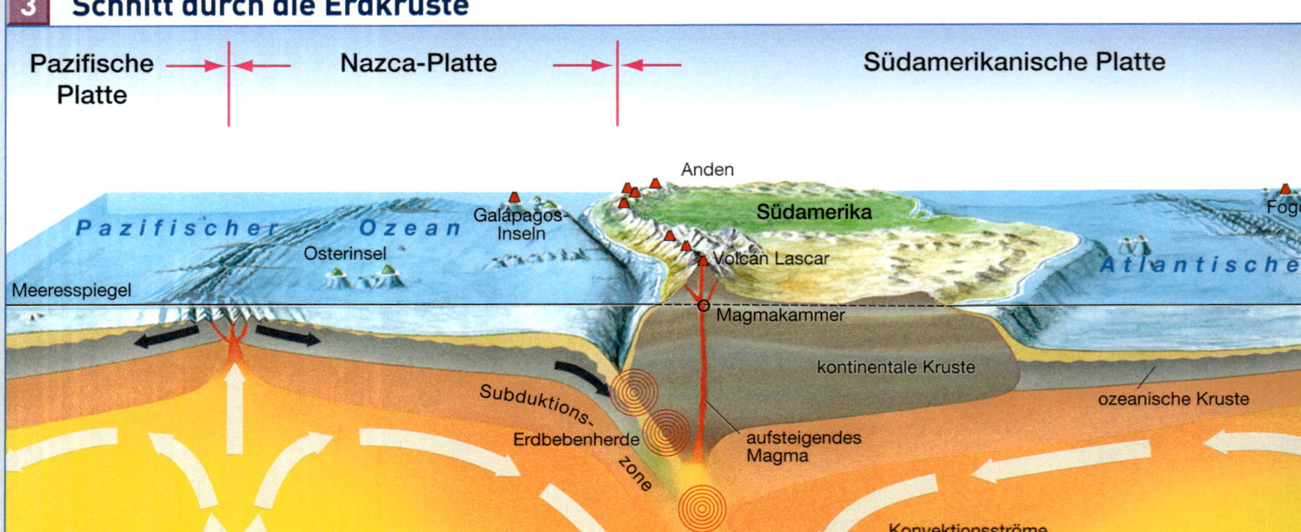

Maßstab 1 : 90 000 000

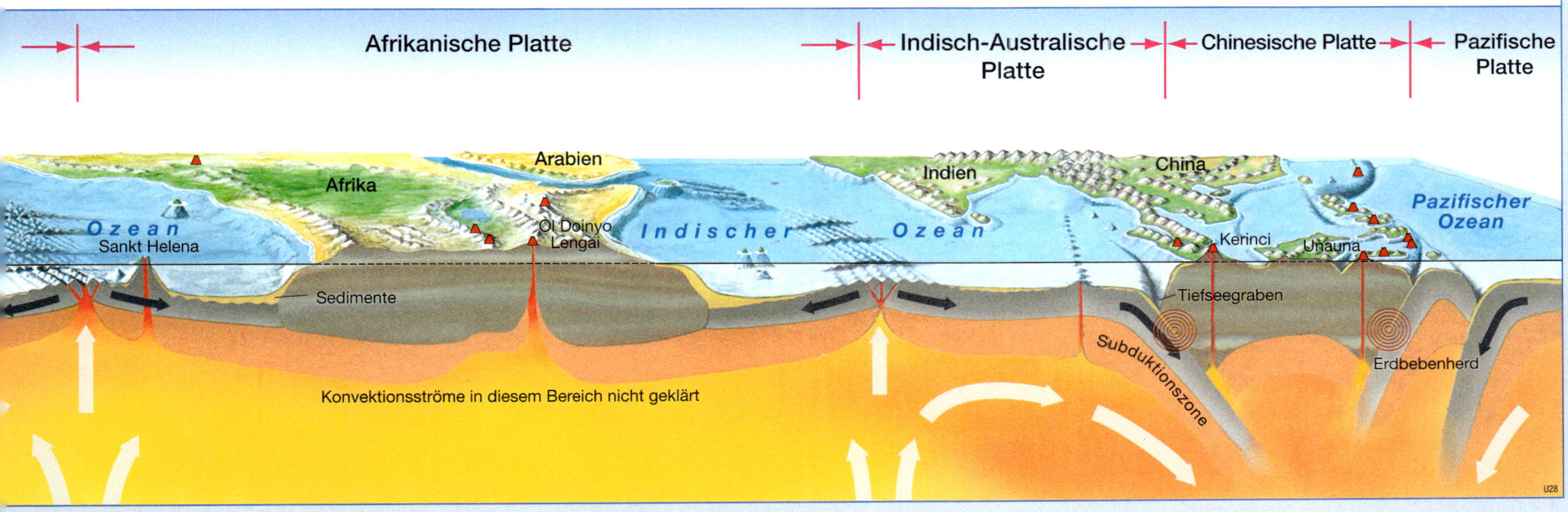

Entwicklung der Erde

1 Kontinente vor 250 Millionen Jahren

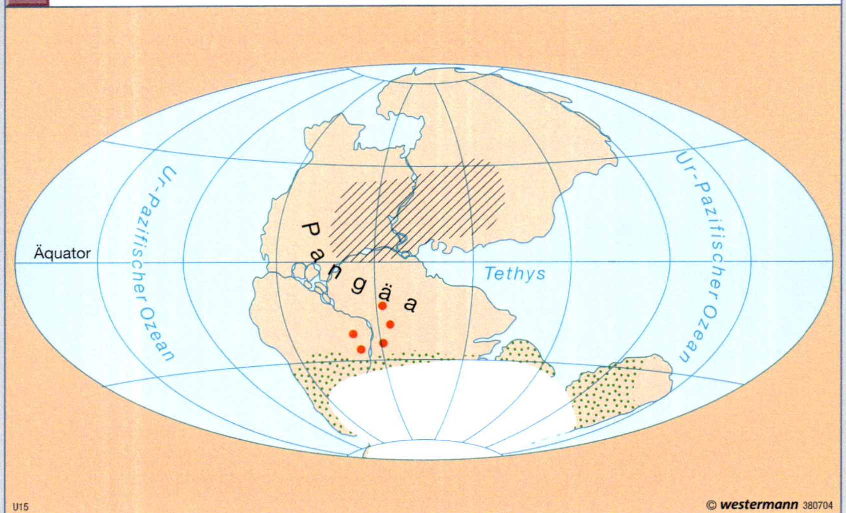

2 Kontinente vor 135 Millionen Jahren

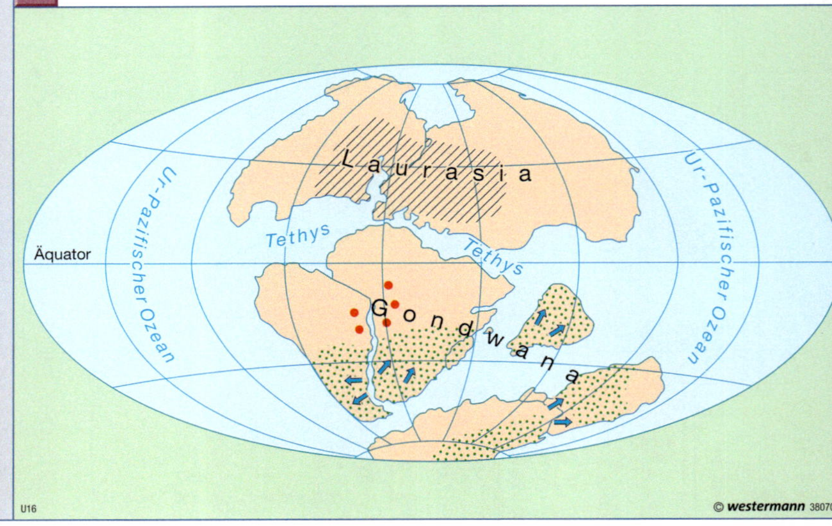

1 – 4 Die Wanderung der Kontinente seit dem Erdmittelalter

Pangäa: Urkontinent Tethys: weltumspannendes Mittelmeer Laurasia: Nordkontinent Gondwana: Südkontinent

Geologische Spuren, unter anderem Fossilien, beweisen die Wanderung der Kontinente:

5 Entwicklung des Lebens (Modell)

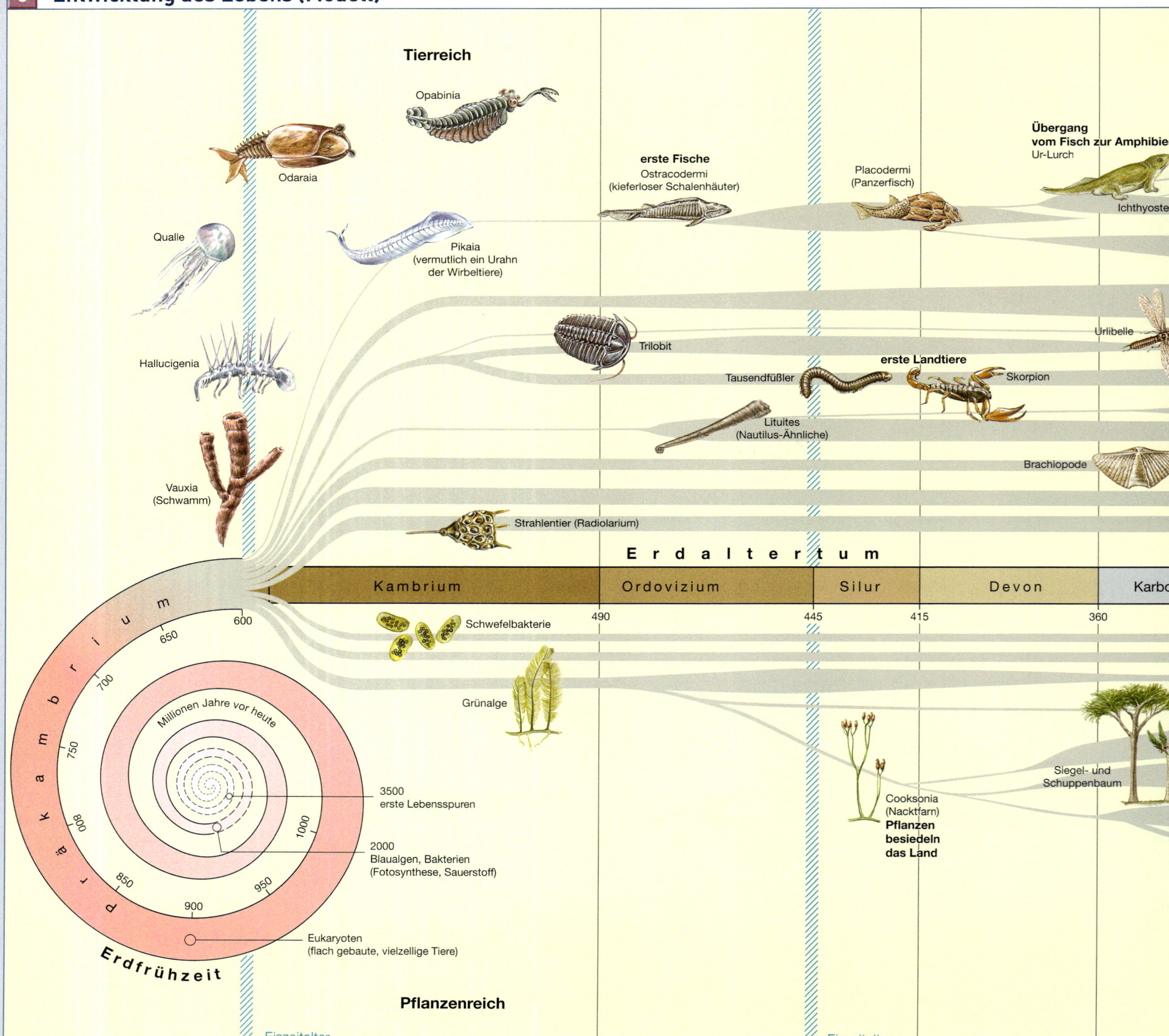

3 Kontinente vor 60 Millionen Jahren

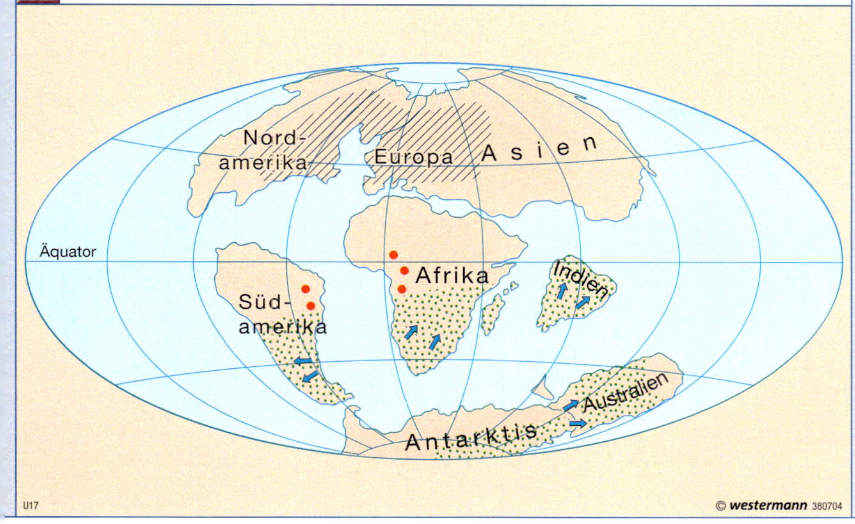

4 Kontinente in der Gegenwart

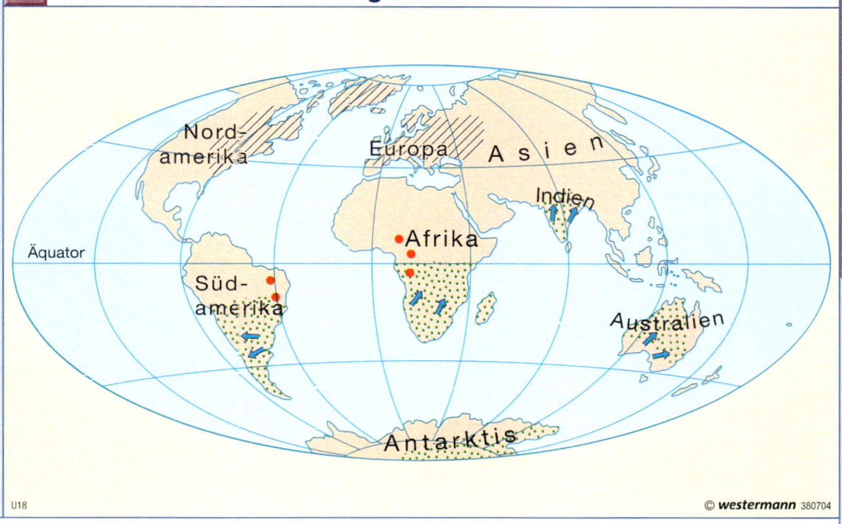

Vereisung · Gletscherschliff · Verbreitung von tropischem Wald (Steinkohlelager) · verwandte Pflanzen (Farne) · verwandte Tiere (Reptilien)

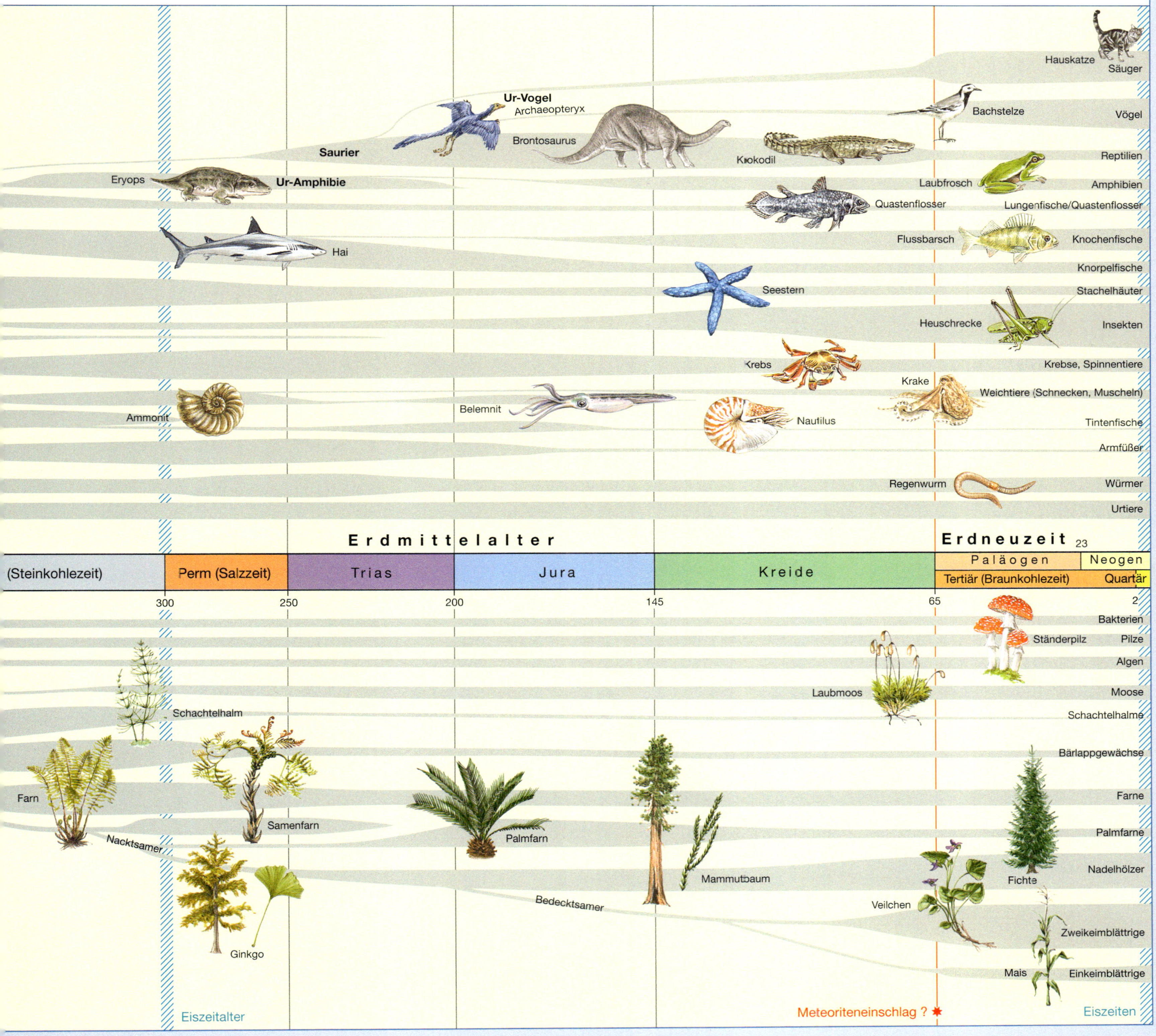

1 Klimazonen

Polarzone
- Eis/Dauerfrostboden

Kalte Zone (Subpolarzone)
- sehr kalte, lange Winter

Gemäßigte Zone
- winterkalt, sehr trocken
- winterkalt, trocken
- winterkalt, sommerwarm (kontinental)
- sommerkühl, feucht, wintermild (ozeanisch)

Warme Zone mit Jahreszeiten (Subtropen)
- sehr trocken
- trocken
- Winterregen
- Sommerregen

Ganzjährig warme Zone (Tropen)
- sehr trocken
- trocken
- sommerfeucht
- immerfeucht
- Grenze einer Klimazone

Meeresströme
- kalter Meeresstrom
- warmer Meeresstrom

Klimadiagramme
- Niederschlag
- Temperatur

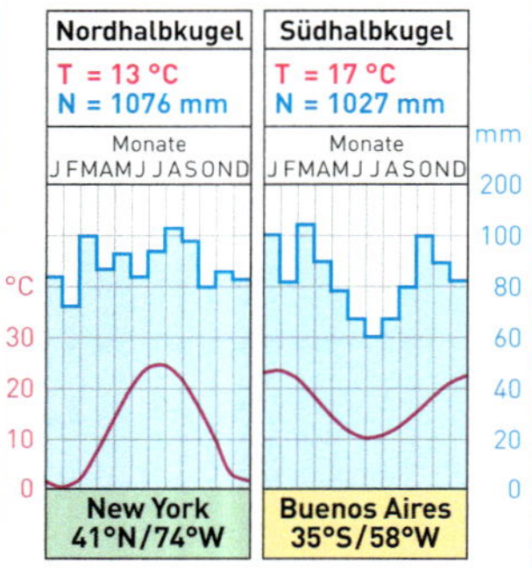

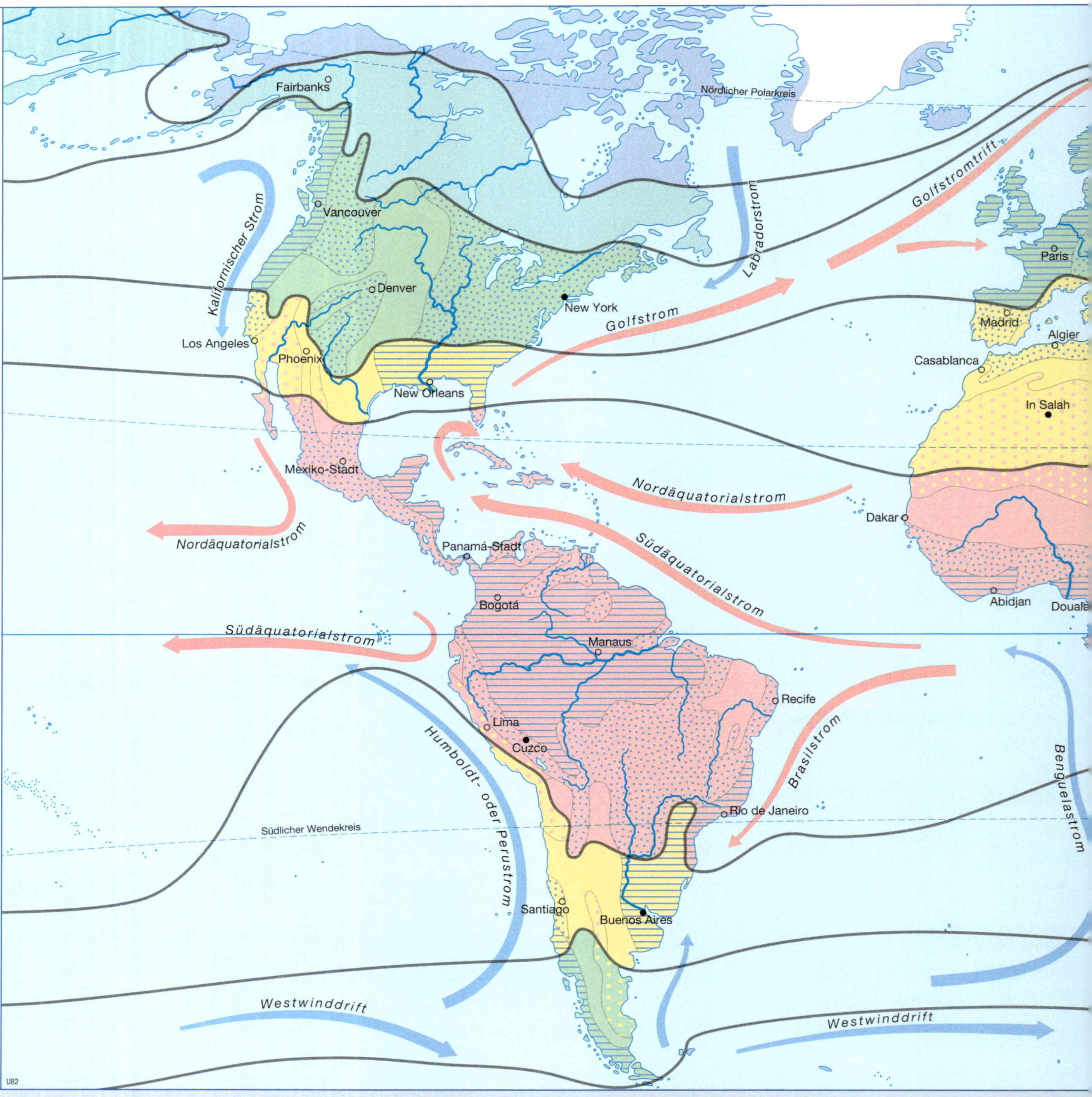

2 Niederschläge im Juli (Nordsommer / Südwinter)

Maßstab 1 : 180 000 000

Monatliche Niederschläge
- über 400 mm
- 300 – 400
- 200 – 300
- 100 – 200
- 50 – 100
- 25 – 50
- unter 25

nördliche innertropische Konvergenz (ITC) im Juli (nach Flohn)

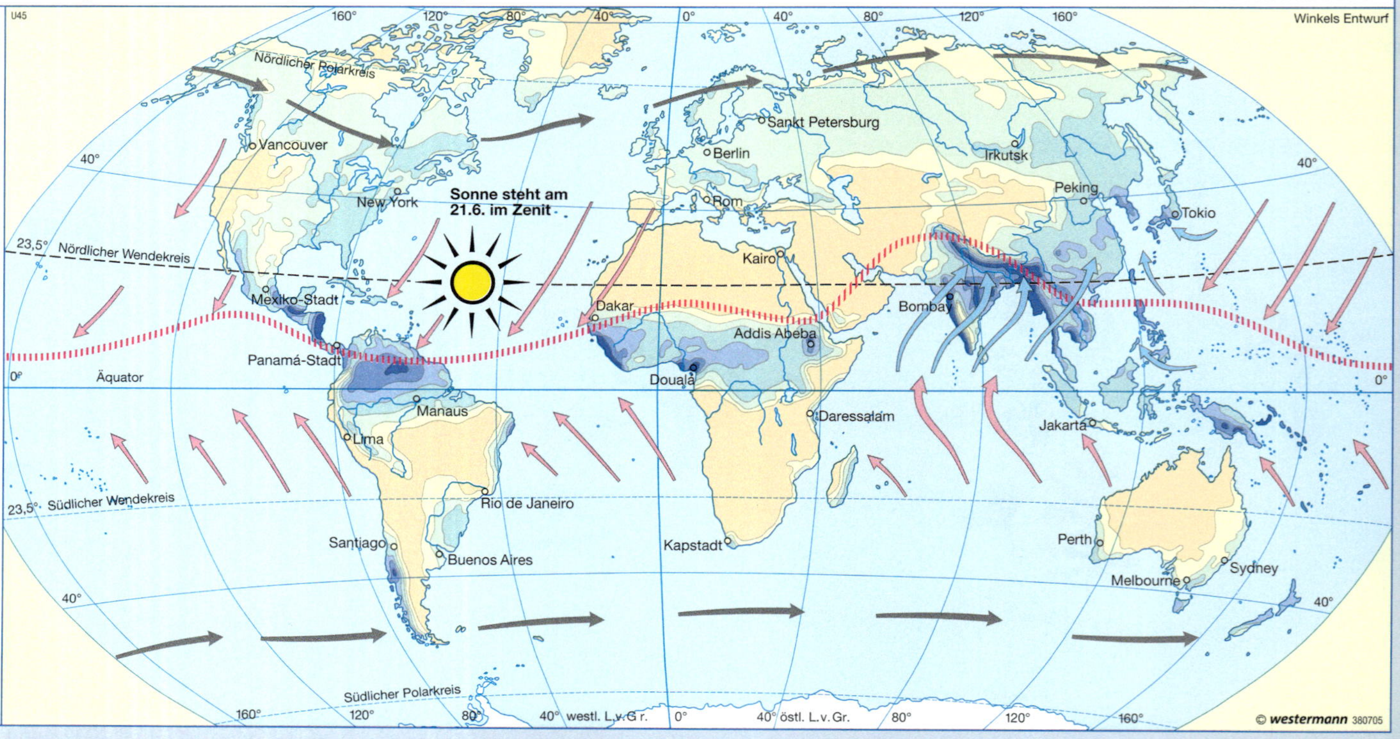

Tageslänge

Beleuchtung der Erde am 21. Juni

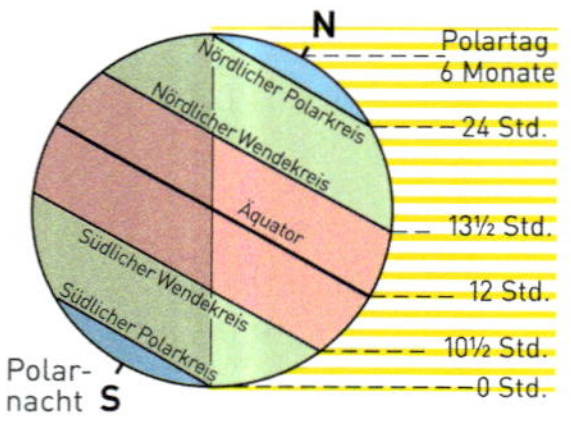

Maßstab 1 : 80 000 000

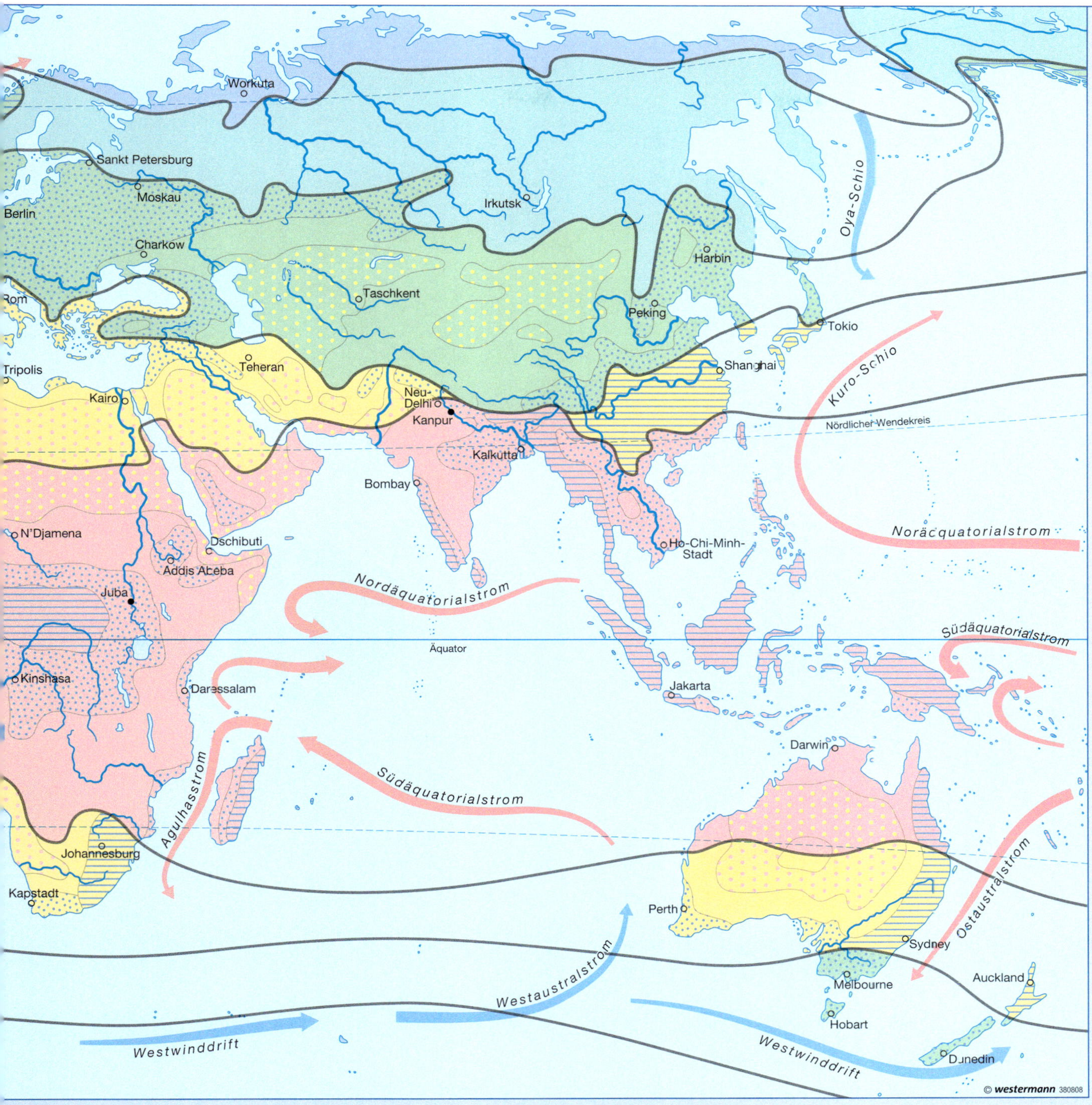

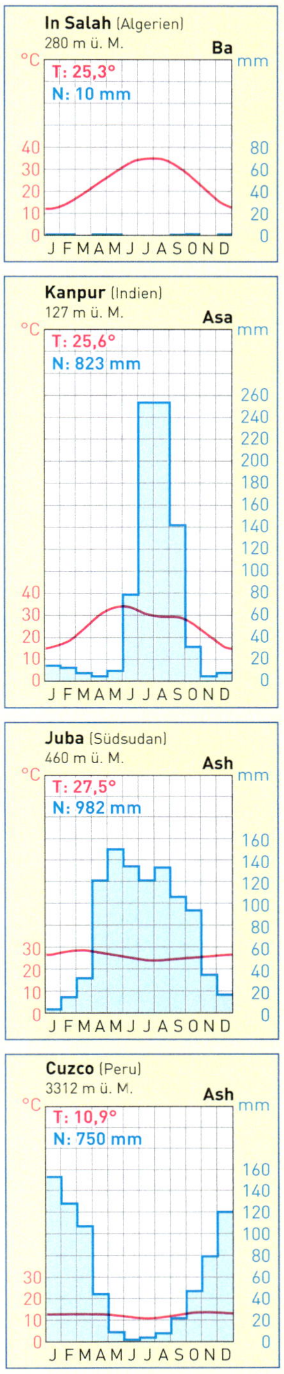

3 Niederschläge im Januar (Nordwinter / Südsommer)

Maßstab 1 : 180 000 000

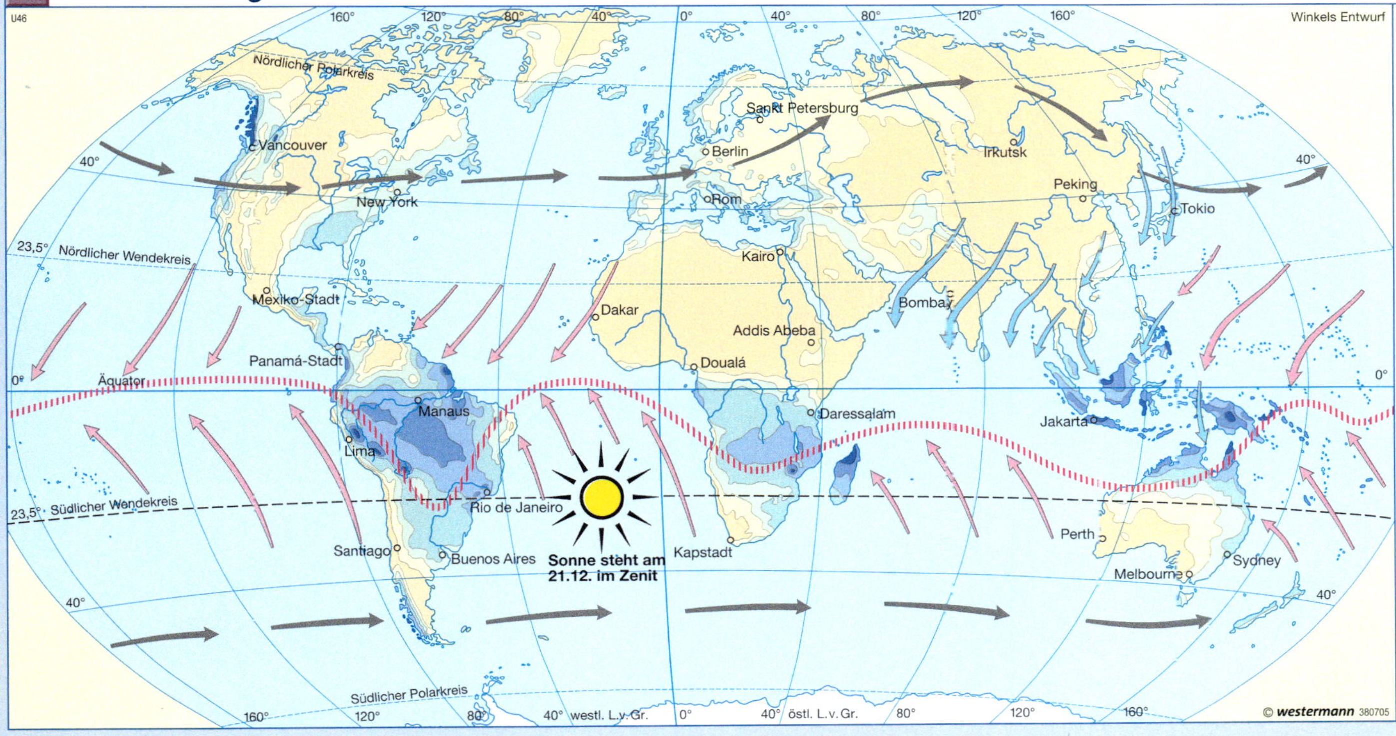

Die großen Windsysteme der Erde

- Passat
- Monsun
- Westwind der hohen nördlichen und südlichen Breiten
- südliche innertropische Konvergenz (ITC) im Januar (nach Flohn)

Tageslänge

Beleuchtung der Erde am 21. Dezember

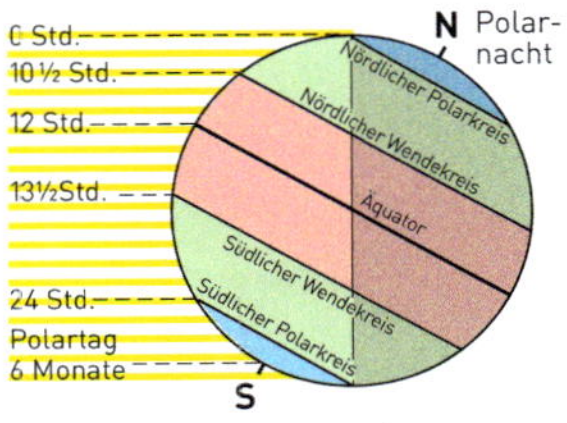

Erde – Ökozonen / Vegetation

Waldlandschaften
- nördlicher Nadelwald
- sommergrüner Laub- und Mischwald, Gebirgsnadelwald
- Feuchtwald
- Hartlaubgehölz
- Monsunwald und Regenwald

offene Landschaften
- polare Kältewüste
- Tundra
- Steppe und Hochgebirgsgrasland
- Dornstrauchsavanne
- Trockensavanne
- Feuchtsavanne
- Halbwüste und Wüste

Kulturland
- Ackerbau, Grünland

Größe der Ökozonen

1 Kästchen entspricht 1 000 000 km², also 1 000 km x 1 000 km.

▲ Siedlungsgebiet (siehe Seite 30/31)

(Landflächen der Erde: 148 900 000 km²)

Tundra

nördlicher Nadelwald

sommergrüner Laub- und Mischwald

Steppe und Hochgebirgsgrasland

Hartlaubgehölze

Halbwüste und Wüste

Dornstrauchsavanne

Trockensavanne

Feuchtsavanne

Monsunwald und Regenwald

▲ Vormensch (Australopithecus)

■ Frühmensch (Homo erectus)

● Altmensch (Homo neanderthalensis)

● Jetztmensch (Homo sapiens sapiens)

1 Menschen besiedeln die Erde

Vegetation vor 18 000 Jahren, auf dem Höhepunkt der Würmkaltzeit
(115 000 bis 10 000 vor heute)

- Eis vor 18 000 Jahren
- Küste vor 18 000
- Eis vor 10 000 Jahren
- 3300 Eisdicke in Meter
- Packeisgürtel
- Tundra
- Steppe
- nördlicher Nadelwald
- Nadel- und Laubwald
- Halbwüste und Wüste
- Savanne
- Regenwald

Entwicklung des Menschen

Funde von
- ▲ Vormensch
- ■ Frühmensch
- wahrscheinliches Ursprungsgebiet der Menschen
- ● Altmensch (Homo neanderthalensis)
- Verbreitungsgebiet des Altmenschen
- ● Jetztmensch (Homo sapiens sapiens)
- Ausbreitung der Jetztmenschen
- 12 000 Alter der Funde des Jetztmenschen

Neolithische Revolution durch frühe Landwirtschaft und ersten Städtebau

2 Neolithische Revolution und die Anfänge der

Natürliche Vegetation der Nacheiszeit

- Eis
- 3300 Eisdicke in Meter
- Packeisgürtel
- Tundra
- Steppe
- nördlicher Nadelwald
- Nadel- und Laubwald
- Halbwüste und Wüste
- Savanne
- Regenwald

Entwicklung der Landwirtschaft

frühester Nachweis
- von Töpferei,
- Pflugbau und Dorfkultur
- 6 000 Alter der Funde
- *Wein* Herkunft der Nutzpflanzen und Nutztiere
- ● Stadt im Kerngebiet städtischer Hochkultur

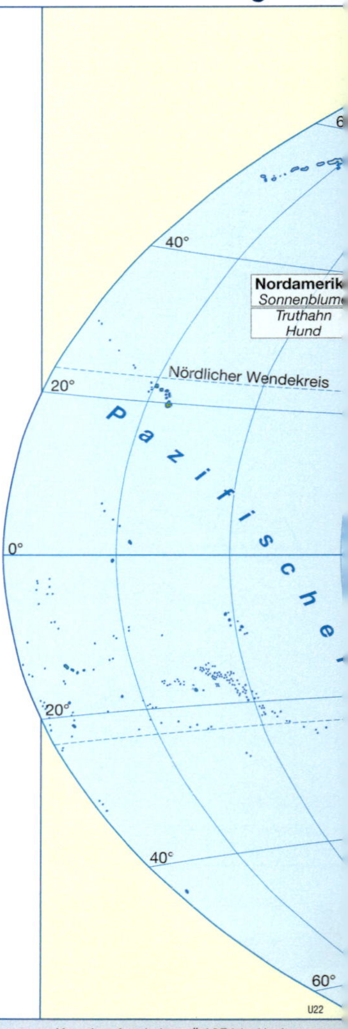

Schädel des Sahelanthropus 2001 im Norden des Tschad (Djurab-Wüste) gefunden

Knochenfund „Lucy" 1974 in Hadar (Frühmensch: Australopithecus afarensis)

7 000 000 | 6 000 000 | 5 000 000 | 4 000 000 | 3 500 000

Maßstab 1 : 130 000 000

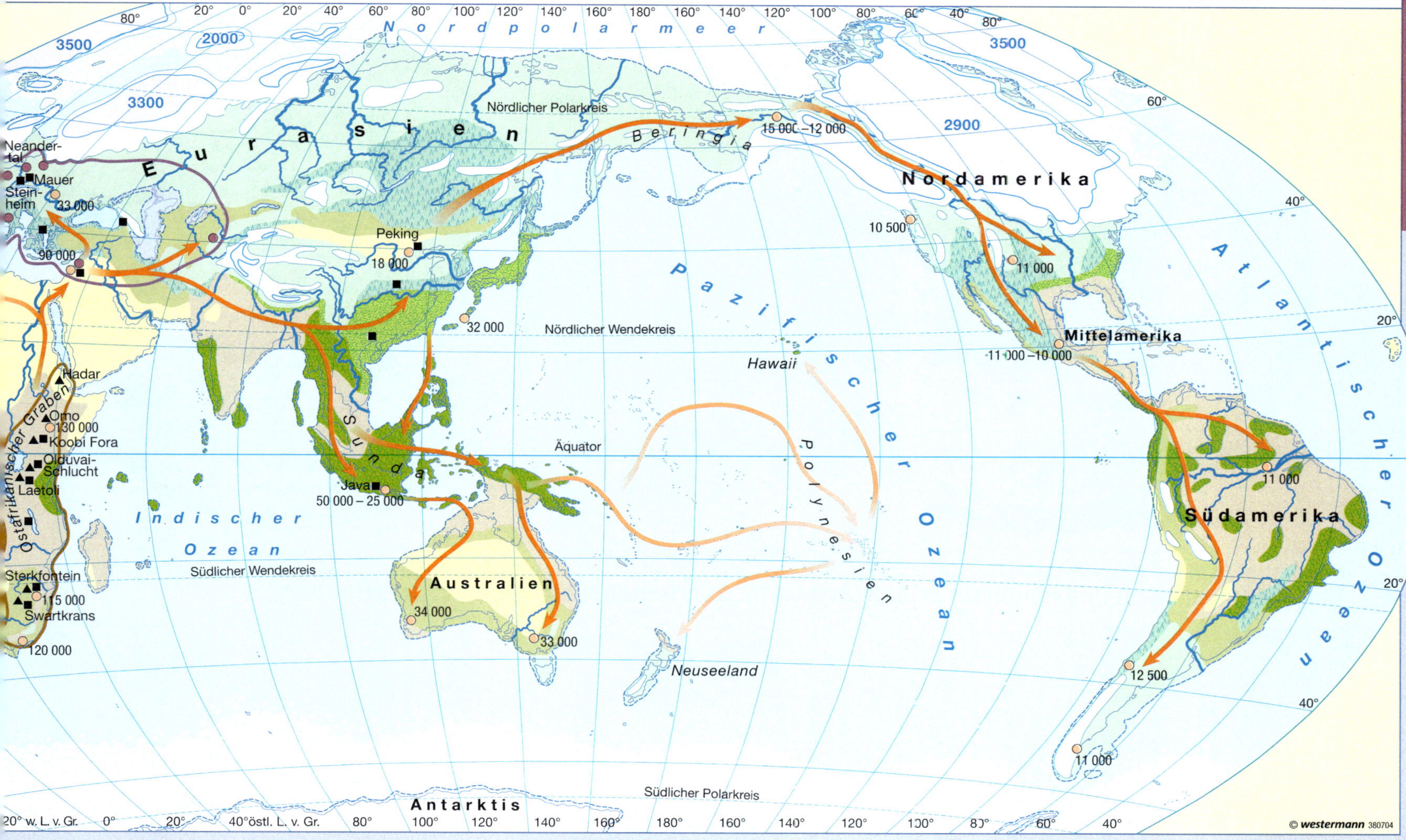

Hochkulturen

Maßstab 1 : 130 000 000

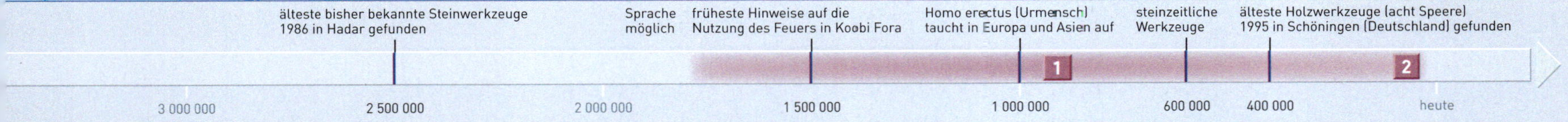

1 Weltbilder – durch religiöse und weltanschauliche Vorstellungen geprägte Darstellungen von der Erde als Scheibe

a)

◀ Arabisches Weltbild (nach Idrisi, 12. Jh.)

b)

Christliches Weltbild ▶ (nach der Londoner Psalterkarte, 13. Jh.)

2 Entdeckungsreisen und koloniale Eroberungen (15. Jahrhundert bis Mitte 17. Jahrhundert)

Breitengradmessung mit Astrolabium

Entdeckungsreisen für

Portugal
- Diaz
- da Gama
- Vespucci
- Sequeira
- Perestrello
- Mascarenhas
- Pinto

Spanien
- Kolumbus
- Magellan/ Elcano
- Rodriguez/ Legazpi

England
- Caboto
- Drake
- Hudson

Frankreich
- Cartier

Niederlande
- Barents
- Tasman

Russland
- Deschnew

Kolonialmächte mit Besitzungen und Niederlassungen (Auswahl) um 1650
- Portugal
- Spanien
- Niederlande
- Frankreich
- England
- Dänemark-Norwegen
- Russland
- Osmanisches Reich
- 1508 (Port.) Jahr der ersten Inbesitznahme durch die angegebene Kolonialmacht, bei Orten (•) auch Gründungsjahr
- wichtige außereuropäische Großreiche
- Aden Ziel der chinesischen Schatzflotte (Zheng He, 15. Jh.)

Die größten Städte der Erde (1600)
- über 500 000 Einwohner
- 200 000 – 500 000 Einwohner

Demarkationslinie
- spanisch-portugiesische Interessensgrenze: Im atlantischen Raum nach dem Vertrag von Tordesillas (1494) und im pazifischen Raum nach dem Vertrag von Zaragoza (1529).

Erik der Rote siedelt Wikinger in Grönland an – 986 | 1000 | Kreuzzüge 1097 | 1a | 1200 | Marco Polo in China (bis 1292) 1275 – 1290 | 1b | Ibn Battuta erkundet die Sahara 1352 | 1c

c)

◀ *Islamisches Weltbild (nach einer arabischen Handschrift, 14. Jh.)*

d)

Chinesisches Weltbild ▶ *(nach einer koreanischen Handschrift, aus dem 17. Jh.)*

U424

Maßstab 1 : 90 000 000

1405–1433	1494	1554	1631–1648	1671	1756
Große Expedition des chinesischen Admirals Zheng nach Afrika	Vertrag von Tordesillas zur Aufteilung der Welt zwischen Spanien und Portugal	erstes Kaffeehaus in Konstantinopel eröffnet	Taj Mahal in Agra erbaut	erstes Kaffeehaus in Frankreich (Marseille) eröffnet	Befehl Friedrich II. von Preußen zum Anbau von Kartoffeln

2 | 1d

1600 | 1800

1 Die Welt um 1914

Britisches Empire (British Empire)
- Mutterland
- Besitztümer (Herrschaftsausübung über Kolonialverwaltungen aus dem Mutterland)
- Dominien (Herrschaftsausübung über Selbstverwaltung der europäischen Siedler)
- Schutzstaaten (Herrschaftsausübung durch einheimische Marionettenregierungen)
- Einflussgebiete (erzwungene Grenzöffnung für die Wirtschaft der Kolonialmacht zu Vorzugsbedingungen)

Besitztümer (Kolonien) und Einflussgebiete selbstständiger Staaten
- Deutsches Reich
- Frankreich
- Japanisches Reich
- Russisches Reich
- USA

Besitztümer (Kolonien) selbstständiger Staaten
- Belgien
- Dänemark
- Italien
- Niederlande
- Portugal
- Spanien
- selbstständige Staaten (sonstige)

2 Handelsgüter der Kolonien und imperialistischer Interessengebiete (um 1914)

Maßstab 1 : 180 000 000

Agrarische Rohstoffe
- Getreide (einschl. Reis)
- Zucker
- Bananen
- Kaffee
- Kakao
- Tee
- Tabak
- Gewürze
- Palmöl
- Wolle
- Fleisch
- Fisch
- Baumwolle
- Jute
- Seide
- Kautschuk
- Holz

Mineralische Rohstoffe
- Düngemittel
- Saltpeter
- Gold
- Silber
- Edelsteine
- Kupfer
- Eisenerz
- Zinn
- Blei
- Erdöl

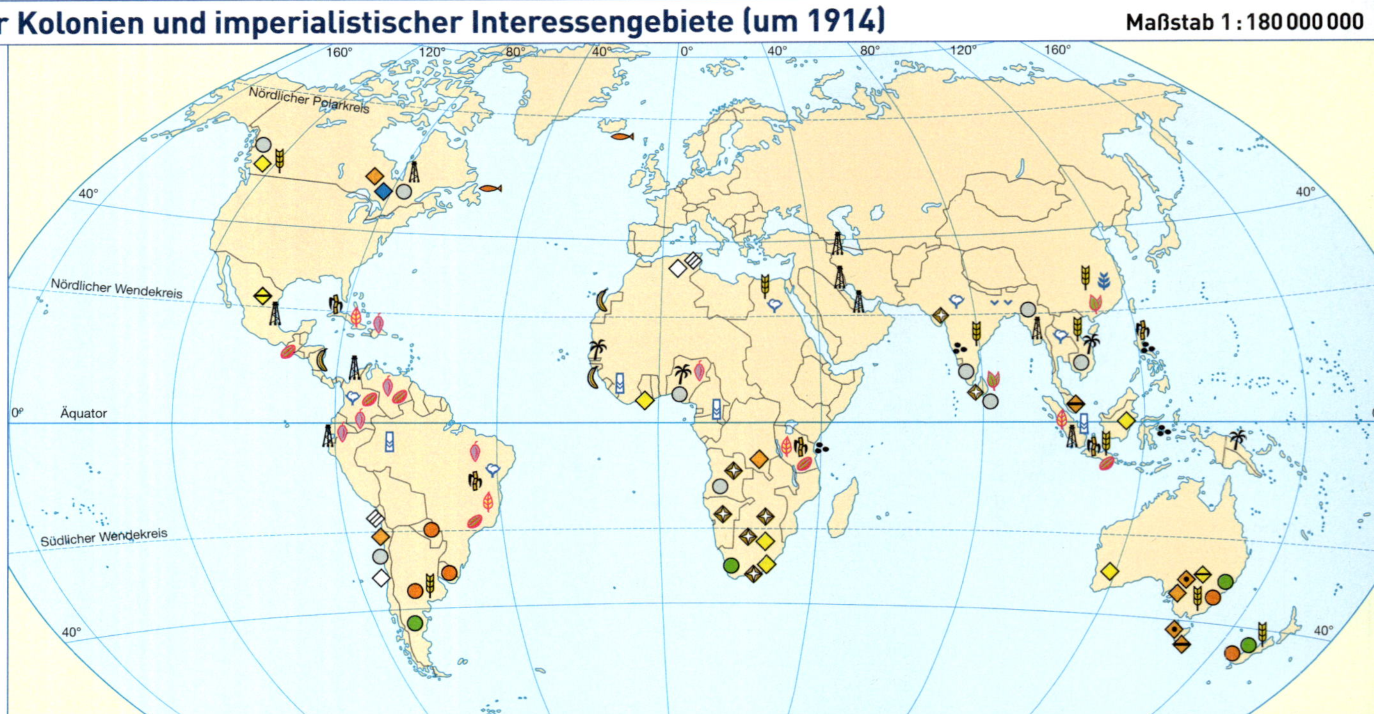

1735	1745	1770	1800	1824	1839	1855
de La Condamine (Frankreich) berichtet aus Brasilien über die Verwendung von Kautschuk bei den Indios		Radiergummi erfunden		erster Macintosh (Regenmantel) durch Auftragen von Kautschuk auf Gewebe patentiert	Erfindung der Vulkanisation (Goodyear) löst Kautschukboom am Amazonas aus	Goodyear (USA) erfindet Gummi-Kondom

Maßstab 1 : 90 000 000

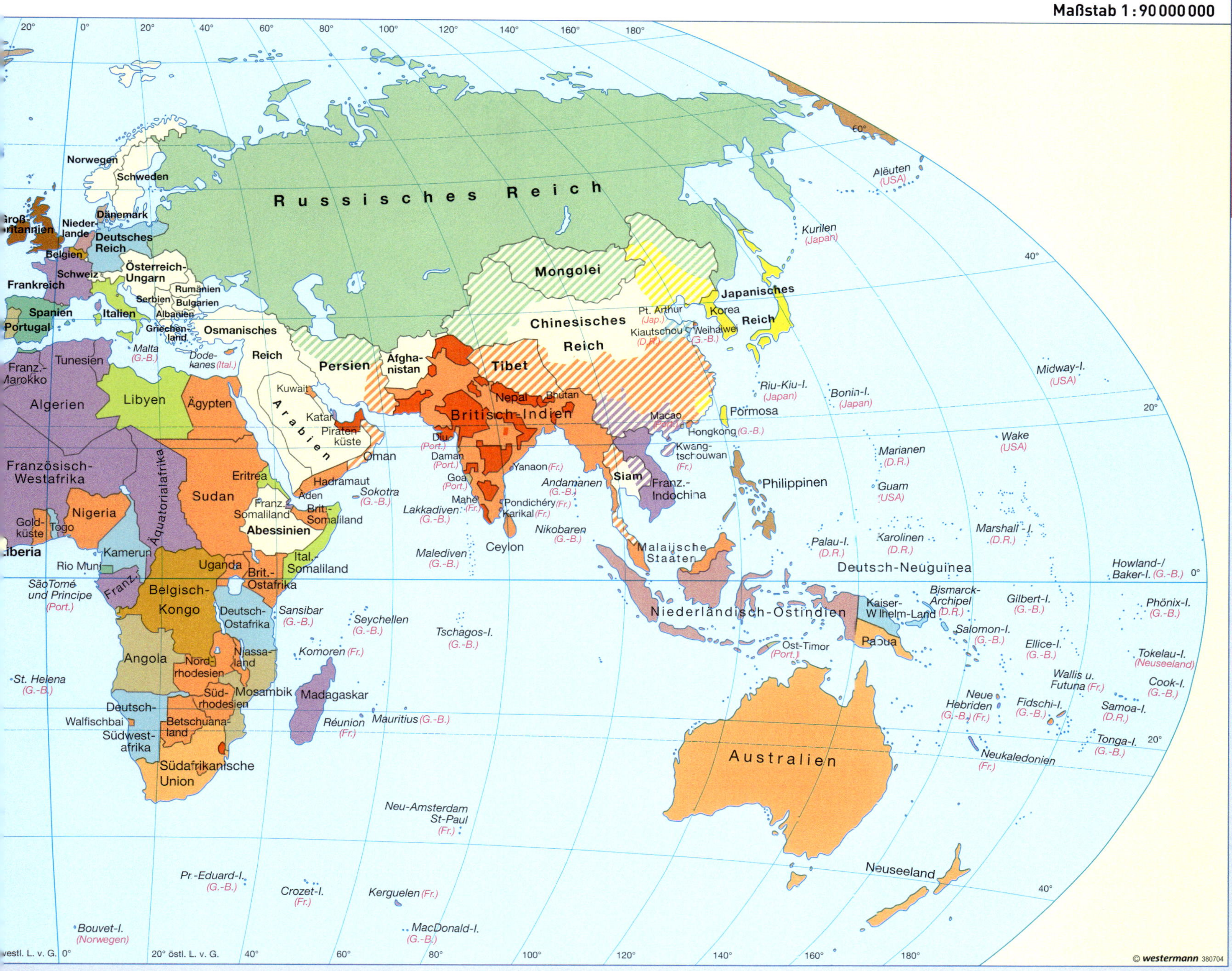

3 Die Welt im Ersten Weltkrieg (1914–1918)

Maßstab 1 : 180 000 000

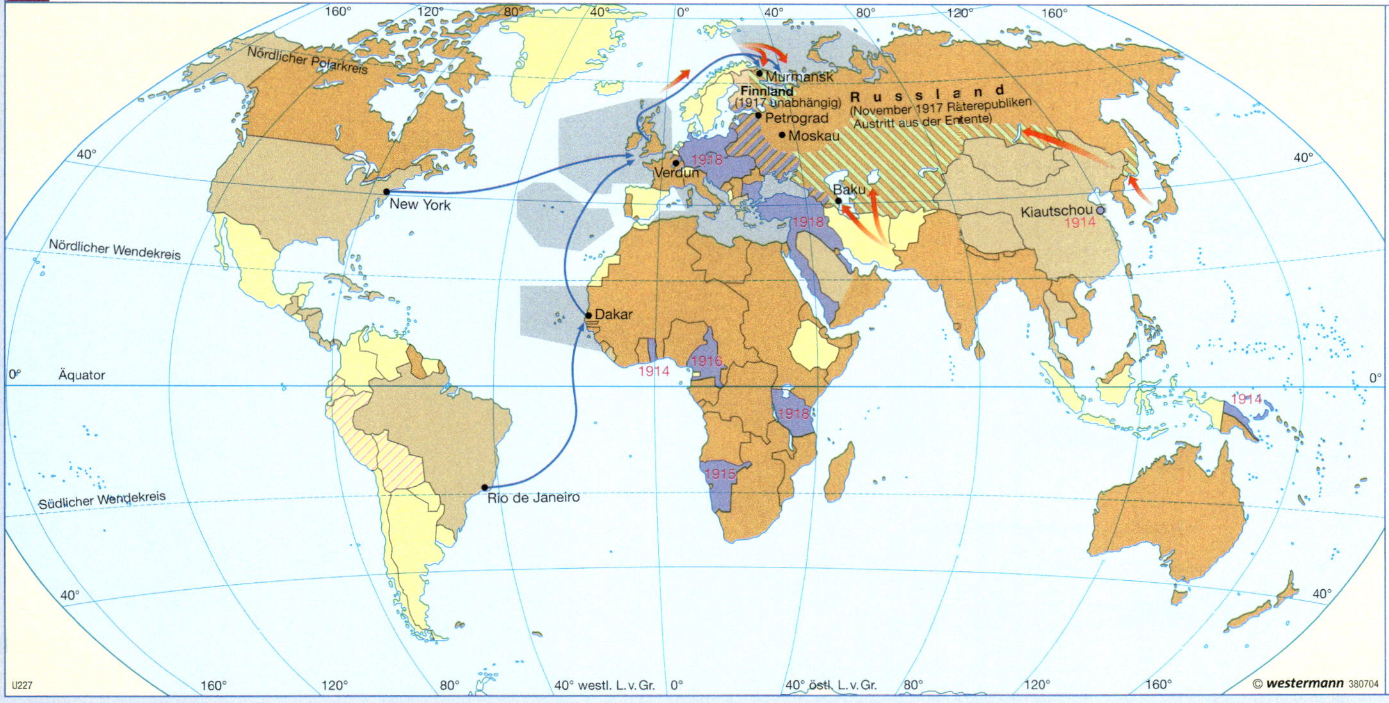

Mittelmächte
- Mittelmächte und Verbündete
- von den Mittelmächten besetzte Gebiete
- Deutsches Seesperrgebiet

Entente („Bündnis")
- Entente und Verbündete 1914–1916
- Verbündete der Entente seit 1917/18
- Geleitzüge der Entente für Kriegslieferungen
- Interventionen der Entente im März 1918
- von „Weißen" und Interventionstruppen beherrschte Gebiete

Neutralität
- neutrale Staaten
- diplomatische Beziehungen zu den Mittelmächten 1917 abgebrochen
- 1918 Jahr der Kapitulation

Staats- und Gebietsnamen siehe Karte 1

- 1876 – Kautschuksamen aus Brasilien nach Asien geschmuggelt
- 1888 – Tierarzt Dunlop (GB) sichert sich Patent für pneumatischen Reifen
- 1900
- 1909 – 1. Patent für synthetischen Kautschuk
- 1929 – Walter Bock erfindet industriell tauglichen Synthesekautschuk
- 1942 – Erfindung des Silikonkautschuks in den USA
- 1960 – zwei Drittel der Weltproduktion von Kautschuk wird für Reifen benötigt
- 2000 – neue Diskussion über den Anbau von Löwenzahn für die Kautschukproduktion

1 2 3

1 Zweiter Weltkrieg 1939–1945 (Bündnisse)

Maßstab 1 : 180 000 000

Achsenmächte und Verbündete (Kriegseintritt)
- 1939
- 1940
- 1941
- seit 7.12.1941
- ········ größter Machtbereich der Achsenmächte 1942

Alliierte Mächte und Verbündete (Kriegseintritt)
- 1939
- 1940
- 1941
- ab 7.12.1941
- ● Konferenzort der Alliierten

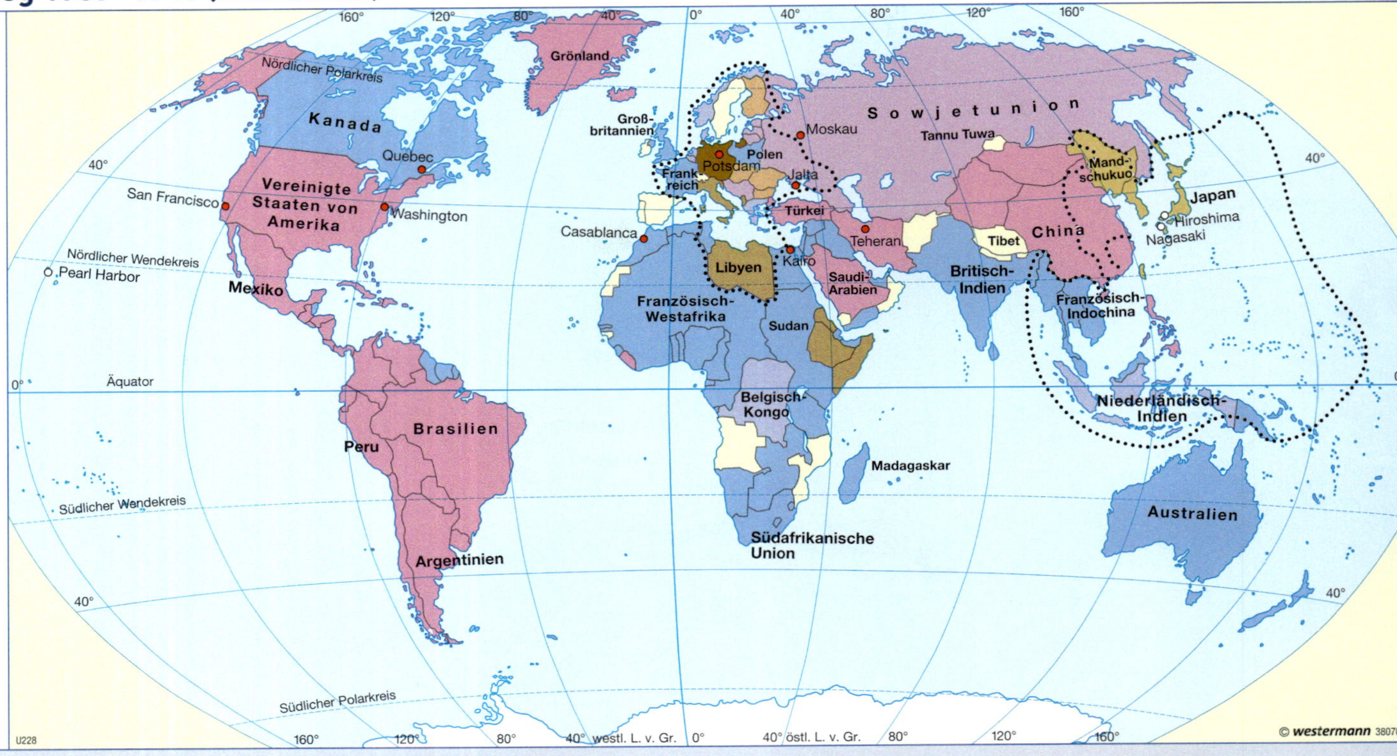

2 Das Zeitalter des Kalten Krieges (1949–1989)

Konflikte im Zeichen des Kalten Krieges
- Bürgerkriege
- internationale Krisen und Kriege
- zwischen 1945 und 1960
- zwischen 1961 und 1975
- zwischen 1976 und 1990

Bündnis- und Paktsysteme (80er Jahre)
- **NATO** (**N**orth **A**tlantic **T**reaty **O**rganization)
- militärisch nicht in der NATO integriert
- **ANZUS** (**A**ustralia-**N**ew **Z**ealand-**U**nited **S**tates 1951 – 1986, danach ausgesetzt)
- **OAS** (**O**rganization of **A**merican **S**tates seit 1948)
- **Warschauer Pakt**

Beistandsabkommen oder Militärkooperationen außerhalb von Bündnissen (80er Jahre)
- USA
- UdSSR

- geostrategisch wichtige Engstellen
- nukleares Testgebiet

Nukleare Militärpotenziale

Marinebasen
- USA
- Frankreich
- Großbritannien
- UdSSR

Bomberstützpunkte
- USA
- UdSSR

Interkontinentalraketen (Reichweite 10 000 – 12 000 km)
- USA
- UdSSR

Radarfrühwarnsysteme (Reichweite 4 000 – 6 000 km)
- USA
- UdSSR

Radarketten zur Luftverteidigung
- USA
- UdSSR

Ortungs- und Überwachungssysteme
- USA (Unterwasserabhöranlagen)
- UdSSR (Datensammelschiffe)

Operationsräume von Flottenverbänden
- USA
- UdSSR

Operationsräume von Atom-U-Booten
- USA
- Frankreich
- Großbritannien
- UdSSR

Anzahl der Atomsprengköpfe (1990 im Vergleich zu 2008)

USA | UdSSR (seit 1992 Russland)

Interkontinentale Reichweite (6 000 – 11 000 km)

		USA	UdSSR
Luftgestützt auf Bombern stationiert	1990	1 800	3 100
	2008	1 083	884
Landgestützt mobil oder stationär	1990	1 282	3 130
	2008	764	1 605
Seegestützt auf Nuklear-U-Booten stationiert	1990	2 200	1 360
	2008	1 728	624

kurze und mittlere Reichweite (750 – 2 500 km)

	USA	UdSSR
1990	1 865	2 570
2008	500	1 281

Eingelagerte Gefechtsköpfe (für Abrüstung vorgesehen, noch verwendungsfähig)

	USA	UdSSR
1990		
2008	1 300	9 000

1916	1938	1941	1945	1955	1957
Albert Einsteins Relativitätstheorie	Entdeckung der Spaltbarkeit von schweren Atomkernen durch Otto Hahn und Lise Meitner	7.12. Überfall Japans auf Pearl Harbor	6./9.8. USA werfen Atombombe auf Hiroshima und Nagasaki ab	14.5. Gründung des Warschauer Pakts	4.10. erster Satellit im Weltall: Sputnik I

1916 · 1920 · 1925 · 1930 · 1935 · 1938 · 1941 · 1945 · 1950 · 1955 · 1957 · 1961

3 Politische und militärische Bündnisse 2009

Maßstab 1 : 180 000 000

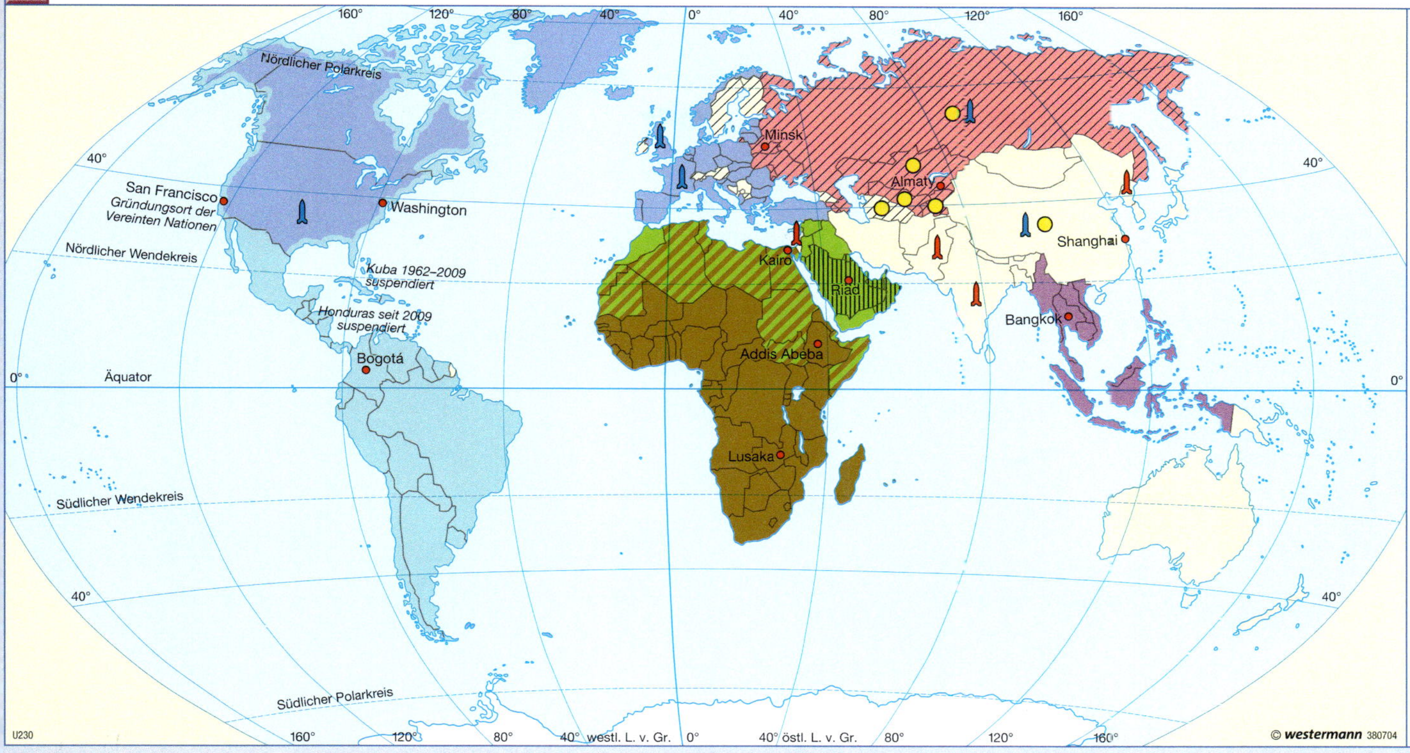

- **Arabische Liga** (1945)
- **ASEAN** (1967) (**A**ssociation of **S**outheast **A**sian **N**ations)
- **AU** (2001) (**A**frican **U**nion)
- Gemeinschaft Unabhängiger Staaten (**GUS**) (1991)
- **Golfrat** (1981)
- **NATO** (1949) (**N**orth **A**tlantic **T**reaty **O**rganization)
- NATO „Partnerschaft für den Frieden"
- **SCO** (1996) (**S**hanghai **C**ooperation **O**rganization)
- **OAS** (1890/1948) (**O**rganization of **A**merican **S**tates)
- Gründungsort der Bündnisse

Nuklearmächte

- Unterzeichner Atomwaffensperrvertag (1968)
- außerhalb Atomwaffensperrvertrag

Maßstab 1 : 100 000 000

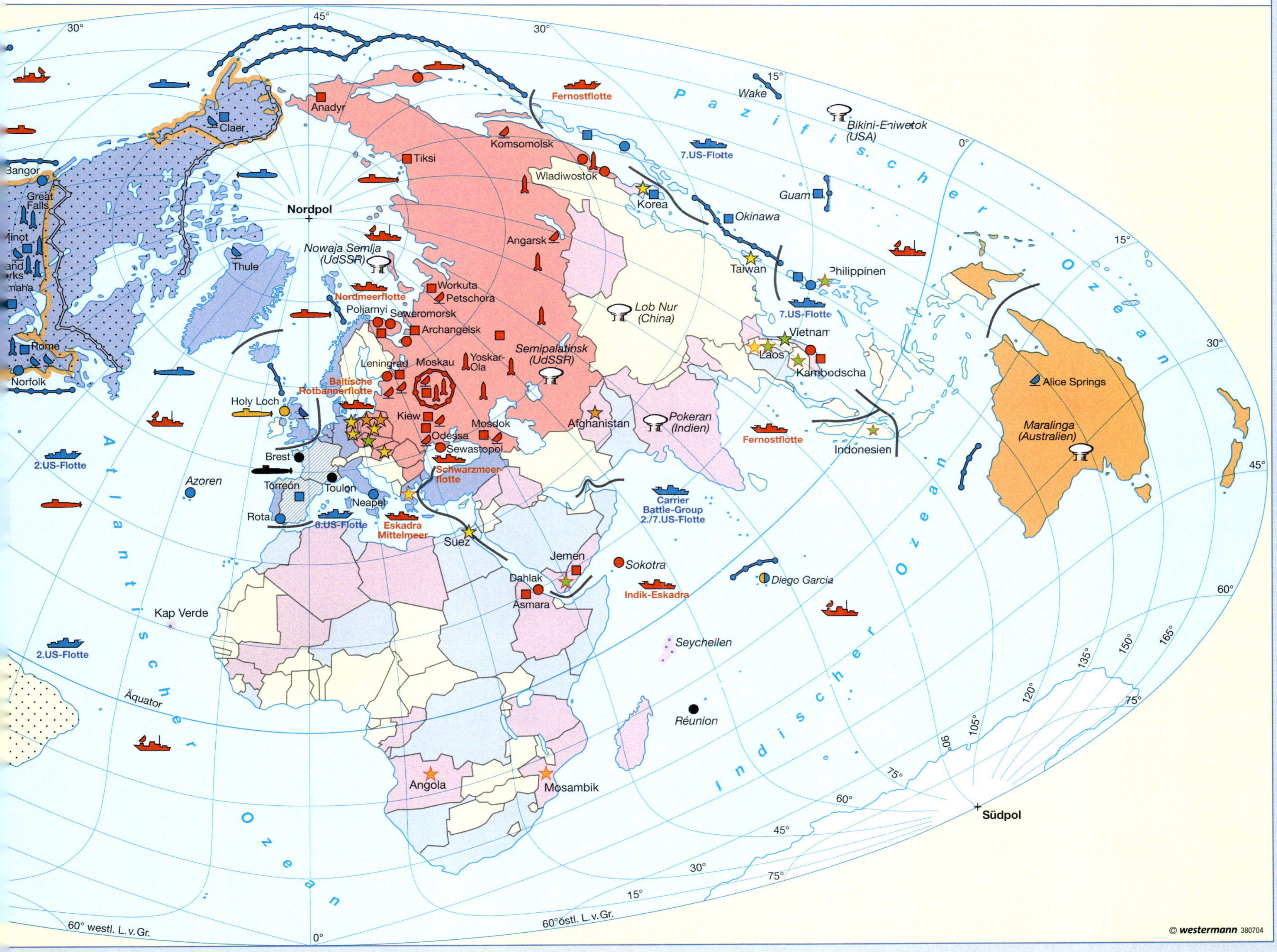

12.4. erster Mensch im Weltall: Juri Gagarin	20.7. erster Mensch betritt den Mond: Neil Amstrong	12.12. NATO-Nachrüstungsbeschluss	26.4. Atomreaktor-Unfall in Tschernobyl	5.12. START I-Abkommen: Verringerung der Nuklearwaffenarsenale in den USA und Russland	11.9. Anschläge auf das World Trade Center in NY und das Pentagon

2 | 3

1965 | 1969 | 1975 | 1979 | 1986 | 1990 | 1994 | 2001 | 2005

1 Politische Übersicht

Hauptstadt
Niue (Neuseel.) Außengebiet mit innerer Autonomie
Wake (USA) abhängiges Gebiet, Außenbesitzung
Staatsgrenze (Staatsgrenzen im Meer sind Orientierungshilfen, sie entsprechen nicht dem rechtlich verbindlichen Verlauf.)

Abkürzungen:

(Austr.)	= Australien
(Bras.)	= Brasilien
(Fr.)	= Frankreich
(G.-B.)	= Großbritannien
(Ind.)	= Indien
(Jap.)	= Japan
(Mex.)	= Mexiko
(Neuseel.)	= Neuseeland
(Niederl.)	= Niederlande
(Norw.)	= Norwegen
(Port.)	= Portugal
(Span.)	= Spanien
(USA)	= Vereinigte Staaten
UAE	= Vereinigte Arabische Emirate

Die größten Länder der Erde

Land	Fläche (in Mio. km²)
1. Russland	17,08
2. Kanada	9,98
3. USA	9,81
4. China	9,57
5. Brasilien	8,55
6. Australien	7,69
7. Indien	3,29
8. Argentinien	2,78
9. Kasachstan	2,72
10. Algerien	2,38
169. Luxemburg	0,003

Die bevölkerungsreichsten Länder der Erde (2010)

Land	Einwohner (in Mio.)
1. China	1338
2. Indien	1156
3. USA	307
4. Indonesien	240
5. Brasilien	198
6. Pakistan	174
7. Bangladesch	156
8. Nigeria	149
9. Russland	140
10. Japan	127
167. Luxemburg	0,48

Die Vereinten Nationen
(United Nations Organization, UNO)

Die Vereinten Nationen sind eine globale internationale Organisation mit 192 Mitgliedsstaaten. Ihre wichtigsten Aufgaben sind die Sicherung des Weltfriedens, die Einhaltung des Völkerrechts, der Schutz der Menschenrechte und die Förderung der internationalen Zusammenarbeit.
Keine Mitglieder der Vereinten Nationen sind Vatikanstadt sowie nicht von allen Ländern anerkannte Staaten wie Kosovo, Palästina und Taiwan.
Die Vereinten Nationen haben ihren Hauptsitz in New York.

Anteil der Stimmen nach Kontinenten

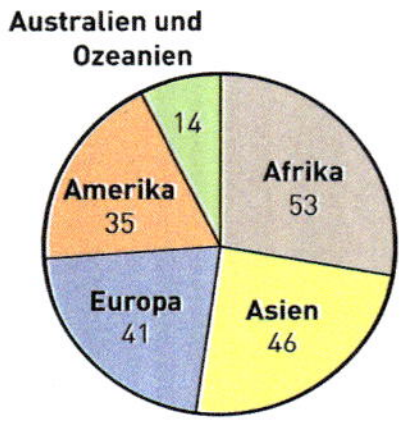

5 ständige Mitglieder des UNO-Sicherheitsrates

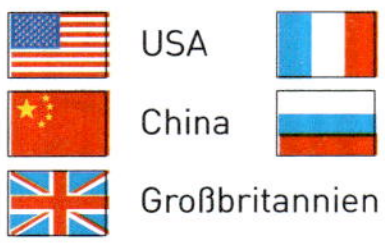

um einen ständigen Sitz im UNO-Sicherheitsrat bemüht: Deutschland, Japan, Brasilien, Indien

2 Politische Systeme 2008

Maßstab 1 : 180 000 000

Republik
- Präsidentielles Regierungssystem (siehe Seite 25, 3)
- Semipräsidentielles Regierungssystem
- Parlamentarisches Regierungssystem (siehe Seite 65, 4)

Monarchie
- Parlamentarische Monarchie (siehe Seite 25, 4)
- Konstitutionelle Monarchie
- Absolute Monarchie

sonstige
- Einparteiensystem (siehe Seite 25, 5)
- Militärregierung

- instabiler Staat (nach Weltbank, 2007)

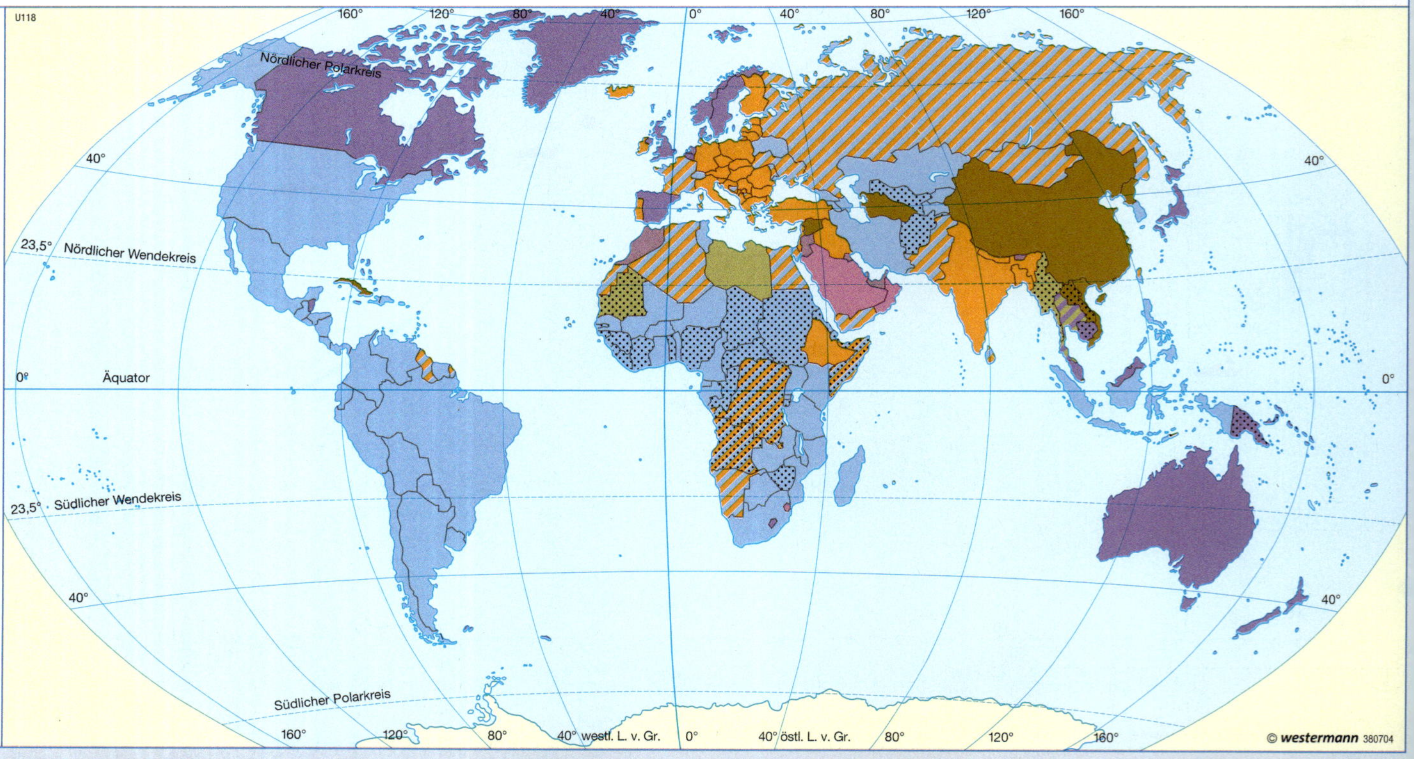

Maßstab 1 : 95 000 000

3 Präsidentielles Regierungssystem

Beispiel: Vereinigte Staaten von Amerika (USA)

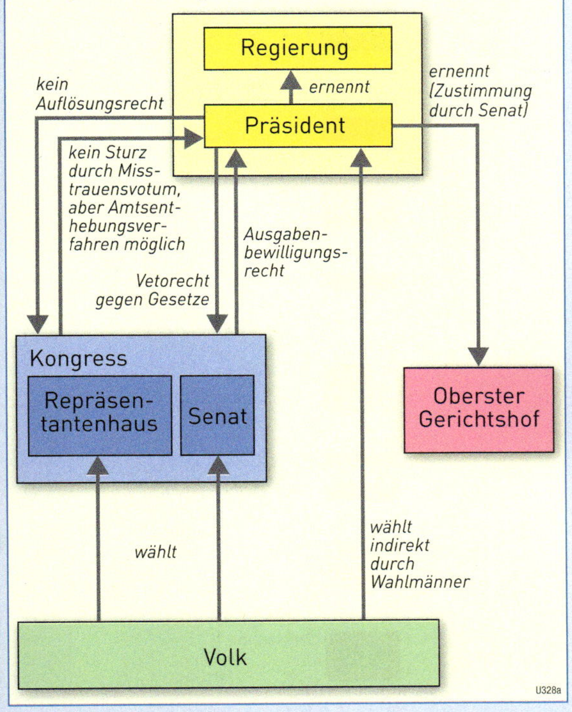

4 Parlamentarische Monarchie

Beispiel: Vereinigtes Königreich

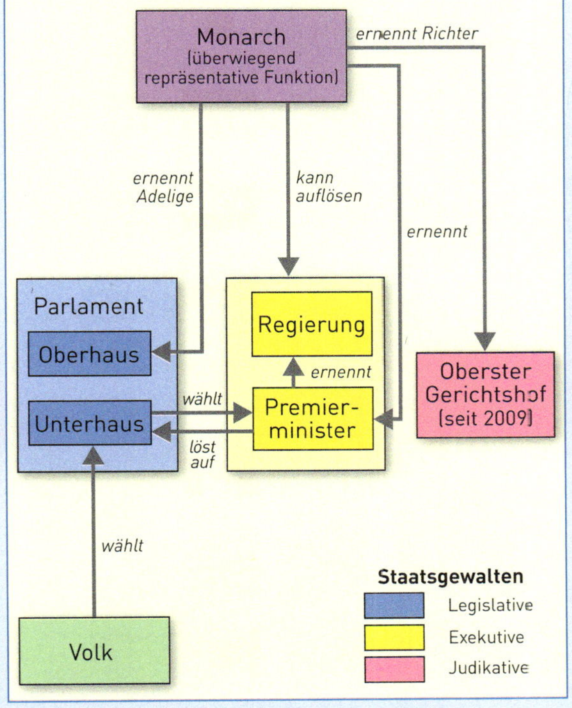

5 Einparteiensystem

Beispiel: Volksrepublik China

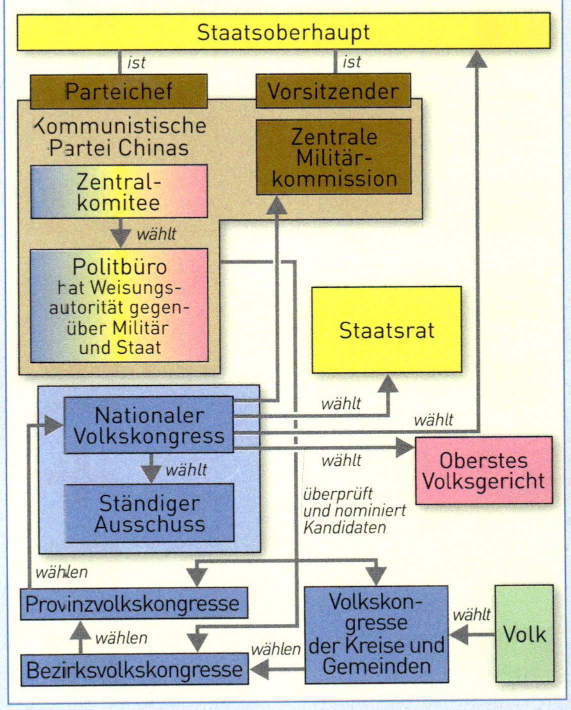

Staat	Kennz.	Karte	F.	E.	H.
Afghanistan	AFG	S. 161, G5	652 225 km²	27 145 000	Kabul
Ägypten	ET	S. 181, F3	1 002 000 km²	75 467 000	Kairo
Albanien	AL	S. 126, B/C3	28 748 km²	3 181 000	Tirana
Algerien	DZ	S. 180, C/D3	2 381 741 km²	33 853 000	Algier
Andorra	AND	S. 122, D3	468 km²	82 000	Andorra la Vella
Angola	ANG	S. 182, C/D4	1 246 700 km²	16 949 000	Luanda
Antigua und Barbuda	AG	S. 201, H/J5	442 km²	85 000	Saint John's
Äquatorialguinea	GQ	S. 182, B/C2	28 051 km²	508 000	Malabo
Argentinien	RA	S. 213, C6	2 780 403 km²	39 503 000	Buenos Aires
Armenien	ARM	S. 127, J4	29 743 km²	3 009 000	Jerewan
Aserbaidschan	AZ	S. 160, E4/5	86 600 km²	8 556 000	Baku
Äthiopien	ETH	S. 181, G/H5	1 133 380 km²	79 087 000	Addis Ababa
Australien	AUS	S. 184, C-E5	7 692 030 km²	21 015 000	Canberra
Bahamas	BS	S. 201, G4	13 939 km²	331 000	Nassau
Bahrain	BRN	S. 161, F6	716 km²	753 000	Manama
Bangladesch	BD	S. 152, E/F4	147 570 km²	158 572 000	Dhaka
Barbados	BDS	S. 201, J5	430 km²	294 000	Bridgetown
Belgien	B	S. 108, E4	32 545 km²	10 626 000	Brüssel
Belize	BZ	S. 201, F5	22 965 km²	304 000	Belmopan
Benin	BJ	S. 180, D4	112 622 km²	9 025 000	Porto Novo
Bhutan	BHT	S. 152, E/F4	46 500 km²	657 000	Thimphu
Bolivien	BOL	S. 212, C4	1 098 581 km²	9 518 000	Sucre
Bosnien und Herzegowina	BIH	S. 126, B2	51 129 km²	3 773 000	Sarajevo
Botsuana	RB	S. 182, D5	581 730 km²	1 881 000	Gaborone
Brasilien	BR	S. 212, C/D3	8 547 404 km²	191 601 000	Brasília
Brunei	BRU	S. 146, D3	5 765 km²	389 000	Bandar Seri Begawan
Bulgarien	BG	S. 126, C/D3	110,994 km²	7,660,000	Sofia
Burkina Faso	BF	S. 180, C4	274 200 km²	14 777 000	Ouagadougou
Burundi	RU	S. 183, E3	27 834 km²	8 496 000	Bujumbura
Chile	RCH	S. 213, B6	756 096 km²	16 595 000	Santiago
China	PRC	S. 152, G3	9 572 419 km²	1 325 716 000	Peking
Costa Rica	CR	S. 201, F5	51 100 km²	4 462 000	San José
Côte d'Ivoire (Elfenbeinküste)	CI	S. 180, C5	322 462 km²	19 268 000	Yamoussoukro
Dänemark	DK	S. 105, D6	43 098 km²	5 461 000	Kopenhagen
Deutschland	D	S. 114, D3	357 104 km²	82 268 000	Berlin
Dominica	WD	S. 201, H/J5	751 km²	73 000	Roseau
Dominikanische Republik	DOM	S. 201, H5	48 671 km²	9 726 000	Santo Domingo
Dschibuti	DJI	S. 181, H4	23 200 km²	833 000	Dschibuti
Ecuador	EC	S. 212, B3	256 370 km²	13 340 000	Quito
El Salvador	ES	S. 201, E/F4	21 041 km²	6 853 000	San Salvador
Eritrea	ER	S. 181, G4	121 144 km²	4 842 000	Asmara
Estland	EST	S. 105, H5	45 227 km²	1 342 000	Tallinn
Fidschi	FJI	S. 184, H6	18 376 km²	834 000	Suva
Finnland	FIN	S. 104, H4	338 144 km²	5 289 000	Helsinki
Frankreich	F	S. 109, D5	543 965 km²	61 707 000	Paris
Gabun	G	S. 182, C3	267 667 km²	1 330 000	Libreville
Gambia	WAG	S. 180, B4	11 295 km²	1 707 000	Banjul
Georgien	GE	S. 127, H/J3	69 700 km²	4 399 000	Tiflis
Ghana	GH	S. 180, C5	238 537 km²	23 462 000	Accra
Grenada	WG	S. 201, H5	345 km²	106 000	Saint George's
Griechenland	GR	S. 126, C4	131 957 km²	11 193 000	Athen
Großbritannien und Nordirland	GB	S. 108, C/D3	242 910 km²	61 001 000	London
Guatemala	GCA	S. 201, E/F5	108 889 km²	13 348 000	Guatemala-Stadt
Guinea	RG	S. 180, B4	245 857 km²	9 380 000	Conakry
Guinea-Bissau	GUB	S. 180, B4	36 125 km²	1 695 000	Bissau
Guyana	GUY	S. 212, D2	214 969 km²	739 000	Georgetown
Haiti	RH	S. 201, G5	27 750 km²	9 612 000	Port-au-Prince
Honduras	HN	S. 201, G5	112 492 km²	7 104 000	Tegucigalpa
Indien	IND	S. 152, D/E5	3 287 263 km²	1 124 787 000	Neu-Delhi
Indonesien	RI	S. 146, C-F4	1 912 988 km²	225 630 000	Jakarta
Irak	IRQ	S. 161, E5	438 317 km²	28 993 000	Bagdad
Iran	IR	S. 161, F5	1 648 000 km²	71 021 000	Teheran
Irland	IRL	S. 108, A/B3	70 273 km²	4 366 000	Dublin
Island	IS	S. 104, B/C1	103 000 km²	311 000	Reykjavik
Israel	IL	S. 161, D5	20 991 km²	7 180 000	Jerusalem
Italien	I	S. 123, G2	301 336 km²	59 375 000	Rom
Jamaika	JA	S. 201, G5	10 991 km²	2 676 000	Kingston
Japan	J	S. 153, K/L3	377 837 km²	127 771 000	Tokio
Jemen	YAR	S. 161, E7	536 869 km²	22 383 000	Sana
Jordanien	JOR	S. 161, D5	89 342 km²	5 719 000	Amman
Kambodscha	K	S. 146, C2	181 035 km²	14 446 000	Phnom Penh
Kamerun	CAM	S. 180, E5	475 442 km²	18 533 000	Jaunde
Kanada	CDN	S. 198, J-O4	9 984 670 km²	32 976 000	Ottawa
Kap Verde	CV	S. 171, 3A3	4 036 km²	530,000	Praia
Kasachstan	KZ	S. 134, G/H5	2 724 900 km²	15 484 000	Astana
Katar	Q	S. 161, F6	11 437 km	836 000	Doha
Kenia	EAK	S. 183, E2	582 646 km	37 531 000	Nairobi
Kirgisistan	KS	S. 134, H5	199 900 km	5 235 000	Bishkek
Kiribati	KIR	S. 184, J-L5	811 km	95 000	South Tarawa
Kolumbien	CO	S. 212, B2	1 141 748 km	43 987 000	Bogotá
Komoren	COM	S. 183, F4	1 862 km	628 000	Moroni
Kongo	RCB	S. 182, C2	342 000 km	3 767 000	Brazzaville
Kongo, Dem. Republik	CGO	S. 182, D3	2 344 885 km	62 399 000	Kinshasa
Kosovo	RKS	S. 126, C3	10 887 km	2 100 000	Priština
Kroatien	HR	S. 126, A/B2	56 542 km	4 436 000	Zagreb
Kuba	C	S. 201, G4	110 860 km	11 257 000	Havanna
Kuwait	KWT	S. 161, E6	17 818 km	2 663 000	Kuwait
Laos	LAO	S. 152, G5	236 800 km	5 860 000	Vientiane
Lesotho	LS	S. 182, D5	30 355 km	2 006 000	Maseru
Lettland	LV	S. 105, G/H5	64 589 km	2 276 000	Riga
Libanon	RL	S. 127, G5	10 452 km	4 097 000	Beirut
Liberia	LB	S. 180, B/C5	97 754 km	3 714 000	Monrovia
Libyen	LAR	S. 180, E3	1 775 500 km	6 156 000	Tripolis
Liechtenstein	FL	S. 114, D4	160 km	35 000	Vaduz
Litauen	LT	S. 105, G6	65 301 km	3 376 000	Vilnius
Luxemburg	L	S. 114, C3	2 586 km	480 000	Luxemburg
Madagaskar	RM	S. 183, F/G5	587 041 km	19 670 000	Antananarivo
Malawi	MW	S. 183, E4	118 484 km	13 920 000	Lilongwe
Malaysia	MAL	S. 146, C/D3	329 733 km	26 550 000	Kuala Lumpur
Malediven	MV	S. 141, 4E4	298 km	305 000	Male

Abkürzungen: F. = Fläche E. = Einwohner H. = Hauptstadt Einsatz durch UN-Friedenstruppen oder UN-Beobachter (UNO-Mission) siehe Karte auf Seite ...

Staat	Kennzeichen / Atlas	F.	E.	H.
Mali	RMM ⇨ S. 180, C/D4	1 240 192 km²	12 334 000	Bamako
Malta	M ⇨ S. 123, G5	316 km²	409 000	Valletta
Marokko	MA ⇨ S. 180, C2	458 730 km²	30 861 000	Rabat
Marshall-Inseln	MH ⇨ S. 184, H3/4	181 km²	58 000	Majuro
Mauretanien	RIM ⇨ S. 180, B/C4	1 030 700 km²	3 121 000	Nouakchott
Mauritius	MS ⇨ S. 183, G4	2 040 km²	1 261 000	Port Louis
Mazedonien	MK ⇨ S. 126, C3	25 713 km²	2 037 000	Skopje
Mexiko	MEX ⇨ S. 200, D4	1 953 162 km²	105 281 000	Mexiko-Stadt
Mikronesien	FSM ⇨ S. 184, F/G4	700 km²	111 000	Palikir
Moldau	MD ⇨ S. 130, C/D5	33 800 km²	3 804 000	Chişinău
Monaco	MC ⇨ S. 123, E/F3	2 km²	33 000	Monaco
Mongolei	MGL ⇨ S. 135, K/L5	1 564 100 km²	2 608 000	Ulan-Bator
Montenegro	MNE ⇨ S. 126, B3	13 812 km²	599 000	Podgorica
Mosambik	MOC ⇨ S. 183, E4	799 380 km²	2 137 200	Maputo
Myanmar (Birma)	MYA ⇨ S. 152, F4	676 552 km²	48 783 000	Naypyidaw
Namibia	NAM ⇨ S. 182, C5	824 292 km²	2 080 000	Windhuk
Nauru	NAU ⇨ S. 184, G5	21 km²	10 000	Yaren
Nepal	NEP ⇨ S. 152, E4	147 181 km²	28 108 000	Kathmandu
Neuseeland	NZ ⇨ S. 184, G/H9	270 534 km²	4 228 000	Wellington
Nicaragua	NIC ⇨ S. 201, F5	120 254 km²	5 605 000	Managua
Niederlande	NL ⇨ S. 108, E3	41 526 km²	16 381 000	Amsterdam
Niger	RN ⇨ S. 180, D/E4	1 267 000 km²	14 195 000	Niamey
Nigeria	NGR ⇨ S. 180, D/E4	923 768 km²	147 983 000	Abuja
Nordkorea	KP ⇨ S. 153, J/K2	122 762 km²	23 783 000	Pjöngjang
Norwegen	N ⇨ S. 104, D3	323 759 km²	4 709 000	Oslo

Staat	Kennzeichen / Atlas	F.	E.	H.
Oman	OM ⇨ S. 161, F6	309 500 km²	2 600 000	Maskat
Österreich	A ⇨ S. 114, E4	83 871 km²	8 315 000	Wien
Osttimor	TL ⇨ S. 184, C5	14 604 km²	1 061 000	Dili
Pakistan	PK ⇨ S. 161, G6	796 095 km²	162 481 000	Islamabad
Palau	PAL ⇨ S. 147, F3	508 km²	20 000	Melekeok
Panamá	PA ⇨ S. 201, F/G6	75 517 km²	3 341 000	Panamá-Stadt
Papua-Neuguinea	PNG ⇨ S. 147, G/H4	462 840 km²	6 324 000	Port Moresby
Paraguay	PY ⇨ S. 213, C/D4	406 752 km²	6 120 000	Asunción
Peru	PE ⇨ S. 212, B3	1 285 216 km²	27 898 000	Lima
Philippinen	RP ⇨ S. 146, E2	300 000 km²	87 892 000	Manila
Polen	PL ⇨ S. 114, F/G3	312 685 km²	38 121 000	Warschau
Portugal	P ⇨ S. 112, B/C4	92 345 km²	10 608 000	Lissabon
Ruanda	RWA ⇨ S. 183, E3	26 338 km²	9 736 000	Kigali
Rumänien	RO ⇨ S. 126, C/D2	238 391 km²	21 547 000	Bukarest
Russland	RUS ⇨ S. 134, H-L3	17 075 400 km²	142 100 000	Moskau
Sahara	SH ⇨ S. 180, B3	252 120 km²	252 146	El-Aaiún
Salomonen	SOL ⇨ S. 184, F/G5	27 556 km²	495 000	Honiara
Sambia	Z ⇨ S. 182, D4	752 614 km²	11 920 000	Lusaka
Samoa	WS ⇨ S. 184, J6	2 831 km²	181 000	Apia
San Marino	RSM ⇨ S. 123, G3	61 km²	31 000	San Marino
São Tomé und Príncipe	STP ⇨ S. 182, B2	1 001 km²	158 000	São Tomé
Saudi-Arabien	KSA ⇨ S. 161, E6	2 240 000 km²	24 157 000	Riad
Schweden	S ⇨ S. 104, E4	449 964 km²	9 148 000	Stockholm
Schweiz	CH ⇨ S. 114, C/D4	41 285 km²	7 550 000	Bern
Senegal	SN ⇨ S. 180, B4	196 722 km²	12 411 000	Dakar

Staat	Kennzeichen / Atlas	F.	E.	H.
Serbien	SRB ⇨ S. 126, C3	77 474 km²	7 382 000	Belgrad
Seychellen	SY ⇨ S. 183, F/G3	454 km²	85 000	Victoria
Sierra Leone	WAL ⇨ S. 180, B5	71 740 km²	5 848 000	Freetown
Simbabwe	ZW ⇨ S. 182, D4	390 757 km²	13 403 000	Harare
Singapur	SGP ⇨ S. 146, C3	710 km²	4 589 000	Singapur
Slowakei	SLO ⇨ S. 115, F/G2	49 034 km²	5 397 000	Bratislava
Slowenien	SK ⇨ S. 114, E4	20 253 km²	2 018 000	Ljubljana
Somalia	SO ⇨ S. 181, H5	637 657 km²	8 696 000	Mogadischu
Spanien	E ⇨ S. 122, B/C4	504 645 km²	44 879 000	Madrid
Sri Lanka	CL ⇨ S. 152, D/E6	65 610 km²	20 020 000	Colombo
St. Kitts und Nevis	KAN ⇨ S. 201, H5	269 km²	49 000	Basseterre
St. Lucia	WL ⇨ S. 201, H5	616 km²	168 000	Castries
St. Vincent und die Grenadinen	WV ⇨ S. 201, H5	339 km²	120 000	Kingstown
Südafrika	ZA ⇨ S. 182, D5	1 219 090 km²	47 851 000	Pretoria
Sudan	SUD ⇨ S. 181, F/G4	2 505 813 km²	38 556 000	Khartum
Südkorea	ROK ⇨ S. 153, J/K3	99 313 km²	48 456 000	Seoul
Südsudan	SSD ⇨ S. 181, F/G4	619 745 km²	8 260 000	Dschuba
Suriname	SME ⇨ S. 212, D2	163 265 km²	458 000	Paramaribo
Swasiland	SD ⇨ S. 183, E5	17 363 km²	1 148 000	Mbabane
Syrien	SYR ⇨ S. 127, G5	185 180 km²	19 391 000	Damaskus
Tadschikistan	TJ ⇨ S. 160, G/H5	143 100 km²	6 740 000	Duschanbe
Taiwan	RC ⇨ S. 153, J4	36 006 km²	22 958 000	Taipeh
Tansania	EAT ⇨ S. 183, E3	945 087 km²	40 432 000	Dodoma
Thailand	T ⇨ S. 146, C2	513 115 km²	63 832 000	Bangkok
Togo	RT ⇨ S. 180, D5	56 785 km²	6 581 000	Lomé

Staat	Kennzeichen / Atlas	F.	E.	H.
Tonga	TON ⇨ S. 184, J6	748 km²	102 000	Nuku'alofa
Trinidad und Tobago	TT ⇨ S. 201, H-J6	5 128 km²	1 333 000	Port of Spain
Tschad	TD ⇨ S. 180, E/F4	1 284 000 km²	10 764 000	N'Djamena
Tschechische Republik	CZ ⇨ S. 114, E3	78 866 km²	10 334 000	Prag
Tunesien	TN ⇨ S. 180, D/E2	163 610 km²	10 225 000	Tunis
Türkei	TR ⇨ S. 127, F4	779 452 km²	73 885 000	Ankara
Turkmenistan	TM ⇨ S. 160, F/G4	488 100 km²	4 963 000	Aschgabat
Tuvalu	TUV ⇨ S. 184, H5	26 km²	11 000	Funafuti
Uganda	EAU ⇨ S. 183, E2	241 548 km²	30 916 000	Kampala
Ukraine	UA ⇨ S. 130, D4	603 700 km²	46 509 000	Kiew
Ungarn	H ⇨ S. 114, F/G4	93 030 km²	10 056 000	Budapest
Uruguay	ROU ⇨ S. 213, D6	176 215 km²	3 324 000	Montevideo
Usbekistan	UZ ⇨ S. 160, G4	447 400 km²	26 868 000	Taschkent
Vanuatu	VU ⇨ S. 184, G/H6	12 190 km²	226 000	Port Vila
Vatikanstadt	V ⇨ S. 123, G3	0,4 km²	700	Vatianstadt
Venezuela	YV ⇨ S. 212, C2	912 050 km²	27 483 000	Caracas
Vereinigte Arabische Emirate	UAE ⇨ S. 161, F6	77 700 km²	4 365 000	Abu Dhabi
Vereinigte Staaten von Amerika	USA ⇨ S. 201, D-F3	9 809 155 km²	301 621 000	Washington
Vietnam	VN ⇨ S. 146, C2	331 114 km²	85 155 000	Hanoi
Weißrussland	BY ⇨ S. 105, H/J6	207 595 km²	9 702 1000	Minsk
Zentralafrikanische Republik	RCA ⇨ S. 180, E/F5	622 436 km²	4 343 000	Bangui
Zypern	CY ⇨ S. 127, F5	9 251 km²	789 000	Nikosia
Europäische Union	EU ⇨ S. 94, 2	4 325 000 km²	495 422 000	27 Mitgliederstaaten
Vereinte Nationen	UN ⇨ S. 24/25	Die 192 Mitgliederstaaten repräsentieren 99,6% der gesamten Weltbevölkerung.		
Welt gesamt		Bevölkerung (2010)	6 908 688 000	(UN)

D3-028 www.diercke.de

1 Politische Flüchtlinge erfasst vom UNHCR – United Nations High Commissioner of Refugees (Hoher Flüchtlingskomissar)

Konflikte
(nach Heidelberger Institut für Internationale Konfliktforschung 2010)
- ★ Bürgerkrieg oder internationale Konflikte
- ★ ernste Krise

Flucht
(Stand: 2008)
- Binnenflüchtlinge (mehr als 100 000)
- Auslandsflüchtlinge
  - in die Nachbarstaaten
  - in die Europäische Union
  - 5 000- 10 000
  - 10 000- 100 000
  - über 100 000

Aufnahmeländer
(Stand: Ende 2008)
Anzahl der erfassten politischen Flüchtlinge je 1 000 Einwohner
- bis 1
- 1-10
- 10-25
- über 25
- keine Angaben

Politische Flüchtlinge sind Menschen, die wegen begründeter Furcht vor Verfolgung ihr Land verlassen, dessen Staatsangehörigkeit sie besitzen. Sie werden im Sinne der Genfer Flüchtlingskonvention wegen ihrer Rasse, Religion, Nationalität oder der Zugehörigkeit zu einer bestimmten Gruppe verfolgt. Schätzungsweise 25,7 Mio. Menschen sind in das Ausland geflohen oder innerhalb ihres eigenen Landes auf der Flucht (Binnenflüchtlinge). Binnenflüchtlinge erfasst und unterstützt der **UNHCR**, wenn er den Auftrag dafür erhält, ebenfalls.

vom **UNHCR** anerkannte und unterstützte Flüchtlinge (2008)

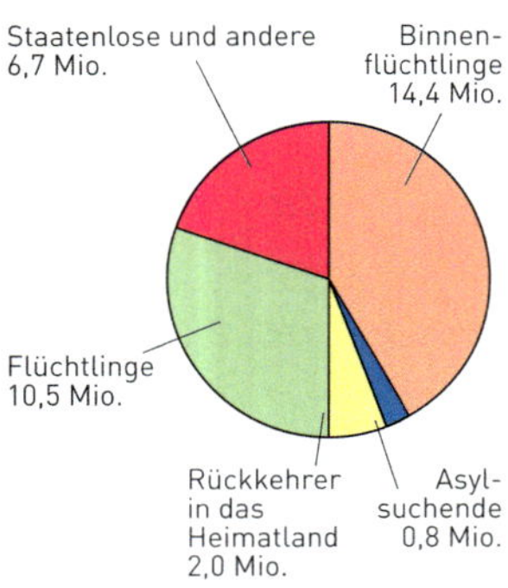

Entwicklung der Flüchtlingsbewegung

	Flüchtlinge auf der Erde gesamt	Hilfe des UNHCR
1990	15 Mio.	544 Mio. $
1995	27,4 Mio.	1300 Mio. $
2000	22,3 Mio.	915 Mio. $
2008	34,4 Mio.	1600 Mio. $

2 Menschenrechte

Maßstab 1 : 180 000 000

Die vereinten Nationen formulierten 1948 die „Allgemeine Erklärung der Menschenrechte".

Politische Rechte und bürgerliche Freiheiten
(nach Freedom House, 2008)
- geschützt
- teilweise geschützt
- nicht geschützt
- keine Angaben

Recht auf Leben
(nach Amnesty international, 2011)
- Todesstrafe
- ◇ Todesstrafe zur Zeit ausgesetzt

Freiheitsstatus	Staatenverteilung	Bevölkerungsverteilung (in Mrd.)
geschützt	89 (46%)	3,06 (46%)
teilweise geschützt	62 (32%)	1,35 (20%)
nicht geschützt	42 (22%)	2,28 (34%)
Gesamt	**193**	**6,68**

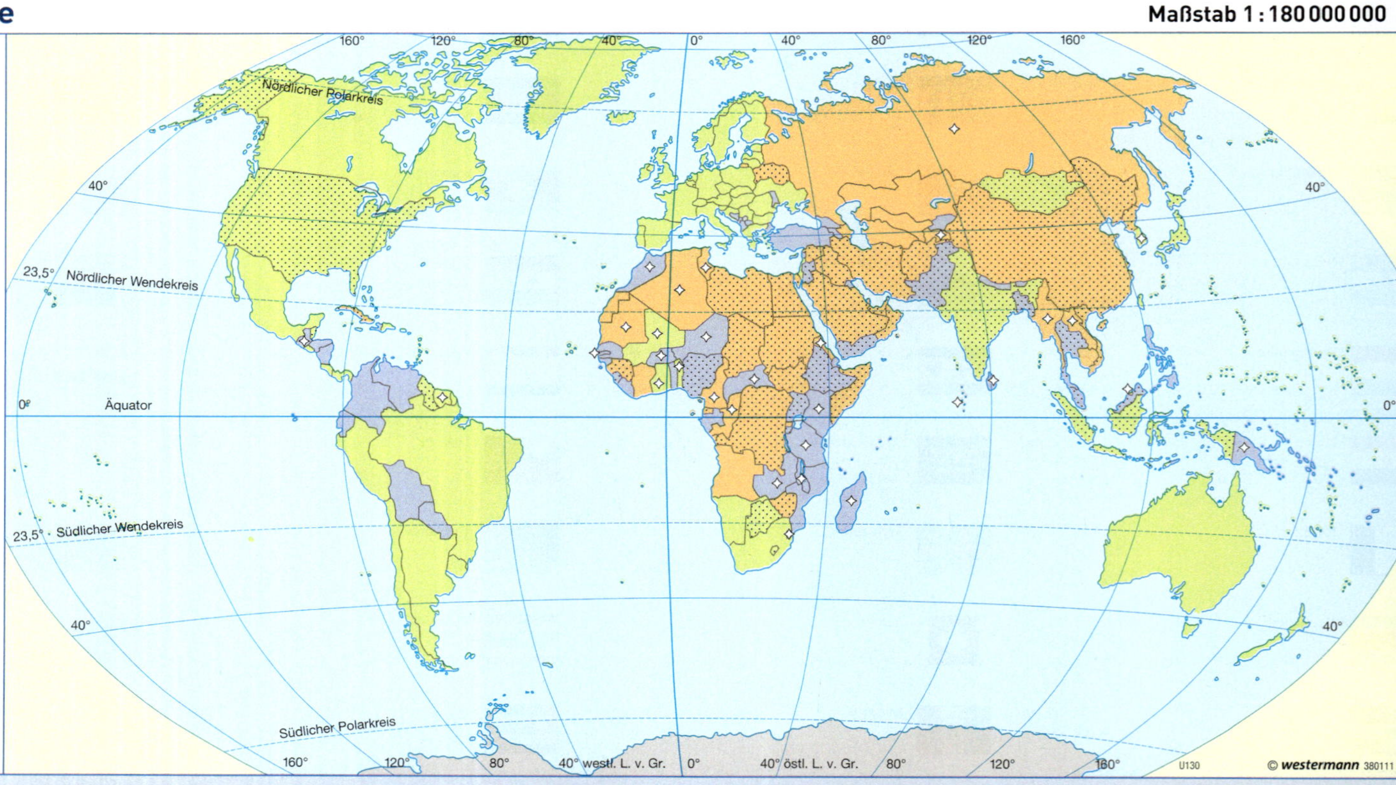

Maßstab 1 : 90 000 000

3 Kinderrechte

Maßstab 1 : 180 000 000

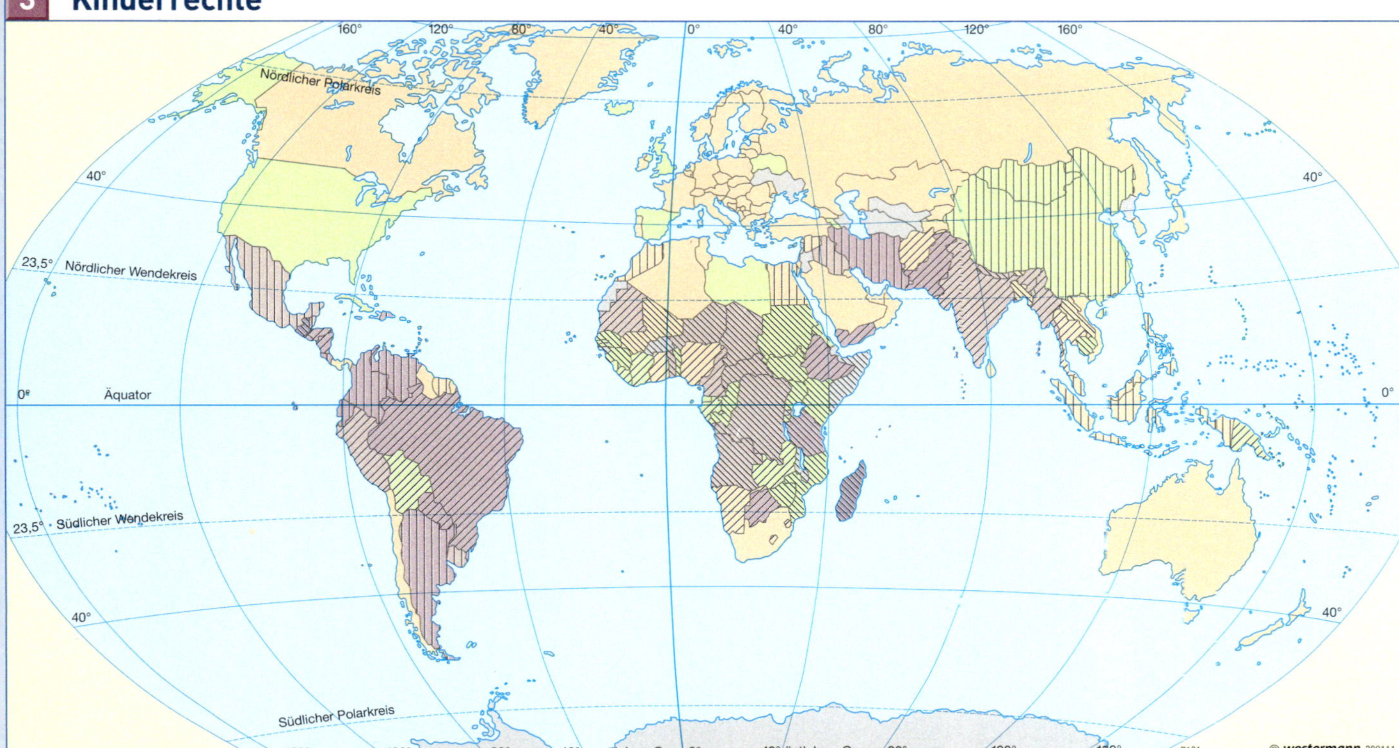

Gesetzliches Mindestalter für Erwerbstätigkeit 2007

- unter 10 Jahre
- 10 – 12 Jahre
- 14
- 15
- 16
- keine Angaben

Kinderarbeit 2007
(in Prozent der 10 – 14-Jährigen)

- 1 – 10
- 10 – 25
- 25 – 48

übrige Staaten unter 1 Prozent)

D3-030 www.diercke.de

1 Bevölkerungsdichte und Megastädte

Altersaufbau (2007)
5-Jahresgruppen in Prozent der Bevölkerung

Nigeria
155 Millionen Einwohner

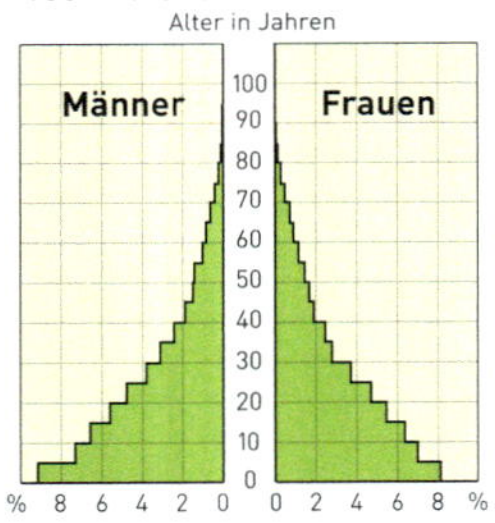

Mexiko
111 Millionen Einwohner

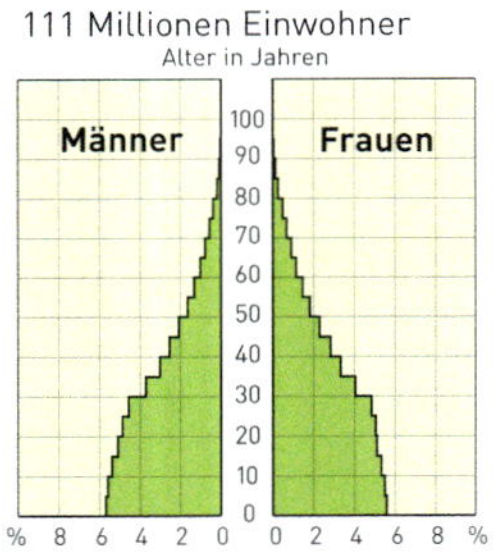

China
1 346 Millionen Einwohner

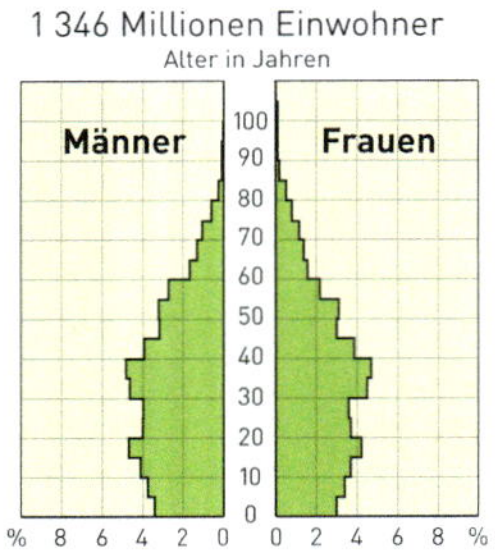

Japan
128 Millionen Einwohner

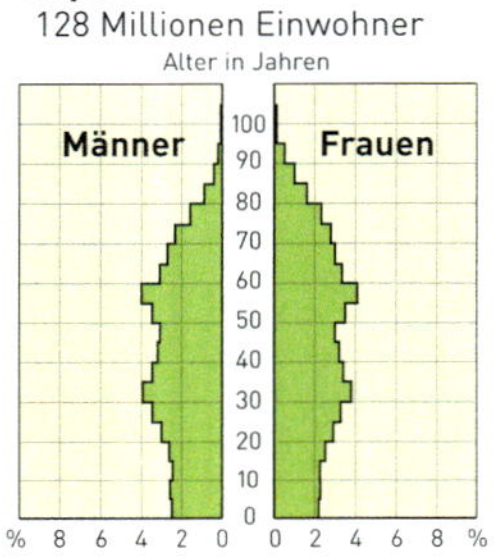

Einwohner je km²
- unbewohnt
- unter 1
- 1 – 10
- 10 – 25
- 25 – 50
- 50 – 100
- 100 – 200
- über 200

Millionenstädte (2007)
Städtische Agglomeration mit
- 5 000 000 – 10 000 000
- über 10 000 000 Einwohnern (Megastädte)

Entwicklung der Weltbevölkerung (in Mrd.)

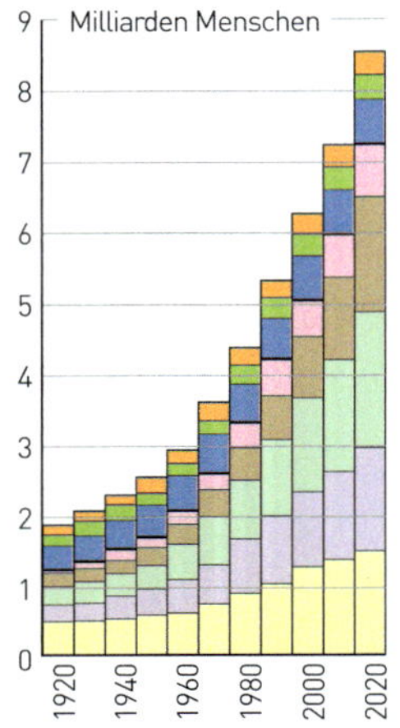

Länder und Ländergruppen
- USA und Kanada
- GUS-Staaten
- Europa
- Mittel- und Südamerika
- Afrika
- übriges Asien/Ozeanien
- Indien
- China

A	Österreich
BG	Bulgarien
CZ	Tschechische Republik
D	Deutschland
DK	Dänemark
GE	Georgien
GR	Griechenland
H	Ungarn
K	Kambodscha
RO	Rumänien
TJ	Tadschikistan
UAE	Vereinigte Arabische Emirate

2 Bevölkerungsentwicklung

Maßstab 1 : 180 000 000

Jährliches Bevölkerungswachstum (1997 – 2007 in Prozent)
- bis 1,0
- 1,1 – 2,0
- 2,1 – 3,0
- 3,1 und mehr
- keine Angabe

Jährliche Bevölkerungsstagnation oder -abnahme (1997 – 2007 in Prozent)
- 0 bis -1,0

28 jährliche Veränderung in 100 000 Einwohner (1997 – 2007, nur Staaten mit über 20 Millionen Einwohnern)

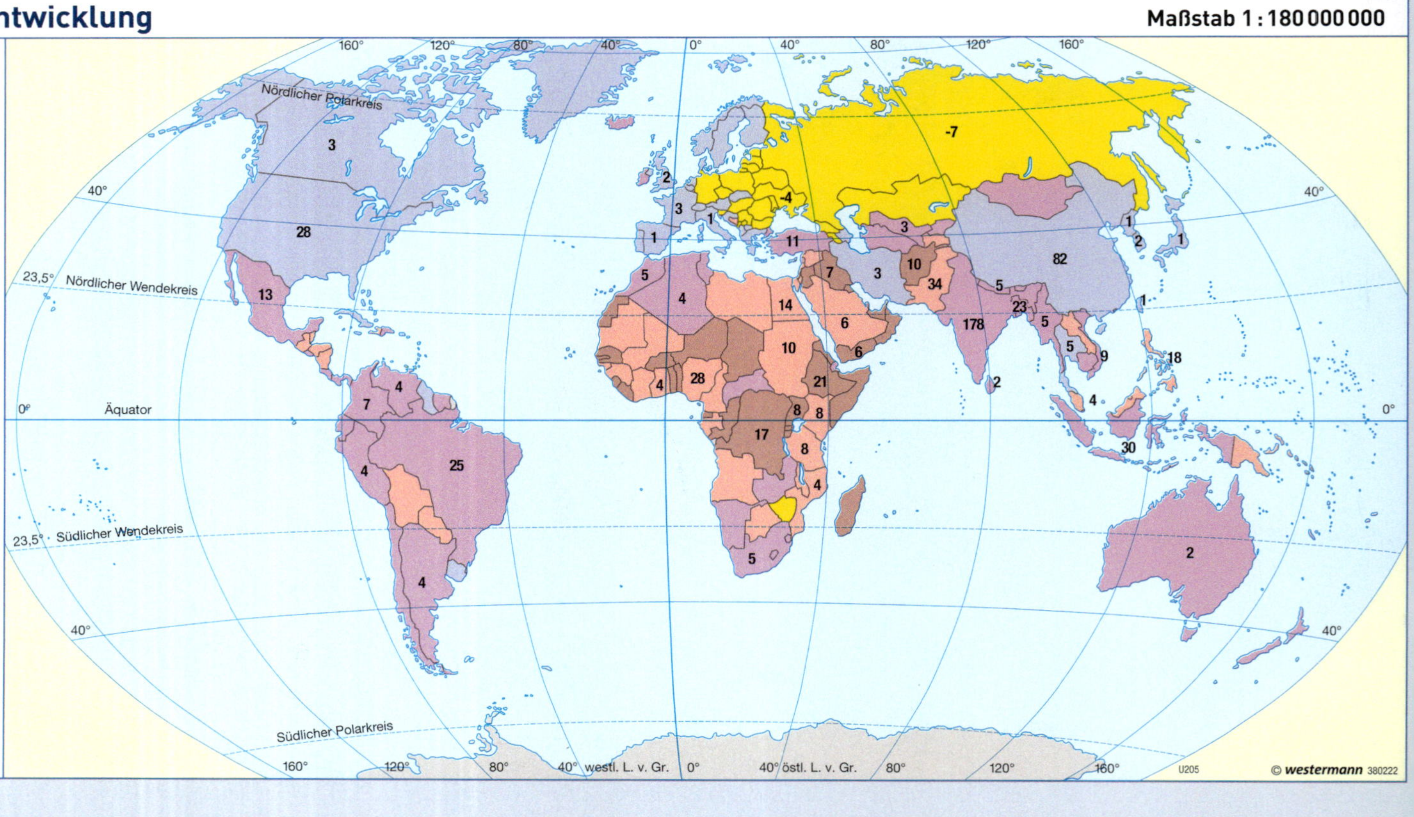

Anteil der Kinder (bis 14 Jahre) an der Gesamtbevölkerung (2007)

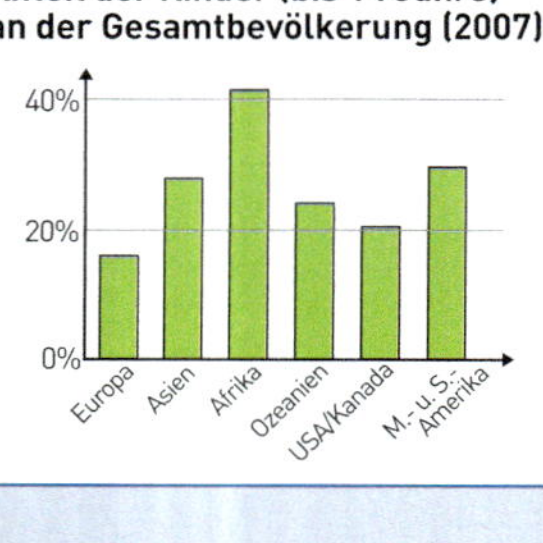

Maßstab 1 : 90 000 000

3 Lebenserwartung und Säuglingssterblichkeit

Maßstab 1 : 180 000 000

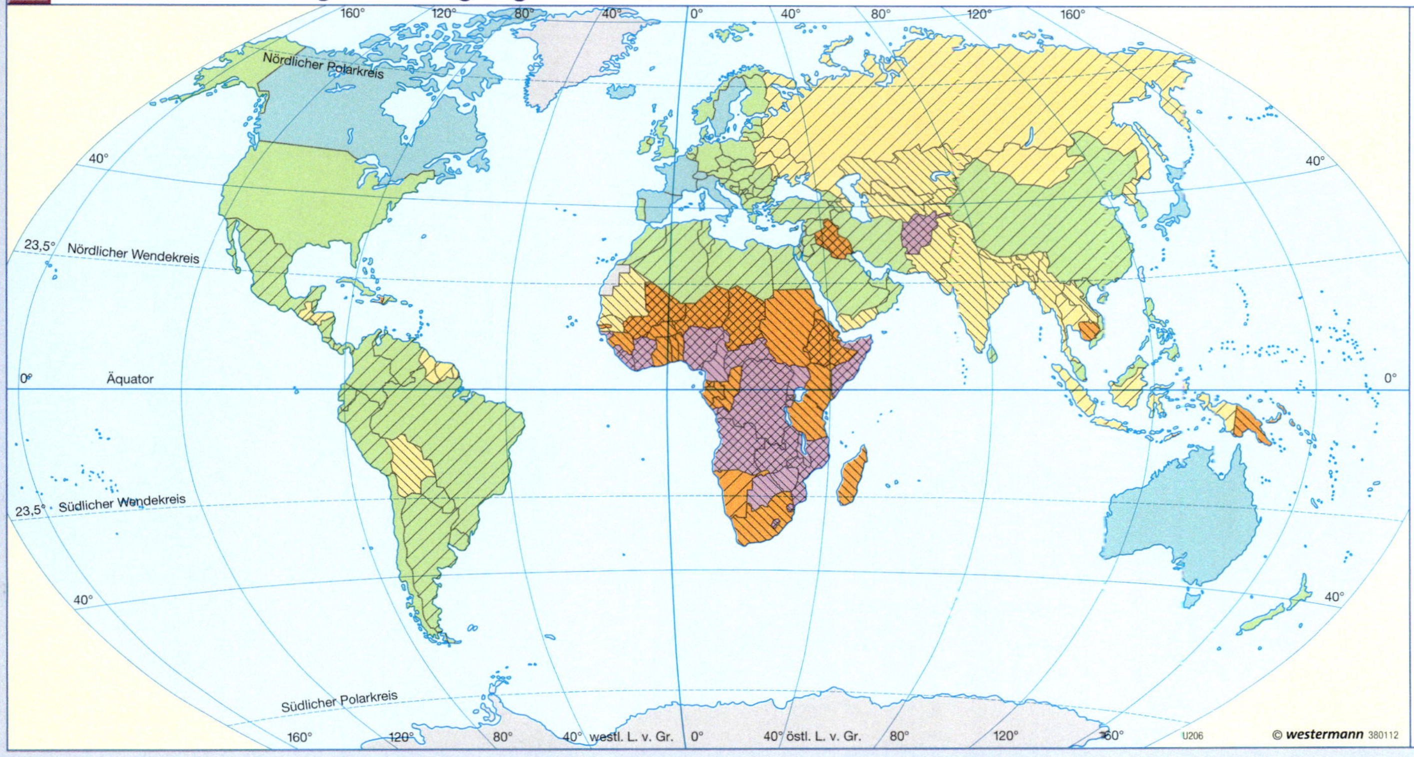

Lebenserwartung 2007
- unter 50 Jahre
- 50 – 59
- 60 – 69
- 70 – 79
- 80 Jahre und älter
- keine Angabe

Säuglingssterblichkeit 2007
(je 1 000 Geburten)
- unter 10
- 10 – 49
- 50 – 99
- über 100

Durchschnittliche Lebenserwartung der Weltbevölkerung 2007

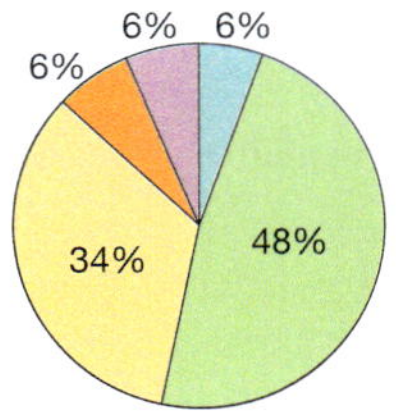

D3-032
www.diercke.de

1 Lebensbedingungen

Maßstab 1 : 140 000 000

Lebensbedingungen (2007)

- sehr gut (entwickeltes Land mit höchstem Entwicklungsstand)
- gut (entwickeltes Land mit hohem Entwicklungsstand)
- gut bis mittelmäßig (z. T. Schwellenland)
- mittelmäßig bis schlecht (z. T. Entwicklungsland)
- schlecht (Entwicklungsland mit niedrigem Entwicklungsstand)
- sehr schlecht (Entwicklungsland mit niedrigstem Entwicklungsstand)
- keine Angaben

Gliederung der Weltbevölkerung (in%) nach den Lebensbedingungen

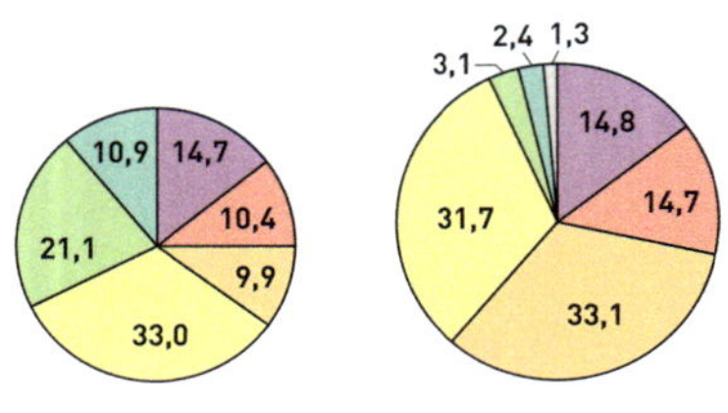

1995
5,6 Mrd. Menschen

2007
6,7 Mrd. Menschen

Gliederung der Staaten (Anzahl) nach den Lebensbedingungen

Lebensbedingungen	1995	2005
sehr gut	26	28
gut	38	42
gut bis mittelmäßig	28	45
mittelmäßig bis schlecht	38	40
schlecht	11	14
sehr schlecht	33	8
keine Angaben	17	15
insgesamt	**191**	**192**

Die Lebensbedingungen werden hauptsächlich durch die soziale, wirtschaftliche, politische und ökologische Situation in einem Land bestimmmt. Zur Berechnung des menschlichen Entwicklungsindex (engl. Human Development Index – HDI) werden die Merkmale Lebenserwartung, Analphabetenrate und Einkommen herangezogen. Der HDI-Wert liegt immer zwischen 0 und 1.

Im Jahr 1995 war 0,960 der höchste Wert (Kanada) und 0,185 der niedrigste Wert (Sierra Leone). 2005 war 0,968 der höchste (Island) und 0,336 der niedrigste Wert (Sierra Leone). Deutschland lag 1995 auf Rang 19 (0,925 und 2005 auf Rang 22 (0,935).

2 Ernährung

Maßstab 1 : 140 000 000

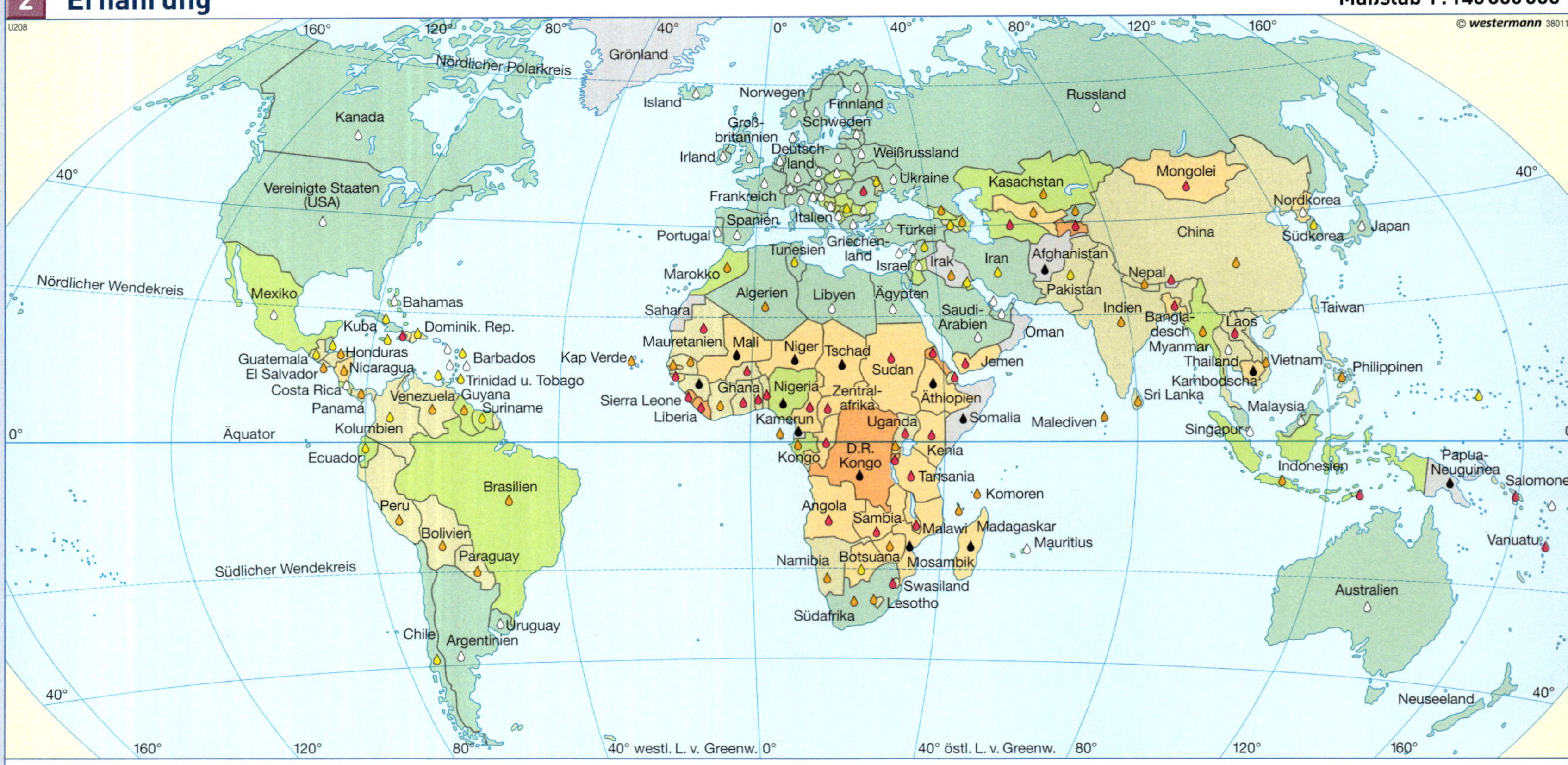

Nahrungsmittelversorgung
(Anteil der Landesbevölkerung mit guter oder ausreichender Nahrungsmittelversorgung in Prozent, Durchschnitt 2004 – 2006)

- bis 50
- 51 – 75
- 76 – 90
- 91 – 95
- über 95
- keine Angaben

Trinkwasserverfügbarkeit
(Anteil der Landesbevölkerung mit Zugang zu sauberem Trinkwasser in Prozent, ausgewählte Länder 2006)

- bis 50
- 51 – 75
- 76 – 90
- 91 – 95
- über 95

3 HIV/AIDS

Maßstab 1 : 140 000 000

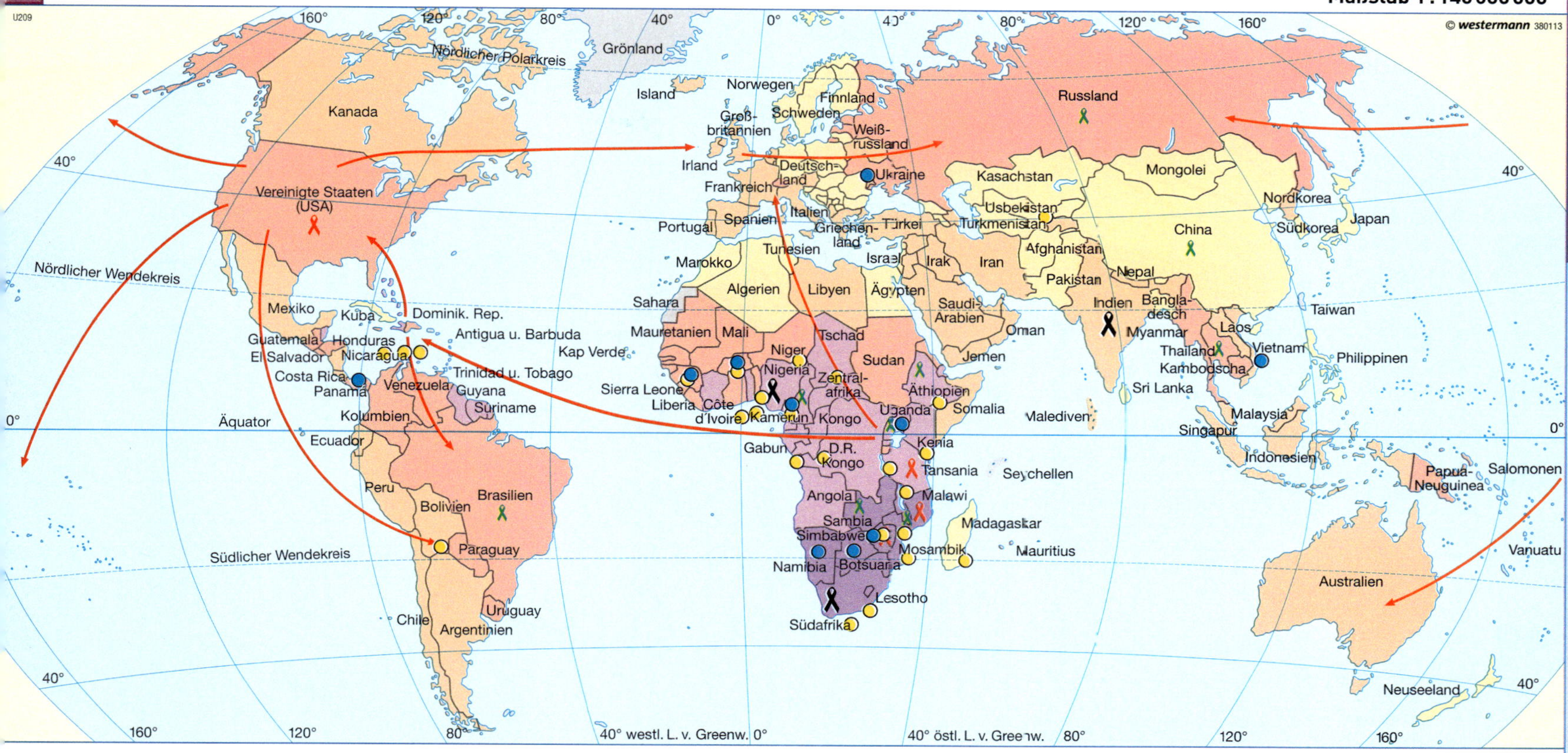

Ausbreitung der HIV/Aids-Infektion (2005)
(Anteil der HIV/Aids-infizierten Erwachsenen (15 Jahre und älter) eines Landes, in Prozent)

- unter 0,2
- 0,2 – 0,5
- 0,5 – 2,0
- 2,0 – 10,0
- über 10,0
- keine Angaben
- vermuteter Ausbreitungsweg des HIV/Aids-Virus

HIV/Aids-Infizierte (2007)
(Länder mit über 0,5 Mio. HIV/Aids-infizierten Kindern und Erwachsenen, weltweit 33 Mio. Betroffene)

- 500 000 – 1 000 000
- 1 000 000 – 2 000 000
- über 2 000 000

Verwendung eines Kondoms beim letzten Risiko-Geschlechtsverkehr unter 15 – 24-Jährigen (1999–2005)
(in Prozent, Daten nur für die ausgewiesenen Länder vorhanden)

- unter 50
- 50 und höher

Altersaufbau
(5-Jahresgruppen in Prozent der Bevölkerung)

Die Länder südlich der Sahara haben weltweit die höchste HIV/Aids-Infektionsrate. Im Jahr 2005 waren 23,9% der Bevölkerung in Botsuana mit dem Virus infiziert.

Botsuana 2005
1,8 Millionen Einwohner

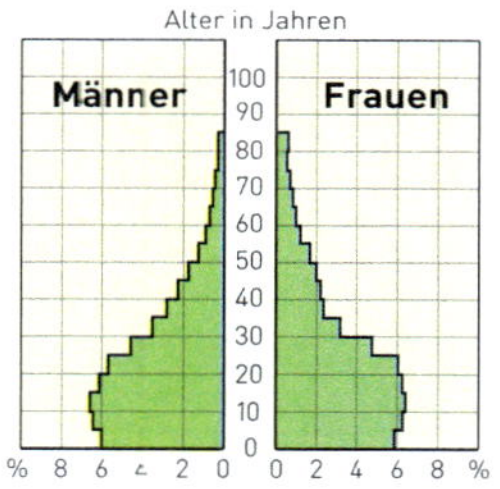

Botsuana 2025
1,2 Millionen Einwohner (Schätzung)

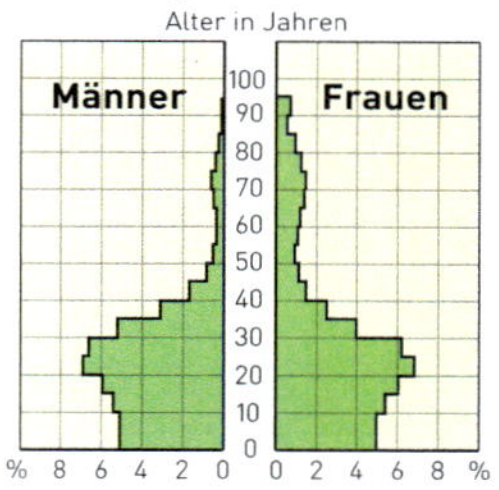

4 Alphabetismus

Maßstab 1 : 140 000 000

Lese- und Schreibkundige (2007)
(Anteil der Landesbevölkerung über 14 Jahre in Prozent)

- bis 50
- 50 – 75
- 75 – 90
- 90 – 95
- über 95
- keine Angaben

Lese- und schreibkundige Frauen (2007)
(Verhältnis zwischen weiblichen und männlichen Alphabeten über 14 Jahre)

- höherer Frauenanteil
- ausgewogenes Verhältnis
- geringerer Frauenanteil

D3-034
www.diercke.de

1 Wirtschaftsbündnisse und Kommunikation

Wirtschaftszentrum
- global bedeutendes Zentrum (Weltstadt, Global City)
- kontinental bedeutendes Zenrum
- Steuerparadies

Wirtschaftsbündnisse
- Europäische Union (EU)
- Organisation für wirtschaftliche Zusammenarbeit und Entwicklung (Organisation for Economic Cooperation and Development = OECD)
- Organisation Erdöl exportierender Länder (Organization of the Petroleum Exporting Countries = OPEC)
- Nordamerikanische Freihandelszone (North American Free Trade Agreement = NAFTA)
- Gemeinsamer Südamerikanischer Markt (Mercado Común del Cono Sur = Mercosur)
- Entwicklungsgemeinschaft Südliches Afrika (Southern African Development Community = SADC)
- Gemeinschaft Unabhängiger Staaten (GUS)
- Verband Südostasiatischer Staaten (Association of Southeast Asian Nations = ASEAN)

Kommunikation
- interkontinentale Datenströme (über 100 Millionen Minuten Telekommunikation im Jahr)

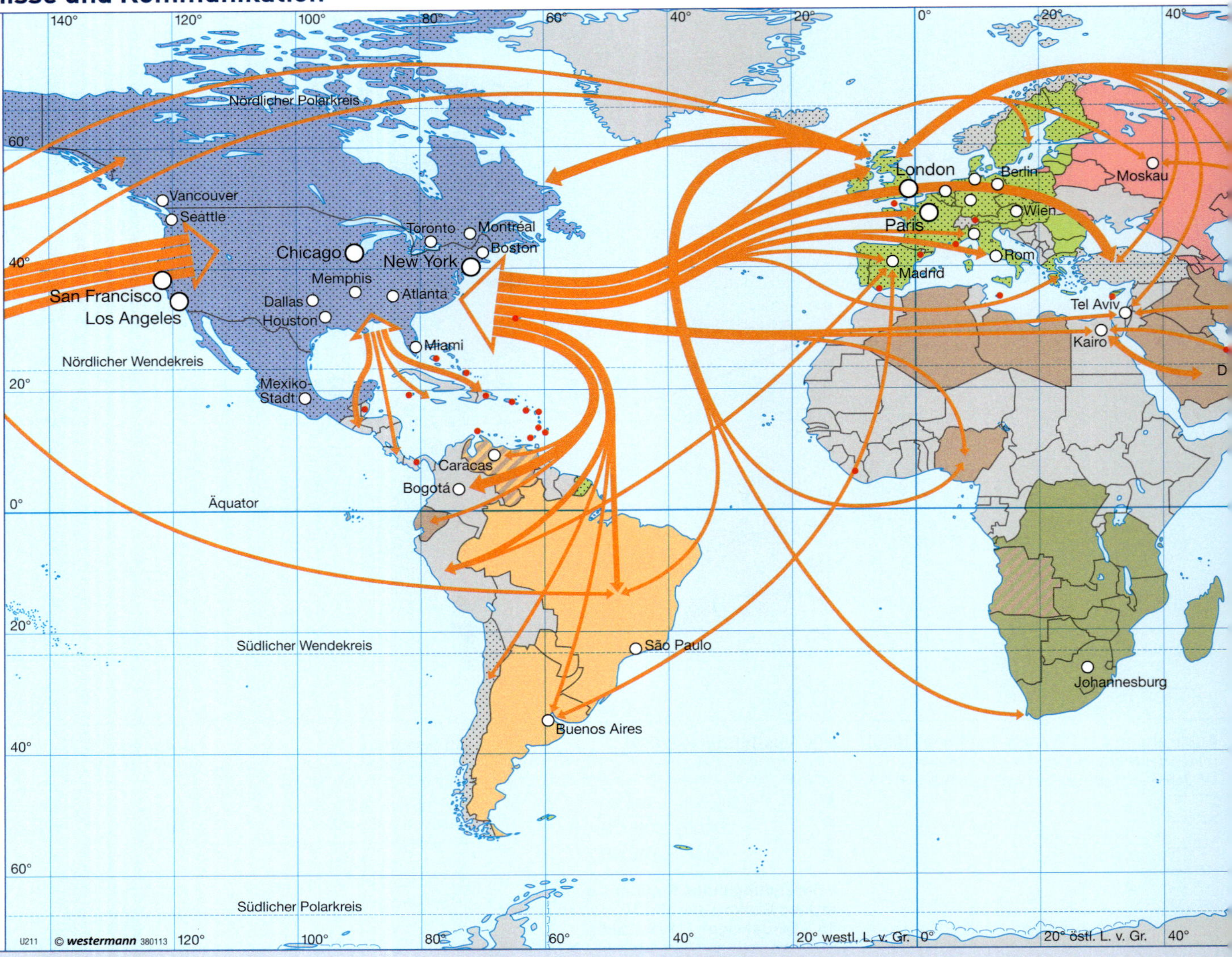

2 Welthandel mit Rohstoffen

Bergbau
- Erdöl
- Erdgas
- Steinkohle
- Braunkohle
- Uran
- Eisen
- Stahlveredler (Chrom, Mangan, Kobalt u.a.)
- Buntmetalle (Kupfer, Zinn, Blei, Zink u.a.)
- Bauxit (Aluminiumrohstoff)
- Metalle der Seltenen Erden (Hightech-Rohstoffe)
- Gold
- Silber
- Platin
- Diamanten

Seehandel
- Steinkohle und Braunkohle
- Erdöl, Erdölprodukte
- Eisenerz
- Buntmetallerze

Exportbedeutung von Bodenschätzen und ihren Rohprodukten
Prozentanteil am Gesamtexport
- unter 4
- 4 – 8
- 8 – 16
- 16 – 35
- 35 – 70
- über 70 %

- keine Angaben

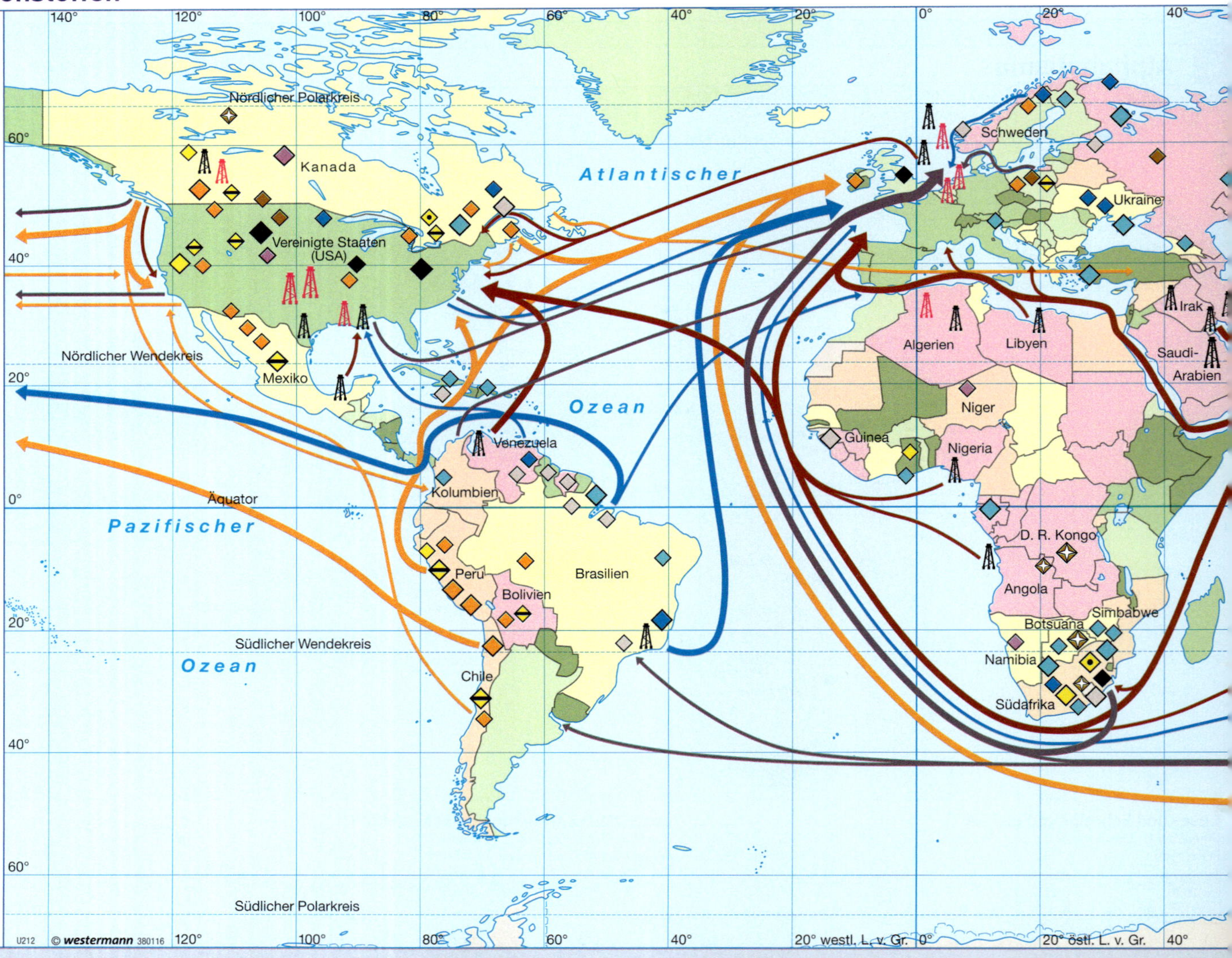

Maßstab 1 : 120 000 000

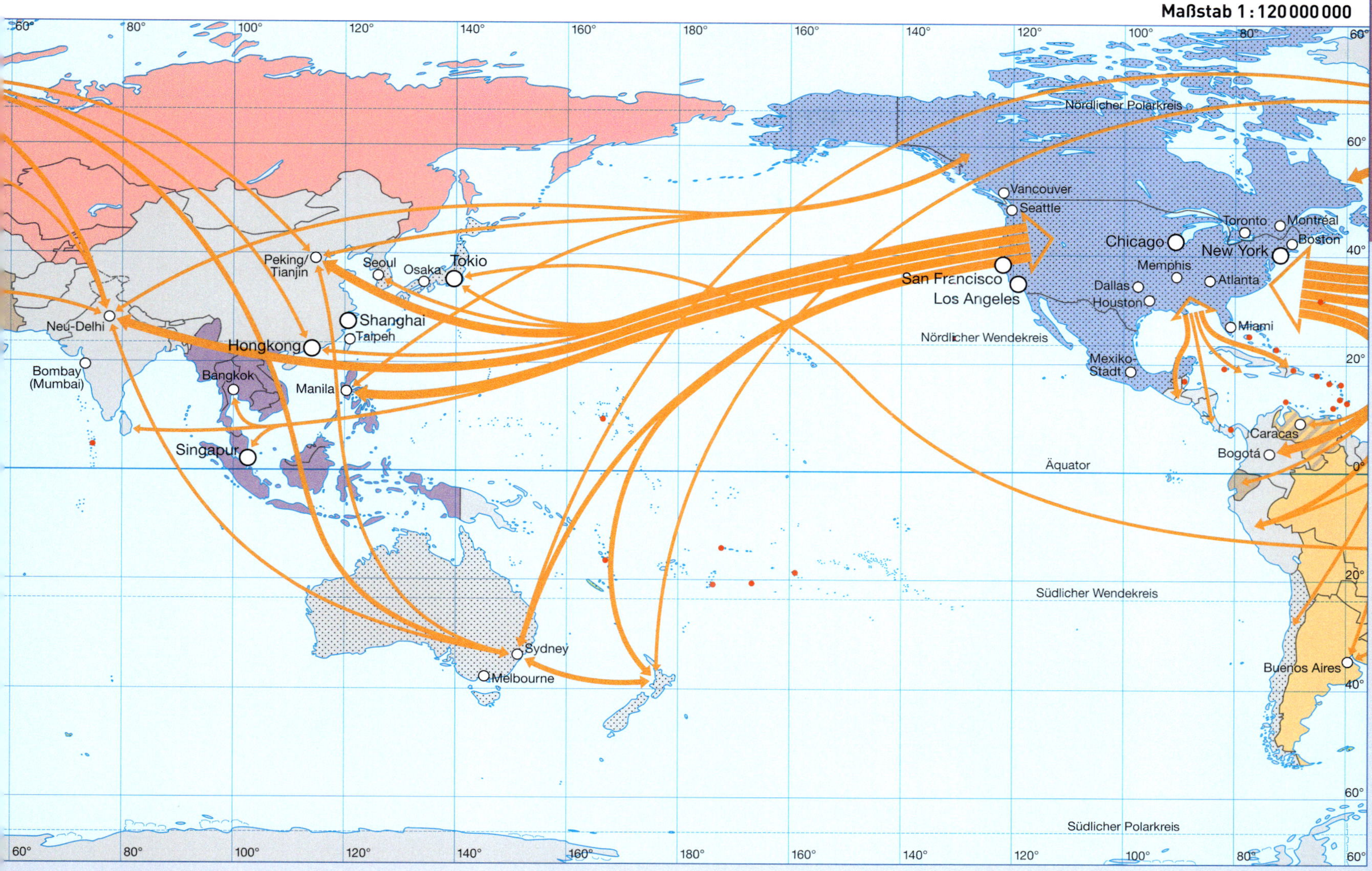

Maßstab 1 : 120 000 000

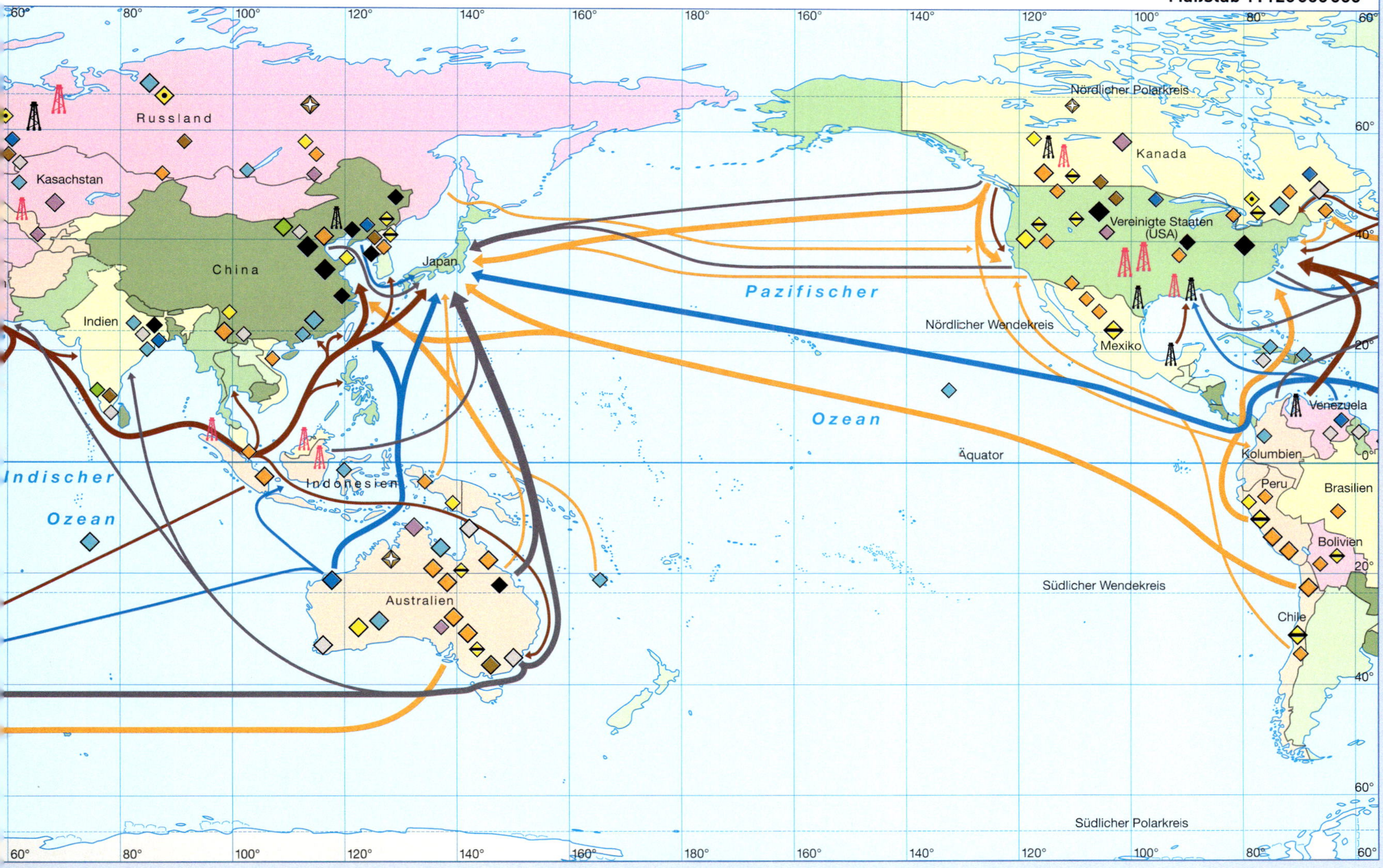

D3-036 www.diercke.de

1 Tourismus

Afrika
40 700 000 **Anzahl ausländischer Touristen** in den Staaten einer Großregion 2007

Herkunft der Touristen
in einer Großregion (in Prozent)
- Europa, GUS
- Amerika
- Afrika
- Asien, Ozeanien

Grund der Reise
- Pilgerzentrum
- Stadt, kulturelle Sehenswürdigkeit
- Badeurlaub
- Wintersport
- Rundreise, Safari, Trekking
- Kreuzfahrt
- Nationalpark, Naturdenkmal

Bedeutung des Tourismus in den Staaten
Besucher je 100 Einwohner 2007
- unter 5
- 5 – 10
- 10 – 25
- 25 – 50
- 50 – 100
- über 100
- keine statistischen Angaben

Maßstab 1 : 40 000 000

2 Amtssprachen

Maßstab 1 : 180 000 000

Erste Amtssprache
Arbeitssprachen der UN
- Arabisch
- Chinesisch (Mandarin)
- Englisch
- Französisch
- Russisch
- Spanisch

weitere bedeutende Amtssprachen
- Portugiesisch
- sonstige Amtssprachen

Zahlreiche Staaten haben mehrere Amtssprachen. In sehr vielen Staaten ist Englisch Handelssprache und Pflichtfach in der Schule.

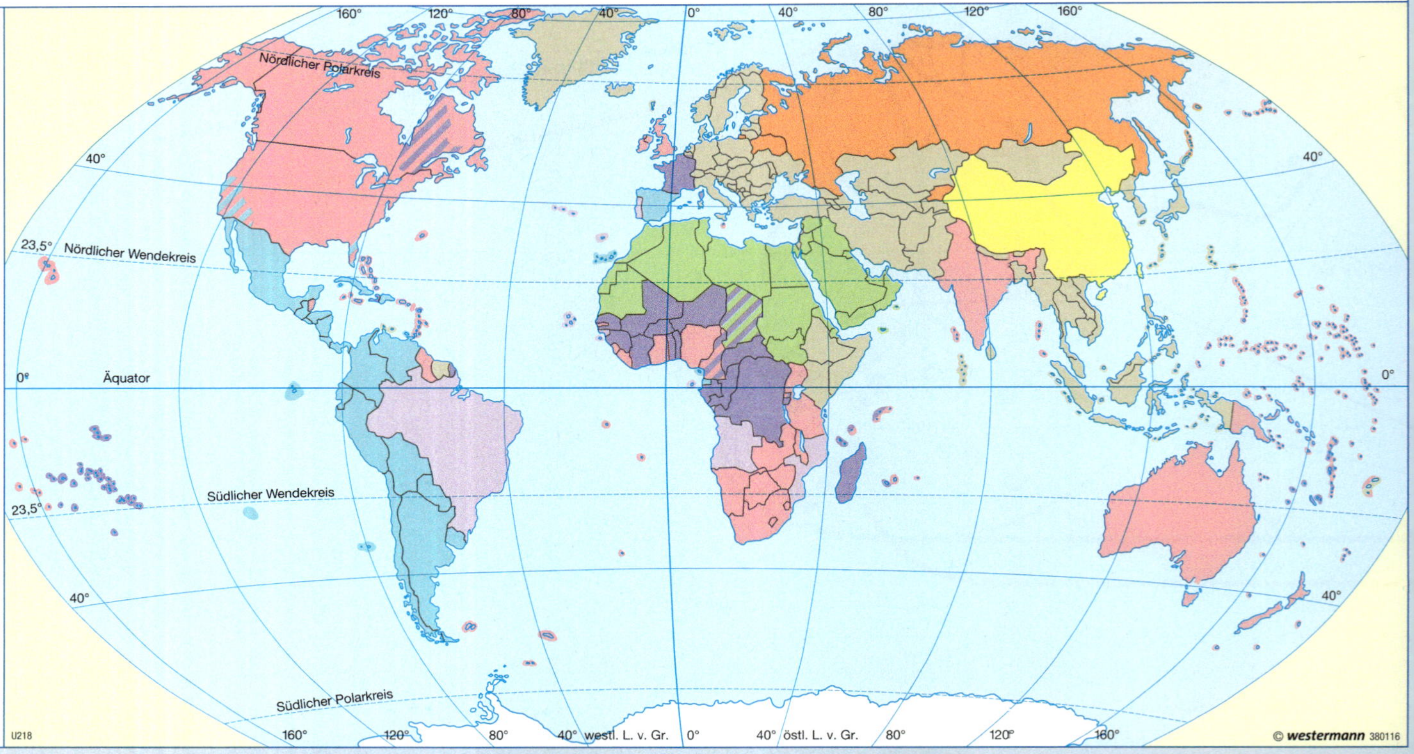

Maßstab 1 : 90 000 000

3 Zeitzonen

Maßstab 1 : 180 000 000

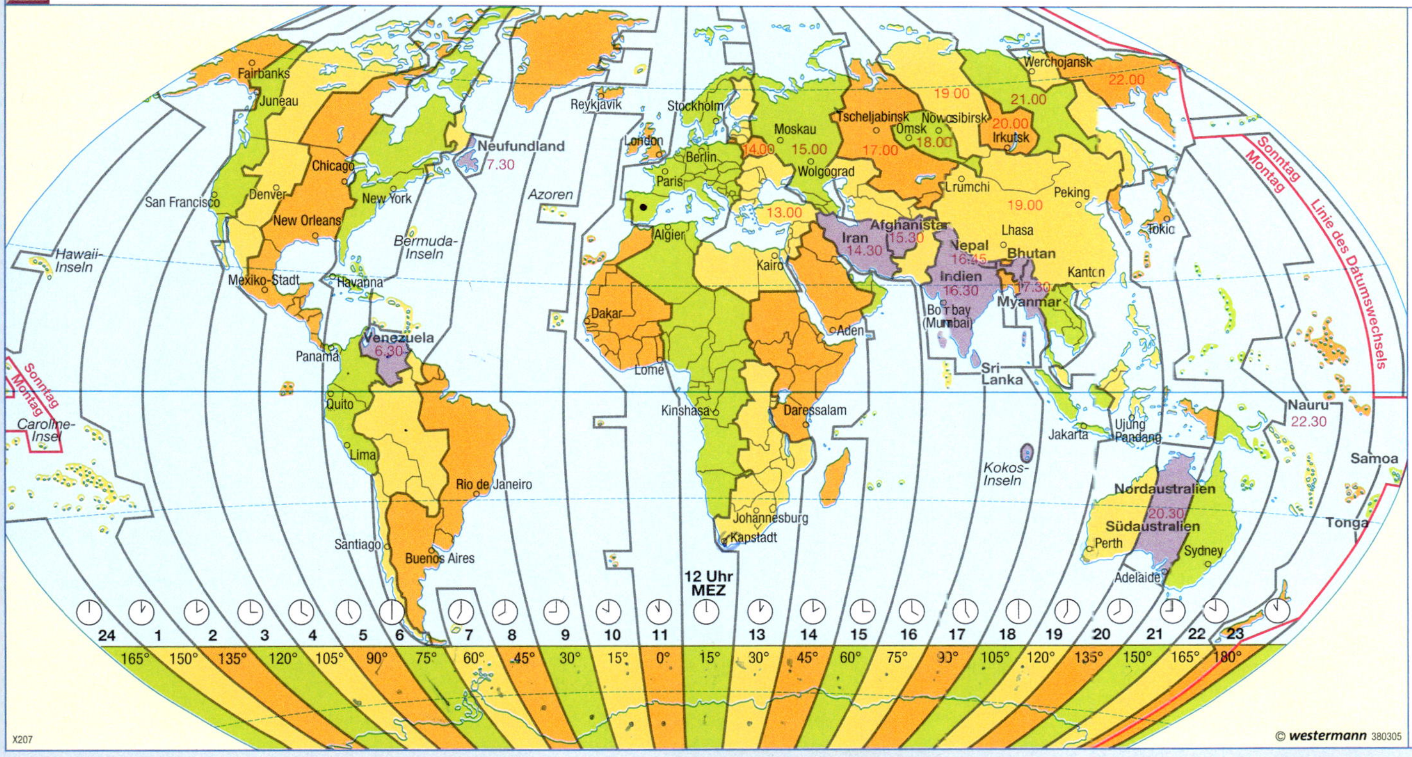

Alle Zeitangaben sind auf 12.00 Uhr MEZ bezogen. MEZ liegt eine Stunde vor der Zeit am Nullmeridian von Greenwich (Greenwich Mean Time – GMT). GMT wird auch als Weltzeit bezeichnet (Coordinated Universal Time – UTC). Die Mitteleuropäische Sommerzeit liegt zwei Stunden vor GMT.

- Zonenzeit
- 14.30 Zwischenzeit mit direkter Angabe der Uhrzeit
- MEZ Mitteleuropäische Zeit
- Zeitzonengrenze

Über den Verlauf der Zeitzonengrenze entscheidet jeder Staat eigenständig. Die Datumsgrenze (Zeitzonengrenze zum neuen Tag) folgt zum Beispiel im Pazifik sowohl dem Längengrad (Meridian) als auch Ländergrenzen (siehe auch Seite 184 1).
Seit 1992 gilt in Russland, mit Ausnahme von sieben Verwaltungsgebieten, die „Dekretzeit“: Alle Zeitzonen sind während des ganzen Jahres 1 Stunde vorgestellt.

D3-038
www.diercke.de

1 Erde bei Nacht

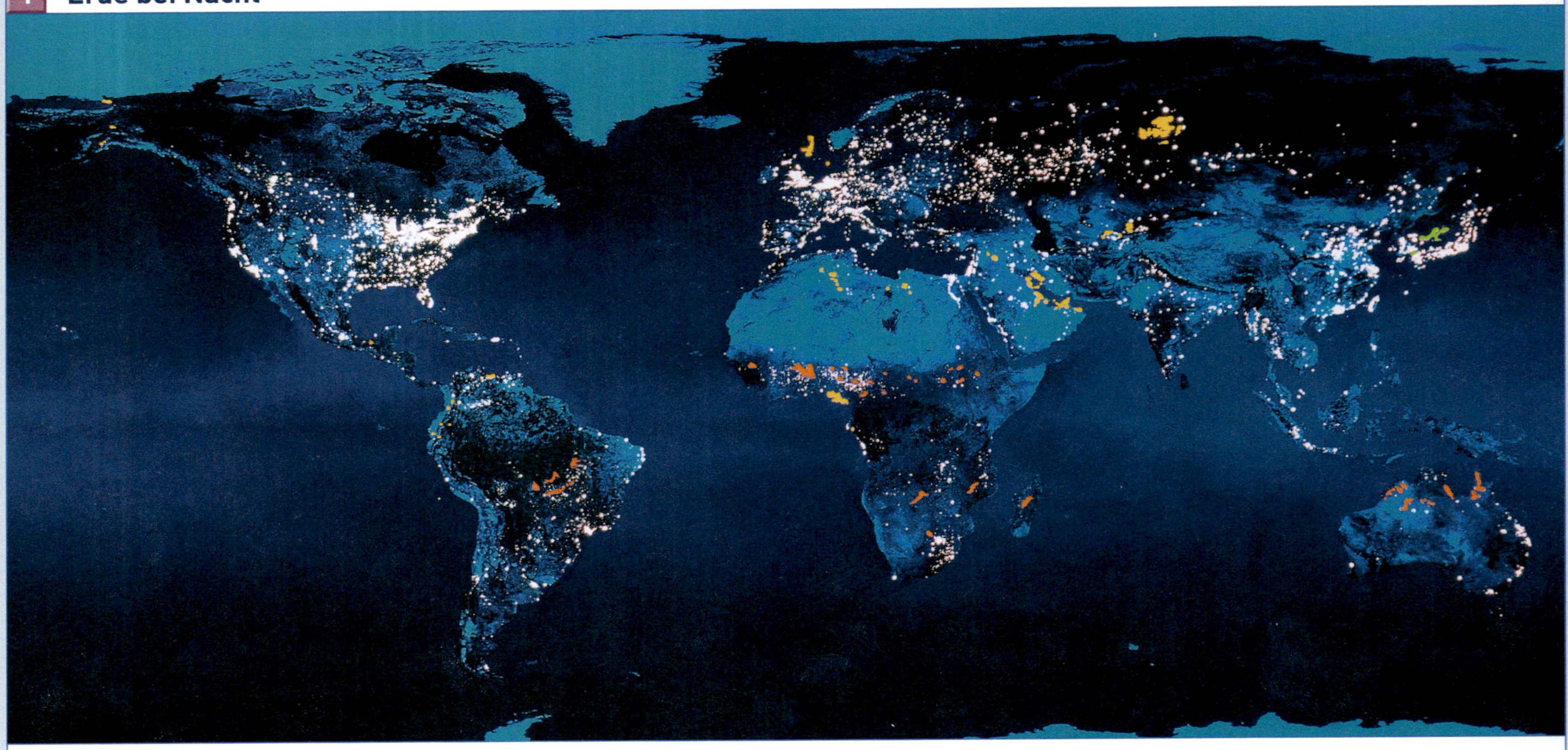

Seit 1972 beobachten mehrere Wettersatelliten die Erde. Sie fliegen in ca. 800 km Höhe auf Umlaufbahnen über die Pole. Die Wettersatelliten fliegen entweder auf der Mittag-Mitternacht-Linie oder auf der Sonnenaufgang-Sonnenuntergang-Linie.
Alle 0,4 Sek. scannen die kleinen Teleskope der Satelliten einen 3 000 km breiten Streifen von Osten nach Westen.
Die Sensoren registrieren das sichtbare Licht und Infrarot (Wellenlänge 0,4 bis 1,1 Nanometer).
Einer der beiden Satelliten „sieht" also nachts alle leuchtenden Objekte. Die Sensoren sind so empfindlich, dass sie das Licht einer 100-Watt-Glühbirne erkennen.
Bei der Verkleinerung auf das Weltkartenformat gehen viele Feinheiten verloren und kleine Lichtflecken fießen zu größeren Fläche zusammen. Das Nachtbild der Erde ist aus Aufnahmen der Monate September bis Februar zusammengesetzt.
Die Lichtquellen sind direkte (Brände, Fackeln) oder indirekte Quellen von Emissionen. Großflächige Lichtquellen sind in der Karte durch farbige Markierung ausgewiesen.

Lichtquellen
- Wald- und Buschbrände
- Erdöl- und Erdgasfackeln
- Beleuchtung
- Lichtfischerei

2 Treibhausgas Kohlenstoffdioxid

Maßstab 1 : 140 000 000

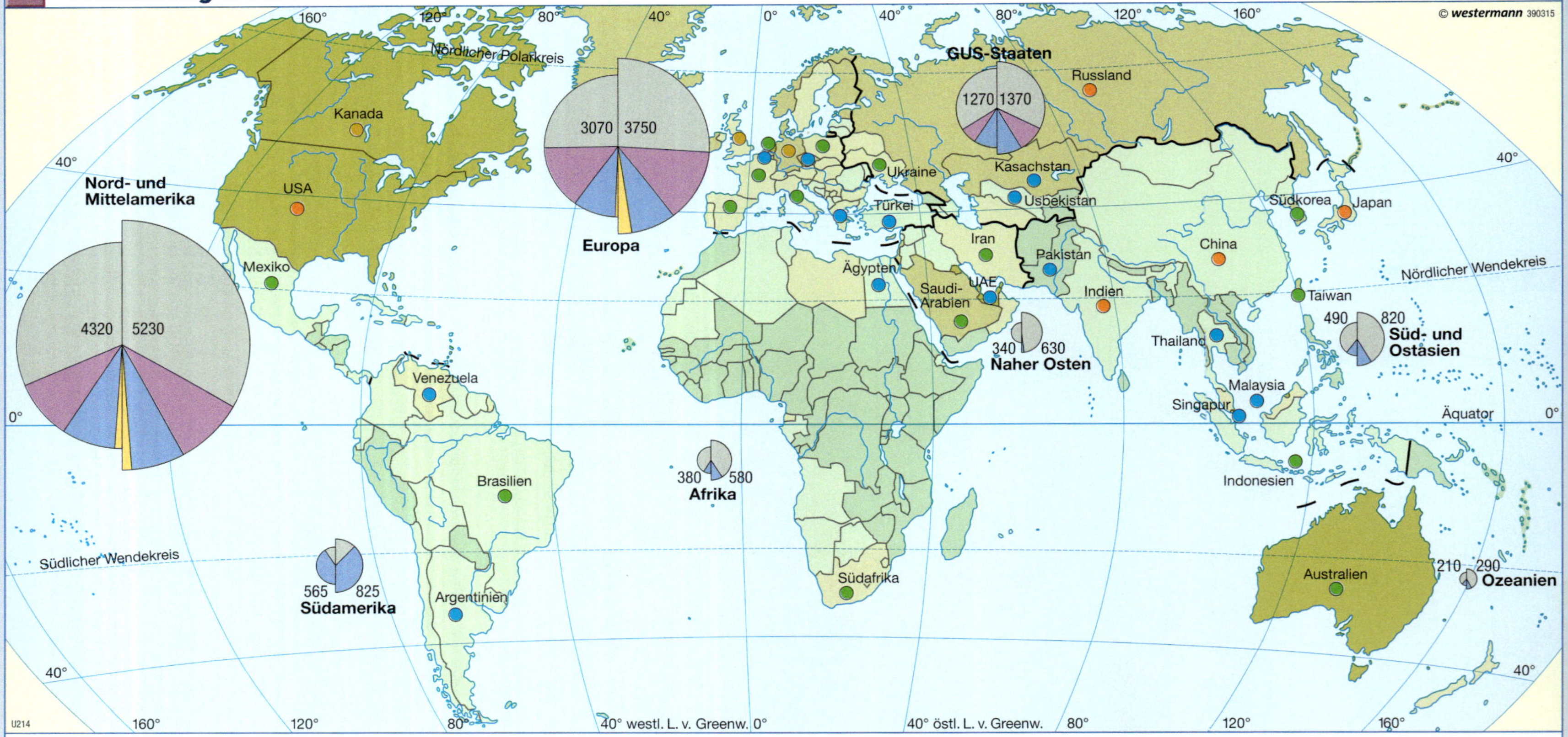

CO_2-Emission pro Einwohner (in Tonnen je Einwohner)
- unter 1
- 1 – 5
- 5 – 10
- 10 – 15
- über 15

Bei einem Flug von Berlin nach London und zurück werden pro Kopf 1,2 t CO_2 emittiert. Im Emissionshandel kostet das ca. 20 Euro. Dafür können in Südostasien etwa 100 m² Ödland renaturiert werden.

CO_2-Emission absolut (in Mio. Tonnen)
- 100 – 250
- 250 – 500
- 500 – 1000
- über 1000

Stromerzeugung (in Mrd. kWh/Jahr)
1995 2005
- fossile Energieträger (CO_2-Emission bei Verbrennung)
- Kernkraft
- Wasserkraft
- erneuerbare Energieträger (außer Wasserkraft)

Regionsgrenze

Treibhausgasemissionen nach Quelle (2007)
(Treibhausgase sind CO_2, CH_4, N_2O, FKW, SF_6)

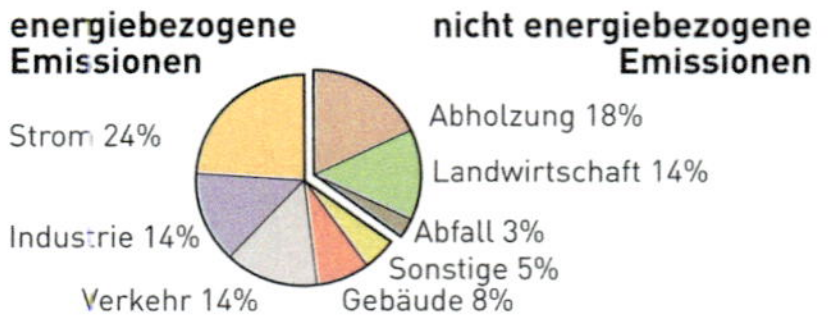

3 Landschaftswandel

Maßstab 1 : 140 000 000

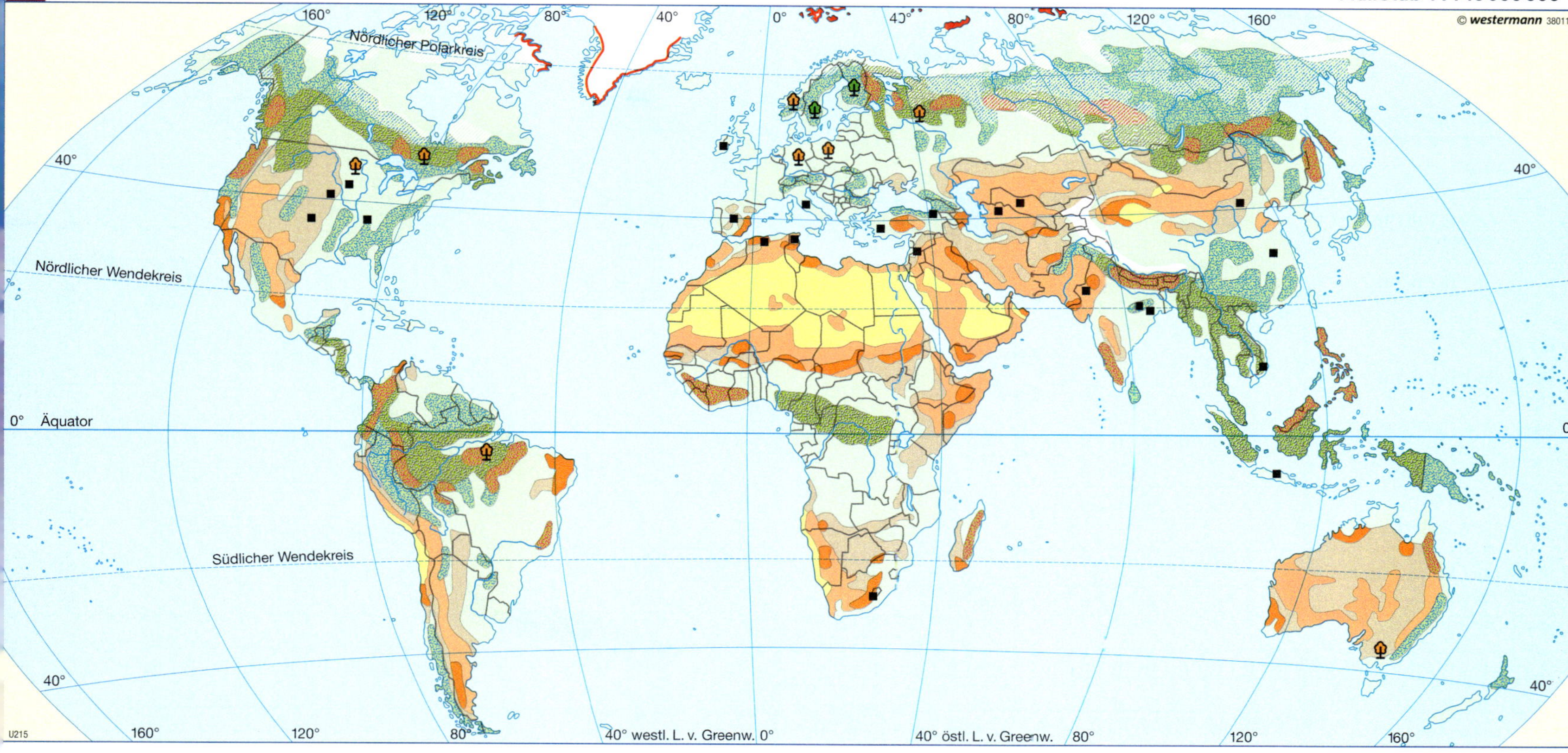

Waldrückgang
Bedrohung der Wälder durch Holzeinschlag und Brandrodung
- Wald ist stark betroffen
- betroffen
- wenig betroffen

Waldsanierung
- ■ umfangreiche Aufforstung

Nachhaltige Waldwirtschaft
- 5 - 50 Mio. ha
- 50 - 100 Mio. ha

Desertifikation (Wüstenbildung)
Trockenwüsten und deren Ausbreitung durch Dürre, Überweidung und unsachgemäßen Ackerbau
- Trockenwüste
- Gebiet ist stark betroffen, Verschlechterung des Bodens
- betroffen
- gefährdet

Kältewüsten und deren Rückgang durch ansteigende Temperaturen (Treibhauseffekt)
- Kältewüste (Inlandeis, Gletscher)
- Gebiet ist stark von Eisabschmelzung betroffen
- Gebiet mit tauendem Permafrostboden (Methanemissionen)

4 Treibhauseffekt und Kohlenstoffkreislauf

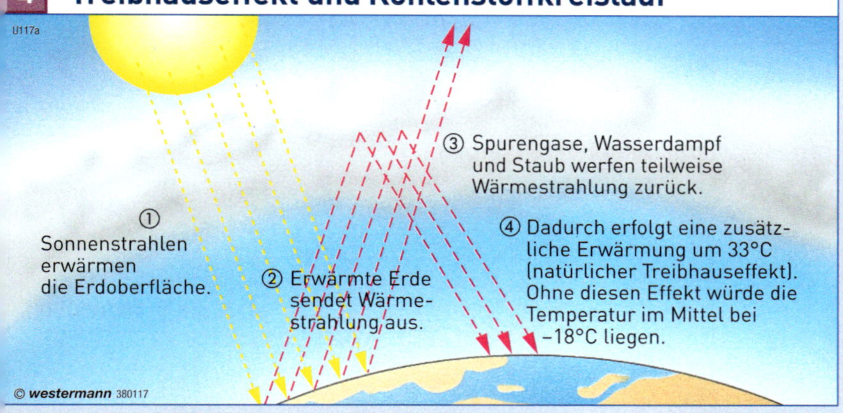

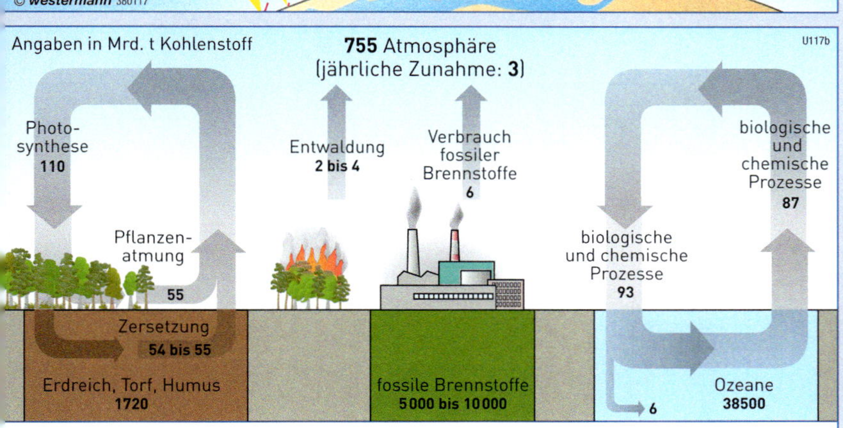

Beitrag zum Treibhauseffekt		natürlich +°C	natürlich in %	anthropogen +°C	anthropogen in %
Wasserdampf	(H_2O)	20,6	62,0	-	-
Kohlenstoffdioxid	(CO_2)	7,2	22,0	1,92	64,0
bodennahes Ozon	(O_3)	2,4	7,0	-	-
Distickstoffoxid	(N_2O)	1,4	4,0	0,18	6,0
Methan	(CH_4)	0,8	2,5	0,6	20,0
sonstige		0,6	2,5	0,3	10,0

5 Wandel der Arktis 1979–2005

September 1979

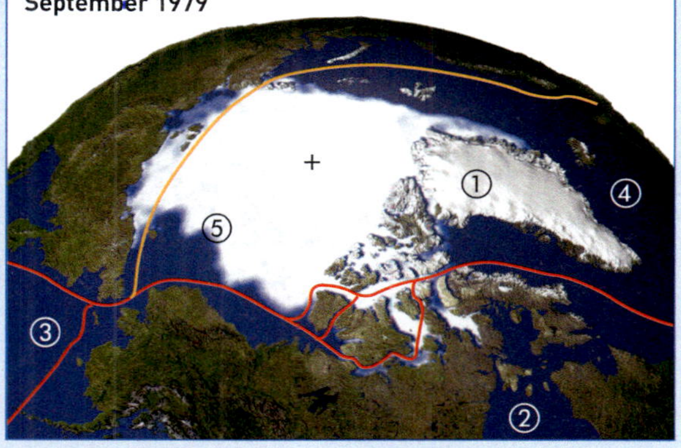

September 2005

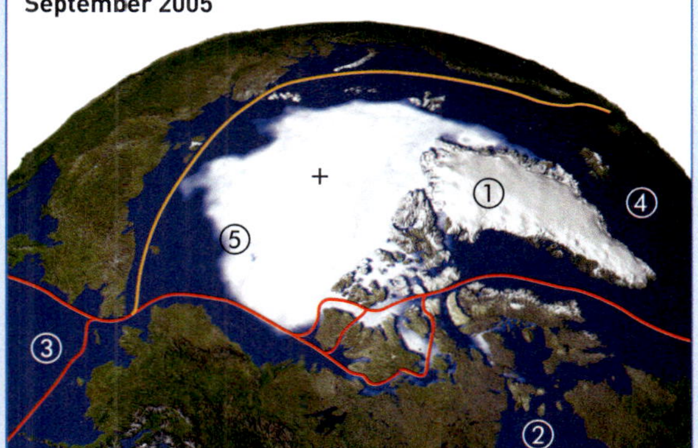

Anstieg des Meeresspiegels in mm pro Jahr (Jahresmittel 1961-2003)

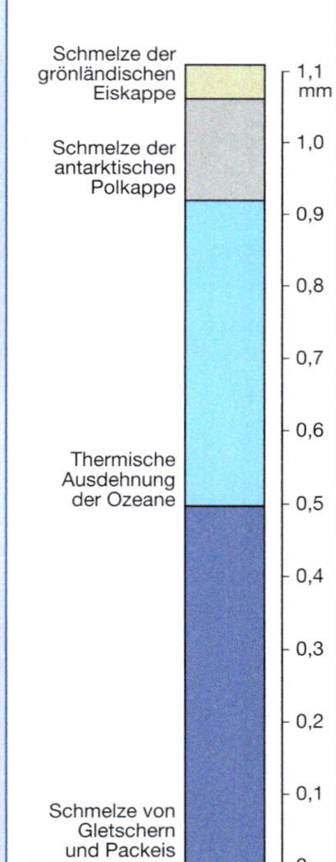

Quelle: Klimabericht 2007 (IPCC)

- Eis- und Schneefläche
- Festland
- Wasser

Schiffspassagen
- nördliche Seeroute
- Nordwestpassage

- + Nordpol
- ① Grönland
- ② Hudsonbai
- ③ Pazifischer Ozean
- ④ Atlantischer Ozean
- ⑤ Nordpolarmeer

D3-040
www.diercke.de

1 Weltmeere als Nahrungsquelle / Umweltbelastung

Festlandandsockel (Kontinentalschelf, 200m-Linie)

Tiefsee

Oberflächenströmung der Meere

- warm
- kalt

Schadstoffeintrag ins Meer (chemische Belastung, aus Industrie und Landwirtschaft: Kalium, Sulfat, Phosphat und Nitrat)

- gering
- mäßig
- stark
- Schwebstoffe aus Erosion

Korallenriffe

- noch intakt
- geschädigt bis abgestorben

Nahrung aus dem Meer

- Heringsfische
- Dorschfische
- Plattfische
- Lachsfische
- Thunfische
- Wale
- Kopffüßer
- Höhere Krebse
- gefährdete oder erschöpfte Bestände

Fischereimengen (in Millionen Tonnen)

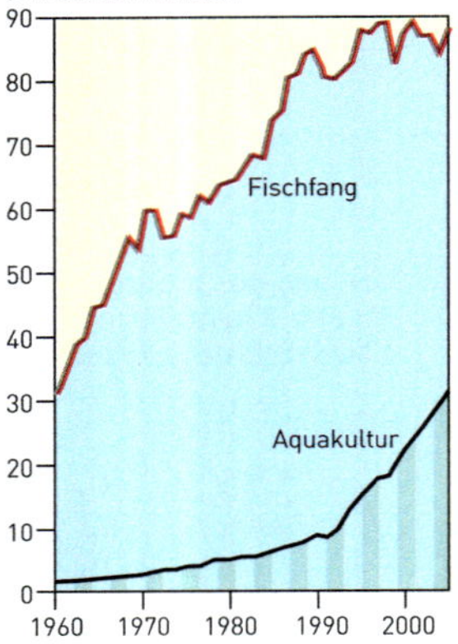

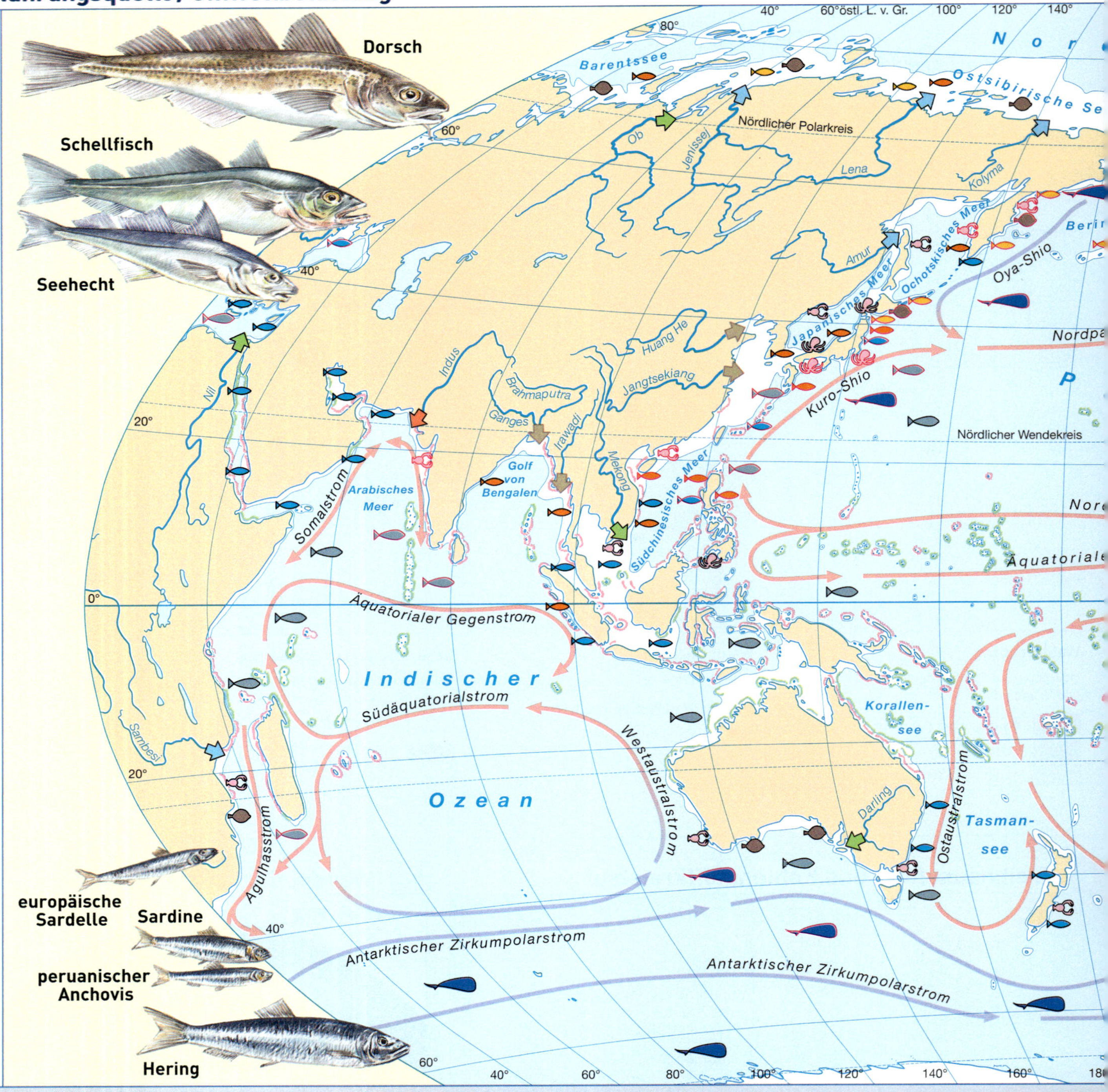

2 Pflanzliche Primärproduktion

Maßstab 1 : 180 000 000

Organisch gebundener Kohlenstoff in g/m² pro Jahr

im Meer

- unter 50
- 50 – 100
- 100 – 200
- über 200

auf dem Land

- unter 100
- 100 – 400
- 400 – 800
- über 800

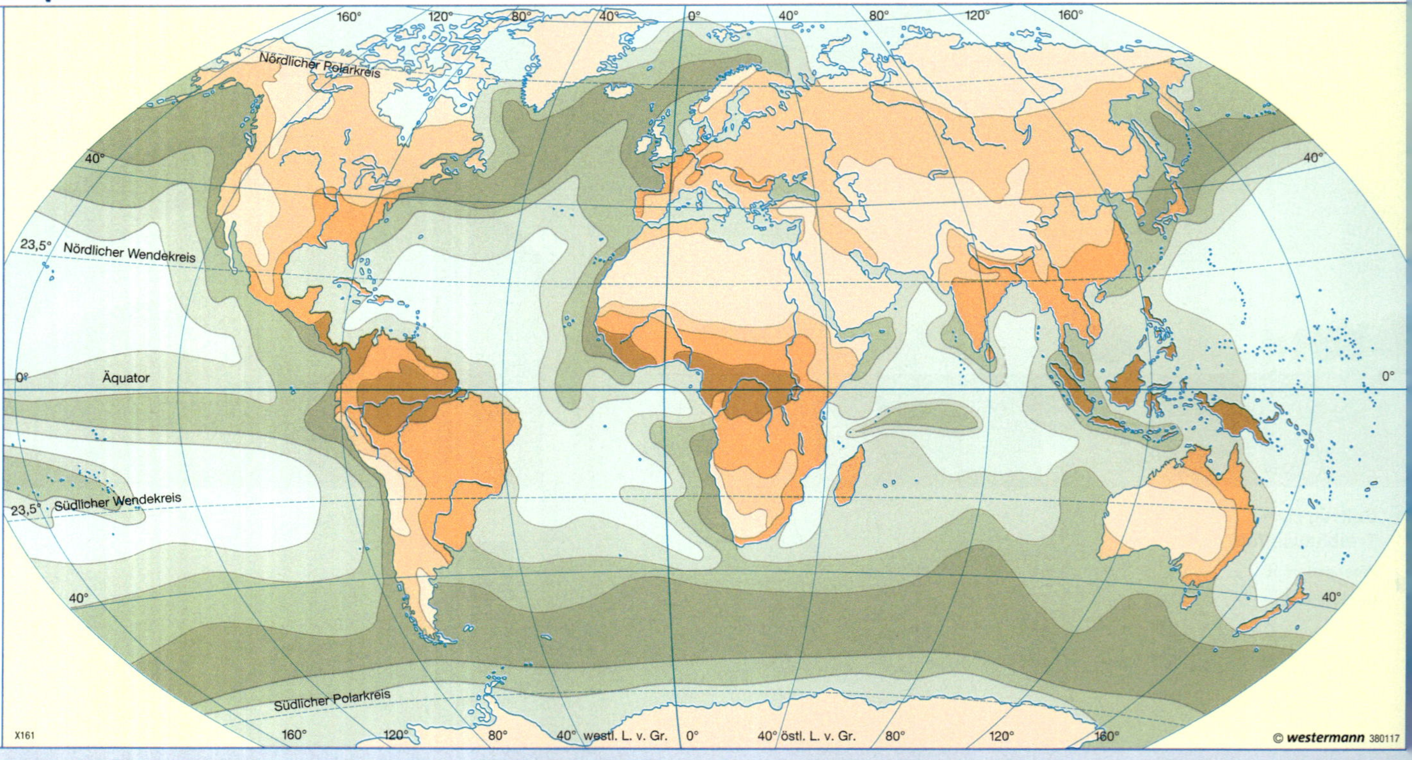

Maßstab 1 : 90 000 000

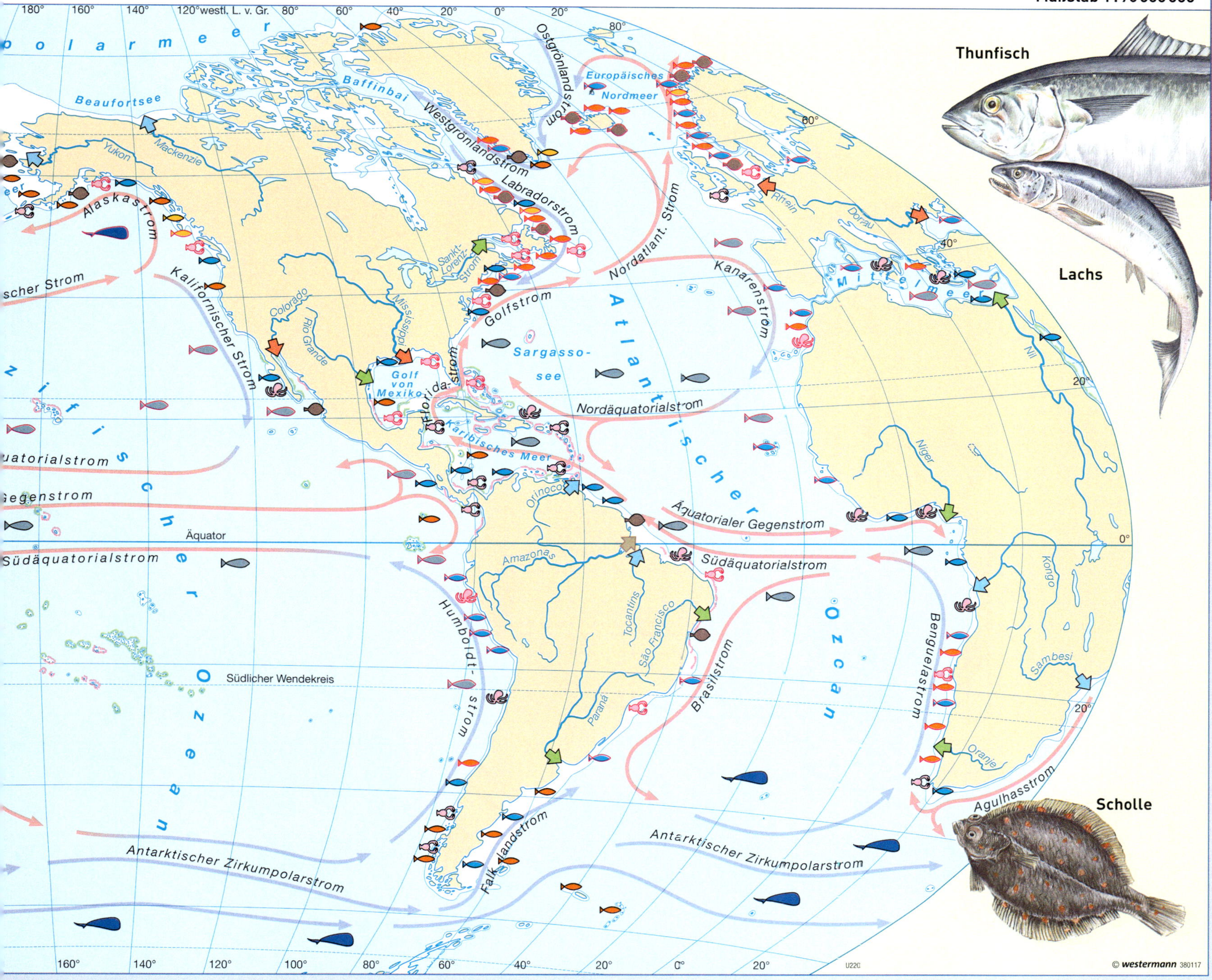

3 Meeresfischfang, Fischverzehr und Fischereikonflikte

Maßstab 1 : 180 000 000

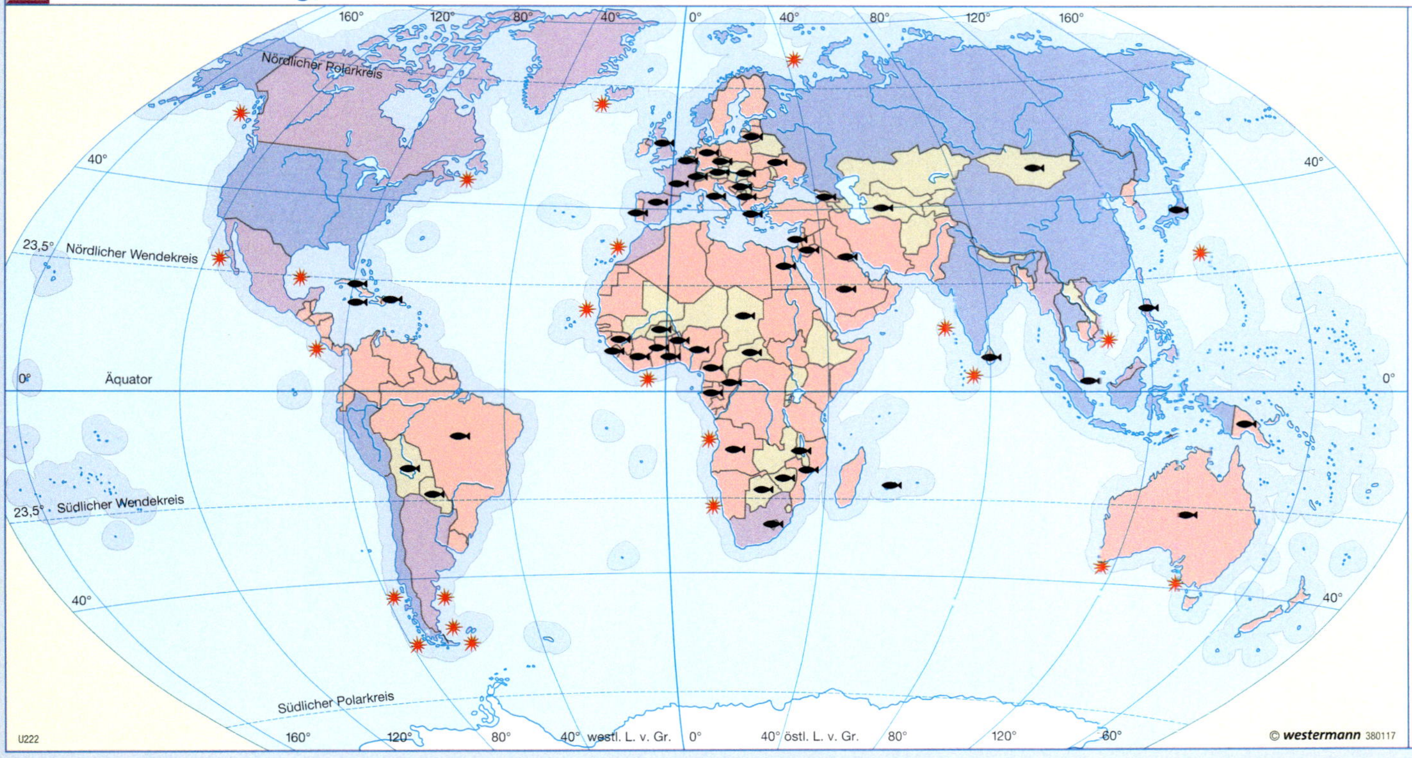

- die größten Fischfangnationen (Anteil von 10 Staaten 61 %)
- weitere Staaten über dem Weltdurchschnitt (16 Staaten fangen 24 %)
- Staaten unter dem Weltdurchschnitt (125 Staaten fangen 15 %)
- Staaten ohne Meeresfischfang
- Staaten, in denen der Fischverzehr größer ist als der Fischfang (Süß- und Salzwasserfische)
- 200-Seemeilen-Wirtschaftszone im Meer
- Konflikte zwischen nationalen und ausländischen Fangflotten

Weltfischfang aus den Meeren: 82 000 000t (2006)

D3-042 www.diercke.de

1 Nordpolargebiet (Arktis)

Maßstab 1 : 48 000 000 — 0 500 1000 1500 km

Eisverhältnisse
- Inlandeis
- tätiger Vulkan
- Packeisgrenze
- äußerste Treibeisgrenze
- 3488 / 3700 Höhe über dem Meeresspiegel, Eisdicke (in Meter)
- Eisdrift
- 10°C Juli-Isotherme (Grenze der Arktis)

Meeresströmungen
- kalt
- warm

Dauerfrostboden (Permafrost)
- geschlossene Verbreitung
- inselartiges Vorkommen

Vegetation
- Tundra
- nördlicher Nadelwald
- sommergrüner Laub- und Mischwald
- Steppe (Prärie), Hochgebirgssteppe
- Halbwüste und Wüste
- landwirtschaftliche Nutzfläche

Bergbau
- Kohle
- Eisen
- Stahlveredler
- Buntmetalle
- Edelmetalle
- Erdöl
- Erdgas
- radioaktive Verseuchung des Meeres durch Atommüll

Ballungsräume
Einwohner

über	10 000 000
3 000 000 –	10 000 000
1 000 000 –	3 000 000
500 000 –	1 000 000
100 000 –	500 000
unter	100 000

2 Entdeckung / Hoheitsansprüche

Maßstab 1 : 72 000 000

Eisbedeckung
- Packeis
- Küsteneis im Winter
- Treibeis, Eisberge

Frühe Polarforschung
- Forschungs- und Entdeckungsreisen

Grenzen und Ansprüche
- Staatsgrenze
- Grenze der Hoheitsgebiete
- Anspruch der ehemaligen Sowjetunion seit 1926 (heute Russland)
- strittiges Gebiet zwischen Russland und Norwegen (bei Beachtung der Küstenabstände)
- 200-Meilen-Fischereizone

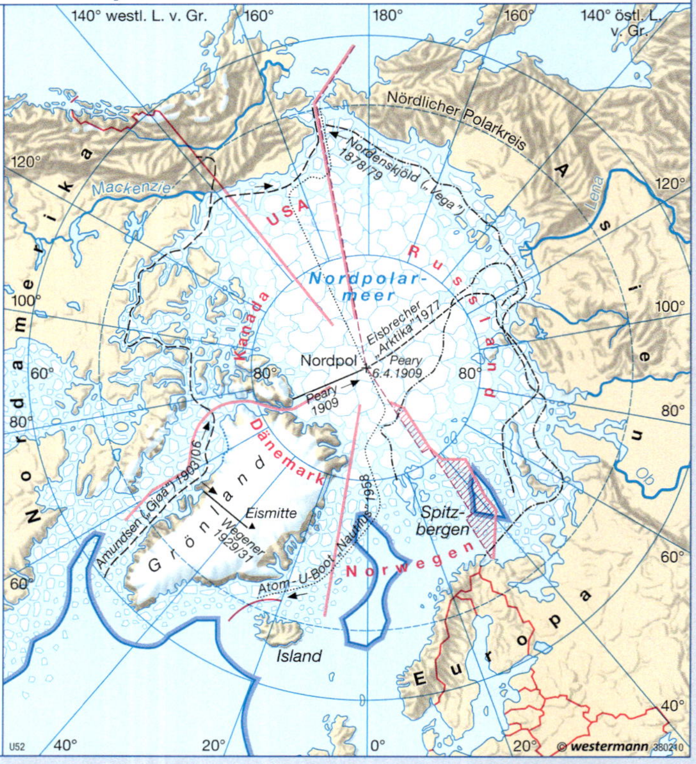

3 Pole und Magnetfeld der Erde

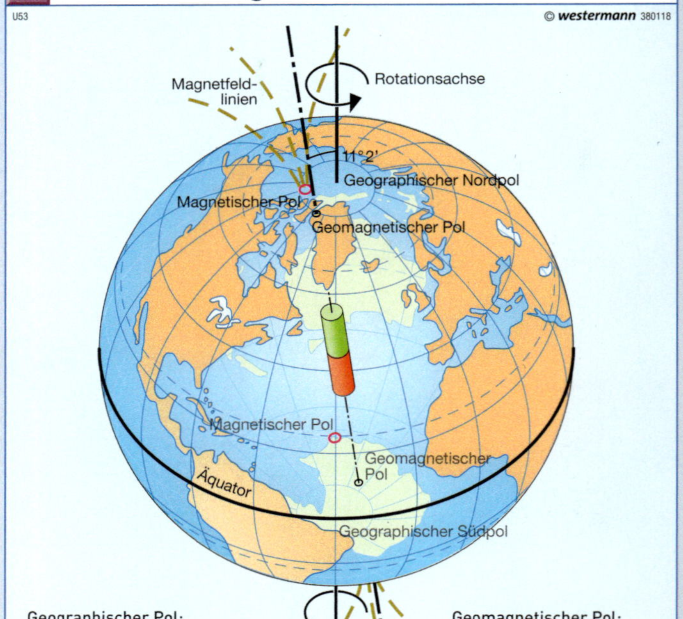

Geographischer Pol: Rotationsachse

Magnetischer Pol: beobachtete Magnetfeldlinien stehen senkrecht auf der Erdoberfläche

Geomagnetischer Pol: berechnetes Magnetfeld unter Annahme eines sehr kleinen Stabmagneten im Erdmittelpunkt. Grundlage des geomagnetischen Koordinatensystems

4 Südpolargebiet (Antarktis)

Maßstab 1 : 48 000 000
0 500 1000 1500 km

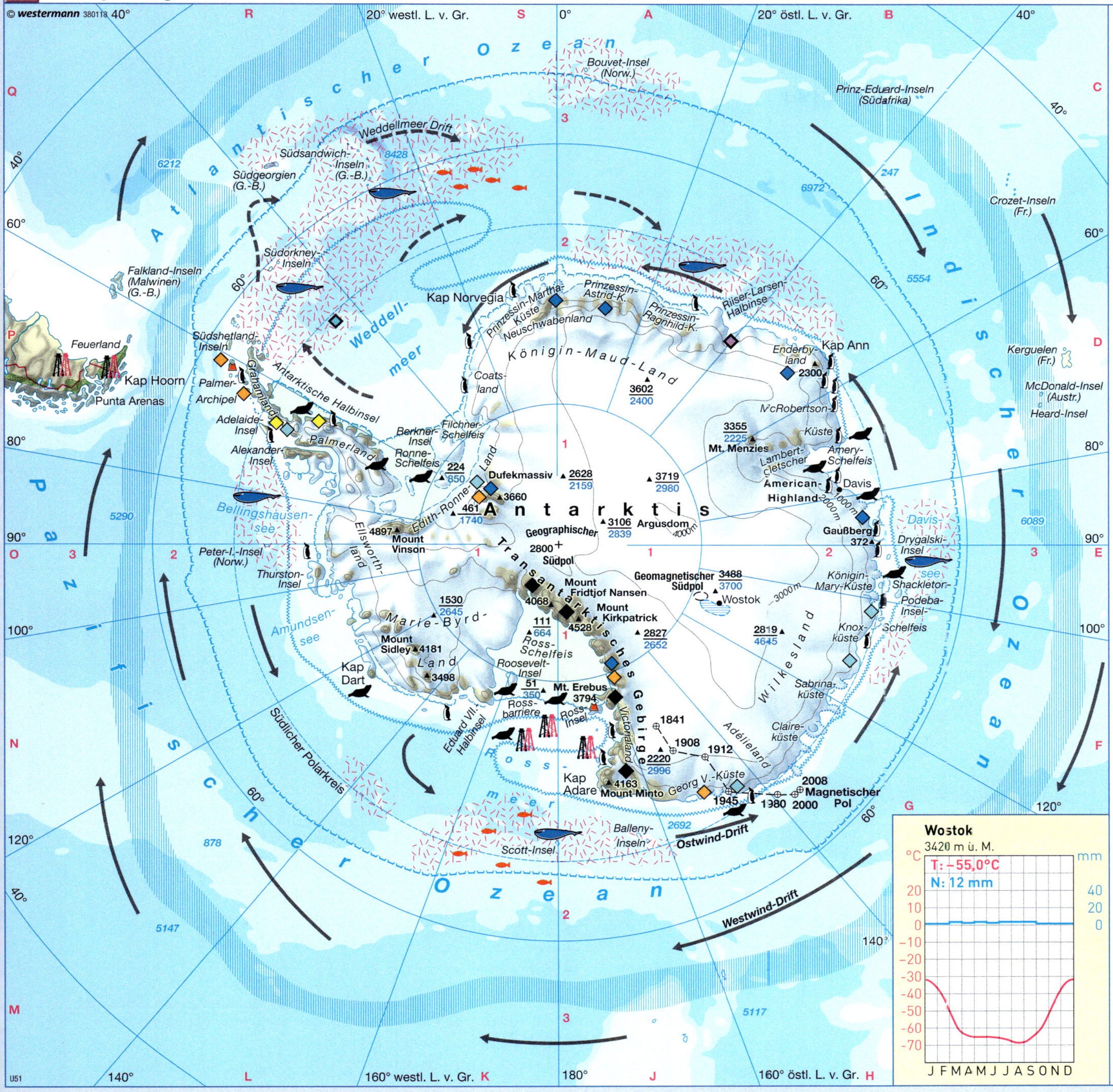

Eisverhältnisse
- Inlandeis
- Gebiete mit eisfreien Arealen
- Schelfeis
- Gletscher
- Packeisgrenze
- äußerste Treibeisgrenze
- tätiger Vulkan
- antarktische Konvergenz (Grenze der Antarktis)
- Winddrift
- 3488 / 3700 Höhe über dem Meeresspiegel / Eisdicke (in Meter)
- Höhenlinie
- Unter-Eis-See (bisher erkundet)

Lebensräume
- Krill (Hauptverbreitungsbebiet)
- Wal
- Robbe
- Pinguine (bedeutende Kolonien)
- Fischgründe

Fundorte von Erzen und Energierohstoffen
- Eisen
- Stahlveredler
- Buntmetalle
- Edelmetalle
- Kohle
- Erdöl/Erdgas (fündige Bohrungen)
- Uran

Meerestiefen
- 0 – 200
- 200 – 2 000
- 2 000 – 4 000
- 4 000 – 6 000
- 6 000 – 8 000
- über 8 000 m

5 Weltmeere – Wasserzirkulation

Maßstab 1 : 180 000 000

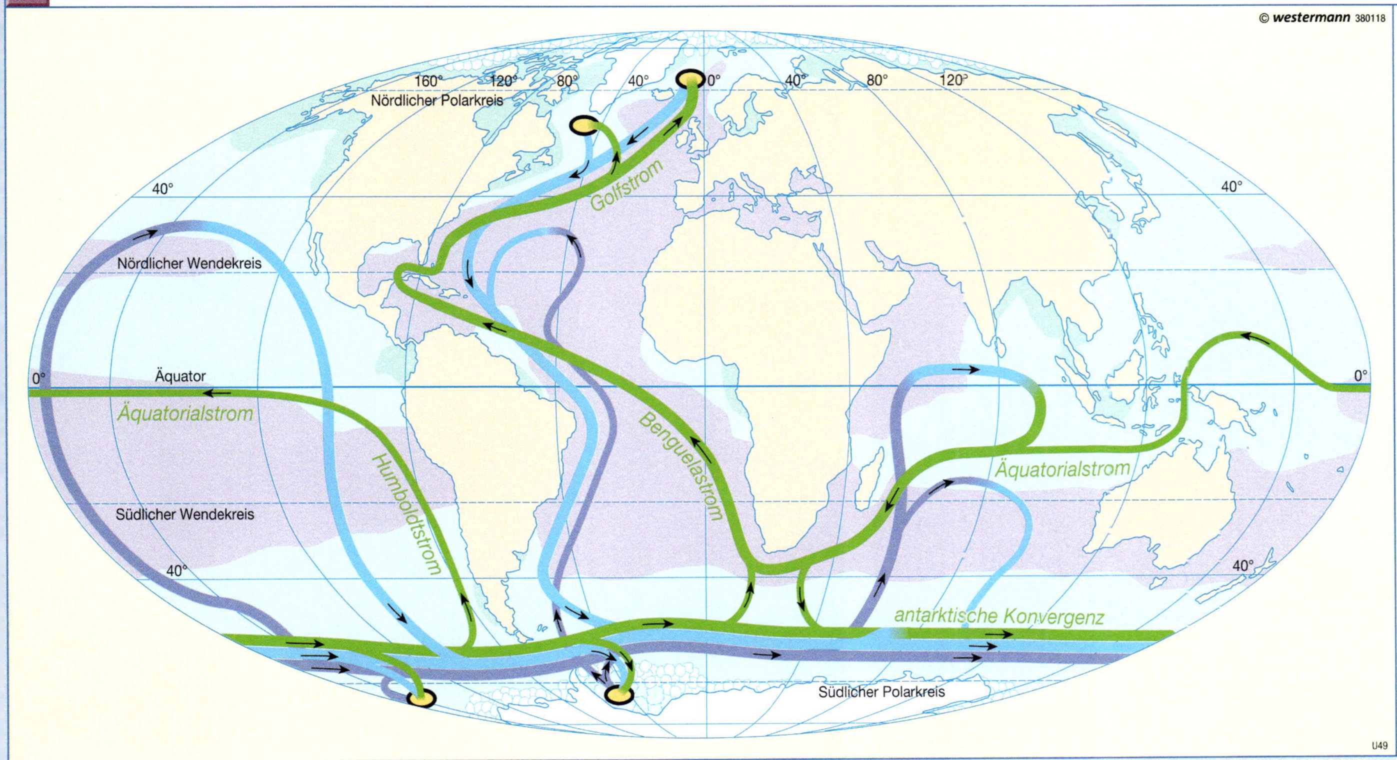

Salzgehalt des Meerwassers an der Oberfläche
in Gramm je Liter (g/l)
- salzreich, über 36
- normal, 36 – 34
- salzarm, unter 34
- Packeis

Meeresstrom
- oberflächennah (warm und kalt)
- in 2 000 bis 3 000 m Tiefe (kalt)
- bodennah (sehr kalt)
- Fließrichtung
- Kaltes, schweres Wasser sinkt in die Tiefe. Es ist mit Salz, Sauerstoff und Treibhausgasen angereichert. Vor Grönland absinkendes Wasser kommt erst nach über tausend Jahren wieder an die Oberfläche.

Luxemburg – Vom Bild zur Karte

1 Esch-Belval – Zentrum

Maßstab 1:2000 — 0 20 40 m

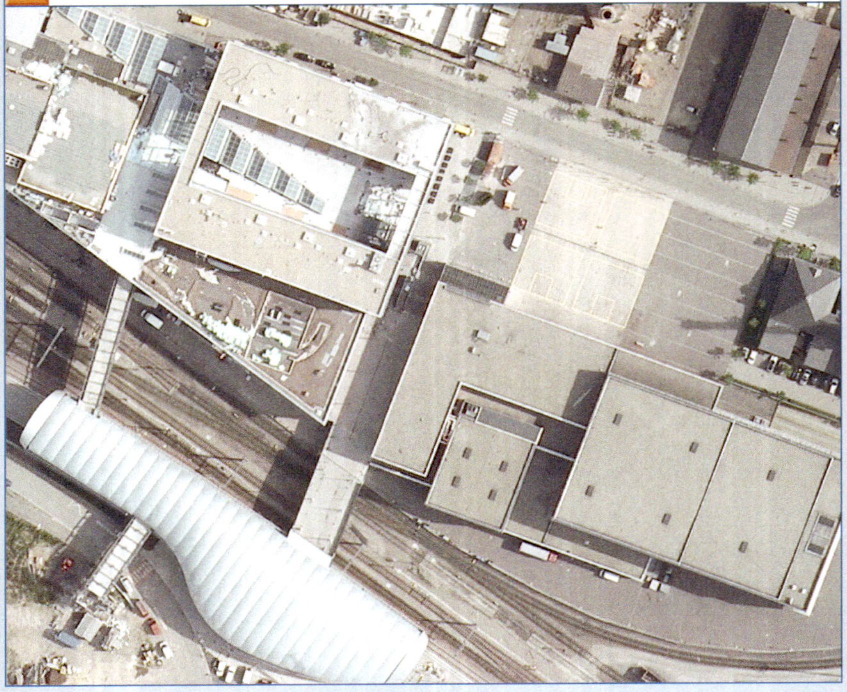

2 Esch-Belval

Maßstab 1:10 000 — 0 100 200 300 m

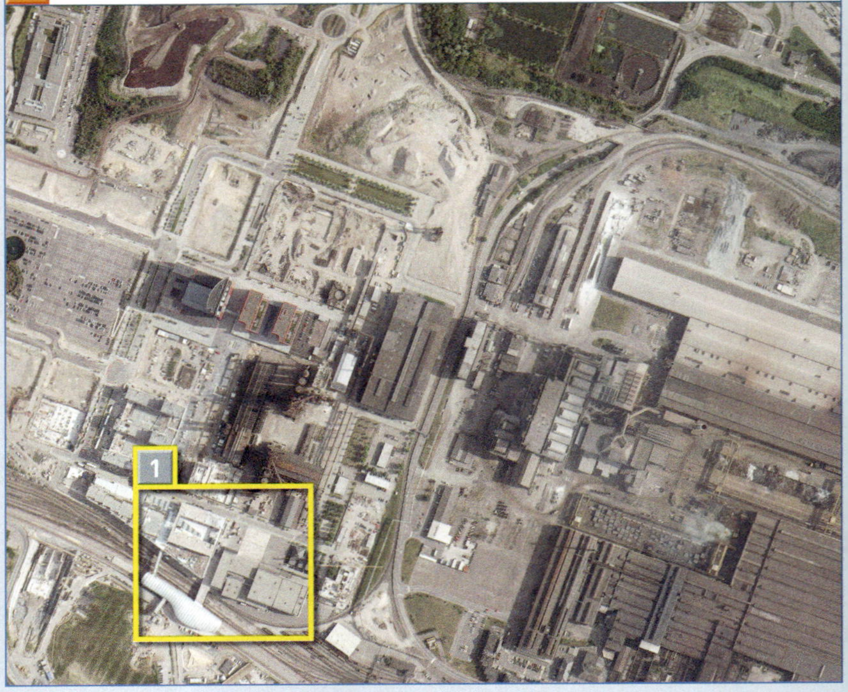

Esch-sur-Alzette liegt an der Grenze zu Frankreich und war das Zentrum der luxemburger Stahlindustrie. 1997 wurde das Stahlwerk in Esch-Belval stillgelegt. Das benachbarte Walzwerk ProfilARBED blieb weiter in Betrieb. In Belval stand damit eine 120 ha große Industriebrache zur Verfügung. 2001 wurde ein städtebaulicher Wettbewerb ausgeschrieben. Sein Ergebnis, der Masterplan Belval-West, sieht eine Nutzungsmischung aus Wohnen (bis zu 7 000 Bewohner), Arbeiten (20 000 bis 25 000 Arbeitsplätze) und Freizeit vor.

Was ist ein Maßstab?

Ein **Maßstab** stellt das **Verhältnis** zwischen einer **Strecke in der Karte** und der **Entfernung in der Wirklichkeit** dar.

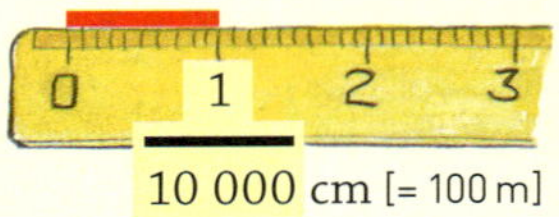

≙ Maßstab 1:10 000

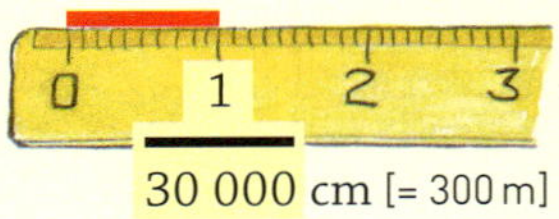

≙ Maßstab 1:30 000

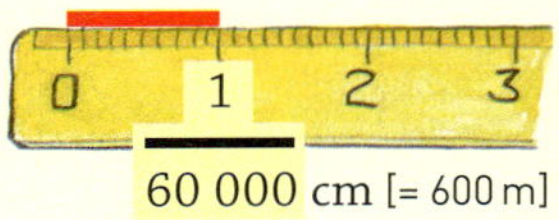

≙ Maßstab 1:60 000

Beim Messen von Entfernungen in Karten hilft die Maßstabsleiste. Zunächst misst man mit einem Lineal die Strecke in der Karte und legt dieses dann an die Maßstabsleiste.

Bei einem Maßstab von 1:300 000...

0 3 6 9 12 15 km

...entspricht 1 cm auf der Karte 3000 m bzw. 3 km in der Wirklichkeit.

7 Europa

Maßstab 1:60 000 000 — 0 500 1000 1500 km

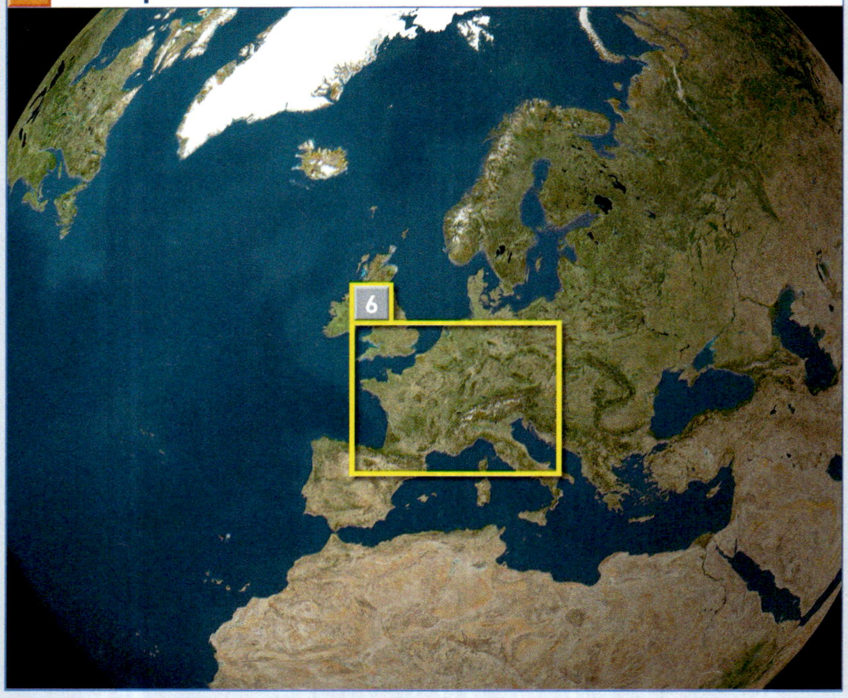

6 Mitteleuropa

Maßstab 1:15 000 000 — 0 100 200 300 400 500 km

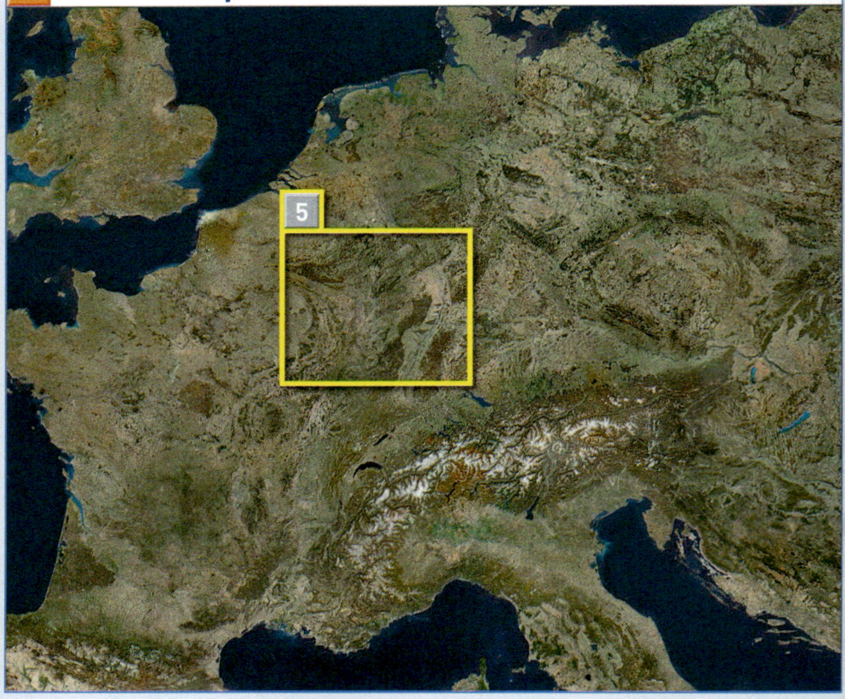

3a Esch-sur-Alzette

Maßstab 1:30 000 (0 200 400 600 m)

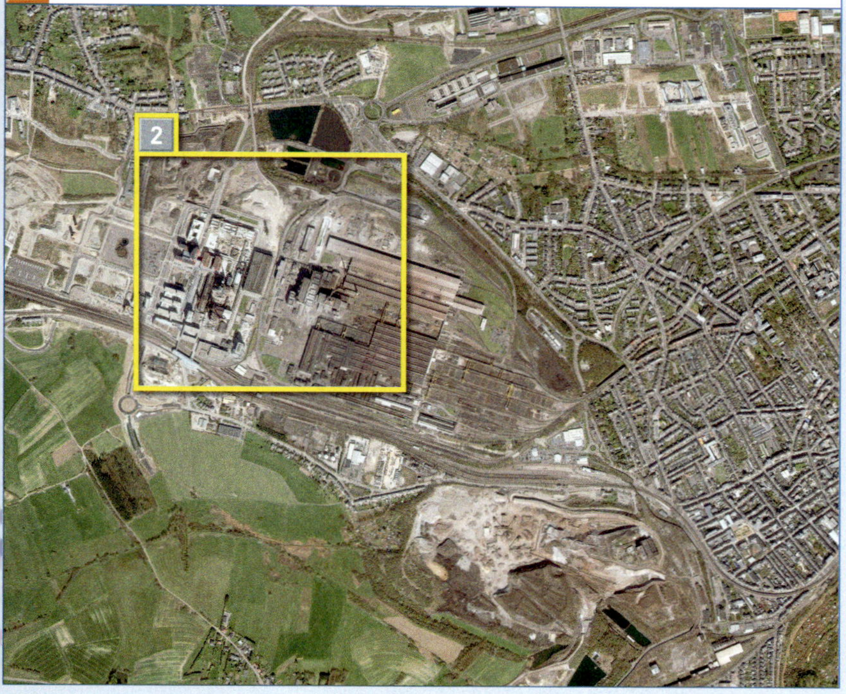

3b Karte von Esch-sur-Alzette

Maßstab 1:30 000

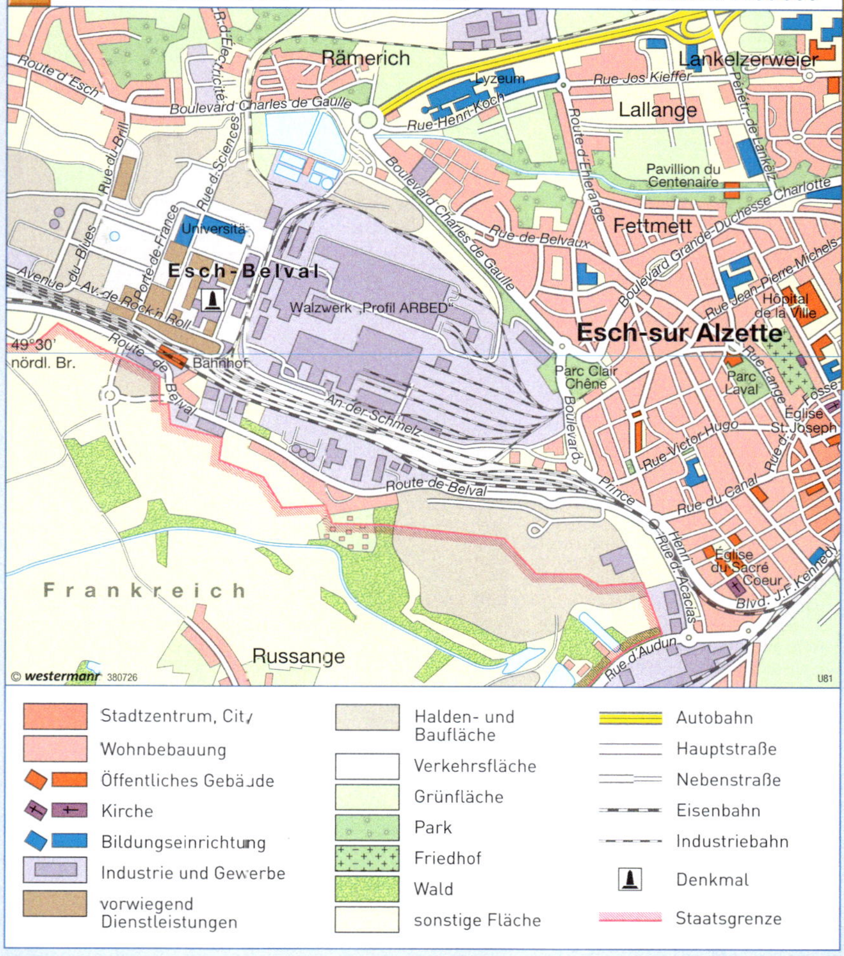

4 Luxemburg

Maßstab 1:300 000 (0 2 4 6 km)

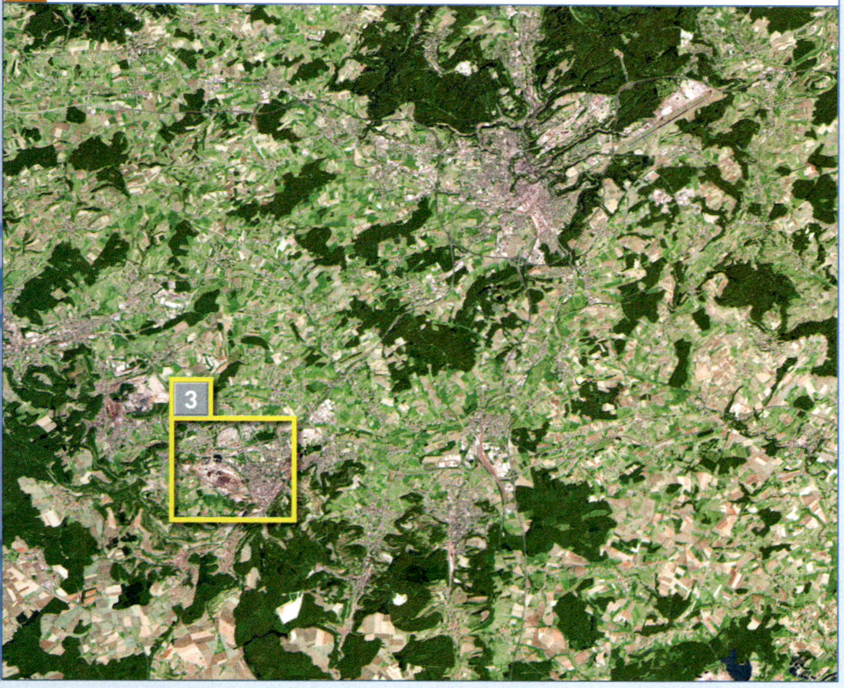

5 Luxemburg und Umgebung

1:3 000 000 (0 20 40 60 km)

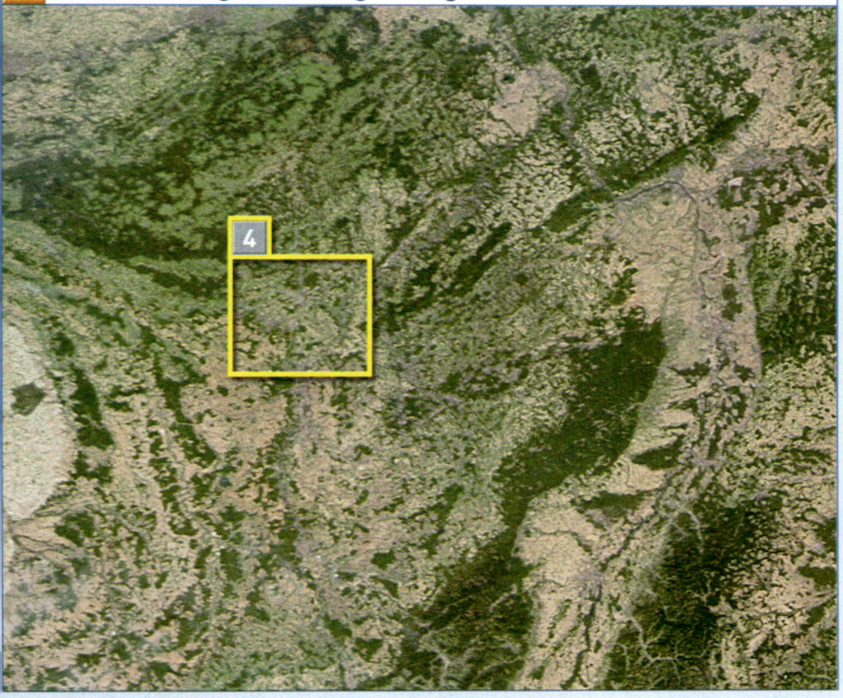

Was ist eine Karte?

Eine **Karte** ist eine generalisierte grafische Darstellung der Erdoberfläche. Sie besteht aus einem **Kartentitel**, einem **Kartenrahmen** mit dem Karteninhalt, einer **Legende**, die die verwendeten **Symbole** erklärt, sowie einem **Maßstab** und einer **Maßstabsleiste.**

Eine Karte stellt die Erdoberfläche **vereinfacht** und **generalisiert** dar. Somit werden viele der in den **Bildbeispielen** (3a) unten enthaltenen Details in den zugehörigen **Kartenbeispielen** (3b) weggelassen, gruppiert oder vereinfacht.

Bildbeispiele:	Kartenbeispiele:	Unterschiede zwischen Bild und Karte:
		• Häuser, Rasenflächen und Bäume sind zu einer Signatur zusammengefasst • Wege sind in der Karte nur zum Teil dargestellt
	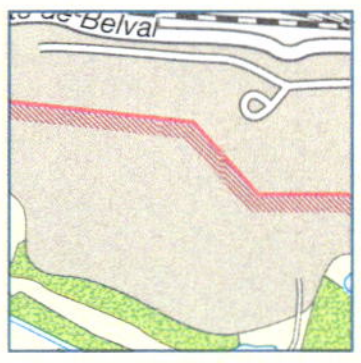	• Haldenberge und Freiflächen sind zu einer Signatur zusammengefasst • Bagger oder andere Fahrzeuge werden in der Karte nicht dargestellt
		• Straßen werden nach ihrer Bedeutung unterschiedlich dargestellt • Gebäude werden nach ihrer Funktion gekennzeichnet (zum Beispiel Bildungseinrichtungen in blau)
		• Gebäudehöhen lassen sich in Karten nicht erkennen • mehrere Gebäude können zu einer Darstellung zusammengefasst sein

Da Karten die Wirklichkeit **reduzieren**, helfen sie uns bei der **Orientierung** auf der Erdoberfläche. Daneben können wir Karten zahlreiche Informationen, z.B. Oberflächenformen, Bevölkerung oder zur Wirtschaft entnehmen. Im Atlas finden sich dazu zahlreiche Beispiele.

1 Physische Übersicht

Maßstab 1 : 350 000

Orientierung in der Karte

Karten sind genordet, das bedeutet: der obere Kartenrand zeigt in Richtung Norden.
Ausnahmen sind mit einem Nordpfeil gekennzeichnet.

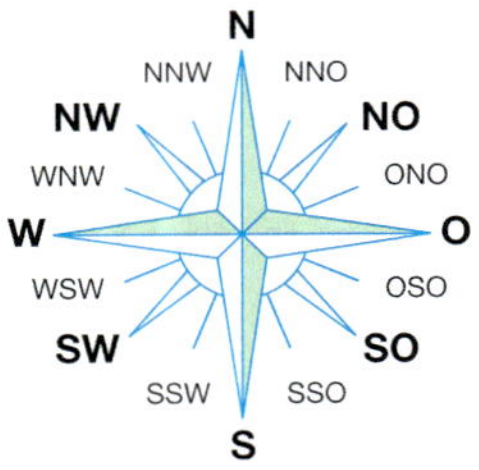

Berge auf der Karte

In der physischen Karte wird das Relief der Erdoberfläche verebnet dargestellt. Die kartographischen Mittel zur Höhendarstellung sind Höhenlinien, farbige Höheschichten, einzelne Höhenangaben und die Schummerung von Bergflanken. **Höhenlinien** verbinden als gedachte Linie die Punkte gleicher Höhenlage auf der Erdoberfläche. **Höhenschichten** sind die Teilbereiche der Erdoberfläche zwischen einer oberen und einer unteren Höhenlinie.

Ein Berg als Blockbild mit Höhenlinien und Höhenschichten

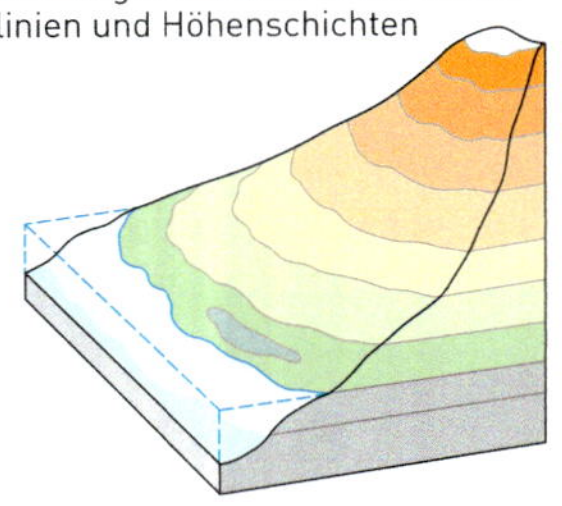

Ein Berg als Blockbild in einer Schattendarstellung (Schummerung)

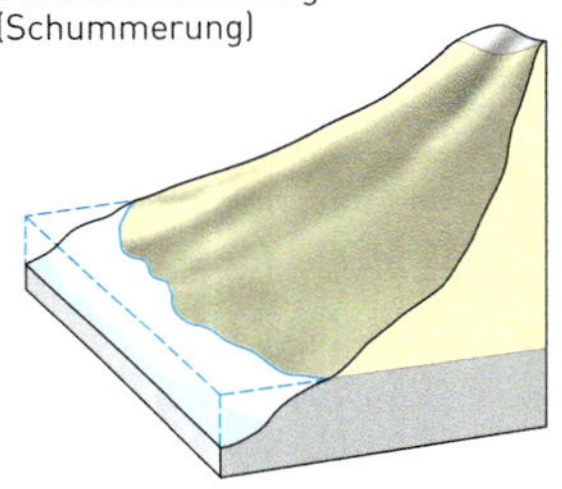

Blockbild als Karte verebnet

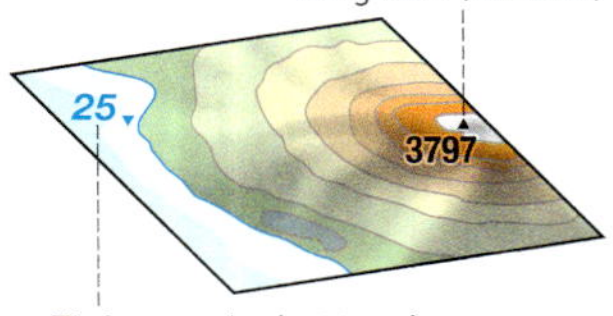

In der Kartenlegende erläutert ein Blockbild die Landhöhen und Meerestiefen.

Landhöhen und Meerestiefen
(in Meter)

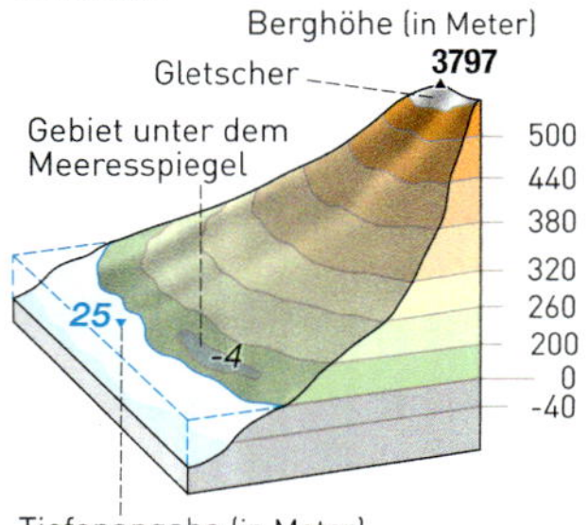

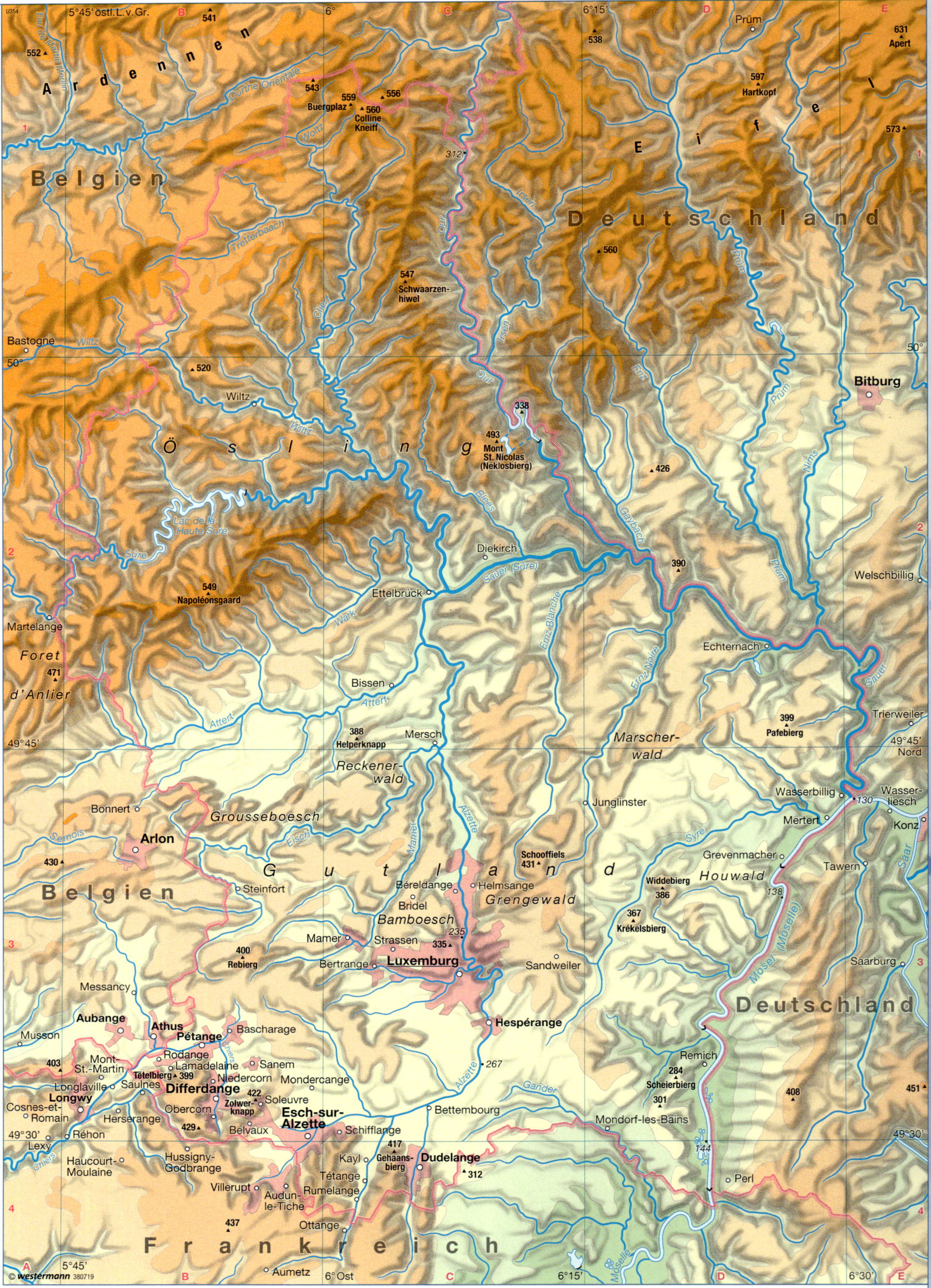

Gewässer
- Fluss
- schiffbarer Fluss (über 1350 t Tragfähigkeit)
- See
- Stausee, Staumauer

Orte
Einwohner
- über 10 000
- unter 10 000

Verwaltung
- Staatsgrenze
- **Luxemburg** Hauptstadt eines Staates

2 Temperaturen im Januar

Maßstab 1 : 700 000

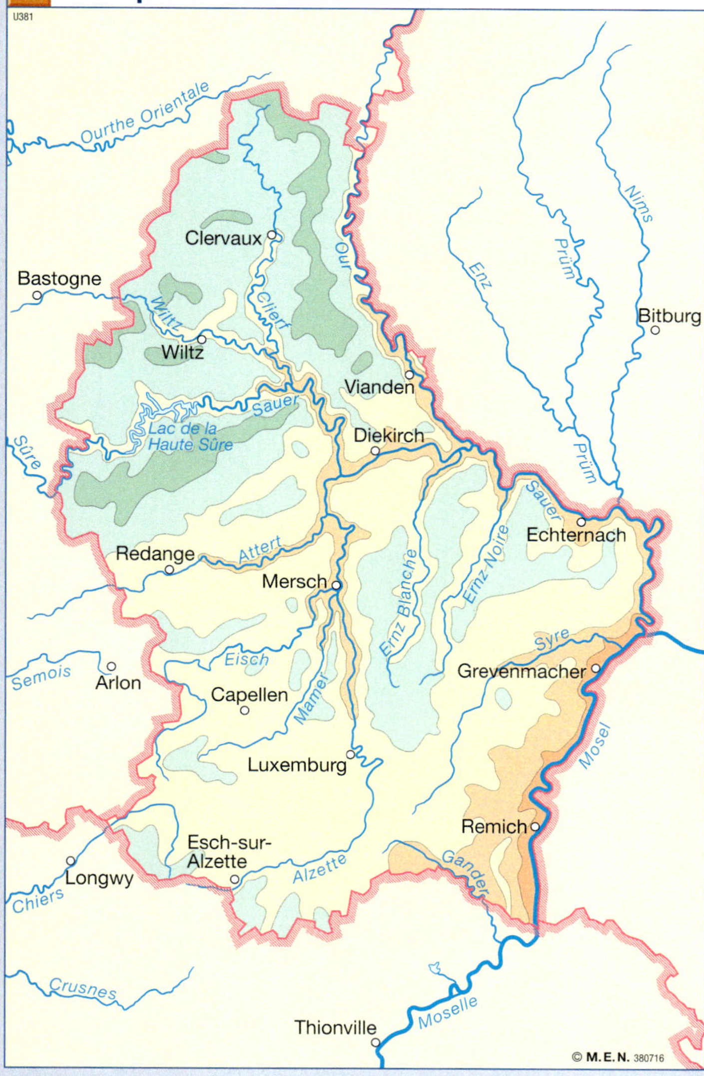

Temperaturen im Januar

- über 1,0 °C
- 0,5 – 1,0
- 0,0 – 0,5
- -0,5 – 0,0
- unter -0,5

3 Temperaturen im Juli

Maßstab 1 : 700 000

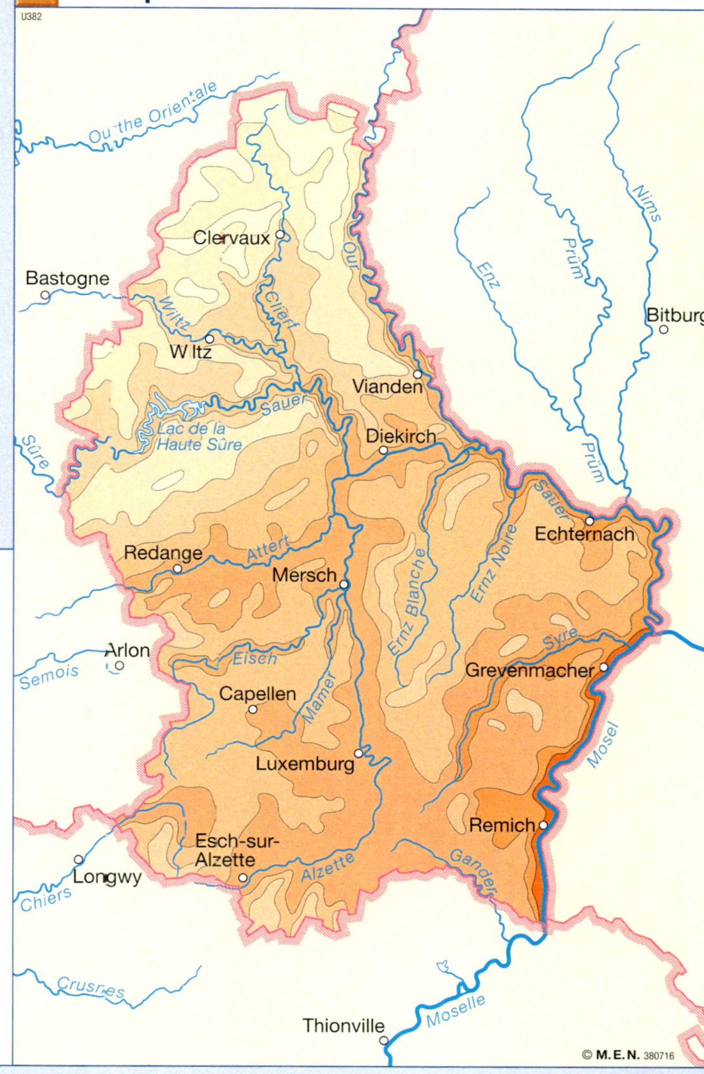

Temperaturen im Juli

- über 18,0 °C
- 17,5 – 18,0
- 17,0 – 17,5
- 16,5 – 17,0
- 16,0 – 16,5
- 15,5 – 16,0
- 15,0 – 15,5
- unter 15,0

4 Klimadiagramme

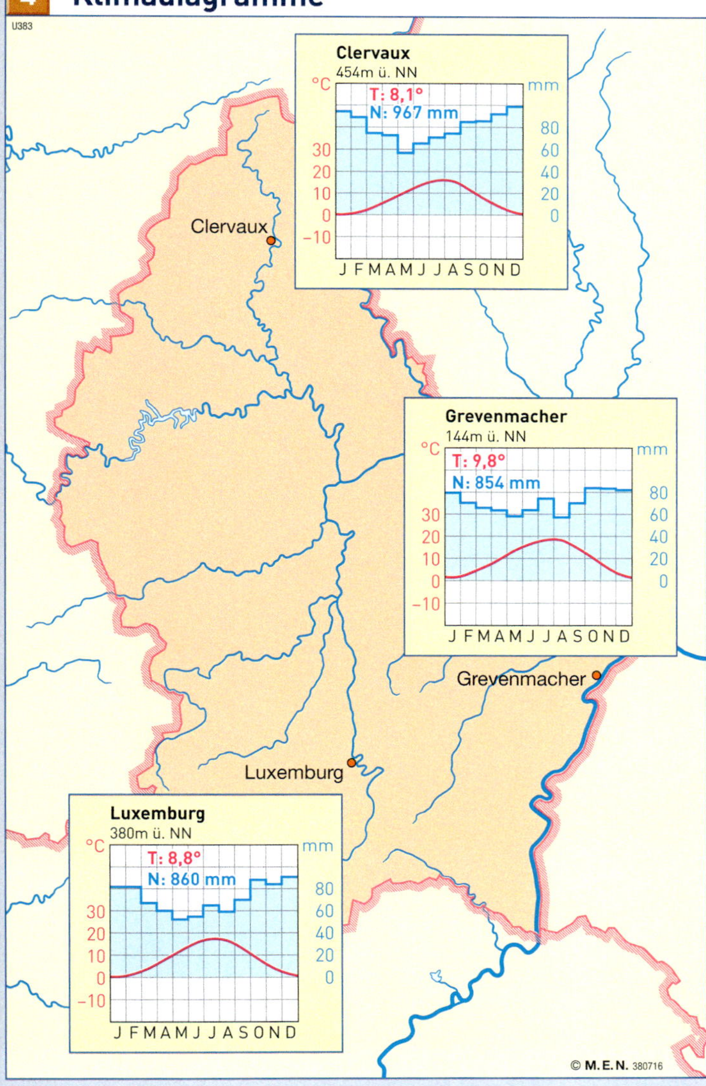

Klimadiagramme

- Temperaturen im Monatsmittel
- Niederschläge im Monat insgesamt
- T = 5,1 °C Jahresdurchschnitt Temperatur
- N = 779 mm Jahressumme Niederschlag
- NN Normalnull (Angabe in Meter über dem Meeresspiegel)
- Klimastation

5 Niederschläge im Jahr

Maßstab 1 : 700 000

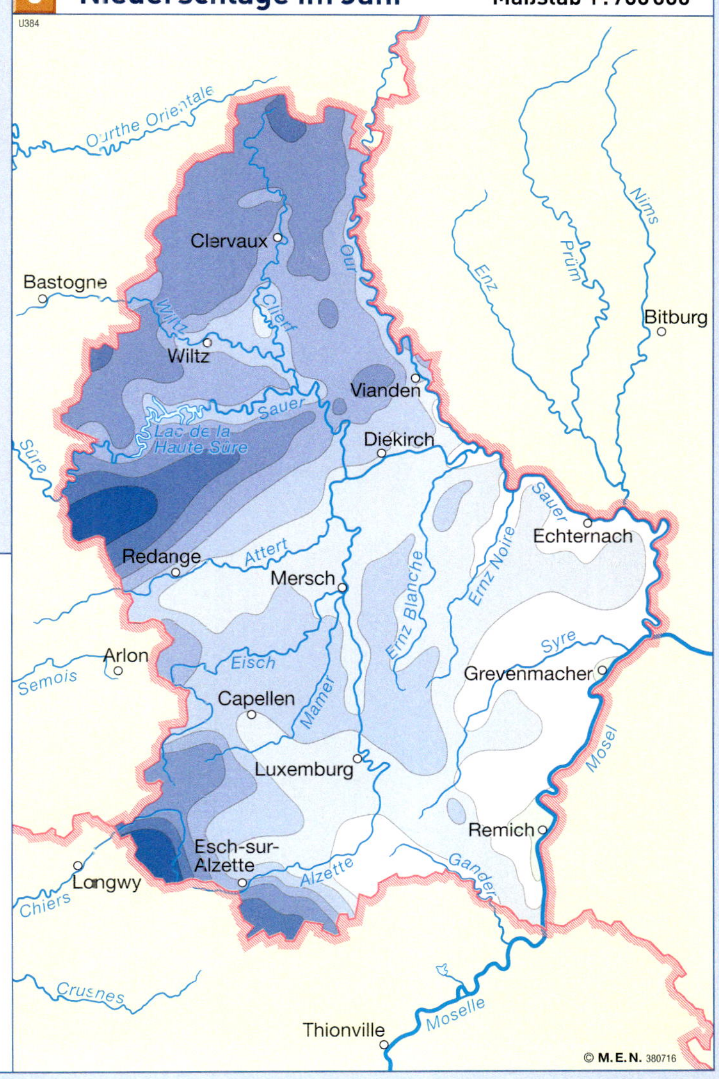

Niederschläge im Jahr (langjähriges Mittel in mm)

- über 1000 mm
- 950 – 1000
- 900 – 950
- 850 – 900
- 800 – 850
- 750 – 800
- 700 – 750
- unter 700

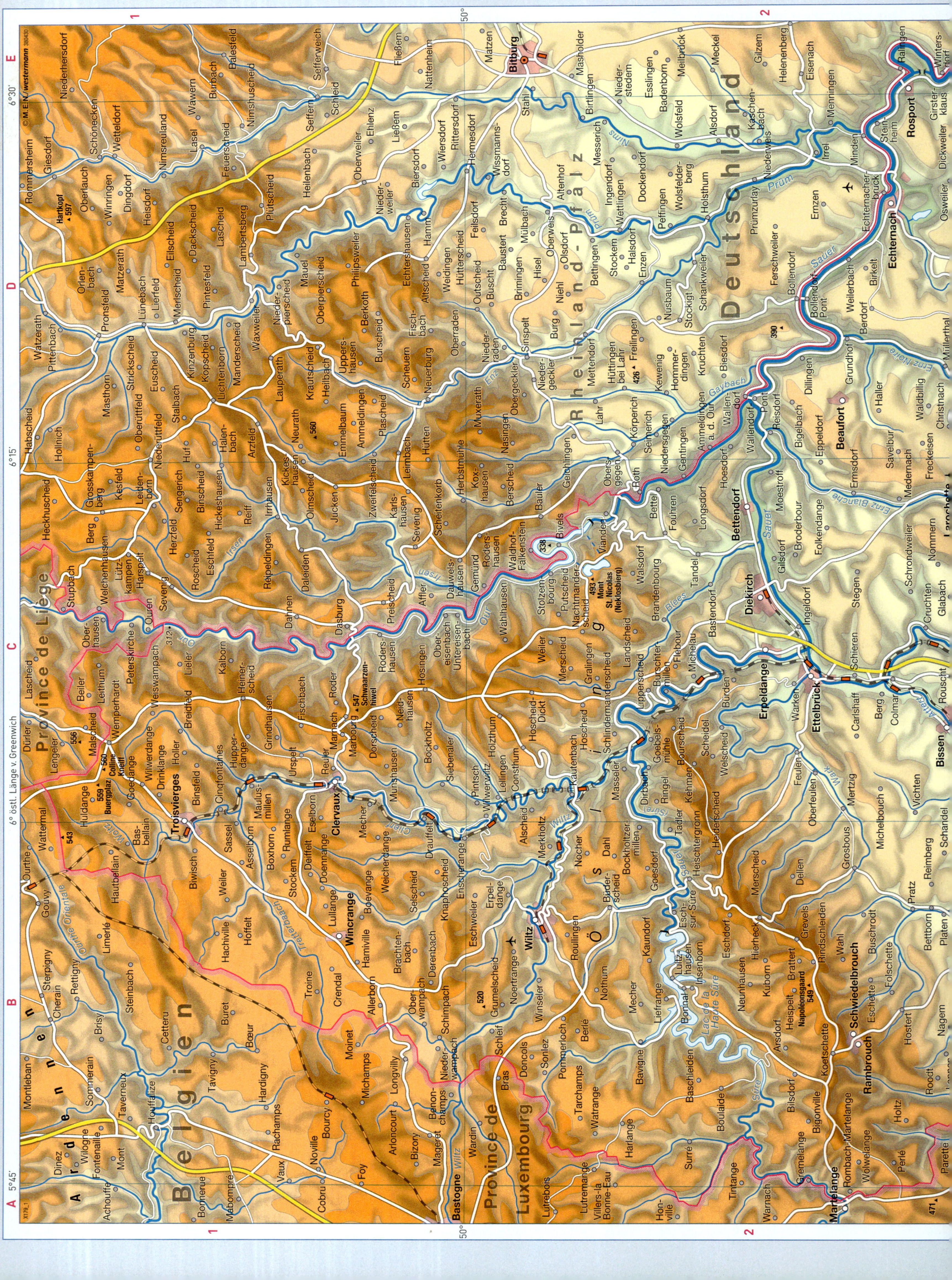
Belgien
Deutschland
Rheinland-Pfalz
Province de Liège
Province de Luxembourg
Ardenne
Ösling
Troisvierges
Clervaux
Wiltz
Vianden
Diekirch
Ettelbrück
Erpeldange
Bettendorf
Echternach
Beaufort
Rosport
Bitburg
Bastogne
Martelange
Rambrouch
Schwiedelbrouch
Wincrange
Marnach
Hosingen
Bissen
Lac de la Haute Sûre
Sauer
Sûre
Our
Prüm
Nims
Clerve
Wiltz
Alzette
Blees
Ernz Blanche
Ernz Noire
Gaybach
Hartkopf 597
Buurgplaz 559
Napoleonsgaard 549
Schwarzenhiwel 547
St. Nicolas (Nekolsberg) 493
Wattermal 543
6° östl. Länge v. Greenwich
5°45'
6°15'
6°30'
50°
© M.E.N. / westermann

Maßstab 1 : 200 000
1 cm ≙ 2 km
0 2 4 6 8 10 km

Landhöhen (in Meter)

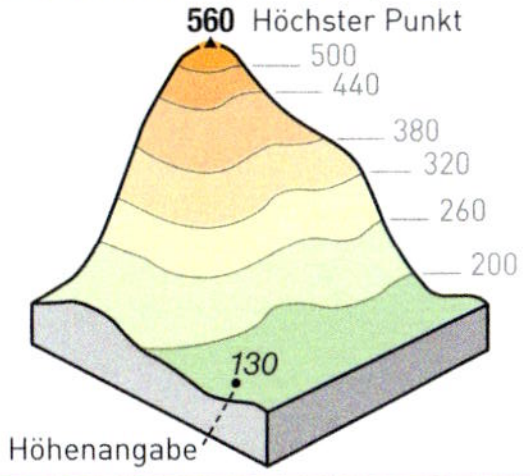

Gewässer
- Fluss
- schiffbarer Fluss (für Europaschiffe über 1350t)
- Schleuse, Staustufe
- Stausee

Orte (Einwohner, Stand 2010)
- über 20000
- 10000 - 20000
- 2000 - 10000
- unter 2000 Einwohner
- geschlossene Bebauung (Siedlungsflächen über 2000 Einwohner)

Verkehr
- Eisenbahn (zweigleisig)
- Eisenbahn (eingleisig)
- Bahnhof
- Tunnel
- Autobahn
- Hauptstraße, Nationalstraße
- sonstige Straße
- Flughafen, Flugplatz

Verwaltung
- Staatsgrenze
- Landes-, Departement- oder Provinzgrenze der Nachbarstaaten
- **Luxembourg** Hauptstadt

1 Geologie

Maßstab 1 : 350 000

Profil der in Luxemburg anstehenden Gesteine

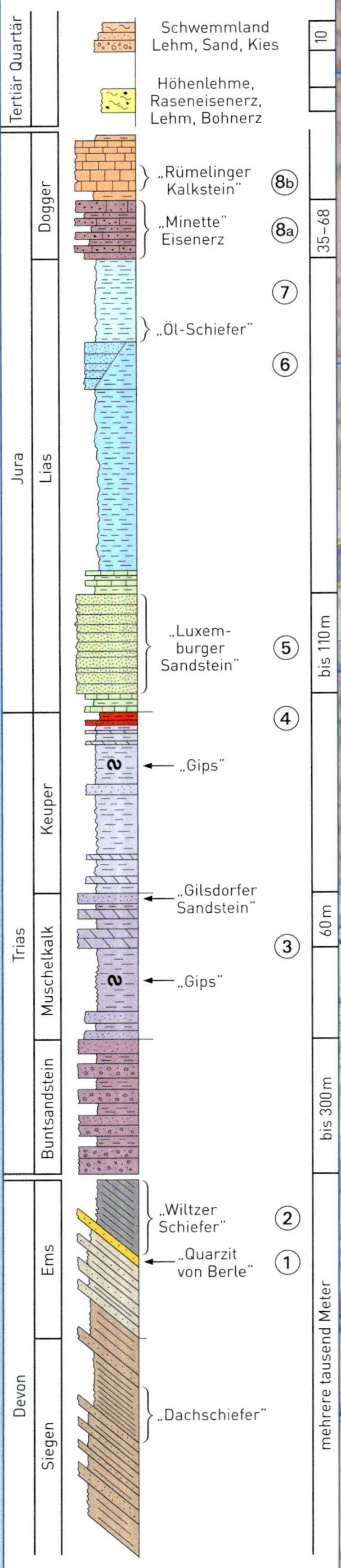

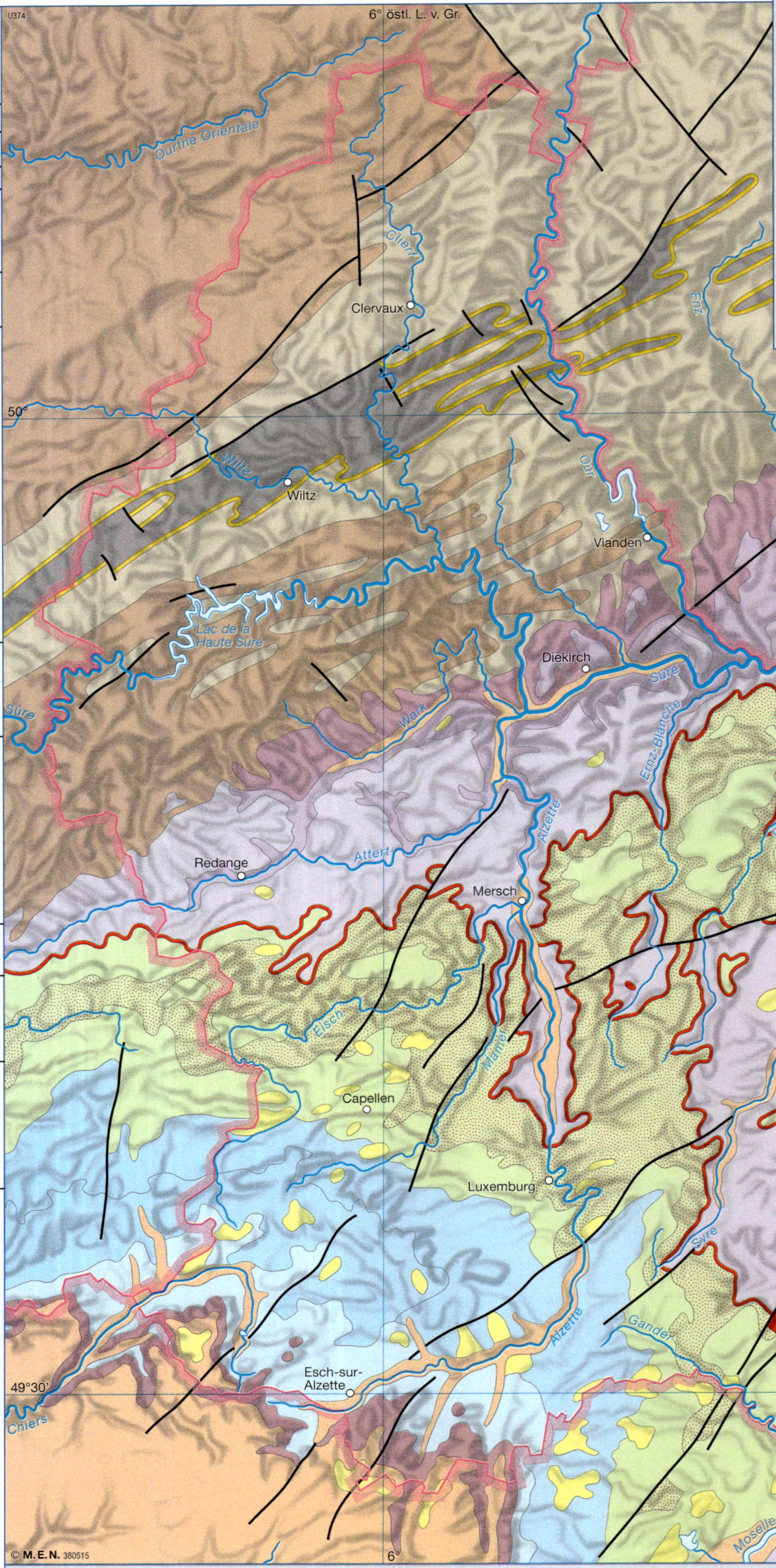

Gesteinslegende

Dolomitstein
Kalkstein
Mergel
Sandstein
Konglomerat
Schiefer
Quarzsandstein
Quarzit

Gestein: weich, hart

Verwerfung

(1) *Bild-Nr. zu Gesteine, siehe Seite 51*

2 Erdzeitalter

Erdzeitalter

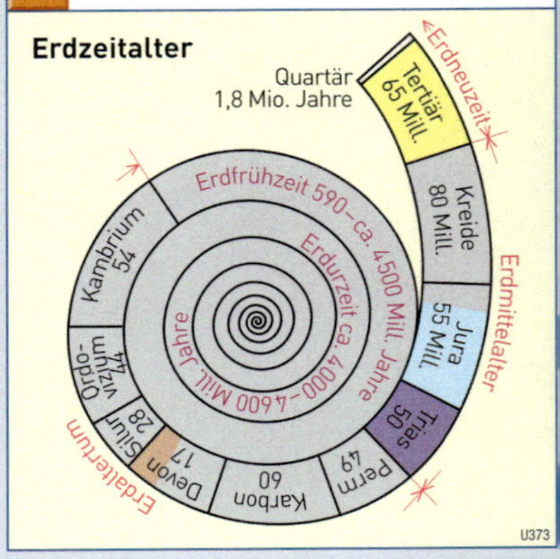

3 Geologisch-Geomorphologisches Schnittprofil (thematisch)

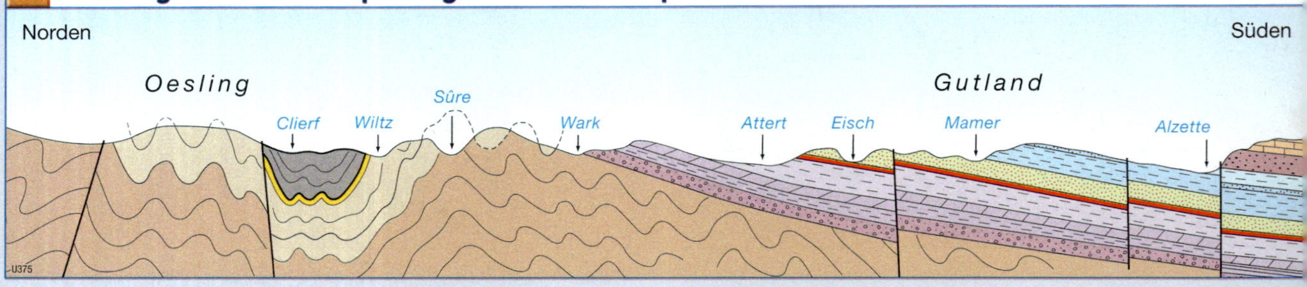

① Quarzsandstein

② Wiltzer Schiefer

③ Dolomitstein

④ Keupermergel

⑤ Luxemburger Sandstein

⑥ Dippacher Sandstein

⑦ Liasmergel

⑧ Doggerkalk (8a) über Minette-Eisenerz (8b)

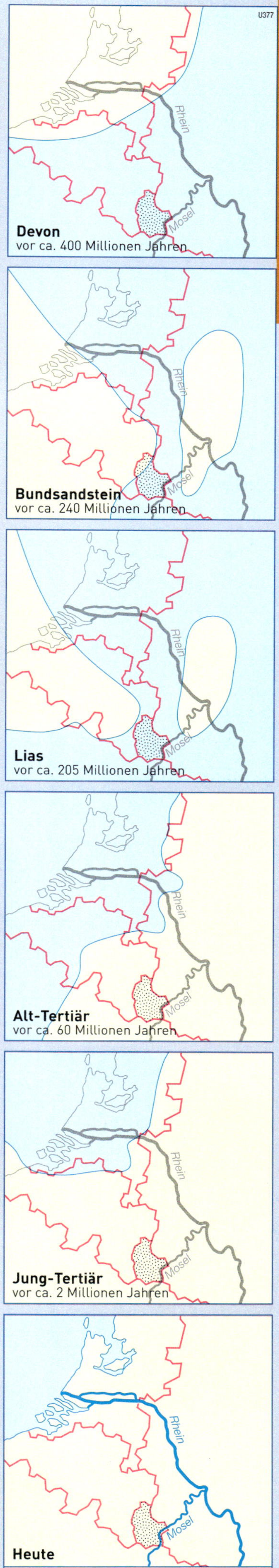

Die Verteilung von Land und Meer im Laufe der Erdgeschichte

1 Naturlandschaften

Maßstab 1 : 350 000 — 0 3 6 9 12 15 km

Morphologie

- Hochfläche
- in die Hochfläche eingeschnittene enge Täler
- Schichtstufe des Muschelkalks (Kalke)
- Schichtstufe des unteren Lias (Luxemburger Sandstein, Kalke)
- Schichtstufe des mittleren Lias (Sandstein)
- Schichtstufe des Doggers (Kalke)
- Zeugenberg
- Tief- und Hügelland in weichem Gestein
- in die Schichtstufen eingeschnittene enge Täler
- Wasserscheide zwischen Meuse (Maas) und Rhein

Naturrisiken

- Erdrutsch
- Steinschlag
- Bodensenkung
- Überschwemmung
- Landschaftsgrenze Oesling-Gutland

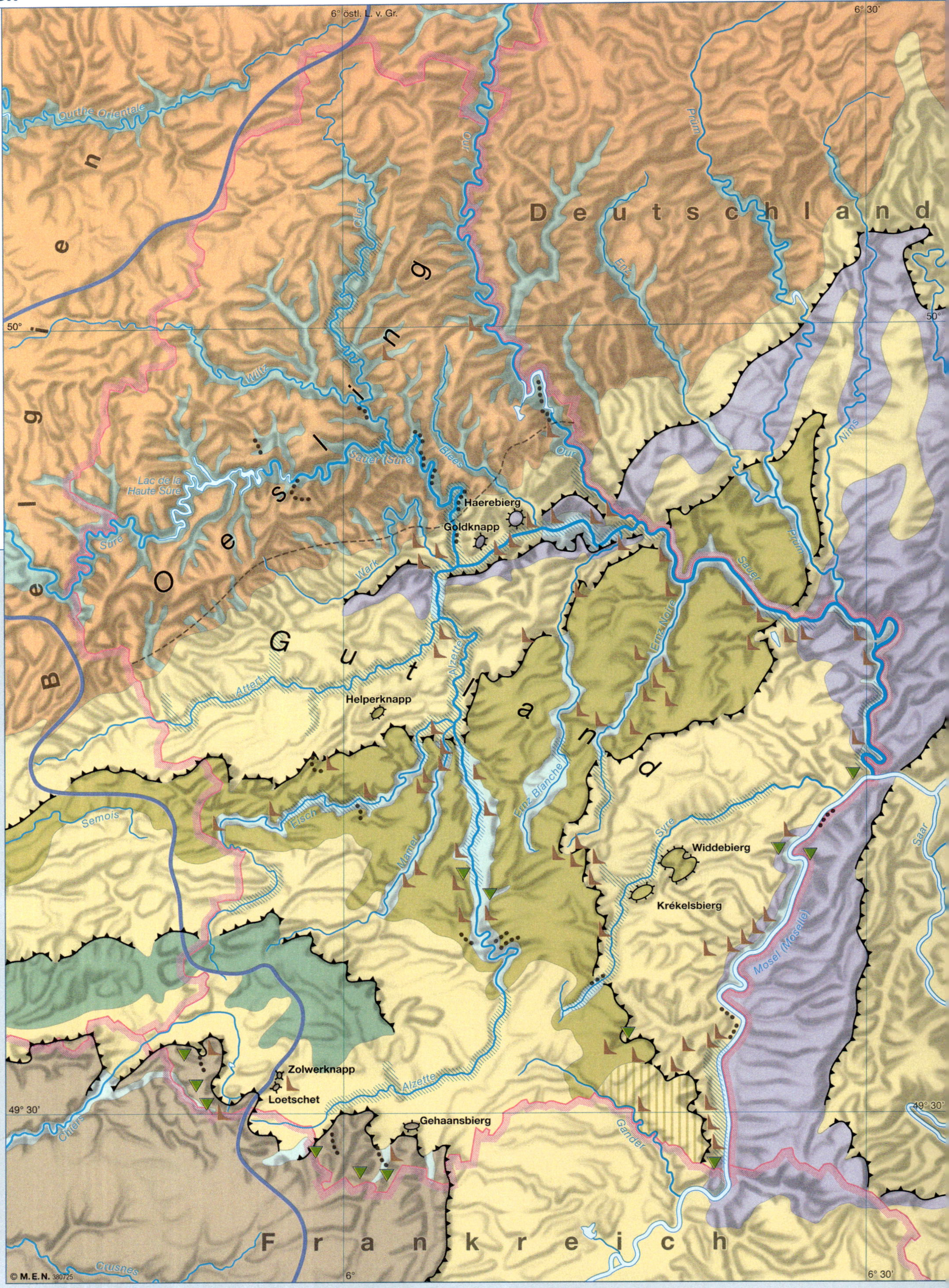

Felsen im Müllertal

Steinschlag

Zeugenberg

Engtal (Mosel)

Minettebecken bei Ellange

2 Kulturlandschaften

Maßstab 1 : 350 000 (0 3 6 9 12 15 km)

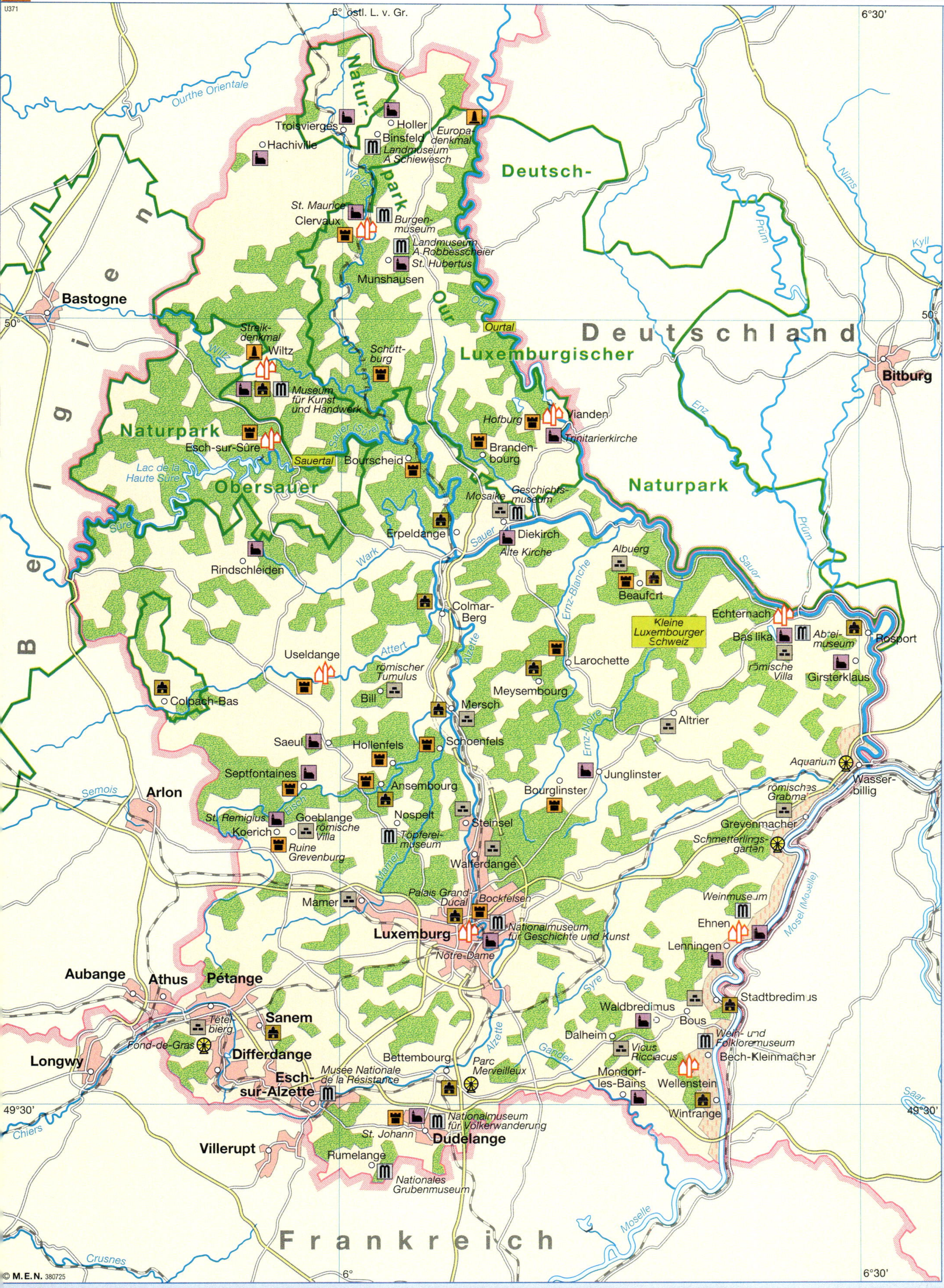

Erholung und Naturschutz
- geschlossene Besiedlung
- landwirtschaftliche Nutzung
- Weinbau
- Wald
- Naturpark

Sehenswürdigkeiten
- Archäologische Stätte
- Burg, Ruine (Mittelalter)
- Schloss (Neuzeit)
- Kirche, Kloster, Kapelle
- Museum
- Denkmal
- Freizeitpark, Erlebnispark
- sehenswertes Ortsbild
- Sauertal – Natursehenswürdigkeit

Verkehr
- Autobahn
- Straße
- Eisenbahn mit Tunnel
- Staatsgrenze

Hofburg Vianden

Stadt Luxemburg

Römische Villa bei Echternach

Esch-sur-Sûre

Weinbau an der Mosel

1 Germanien und Raetien zur Römerzeit 100 n. Chr.

Maßstab 1 : 3 500 000 — 0 3 6 9 12 15 km

Weintransport auf der Mosel, dargestellt auf einem römischen Grabstein

- Limes
- römische Provinzgrenze
- Legionslager
- Kastell
- Stadt
- Bonna — römischer Name
- (Bonn) — heutiger Name
- Römerstraße
- Handelsweg
- **Raetia** — römische Provinz
- *Chatti* — germanischer Stamm

Landwirtschaft
- Wein
- Honig, Wachs
- Federn, Daunen
- Vieh

Gewerbe
- Keramik
- Glas
- Metallwaren
- Tuche
- Leder, Pelze
- Frauenhaare (Perückenherstellung)
- Sklaven

Bergbau und Mineralien
- Blei, Zink
- Marmor, Kalkstein
- Salz
- Bernstein

- Kulturlandschaft

Waldlandschaft, vorherrschende Baumart
- Eiche
- Buche
- Buche und Fichte
- Fichte, Tanne und Buche
- Tanne und Buche
- Kiefer und Eiche

- Moorlandschaft mit Erlenbruchwald

Luxemburg: Eroberung durch das römische Reich (Gallischer Krieg) — 53/54 v. Chr.
Köln erhält Stadtrecht — 50
elbgermanische Stämme drängen nach Südwesten: Aufgabe des Limes durch die Römer — 259/260
Hunneneinfall aus Zentralasien — 375/376
Völkerwanderung: fränkisch-germanische Besiedlung (bis 568)
Verbreitung des Christentums
Gründung Kloster Echternach

100 · 53/54 v. Chr. · 0 · 50 · 100 · 259/260 · 200 · 300 · 375/376 · 400 · 500 · 600 · 700

2 Römerzeit um 200 n. Chr.

Maßstab 1 : 1 500 000

Römisches Reich
Limes
römische Provinzgrenze
Riccacus römischer Name
(Dalheim) heutiger Name
Grenze des heutigen Luxemburgs
Belgica römische Provinz
Kastell
Stadt
Römerstraße

3 Stauferzeit 11.–13. Jh.

Maßstab 1 : 1 500 000

Gebiet mit überwiegendem Stauferbesitz
Staatsgrenze
Grenze des heutigen Luxemburgs
Stadt
Bischofssitz
Reichsburg, Pfalz
wichtiges Kloster

4 Echternach um 1550

Maßstab 1 : 12 500

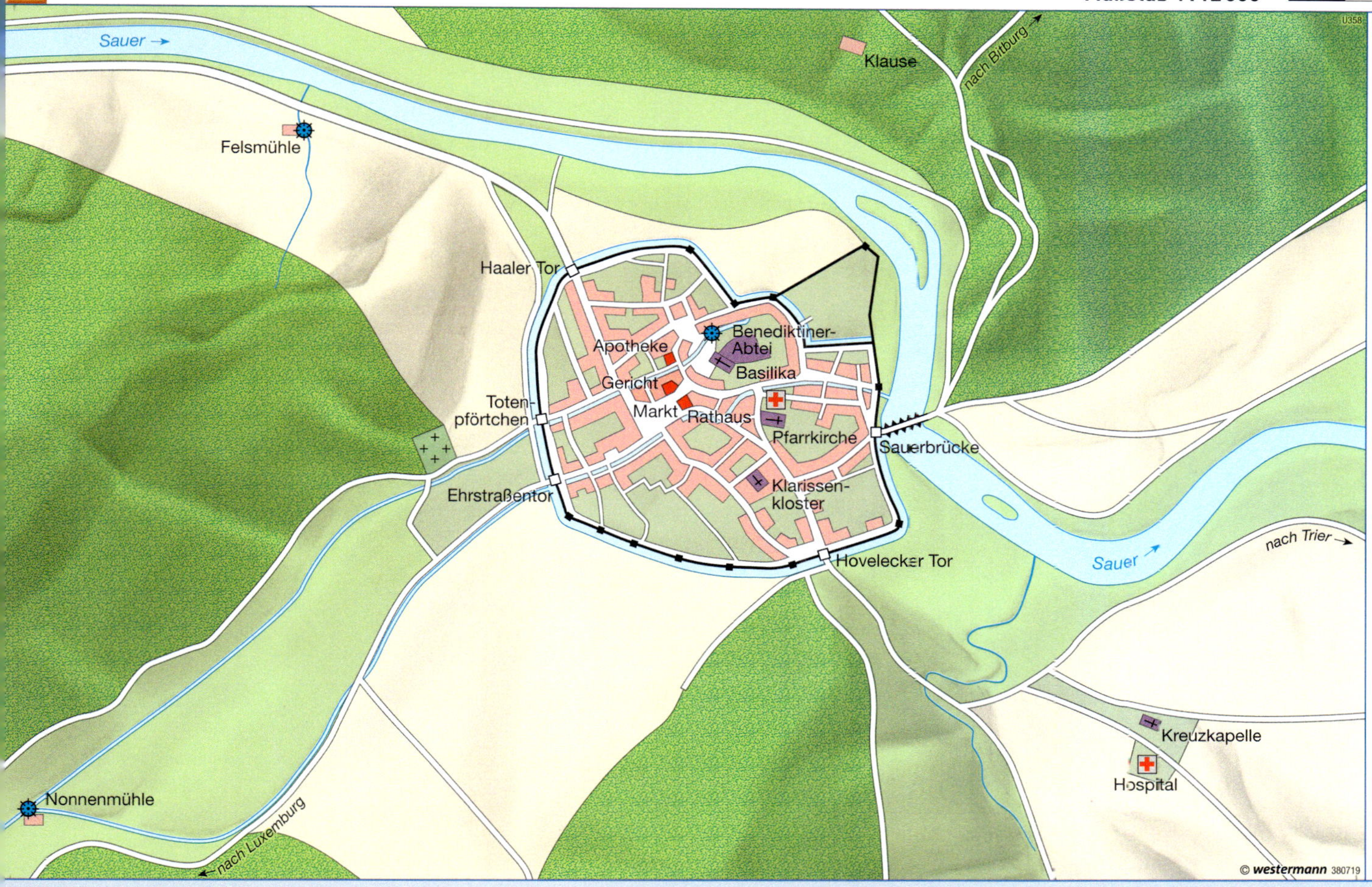

Bebauung
Kloster, Kirche, Kapelle
öffentliches Gebäude
Garten
Friedhof
Ackerland
Wiese
Wald
Befestigung mit Turm und Tor
Hospital
Wassermühle

1 Heiliges Römisches Reich um 1000

Maßstab 1 : 6 000 000 (0 – 50 – 100 – 150 km)

Das Stammelternpaar deutscher Kaiser und Könige: Heinrich I. und seine Frau Mathilde mit den Reichsinsignien (Zepter und Reichsapfel) um 920. Aus: Chronica Sanct Pantaleonis (ca. 1237)

- Reichsgrenze zur Kaiserkrönung 962
- Reichsgrenze 1033
- Staatsgrenze
- Provinzgrenze
- bedeutende Königspfalz

Begräbnisstätten:

- Heinrich I. 919–936
- Otto I. 936 –973
- Otto II. 973 –983
- Otto III. (983) 995 –1002
- Heinrich II. 1002 –1024

- Erzbischofssitz
- Bischofssitz
- erloschenes Bistum
- Kloster
- wichtige Schlacht
- Slawenaufstand 983
- Pass

Abkürzungen der Staatsformen siehe Seite 220

962	1000	1030	1077	1106	1122	1155	1200	1235	1300	1308
Kaiserkrönung Otto I.	1	romanischer Dombau in Speyer	Gang nach Canossa (Kaiser Heinrich IV.)	Wormser Konkordat: Ende des Investiturstreits		Kaiserkrönung Friedrich I. in Rom	Höhepunkt des Klosterlebens Zisterzienser, Franziskaner	Festlegung des luxemburgischen Wappens		Graf Heinrich VII. v. Luxemburg besteigt deutschen Thron

2 Heiliges Römisches Reich Deutscher Nation um 1648

Maßstab 1 : 6 000 000

Zeitgenössische Darstellung der Verkündung des Westfälischen Friedens 1648 durch einen Postillion

1354	Luxemburg zum Herzogtum erhoben
1437	Aussterben des Hauses Luxemburg
um 1450	Erfindung des Buchdrucks in Mainz
1477/1482	Luxemburg an Haus Habsburg (Maximilian I.)
1517	Thesen Luthers in Wittenberg
1555	Luxemburg wird Teil der Spanischen Niederlande
1568	Abspaltung der protestant. Vereinten Niederlande
1618	Dreißigjähriger Krieg
1648	Westfälischer Friede (2)
1683	Türkische Truppen belagern Wien

1400 1500 1600 1700

Luxemburg – territoriale Veränderungen

1 Stadt Luxemburg um 1550

Maßstab 1 : 12 500 (0 – 100 – 200 – 300 – 400 – 500 m)

- Wohnbebauung
- Kloster, Kirche, Kapelle
- Hospital
- Befestigung mit Turm und Tor
- Garten
- bewirtschaftete Flur
- Wiese

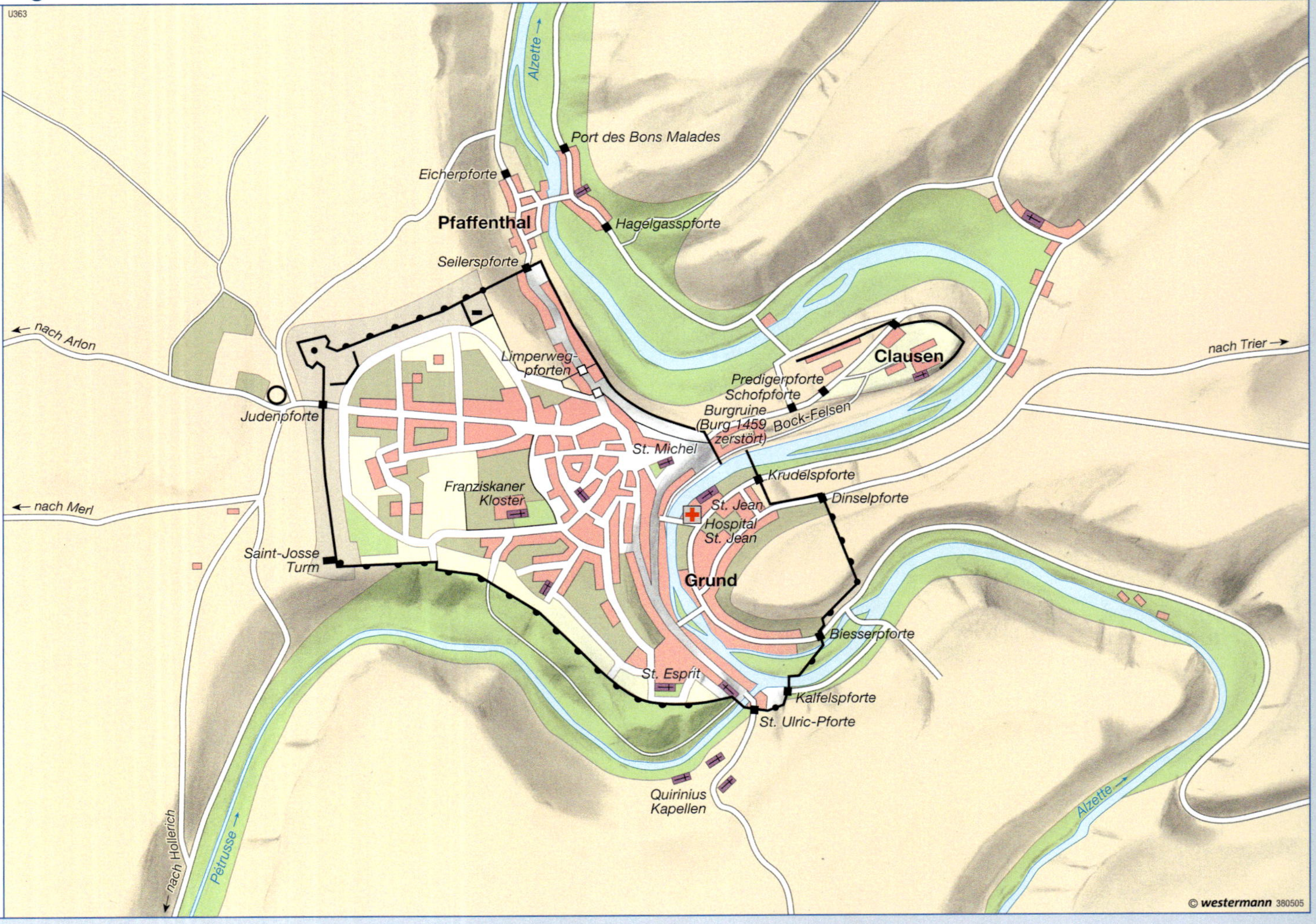

2 Luxemburg 1789

Maßstab 1 : 1 750 000 (0 – 15 – 30 – 45 km)

- Habsburger
- Wittelsbacher
- Nassauer
- Geistliches Gebiet
- Freie Reichsstadt
- sonstige Kleinstaaten
- Gebiet mit geteiltem Hoheitsrecht
- Reichsgrenze
- Staatsgrenze
- Provinzgrenze

Abkürzungen der Staatsformen

Bm.	Bistum
Erzbm.	Erzbistum
Fsm.	Fürstentum
Gft.	Grafschaft
Hzm.	Herzogtum
Kfsm.	Kurfürstentum
Lgft.	Landgrafschaft
Mgft.	Markgrafschaft

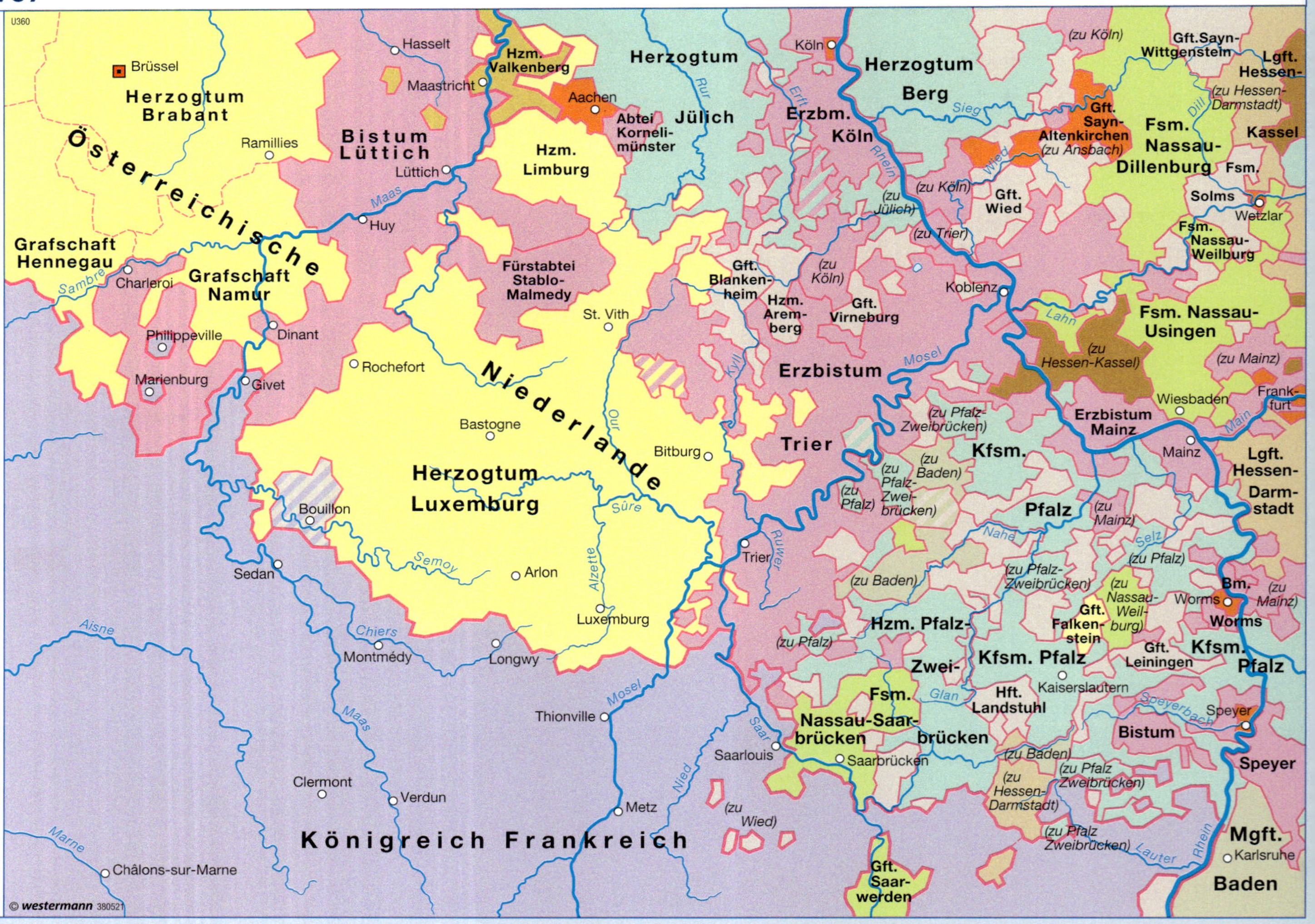

Westfälischer Friede – 1648
Pyrenäenfriede: Thionville u. Montmédy an Frankreich (=1.Teilung Luxemburgs) – 1659
Réunionskriege Frankreichs – 1667–1694
Frankreich besetzt Luxemburg – 1684
Frieden von Utrecht – 1713

1650 · 1700

3 Stadt Luxemburg um 1840

Maßstab 1 : 12 500 (0 – 100 – 200 – 300 – 400 – 500 m)

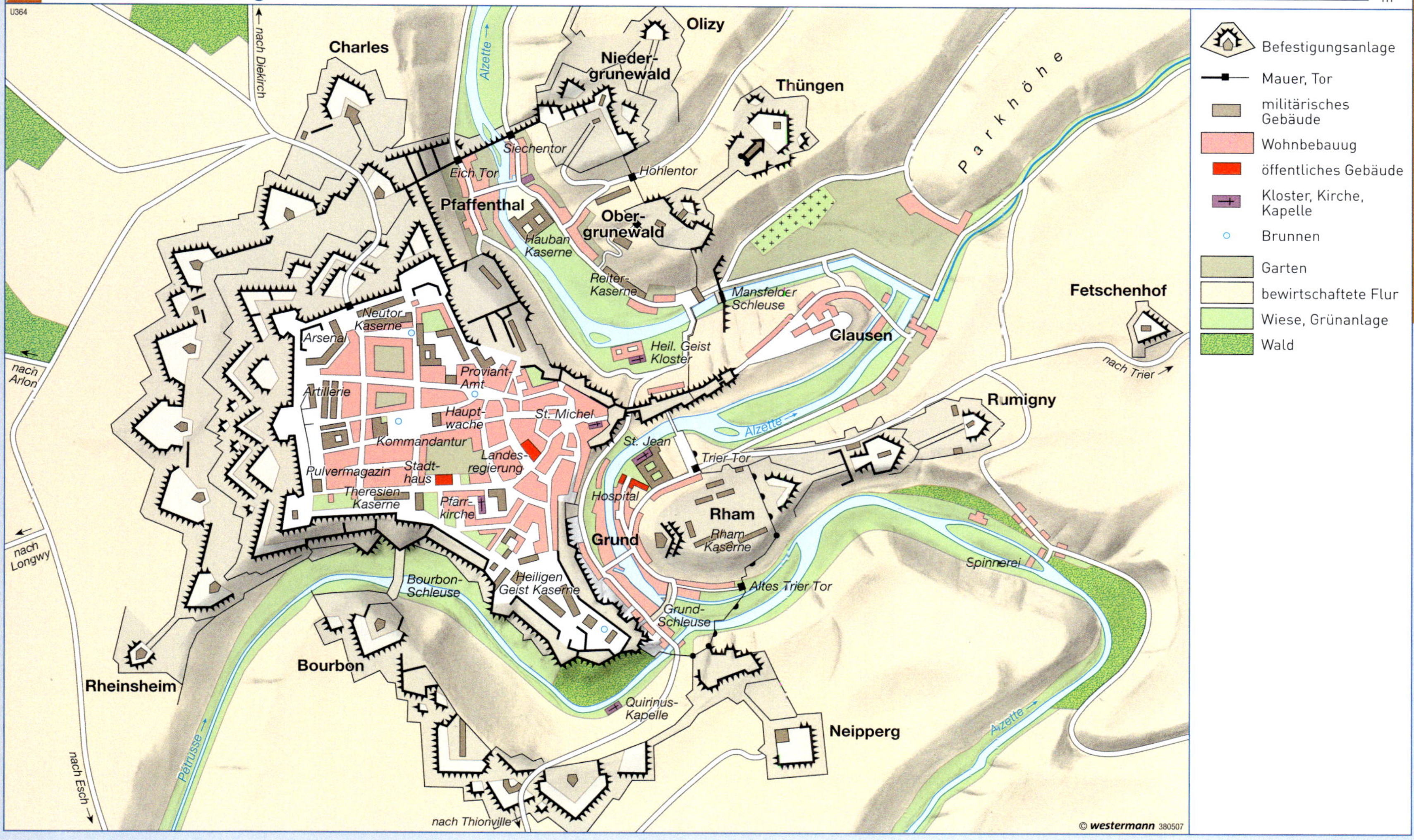

4 Luxemburg 1839

Maßstab 1 : 1 750 000 (0 – 15 – 30 – 45 km)

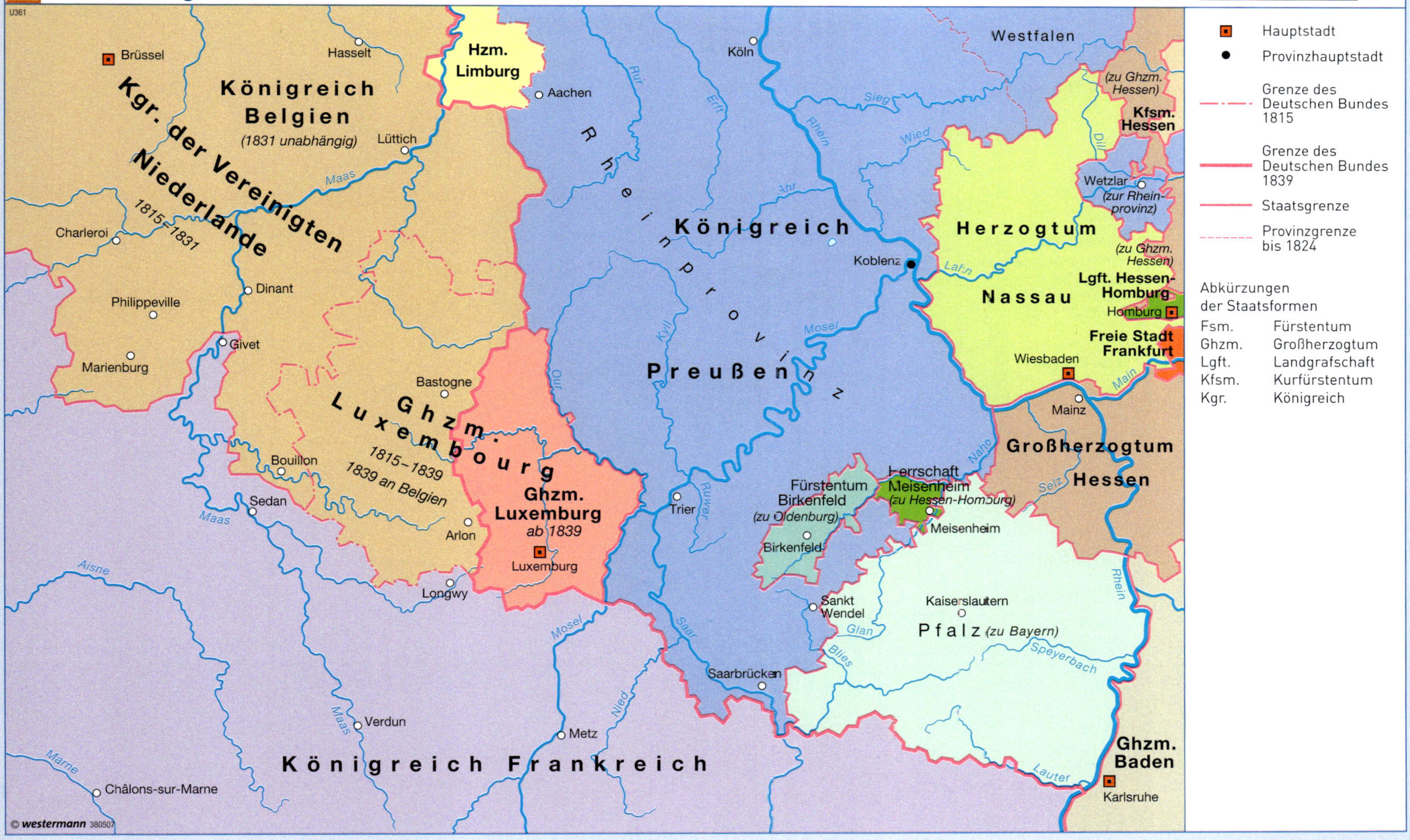

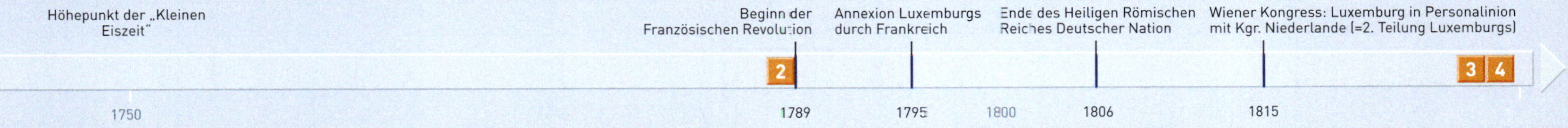

1 Deutscher Bund 1815

Maßstab 1 : 9 000 000 — 0 75 150 225 km

Seidenrips-Kokarde aus der Zeit des Hambacher Festes (1832)

- Grenze des Deutschen Bundes
- Staatsgrenze
- Provinzgrenze
- Freie Stadt
- bedeutende Schlacht
- Vertragsabschluss

Abkürzungen der Staatsnamen

H.-H.	Lgft. Hessen-Homburg
Lau.	Hzm. Lauenburg
L.-D.	Fsm. Lippe-Detmold
L.	Fsm. Liechtenstein
M.-Str.	Ghzm. Mecklenburg-Strelitz
S.-L.	Fsm. Schaumburg-Lippe
W.	Fsm. Waldeck

Abkürzungen der Staatsformen siehe Seite 220

2 Deutsches Kaiserreich 1871

Maßstab 1 : 9 000 000 — 0 75 150 225 km

Wappen des Deutschen Kaiserreiches: Reichsadler mit preußischem Wappenschild und einer an das Heilige Römische Reich erinnernden Krone

- Grenze des Deutschen Kaiserreiches
- Staatsgrenze
- Teilreichsgrenze
- Provinzgrenze des Teilreiches
- Freie Stadt
- bedeutende Schlacht

Österreichisch-Ungarische Monarchie

- Transleithanien (Länder der ungarischen Krone)
- Cisleithanien (im Reichsrat vertretene Königreiche und Länder)

Abkürzungen der Staatsnamen siehe Karte 1
Abkürzungen der Staatsformen siehe Seite 220

1800	
1806	Ende des Heiligen Römischen Reiches Deutscher Nation
1815	Wiener Kongress: Luxemburg wird Teil des Deutschen Bundes (1)
1830	Belgische Revolution und Unabhängigkeitserklärung
1839	westl. Landesteile an Belgien, dafür größere Autonomie (=3.Teilung Luxemburg)
1848	Frankfurter Nationalversammlung: (18.5.1848) Erste demokr. Verfasung Luxemburgs (9.7.1948)
1850	

3 Europa im Ersten Weltkrieg 1914–1918

Maßstab 1 : 24 000 000

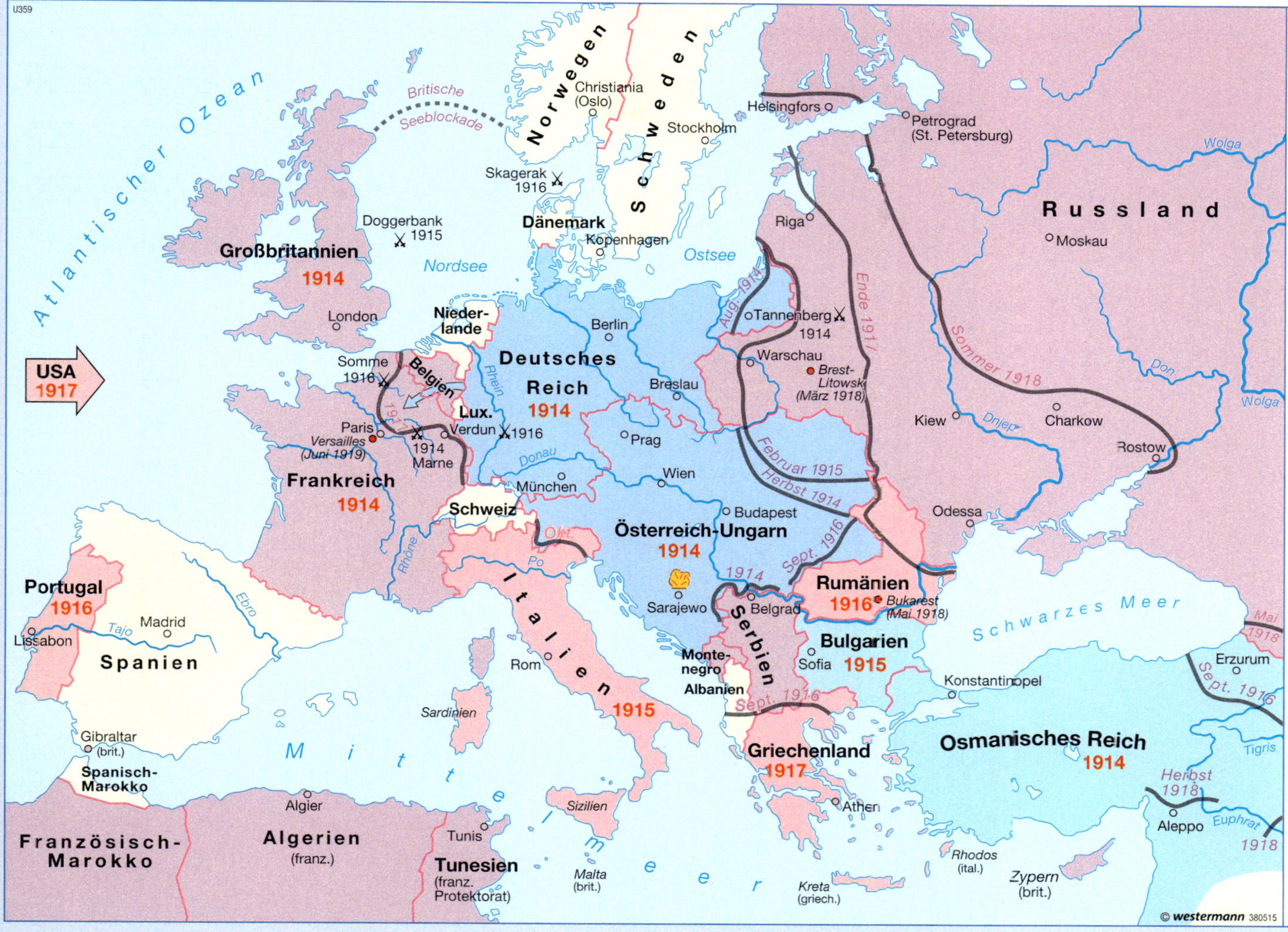

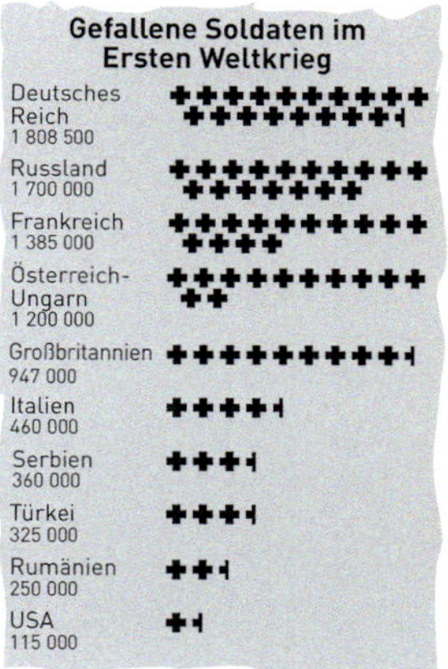

- Staatsgrenze
- Mittelmächte und Verbündete
- Entente und Verbündete 1914
- Attentat in Sarajewo 28. Juni 1914
- Neutrale Staaten
- spätere Verbündete
- **1916** Kriegseintritt
- Frontlinie
- *Bukarest (Mai 1918)* Friedensschluss

Die Welt im Ersten Weltkrieg (1914–1918) siehe Seite 23 Karte 1

4 Weimarer Republik 1932

Maßstab 1 : 9 000 000

Nationalflagge, abgeleitet aus der Uniform der Lützowschen Jäger (schwarzer Stoff, rote Litzen, goldene Knöpfe) in den Freiheitskriegen gegen die napoleonische Fremdherrschaft 1813–1815

- Grenze der Weimarer Republik
- Staatsgrenze
- Landesgrenze
- Provinzgrenze

Versailler Vertrag (ausgewählte Bestimmungen):

- Freistaat Danzig unter Schutz des Völkerbundes
- Saargebiet unter Verwaltung des Völkerbundes 1919–1935
- entmilitarisierte Zone
- internationalisierter Wasserweg

Abkürzungen der Staatsnamen siehe Seite 60 Karte 1
Abkürzungen der Staatsformen siehe Seite 220

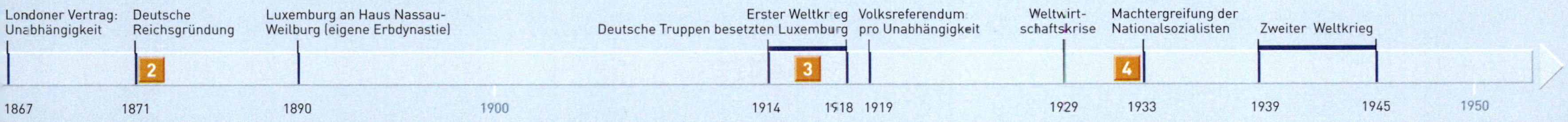

1 Deutschland im Europa des Zweiten Weltkrieges (1.9.1939 bis 8.5.1945)

Maßstab 1 : 24 000 000

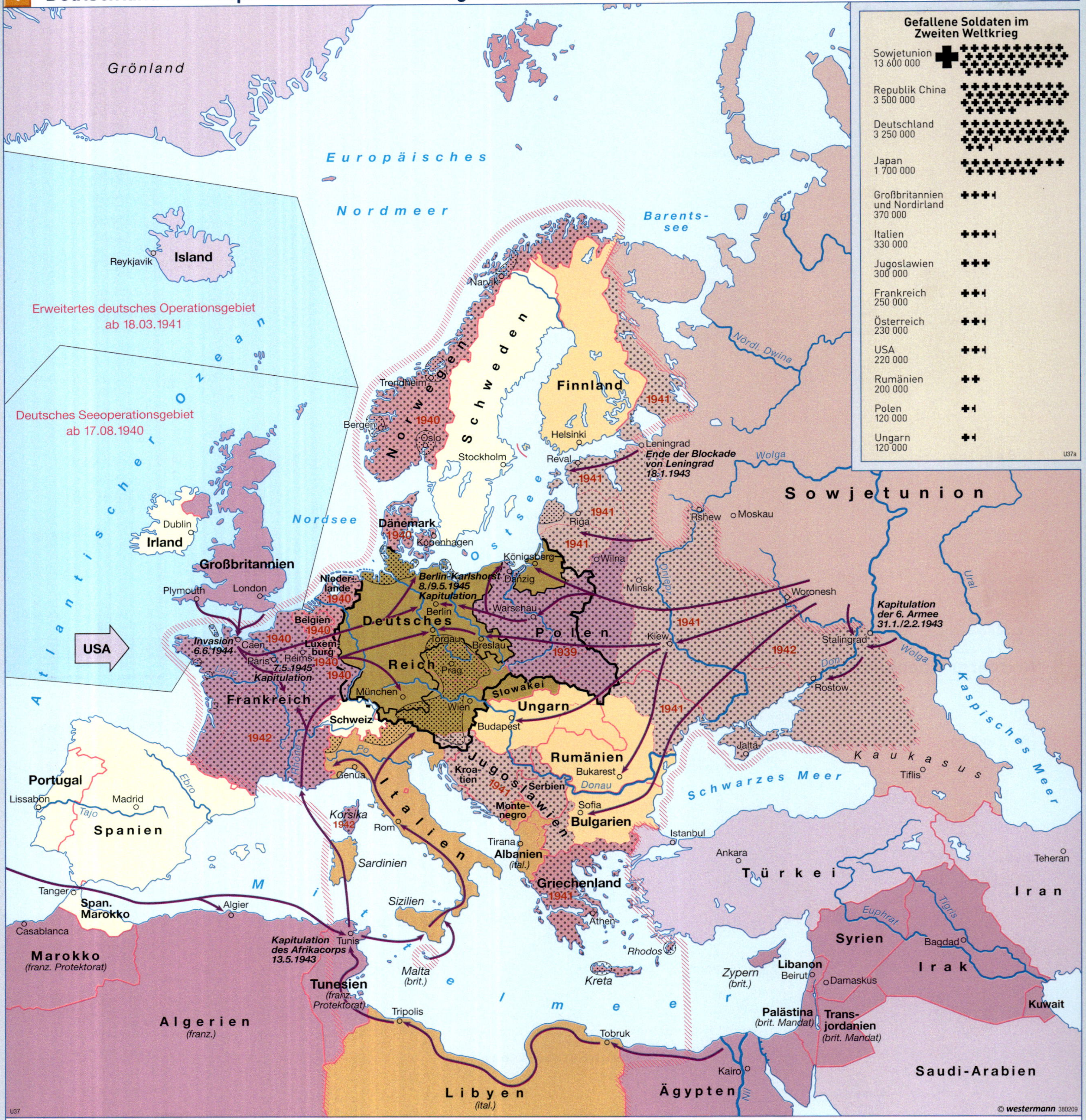

Luxemburger Briefmarken von 1945 mit Dank an die Alliierten

Achsenmächte

Kriegseintritt
- 1939
- 1940
- 1941

- Deutsche Seeoperationsgebiete
- 1941 von Deutschland besetzte Gebiete (Jahr der Besetzung)
- weitestes Vordringen der Achsenmächte November 1942
- Deutscher Machtbereich Mai 1945

Alliierte Mächte

Kriegseintritt
- 1939
- 1940
- 1941
- nach 7.12.1941
- Alliierte Vorstöße
- neutrale Staaten

Grenzen
- Deutsches Reich 1937
- „Großdeutsches Reich" 1942
- Staatsgrenzen nach 1940
- Binnengrenzen und Erwerbungen

1939	1.9. Beginn des 2. Weltkrieges
10.5.1940	deutsche Besetzung Luxemburgs durch Wehrmacht
2.8.1940	Luxemburg unter deutscher Zivilverwaltung
16.10.1941	Deportation von 331 luxemburgischen Juden nach Lodz
1. - 3.9.1942	Generalstreik in Luxemburg
6.6.1944	Landung der Alliierten in der Normandie

1940 1941 1942 1943 1944

1 2

2 Nationalsozialistisches Deutschland 1942

Maßstab 1 : 9 000 000 — 0 75 150 225 km

Das Eingangstor zum Konzentrationslager Auschwitz als Sinnbild für Terror und Völkermord der faschistischen Diktatur

- Nationalsozialistisches Deutschland
- Gebietsgrenze
- 1.11.1938 Datum der Annektion
- von Deutschland besetzte Gebiete
- Verbündete Deutschlands
- neutrale Staaten

Konzentrationslager

- Hauptlager
- Außenlager (Auswahl)
- Frauenlager
- Außenlager des Frauenlagers
- Sonderghetto
- Vernichtungslager (außerhalb der Karte: Jungfernhof, Maly, Trostnec)

Die genaue Zahl der Lager muss noch wissenschaftlich aufgearbeitet werden, insbesondere im ost- und südosteuropäischen Raum.

3 Besatzungsmächte 1945–1949

Maßstab 1 : 9 000 000 — 0 75 150 225 km

- Deutschland in den Grenzen von 1937 bleibt als Einheit bis zur endgültigen Grenzregelung durch einen Friedensvertrag mit den Alliierten erhalten.
- Demarkationslinie nach dem Potsdamer Abkommen vom 2.8.1945

Besatzungszone

- amerikanisch
- britisch
- französisch
- sowjetisch
- jugoslawisch bis 1947
- britisch-amerikanisch bis 1947
- Sektorenstadt
- Alliierter Kontrollrat
- Hauptquartier
- internationaler Militärgerichtshof

Verwaltungszonen

- französisch
- sowjetisch
- polnisch

Auswanderung nach Israel 1945 –1950

- 91 Zahl der Auswanderer in Tausend

Vertreibung und Umsiedlung von

- Deutschen
- Polen
- Tschechen und Slowaken
- Ungarn
- Italienern

(Angaben in Tausend)

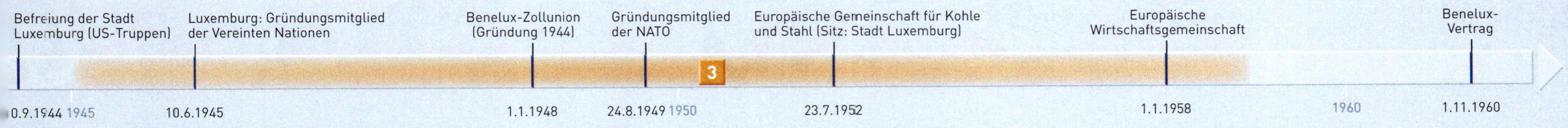

1 Das geteilte Berlin 1945–1990

Maßstab 1 : 500 000

Seit 1945 ausgetauschte Interessengebiete
- 1945 an Britischen Sektor
- 1945 an Sowjetische Zone
- 1952 an Sowjetische Zone

- Grenzkontrollstelle der DDR
- Grenzkontrollstelle von Berlin (West)
- Grenzübergangsstelle zwischen Berlin (West) und Berlin (Ost)

Berlin (West)
- Amerikanischer Sektor
- Britischer Sektor
- Französischer Sektor

Berlin (Ost)
- Sowjetischer Sektor

- Berliner Mauer (seit 1961)
- Bezirksgrenze

3 Berlin – City (westliche und östliche Innenstadt)

- Bundesbehörde
- *Justiz* Bundesministerium
- ausländische Vertretung (Konsulat, Botschaft)
- Landesbehörde (Berlin)
- Landesvertretung (Bundesländer)
- Bildungseinrichtung
- kulturelle Einrichtung
- kirchliche und soziale Einrichtung
- Hauptgeschäftszentrum
- Wohnnutzung, z. T. Handel, Gewerbe
- Bahngelände, Industrie
- Friedhof
- Grünfläche
- Wald
- Zoogebäude
- Fernbahn, S-Bahn
- Fernbahn unterirdisch
- Fernbahnhof
- S-Bahn unterirdisch
- S-Bahnhof
- U-Bahn
- U-Bahn oberirdisch
- U-Bahn (im Bau)
- U-Bahnhof
- Straßentunnel
- Bezirksgrenze
- **Mitte** Bezirksname
- ehemaliger Verlauf der Berliner Mauer

Landesvertretung
- 1 Baden-Württemberg
- 2 Bayern
- 3 Berlin
- 4 Brandenburg
- 5 Bremen
- 6 Hamburg
- 7 Hessen
- 8 Mecklenburg-Vorpommern
- 9 Niedersachsen
- 10 Nordrhein-Westfalen
- 11 Rheinland-Pfalz
- 12 Saarland
- 13 Sachsen
- 14 Sachsen-Anhalt
- 15 Schleswig-Holstein
- 16 Thüringen

2 Berlin – Hauptstadt Deutschlands

Maßstab 1 : 500 000 — 0 2 4 6 8 10 km

U398

Grenze von Berlin — Bezirksgrenze — **Lichtenberg** Bezirksname

Das Brandenburger Tor, Frontalansicht vom Pariser Platz aus gesehen.

Maßstab 1 : 20 000 — 0 200 400 600 m

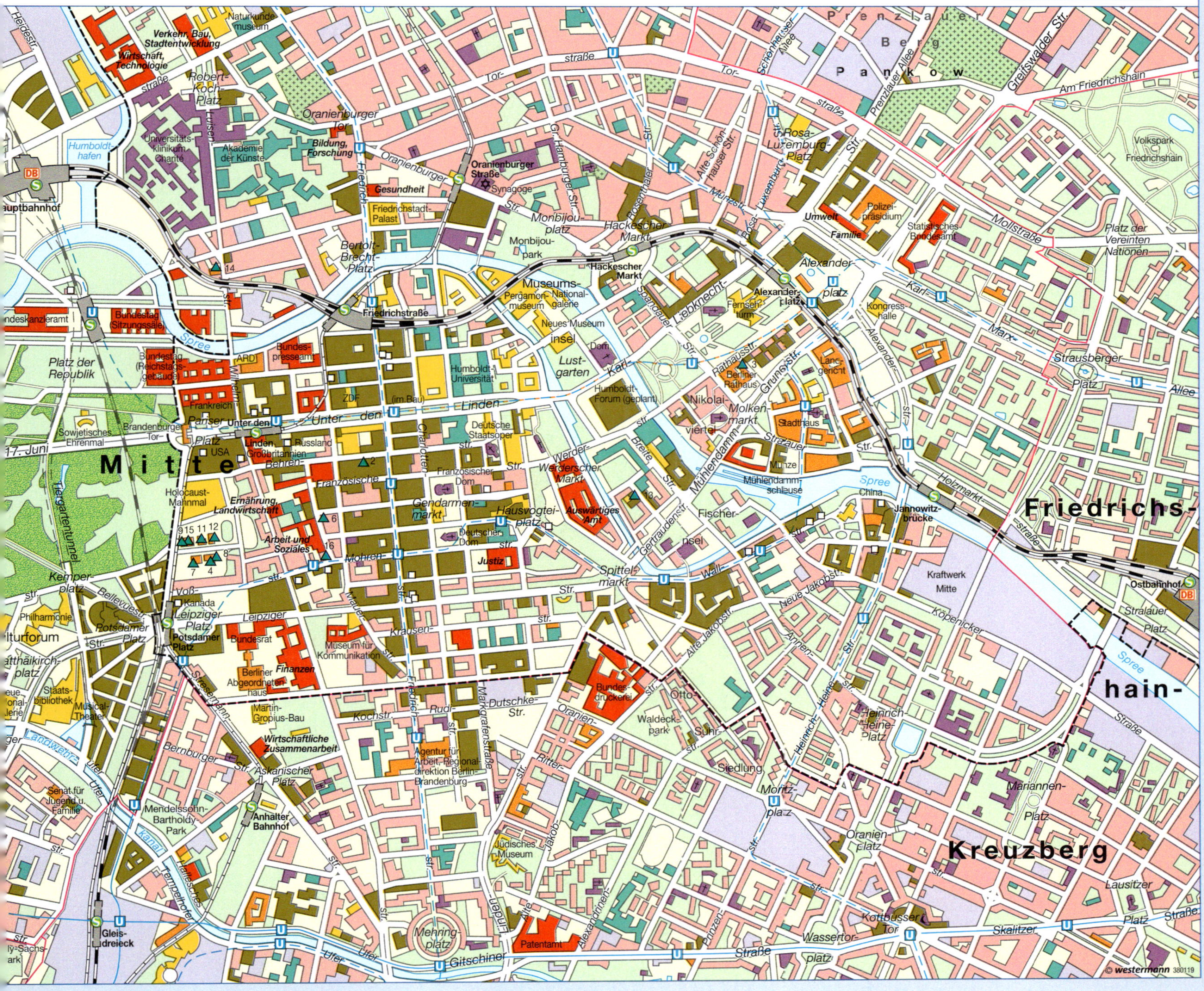

1 Luxemburg – Verwaltung

Maßstab 1 : 350 000

Flagge Luxemburgs

Wappen des Großherzogtums Luxemburg

Das noch heute verwendete Wappen Luxemburgs erschien erstmals im frühen 13. Jahrhundert. Schon um 1235 legte Graf Heinrich V. seine bis heute gültige Grundstruktur fest: Auf dem Wappenschild befindet sich ein roter Löwe, dessen goldene Krone die Machtansprüche der Herrscher symbolisierte. Der gespaltene Schwanz stand für die damalige Doppelherrschaft der Grafen über Luxemburg und Limburg. Die Bedeutung des silber-blau gestreiften Hintergrundes ist nicht mehr zu klären, wobei sich die Anzahl der Streifen im Laufe der Jahrhunderte immer wieder veränderte. Heute sind zehn Streifen festgelegt.

Im Jahr 1890 bestieg mit Großherzog Adolph I. die noch heute amtierende Familie Nassau-Weilburg den luxemburgischen Thron. Seitdem wurde das Wappen mehrfach verändert, ehe die Abgeordnetenkammer 1972 die aktuelle Version verabschiedete: Das offizielle Zeichen des Großherzogtums enthält das Wappenschild, das von zwei gekrönten Löwen gehalten wird. Sie stehen auf goldenen Zweigen. Das Schild umschließt der luxemburgische Orden der Eichenkrone, der seit 1841 verliehen wird. Darüber befindet sich die Krone des Großherzogs. Ein roter Mantel, der von einer weiteren großherzoglichen Krone gehalten wird, rundet die gesamte Anordnung ab.

Verwaltung

- Staatsgrenze
- Distriktgrenze
- Kantonsgrenze
- Gemeindegrenze

Distrikte

- Luxemburg
- Grevenmacher
- Diekirch

Luxemburg Landeshauptstadt

Diekirch Distrikthauptort

Vianden Kantonshauptort

Contern Gemeinde

Hosingen Gemeindesitz abweichend vom Gemeindenamen

2 Stadt Luxemburg – Flächennutzung und Verwaltung

Maßstab 1:12500

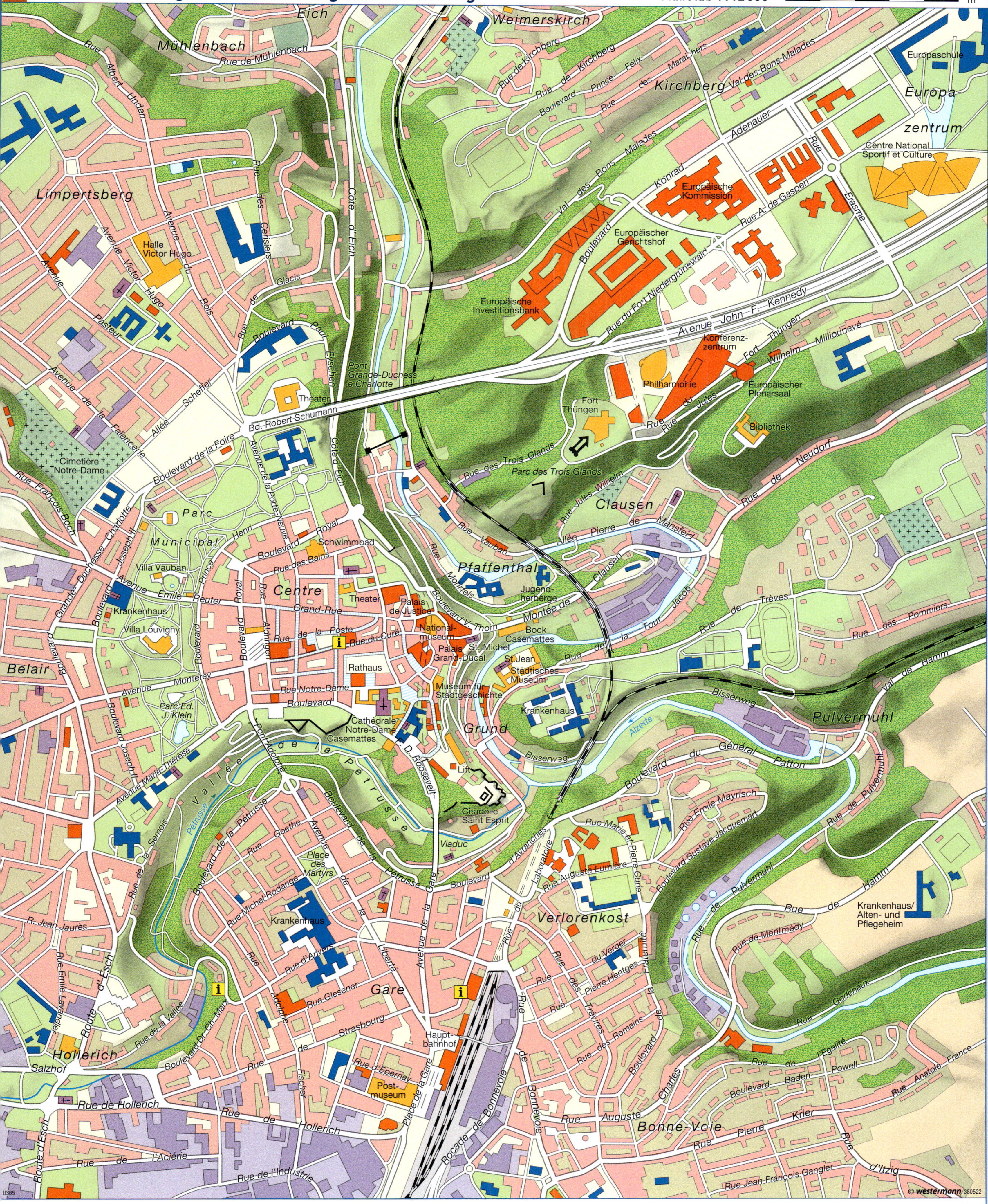

Regierung und Verwaltung	Industrie, Gewerbe	Grünfläche, Sportanlage, Park	Kirche	Eisenbahn	Schnellstraße
kulturelle Einrichtung	Wohnbebauung	Friedhof	Toristeninformation	Eisenbahngelände	Hauptstraße
Bildungs-, Sozialeinrichtung	Gartenanlage	Wald	Reste der alten, Befestigungsanlage	Fußgängerzone	sonstige Straße

Luxemburg – Stadtlandschaft im Wandel

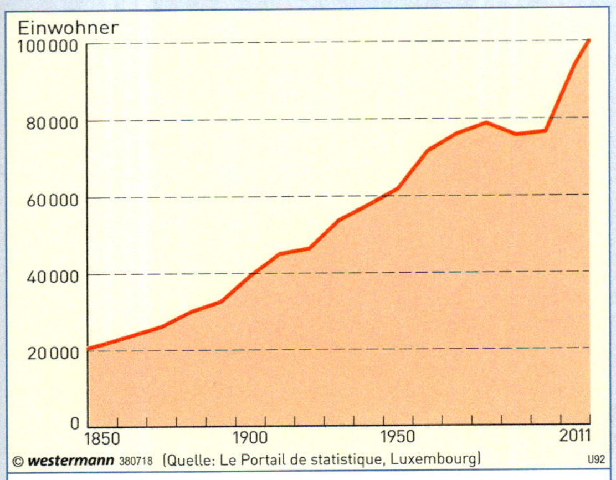

Einwohnerentwicklung in Luxemburg-Stadt

Champagnerfabrik (1956)

Blick auf die Altstadt (1950)

1 Luxemburg – Stadtlandschaft 1952

Maßstab 1 : 50 000

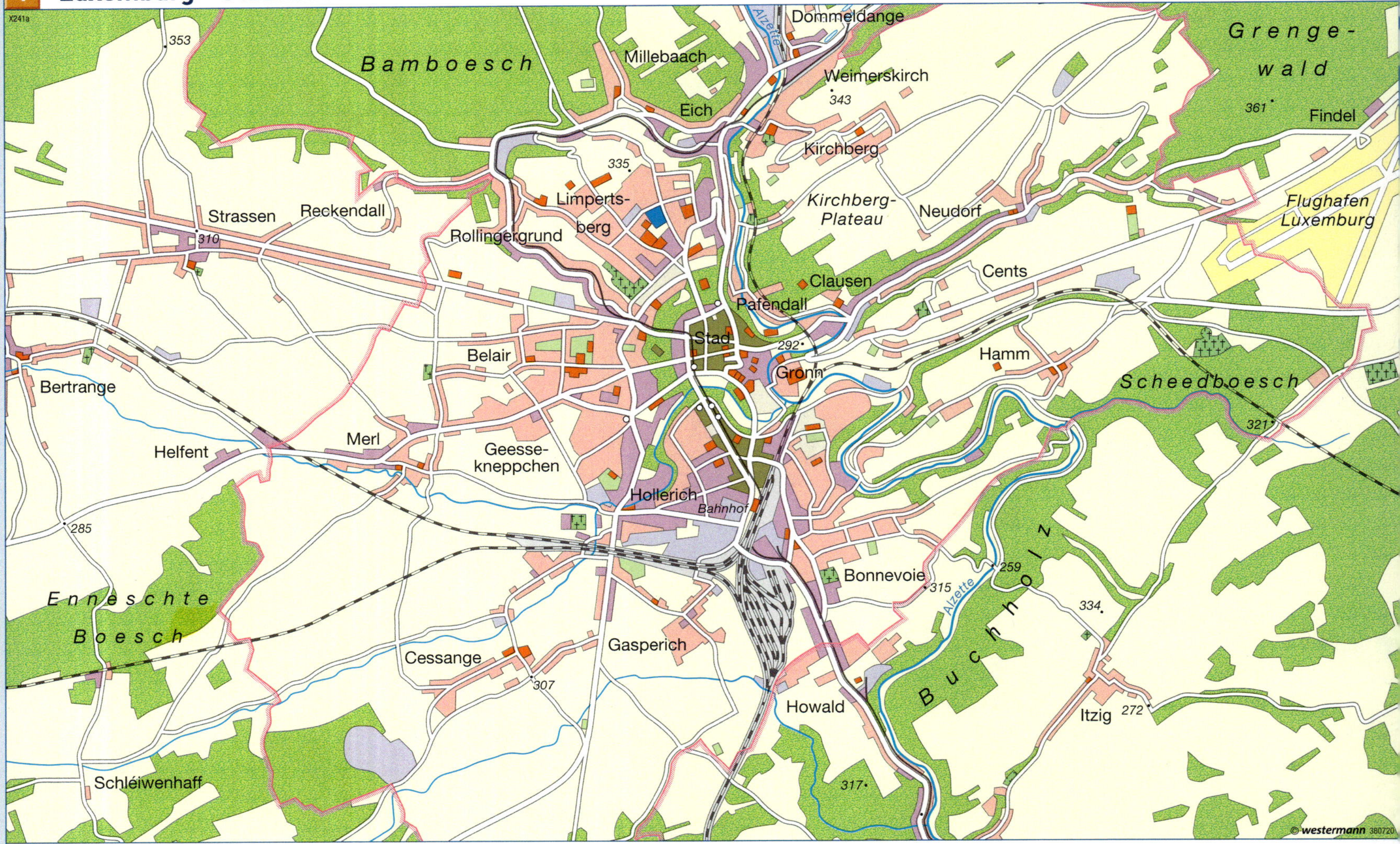

vorwiegend Handel und Dienstleistungen	Büros, Banken, Versicherungen
öffentliche Gebäude (Verwaltung, Schule, Krankenhaus, Altersheim, Kirche, Kloster, Synagoge, Museum)	
Wohn- und Gewerbefläche	Wohnviertel
Industrie- und Gewerbefläche	Flughafen
Eisenbahngelände	Freifläche, Kaserne

Karten vergleichen und den Wandel von Räumen untersuchen

Der Vergleich von Karten eines Raumes zu unterschiedlichen Zeiten ermöglicht es, räumliche Veränderungen von Landschaften, Siedlungen oder Verkehrswegen zu unterscheiden. Durch das genaue Beschreiben der Punkt-, Linien- und Flächensignaturen mit Blick auf ihre Verteilung oder Dichte wird deutlich, was sich verändert hat.

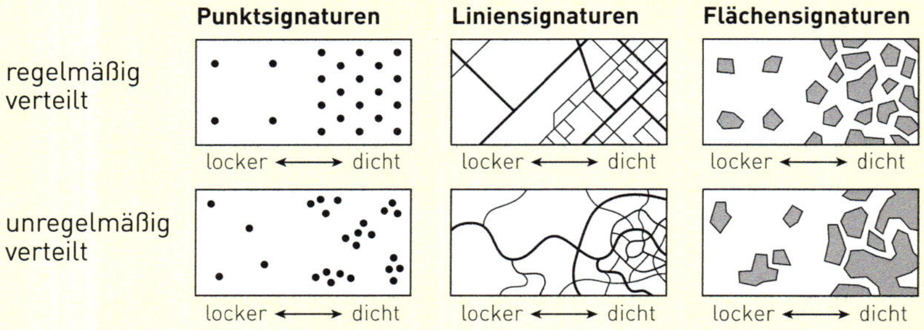

Dabei kann man entweder einzelne Kartenebenen aus der Grundkarte nacheinander gegenüberstellen (**Ebenen-Methode,** 1) oder sich in einem kleinen Kartenausschnitt auf alle Ebenen gleichzeitig konzentrieren (**Fenster-Methode,** 2).

Um Gemeinsamkeiten oder Unterschiede zu erklären, ist eine zeitliche Einordnung der Karten hilfreich: Die Zeitspanne zwischen den Karten lässt z.B. in Generationen (von ca. 30 Jahren Dauer) bemessen.

Hintergrundinformationen wie Texte, Statistiken und Fotos ergänzen den Kartenvergleich. So können natürliche Einflüsse (z.B. Warm-/Kaltzeit, Erdbeben) oder Auswirkungen des menschlichen Lebens und Wirtschaftens (z.B. Bergbau, Krieg, Siedlung) zur Erklärung der Veränderungen herangezogen werden.

1 **Ebenen-Methode:** Für den Vergleich hinsichtlich eines Kartenthemas werden einzelne Kartenebenen ausgewählt. Beispiele siehe Tabelle:

Historische Altstadt von Luxemburg

Europaplatz im Europa-Viertel

Centre National Sportif et Culturel de Luxembourg

2 Luxemburg – Stadtlandschaft 2010

Maßstab 1:50 000

internationale Institutionen und Vertretungen	Messegelände	Friedhof	Autobahn	Normalspurbahn
weiterführende Schulen	Grünfläche, Park, Sportanlage	Wald	Hauptstraße	Schmalspurbahn
		landwirtschaftliche Nutzfläche	sonstige Straße	Stadtgrenze

Kartenebenen (Vergleichskriterien)	Merkmale von Kartenebenen und ihre Beschreibung
Gewässernetz	→ Anzahl und Größe der Gewässer → Verlauf von Flüssen und Bächen
Flächennutzung	→ Art der Vegetation und Landnutzung → Verteilung und Dichte von Vegetation oder Bebauung → Anordnung, Form und Größe der Orte → Bedeutung der Orte (z.B. Hauptstadt, Ortsteil)
Verkehrsnetz	→ Verlauf und Dichte des Verkehrsnetzes → Art und Qualität des Verkehrsweges (Fluss, Straße, Autobahn, Eisenbahnstrecke, Flugplatz)
Bodenschätze/Bergbau	→ Verteilung der Bergbaugebiete → Zustand der Bergbau- und Rekultivierungsgebiete
Industrie/Dienstleistungen	→ Art, Anzahl und Verteilung der Signaturen für Industrie oder Dienstleistungen

2 **Fenster-Methode:** Wenn man dieselben räumlichen Ausschnitte beider Karten miteinander vergleicht, kann man über alle Kartenebenen hinweg schnell und übersichtlich die Unterschiede und Gemeinsamkeiten wahrnehmen.

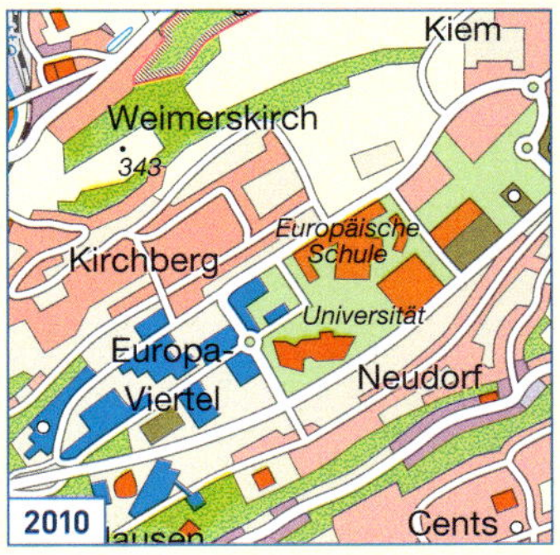

1 Luxemburg – Wirtschaft und Verkehr

Maßstab 1 : 350 000

Industrie/Dienstleistungen

Betriebe mit mehr als 100 Beschäftigten mit Sitz in der Gemeinde

Dienstleistung \ Industriebetriebe	0 – 3	4 – 10	>30
0 – 3			
4 – 10			
>100			

Industrie und Gewerbe

Betriebe mit mehr als 500 Beschäftigten mit Sitz in der Gemeinde

- Stahlerzeugung
- Metallverarbeitung
- Elektronik
- Gummi, Kunststoffe
- Glas, Porzellan

Dienstleistungen

- Bank, Finanzgesellschaft
- Post- und Telefongesellschaft
- Fluggesellschaft
- Eisenbahngesellschaft
- Kaufhaus, Handel
- Krankenhaus
- Reinigungsgesellschaft
- Verwaltung
- Universität
- TV, Presse, Medien

Verkehr

- Eisenbahn
- Autobahn/Schnellstraße
- schiffbarer Fluss (über 1350t Tragfähigkeit)
- Fluss
- Stausee
- Hafen
- Flughafen

Grenzen

- Staatsgrenze
- Gemeindegrenze

2 Signaturen

Die Wirtschaftskarte gliedert die Wirtschaft in verschiedene Wirtschaftssektoren. Diese Gruppen werden in unterschiedliche Wirtschaftszweige unterteilt.

Gruppe	Wirtschaftszweig (Beispiele)
Landwirtschaft (Bodennutzung)	x x
Bergbau	
Industrie	
Stromerzeugung	
Dienstleistung	V T F

Die Fotos zeigen Arbeitsplätze und Betriebe, die in Wirtschaftskarten dargestellt sind.

Automobilindustrie

Reifenproduktion

Stahlerzeugung

TV, Presse, Medien

Finanzzentrum

3 Wirtschaftsunternehmen Goodyear – Global Player

Maßstab 1:24 000 000

- Hauptsitz
- Regionalsitz
- Chemiewerk
- Reifenproduktion
- Forschung/Entwicklung
- Luftfahrt
- Einkauf von Naturkautschuk
- Kombinierter Standort

Umsatz:
18,8 Mrd. US-Dollar (2010)
(zum Vergleich: BIP Luxemburg 41,6 Mrd. US-Dollar)

Beschäftigte:
73 000 Beschäftigte (2010)

Luxemburg – Strukturwandel einer europäischen Großregion

Eisenerzförderung in Luxemburg um 1957

Hochofenanlagen des Stahlwerks Belval um 1957

Sitz der Montanunion in Luxemburg 1956

1 Saarland / Lothringen / Luxemburg – Wirtschaft und Verkehr 1957

Maßstab 1 : 500 000

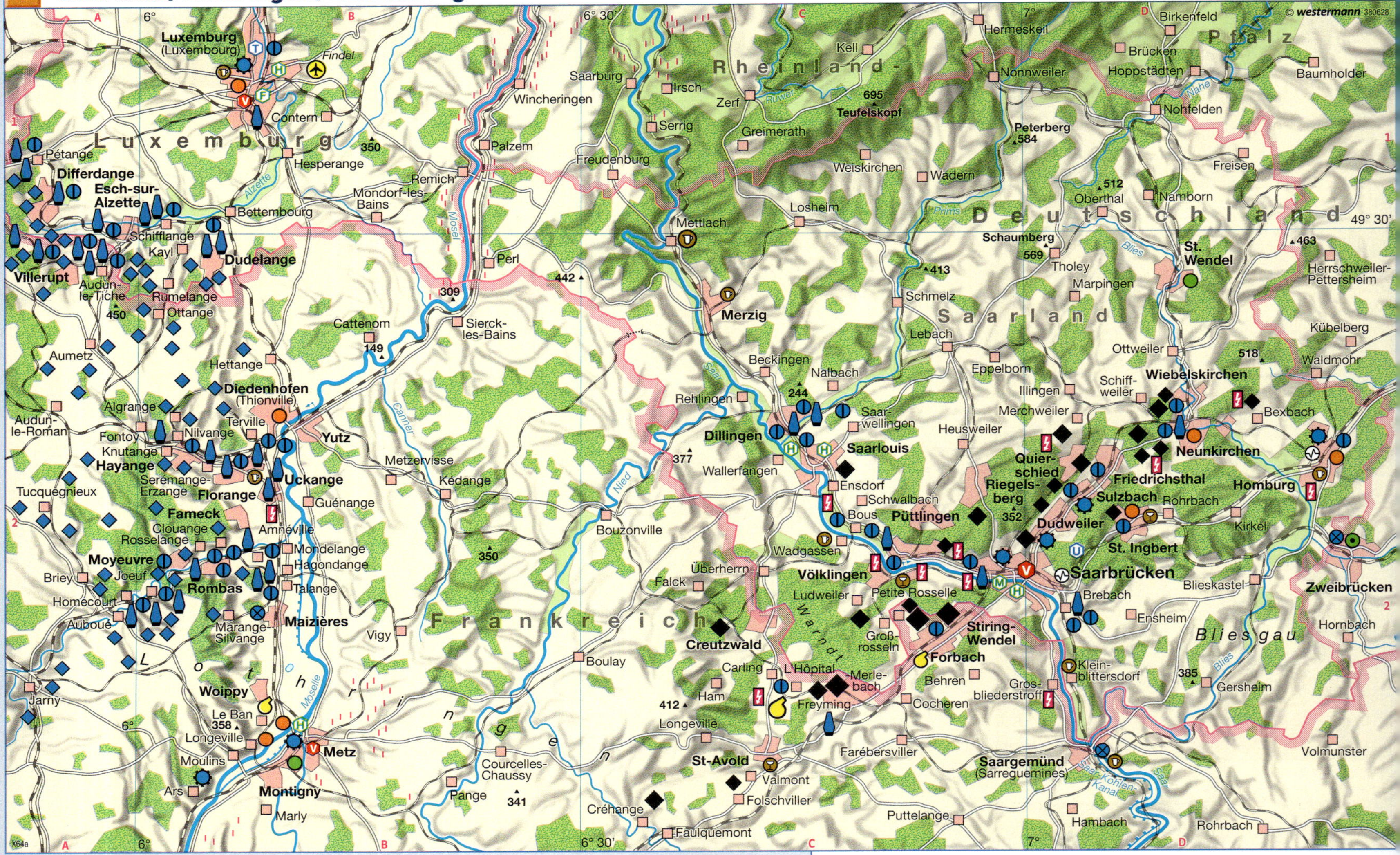

2 Beschäftigte in Luxemburg nach Wirtschaftssektoren

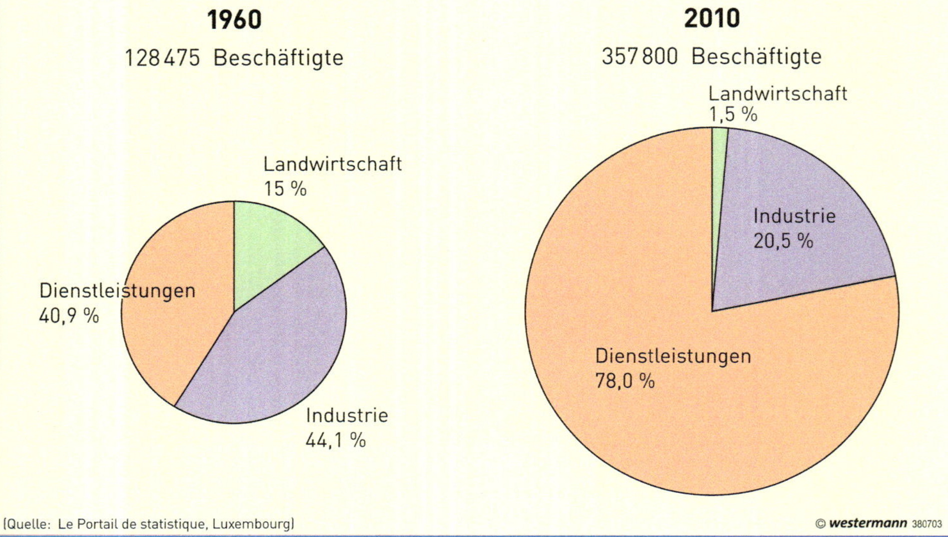

(Quelle: Le Portail de statistique, Luxembourg)

Gelände des ehemaligen Stahlwerks Belval

Luftfrachtverladung auf dem Flughafen von Luxemburg

Büroverwaltung auf dem Kirchberg

3 Saarland / Lothringen / Luxemburg – Wirtschaft und Verkehr 2012

Maßstab 1 : 500 000

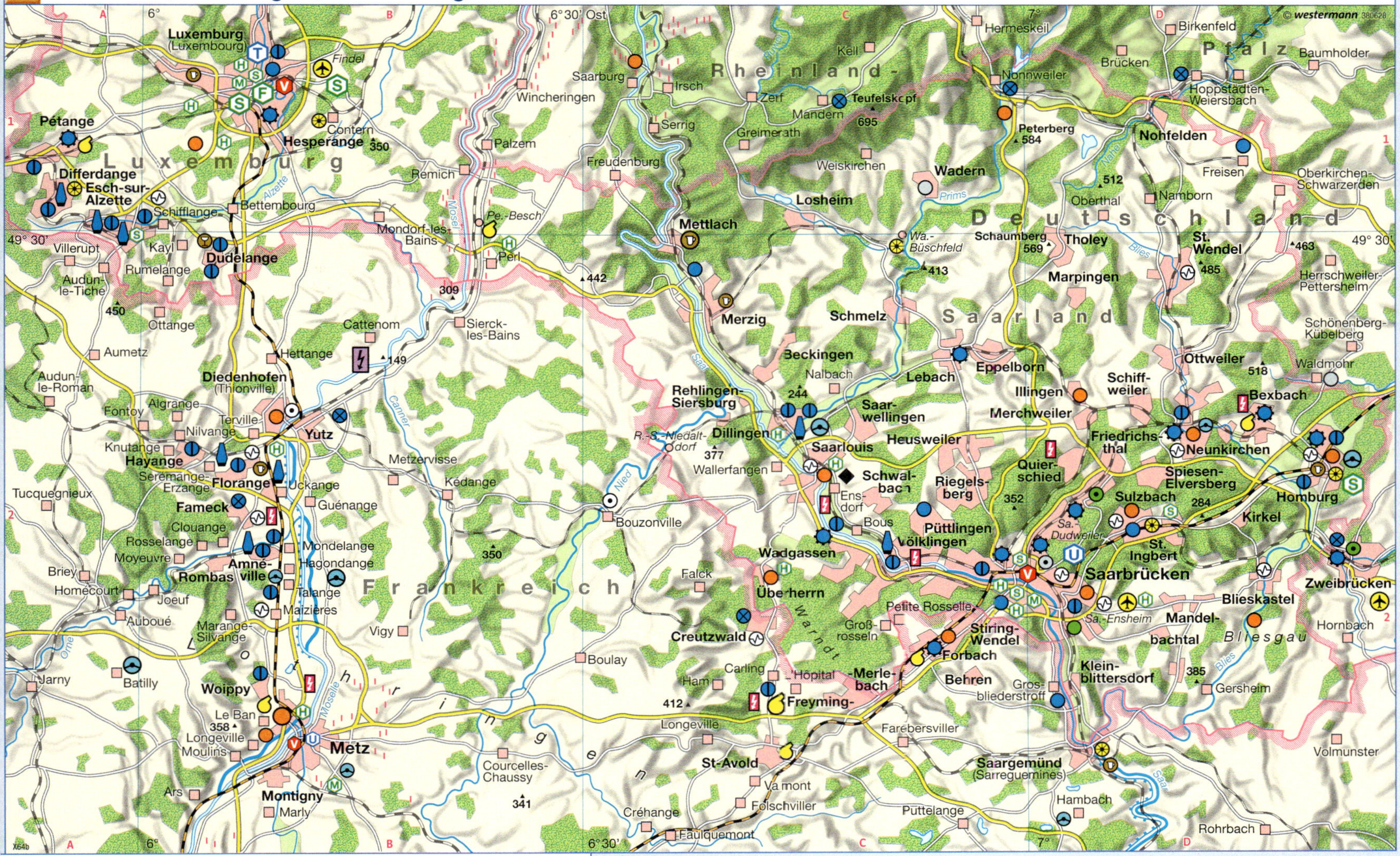

Energie
- Erdgas-, Kohlekraftwerk
- Kernkraftwerk

Nennleistung in Megawatt (MW)
- 300 – 1000
- über 5000

Dienstleistungen
- Handels- und Logistikzentrum
- Finanzzentrum
- unternehmensbezogene Dienst- und Serviceleistungen
- Messe
- Universität, Hochschule
- TV, Presse, Medien
- Verwaltung

Verkehr
- Eisenbahn-Fernverkehr
- Eisenbahn-Regionalverkehr
- Eisenbahn-Fernverkehr (ICE, TGV)
- Autobahn
- Fernverkehrsstraße
- Fluss/Kanal (über 1350 t Tragfähigkeit)
- Flughafen

Orte (Auswahl)
- über 10 000 Einwohner
- unter 10 000 Einwohner
- Stadt-/Gemeindeteil

4 Pendlerverflechtungen in der Großregion

1 : 5 000 000

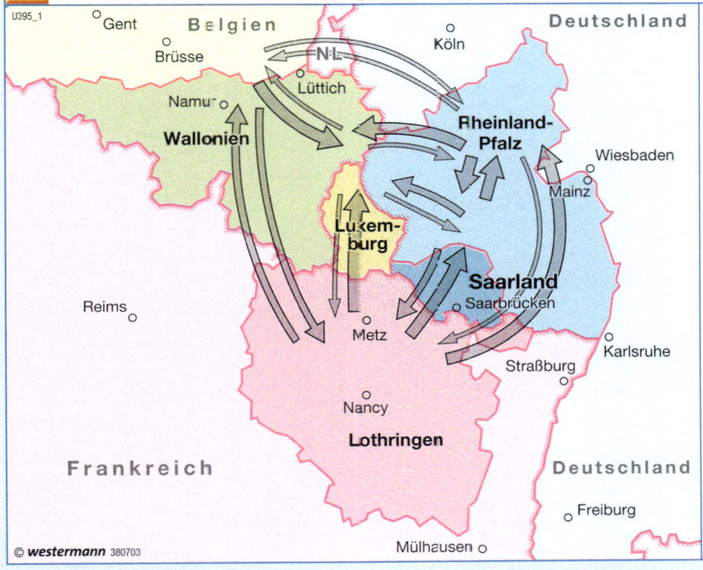

Grenzpendler
- über 5000
- 1000 – 5000
- unter 1000

Grenzen
- Staatsgrenze
- Landesgrenze

Pendlersaldo 2010
(Einpendler minus Auspendler)

Lothringen	– 94 000
Luxemburg	+ 132 000
Rheinland-Pfalz	– 30 000
Saarland	+ 20 000
Wallonien	– 28 000

Luxemburg – Verkehrserschließung

1 Verkehrsdichte – Eisenbahn

Maßstab 1 : 14 000 000

Anzahl der Züge pro Tag

weniger als 50 | 50 – 100 | mehr als 100

2 Verkehrsdichte – Straßenverkehr

Maßstab 1 : 14 000 000

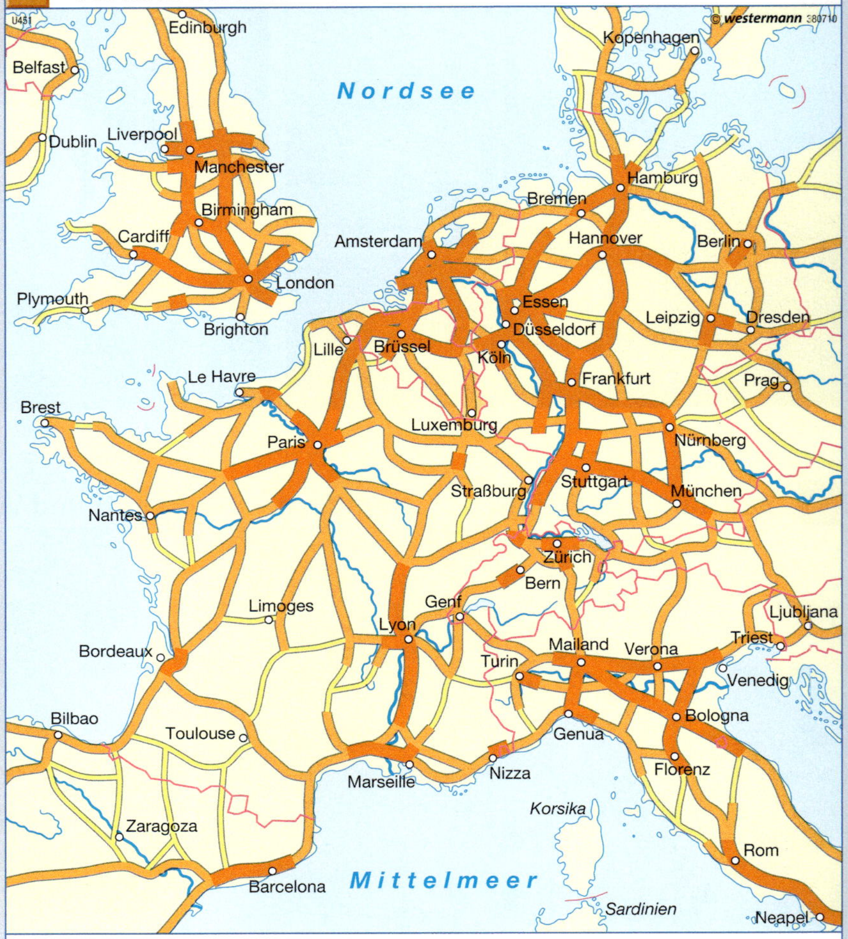

Anzahl der Kraftfahrzeuge pro Tag

weniger als 15 000 | 15 000 – 60 000 | mehr als 60 000

3 Verkehrsdichte – Schiffahrt

Maßstab 1 : 14 000 000

Güterverkehr in Millionen Tonnen pro Jahr

1–5 | 5–10 | 10–20 | 20–50 | 50–100 | über 100

Binnenschifffahrt

Hochseeschifffahrt

Hafenumschlag (in Mio. t pro Jahr)

350 | 250 | 100 | 20

4 Verkehrsdichte – Flugverkehr

Maßstab 1 : 14 000 000

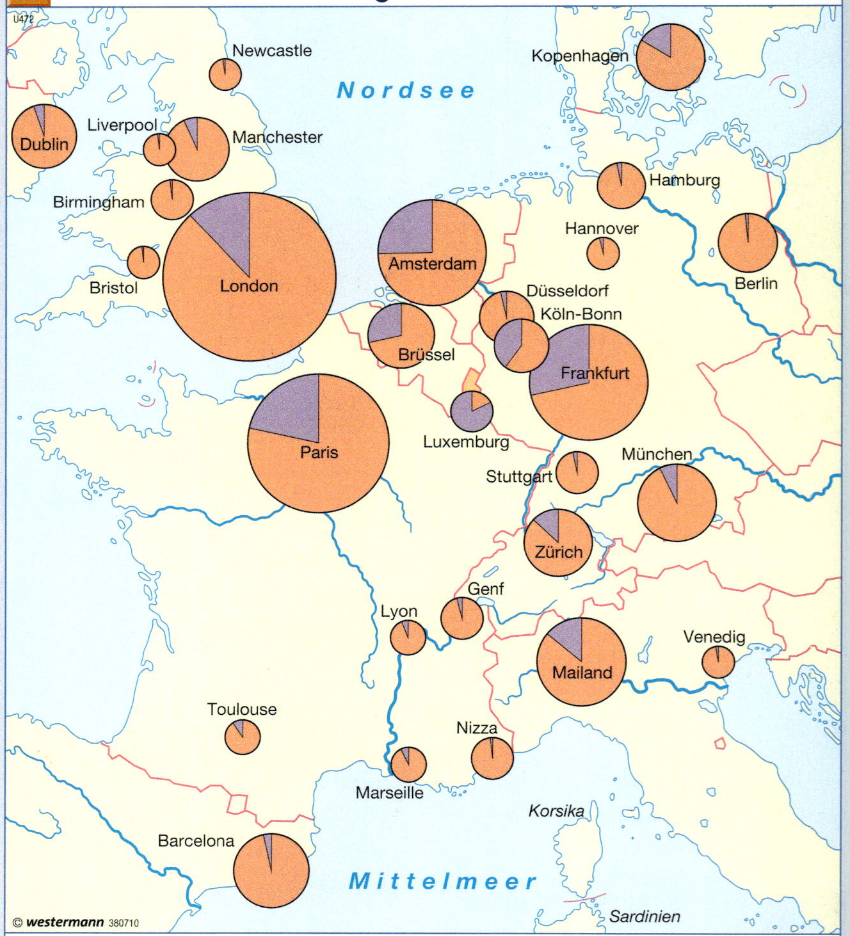

Versandeinheiten in Millionen pro Jahr

1 Passagier entspricht einer Versandeinheit

100kg Luftfracht entspricht einer Versandeinheit

100 | 50 | 20 | 5

5 Rotterdam Europoort – Tor zur Welt

Maßstab 1 : 200 000

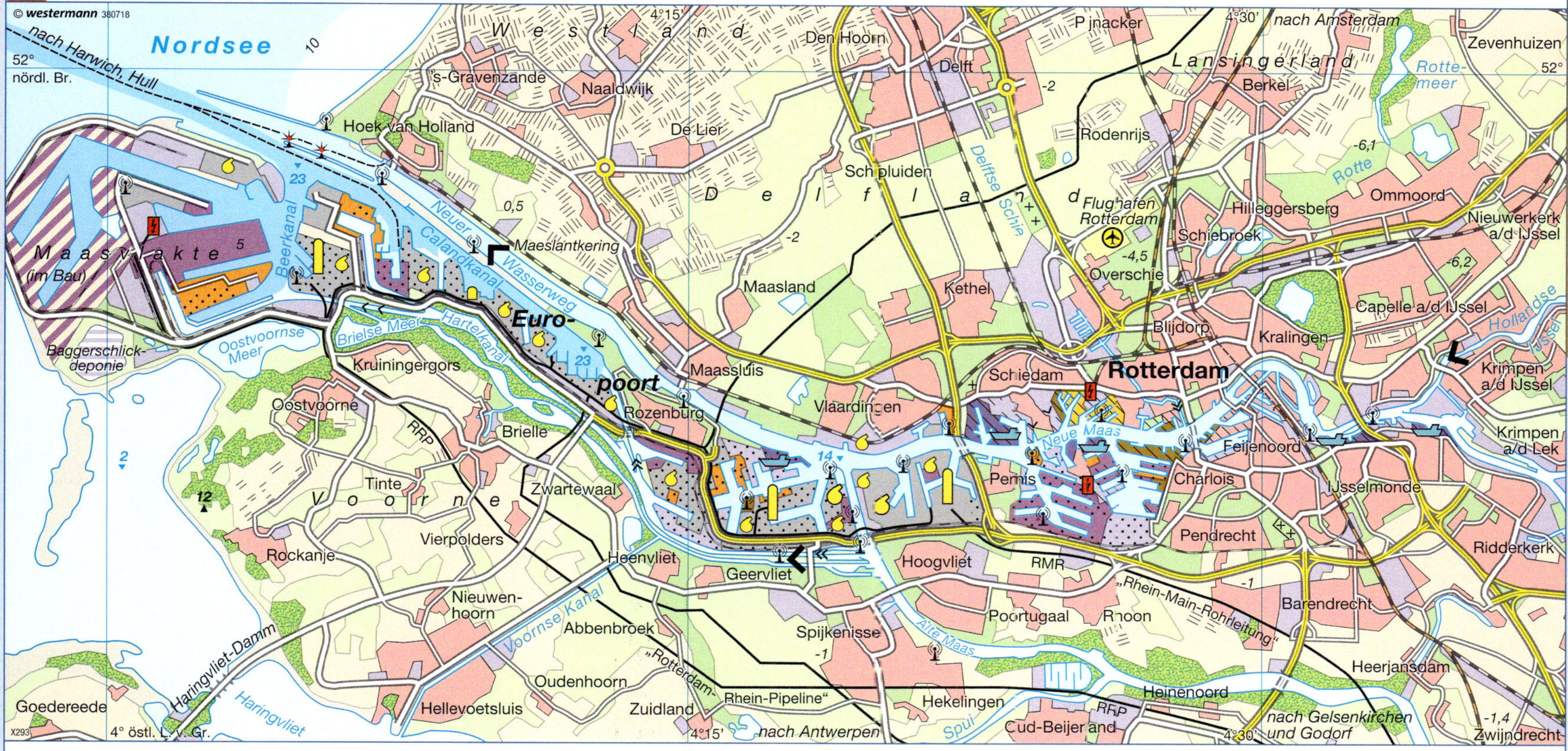

Schifffahrtswege
- über 20 m Fahrwassertiefe (für Großtanker geeignet)
- 10 – 20 m Fahrwassertiefe
- Radarstation
- Leuchtfeuer
- Schleuse, Sturmflutwehr

Hafenfunktion
- Stückgut
- Containerterminal, Roll-on-roll-off-Anlage
- Greifer, Sauggut
- Ölhafen mit Raffinerie und Petrochemie
- Werft
- Lebensmittelhafen
- sonstige Industrieanlage
- Erdölleitung
- Kraftwerk

Hafenerweiterung
- Betriebsfläche vor 1954
- Erweiterung bis 1969
- Erweiterung nach 1969

Verkehrswege
- Eisenbahn
- Hochgeschwindigkeitsstrecke
- Autobahn
- Straßen
- Flughafen

Bodennutzung
- vorwiegend Acker- und Gartenbau/Glashauskulturen
- Wiese, Weide
- Grünanlagen/Friedhof
- Wald
- Strand/Küstendünen
- Bebauung

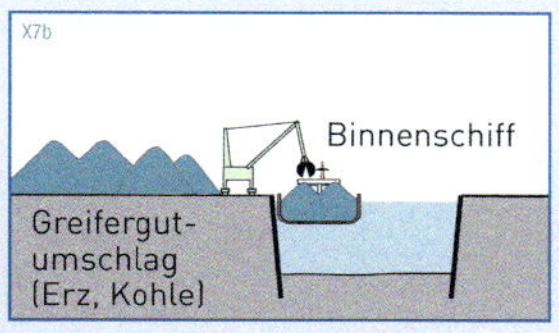

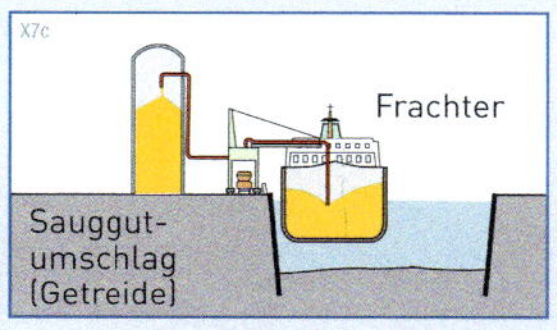

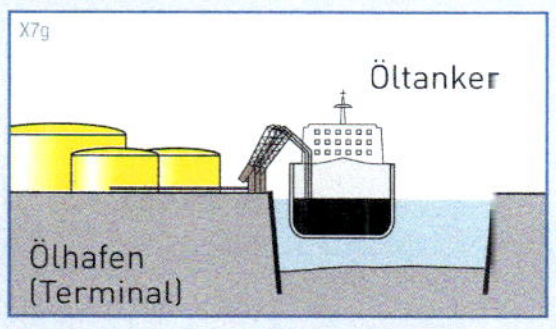

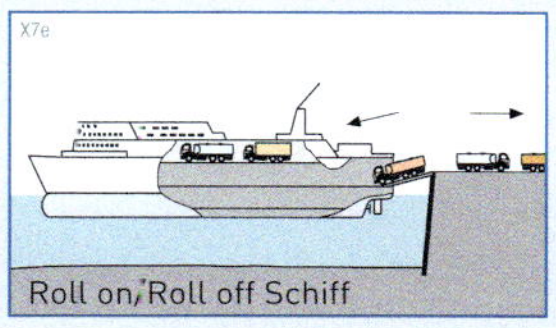

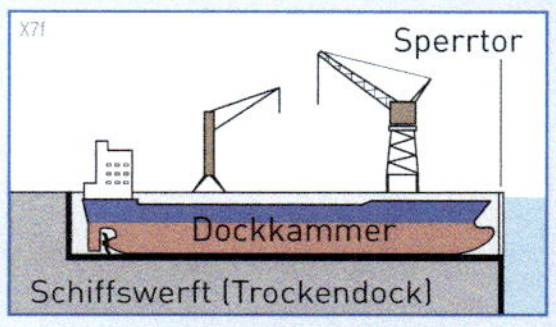

6 Flughafen Luxemburg im Luftbild

Maßstab 1 : 10 000

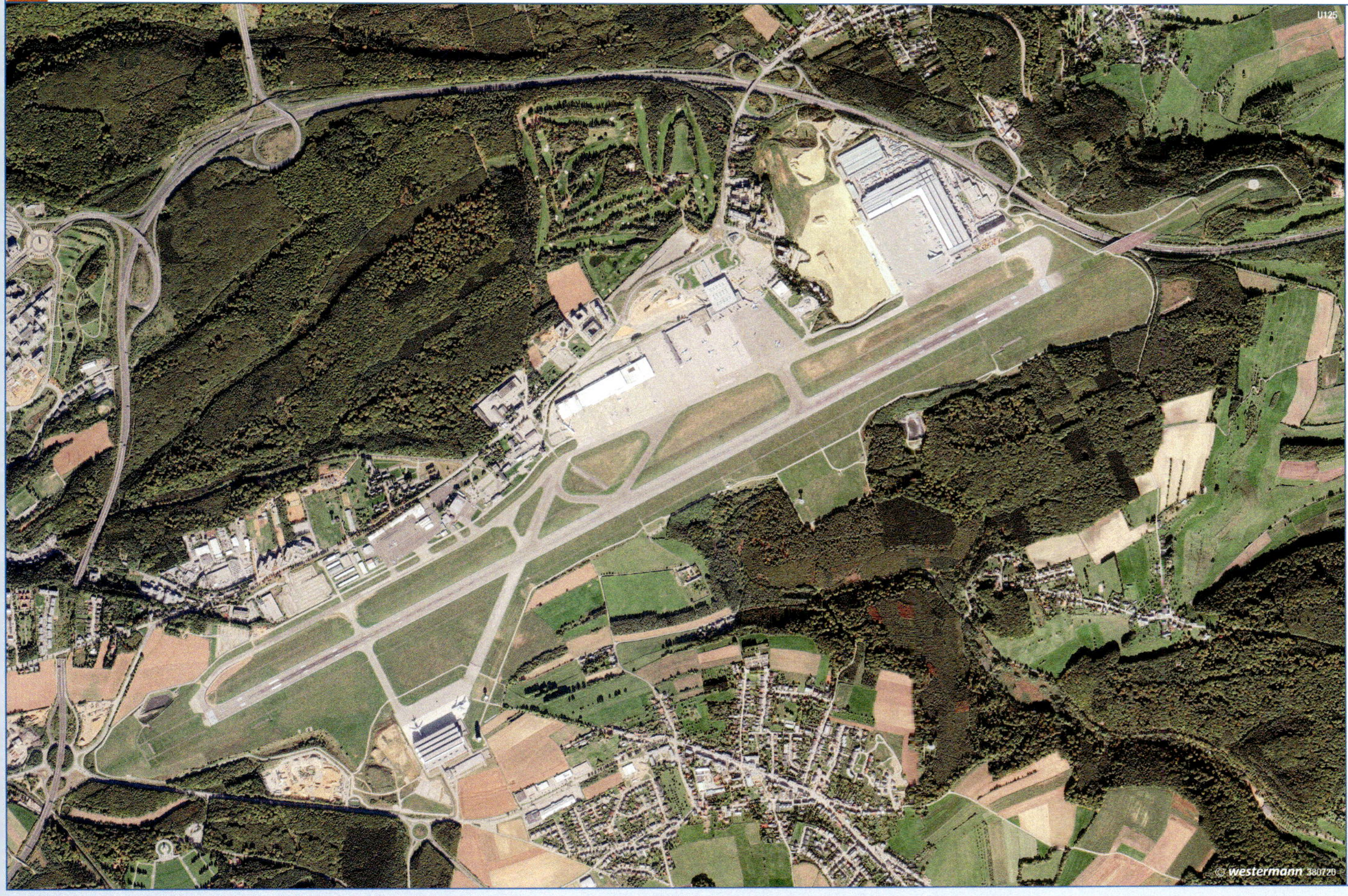

Verkehr
- Fluggastabfertigung (Terminal)
- Flugzeugwartungshalle
- Flugfeld
- Flugzeug
- Startbahn
- Straße
- Parkplatz

Landwirtschaft
- Ackerland
- Grünland
- Wald

Siedlung
- Hotelkomplex
- Häuser mit Gärten
- Gewerbegebiet

1 Luxemburg – Bevölkerungsdichte

Maßstab 1 : 350 000

Bevölkerungsdichte

Einwohner je km²

- über 500
- 200 – 500
- 100 – 200
- 50 – 100
- unter 50

Verwaltung

Luxembourg	Landeshauptstadt
Mersch	Kantonalhauptort
Steinsel	Gemeinde

Grenzen

- Staatsgrenze
- Grenzfluss
- Landes-, Departement-, oder Provinzgrenze der Nachbarstaaten
- Kantonalgrenze
- Gemeindegrenze

Darstellung und Berechnung der Bevölkerungsdichte

Die Bevölkerungsdichte ist die durchschnittliche Zahl der Einwohner eines bestimmten Gebietes pro Flächeneinheit. Sie wird meist als Zahl der Einwohner pro Quadratkilometer (km²) angegeben.

Beispiel:

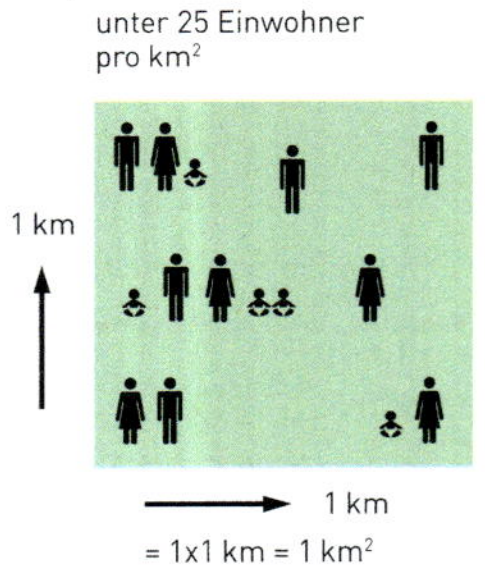

Die Bevölkerungsdichtekarte zeigt die Einwohnerdichte der Gemeinden. Gemeinden sind nicht in exakte Quadratkilometerkästen eingeteilt, sondern haben sehr unregelmäßige Abgrenzungen. Um die Einwohnerdichte einer Gemeinde zu berechnen, müssen die Werte für ihre Fläche und Einwohnerzahl genau bekannt sein.

2 Altersstruktur

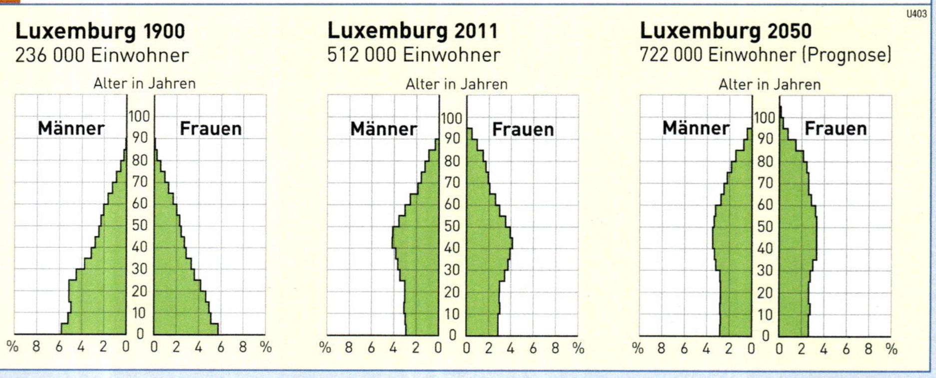

3 Bevölkerungsentwicklung

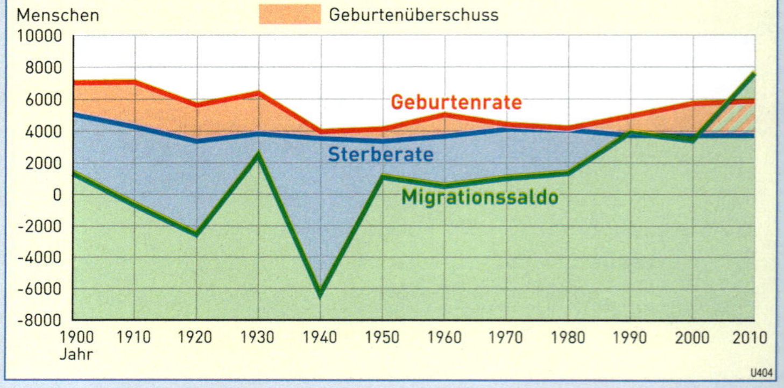

4 Europa – Auflösung des Ostblocks 1989 1:24 000 000

Militärische Bündnisse
- Staaten der NATO (Westbündnis)
- Staaten des Warschauer Paktes (Ostbündnis)
- Eiserner Vorhang

Gewaltfreier Widerstand
- Großdemonstration
- Runder Tisch (Bürgerrechtsbewegung)
- Prag: Besetzung der bundesdeutschen Botschaften
- Massenflucht aus der DDR
- Menschenkette

5 Europäische Bündnisentwicklung Maßstab 1:24 000 000

Nordatlantik-Pakt (NATO)
- Gründungsstaaten 1949
- 1955 Neumitglieder (Beitrittsjahr)
- Beitrittskandidat
- NATO-Partnerschaft für den Frieden
- Sitz des NATO-Rates
- 1991 Jahr der Unabhängigkeit

Schengen-Raum der EU (Wegfall der Personenkontrollen)
- Außengrenze bis 2000
- Außengrenze heute

6 Jugoslawien – Auflösung eines Vielvölkerstaates im Bürgerkrieg Maßstab 1:7 000 000

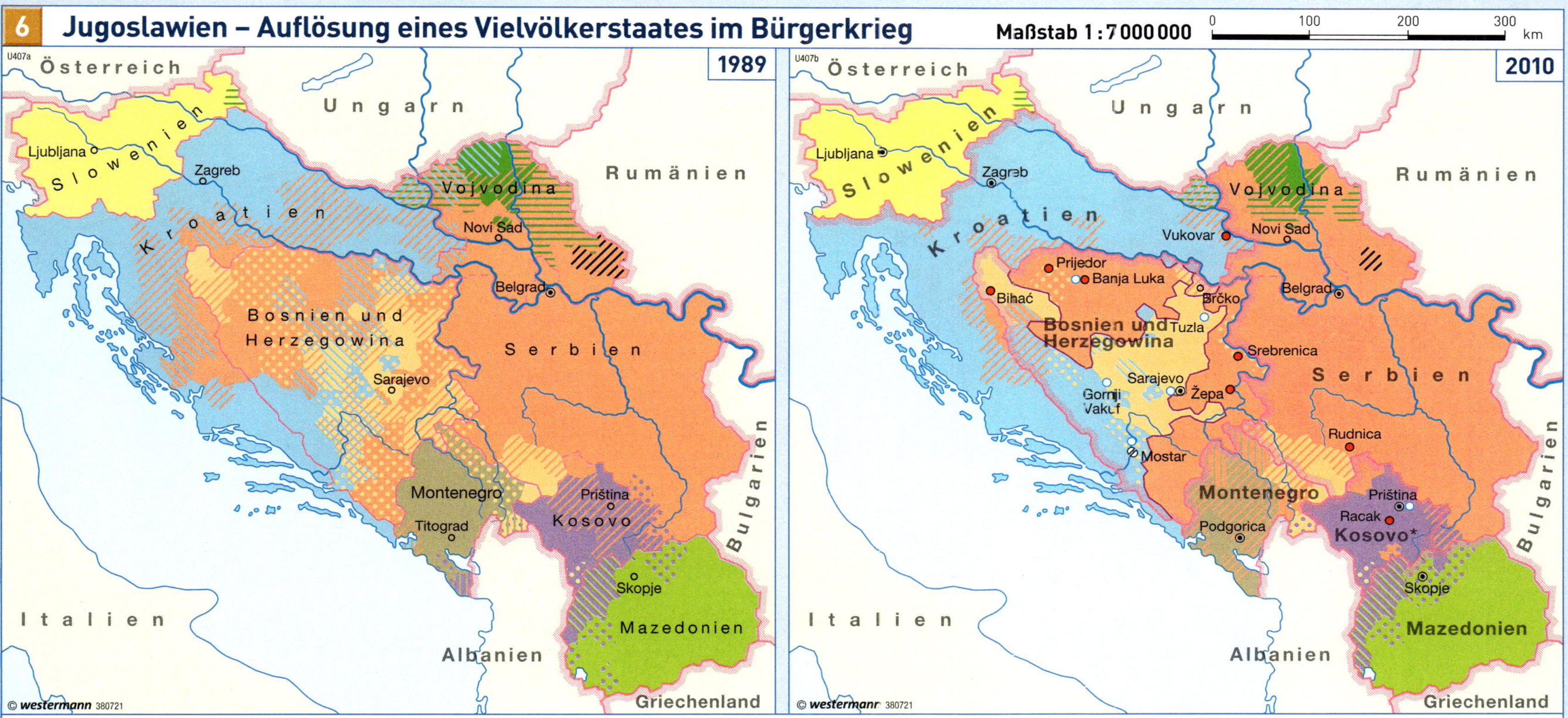

Ethnische Bevölkerungszusammensetzung

Bevölkerung	Slowenen	Kroaten	Serben	Bosniaken	Mazedonier	Montenegriner	Albaner	Ungarn	Rumänen
Mehrheit									
Minderheit (unter 35%)									

Grenzen
- Staat
- Republik
- autonome Provinz
- Teilrepublik (nach Dayton-Vertrag)

Orte
- Hauptstadt
- Ort, in dem schwere Menschenrechtsverletzungen begangen wurden
- Hauptquartier der internationalen Friedenstruppen
- geteilte Stadt (bis 2004)
- * unter UN-Verwaltung

7 Bevölkerungsstruktur Luxemburgs

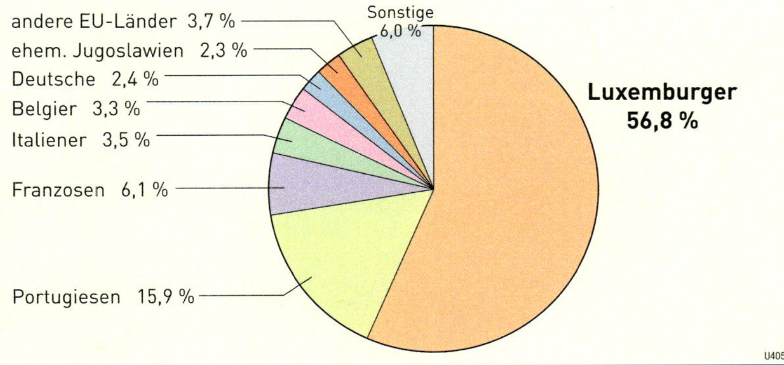

8 Migration aus dem ehemaligen Jugoslawien

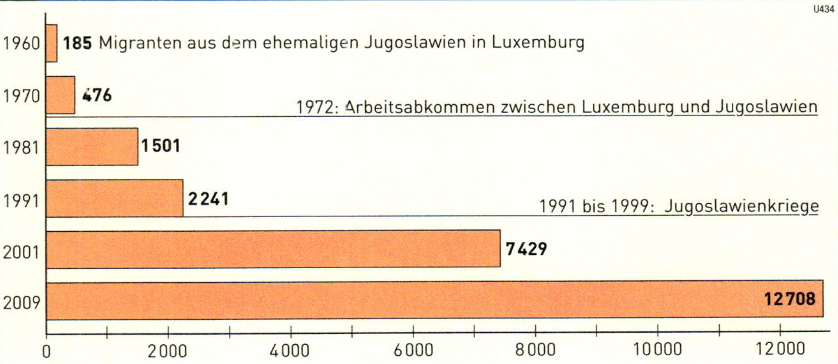

Luxemburg – Energieverbund

1 Mitteleuropa – Energiewirtschaft

Maßstab 1 : 5 000 000

2 Entstehung von Braunkohle und Steinkohle, Tagebauprinzip

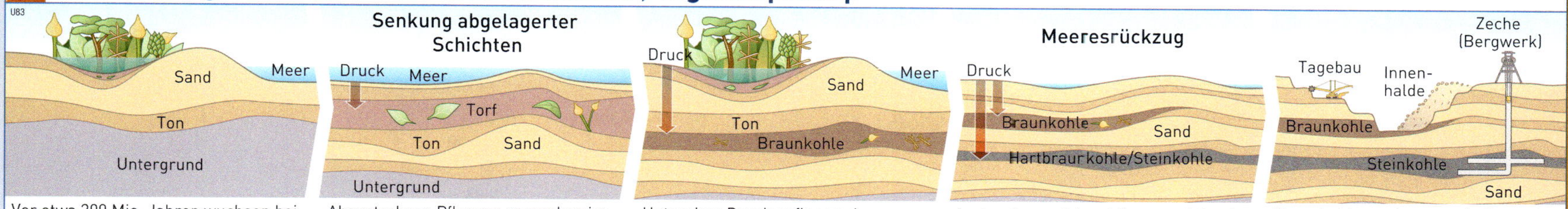

Vor etwa 300 Mio. Jahren wuchsen bei uns riesige Pflanzen in üppigen Sumpfwäldern.

Abgestorbene Pflanzen versanken im Schlamm und wurden unter Luftabschluss zu Torf.

Unter dem Druck auflagernder Schichten von Lockermaterial wurde der Torf zu Braunkohle.

Im Laufe von Jahrmillionen entstand daraus in der Tiefe unter Hitze und Druck Steinkohle.

Braunkohle gewinnt man in Deutschland im Tagebau, Steinkohle im Tiefbauverfahren.

3 Rheinisches Braunkohlerevier – Landschaftswandel

Maßstab 1 : 250 000

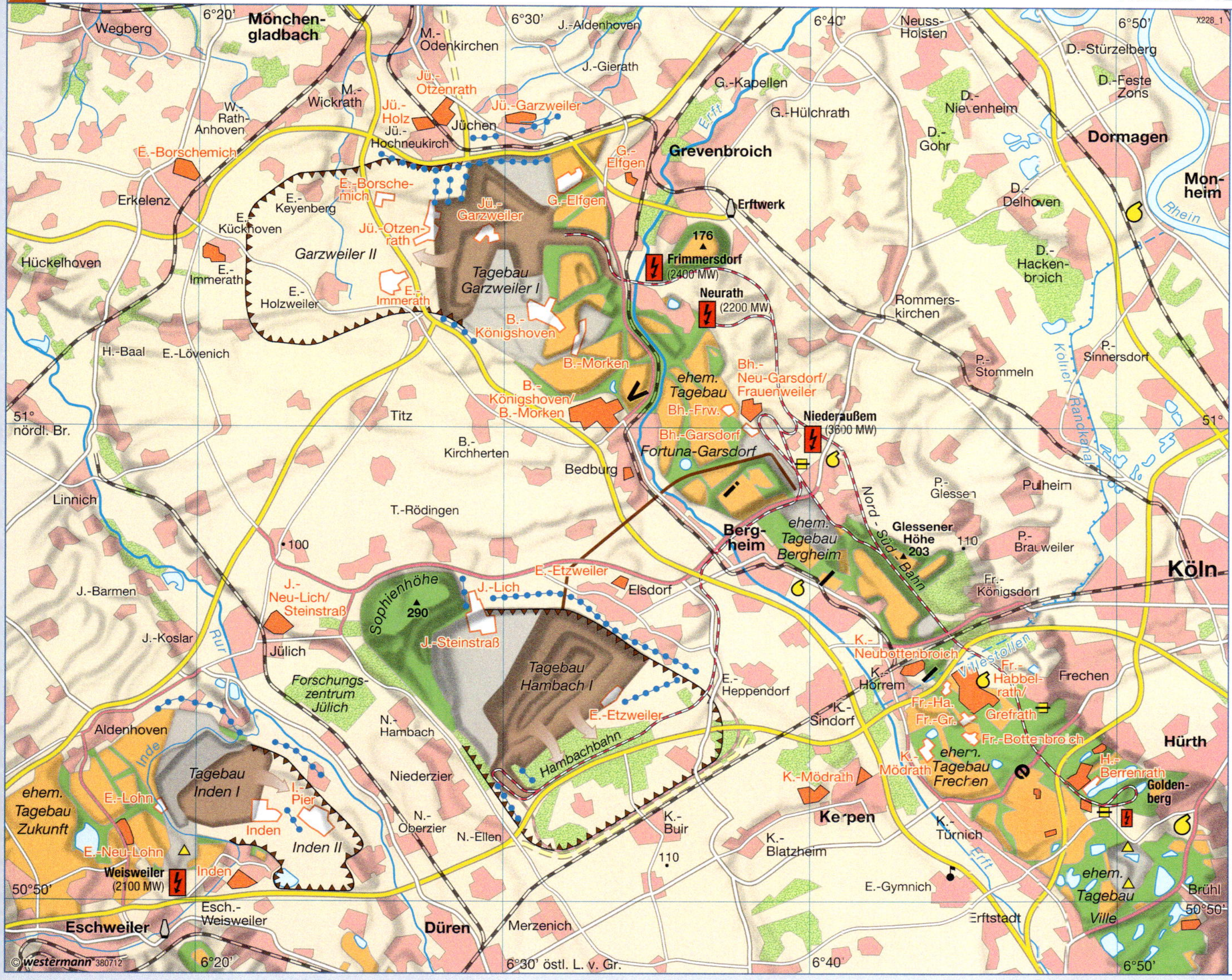

Landwirtschaft
- Ackerbau auf Lössböden (vorw. Anbau von Weizen und Zuckerrüben, z. T. Gemüse)
- Wald

Braunkohlentagebau
- Abbaufläche
- Kippenfläche
- festgelegte Abbaugrenze
- Abbaurichtung
- Kohle-/Abraumbahn
- Abraumförderband

Grundwasserableitung
- Brunnengalerie/Randbrunnen
- Villestollen/Randkanal
- Braunkohlekraftwerk
- (2400 MW) Gesamtleistung in MW
- Kohleveredelung (Brikettfabrik, Kohlenstaubmahlanlage, Kohlevergasung)
- Deponie
- Chemie, Kunststoffe
- Aluminiumindustrie

Wiedernutzbarmachung (Rekultivierung)
- landwirtschaftlich
- forst- und wasserwirtschaftlich (Naherholungsgebiet)
- umgesiedelter Ort
- ehemalige Ortsanlage
- verlegte Straße

4 Umsiedlung des Dorfes Immerath aus dem Abbaugebiet Garzweiler

Maßstab 1 : 12 500

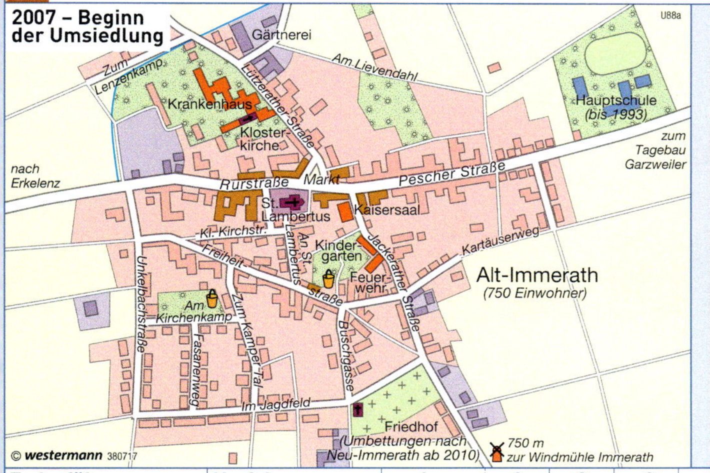

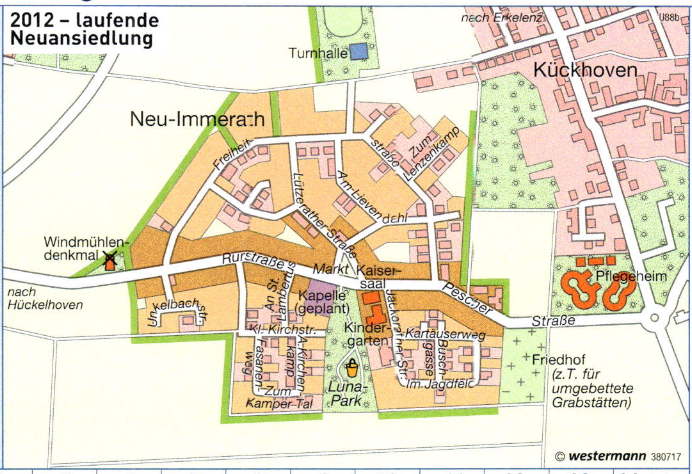

Flächen-/Gebäudenutzung
- Wohngebiet, bebautes Grundstück
- Landwirtschafts- oder Gewerbebetrieb
- Nahversorgung, z. B. Läden
- öffentliches Gebäude
- Schule, Sportanlage
- Kirche, Kapelle
- Friedhof
- Grünfläche, Park
- Spielplatz
- vorgesehene Wohnbebauung
- geplantes Mischgebiet (mit Läden, Büros, Gewerbe)
- Ortsrandbegrünung (Sicht-/Wind-/Lärmschutz)
- Landwirtschaftsfläche

Verkehr
- Straße
- Fußweg, Wirtschaftsweg

Federführung	Verfahren	vorher	1	2	3	4	5	6	7	8	9	10	11	12	13	14 Jahre
Braunkohleausschuss der Bezirksregierungen	Braunkohleplanverfahren Umsiedlung		SVP* ▶	▶ Standortfindung												
betroffene Stadt, in der die umzusiedelnden Orte und die neuen Standorte liegen	Bauleitplanung und Fachplanung	Standortvorschlag ▶		▶ rechtskräftige Bauleitpläne												
	Erschließung und Bau						▶ erste baureife Grundstücke									
Tagebaubetreiber	Gemeinsame Umsiedlung				Grundstücksvormerkung ▶		▶ Bezug des ersten Neubaus									

* SVP: Sozialverträglichkeitsprüfung

U88c

1 Luxemburg – Windenergie

Maßstab 1 : 550 000

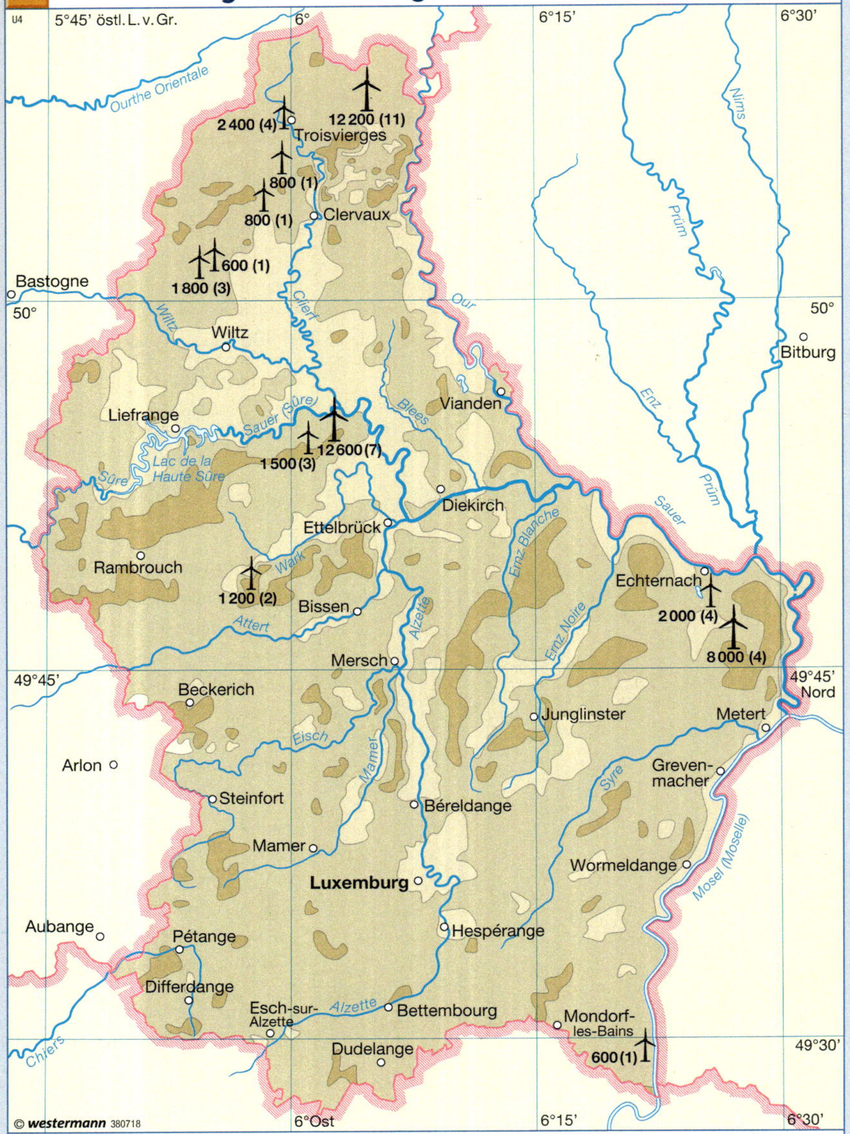

Windgeschwindigkeit
(Jahresmittel 30 Meter über der Erdoberfläche in Meter/Sekunde)

- 4,5 bis 4,9 m/s
- 4,9 bis 5,3
- 5,3 bis 5,7 m/s

Windparks
(Gesamtleistung in Kilowatt: 1 KW = 1000 Watt)

- 500 - 2500 KW
- über 2500 KW

Angabe der konkreten Leistung:
2000 (4)
Leistung in Kilowatt (KW) – Anzahl der Rotoren

2 Luxemburg – Sonnenenergie

Maßstab 1 : 550 000

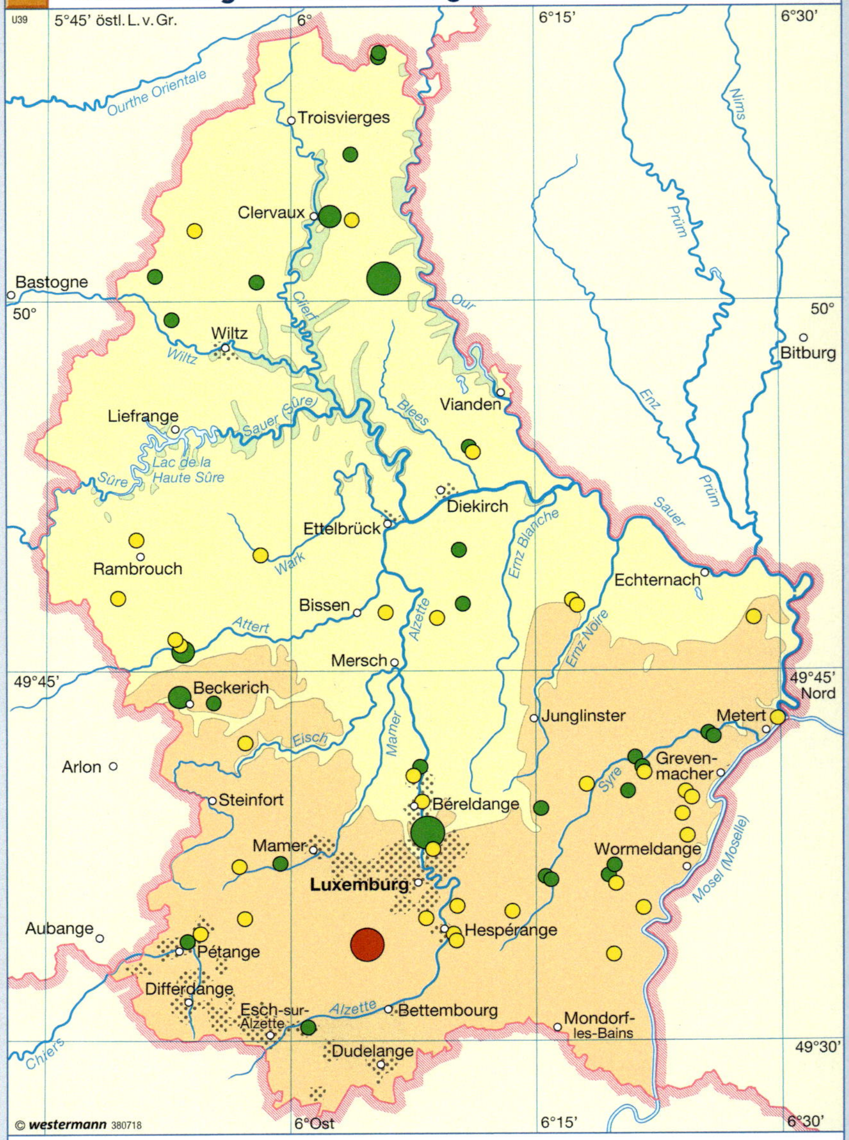

Globaleinstrahlung
(jährlich eintreffende Strahlungsenergie der Sonne auf die Erdoberfläche in Kilowattstunden/m²)

- unter 1060 KWh/m²
- 1060 – 1100
- über 1100 KWh/m²

Energieerzeugung

- Photovoltaikanlagen
- Biogasanlagen
- Biomüllverbrennung
- großräumige Dachflächen

Energieleistung (Größenstufen in Kilowatt)

- unter 500 KW
- 500 – 1000
- über 1000

3 Beckerich – Energieversorgung

Maßstab 1 : 40 000

0 5 10 15 km

Energiegewinnung

Solarenergie (Solarthermie u. Photovoltaik)

Biogas

- Erzeugerverbund
- Einzelhoferzeugung

Holzheizung

- Hackschnitzelheizung mit Wärmenetz

Bodennutzung

- Siedlungsfläche
- Anbaufläche (Acker, Wiese)
- Wald

- Nationalstraße
- sonstige Straße
- Staatsgrenze

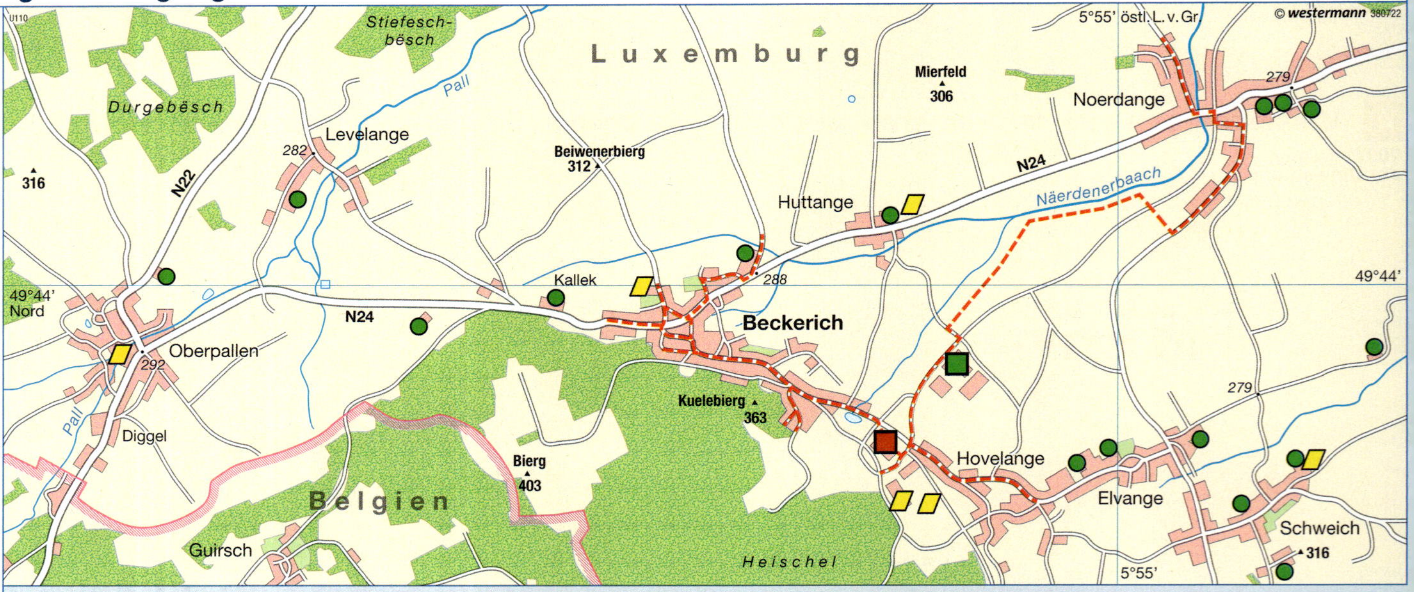

Funktionsschema einer Biogasanlage

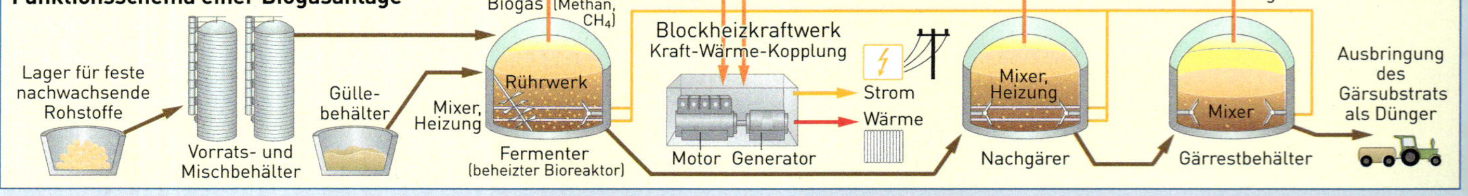

4 Luxemburg – Wasserressourcen

Maßstab 1 : 550 000

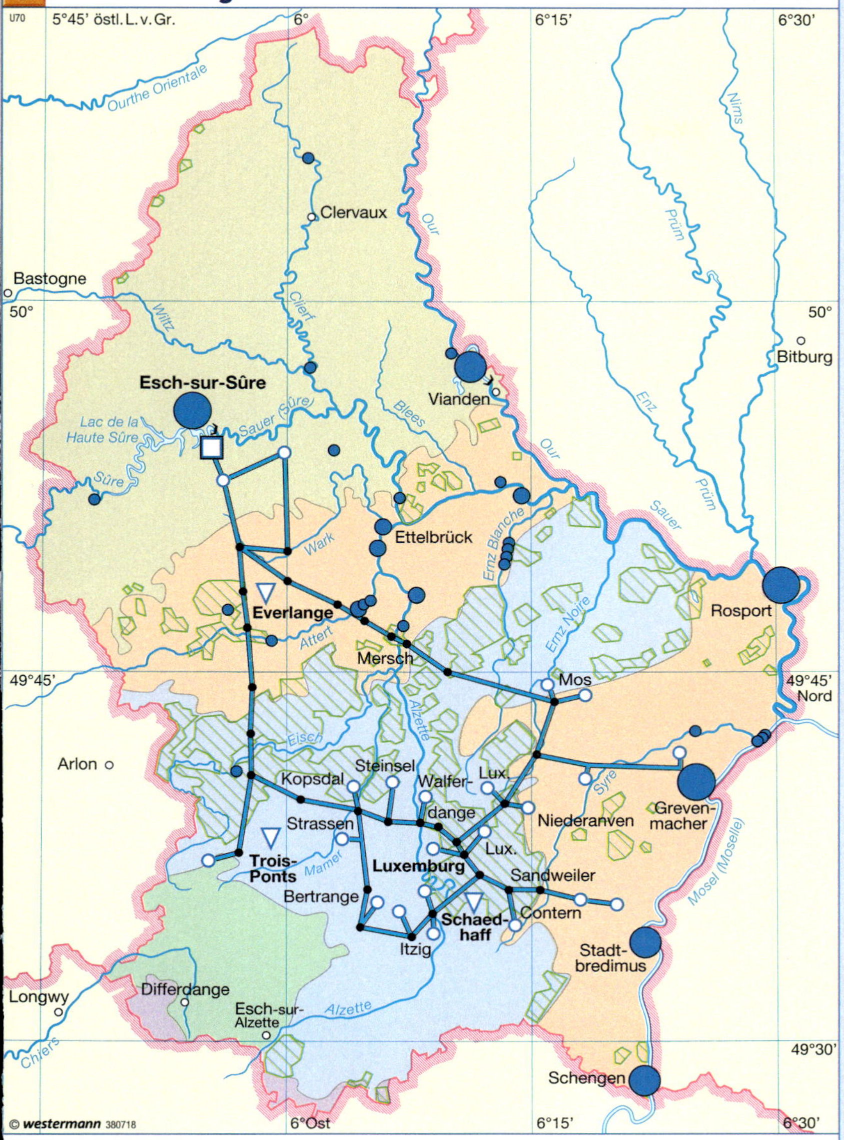

Grundwasserkörper
- Devon
- Trias
- Jura: Luxemb. Sandstein
- Jura: Lias
- Jura: Dogger
- Trinkwasserschutzgebiet

Wasserversorgung (Fernwasser)
- Wasseraufbereitung (36000 m³/Tag für 80% der Bevölkerung)
- Fernwasserleitung
- Wasserübergabestelle
- Pumpstation
- Grundwasserbohrung (zur Förderung in Notfällen)

Wasserkraftwerke (Leistung in Kilowatt)
- unter 100 KW
- 100 – 500
- 500 – 1000
- 1000 – 5000
- 5000 – 10000 KW

5 Luxemburg – Gewässergüte

Maßstab 1 : 550 000

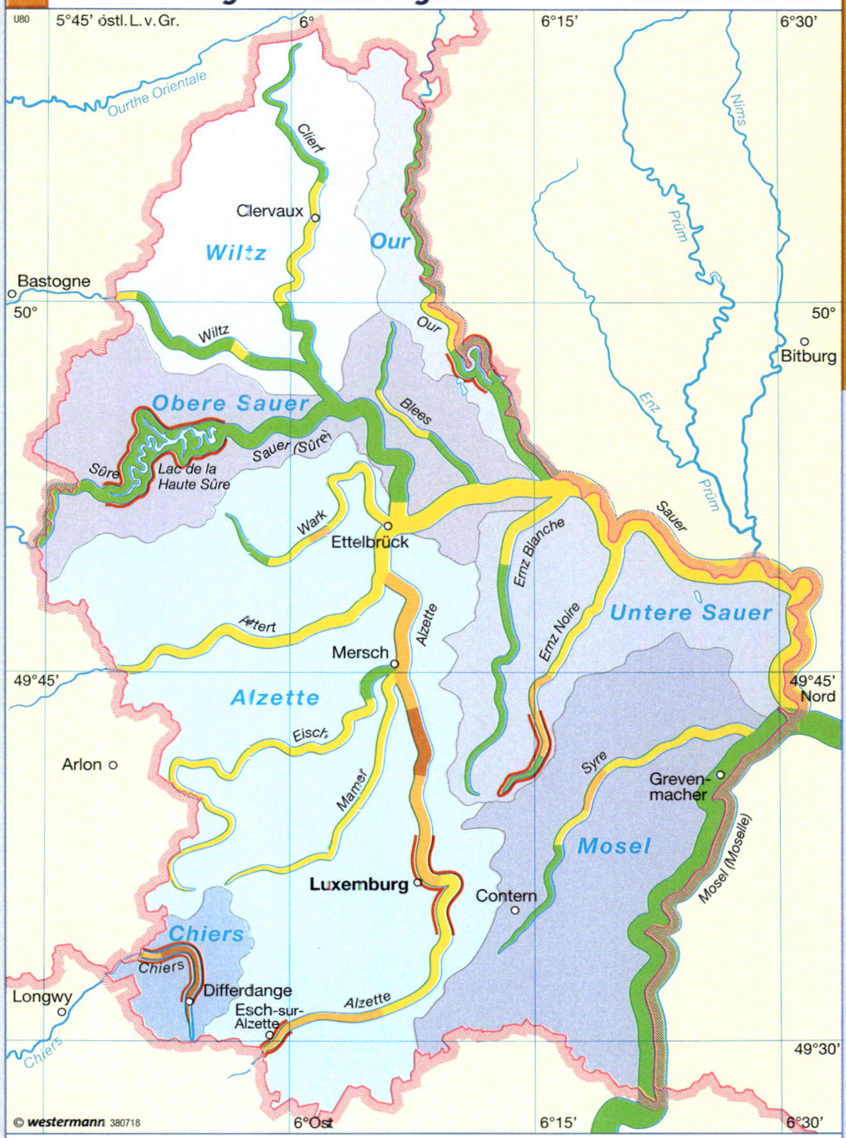

Gewässergüte organisch
- sehr gut
- gut
- mäßig
- schlecht
- sehr schlecht

Gewässergüte morphologisch
- gering bis mäßig veränderter Wasserkörper
- erheblich veränderter Wasserkörper

Mosel Einzugsgebiet eines Flusses

Wasserscheide

6 Vianden – Wasserkraftwerk

Maßstab 1 : 40 000 (0 – 5 – 10 – 15 km)

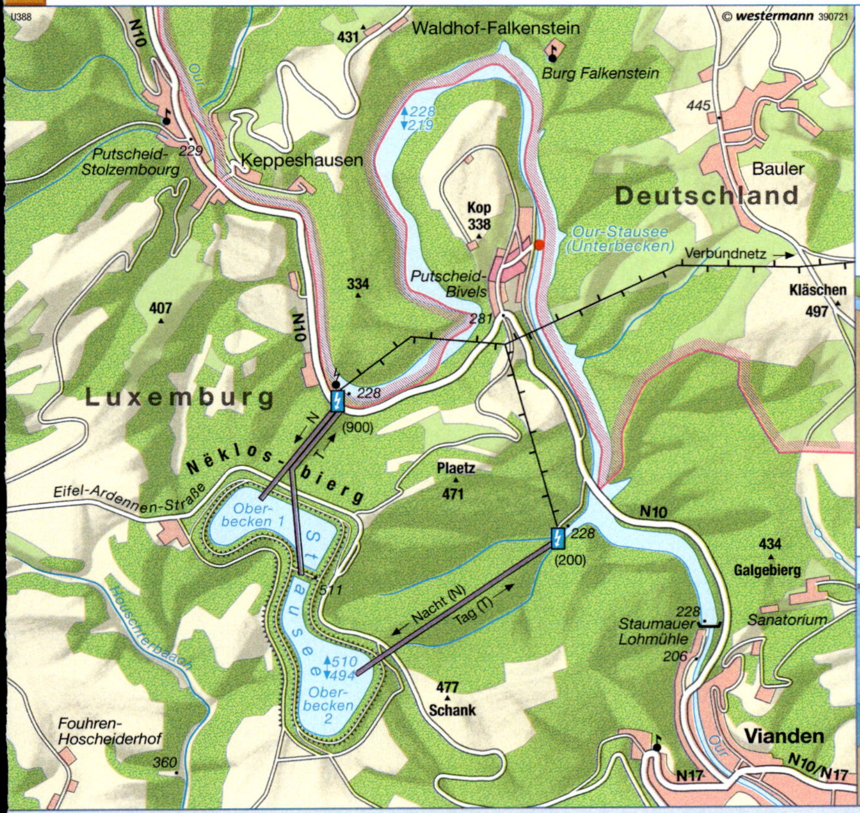

Energiegewinnung
- Kraftwerk
- (900) Leistung in MW
- Druckleitung
- Staumauer
- Damm
- Umspannwerk
- Hochspannungsleitung
- ehemaliger Ort
- neuer Ort
- Staatsgrenze
- Wasserspiegelschwankung
- Wiese, Weide
- Wald

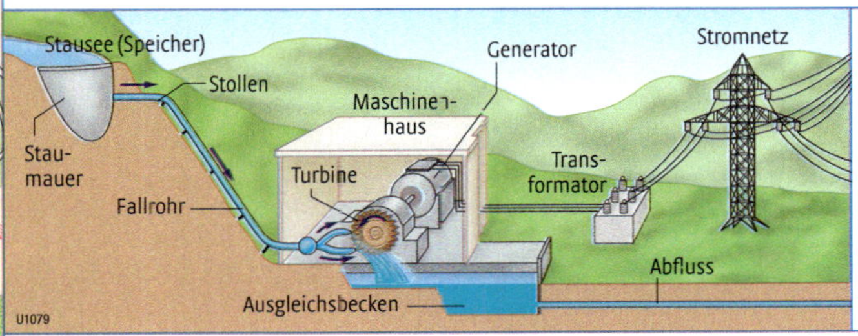

Der Wasserspeicher füllt sich entweder durch natürlichen Zulauf oder es wird Wasser aus dem Tal hochgepumpt. Dazu nutzen Pumpspeicherkraftwerke den billigeren Nachtstrom. Sie sichern die ausreichende Energieversorgung über den Tag.

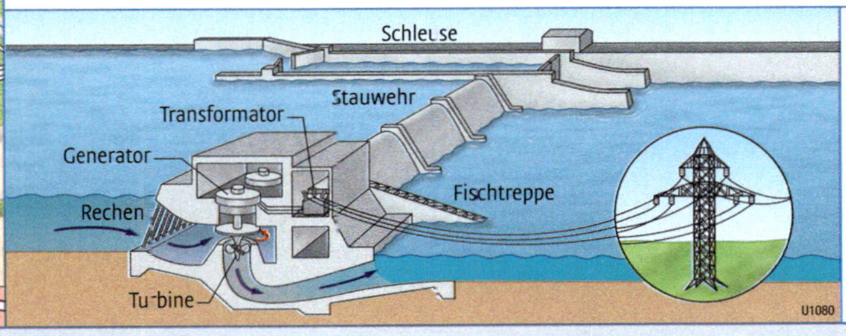

Ein Laufwasserkraftwerk nutzt die große Durchflussmenge von Flüssen zur Stromerzeugung. Es wird in der Regel rund um die Uhr betrieben. Eine Steuerung des Wasserdurchflusses in Abhängigkeit des Strombedarfs ist nicht üblich.

1 Europa – Raumstrukturen / Lichtverschmutzung

Maßstab 1 : 15 000 000

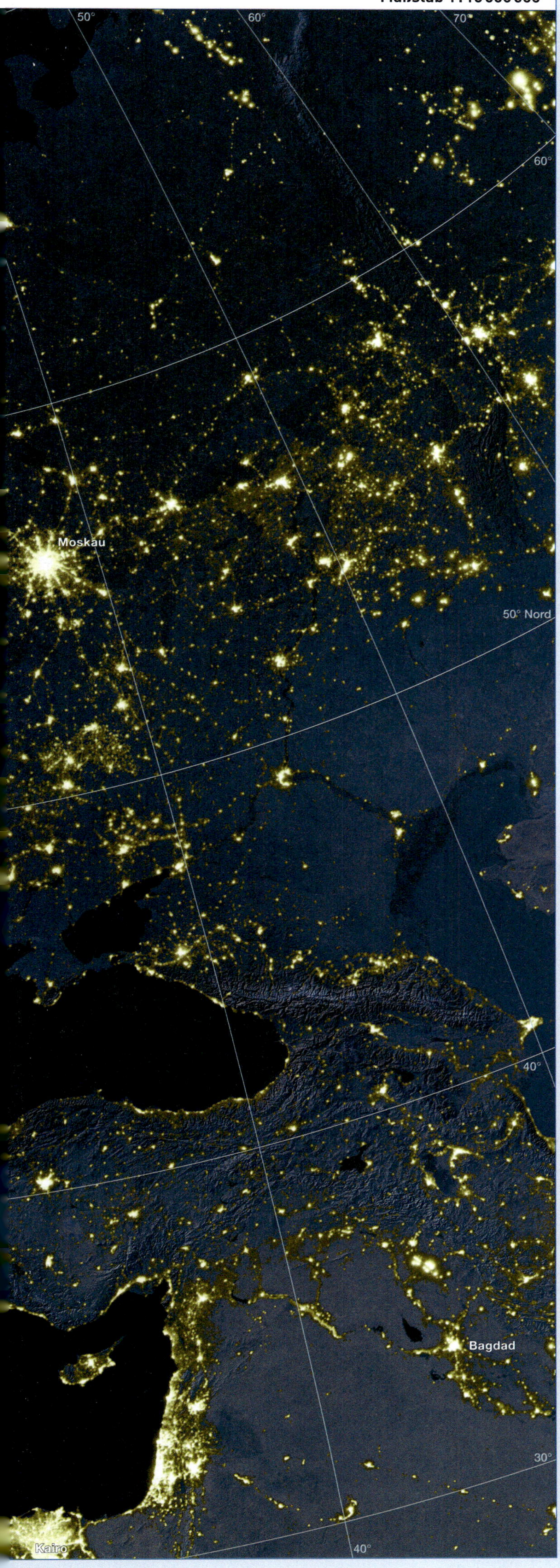

2 London – Einkernballung bei Nacht

0 10 20 30 km

Die Bilder von London und der Randstad sind fotografische Aufnahmen aus der Internationalen Raumstation ISS. Sie wurden von Astronauten der Raumstation während des Überflugs bei Nacht gemacht. Der Fotoapparat wurde dabei in der Hand gehalten und die Belichtungszeit war relativ lang. Aus diesem Grund sind die Bilder etwas unscharf und nicht exakt maßstäbig.

3 Randstad (NL) – Mehrkernballung

0 5 10 15 km

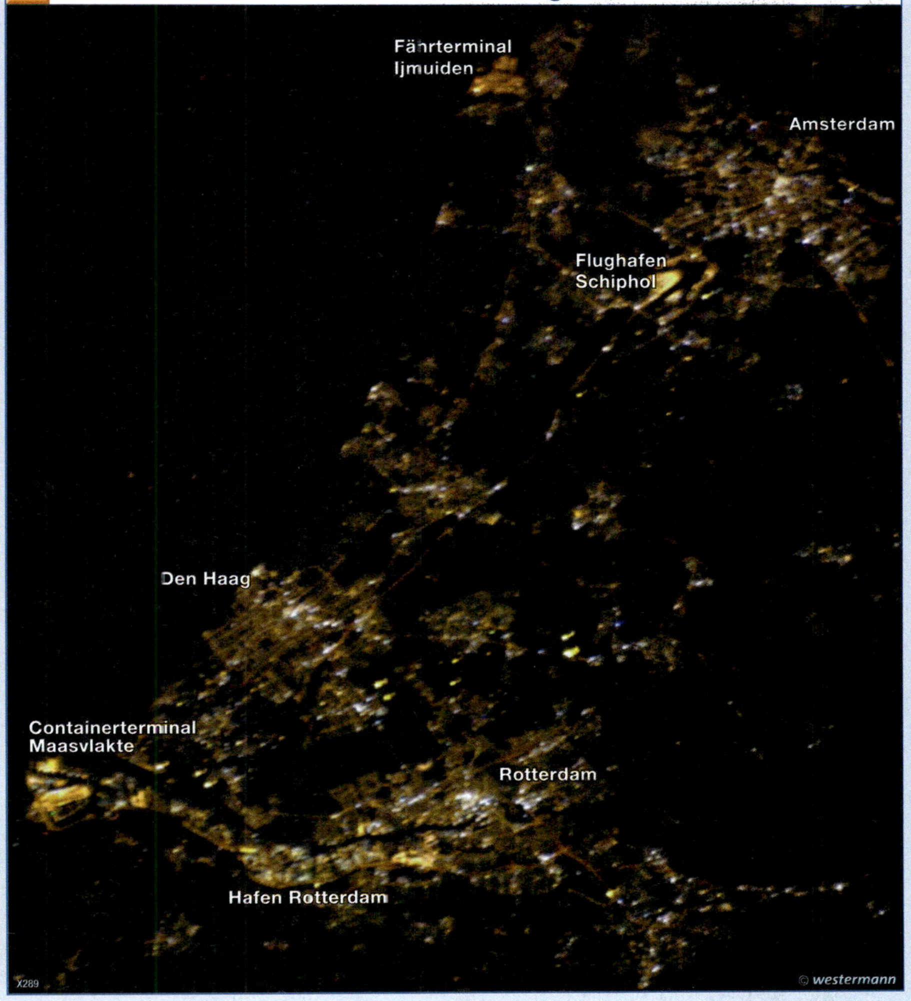

1 Der Maßstab

Die Karten im Atlas geben die Wirklichkeit unterschiedlich stark verkleinert wieder. Der **Maßstab** (1 : Maßstabszahl) benennt das **Verkleinerungsverhältnis** einer Kartenstrecke zur entsprechenden Strecke in der Wirklichkeit. Ein großer Maßstab (z. B. 1 : 200 000) zeigt mehr Einzelheiten als ein kleiner Maßstab (z. B. 1 : 6 000 000).

Beispiel zur Berechnung von Entfernungen
(am Beispiel der Karte im Maßstab 1 : 200 000)

- Mit dem Lineal die Strecke **Mertzig – Feulen** messen: 1,5 cm
- Maßstab der Karte ablesen: 1 : 200 000
- Entfernung (Luftlinie): 1,5 cm in der Karte = (1,5 cm x 200 000) in der Wirklichkeit = 300 000 cm = 3 000 m = 3 km

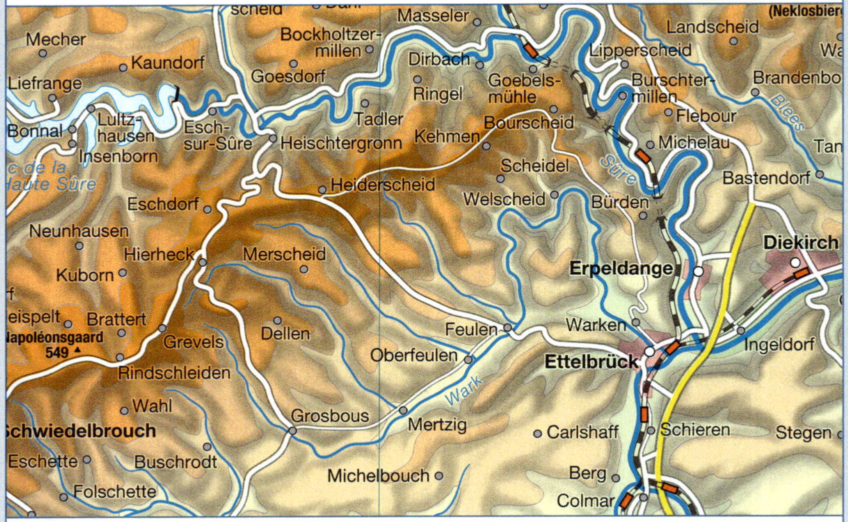

Maßstab 1 : 200 000
1 cm ≙ 2 km
0 2 4 6 8 10 km

siehe Seite 49

Maßstab 1 : 2 000 000
1 cm ≙ 20 km
0 20 40 60 80 100 km

siehe Seite 112

Maßstab 1 : 6 000 000
1 cm ≙ 60 km
0 50 100 150 200 250 km

siehe Seite 114

2 Physische Übersicht

Landhöhen und Meerestiefen
(in Meter)

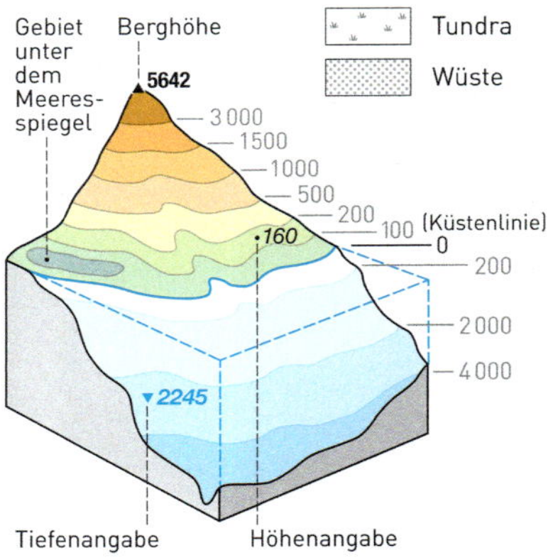

Tundra
Wüste

Gewässer

Fluss
Wadi, Trockental
Kanal
See
Sumpf, Moor
Salzpfanne

Ballungsräume

Einwohner
über 10 000 000
3 000 000 – 10 000 000
1 000 000 – 3 000 000

Europäisches Nordmeer
Jan Mayen
3860
Nördlicher Polarkreis
Bäreninsel
Barents-see
Nowaja Semlja
Karasee
Waigatsch
Kolgujew
Kanin-Halbinsel
Nordkap
Halbinsel Jamal
Obbusen
Pai Choi
Lofoten
2111
Lappland
1191
Halbinsel Kola
Weißes Meer
Färöer
Shetland-Inseln
Orkney-Inseln
Hebriden
Skandinavien
2469
Oslo
Stockholm
Vänersee
Vättersee
Bottnischer Meerbusen
Finnische Seenplatte
Helsinki
Finnischer Meerbusen
Ladogasee
Onegasee
Sankt Petersburg
Peipussee
Ösel
Gotland
Öland
459
Skagerrak
Kattegat
Jütland
Kopenhagen
Bornholm
Ostsee
Nordsee
238
Schottland
1343
Glasgow
Newcastle upon Tyne
Leeds
Manchester
Birmingham
England
London
Straße von Dover
Randstad
Hamburg
Norddeutsches Tiefland
Hannover
1142
Berlin
Antwerpen
Brüssel
Lille
Ruhrgebiet
Köln
Deutsche Mittelgebirge
Frankfurt
Normandie
Paris
Französisches Tiefland
Nürnberg
Prag
1603
Sudeten
Stuttgart
München
Wien
Großglockner
3798
Zürich
Jura
Alpen
Ortler
3905
Mont Blanc
4807
Mailand
Po-Ebene
Turin
Lyon
Zentral-massiv
Puy de Sancy 1886
Toulouse
Marseille
Golfe du Lion
Pyrenäen
Barcelona
Balearen
Menorca
Mallorca
Korsika
2710
Sardinien
1834
Apennin
Rom
2914 Gran Sasso
Neapel
Tyrrhenisches Meer
3785
Adriatisches Meer
Baltischer Landrücken
Warschau
Łódź
Kattowitz
2654
Karpaten
Budapest
Ungarisches Tiefland
Siebenbürgen
2543
Südkarpaten
Bukarest
Walachei
Zagreb
Belgrad
Dinarisches Geb.
Balkan
Sofia
Rhodopen
2925
Pindos
2917 Olymp
K. Baba
Athen
Peloponnes
Kap Tänaron
5121
Ionisches Meer
Str. v. Otranto
Ägäisches Meer
Kreta
2456
4517
Sizilien
Ätna
3350
Malta
Tunis
Kap Blanc
Algier
Atlas
Schotts
2328
Schott Melghir
Schott Djerid
Kleine Syrte
Tripolis
Tripolitanien
Al-Hamadah al-Hamra
Östliche Große Sandwüste
Hamada von Tinghert
Große Syrte
Syrtika
Jabal al-Akhdar
876
Cyrenaika
Marmarika
Alexandria
Kattara Senke
Kairo
Gize
Suezkanal
Sinai
Mittelmeer
Minsk
Pripjat
Pripjatsümpfe
Wolynisch-Podolische Platte
Kiew
Dnipro
Dnipropetrowsk
Kachowkaer Stausee
Odessa
Krim
1545
Asowsches Meer
Donezplatte
Donezk
Rostow
Charkiw
Mittelrussische Platte
Waldaihöhe
347
Moskau
Rybinsker Stausee
Nishnij Nowgoroder Stausee
Nishnij Nowgorod
Nordrussisches Tiefland
Nordrussischer Landrücken
Timanrücken
Petschora
Mesen
Dwina
Ural
Uralgebirge
1894 Narodnaja Gora
1569
Westsibirisches Tiefland
Jekaterinburg
Perm
Kama-Stausee
Wotkinsker Stausee
Tscheljabinsk
Ufa
Jamantau
1640
Kasan
Wolga
Wolgaplatte
Kuibyschewer Stausee
Samara
Saratower Stausee
Obschtschij Syrt
Saratow
Wolgograder Stausee
Wolgograd
Kaspische Senke
Zimljansker Stausee
Manytschniederung
Kaspisches Meer
Kuban
Kaukasus
5642 Elbrus
Tiflis
Baku
Jerewan
5165
Schwarzes Meer
2245
Bosporus
Istanbul
Pontisches Gebirge
3937
Ankara
Bursa
Anatolien
Kleinasien
Tuz gölü
3916
Izmir
Taurus
Adana
Gaziantep
Zypern
1953
Aleppo
Homs
3086
Beirut
Damaskus
Tel Aviv-Jaffa
Amman
Gaza
1735
Totes Meer
-401
Syrische Wüste
Arabien
Wüste Nefud
Hedjas
Mesopotamien
Bagdad
Mosul
Täbris
Zagrosgebirge
1720
Euphrat
Tigris
© westermann

D3-086 www.diercke.de

1 Phönikische und Griechische Kolonisation

[1] Weinmischkrug aus einer griechischen Grabbeilage in Süditalien mit Darstellung der Sagengestalt Odysseus, wie er sich – unter den Bauch eines Hammels gebunden – aus der Höhle des Menschen fressenden Riesen Polyphem rettet

Phönikische Kolonisation (11.–7. Jahrhundert v. Chr.)
- Herrschaftsgebiet
- Mutterstadt
- Tochter- oder Enkelstadt (Auswahl)

Griechische Kolonisation (8.–6. Jahrhundert v. Chr.)
- Herrschaftsgebiet
- Mutterstadt
- Tochter- oder Enkelstadt (Auswahl)

Handelswege
- Phöniker
- Griechen
- Landweg
- *Kelten* Stammesgebiet
- sonstige Siedlung

Landwirtschaft
- Getreide
- Wein
- Olivenöl
- Holz
- Fischfang
- Viehzucht

weitere Erläuterungen siehe Karte 2

Maßstab 1 : 24 000 000

Auf der **physisch-geographischen Karte** lassen sich die Wege der Menschen in vergangenen Zeiten nachvollziehen. Häufig lässt sich auf diese Weise der Grund für den Wegverlauf erkennen. [2]

Die Griechen gründeten an einer Handelsroute die Tochterstadt Massilia. Die Stadt hat sich zu einer bedeutenden Hafenstadt entwickelt und heißt heute Marseille. Im **Register** findet sich deshalb die Eintragung: **Massilia (s. Marseille)**. [5]

An der Ostsee existierte damals noch kein **Staat** und keine **Staatsgrenze**. In der Karte sind deshalb die Verbreitungsgebiete von Stammesgruppen eingetragen. Über die heutigen Staaten mit ihren Grenzen informiert die **politische Karte**. [3]

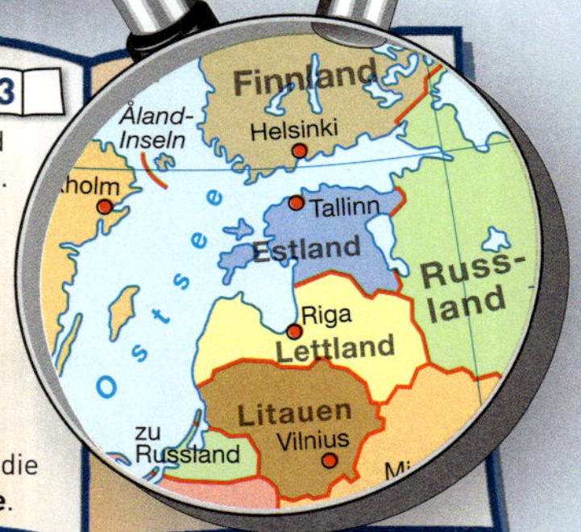

Die Griechen waren mit ihren Schiffen oft mehrere Monate unterwegs. Ihre Routen zeigen rote **Linien** ——. Wo der Verlauf der Handelswege nicht genau darstellbar ist, geben **Pfeile** ⟶ die ungefähre Richtung der Handelsreisenden an. [4]

[1] Vasen dienten zum Transport und zur Aufbewahrung flüssiger Handelsgüter, wie Wein und Olivenöl. Die **Vignette** gibt einen Hinweis auf das Dargestellte in der Karte.

[6] Carthago wurde 146 v. Chr. zerstört. Die physische Karte auf Seite 122/123 zeigt den Ort im Planquadrat F4 als Ruinenstadt ∴. Für die Ruinenstadt wurde jedoch eine andere Schreibweise verwendet.

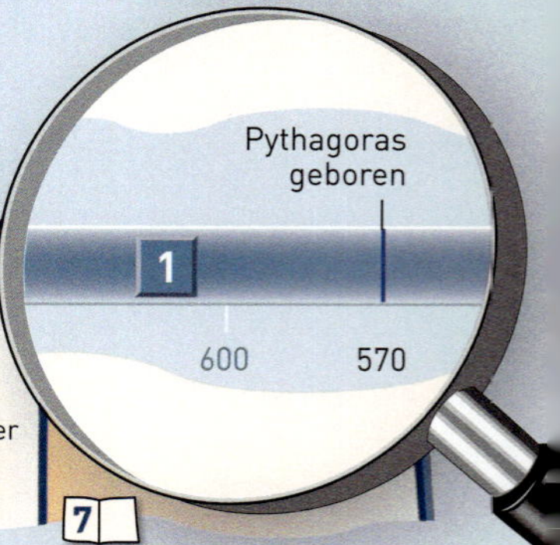

In Geschichtskarten werden Ereignisse und Entwicklungen der Vergangenheit abgebildet. Auf dem **Zeitstrahl** lässt sich der dargestellte **Zeitraum** genau ablesen. [7]

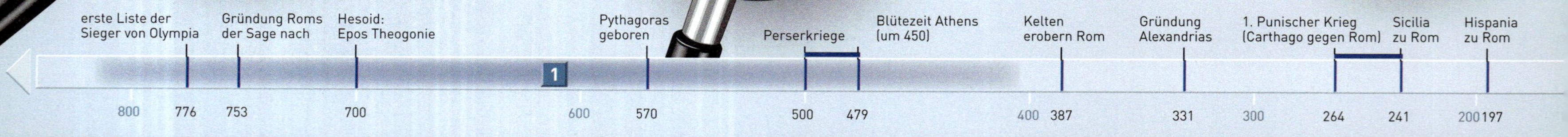

2 Handel und Wirtschaft im Römischen Reich

Maßstab 1 : 24 000 000 (0 200 400 600 800 1000 km)

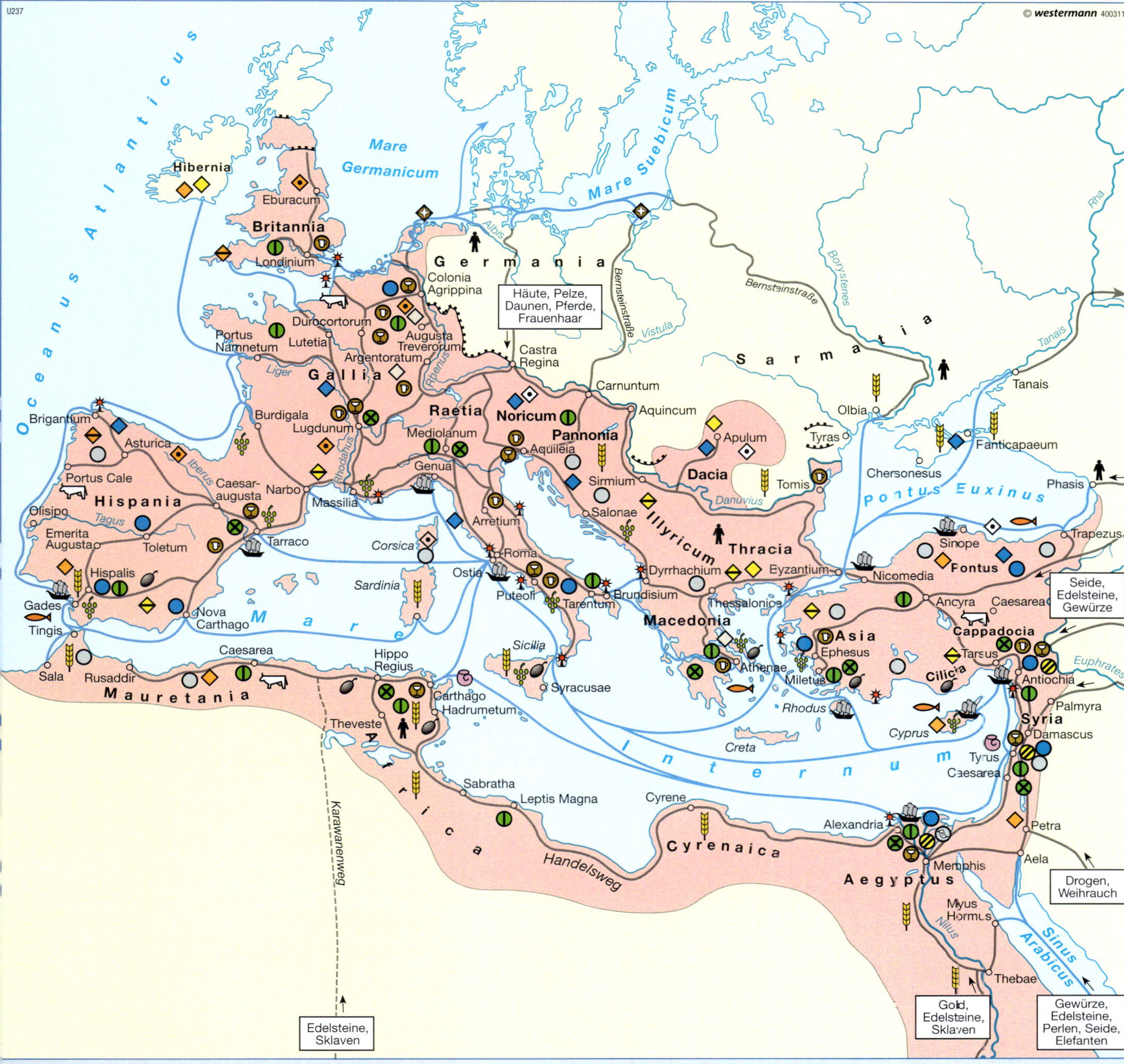

Prunkglas mit der Aufschrift in griechischen Buchstaben „Trinke lebe angenehm, immerdar"

- Römisches Reich 117 n. Chr.
- Grenzbefestigung
- Leuchtturm

Gewerbe

- Keramik
- Glas
- Metallwaren
- Papyrus
- Kosmetik
- Wolle, Wollwaren
- Leinwand
- Purpur
- Schiffbau
- Sklaven

Bergbau und Mineralien

- Eisen
- Kupfer
- Blei/Zink
- Zinn
- Gold
- Silber
- Marmor
- Bernstein
- Salz

weitere Erläuterungen siehe Karte 1

3 Völkerwanderung und Reiche (bis zum Tode Theoderichs um 526)

Maßstab 1 : 60 000 000

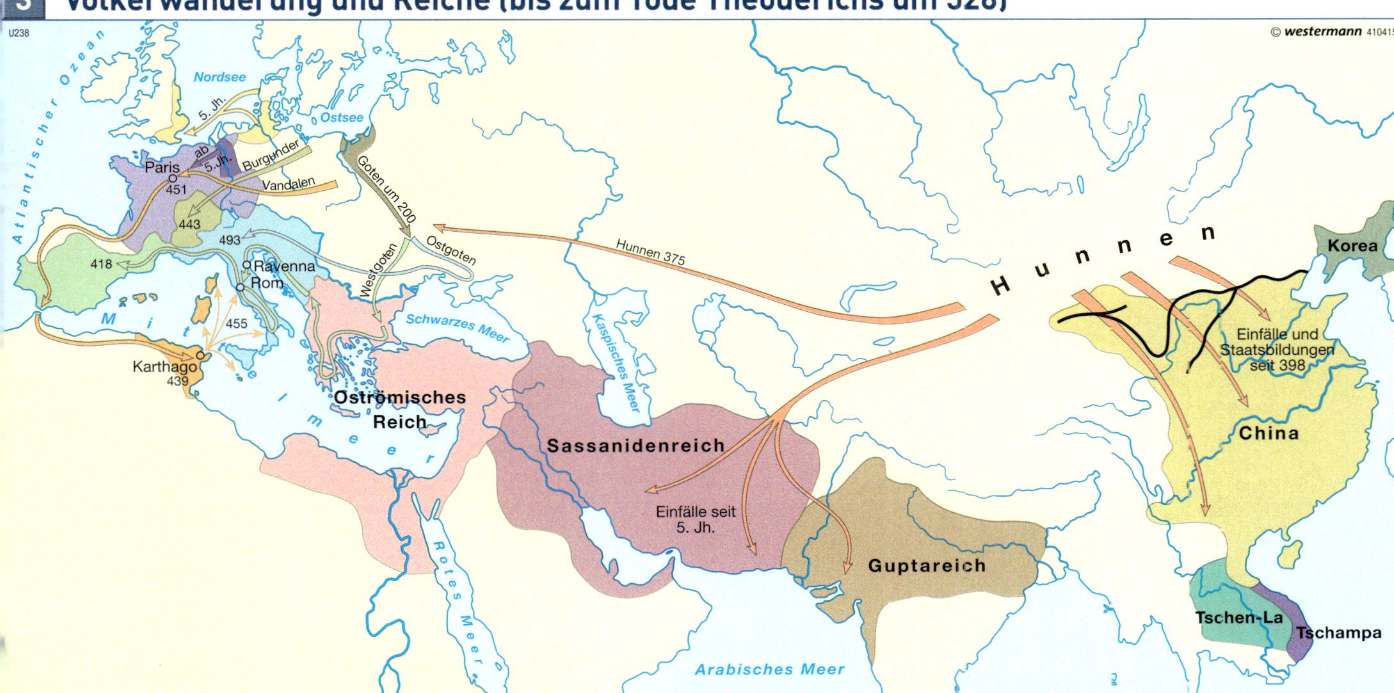

- Ostgoten
- Westgoten
- Vandalen
- Franken
- Burgunder
- Sachsen, Angeln, Jüten
- Wanderzüge mit Jahr der Reichsgründung (5. Jh.)
- Chinesische Mauer

133	Asia zu Rom
100–44	Julius Cäsar (römischer Staatsmann)
15	Raetia und Noricum zu Rom
0	
43	Britannia zu Rom
79	Ausbruch des Vesuvs
100	
200	
212	Verleihung des römischen Bürgerrechts an alle Reichsbewohner
300	
325	Einführung der Sonntagsruhe durch Kaiser Konstantin
391	Christentum wird Staatsreligion
455	Plünderung Roms durch die Vandalen
476	Untergang Westroms
500	

D3-088 www.diercke.de

1 Europa am Ende der Herrschaft Karls des Großen um 814

Maßstab 1 : 30 000 000 (0 – 500 – 1000 – 1500 km)

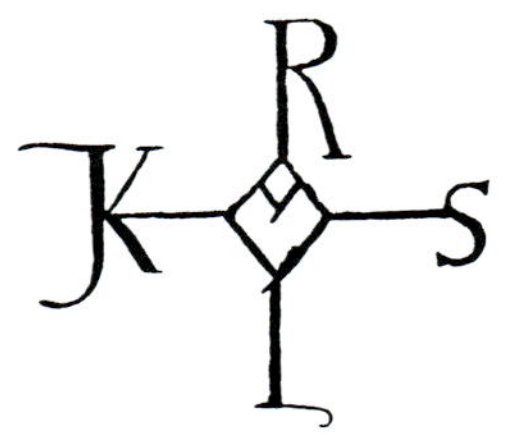

Namenszeichen (Monogramm) Karls des Großen auf einer Urkunde von 781

- ungefähre Staatsgrenze
- Frankenreich um 768
- Frankenreich um 814
- fränkische Grenzmarken
- fränkisches Einflussgebiet
- Kirchenstaat unter Schutz des Frankenkaisers
- Züge der Wikinger
- Stammesgebiete

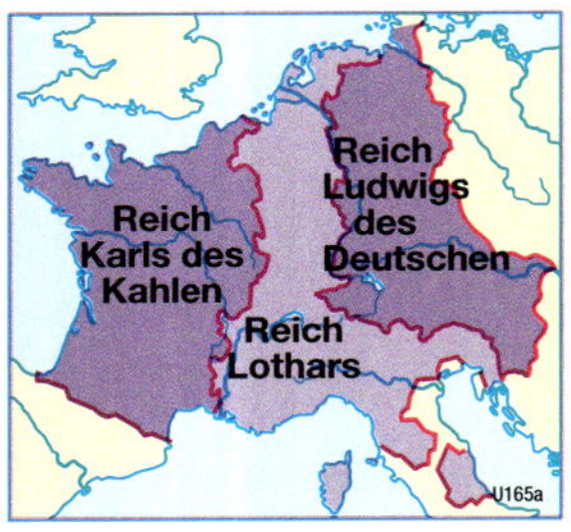

Grenzen bei der Teilung des Reiches Karls des Großen im Vertrag von Verdun 843

Abkürzungen der Staatsformen siehe Seite 220

2 Europa zur Zeit der ersten Kreuzzüge Ende 12. Jahrhundert

Maßstab 1 : 30 000 000 (0 – 500 – 1000 – 1500 km)

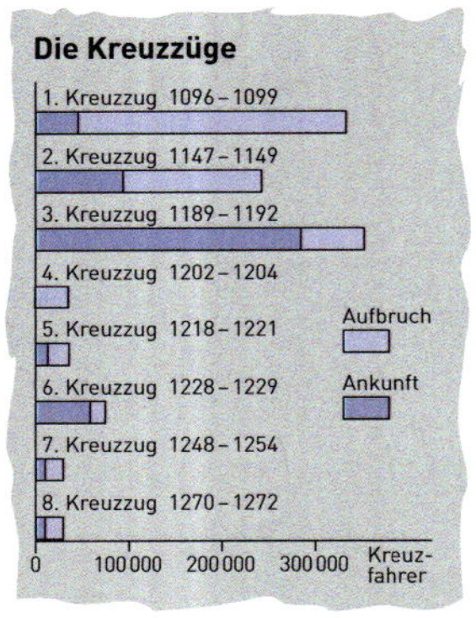

Religionen

- Stammesreligionen
- katholische Christen
- orthodoxe Christen
- Muslime

Kreuzfahrerstaaten

- zur Zeit der größten Ausdehnung nach dem 1. Kreuzzug

3. Kreuzzug (1189 – 1192)

- .... Friedrich I. Barbarossa
- + Barbarossa 1190 ertrunken
- – – – Philipp II. August
- —— Richard Löwenherz

Abkürzungen der Staatsformen siehe Seite 220

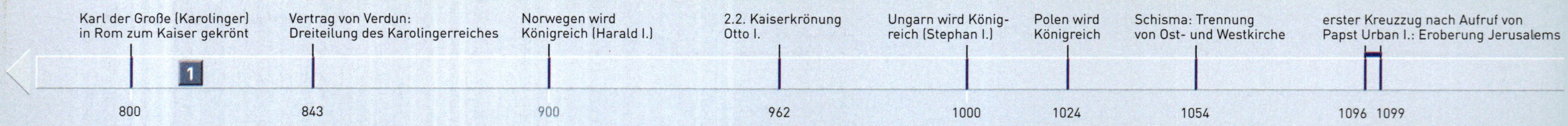

3 Handel und Wirtschaft im 15. Jahrhundert

Maßstab 1 : 24 000 000

0 200 400 600 800 1000 km

Zecchino (Venedig) — *Genovino (Genua)* — *Witten (Hanse)*

Handelsorte

- Handelszentrum (> 100 000 Einwohner)
- Hansestadt
- Lyon — Messestadt
- Niederlassung der Fugger (Hauptsitz seit 1367: Augsburg; Handel, Banken, Bergwerke); Jakob Fugger aus Nürnberg finanziert 1519 die Wahl von Karl V. zum Kaiser

Handelswege

- Seeweg
- Handelsstraße
- Karawanenweg

Handelsgüter

- Sklavenmarkt
- Gold — Handelsgut
- Erzbergbau (Eisen, Edelmetalle, Blei, Quecksilber)
- handelsorientierter Getreideanbau
- Glas
- Metallwaren
- Papier
- Pelze, Lederwaren

Textilien

- Tuche, Wollware
- Leinen
- Seide

- 1187 — Einnahme Jerusalems durch Sultan Saladin
- 1241 — Hamburg und Lübeck begründen die Hanse
- 1301 — Gründung des Osmanischen Reiches
- 1337 — „Hundertjähriger Krieg“ zwischen England und Frankreich
- 1453 — Eroberung Konstantinopels durch die Osmanen
- 1492 — Eroberung Granadas: Ende der Reconquista

2 | 1200 | 1400 | 3 | 1500

1 Reformation in Europa um 1570

Maßstab 1 : 24 000 000

Bleilettern für den Bibeldruck werden in einer Buchdruckerei gesetzt. Die Gutenbergische Erfindung in Mainz (um 1445) ermöglichte die schnelle verbreitung der Bibelübersetzung Luthers (1483 - 1546).

- Reichsgrenze (Heiliges römisches Reich Deutscher Nation)
- Staatsgrenze

alte Konfessionen
- Katholiken
- Orthodoxe
- Muslime

neue Konfessionen
- Lutheraner
- Reformierte (Calvinisten, Zwinglianer)
- Anglikaner
- böhmische und mährische Brüder
- geistiges Zentrum einer Konfession
- bedeutende Burg

Abkürzungen der Staatsformen siehe Seite 220

2 Absolutismus in Europa um 1740

Maßstab 1 : 24 000 000

Das Sinnbild Ludwig XIV. (1638–1715) als „Sonnenkönig" ist die Sonne, hier dargestellt als Verzierung des Eingangstores vom Schloss Versailles.

- Schlossbauten nach dem Vorbild von Versailles
- absolutistische Staaten in Flächenfarben
- Kgr. Brandenburg-Preußen
- Kfsm. Bayern
- Kfsm. Sachsen
- Kaisertum Österreich (Habsburgische Gebiete)
- Gebiete absolutistischer Klein- und Mittelstaaten
- Reichsgrenze (Heiliges Römisches Reich Deutscher Nation)
- Staatsgrenze

Abkürzungen der Staatsformen siehe Seite 220

1452	Leonardo da Vinci, Universalgenie der Renaissance (†1519)
1466	Erasmus von Rotterdam, Humanist (†1536)
1500	
1545 – 1563	Konzil von Trient, katholische Glaubensdekrete (Gegenreformation)
1564	Galileo Galilei (†1642)
1581	Niederlande erklären ihre Unabhängigkeit von Spanien
1600	
1631	„Cautio Criminalis" Streitschrift gegen Hexenprozesse von Friedrich Spee

1

3 Das Zeitalter Napoleons um 1812

Maßstab 1 : 24 000 000 — 0 200 400 600 800 1000 km

U170

Erstes Bürgerliches Gesetzbuch (1804) kodifizierte viele Ergebnisse der Französischen Revolution und bildete im napoleonischen Europa die Basis von Rechtsreformen in vielen Ländern.

- Frankreich 1812
- von Frankreich regierte und abhängige Staaten
- mit Frankreich verbündete Staaten vor dem Russlandfeldzug
- Russlandfeldzug Napoleons 1812
- 25 000 Stärke des Heeres
- Kontinentalsperre Napoleons (seit 1806)
- militärischer Sieg Napoleons
- militärische Niederlage Napoleons
- 1809 Vertragsabschluss

Abkürzungen der Staatsformen siehe Seite 220

4 Revolution und Reaktion 1848/49

Maßstab 1 : 24 000 000 — 0 200 400 600 800 1000 km

U171

Wienerin im Kampf für Bürgerrechte auf den Barrikaden am 26. Mai 1848

- Grenze des Deutschen Bundes
- Grenze innerhalb des Deutschen Bundes (Staatsnamen siehe Karte 60 1)
- orientalische Despotie
- absolute Monarchie
- konstitutionelle Monarchie
- parlamentarische Monarchie
- Republik
- Kolonie
- revolutionärer Aufstand
- Angriff der Reaktion

Abkürzungen der Staatsformen siehe Seite 220

1685	Flucht der Hugenotten aus Frankreich
1688	Glorious Revolution in England: erste konstitutionelle Monarchie
1700	
1717	Kaiserin Maria Theresia von Österreich (†1780)
1769	Erfindung der Dampfmaschine durch James Watt in England
1789	14.7. Sturm auf die Bastille, Beginn der Franz. Revolution
1800	
1804	Kaiserkrönung Napoleons
1813/15	Befreiungskriege gegen Napoleon 1814/15 Wiener Kongress
1849	28.3. Deutsche Reichsverfassung

(Zeitleiste mit Verweisen auf Karten 2, 3, 4)

D3-092 www.diercke.de

1 Europa vor dem Ersten Weltkrieg (1914)

Maßstab 1 : 36 000 000

1830 Jahr der Erwerbung — Staatsgrenze — Teilreichgrenze — Hauptstadt

2 Europa nach dem Ersten Weltkrieg (1920/1921)

Maßstab 1 : 36 000 000

1908 Jahr der Unabhängigkeit

3 Europa vor dem Zweiten Weltkrieg (1939)

Maßstab 1 : 36 000 000

Jahr der Errichtung einer Diktatur

1922 faschistisch — 1928 autoritär-militärisch — 1917 kommunistisch

4 Europa nach dem Zweiten Weltkrieg (1949)

Maßstab 1 : 36 000 000

Jahr des Beitritts zu einem Militärbündnis

1949 North Atlantic Treaty Organization (NATO)

1955 Warschauer Pakt

Eiserner Vorhang

undurchlässig

durchlässig

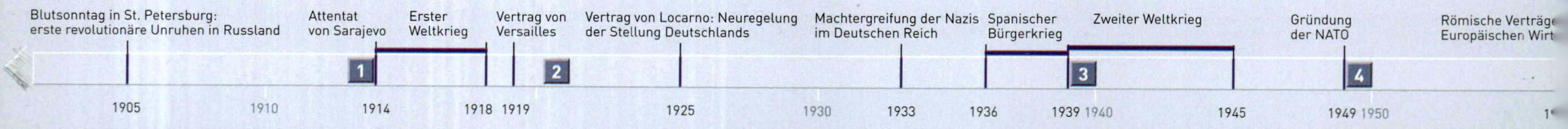

5 Politische Übersicht

KKF

Maßstab 1 : 24 000 000

0 200 400 600 800 1000 km

—— Staatsgrenze
- - - - Teilungsgrenze auf Zypern
● Hauptstadt

Abkürzungen:
Dän. = zu Dänemark
Lux. = Luxemburg
Li. = Liechtenstein
G. B. = zu Großbritannien
Norw. = zu Norwegen

he Verträge: Gründung der schen Wirtschaftsgemeinschaft — 1960
Intervention des Warschauer Paktes in der Tschechoslowakei — 1968
1970
1975 Unterzeichnung der KSZE-Akte in Helsinki — 1975
1980
11.3.1985 Gorbatschow wird Generalsekretär der KPdSU — 1985
Auflösung der UdSSR und Zerfall Jugoslawiens — 1990 1991
NATO-Militäreinsatz im Kosovo — 1999 2000
2008 Kosovo erklärt einseitig die Unabhängigkeit — 2008
2010
5

D3-094 www.diercke.de

1 Organe der Europäischen Union

Europäischer Rat
Oberstes EU-Gremium mit Richtlinienkompetenz
27 Staats- und Regierungschefs, EU-Präsident
bestimmen die Grundlinien und Ziele der EU-Politik

Grundsatzentscheidungen

Rat der EU (Ministerrat)
Gesetzgebungskompetenz (unter Mitwirkung des EU-Parlaments)
27 nationale Fachminister
erlassen Richtlinien und Verordnungen

Gewichtung der 345 Stimmen des Ministerrats

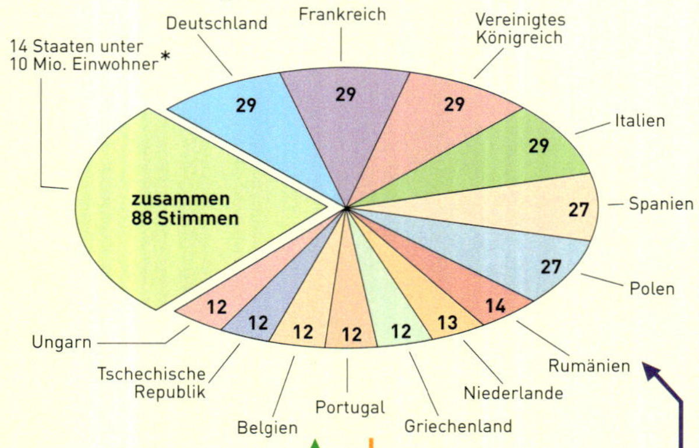

Ausschuss der Regionen

Wirtschafts- und Sozialausschuss

Europäische Kommission
„Regierung" der EU
27 Kommissare
erstellen und verwalten den Haushalt, handeln Abkommen mit Nicht-EU-Staaten aus

Europäischer Gerichtshof

Europäischer Rechnungshof

Europäisches Parlament

Sitzverteilung nach Staaten im Europäischen Parlament (751 Sitze)

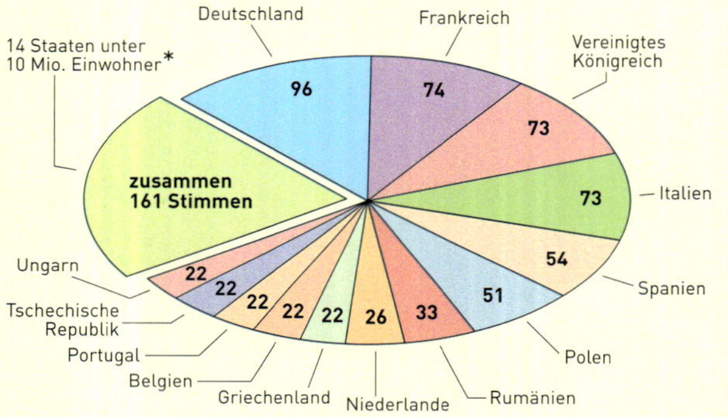

Gewaltenteilung
- Exekutive
- Legislative
- Judikative und Kontrollorgane
- selbstständige zentrale Gremien und Institutionen (Beratung)

Politische Wege
- Entscheidungen
- Vorschläge
- Anfragen, Kontrolle, Vertrauens- und Misstrauensvotum
- Haushaltsbeschlüsse, Anhörung, Mitentscheidung

Wahlen alle 5 Jahre

Bevölkerungsverteilung in der EU (495 Mio. Einwohner)

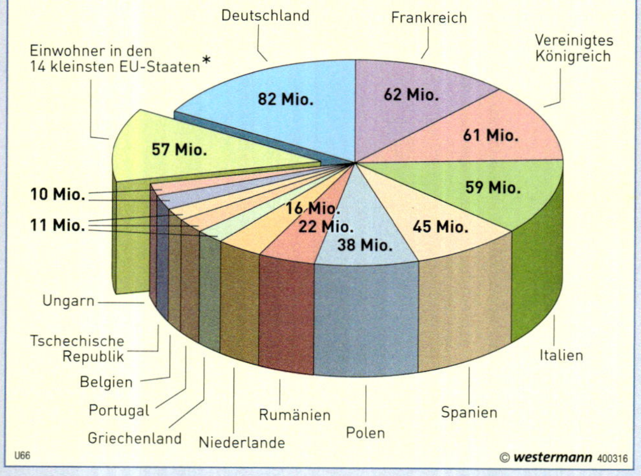

2 Europäische Zusammenschlüsse

Maßstab 1: 30 000 000

EU (seit 1993 Europäische Union, vorher Europäische Gemeinschaft (EG))
- Montanunion 1951, Europäische Wirtschaftsgemeinschaft 1957 (Kernstaaten der EG)
- 1986 Neumitglied (Beitrittsjahr)
- Beitrittskandidat
- Gründungs- und Konferenzort
- Dienstort des EU-Parlaments
- Euro-Staat
- assoziiert (Gebiet, Staat)
- 1994 Partnerschafts- und Handelsabkommen mit der **EU** (Vertragsjahr)
- **BENELUX** 1921 (Union Douanière Benelux)
- **EFTA** 1960 (European Free Trade Association)
- **EWR** 1993 (Europäischer Wirtschaftsraum) ohne Schweiz
- **GUS** 1991 (Gemeinschaft Unabhängiger Staaten)

3 Brüssel – Hauptsitz der EU

Maßstab 1: 25 000 (0 – 250 – 500 – 750 m)

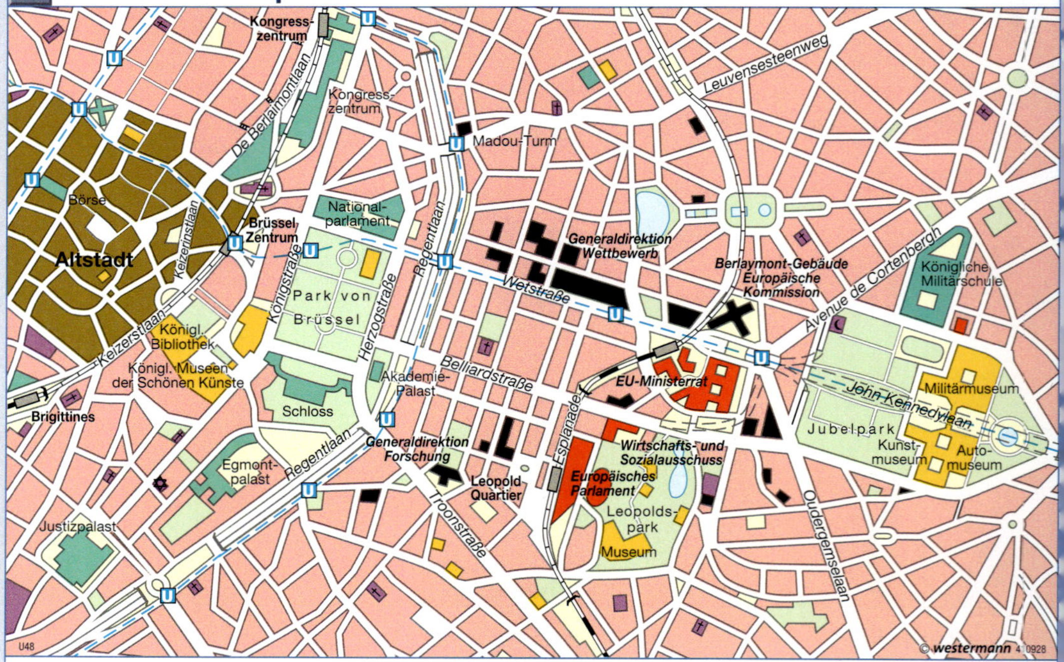

- Verwaltungsgebäude der Europäischen Kommission
- Sitze von Organen der Europäischen Union
- Belgische Regierungs- und Verwaltungsgebäude
- Citybereich, Hauptgeschäftszentrum
- Wohnbebauung
- kulturelle Einrichtung
- Park, Grünanlage
- Freifläche
- religiöse Einrichtung
- Kirche
- Synagoge
- Moschee
- Eisenbahn mit Bahnhof
- Eisenbahn (unterirdisch)
- U-Bahn

*(Bulgarien, Dänemark, Estland, Finnland, Irland, Lettland, Litauen, Luxemburg, Malta, Österreich, Schweden, Slowakei, Slowenien, Zypern)

4 EU – Wirtschaftskraft der Regionen

Maßstab 1: 30 000 000 — 0 500 1000 1500 km

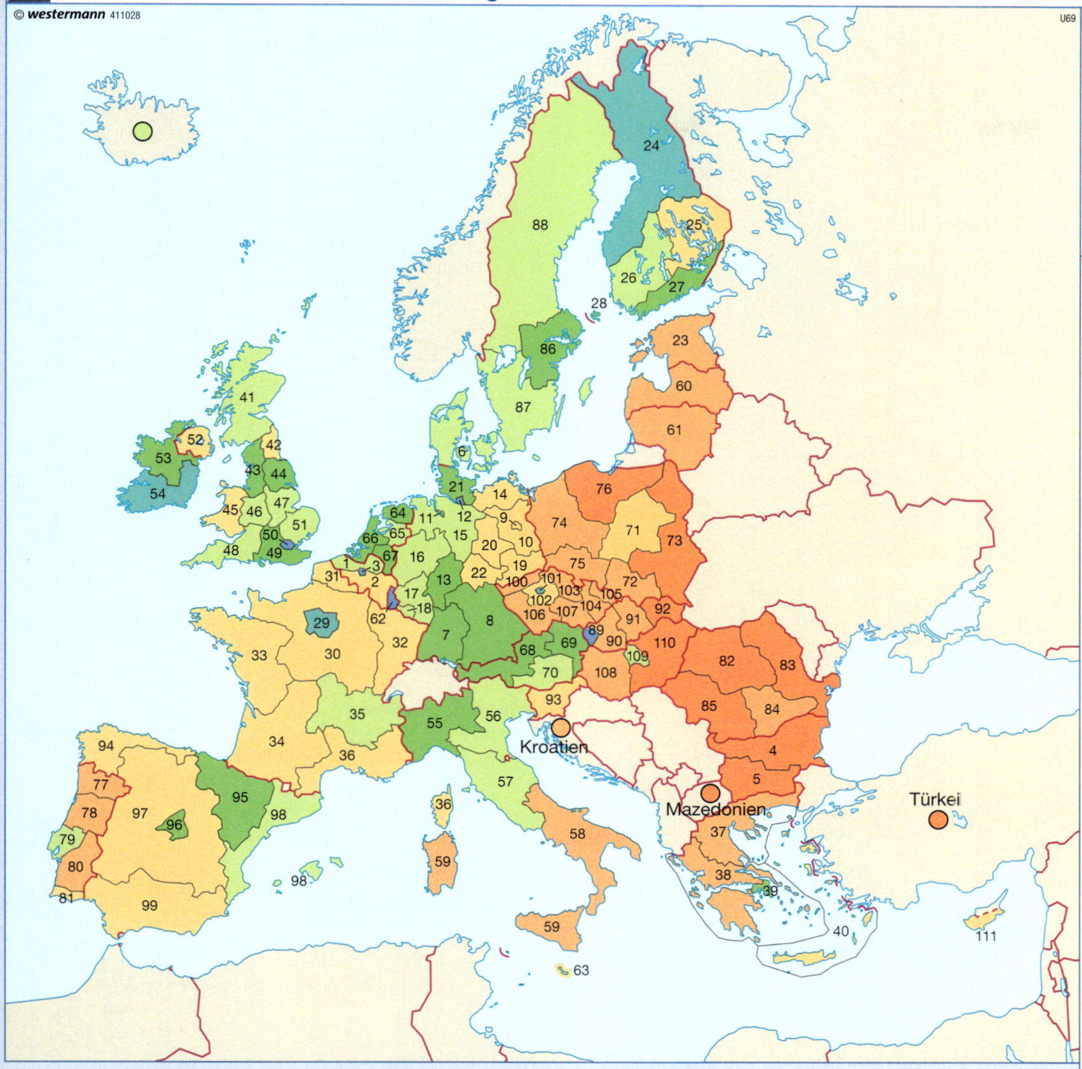

Bruttoinlandsprodukt
(in Prozent des EU-Durchschnitts)

50 75 100 125 150 175

- Staatsgrenze
- Grenze der EU-Regionen (in Deutschland Landesgrenzen)
- 86 statistische EU-Gebietseinheit (NUTS)

Regionen der EU
(Ebene 1 der statistischen EU-Gebietseinheiten (NUTS); nur in Irland, Finnland, der Tschechischen Republik, Portugal und in der Slowakei Ebene 2)

Belgien
1 Vlaams Gewest
2 Région Wallonne
3 Bruxelles/Brussel
Bulgarien
4 Severna Bulgaria
5 Yugozpadna Bulg.
6 Dänemark
Deutschland
7 Baden-Württemberg
8 Bayern
9 Berlin
10 Brandenburg
11 Bremen
12 Hamburg
13 Hessen
14 Mecklenburg-Vorpommern
15 Niedersachsen
16 Nordrhein-Westfalen
17 Rheinland-Pfalz
18 Saarland
19 Sachsen
20 Sachsen-Anhalt
21 Schleswig-Holstein
22 Thüringen
23 Estland
Finnland
24 Pohjois-Suomi
25 Itä-Suomi
26 Länsi-Suomi
27 Etelä-Suomi
28 Åland
Frankreich
29 Île de France
30 Bassin Parisien
31 Nord-Pas-de-Calais
32 Est
33 Ouest
34 Sud-Ouest
35 Centre-Est
36 Méditerranée
Griechenland
37 Voreia Ellada
38 Kentrik Ellada
39 Attiki
40 Nisia Aigaiou, Kriti
Großbritannien und Nordirland
41 Scotland
42 North East
43 North West
44 Yorkshire and The Humber
45 Wales
46 West Midlands
47 East Midlands
48 South West
49 South East
50 London
51 Eastern
52 Northern Ireland
Irland
53 Border, Midlands and Western
54 Southern and Eastern
Italien
55 Nord Ovest
56 Nord Est
57 Centro
58 Sud
59 Isole
60 Lettland
61 Litauen
62 Luxemburg
63 Malta
Niederlande
64 Noord-Nederland
65 Oost-Nederland
66 West-Nederland
67 Zuid-Nederland
Österreich
68 Westösterreich
69 Ostösterreich
70 Südösterreich
Polen
71 Centralny
72 Poludniowy
73 Wschodni
74 Pólnocno-Zachodni
75 Poludniowo-Zachodni
76 Pólnocny
Portugal
77 Norte
78 Centro
79 Lisboa
80 Alentejo
81 Algarve
Rumänien
82 Macroregiunea unu
83 Macroregiunea doi
84 Macroregiunea trei
85 Macroregiunea patru
Schweden
86 Östra Sverige
87 Södra Sverige
88 Norra Sverige
Slowakei
89 Bratislava
90 Západné Slovensko
91 Stredné Slovensko
92 Vychodné Slovensko
93 Slowenien
Spanien
94 Noroeste
95 Noreste
96 Madrid
97 Centro
98 Este
99 Sur
Tschechische Republik
100 Severozápad
101 Praha/Prag
102 Strední Čechy
103 Severovýchod
104 Střední Morava
105 Moravskoslezsko
106 Jihozápad
107 Jihovýchod
Ungarn
108 Dunántúl
109 Közép-Magyarország
110 Alföld és Észak
111 Zypern

EUROPA

5 Ausländische Arbeitnehmer

Maßstab 1: 30 000 000

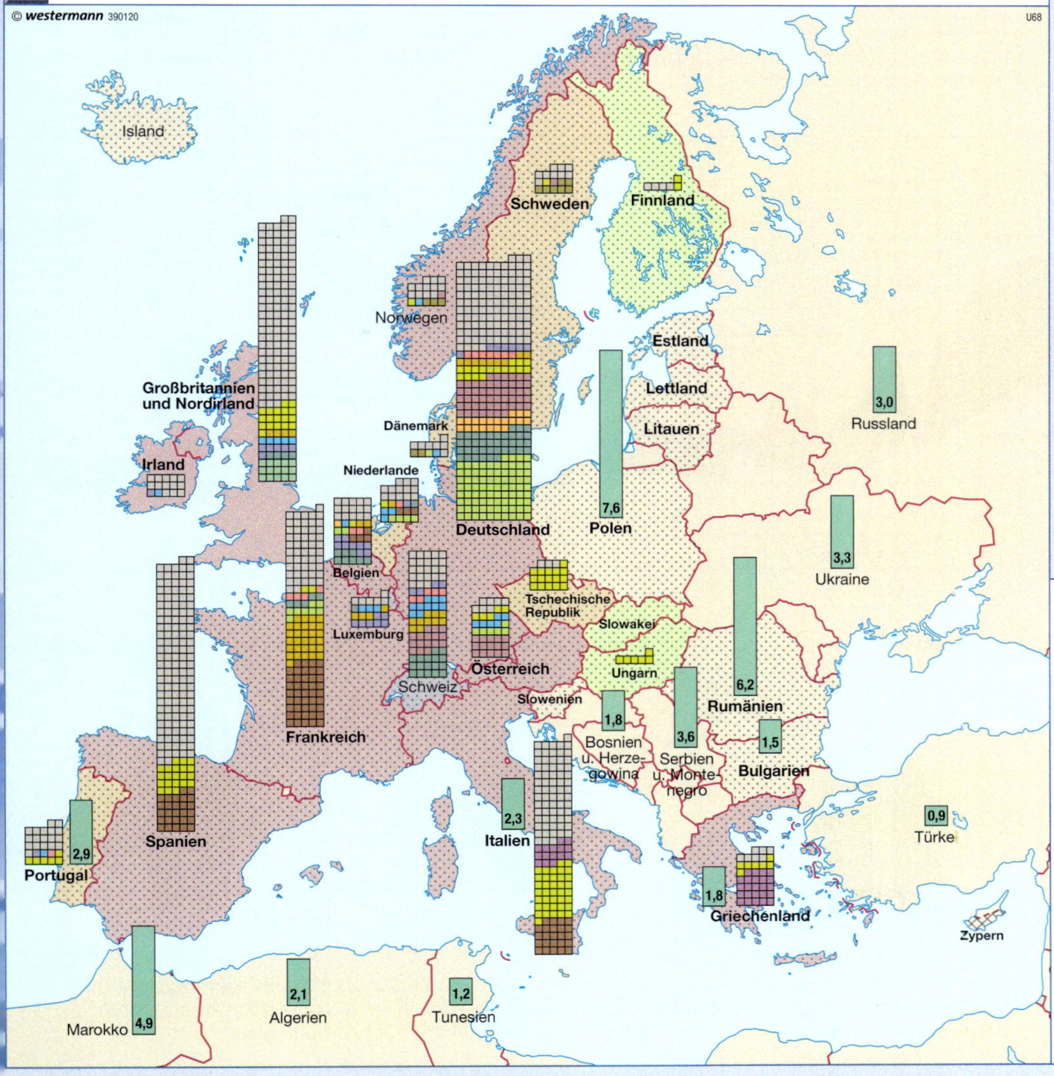

Zahl der ausländischen Arbeitnehmer 2007
(1 Kästchen ≙ 10 000 Personen)

- Türken
- ehem. Jugoslawen
- Zentral-/Osteuropäer
- Italiener
- Portugiesen
- Albaner
- Griechen
- Franzosen
- Deutsche
- Spanier
- Iren
- Skandinavier
- Nordafrikaner
- übrige Nationalitäten

Anteil ausländischer Arbeitnehmer an den Erwerbstätigen in den Zielländern (in Prozent)

- über 20
- 5–12
- 3–5
- unter 3

Geldüberweisungen 2007 in einzelne Herkunftsländer

- 1,3 gerundete Werte in Milliarden Euro

Schengen-Staaten

- Anwenderstaaten
- Unterzeichnerstaaten

Im Schengener Abkommen wurde 1996 vereinbart, beim Personenverkehr auf Grenzkontrollen zu verzichten.

D3-096 www.diercke.de

1 Altersaufbau

U172a

Finnland
5,3 Mio. Einwohner 2011

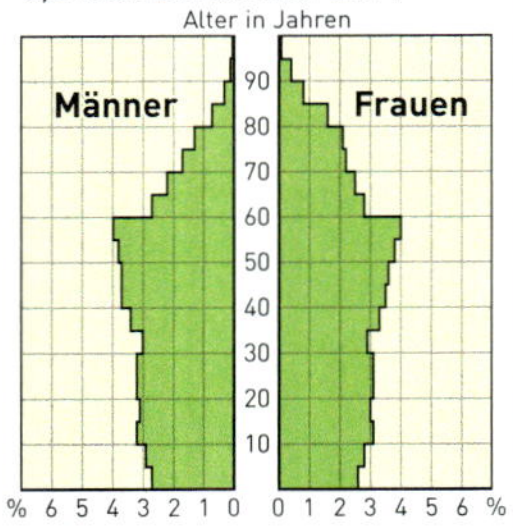

Großbritannien
61,4 Mio. Einwohner 2011

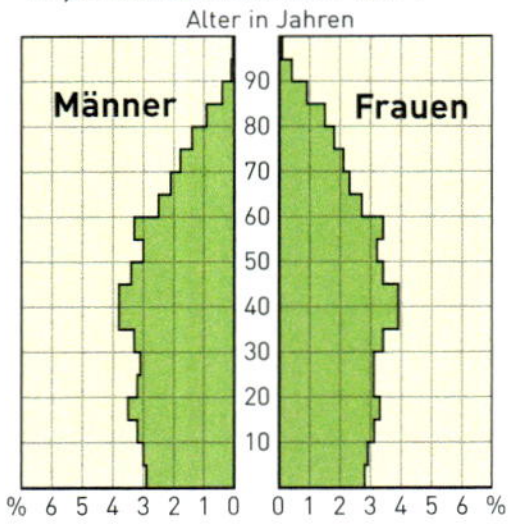

Irland
4,4 Mio. Einwohner 2011

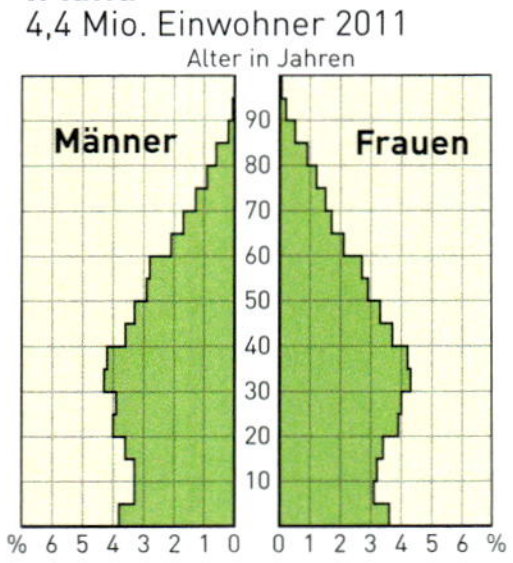

Frankreich
62,3 Mio. Einwohner 2011

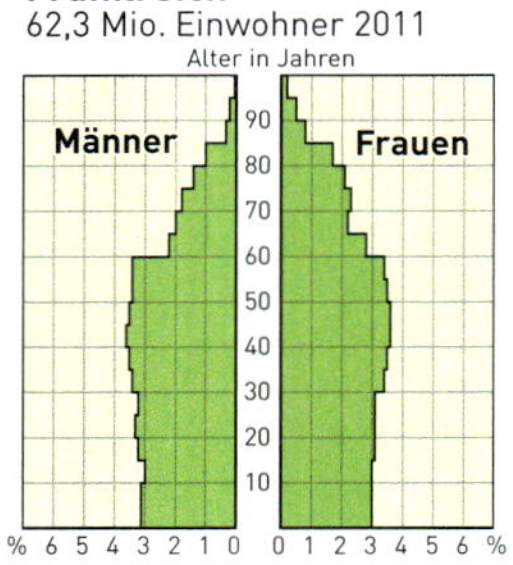

Polen
38,1 Mio. Einwohner 2011

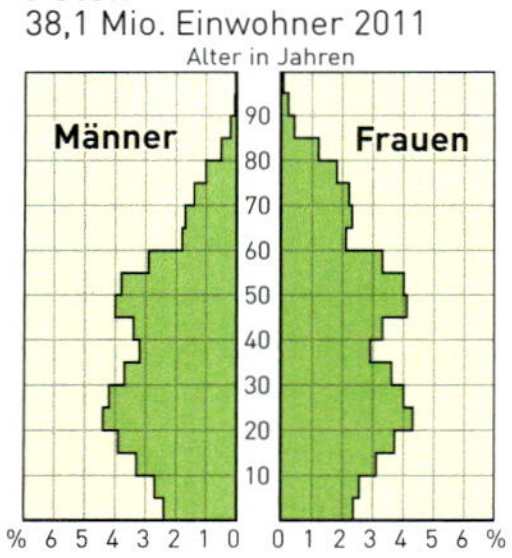

Russische Föderation
142,0 Mio. Einwohner 2011

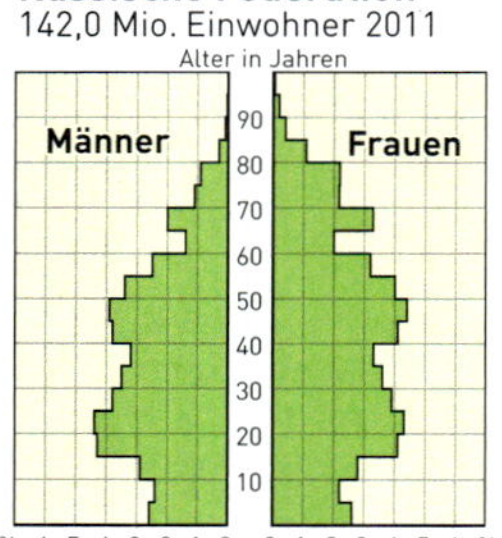

Türkei
73,9 Mio. Einwohner 2011

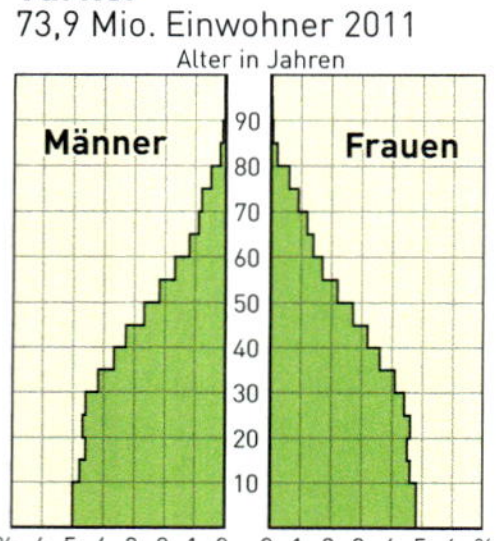

2 Bevölkerung

Maßstab 1 : 30 000 000 (0 – 500 – 1000 – 1500 km)

Bevölkerungsdichte
(Einwohner/km²)

- unter 10
- 10–50
- 50–200
- über 200

Städtische Agglomerationen
(über 2 Mio. Einwohner, Megastädte über 10 Mio. Einwohner)

- ● 2 000 000– 5 000 000
- ■ 5 000 000–10 000 000
- ▣ über 10 000 000

Jährliche Bevölkerungsveränderung

- über 1,0 %
- 0,5 bis 1,0 %
- 0 bis 0,5 %
- –0,5 bis 0 %
- unter –0,5 %

Abkürzungen:

Bos.u.Herz.	= Bosnien und Herzegowina
Jord.	= Jordanien
Kos.	= Kosovo
Lib.	= Libanon
Lux.	= Luxemburg
Maz.	= Mazedonien
Monten.	= Montenegro
Niederl.	= Niederlande
Slow.	= Slowenien
Tschech. Rep.	= Tschechische Republik

3 Bevölkerungsentwicklung in einem hochentwickelten Land (Beispiel Deutschland)

Das Diagramm zeigt die Entwicklung der Geburten- und Sterberate seit 1850 in Deutschland. Diese Bevölkerungsentwicklung ist typisch für ein hochentwickeltes Land. Je entwickelter ein Land ist, desto weniger Kinder werden geboren und desto länger leben die Menschen. Schließlich übersteigt die Sterberate die Geburtenrate.

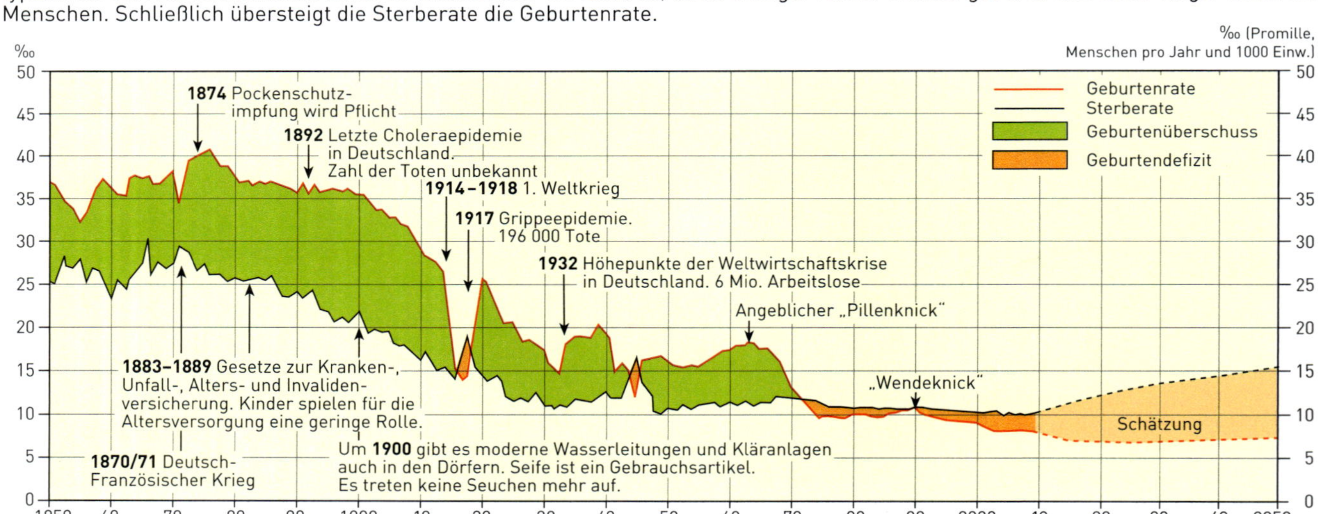

Deutschland 1900
56 Millionen Einwohner

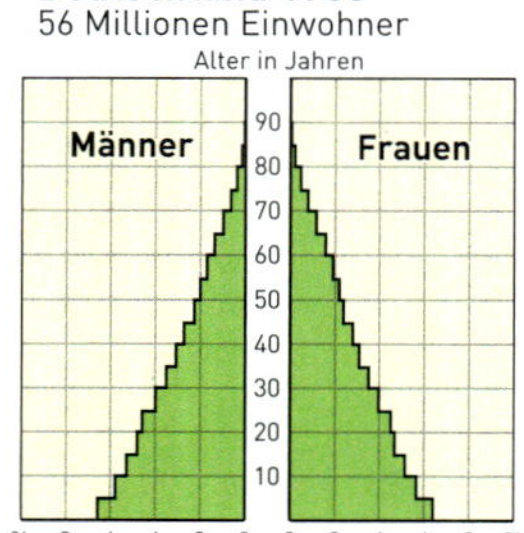

Deutschland 1950
68,5 Millionen Einwohner

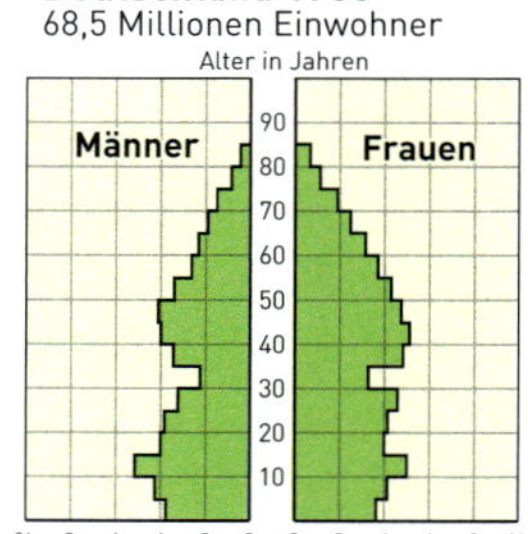

Deutschland 2008
82 Millionen Einwohner

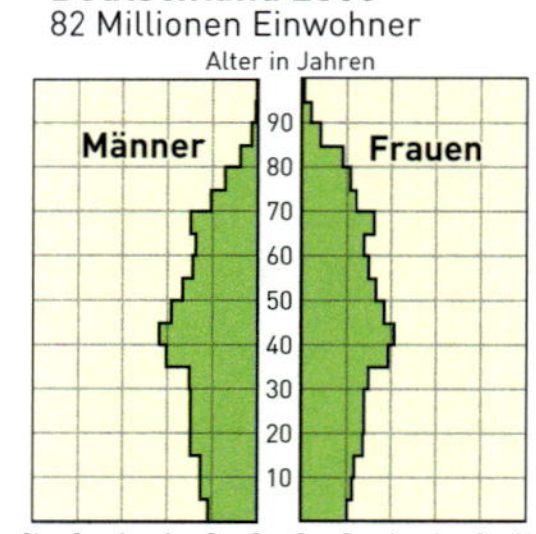

Deutschland 2050 (Schätzung)
73 Millionen Einwohner

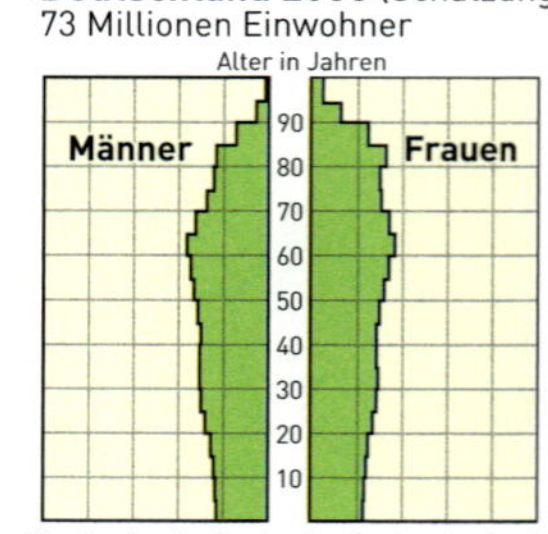

Eine **Bevölkerungspyramide** besteht aus übereinander gelegten Balkendiagrammen. Jedes Balkendiagramm umfasst mehrere (hier fünf) Altersjahrgänge. Die Balken sind zweigeteilt. Sie zeigen den Anteil der Frauen und der Männer in den einzelnen Altersstufen. Die Form der Pyramide zeigt an, ob eine Bevölkerung wächst (Pyramide), gleichbleibt (Glocke) oder schrumpft (Urne).

U174a

4 Staatssprachen und Sprachminderheiten

Maßstab 1 : 30 000 000

0 500 1000 1500 km

Indoeuropäische Sprachen
- Germanische Sprachen
- ① Deutsch
- ② Schwedisch
- ③ Romanische Sprachen
- ④ Griechisch
- ⑤ Keltische Sprachen
- ⑥ Albanisch
- ⑦ Slawische Sprachen
- ⑧ Russisch
- ⑨ Polnisch
- Baltische Sprachen
- ⑩ Indo-Iranische Sprachen

⑪ **Baskisch**

Ural-Altaiische Sprachen
- ⑫ Finno-ugrische Sprachen
- ⑬ Ungarisch
- ⑭ Türkisch

Hamito-Semitische Sprachen
- Semitische Sprachen
- ⑮ Hamitische Sprachen
- Hebräisch

Deutsch Staatssprache
⑤Gälisch Minderheitssprachen

5 Individuelle Mobilität

Maßstab 1 : 30 000 000

0 500 1000 1500 km

PKW-Dichte
(Zahl der Personenkraftwagen je 100 Einwohner)
- bis 10
- 10–20
- 20–30
- 30–40
- 40–50
- über 50

Hochgeschwindigkeitsnetz der Bahn
(über 200 km/h)
- vorhanden
- im Bau / in Planung
- sonstige Strecken

Drehkreuze des Luftverkehrs
- Großflughafen (über 15 Mio. Passagiere pro Jahr)

Staatsgrenzen
- freier Grenzverkehr (Schengenraum)
- mit Ausweiskontrolle oder mit Visumpflicht

D3-098
www.diercke.de

Klimadiagramme

Temperatur im Monatsmittel

Niederschläge im Monat insgesamt

T: 7,7 °C Jahresdurchschnitt Temperatur

N: 552 mm Jahressumme Niederschlag

45 m ü. M. Ortshöhe (Angaben in Meter über dem Meeresspiegel)

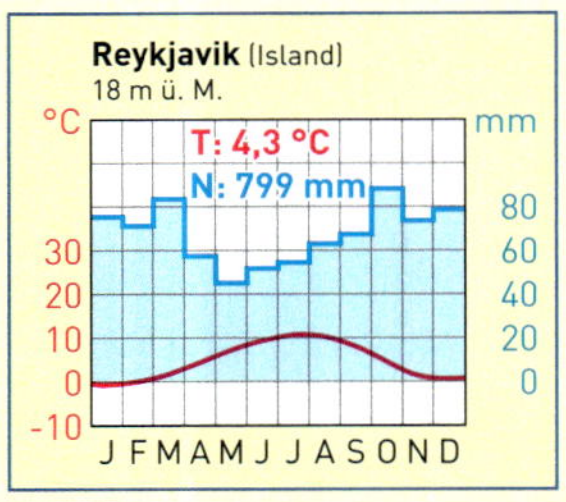

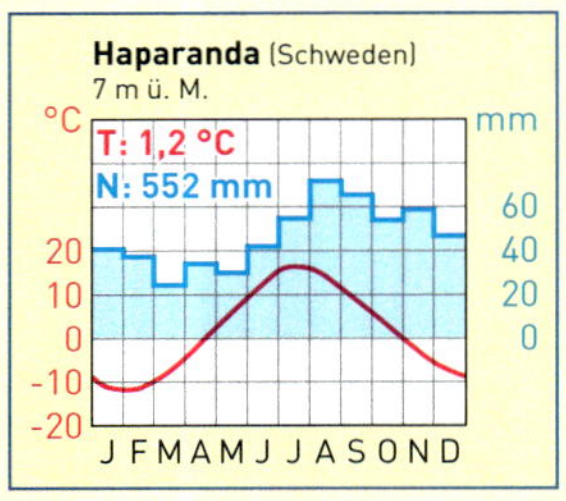

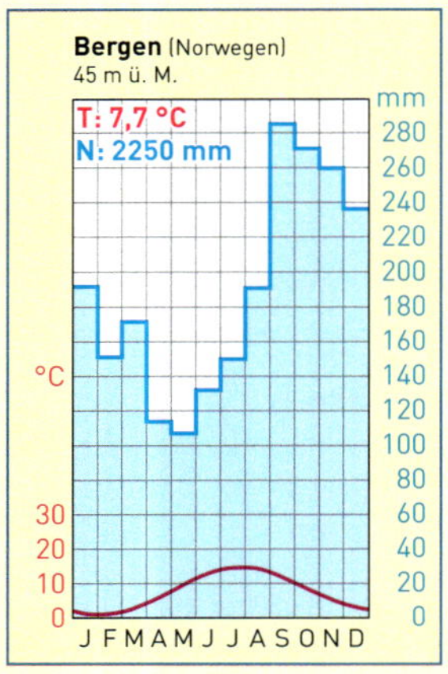

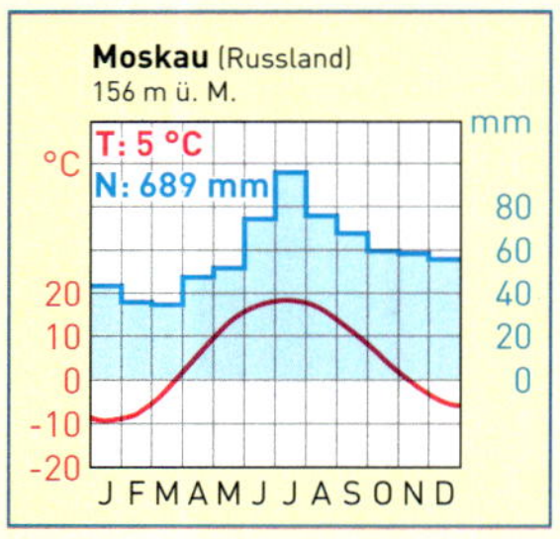

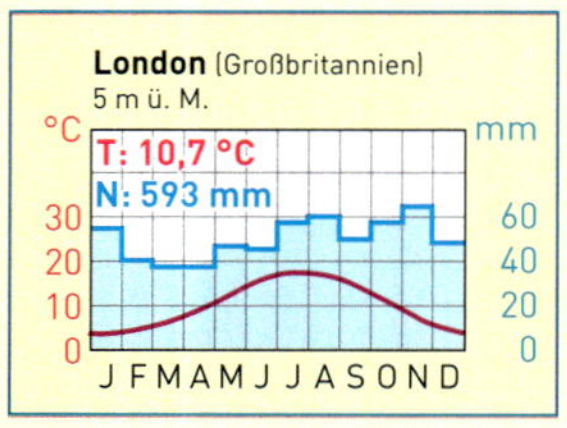

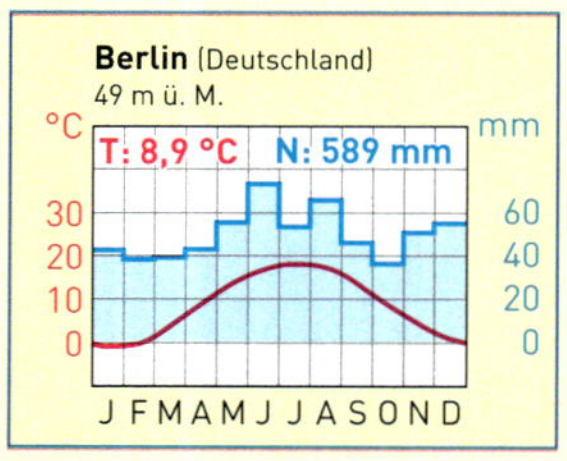

1 Temperaturen im Januar

Maßstab 1: 36 000 000

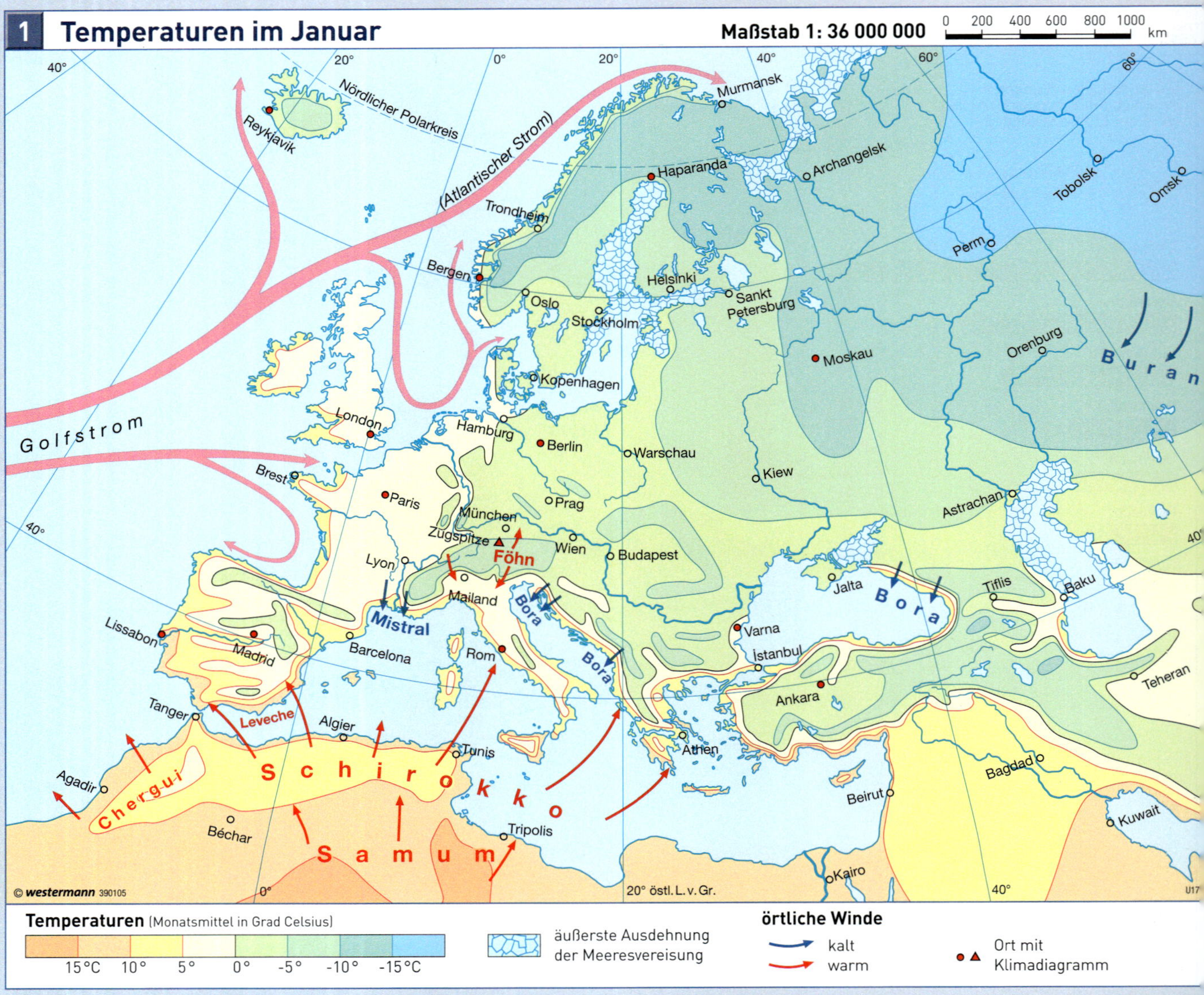

2 Temperaturen im Juli

Maßstab 1: 36 000 000

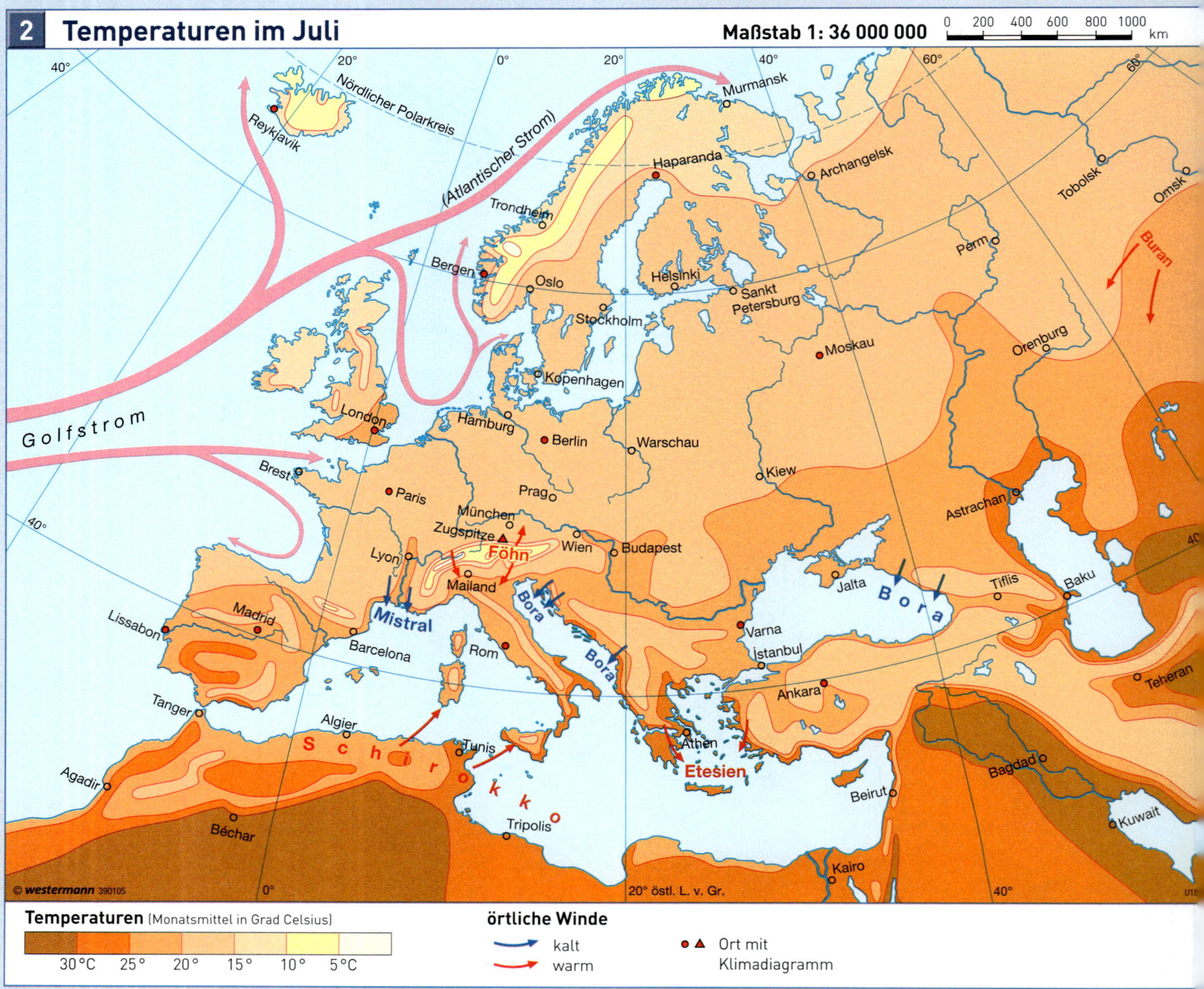

3 Niederschläge im Winterhalbjahr

Maßstab 1: 36 000 000 — 0 200 400 600 800 1000 km

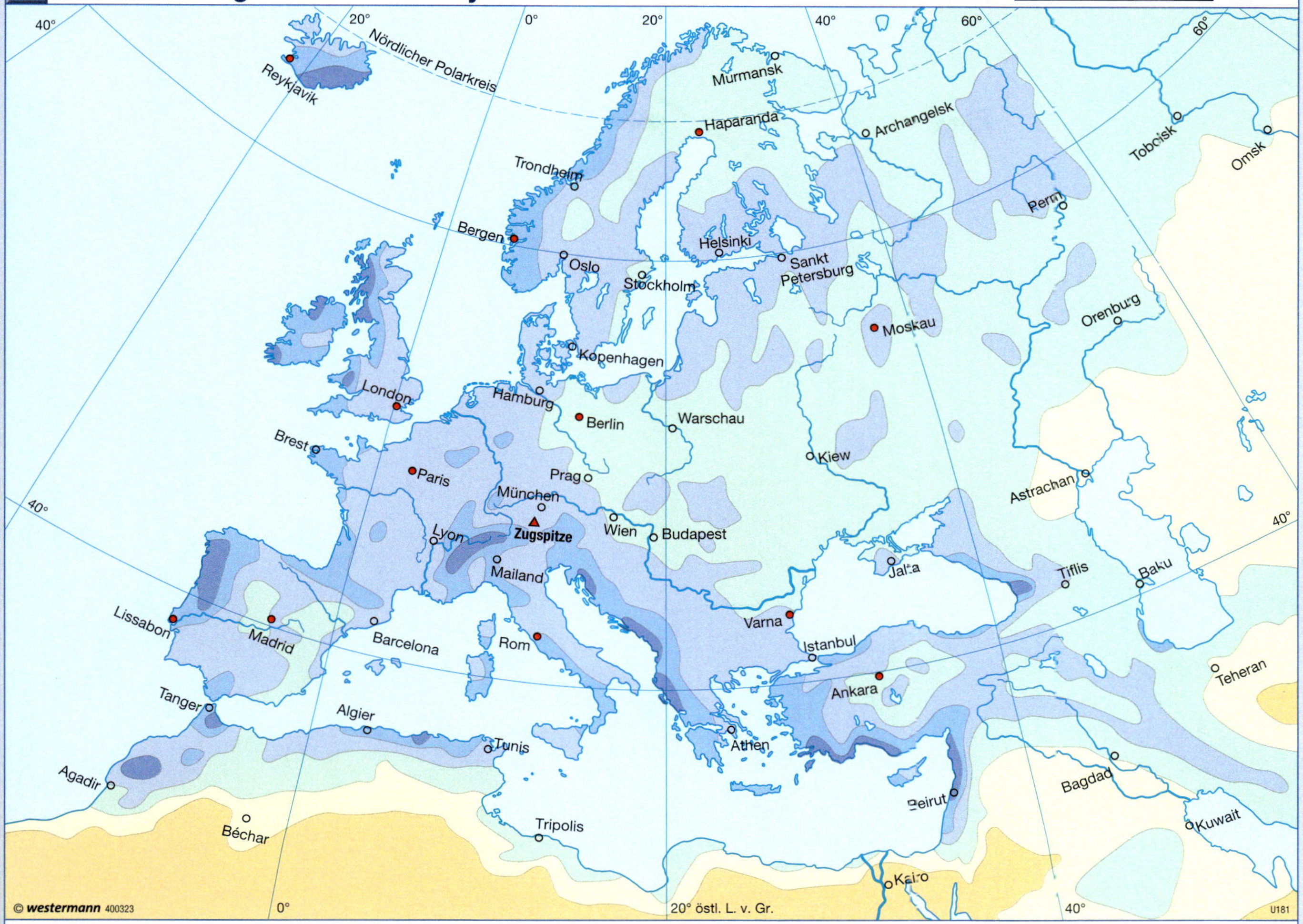

Niederschläge

700 | 500 | 300 | 100 | 50 (in mm von Oktober bis März)

● ▲ Ort mit Klimadiagramm

4 Niederschläge im Sommerhalbjahr

Maßstab 1: 36 000 000 — 0 200 400 600 800 1000 km

Niederschläge

700 | 500 | 300 | 100 | 50 (in mm von April bis September)

● ▲ Ort mit Klimadiagramm

Klimadiagramme

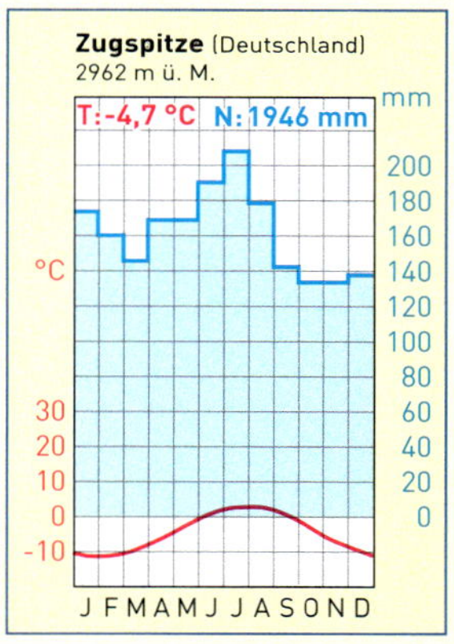

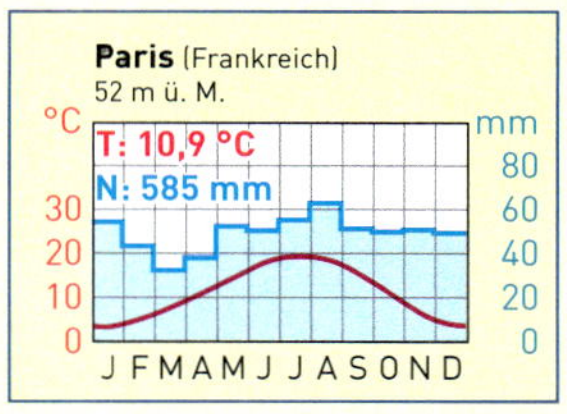

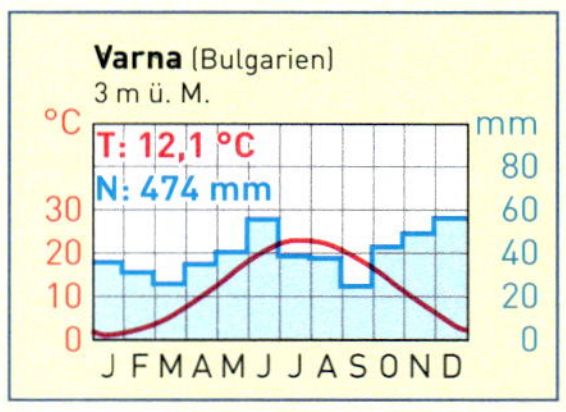

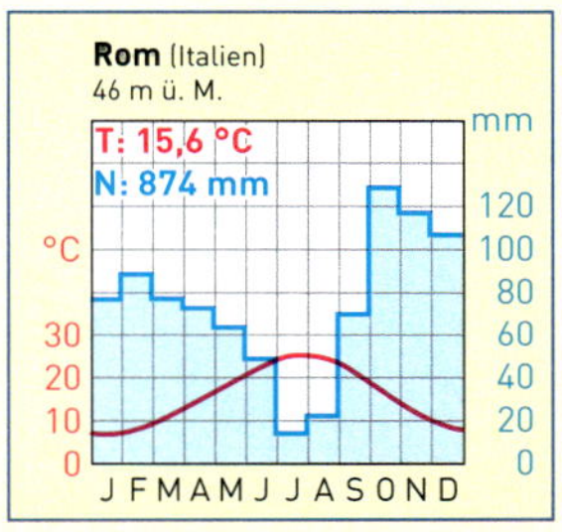

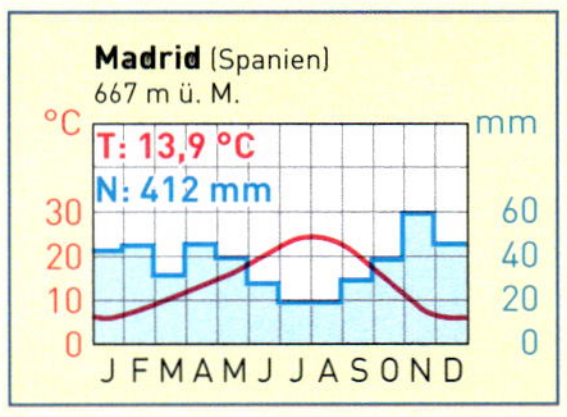

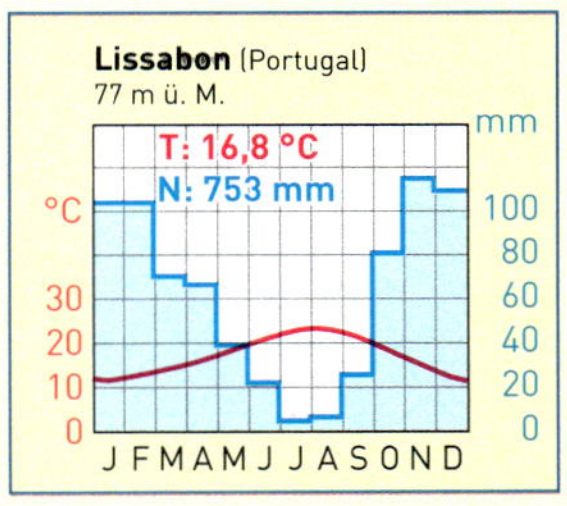

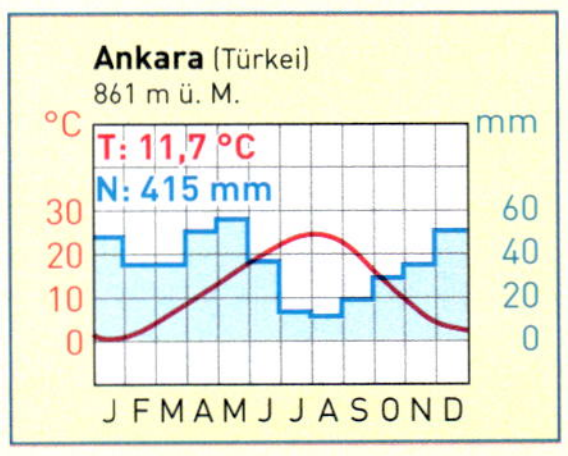

D3-100 www.diercke.de

1 Landwirtschaft

Maßstab 1 : 18 000 000

Waldlandschaften
- nördlicher Nadelwald
- sommergrüner Laub- und Mischwald, Gebirgsnadelwald
- Hartlaubgehölze

offene Landschaften
- Tundra
- Steppe und Hochgebirgsgrasland
- Halbwüste und Wüste
- Heide, Moor
- Eiswüste, Gletscher, Fels

Kulturland
- Ackerbau
- Lössboden
- Weide, z. T. Wiese
- mittelmeerischer Anbau
- Oase

Nutzpflanzen
- Weizen
- Gerste
- Roggen
- Mais
- Reis
- Zuckerrüben
- Sonnenblumen
- Zitrusfrüchte
- Baumwolle
- Tabak
- Tee
- Wein
- Dattelpalmen

Viehhaltung
- Rinder
- Schweine
- Schafe
- Ziegen

(1 großes Zeichen ≙ 20 Mio. Stück
1 kleines Zeichen ≙ 5 Mio. Stück)

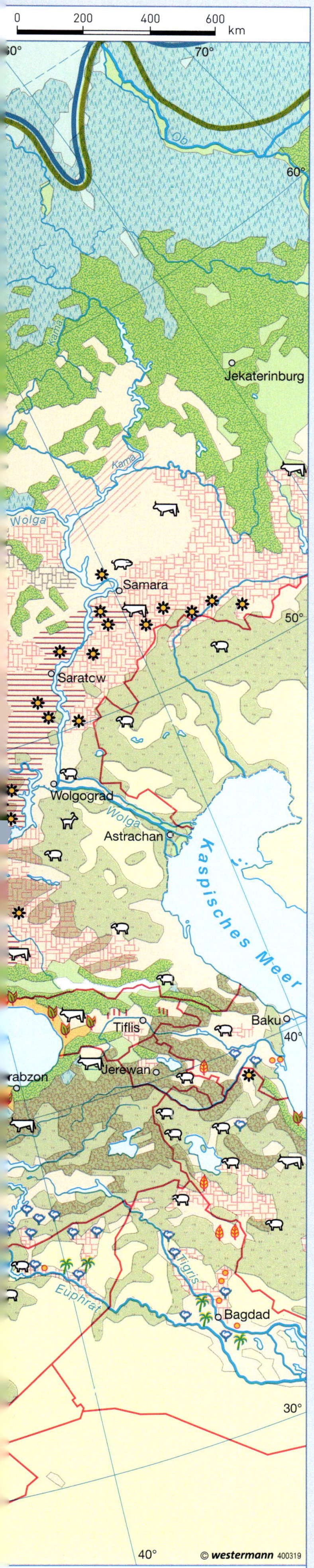

Grenzen

- Südgrenze des Dauerfrostbodens
- nördliche Anbaugrenze von Getreide
- Staatsgrenze

2 Würm-/Weichselkaltzeit

Maßstab 1 : 40 000 000

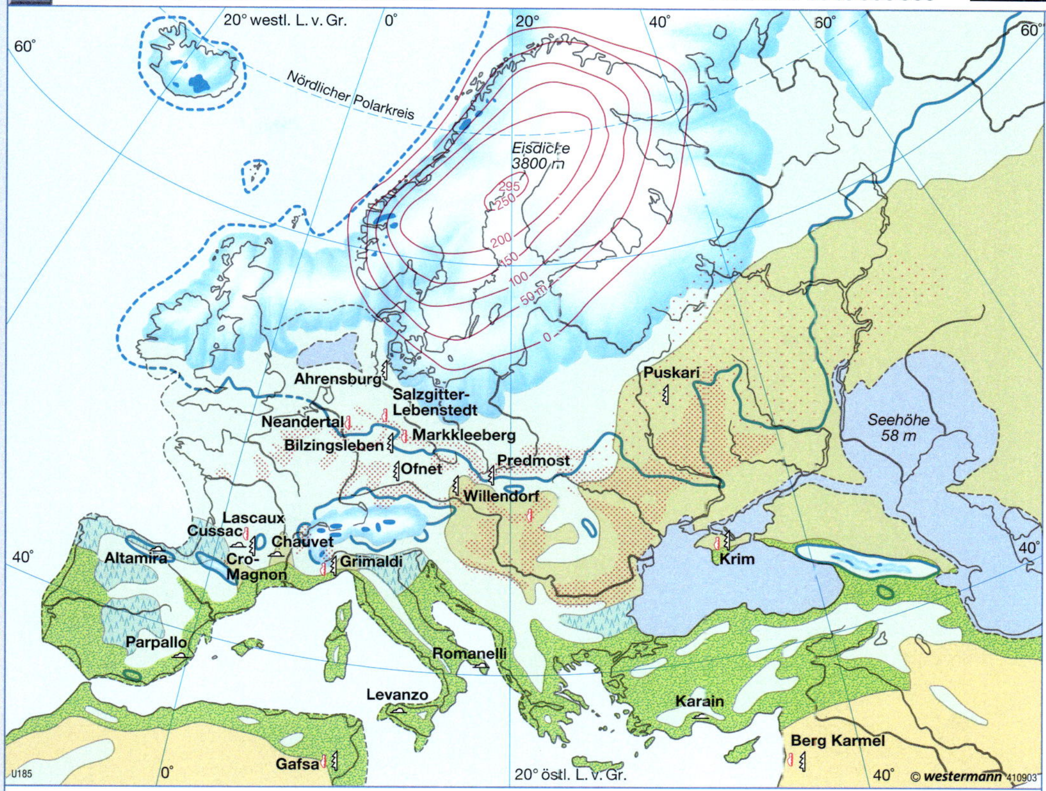

- Vergletscherung
- Löss
- eiszeitliches Süßwassermeer
- maximale Ausdehnung der pleistozänen Vergletscherung
- heutige Vergletscherung
- – 50 m – Linien gleicher nacheiszeitlicher Landhebung

Vegetationszonen

- Tundra
- borealer Nadelwald
- Steppe und Waldsteppe
- Laub- und Mischwald
- mediterrane Vegetation (z. B. Hartlaubgehölze)

Altsteinzeit - Fundorte

Altmensch, z. B. Neandertaler

- Knochen, Geräte

Cro-Magnon-Mensch und Jetztmensch

- Knochen, Geräte
- Fels- und Höhlenmalerei

Warm- und Kaltzeiten im Quartär

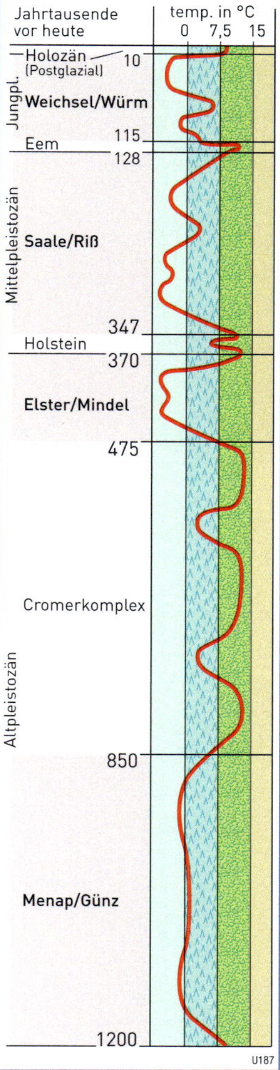

3 Bodentypen

Maßstab 1 : 40 000 000

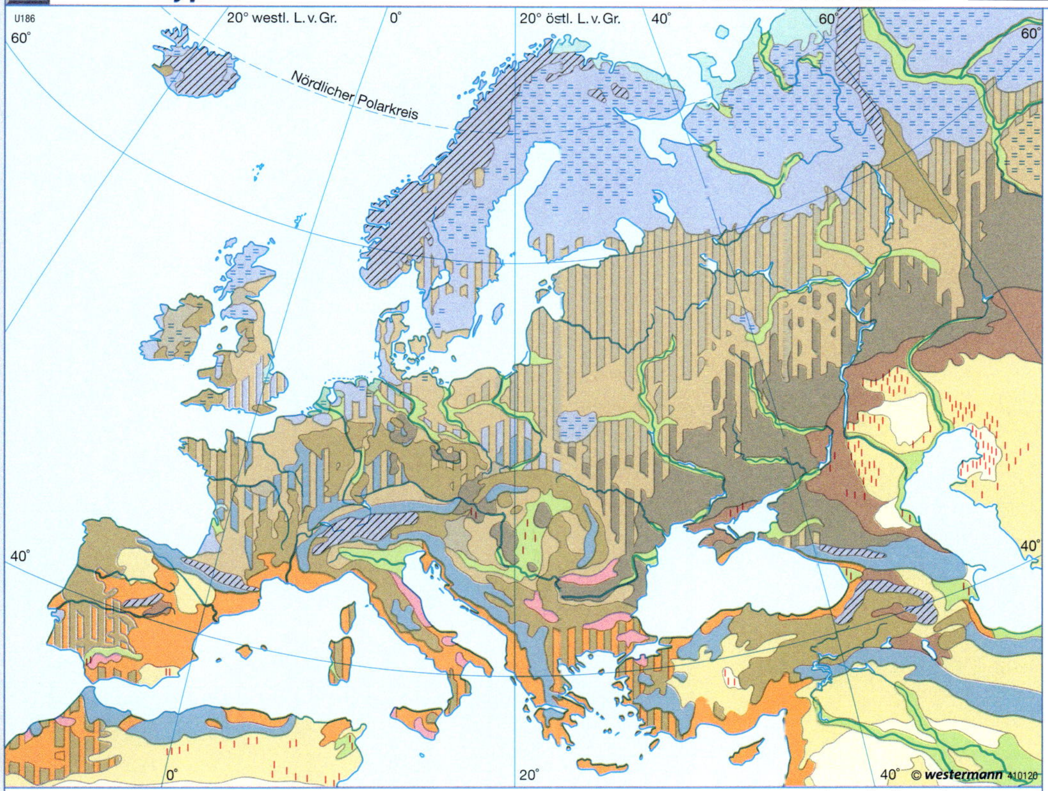

- Tundrenböden
- Podsole
- Gebirgspodsole
- Rasenpodsole (staunasse Parabraunerden)
- Parabraunerden (Soils lessivés)
- vorwiegend saure Braunerden
- Schwarzerden (Tschernoseme)
- kastanienfarbene Böden (Kastanoseme)
- mediterrane Braunerden und Terra rossa
- Halbwüste
- Vollwüste
- dunkle Tonböden (Vertisole)
- Rendzinen, einschl. Kalkrohböden

mineralische und hydromorphe Böden

- Marschböden
- Auenböden

Vorkommen von

- Moorböden
- Salzböden

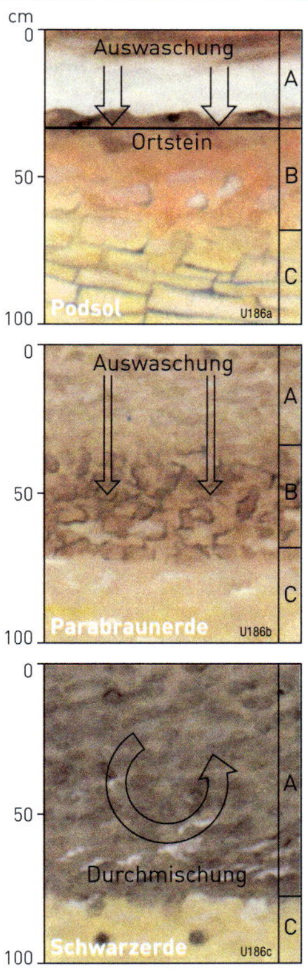

Häufige Bodenprofile in Europa

A-Horizont
nährstoffhaltiger Oberboden (Humus)

B-Horizont
Unterboden mit Verwitterungs- und Verlagerungsvorgängen

C-Horizont
Gestein

D3-102 www.diercke.de

1 Wirtschaft

Maßstab 1 : 18 000 000

Wirtschaftsraum

- naturnahe Landschaft, wirtschaftlich wenig oder nicht genutzt
- Kulturland, vielfältige, wirtschaftliche Nutzung
- verstädtert, viel Industrie und hoher Dienstleistungsanteil in den Städten

Wirtschaftszentrum

Ausstrahlung (Bedeutung im Städtevergleich)

- global bedeutendes Zentrum
- kontinental bedeutendes Zentrum
- für mehrere Staaten bedeutendes Zentrum

Ausrichtung

- politisch-kulturelles Zentrum
- Finanzzentrum (Banken, Handel, Börse)
- Innovationszentrum (Hightech, Forschung)
- Ort mit nationaler wirtschaftlicher Bedeutung (in Auswahl)
- sonstiger Ort
- bedeutende Tourismusregion

Verkehr

- Eisenbahn
- Fernstraße

Grenzen

- Staatsgrenze

Lesebeispiel

Die beiden europäischen Wirtschaftszentren London und Luxemburg werden in der Karte durch unterschiedliche Kreissignaturen charakterisiert:

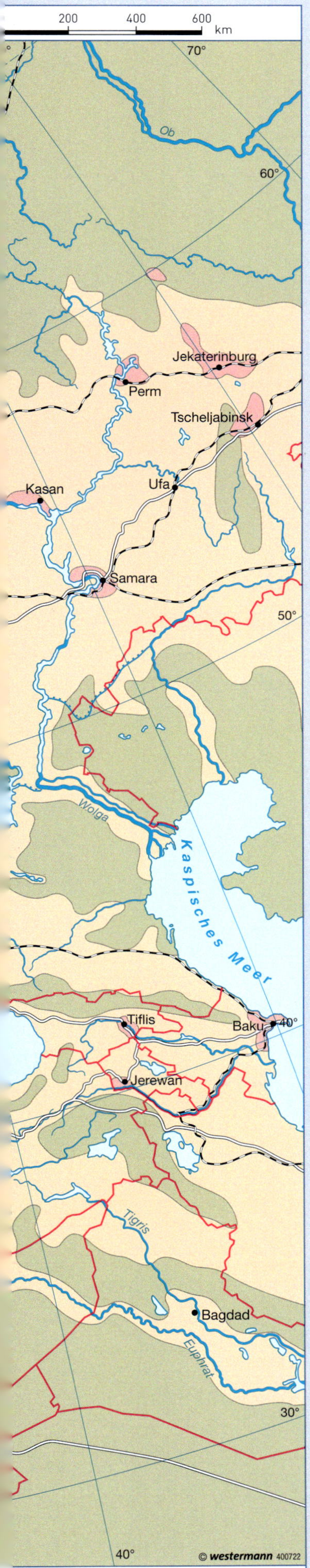

Weltstadt
London
(siehe Seite 110)
politisch-kulturelles Zentrum: Hauptstadt Großbritanniens, Opern, Theater, Museen, Stadien
Innovationszentrum
Finanzzentrum
EU-Regierungssitz
Luxemburg
politisches Zentrum: Sitz des Europäischen Gerichtshofs
Finanzzentrum: Sitz von Banken

2 Nicht erneuerbare Energierohstoffe

Maßstab 1 : 40 000 000 — 0 500 1000 1500 km

Rohstoff-Reserven

Lagerstätten von Erdöl und Erdgas
- an Land
- auf See (offshore)

Energierohstoff-Reserven eines Staates

hoch	niedrig	
		Erdöl
		Erdgas
		Steinkohle
		Braunkohle
		Uran

Staatsgrenze

Rohstoff-Förderung

Fördermenge (2007) im weltweiten Vergleich
- bedeutend
- unbedeutend
- Erdölleitung
- Erdgasleitung
- Verschiffung von Erdöl und Erdgas

3 Erneuerbare Energiereserven

Maßstab 1 : 40 000 000 — 0 500 1000 1500 km

Wasserkraft
- Fluss (Wasserkraft- und Laufkraftwerke)
- Tidenhub über 3 m
- extrem hoher Tidenhub
- Gezeitenkraftwerk

Sonnenenergie
Durchschnittliche Sonnenscheindauer in Stunden pro Jahr
- unter – 1600
- 1600 – 2400
- 2400 – 3000
- über – 3000

Geothermie
- 3000 m-Tiefenstufe über 100 °C (z.T. vermutet)
- geothermisches Kraftwerk/ Heizkraftwerk

Windenergie
- durchschnittliche Windgeschwindigkeit über 6 m pro Sekunde (bisher untersucht)
- große Windparkanlagen (über 100 MW)

D3-104 www.diercke.de

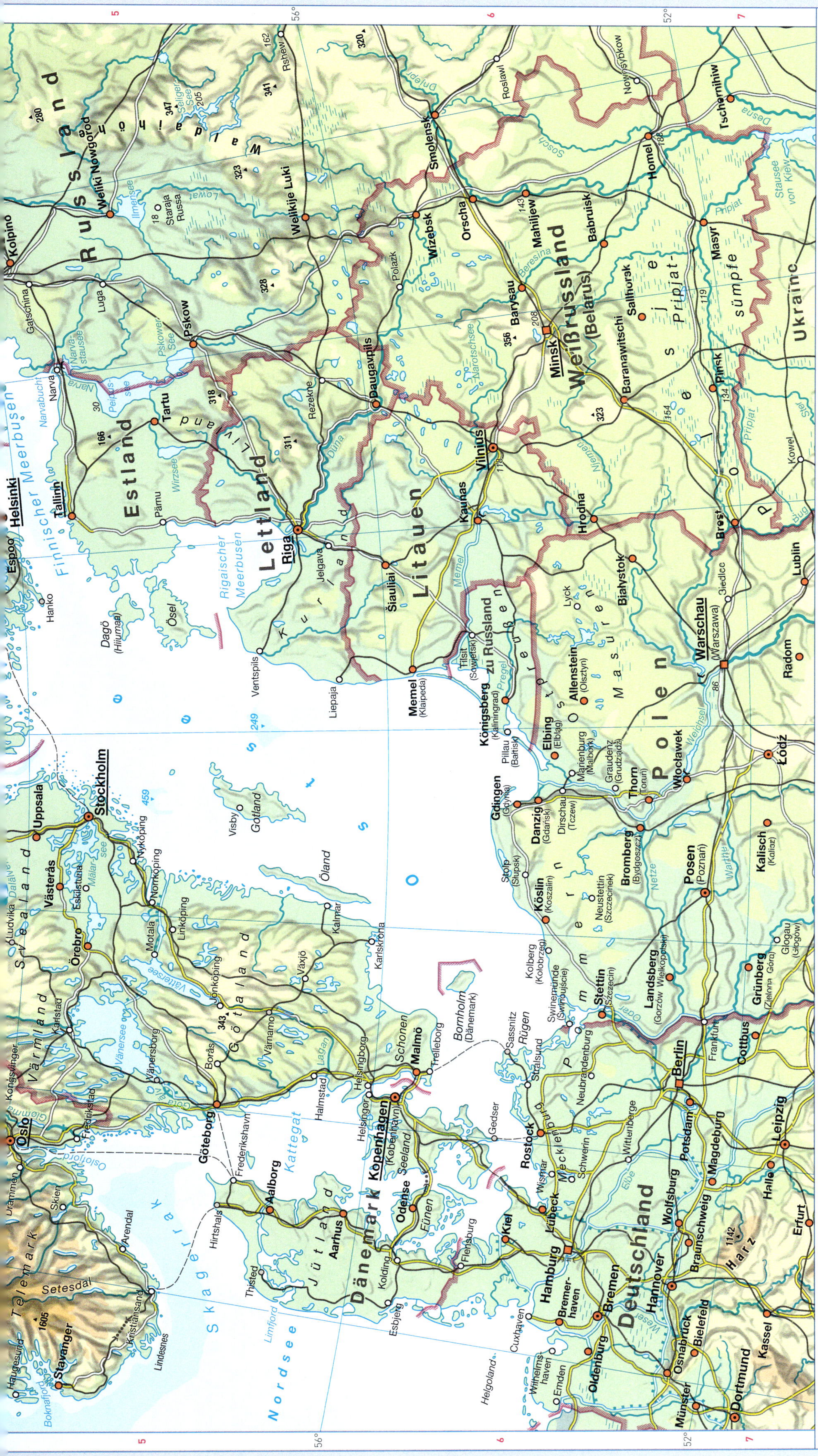

Verwaltung
Staatsgrenze
Oslo Hauptstadt eines Staates

Verkehr
Eisenbahn
Fähre
Autobahn
Fernstraße
Tunnel

Orte
Einwohner
1 000 000 – 5 000 000
500 000 – 1 000 000
100 000 – 500 000
20 000 – 100 000
unter 20 000

Gewässer
Fluss
schiffbarer Fluss (über 1350 t Tragfähigkeit)
Stromschnelle, Wasserfall
Kanal (bedingt schiffbar)
schiffbarer Kanal (über 1350 t Tragfähigkeit)
See
Stausee, Staumauer
heiße Quelle, Geysir

Landhöhen und Meerestiefen (in Meter)

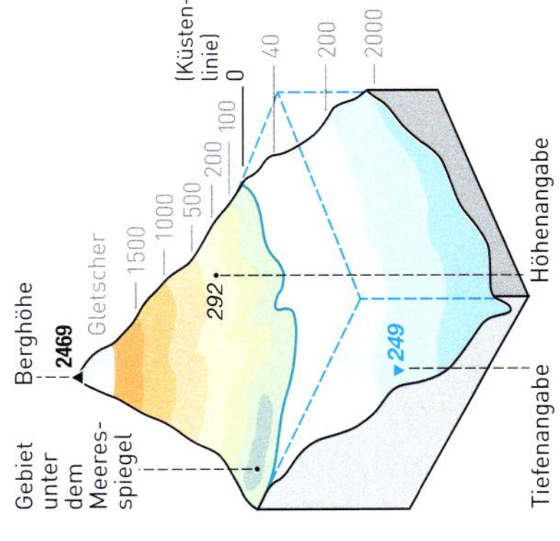

Island
Höfn
Nördlicher Polarkreis
westl. 0° östl. L. v. Gr.
Europäisches
Nordmeer
Norne
Heidrun
Draugen
Namsos
Ormen Lange
Trondheim
Kristiansund
Ålesund
Sunndalsøra
Färöer (Dänemark)
Atlantischer
Ozean
Magnus
Snorre
Statfjord
Gullfaks
Brent
Norwegen
Høyanger
Årdal
Lillehammer
Shetland-Inseln
Sullom Voe
Foinaven
Oseberg
Mongstad
Troll
Bergen
Odda
Hønefoss
Oslo
Drammen
Orkney-Inseln
Beryl
Haugesund
Porsgrunn
Fredrikstad
Stavanger
Miller
Claymore
Sleipner
Draupner
Hebriden
Lysekil
Kristiansand
Aberdeen
Nelson
Schottland
Oban
Skagerrak
Frederikshavn
Aalborg
Kattegat
Grangemouth
Ekofisk
Glasgow
Edinburgh
Derry (Londonderry)
Nordirland
Großbritannien
Nordsee
Århus
Belfast
Newcastle
Skjold
Dan
Dänemark
Esbjerg
Fredericia
Odense
Middlesbrough
Doggerbank
▼13
Irische See
Irland
Dublin
Shannon
Scarborough
Sylt
Amrum
Manchester
Leeds
Liverpool
Sheffield
Mittel-england
Immingham
Kiel
Friesische Inseln
Hamburg
Lübeck
Stoke on Trent
Derby
Nottingham
Cork
Bremerhaven
Wilhelmshaven
Texel
Delfzijl
England
Bremen
Birmingham
Norwich
Leman Bank
Niederlande
Kinsale Head
Wales
Hannover
Wolfsburg
Pembroke
Northampton
Amsterdam
Osnabrück
Braunschweig
Swansea
Newport
Cambridge
Ipswich
Cardiff
Bristol
Oxford
Europoort
Utrecht
Salzgitter
Bath
Rotterdam
Ruhrgebiet
Themse
London
Eindhoven
Deutschland
Southampton
Dortmund
Göttingen
Newquay
Torquay
Dover
Gent
Antwerpen
Kassel
Plymouth
Portsmouth
Brighton
Dünkirchen
Calais
Essen
Eastbourne
Belgien
Köln
Lille
Brüssel
Eisenach
Der Kanal
Frankreich
Charleroi
Bonn
Maubeuge
Lüttich
Maas
Weser
Elbe

Waldlandschaften
- nördlicher Nadelwald
- sommergrüner Laub- und Mischwald, Gebirgsnadelwald

offene Landschaften
- Fjellvegetation

Kulturland
- Ackerbau auf armen und mittlerem Boden
- Ackerbau auf gutem Boden
- Weide, z.T. Wiese

Bergbau
- Erdöl
- Erdgas
- Steinkohle
- Braunkohle
- Eisen
- Kupfer
- Blei/Zink
- Kalisalz
- Steinsalz

Industrie
- Eisen- u. Stahlerzeugung
- Buntmetallerzeugung
- Aluminiumverhüttung
- Eisen-, Metallverarbeitung (Maschinenbau, Stahl-und Leichtmetallbau, Metallbau)
- Kraftfahrzeugbau
- Schiffbau
- Luft-, Raumfahrzeugbau
- Elektrotechnik, Elektronik
- Feinmechanik, Optik, Uhren
- Erdölraffinerie
- Chemie, Kunststoffe
- Biotechnologie, Pharmazie
- Textilien, Bekleidung, Leder
- Steine, Erden, Keramik, Porzellan, Glas
- Holz, Möbel
- Zellulose und Papier
- Nahrungs- und Genussmittel
- Fischverarbeitung

Dienstleistung
- Finanzen, Handel
- Bildung, Medien
- internationaler Flughafen
- wichtiger Hafen
- bedeutende Tourismusregion

Rohstoffversorgung
- Erdölleitung
- Erdgasleitung

Meerestiefen
- 0 - 40
- 40 - 100
- 100 - 200
- über 200m
- Meeresströmung

Meeresvereisung
- bis 120 Tage im Jahr
- über 120 Tage im Jahr

Grenzen
- Staatsgrenze
- Grenze der nationalen Wirtschaftszone im Meer

D3-108
www.diercke.de

4.10.12

Geo

China: 1'325'776'000 Einwohner

Pakistan: 162'481'000 Einwohner

Landhöhen und Meerestiefen (in Meter)

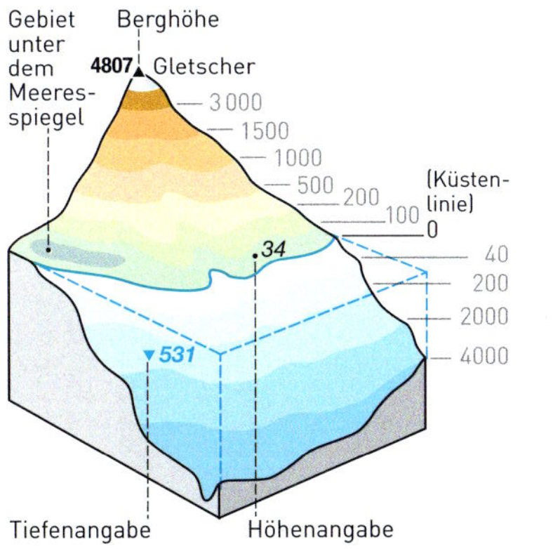

Gewässer

- Fluss
- schiffbarer Fluss (über 1350 t Tragfähigkeit)
- Stromschnelle, Wasserfall
- Kanal (bedingt schiffbar)
- schiffbarer Kanal (über 1350 t Tragfähigkeit)
- See
- Stausee, Staumauer
- Sumpf, Moor

Orte (z.T. mit Umlandgemeinden)

Einwohner	
über	5 000 000
1 000 000 –	5 000 000
500 000 –	1 000 000
100 000 –	500 000
20 000 –	100 000
unter	20 000

Verkehr

- Eisenbahn
- Fähre
- Autobahn
- Fernstraße
- Tunnel
- Pass

Verwaltung

- Staatsgrenze
- Grenze innerhalb Großbritanniens
- **Dublin** Hauptstadt eines Staates
- **Den Haag** Regierungssitz eines Staates

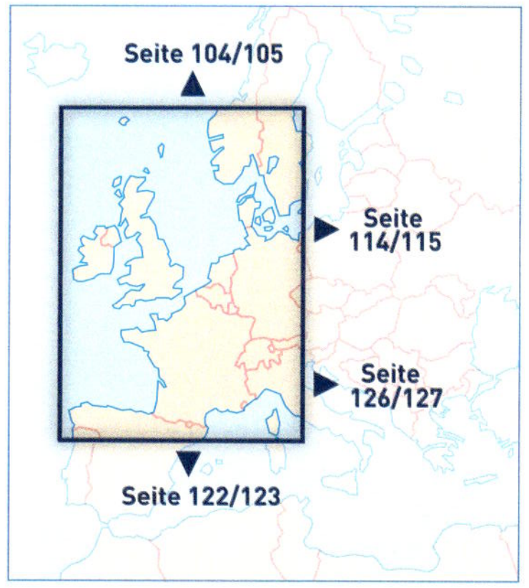

D3-110 www.diercke.de

1 Die Entwicklung von London

Maßstab 1: 1 000 000

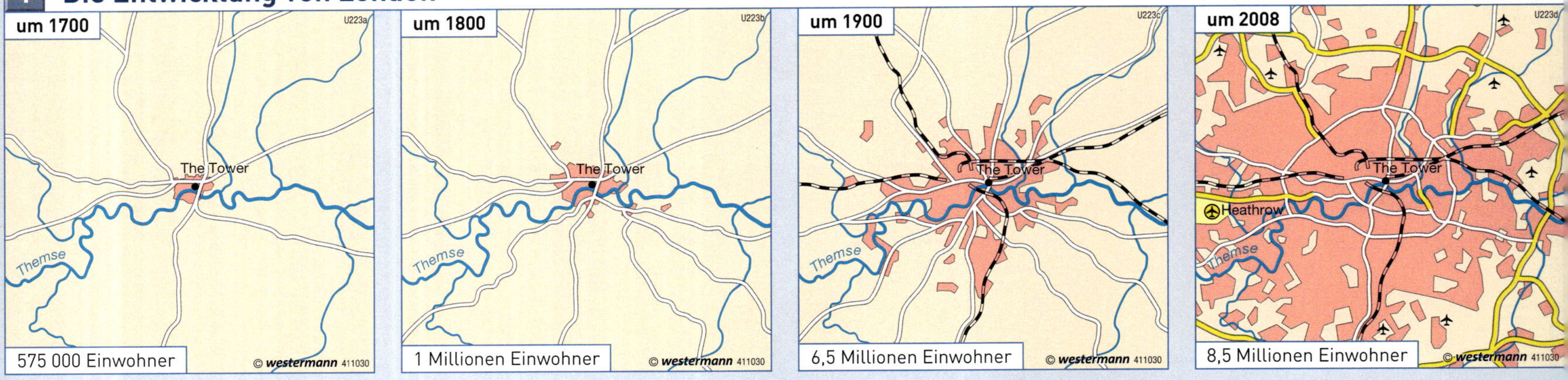

2 London

Maßstab 1: 50 000

- Hauptgeschäftszentrum (vorwiegend Banken, Versicherungen, Büros)
- sonstiges Geschäftszentrum (vorwiegend Kaufhäuser, Einzelhandel, Restaurants)
- Wohngebiet, gemischt mit Handel und Gewerbe
- Gewerbe und Industrie
- Eisenbahngelände
- Park, Grünanlage, Friedhof
- Regierung und Verwaltung
- kulturelle Einrichtung (Theater, Museum, Baudenkmal)
- Bildungs- und Sozialeinrichtung (Universität, Krankenhaus)
- Eisenbahn mit Bahnhof
- S-Bahn mit Station
- Docklands Light Railway
- U-Bahn mit Station

Im House of Parliament tagt das britische Parlament. Es steht im Stadtteil Westminster, dem politischen Zentrum Großbritanniens, in dem sich außerdem viele Ministerien und der Buckingham Palace befinden.

Die City of London ist einer der wichtigsten Finanzplätze der Welt. Viele große internationale Banken, Versicherungen, Firmen und die Börse haben hier ihren Sitz. Über 200 000 Londoner arbeiten im Finanzsektor.

3 Die Entwicklung von Paris

Maßstab 1: 1 000 000 (0 – 10 – 20 – 30 km)

4 Paris

Maßstab 1: 50 000 (0 – 500 – 1000 – 1500 m)

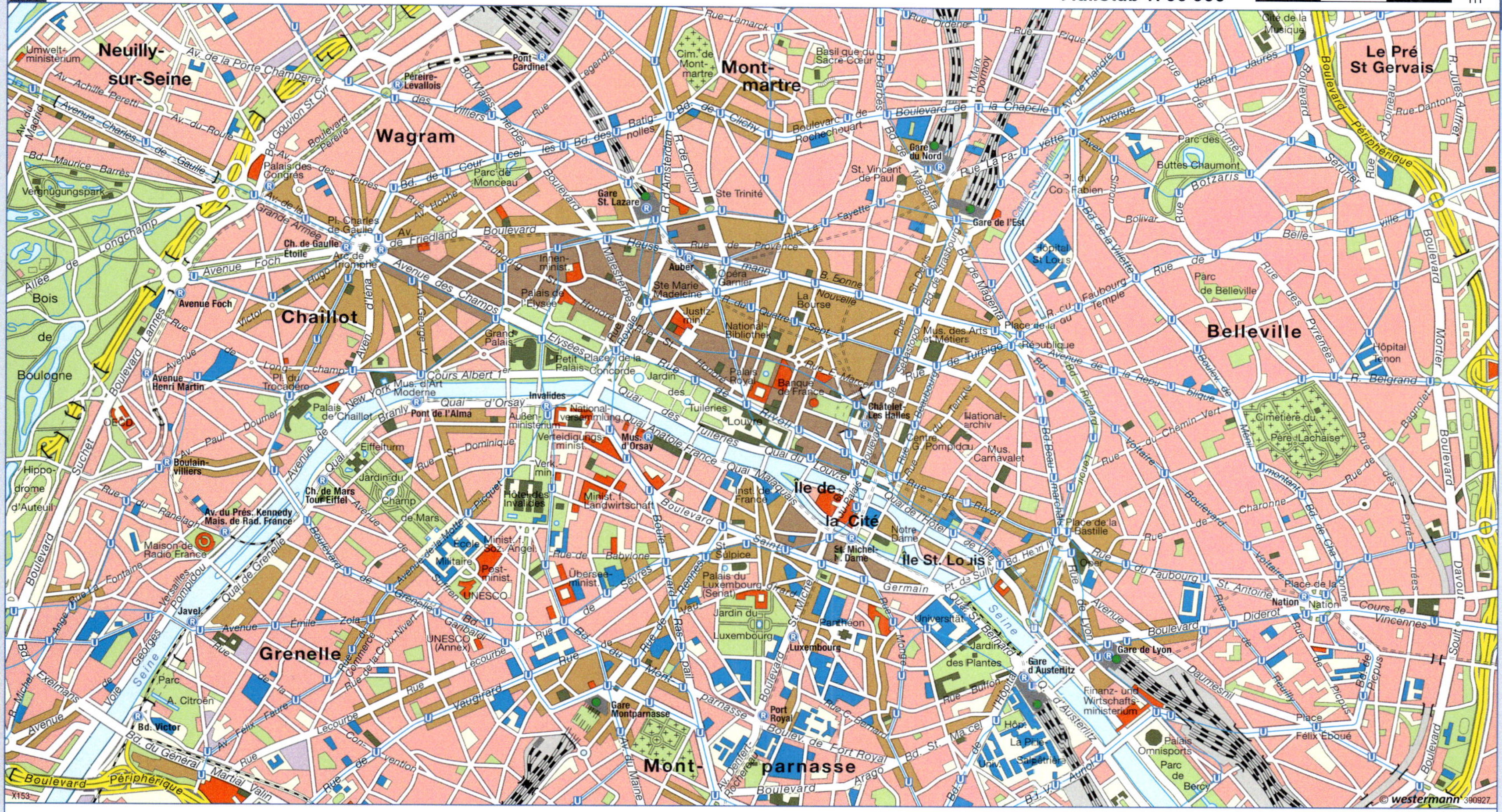

- Hauptgeschäftszentrum (vorwiegend Banken, Versicherungen, Büros)
- sonstiges Geschäftszentrum (vorwiegend Kaufhäuser, Einzelhandel, Restaurants)
- Wohngebiet, gemischt mit Handel und Gewerbe
- Gewerbe und Industrie
- Eisenbahngelände
- Park, Grünanlage, Friedhof
- Regierung und Verwaltung
- kulturelle Einrichtung (Theater, Museum, Baudenkmal)
- Bildungs- und Sozialeinrichtung (Universität, Krankenhaus)
- Eisenbahn mit Bahnhof
- S-Bahn mit Station
- U-Bahn mit Station

Der Louvre ist eines der größten Museen der Welt. Sein berühmtestes Bild ist die Mona Lisa. In Paris gibt es über 120 Museen und 70 Theater. Dies belegt die kulturelle Bedeutung dieser Metropole.

Der Flughafen Charles de Gaulle ist ein wichtiges Drehkreuz im internationalen Flugverkehr. 60 Millionen Passagiere werden jährlich transportiert und über 75 000 Menschen haben hier ihren Arbeitsplatz.

D3-112 www.diercke.de

1 Niederlande/Belgien/Luxemburg – physisch

Maßstab 1 : 2 000 000

2 Niederlande – Neulandgewinnung

Maßstab 1 : 2 000 000

Neulandgewinnung
Zeitraum der Einpolderung
- vor 1600
- 1600 – 1800
- 1800 – 1900
- 1900 – 2000
- nach 2000
- *1969* Jahr der Trockenlegung bzw. Fertigstellung
- Küstendünen
- Abschlussdamm
- Seedeich
- Kanal

Naturrisiko Überflutung
- Gebiet mit Hochwasser-Schutzkonzept (Landhöhen unter 8 m)
- überflutungssicheres Gebiet (Landhöhen über 8 m)

3 Überflutungsgefahr

Maßstab 1 : 2 000 000

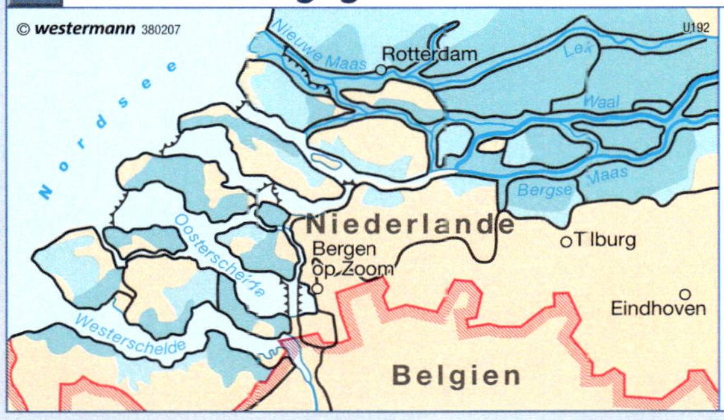

- Deichring, Schutzkonzept gegen Überflutungen
- Dämme und Wehre der Deltawerke

Überflutungshöhe nach dem Aufbrechen eines Deichrings
- bis zu 80 cm
- 80 cm bis über 5 m

4 Deltawerke – Küstenschutzprojekt

Maßstab 1 : 500 000

Küstenschutz
- Hauptabschlussdamm
- sonstiger Damm (Deich)
- Uferbefestigung
- Schleuse, Sturmflutwehr
- *1960* Jahr der Fertigstellung

Das Oosterschelde-Sturmflutwehr ist die meiste Zeit geöffnet. Zwischen 1986 und 2008 wurde es 24-mal wegen Sturmflut geschlossen.

- Wohnbebauung
- sonstige Landfläche

Naturschutz
- Platen und Watt
- Verlandung
- Salzwasser
- Süßwasser
- Nationalpark

Tourismus / Erholung
- Erholungsgebiet (Küstendünen)
- Seebad
- Tourismus

Industrie / Verkehr
- Industrie- / Hafengelände
- Eisenbahn
- Autobahn
- Straße
- Fähre
- Kanal
- Schifffahrtsweg mit Seeschifftiefe

Grenzen
- Staatsgrenze

Schottland
Großbritannien
England
Nordsee
Doggerbank
Skagerrak
Kattegat
Jütland
Dänemark
Schweden
Götaland
Ostsee
Niederlande
Belgien
Deutschland
Frankreich
Schweiz
Österreich
Tschechische Republik
Slowenien
Kroatien
Italien
Monaco
San Marino
Bosnien und Herzegowina
Spanien
Andorra
Korsika (Frankreich)
Elba
Ligurisches Meer
Adriatisches Meer
Ostalpen
Westalpen
Zentralmassiv
Auvergne
Cevennen
Languedoc
Provence
Burgund
Champagne
Lothringen
Normandie
Ardennen
Jura
Vogesen
Schwarzwald
Harz
Rhön
Erzgebirge
Böhmen
Mähren
Böhmerwald
Sudeten
Schlesien
Pommern
Mecklenburg
Toskana
Pyrenäen
Dalmatinische Inseln
Dinarisches Gebirge
Velebit
Istrien
Riviera
Côte d'Azur
Costa Brava
Straße von Dover
Aberdeen
Dundee
Edinburgh
Newcastle upon Tyne
Sunderland
Middlesbrough
York
Leeds
Kingston upon Hull
Sheffield
Nottingham
Leicester
Norwich
Great Yarmouth
Cambridge
Ipswich
Oxford
London
Southend-on-Sea
Dover
Folkestone
Brighton
Amsterdam
Den Haag ('s-Gravenhage)
Rotterdam
Utrecht
Groningen
Enschede
Eindhoven
Antwerpen
Brüssel (Bruxelles)
Gent
Ostende
Lüttich
Luxemburg
Calais
Lille
Amiens
Dieppe
Le Havre
Rouen
Caen
Reims
Paris
Versailles
Fontainebleau
Le Mans
Orléans
Tours
Troyes
Metz
Nancy
Straßburg (Strasbourg)
Mülhausen (Mulhouse)
Dijon
Besançon
Lyon
St-Étienne
Clermont-Ferrand
Limoges
Grenoble
Valence
Avignon
Nîmes
Montpellier
Marseille
Toulon
Aix-en-Provence
Cannes
Nizza (Nice)
Toulouse
Perpignan
Bordeaux
Kristiansand
Göteborg
Aalborg
Aarhus
Frederikshavn
Odense
Kopenhagen (København)
Malmö
Helsingborg
Bornholm (Dänemark)
Flensburg
Kiel
Lübeck
Hamburg
Bremen
Bremerhaven
Wilhelmshaven
Emden
Oldenburg
Rostock
Stralsund
Rügen
Stettin (Szczecin)
Hannover
Wolfsburg
Braunschweig
Magdeburg
Berlin
Potsdam
Frankfurt
Cottbus
Osnabrück
Münster
Bielefeld
Dortmund
Essen
Düsseldorf
Köln
Aachen
Bonn
Koblenz
Kassel
Halle
Leipzig
Dresden
Chemnitz
Erfurt
Frankfurt
Wiesbaden
Mainz
Trier
Saarbrücken
Mannheim
Heidelberg
Karlsruhe
Stuttgart
Würzburg
Nürnberg
Regensburg
Ingolstadt
Augsburg
Ulm
München
Freiburg
Basel
Zürich
Bern
Lausanne
Genf (Genève)
Luzern
Liechtenstein
Vaduz
Innsbruck
Salzburg
Linz
Wien
Graz
Klagenfurt
Prag (Praha)
Pilsen (Plzeň)
Brünn (Brno)
Budweis (České Budějovice)
Bratislava
Zugspitze 2962
Großglockner 3798
Mont Blanc 4807
Monte Rosa 4634
Finsteraarhorn 4274
Ortler 3905
Monte Viso 3841
Bozen (Bolzano)
Trient (Trento)
Mailand (Milano)
Bergamo
Brescia
Verona
Vicenza
Padua (Padova)
Venedig (Venezia)
Triest (Trieste)
Turin (Torino)
Genua (Genova)
Alessandria
Piacenza
Parma
Modena
Bologna
Ferrara
Ravenna
Rimini
Forlì
Florenz (Firenze)
Pisa
Livorno
Siena
Perugia
Ancona
Pescara
Terni
Gran Sasso d'Italia 2914
Monte Cinto 2710
Bastia
Calvi
Ljubljana
Zagreb
Rijeka
Split
Zadar
Banja Luka
Posen (Poznań)
Breslau (Wrocław)
Landsberg (Gorzów Wielkopolski)
Köslin (Koszalin)
Bromberg (Bydgoszcz)
Grünberg (Zielona Góra)
4° östl. L. v. Greenwich

Landhöhen und Meerestiefen

(in Meter)

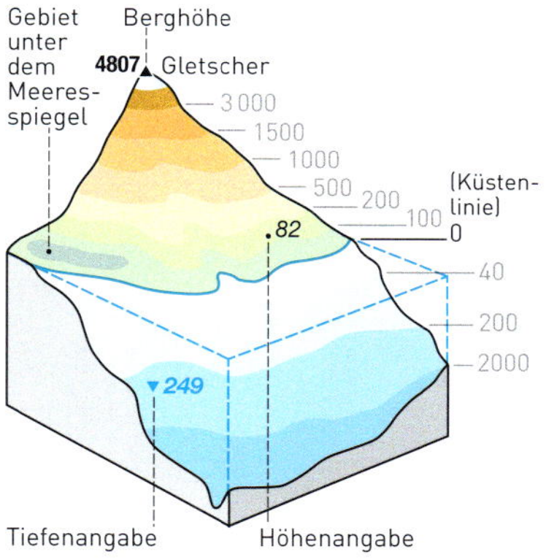

Gewässer

- Fluss
- schiffbarer Fluss (über 1350 t Tragfähigkeit)
- Kanal, bedingt schiffbar
- schiffbarer Kanal (über 1350 t Tragfähigkeit)
- See
- Stausee, Staumauer
- Sumpf, Moor

Orte

Einwohner	
über	5 000 000
1 000 000 –	5 000 000
500 000 –	1 000 000
100 000 –	500 000
20 000 –	100 000
unter	20 000

Verkehr

- Eisenbahn
- Fähre
- Autobahn
- Fernstraße
- Tunnel
- Pass

Verwaltung

- Staatsgrenze
- **Wien** Hauptstadt eines Staates
- Den Haag Regierungssitz eines Staates

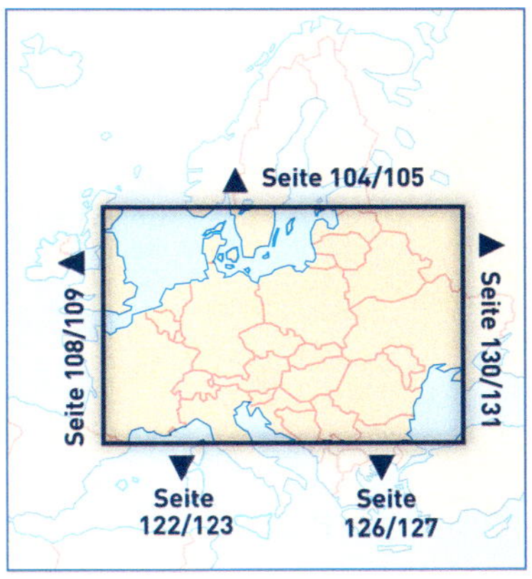

Atlantischer Ozean
Atlantischer Ozean
Nordsee
Der Kanal
Golf von Biscaya
Mittelmeer
Ligurisches Meer
Golf von Genua
Irische See
Deutsche Bucht
Skagerrak
Golf von St-Malo
Norwegen
Schottland
Nordirland
Irland
Großbritannien
England
Wales
Mittelengland
Niederlande
Belgien
Luxemburg
Frankreich
Spanien
Portugal
Andorra
Monaco
Korsika (Fr.)
Bretagne
Zentralmassiv
Ardennen
Eifel
Vogesen
Schwarzwald
Pyrenäen
Kantabrisches Gebirge
Friesische Inseln
Ruhrgebiet
Aberdeen
Oban
Glasgow
Grangemouth
Edinburgh
Londonderry
Belfast
Newcastle upon Tyne
Middlesbrough
Scarborough
Dublin
Shannon
Cork
Manchester
Liverpool
Leeds
Bradford
Sheffield
Immingham
Stoke-on-Trent
Derby
Nottingham
Birmingham
Northampton
Norwich
Cambridge
Ipswich
Pembroke
Oxford
Newport
Cardiff
Bristol
Bath
London
Dover
Southampton
Portsmouth
Brighton
Eastbourne
Newquay
Plymouth
Torquay
Calais
Dünkirchen
Lille
Gent
Antwerpen
Brüssel
Eindhoven
Rotterdam
Amsterdam
Utrecht
Texel
Delfzijl
Wilhelmshaven
Bremerhaven
Bremen
Osnabrück
Dortmund
Essen
Düsseldorf
Köln
Bonn
Kassel
Frankfurt
Mainz
Mannheim
Karlsruhe
Stuttgart
Saarbrücken
Lüttich
Charleroi
Maubeuge
Charleville-Mézières
Luxemburg
Amiens
Cherbourg-Octeville
Le Havre
Rouen
Caen
Creil
Reims
Metz
Nancy
Straßburg
Paris
Jersey
Brest
Dinard/St-Malo
Rennes
Lorient
Quiberon
St-Nazaire
Nantes
Angers
Le Mans
Orléans
Tours
Cholet
Bourges
Nevers
Le Creusot
Dijon
Besançon
Montbéliard
Mülhausen
Basel
Zürich
Bern
Lausanne
Genf
Zermatt
Épinal
Vittel
Niort
Poitiers
La Rochelle
Royan
Limoges
Montluçon
Vichy
Clermont-Ferrand
Lyon
St-Étienne
Grenoble
Alpe d'Huez
Turin
Mailand
Genua
Bordeaux
Arcachon
Mimizan
Montauban
Toulouse
Biarritz
Lacq
Tarbes
Lourdes
Pamplona
Perpignan
Montpellier
Sète
Marseille
Toulon
Nizza
Cannes
San Remo
Calvi
San Ciprian
Gijón
Santander
Bilbao
Donostia-San Sebastián
León
Valladolid
Kristiansand
Esbjerg
Sylt
Amrum
Dordogne
Garonne
Loire
Seine
Rhône
Saône
Rhein
Themse
Ebro
Tarn
Lot
Wash
Weser
Marne
12°
8° westl. L. v. Gr.
4°
0°
4° östl. L. v. Gr.
8°
56°
52°
48°
44°
A
B
C
D
E
1
2
3
4
5
© westermann 380223

Waldlandschaften
- sommergrüner Laub- und Mischwald, Gebirgsnadelwald

offene Landschaften
- Fels- u.Gletscherregion

Kulturlandschaften
- Ackerbau
- Weide, z.T. Wiese
- Ballungsraum
- Stadt/Ort

Bergbau
- Erdöl
- Erdgas
- Steinkohle
- Braunkohle
- Kupfer
- Blei, Zink

Industrie
- Eisen- und Stahlerzeugung
- Buntmetallerzeugung
- Aluminiumverhüttung
- Eisen- und Metall-verarbeitung (Maschinenbau, Stahl-und Leichtmetallbau)
- Kraftfahrzeugbau
- Schiffbau
- Luft- und Raumfahrzeugbau
- Elektrotechnik, Elektronik
- Feinmechanik, Optik, Uhren
- Erdölraffinerie
- Chemie, Kunststoffe Biotechnologie
- Textilien, Bekleidung, Leder
- Steine, Erden, Keramik, Porzellan, Glas, Holz
- Nahrungs- und Genussmittel
- Fischverarbeitung

Dienstleistung und Verkehr
- Finanzen, Handel
- Bildung (z.B. Universität), Medien
- internationaler Flughafen
- wichtiger Hafen
- schiffbarer Fluss/Kanal (über 1350 t Tragfähigkeit)
- Autobahn/Fernstraße von kontinentaler Bedeutung
- Eisenbahn-Fernverbindung
- Tourismusregion

Die Größe und Anzahl der Wirtschaftszeichen zeigen die europäische Bedeutung eines Wirtschaftszentrums.

Staatsgrenzen
- im Schengen-Raum (Wegfall der Personen- und Zollkontrollen)
- mit Personen- und Zollkontrollen
- Grenze der nationalen Wirtschaftszone im Meer

D3-118
www.diercke.de

6° östl. L. v. Greenwich

Landhöhen und Meerestiefen
(in Meter)

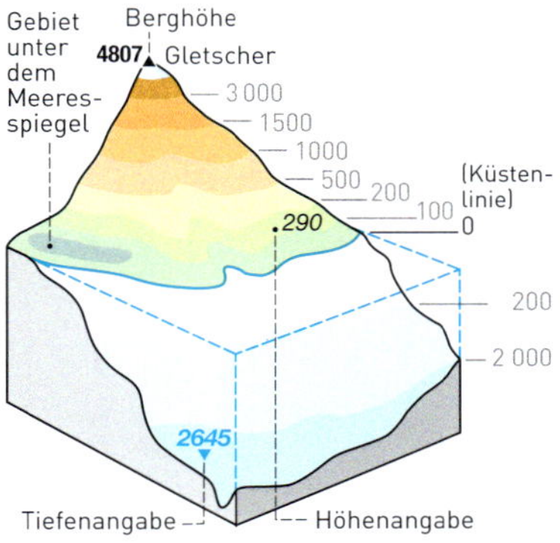

Orte

	Einwohner	
■	über	1 000 000
⊙	500 000 –	1 000 000
●	100 000 –	500 000
○	20 000 –	100 000
○	unter	20 000

Verkehr

Eisenbahn — Tunnel
Autobahn — Pass
Fernstraße

Verwaltung

Staatsgrenze
Bern Hauptstadt eines Staates

Weitere Erläuterungen siehe Seite 114 / 115

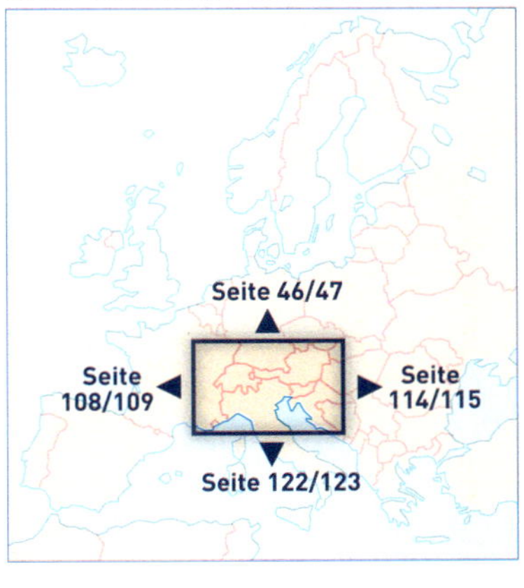

D3-120 www.diercke.de

1 Sommer- und Winter-Tourismus

2 Alpentransit

Maßstab 1 : 10 000 000 — 0 100 200 300 km

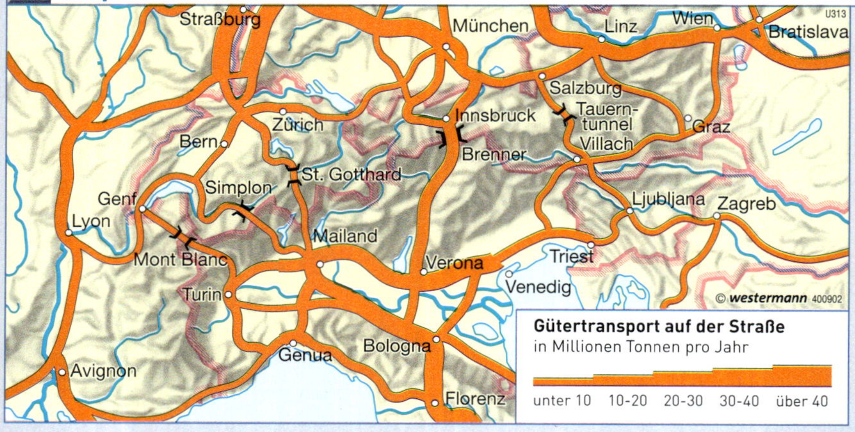

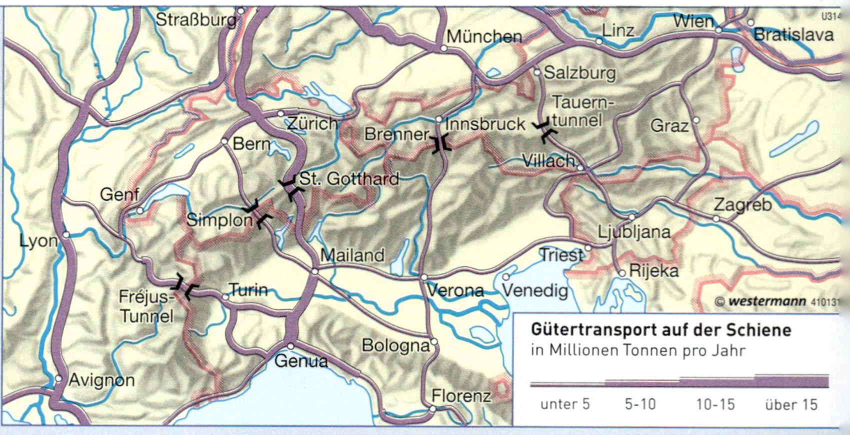

Maßstab 1 : 2 250 000 (0 – 20 – 40 – 60 km)

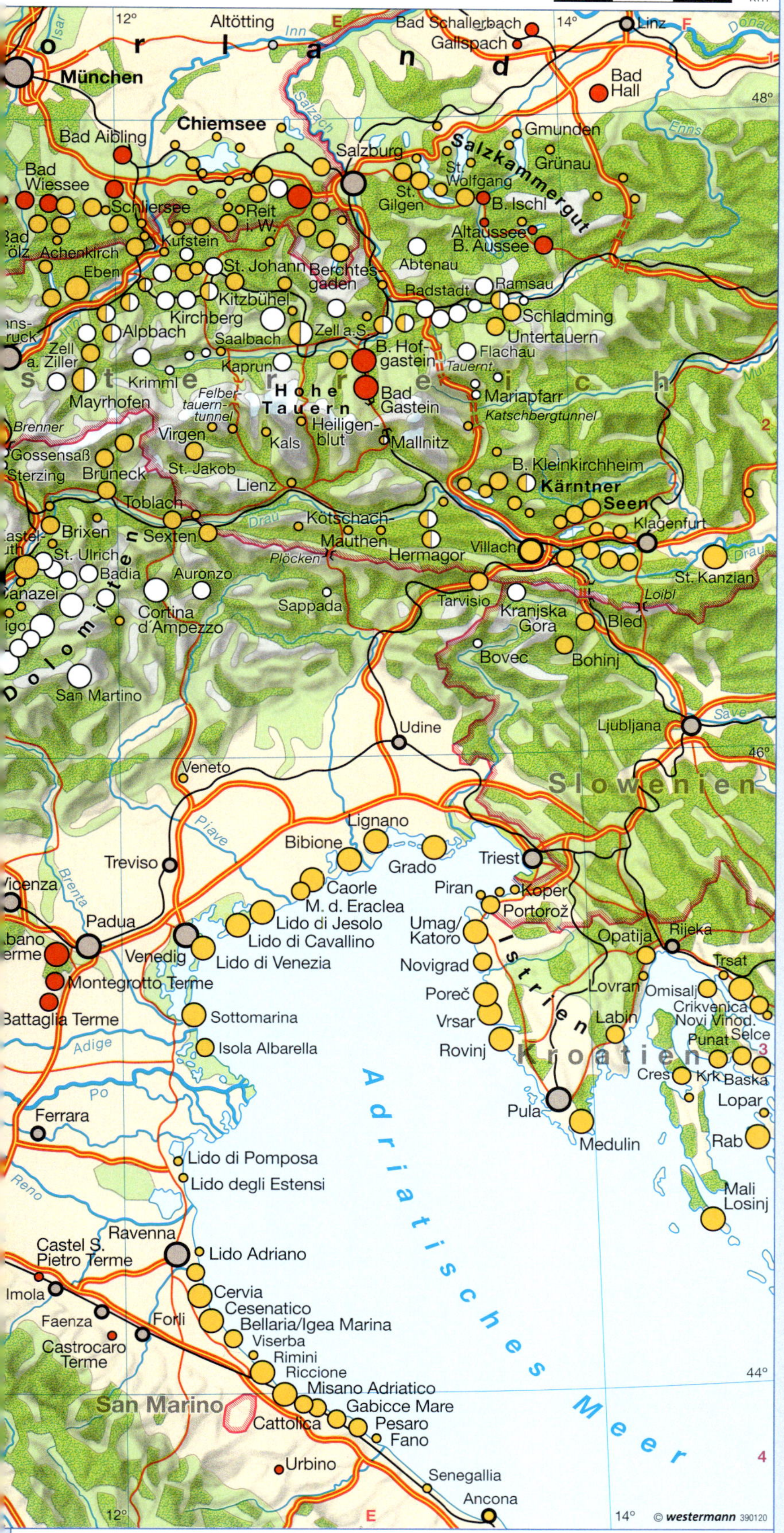

Tourismusorte

- Erholungsort mit vorwiegender Sommersaison
- Erholungsort mit vorwiegender Wintersaison
- Seit 1970 erbauter Wintersportort
- Kurort, Heilbad
- Besichtigungstourismus
- Orte mit etwa 1 Mio. Übernachtungen pro Jahr bzw. 10 000 Fremdenbetten
- Orte mit etwa 400 000 Übernachtungen pro Jahr bzw. 4 000 Fremdenbetten
- weniger bedeutender Tourismusort
- Städte über 50 000 Einwohner sind stärker umrandet, zum Beispiel: Grenoble, Triest

Bodenbedeckung

- vorwiegend Ackerland
- Wald
- Wiesen, Weiden, Almen
- Felsregion
- Gletscher

Grenze

- Staatsgrenze

Verkehr

- wichtige Bahnlinie
- Autobahn
- wichtige Fernverkehrsstraße
- Tunnel
- Pass

3 Landschaftswandel – Glocknermassiv um 1850 und 2008

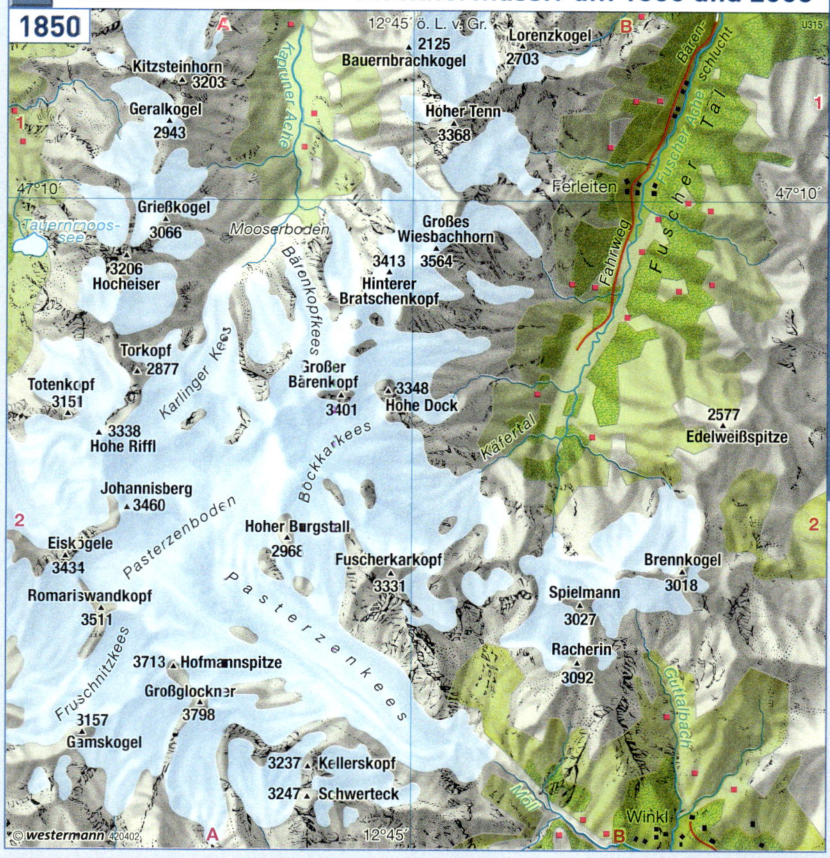

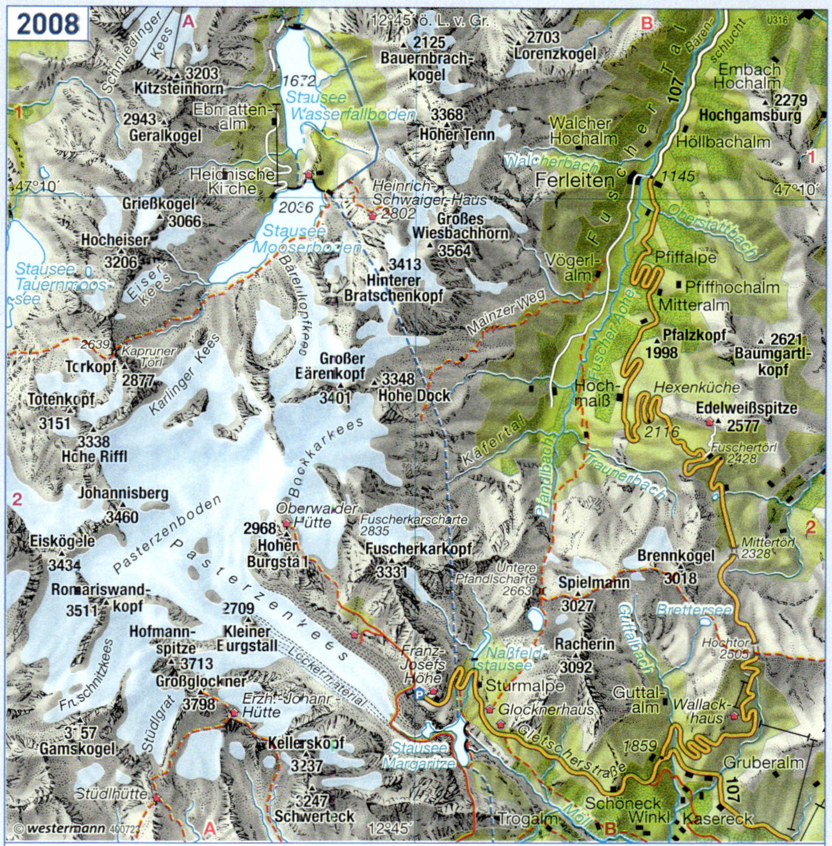

Maßstab 1 : 150 000 (0 – 1 – 2 – 3 km)

Bodennutzung

- Gletscherregion (In den letzten Jahrzehnten weicht die Gletscherzunge des Pasterzenkees fast jedes Jahr weiter als 10 m zurück.)
- anstehender Fels
- Lockermaterial (Felsblöcke, Blockschutt, Schutthalden)
- alpine Matten
- Nadelwald
- Grünlandwirtschaft

Gewässer

- See
- Fluss
- Überleitungsstollen
- Druckstollen
- Staumauer
- 2036 Seehöhe in Meter
- 3798 Berghöhe in Meter

Touristische Erschließung Verkehr

- Bundesstraße
- Großglockner-Hochalpenstraße (mautpflichtig)
- Fahrstraße
- Weg, Pfad
- Parkhaus
- Seilbahn, Sessellift

Siedlung

- Siedlung
- Almen mit einer oder mehreren Hütten
- Schutzhütte, Berggasthaus

D3-122 www.diercke.de

Maßstab 1 : 6 000 000
1 cm ≙ 60 km
0 50 100 150 200 250 km

Landhöhen und Meerestiefen
(in Meter)

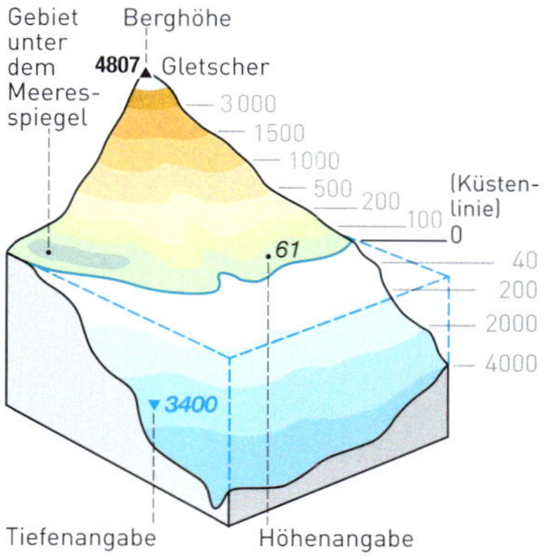

Gewässer

- Fluss
- schiffbarer Fluss (über 1350 t Tragfähigkeit)
- Wadi, Trockental
- Kanal (bedingt schiffbar)
- schiffbarer Kanal (über 1350 t Tragfähigkeit)
- See
- Stausee, Staumauer
- Sumpf, Moor
- Salzpfanne

Orte

Einwohner			
über			5 000 000
1 000 000	–		5 000 000
500 000	–		1 000 000
100 000	–		500 000
20 000	–		100 000
unter			20 000

- Ruinenstätte, geschichtlich bedeutsamer Ort

Verkehr

- Eisenbahn
- Fähre
- Autobahn
- Fernstraße
- Tunnel
- Pass

Verwaltung

- Staatsgrenze
- **Paris** Hauptstadt eines Staates

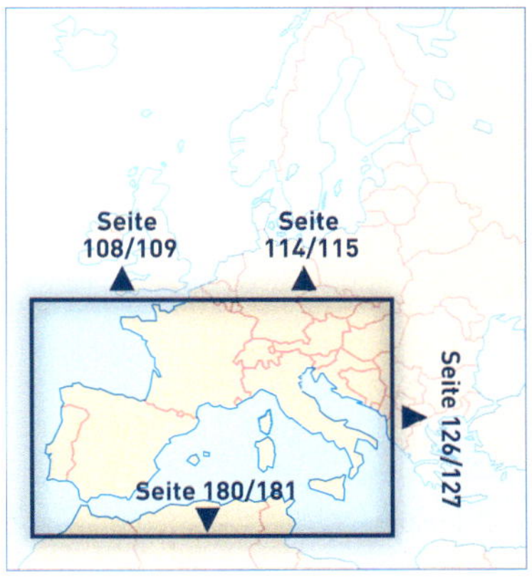

D3-124
www.diercke.de

1 Golf von Neapel – Leben am Vulkan

Maßstab 1 : 300 000

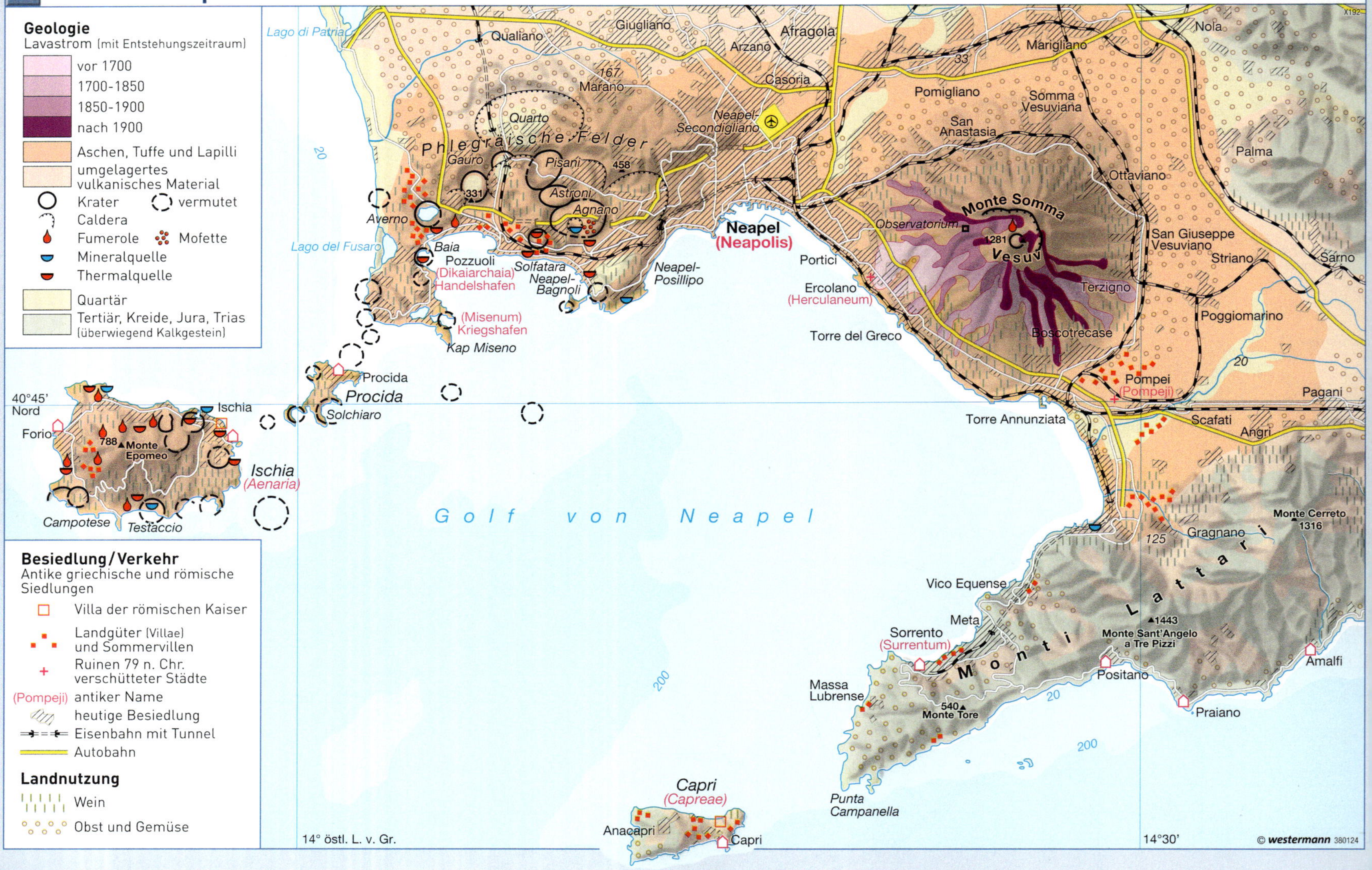

2 Europa – Alter der Gebirge

Maßstab 1 : 40 000 000

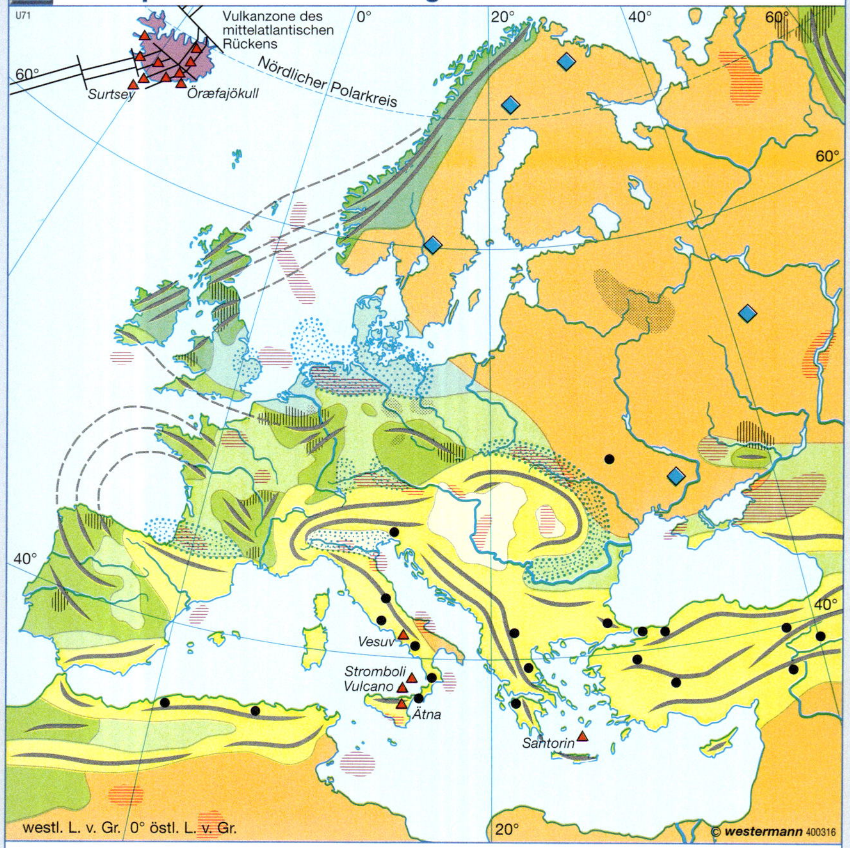

- Urkontinent (älter als 2000 Mio. Jahre)
- Kaledonisches Gebirge, gefaltet im Erdaltertum (vor 500 – 450 Mio. Jahren)
- Variskisches Gebirge, gefaltet im Erdaltertum (vor 400 – 350 Mio. Jahren)
- Alpidisches Gebirge (Beginn der Faltung vor 50 Mio. Jahren, reicht bis in die Gegenwart)
- Tafelländer und Becken

Tektonik der Gegenwart
- tätiger Vulkan
- schweres Erdbeben

Rohstofflagerstätten
- Salz
- Steinkohle
- Erdgas
- Braunkohle
- Eisenerz vom Urkontinent

3 Vulkanische Großformen und ihre Entstehung

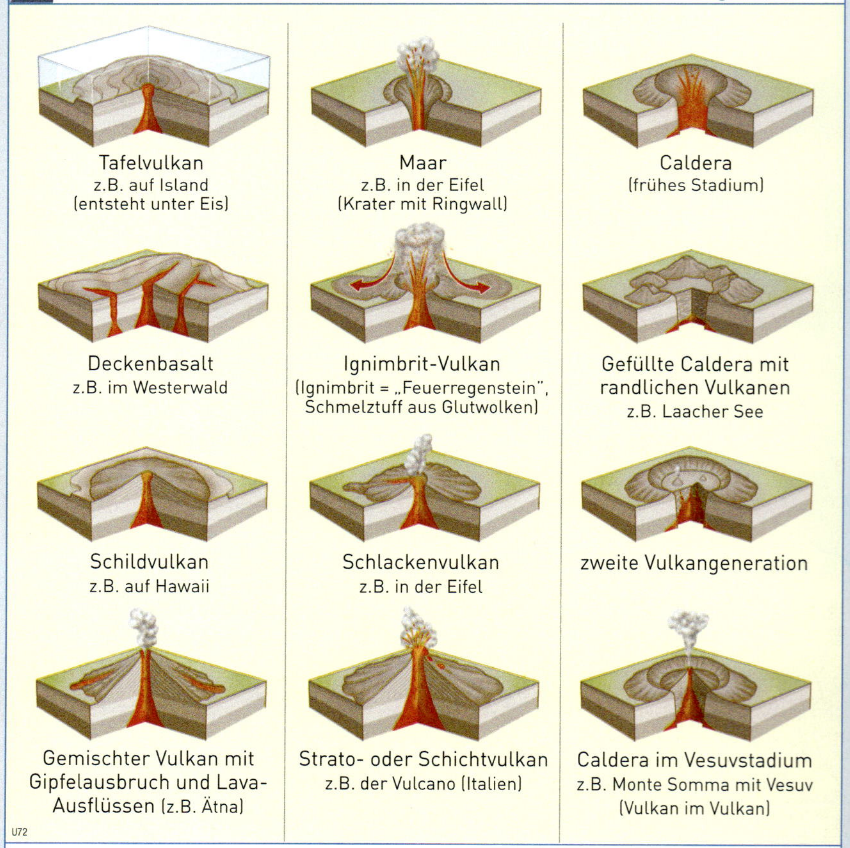

durch Lava-Ausfluss

Fließen aus dem Vulkanschlot dünnflüssige basische Laven aus (= „Effusion": Ausfließen), bilden sich vulkanische Decken oder flachkegelige Schildvulkane. Weit verbreitete Ergussgesteine sind Basalte.

durch Explosion

Bei vulkanischen Ausbrüchen („Eruptionen") werden Lava, Steinbrocken und Asche explosiv aus der Erde geschleudert. Es können sich Hohlformen wie die Maare oder auch Schichtvulkane bilden.

durch Einsturz/Absacken

Durch den Einsturz entleerter Magmenkammern können sich Bereiche der Erdoberfläche von mehreren Zehner Kilometern Durchmesser absenken. Solche Hohlformen heißen Calderen.

4 Rom

Maßstab 1 : 50 000

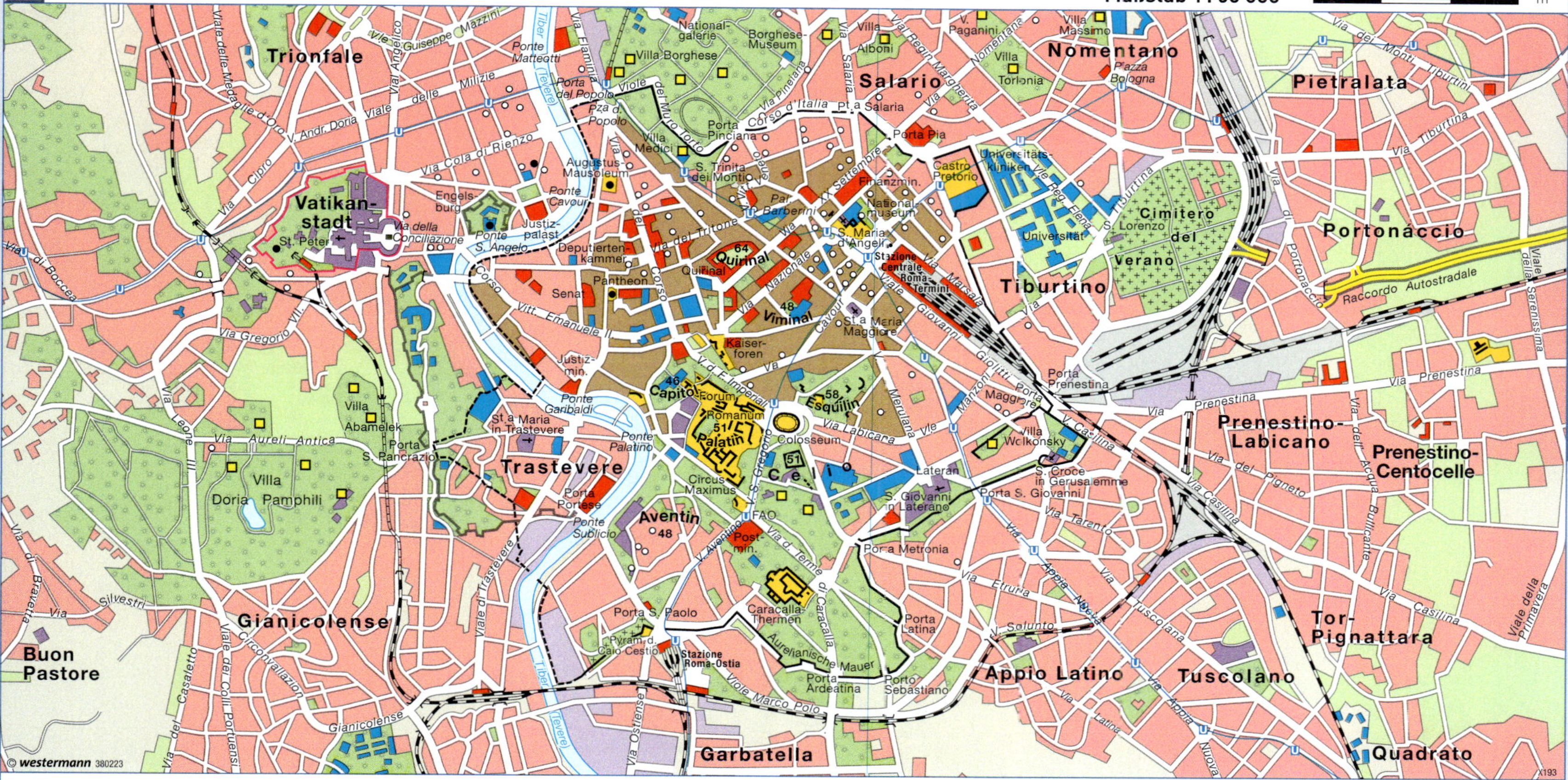

51 Palatin — Hügel in Rom mit Höhenangabe
antikes Bauwerk, z.T. Ausgrabungen
Stadtmauer des Kaisers Aurelius (3. Jahrhundert)
erhalten
nicht mehr erhalten
mittelalterliche Stadtmauer
Grenze der Vatikanstadt
Kirche, Kloster
kirchliche Einrichtungen für Klerus und Pilger (Priesterkollegien, Hospize, usw.)
Hotel
U-Bahn
öffentliche Gebäude, Ministerien, Verwaltung
kulturelle und soziale Einrichtungen (Hochschulen, Kliniken, Forschung, Theater, Museen)
Villa, Palast
City, Hauptgeschäftszentrum
überwiegend Wohnbebauung
Gewerbe, Industrie
Eisenbahngelände
Park, Grünanlage
Grün-, Ackerfläche
Friedhof
Freifläche

5 Die Ausbreitung des Christentums im Römischen Reich

Maßstab 1 : 25 000 000

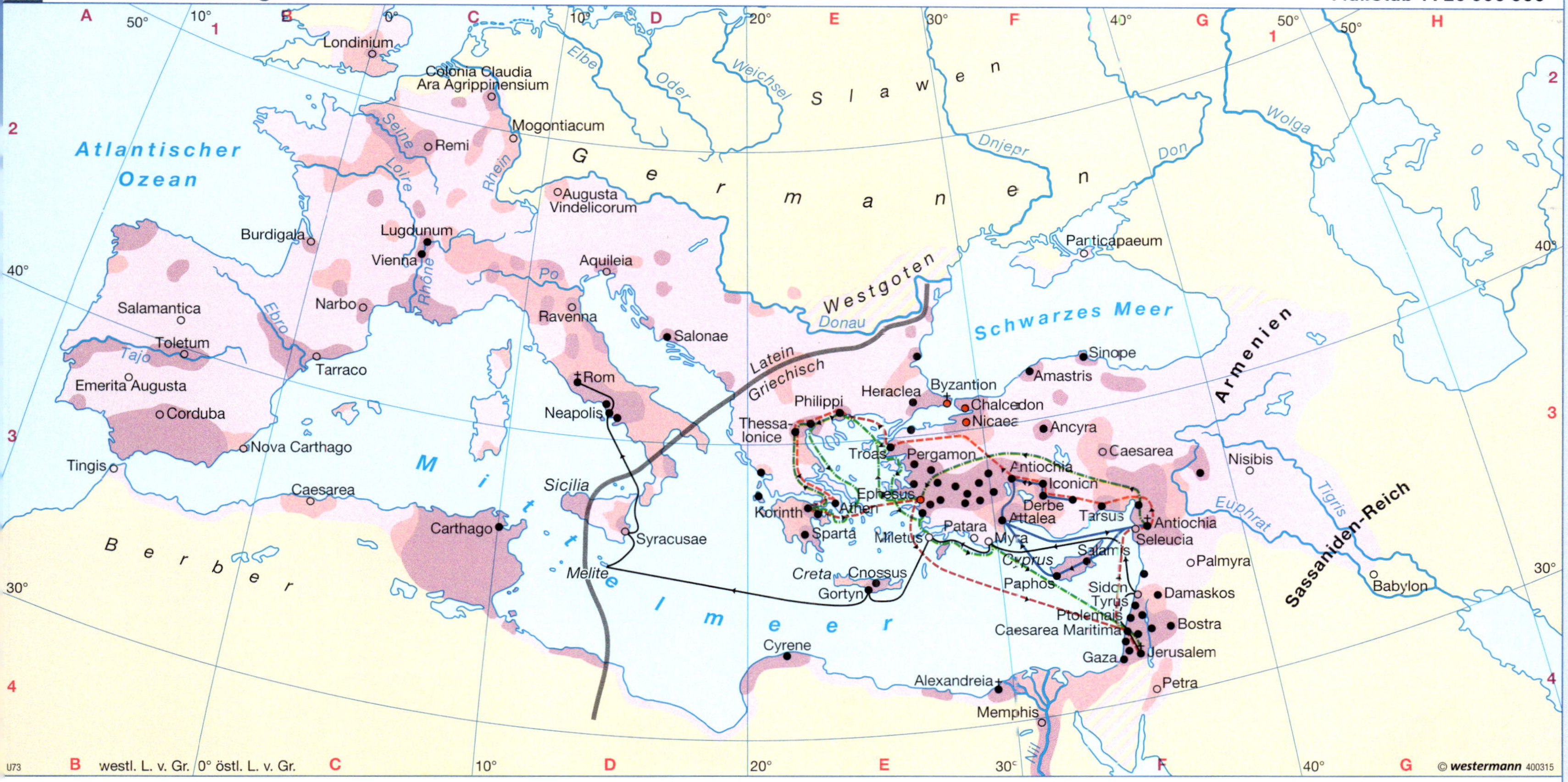

Reisen des Apostels Paulus zumeist in jüdische Gemeinden
erste Reise 45 – 48 n. Chr.
zweite Reise 49 – 52 n. Chr.
dritte Reise 53 – 58 n. Chr.
als Gefangener nach Rom überführt 60 – 61 n. Chr.

Ausbreitung des Christentums
christliche Gemeinde des 1. und 2. Jahrhunderts
3. Jahrhundert
4. Jahrhundert (seit 313 werden Christen geduldet, 391 wird das Christentum Staatsreligion)
5. Jahrhundert

Sprachgrenze Latein/Griechisch
wichtige Konzilien
Patriarchat
sonstiger wichtiger Ort

Ortsvergleiche Seite 164 (Die Ausbreitung des Islam 632 – 750)

Christusmonogramm, symbolisches Zeichen der frühen Christenheit, gebildet aus den griechischen Anfangsbuchstaben des Namens Christus (XP)

D3-126 www.diercke.de

Landhöhen und Meerestiefen (in Meter)

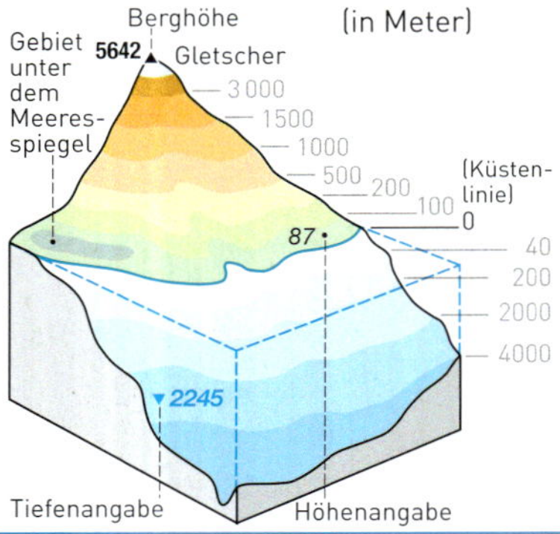

Gewässer

- Fluss
- schiffbarer Fluss (über 1350 t Tragfähigkeit)
- Wadi, Trockental
- Kanal (bedingt schiffbar)
- schiffbarer Kanal (über 1350 t Tragfähigkeit)
- See
- Salzsee
- Stausee, Staumauer
- Sumpf, Moor

Orte

Einwohner	
über	5 000 000
1 000 000 –	5 000 000
500 000 –	1 000 000
100 000 –	500 000
20 000 –	100 000
unter	20 000

- Ruinenstätte, geschichtlich bedeutsamer Ort

Verkehr

- Eisenbahn
- Fähre
- Autobahn
- Fernstraße
- Pass

Verwaltung

- Staatsgrenze
- **Sofia** Hauptstadt eines Staates

32° F 36° G 40° H 44° J 48° K
Ukraine
Krywyj Rih
Saporishshja
Donezk
Makijiwka
Schachty
Wolgodonsk
Nikopol
Mariupil
Taganrog
Rostow
Nowotscherkassk
Bataisk
Mykolajiw
Melitopol
Kachiwkaer Stausee
Inhulez
Cherson
Schwarzmeertiefland
Berdjansk
Asowsches Meer
Primorsko-Achtarsk
Manytschniederung
Manytschsee
Salsk
Elista
Ergeni-Hügel
Astrachan
Wolga
Sarpasee
Russland
Stawropoler Hochland
Stawropol
Krasnodar
Kuban
Armawir
Newinnomyssk
Tscherkessk
Pjatigorsk
Kislowodsk
Naltschik
Prochladny
Mosdok
Terek
Grosnyj
Gudermes
Kasijurt
Chasawjurt
Machatschkala
Buinaksk
Sulak
Terek-Kuma Niederung
Kuma
Jeja
Kertsch
Straße von Kertsch
Dshankoi
Krim
Jewpatorija
Simferopol
Krimgebirge
Sewastopol
Jalta
Noworossijsk
Tchab
Tuapse
Maikop
Fischt
Tschuguschi
Agepsta
Pschisch
Sotschi
Adler
Suchumi
Elbrus
Dych-Tau
Kasbek
Beslan
Wladikawkas
Tebulosmta
Bazardjusi
Kaukasus
Georgien
Kutaisi
Poti
Batumi
Tiflis (Tbilissi)
Rustawi
Alasani
Kura
Aserbaidschan
Gäncä
Gjumri
Wanadsor
Sewansee
Jerewan
Armenien
Aragaz
Ararat
Nachitschewan (zu Aserbaidschan)
Naxçıvan
Schwarzes Meer
Zonguldak
Bolu
Karabük
Köroğlu Tepesi
Köroğlugebirge
Sinop
Cide
Pontisches Gebirge
Samsun
Ordu
Trabzon
Kaçkar
Kılınç Tepesi
Amasya
Çorum
Tokat
Hattusa
Sivas
Kösedağı
Erzincan
Erzurum
Ağrı
Kars
Ankara
Kırıkkale
Sarıyar Stausee
Türkei
Anatolien
Hirfanlı-Stausee
Tuz gölü
Kayseri
Erciyes dağı
Aksaray
Konya
Ereğli
Karaman
Tarsus
Mersin (İçel)
Adana
Osmaniye
Gaziantep
Kahramanmaraş
Aladağ
Ak dağ
Alanya
Anamur
Kap Anamur
Golf von Antalya
Golf von İskenderun
İskenderun
Antakya
Mittlerer Taurus
Innerer Taurus
Östlicher Taurus
Taurus
Westlicher Euphrat
Östlicher Euphrat
Keban-Stausee
Karakaya-Stausee
Elâzığ
Malatya
Nuruhakdağı
Diyarbakır
Karaca
Atatürk-Stausee
Şanlıurfa
Kızıltepe
Batman
Siirt
Ilısu-Stausee
Tigris
Cizre
Bingöl
Süphan
Tatvan
Vansee
Van
Arnas
Resko Tepe
Kurdistan
Khvoy
Marand
Täbris (Tabriz)
Kuh-i Sahand
Urmiasee
Urmia (Orumiyeh)
Maragheh
Miandoab
Mahabad
Iran
Kiyamaki
Zakhu
Dahuk
Al-Qamishli
Tall Afar
Sinjar
Mosul
Ninive
Nimrud
Irbil
Kleiner Zab
As-Sulaymaniya
Kirkuk
Hatra
Assur
Wadi ath-Tharthar
Tharthar-see
Tikrit
Balad
Baqubah
Khanaqin
Diyala
Al-Bab
Aleppo (Halab)
Assad-Stausee
Ar-Raqqah
Belikh
Idlib
Latakia (Al Laziqiya)
Hama
Homs (Hims)
Syrien
Dayr az-Zawr
Khabur
Euphrat
Abu Kamal
Jabal Abu Rujmayn
Palmyra
Tadmor (Tudmor)
Syrische Wüste
Irak
Tartus
Tripoli (Tarabulus)
Libanon
Beirut (Bayrut)
Sidon (Sayda)
Tyros (Sur)
Haifa
Israel
Baalbek
Duma
Damaskus (Dimashq)
Irbid
Salkhad
Jordanien
Ar-Rutba
Wadi Hauran
Ar-Ramadi
Al-Fallujah
Bagdad (Baghdad)
Kerbala
Babylon
Al-Hillah
Ad-Diwaniyah
An-Najaf
Ash-Shamiyah
Zypern
Nikosia (Lefkosia)
Famagusta
Larnaca
Limassol
Kap Andreas
E 32° F 36° G 40° H 44° J

D3-128 www.diercke.de

Waldlandschaften
- sommergrüner Laub- und Mischwald, Gebirgsnadelwald
- Hartlaubgehölz (Macchie)

offene Landschaften
- Steppe und Hochgebirgsgrasland
- Halbwüste und Wüste
- Salzpfanne
- Fels- und Gletscherregion

Kulturlandschaften
- Ackerbau
- mittelmeerischer Anbau
- Bewässerungsland
- Weide, z. T. Wiese

Kontinentalschelf
- 200 m-Tiefenlinie

Bergbau
- Erdöl
- Erdgas
- Steinkohle
- Braunkohle
- Eisen
- Stahlveredler (Chrom, Mangan, Wolfram)
- Kupfer
- Blei, Zink
- Silber
- Bauxit (Aluminiumrohstoff)
- Phosphat

Transport und Industrie
- Erdölleitung
- Erdgasleitung
- Ölhafen
- Erdölraffinerie
- Chemie, Kunststoffe
- Eisen- und Stahlerzeugung
- Buntmetallverhüttung
- Aluminiumverhüttung

Maßstab 1 : 10 000 000
1 cm ≙ 100 km

0 100 200 300 400 500 km

- Eisen-, Metallverarbeitung (Maschinenbau, Stahl- und Leichtmetallbau, Metallwaren)
- Kraftfahrzeugbau
- Luft- und Raumfahrzeugbau
- Schiffbau
- Elektrotechnik, Elektronik
- Feinmechanik, Optik, Uhren
- Textilien, Bekleidung, Leder
- Nahrungs- und Genussmittel
- Fischverarbeitung

Dienstleistungszentrum

- mit internationaler Bedeutung
- mit überregionaler Bedeutung
- mit regionaler Bedeutung

Grenzen

- Staatsgrenze

Tourismus

- Städtetourismus (vor allem Kulturtourismus)
- Badetourismus im Sommer
- ganzjähriger Badetourismus
- Pilgerort
- Wintersport
- Kurort, Heilbad
- *Algarve* touristisch bedeutender Küstenabschnitt

Tourismus als bedeutende Dienstleistung

Von je 100 Erwerbstätigen dieser Beispiel-Staaten leben vom Tourismus in

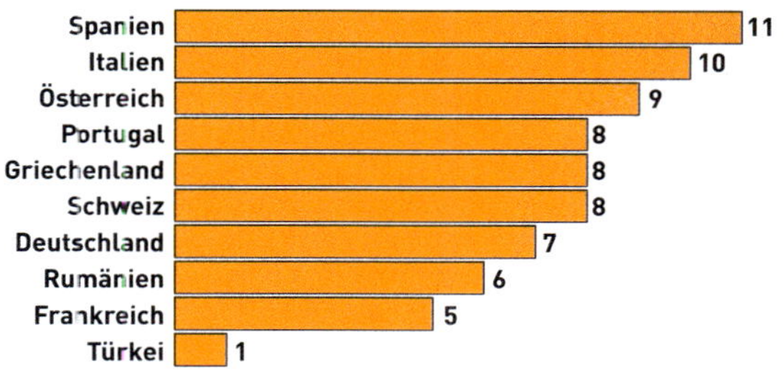

D3-130
www.diercke.de

Landhöhen und Meerestiefen
(in Meter)

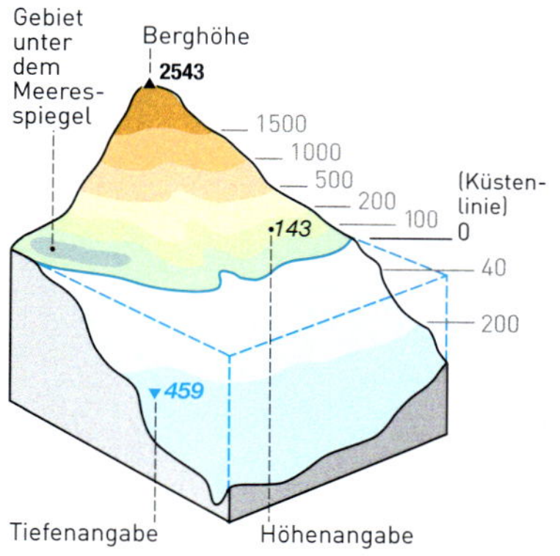

Gewässer
- Fluss
- schiffbarer Fluss (über 1350 t Tragfähigkeit)
- Kanal (bedingt schiffbar)
- schiffbarer Kanal (über 1350 t Tragfähigkeit)
- See
- Stausee, Staumauer
- Sumpf, Moor

Orte

Einwohner		
über		5 000 000
1 000 000	–	5 000 000
500 000	–	1 000 000
100 000	–	500 000
20 000	–	100 000
unter		20 000

Verkehr
- Eisenbahn
- Autobahn
- Fernstraße
- Pass

Verwaltung
- Staatsgrenze
- **Minsk** Hauptstadt eines Staates

D3-132
www.diercke.de

1 Russlands Aufstieg zur Großmacht 1462–1914

Maßstab 1 : 48 000 000

0 500 1000 1500 km

- Großfürstentum Moskau 1462
- Erwerbungen 1463–1598
- Erwerbungen 1599–1689
- Erwerbungen 1690–1855
- Erwerbungen 1856–1914
- Grenze Russlands 1914
- wichtige Entdeckungsreisen
- russische Einflussgebiete in Persien und China um 1900
- 1607 Stadt mit Gründungsdatum
- 1896 Bau der Transsibirischen Eisenbahn

Fahrzeit der Transsibirischen Eisenbahn mit Zug Nr. 2 („Rossija")
(2008 in Tage-Stunden-Minuten)

Moskau	0-00-00
Kirow	0-12-19
Perm	0-19-46
Jekaterinburg	1-01-47
Omsk	1-14-12
Krasnojarsk	2-10-38
Irkutsk	3-05-07
Wladiwostok	6-04-59

2 Moskau – Machtzentrum Russlands

Maßstab 1 : 50 000

0 500 1000 1500 m

- City, Hauptgeschäftszentrum
- überwiegend Wohnbebauung
- Gewerbe, Industrie
- Park, Grünanlagen
- Friedhof
- Eisenbahngelände
- Fußgängerzone
- Eisenbahn mit Bahnhof
- U-Bahn mit Station
- Regierung und Verwaltung
- kulturelle Einrichtung (Theater, Museum Baudenkmal, Palast)
- Bildungs- und Sozialeinrichtung (Universität, Krankenhäuser)
- Kirche
- Moschee
- Synagoge
- Großhotel
- Hochhaus (über 200 m)

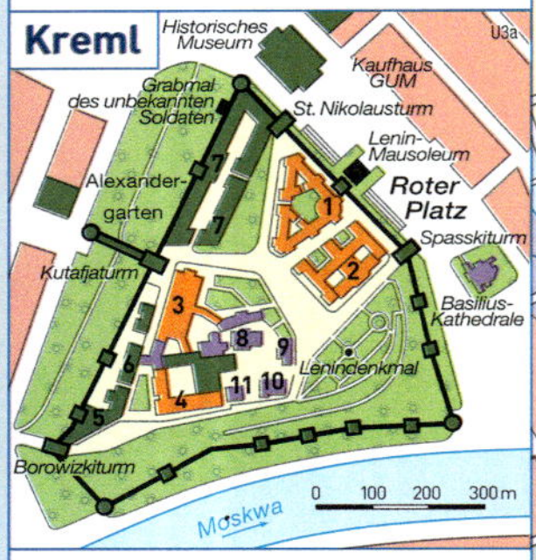

1 Präsidentenpalast
2 Präsidialverwaltung
3 Staatlicher Kremlpalast
4 Großer Kremlpalast
5 Rüstkammer
6 ehemalige Zarengemächer
7 Arsenal
8 Mariä-Himmelfahrt-Kathedrale
9 Glockenturm Ivan des Großen
10 Erzengel-Michael-Kathedrale
11 Maria-Verkündigungs-Kathedrale

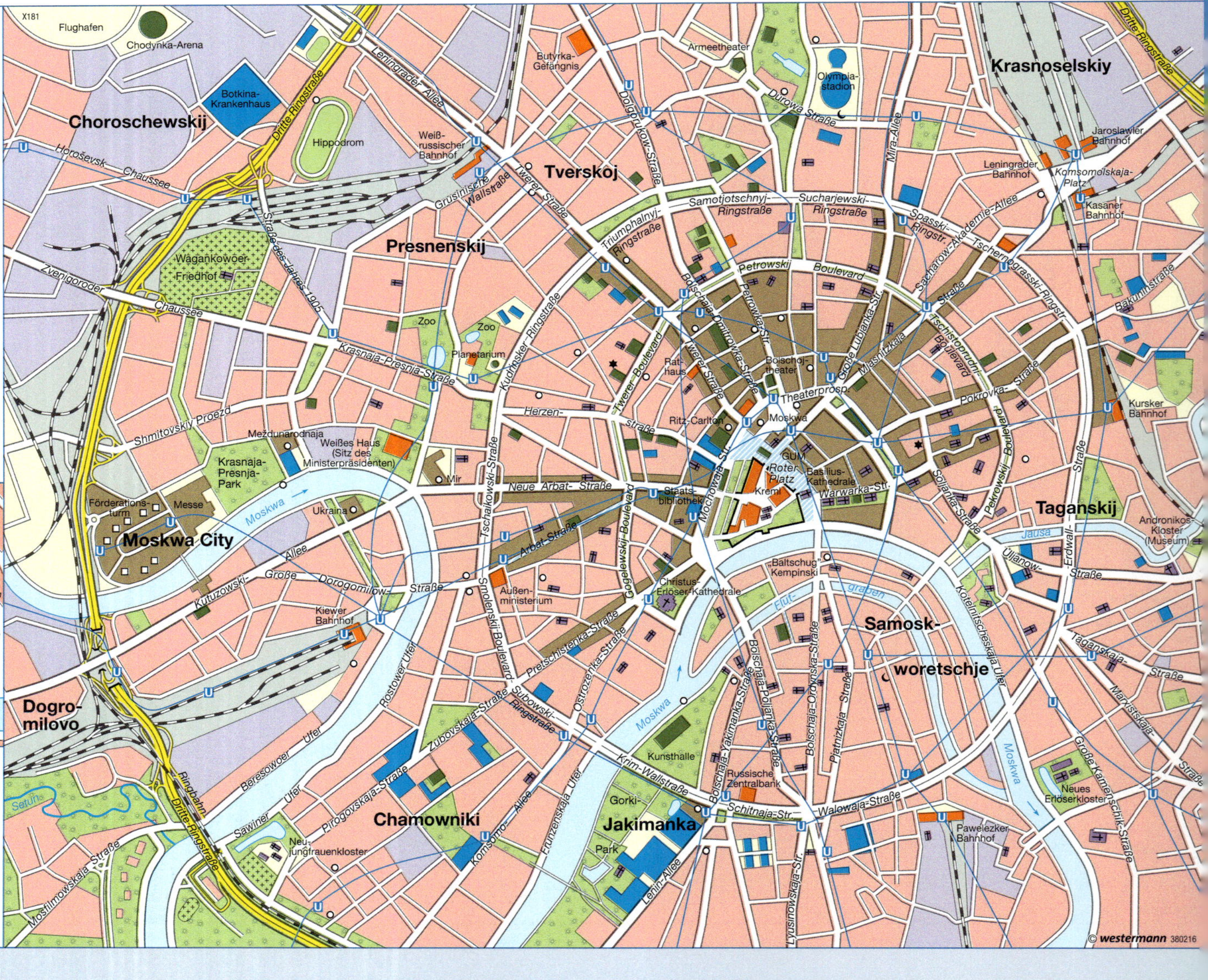

3 Mittelsibirien – Wirtschaft

Maßstab 1 : 6 000 000 (0 – 50 – 100 – 150 km)

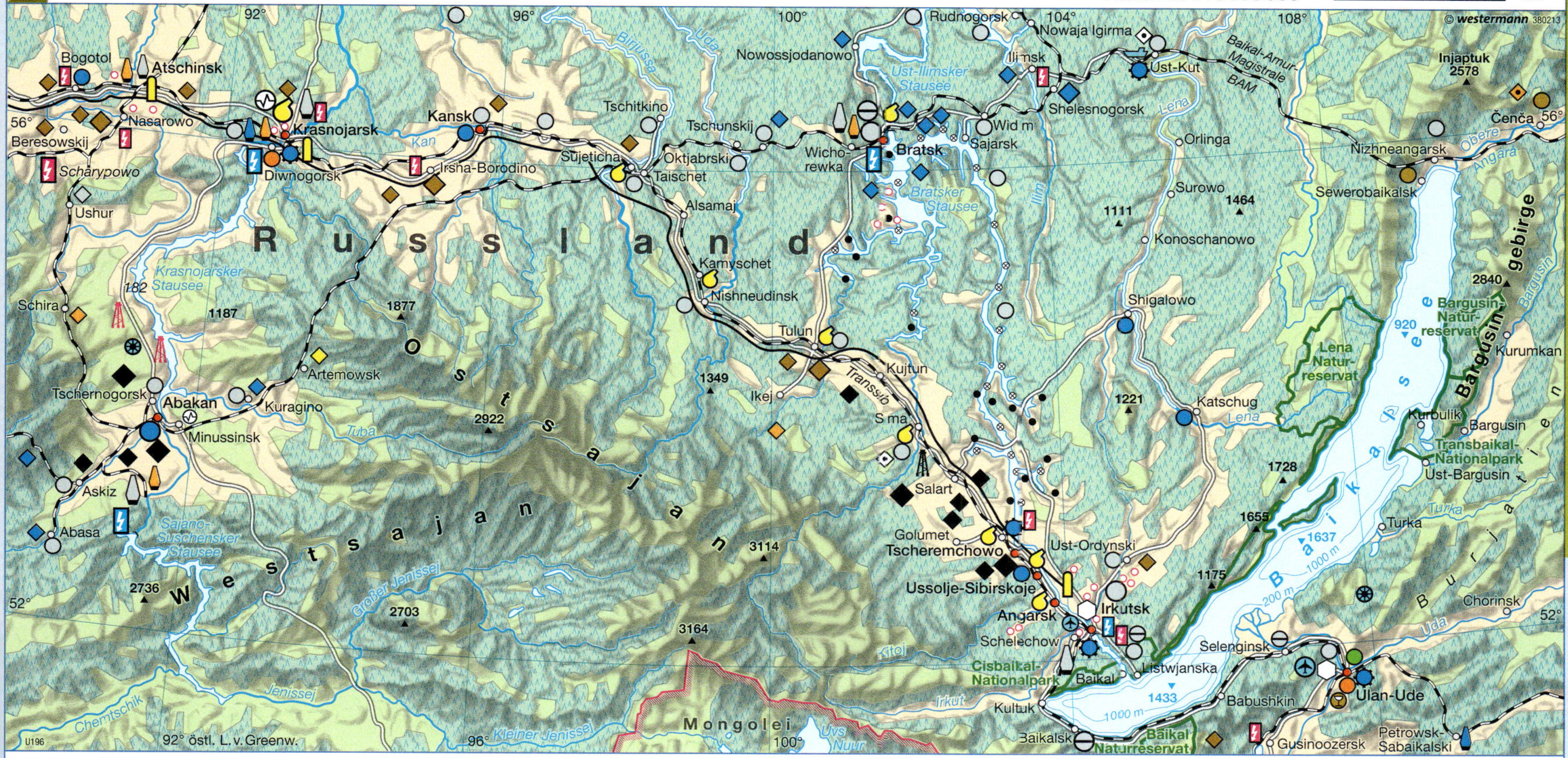

Bodennutzung
- Ackerbau
- Obst, Gemüse
- Weide, z.T. Steppe
- nördlicher Nadelwald

Bergbau
- Erdöl
- Erdgas
- Steinkohle
- Braunkohle
- Eisen
- Kupfer
- Blei, Zink
- Bauxit
- Gold
- Steinsalz

Industrie
- Eisen- und Stahlerzeugung
- Buntmetallverhüttung
- Aluminiumverhüttung
- Eisen- und Metallverarbeitung
- Maschinenbau
- Schiffbau
- Schienenfahrzeugbau
- Luftfahrzeugbau
- Elektrotechnik, Elektronik
- Chemie, Kunststoffe
- Erdölraffinerie
- Textilien
- Baumaterial
- Glas
- Holz
- Papier
- Nahrungsmittel
- Dienstleistung
- Wasserkraftwerk
- Wärmekraftwerk

- Ort über 100 000 Ew.
- Ort unter 100 000 Ew.
- überflutete Siedlung
- neu gegründete Siedlung
- schiffbarer Fluss
- Erdölleitung

4 Aralsee – Landschaftswandel 1960/2010

Maßstab 1 : 6 000 000 (0 – 50 – 100 – 150 km)

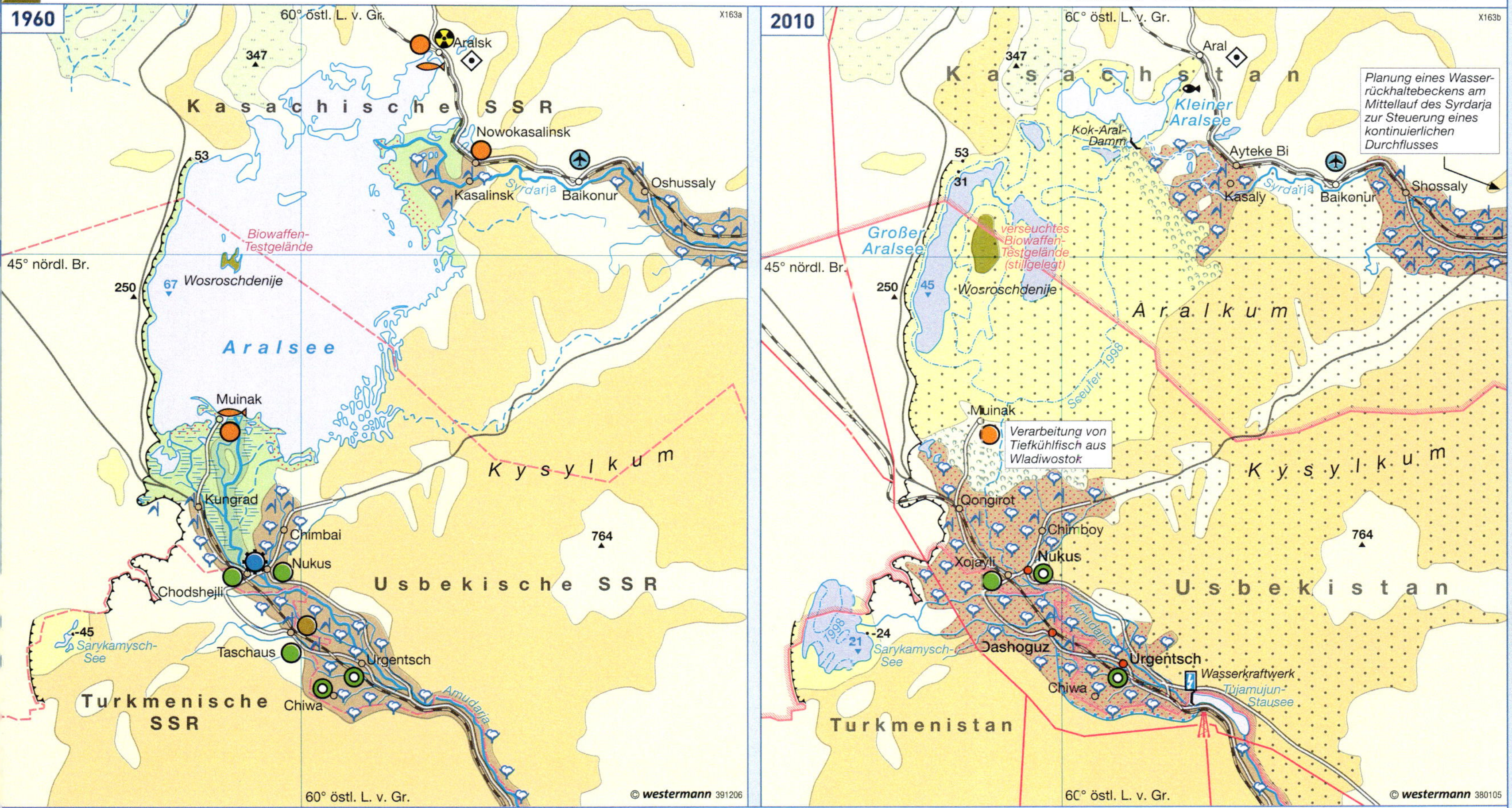

Naturvegetation
- Steppe
- Halbwüste
- Salzwüste
- Sandwüste
- Flussdelta
- Auenwald
- Salzwasser (Salzgehalt in g/l) (5 | 70)
- periodischer Fluss
- Steilhang

Landnutzung und Umweltfolgen
- Bewässerungsland
- Reis
- Baumwolle
- Bodenversalzung
- Sand- und Salzverwehungen

Umweltsanierung
- Staudammbau (2005)
- Flussbett-Sanierung (Eindämmung der Versickerung)
- Waldschutzstreifen mit salzresistenten Bäumen (Saxaul)
- Wiederbelebung der Fischerei

Industrie
- Fischereihafen
- Nahrungsmittelindustrie
- Landmaschinenbau
- Baumwollentkernung
- Textilindustrie
- Baustoffindustrie
- Salzgewinnung
- Erdgas
- Erdgasleitung
- Atomindustrie

- Eisenbahn
- Straße
- Piste
- Grenze einer Sowjetrepublik
- Staatsgrenze

Norwegen
Schweden
Finnland
Dänemark
Polen
Litauen
Lettland
Estland
Weißrussland (Belarus)
Ukraine
Deutschland
Moskau
Sankt Petersburg
Helsinki
Stockholm
Oslo
Kopenhagen
Berlin
Warschau
Minsk
Kiew
Riga
Tallinn
Vilnius
Bottnischer Meerbusen
Barentssee
Karasee
Nowaja Semlja
Franz-Josef-Land
Spitzbergen (Norwegen)
Bäreninsel (Norwegen)
Halbinsel Kola
Murmansk
Archangelsk
Weißes Meer
Timanrücken
Ural
Jekaterinburg
Tscheljabinsk
Perm
Ufa
Kasan
Samara
Saratow
Wolgograd
Rostow
Astrachan
Kaspische Senke
Kaspisches Meer
Kaukasus
Georgien
Armenien
Aserbaidschan
Baku
Tiflis
Jerewan
Westsibirisches Tiefland
Omsk
Nowosibirsk
Tomsk
Barnaul
Kemerowo
Surgut
Kasachstan
Kasachische Schwelle
Astana
Qaraghandy
Almaty
Aralsee
Ustjurt-Plateau
Turkmenistan
Aschgabat
Karakum
Usbekistan
Taschkent
Kysylkum
Kirgisistan
Bischkek
Tadschikistan
Duschanbe
Pamir
Afghanistan
Iran
Teheran
Elbrus
Altai
Dsungarei
Urumchi
Sinkiang (Xinjiang)
Mongolische
Betpak-Dala (Hungersteppe)
Mujunkum
Balchaschsee
Jamal
Nowy Urengoi
Salechard
Workuta
Petschora
Uchta
Syktywkar
Kirow
Nowaja
Semlja
60° östl. L. v. Greenwich
70°
80°
90°

© westermann38
Nordpol
Polarmeer
Beringstraße
Nome
Tschuktschensee
Wrangel-Insel
Sankt-Lorenz-Insel
Nuviak-Insel
Tschuktschen-Halbinsel
Anadyr-Golf
Anadyr
Beringowskij
Ostsibirische See
Neusibirische Inseln
Neusibirien
Medweshi-Inseln (Bären-Inseln)
Arktisches Kap
Komsomolzen-Insel
Sewernaja Semlja
Oktober-Insel
Bolschewik-Insel
Kap Tscheljuskin
Wilkizkistraße
Laptewsee
Laptewstraße
Kotelnyj-Insel
Sannikowstraße
Ljachow-Inseln
Malakatyn-Tas
Byrrangagebirge
Taimyr-Halbinsel
Nordsibirisches Tiefland
Chatanga
Lenadelta
Tiksi
Ust-Jansk
Tschokurdach
Nishnekolymsk
Anjuigebirge
Korjakengebirge
Ledjanaja
Apuka
Kap Oljutorskij
Beringmeer
Kolymagebirge
Gishiga
Tiljitschiki
Karaginski-Insel
Ust-Kamtschatsk
Bering-Insel
Mednyj-Insel
Momagebirge
Pobeda
Tscherskigebirge
Werchojansker Gebirge
Werchojansk
Ust-Nera
Susuman
Sejmtschan
Schelichowgolf
Magadan
Jamsk
Kap Jushnyj
Palana
Kamtschatka
Kljutschewskaja Sopka
Petropawlowsk-Kamtschatskij
Bolscherezk
Ochotsk
Ochotskisches Meer
Mittelsibirisches Bergland
Olenjok
Udatschnij
Shigansk
Sangar
Chandyga
Oimjakon
Mus Chaja
Eldikan
Jakutsk
Wiljuisk
Tura
Mirnyj
Suntar
Lensk
Oljokminsk
Jerbogatschon
Dshugdshurgebirge
Nelkan
Ajan
Tommot
Aldan
Tschagda
Patomhochland
Bodaibo
Peledui
Keshma
Ust-Ilimsk
Ust-Kut
Kirensk
Stanowoigebirge
Neringri
Tynda
Seja
Skoworodino
Kalakan
Witimplateau
Baikalgebirge
Baikalsee
Ust-Bargusin
Bratsk
Taischet
Tulun
Ostsajan
Usolje-Sibirskoje
Angarsk
Irkutsk
Munku-Sardyk
Ulan-Ude
Tschita
Jablonowygebirge
Nertschinsk
Sretensk
Mogotscha
Kjachta
Sühbaatar
Darchan
Mörön
Ulan Bator (Ulaanbaatar)
Tschoibalsan
Baruun Urt
Changaigebirge
Karakorum
Mongolei
Bajanhongor
Gobi-Altai
Dalan-Dzadgad
Sajnschand
Gobi
Innere Mongolei
China
Erenhot
Abagnar Qi
Jining
Zhangjiakou
Peking
Qinhuangdao
Chifeng
Fuxin
Jinzhou
Anshan
Shenyang
Fushun
Dandong
Tongliao
Siping
Changchun
Jilin
Shuangliao
Baicheng
Ulan Hot
Großer Chingan
Kleiner Chingan
Hailar
Manzhouli
Yitulihe
Jiagedaqi
Xuguit Qi
Zalantun
Qiqihar
Bei'an
Heihe
Blagoweschtschensk
Swobodnyj
Belogorsk
Tschegdomyn
Birobidshan
Chabarowsk
Komsomolsk
Nikolajewsk
Schantar-Inseln
Tschumikan
Yichun
Hegang
Jiamusi
Suihua
Harbin
Mudanjiang
Mandschurei
Ussurijsk
Wladiwostok
Nachodka
Sichote-Alin
Dalnegorsk
Olga
Ternej
Yanji
Chongjin
Hyesan
Kimchaek
Nordkorea
Hamhung
Hungnam
Sinuiju
Pjöngjang
Wonsan
Seoul
Südkorea
Japanisches Meer (Ostmeer)
Sachalin
Ocha
Alexandrowsk-Sachalinskij
Tatarensund
Sowjetskaja Gawan
Nelma
Jushno-Sachalinsk
Cholmsk
Korsakow
La Pérouse-Straße
Wakkanai
Asahikawa
Sapporo
Asahi dake
Kushiro
Hokkaido
Hakodate
Kunashiri (Kunaschir)
Etorofu (Iturup)
Urup
Paramuschir
Kurilen
(russische Verwaltung)
Aomori
Morioka
Honshu
Akita
Sendai
Niigata
Kanazawa
Fujisan
Tokio
Kawasaki
Yokohama
Nagoya
Kyoto
Kobe
Osaka
Hamamatsu
Japan

Waldlandschaften
- nördlicher Nadelwald/Taiga
- sommergrüner Laub- und Mischwald, Gebirgsnadelwald

offene Landschaften
- Tundra
- Steppe und Hochgebirgsgrasland
- Halbwüste und Wüste
- Fels- und Gletscherregion
- Meeresvereisung

Kulturland
- Ackerbau
- Bewässerungsland
- Weide, z.T. Wiese

Bergbau
- Erdöl
- Erdgas
- Steinkohle
- Braunkohle
- Uran
- Eisen
- Stahlveredler (Chrom, Mangan, Kobalt)
- Graphit
- Kupfer
- Zinn
- Blei, Zink
- Gold
- Silber
- Platin
- Diamanten
- Bauxit (Aluminiumrohstoff)
- Phosphat
- Eisen- u. Stahlerzeugung
- Buntmetallverhüttung
- Aluminiumverhüttung
- Eisen-, Metallverarbeitung
- Kraftfahrzeugbau
- Luft-, Raumfahrzeugbau
- Schiffbau
- Elektroindustrie
- Atomindustrie
- Chemie, Kunststoffe
- Erdölraffinerie
- Textilien, Bekleidung
- Holz, Papier
- Nahrungs- u. Genussmittel
- Fischverarbeitung
- Kernkraftwerk
- Wärmekraftwerk
- Wasserkraftwerk

Dienstleistungszentrum
- internationale Bedeutung
- überregionale Bedeutung
- regionale Bedeutung
- Tourismus

Verkehr und Transport
- Erdölleitung
- Erdgasleitung
- wichtige Eisenbahn
- Fernstraße
- Staatsgrenze

Nordpolarmeer
Franz-Josef-Land
Sewernaja Semlja
Laptewsee
Neusibirische Inseln
Ostsibirische See
Wrangelinsel
Linie des Datumswechsels
Alaska (USA)
Beringstraße
Anadyr
Bilibino
Kolymagebirge
Korf
Kamtschatka
Tiksi
Syrjanka
Dukat
Werchojansk
Tscherskigebirge
Sussuman
Magadan
Werchojansker Gebirge
Ochotsk
Ochotskisches Meer
Dshugdshurgebirge
Jakutsk
Wiljuisk
Aichal
Nordlicher Polarkreis
Dudinka
Norilsk
Igarka
Nowyj Port
Tasowskij
Nowyj Urengoi
Sibirien
Russland
Mirny
Lensk
Tommot
Aldan
Sewero-Jenissejsk
Bodaibo
Nerjungri
Stanowoigebirge
Ochа
Nogliki
Nikolajewsk
Sachalin
Uglegorsk
Jushno-Sachalinsk
Sowjetskaja-Gawan
Komsomolsk
Ust-Ilimsk
Baikal-Amur-Magistrale (BAM)
Tynda
Seja
Skoworodino
Transsib
Blagoweschtschensk
Chabarowsk
Tomsk
Atschinsk
Krasnojarsk
Kansk
Taischet
Bratsk
Shelesnogorsk-Ilimsk
Kemerowo
Belowo
Nowokusnezk
Barnaul
Abakan
Tulun
Sima
Tscheremchowo
Angarsk
Irkutsk
Baikalsee
Ostsajan
Westsajan
Altai
Ulan-Ude
Tschita
Krasnokamensk
Petrowsk-Sabaikalski
Hailar
Großer Chingan
Mandschurei
Hegang
Fujin
Jiamusi
Bikin
Dalnegorsk
Daqing
Harbin
Mudanjiang
Nachodka
Wladiwostok
Ulan-Gom
Erdenet
Ulan Bator
Tschoibalsan
Mongolei
Mongolischer Altai
Gobi
Sajnschand
China
Jilin
Changchun
Chongjin
Nordkorea
Japanisches Meer (Ostmeer)
Shenyang
Fushun
Anshan
Jinzhou
Dandong
Hungnam
Wonsan
Pjöngjang
Südkorea
Seoul
Japan
Taegu
Ulsan
Taejon
Busan
Hiroshima
Niihama
Urumchi
Hami
Raumfahrtzentrum Jiayuguan
Xuanhua
Baotou
Datong
Peking
Tianjin
Tangshan
Dalian
Yantai
Huang He
100° östl. L. v. Gr.

D3-138 www.diercke.de

1 Physische Übersicht

Maßstab 1:3

2 Bangladesch – physisch

Maßstab 1 : 4 000 000

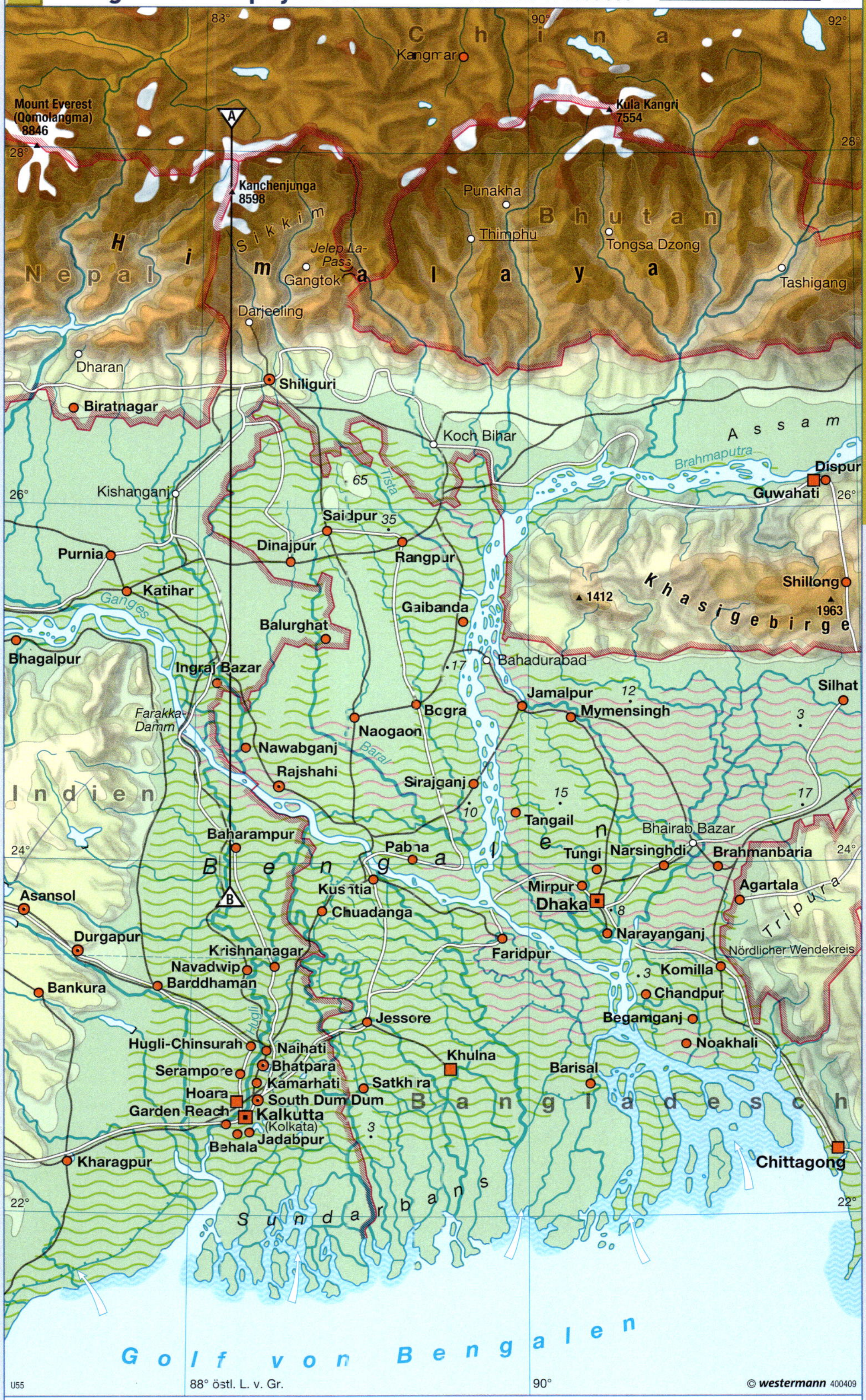

Landhöhen (in Meter)

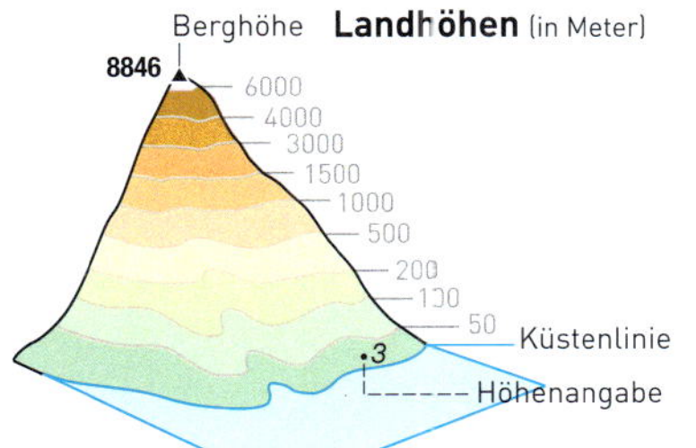

Überschwemmungsgebiete
- jährliche Überflutung durch Monsunregen
- gelegentliche Überflutung bei extremem Hochwasser
- sturmflutgefährdeter Küstenabschnitt

Verkehr
- Eisenbahn
- Fernstraße

Orte

Einwohner
- über 5 000 000
- 1 000 000 – 5 000 000
- 500 000 – 1 000 000
- 100 000 – 500 000
- unter 100 000

Dhaka Hauptstadt eines Staates

Grenze
- Staatsgrenze

Profil vom Himalaya in die Gangesebene Längenmaßstab 1 : 4 000 000
Höhen sind 12-fach überhöht.

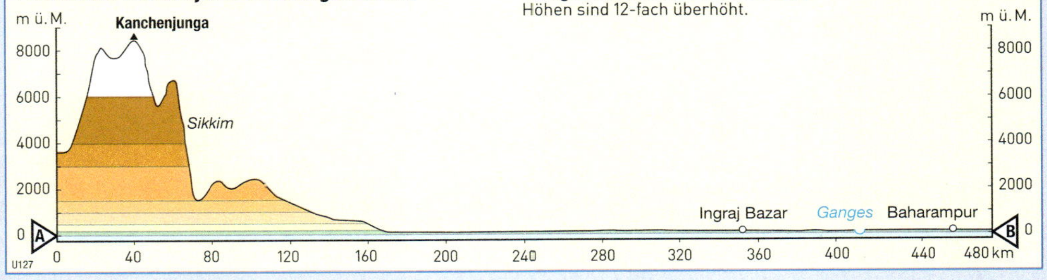

D3-140 www.diercke.de

1 Der Feldzug Alexanders 334–323 v. Chr.

Maßstab 1:28 000 000

- Makedonien vor Philipp II.
- Eroberungen Philipps II.
- Grenze des Alexanderreiches
- von Alexander abhängige Staaten
- Züge Alexanders
- weitere Züge
- wichtige Schlacht
- Stadtbelagerung Alexanders
- Stadtgründung Alexanders
- (Mary) moderner Ortsname
- Wüsten und Steppengebiete
- Pass

2 Asien um 1300

Maßstab 1:56 000 000

3 Seidenstraße zur Zeit Marco Polos (1254–1324)

Maßstab 1 : 42 000 000

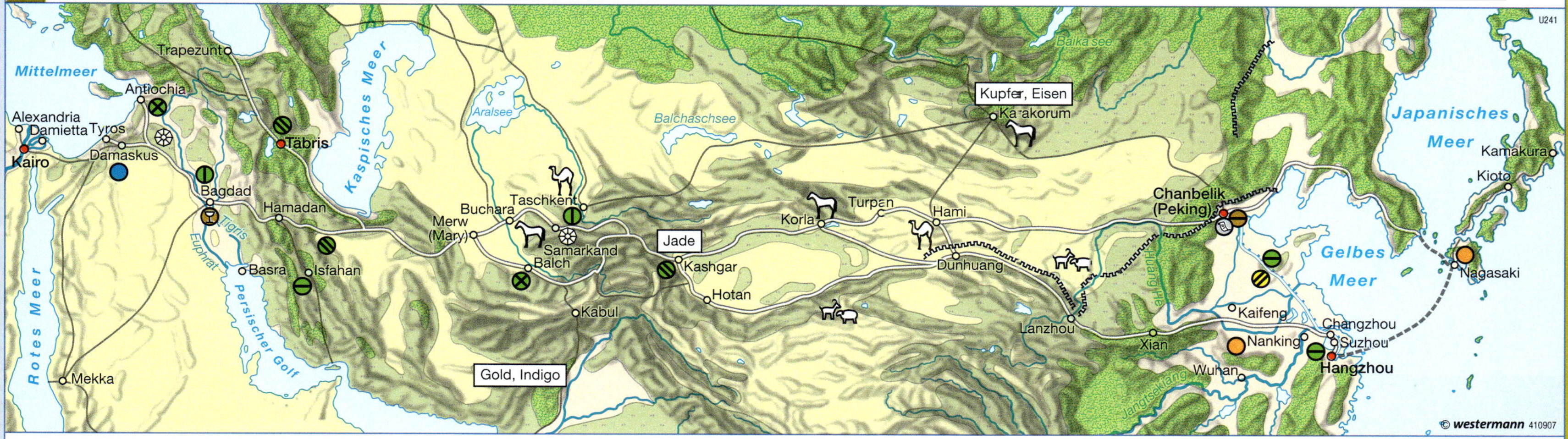

Wald	Seidenstraße	**Orte**	**Handelsgüter**			
Steppenweide	sonstige Straße	Handelszentrum (über 100 000 Einwohner)	Kamele	Tee	Teppiche	Schmuck
Halbwüste/Wüste	Schiffsverbindung	sonstiger Handelsort	Pferde	Leiner	Papier	Duft- und Farbstoffe
Gebirgsregion	Großer Kanal		Vieh	Baumwollware	Porzellan	Waffen
Ackerland	Chinesische Mauer			Seide	Glas	

4 Politische Übersicht

Maßstab 1 : 56 000 000

1000	
1100	Erfindung des Kompass in China
1204	Dschingis Khan eint die Mongolen
1206	Sultanat von Delhi
1368	Ming-Dynastie in China
1500, 1526	Mogul-Reiche in Indien
1561	
1644	
1658	
1900, 1920	Indiens Kampf um Unabhängigkeit unter Mahatma Gandhi
1935	Persien wird in Iran umbenannt
1947	

D3-142 www.diercke.de

1 Landwirtschaft

Maßstab 1: 36 000 000

0 400 800 1200 km

Waldlandschaften
- nördlicher Nadelwald
- sommergrüner Laub- und Mischwald, Gebirgsnadelwald
- Monsun- und Regenwald
- Busch- und Trockenwald, Maccie

offene Landschaften
- Tundra
- Steppe und Hochgebirgsgrasland
- Halbwüste und Wüste

Kulturland
- Ackerbau
- Bewässerungsland
- Weide, z.T. Wiese

Nutzpflanzen
- Weizen
- Mais, z.T. Soja
- Reis
- Hirse
- nördliche Anbaugrenze von Getreide
- Erdnüsse
- Sonnenblumen
- Zuckerrüben
- Zuckerrohr
- Bananen
- Sojabohnen
- Zitrusfrüchte
- Baumwolle
- Jute
- Kautschuk
- Tabak
- Kakao
- Kaffee
- Tee
- Wein
- Dattelpalmen
- Kokospalmen
- Ölpalmen

Viehhaltung
- Rinder, z.T. Büffel
- Schweine
- Schafe
- Ziegen

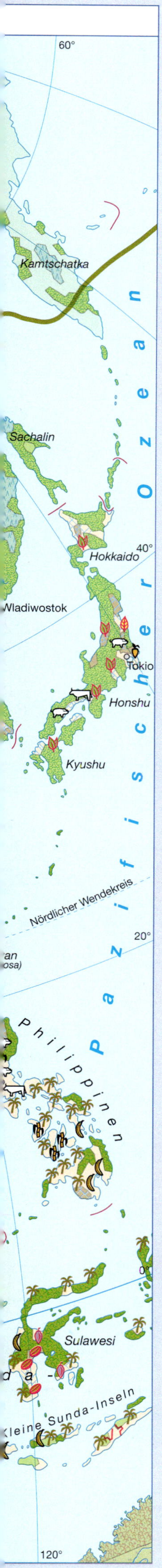

2 Temperaturen und Winde im Januar

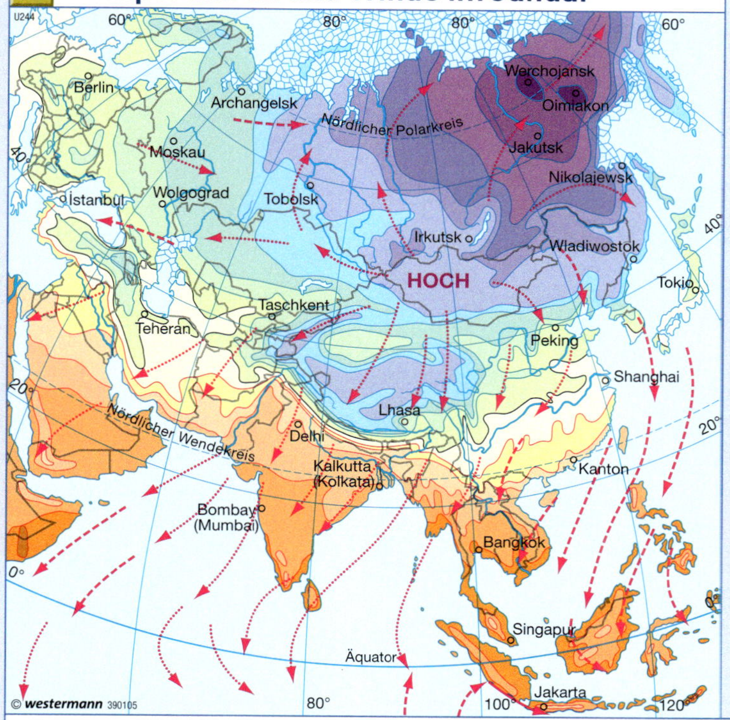

3 Temperaturen und Winde im Juli

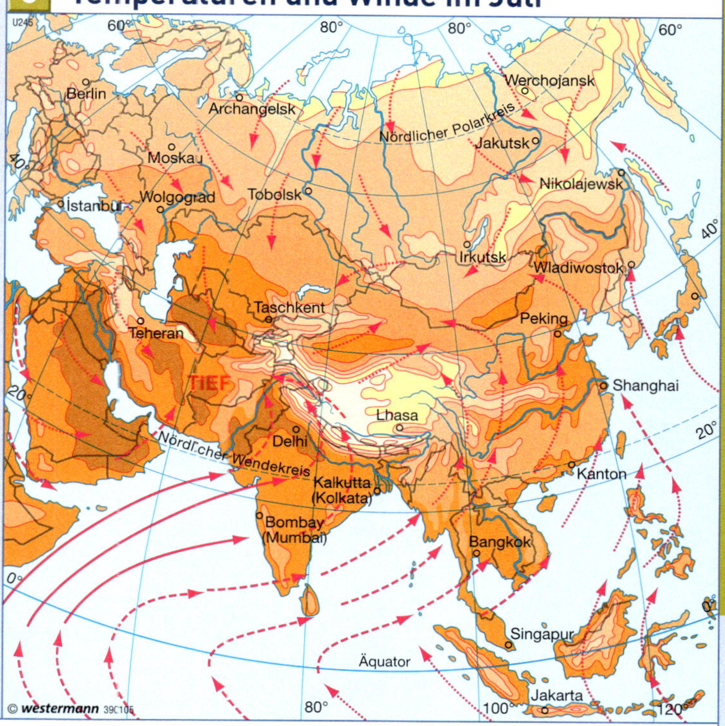

Durchschnittstemperaturen: -50 °C, -45°, -40°, -35°, -30°, -25°, -20°, -15°, -10°, -5°, 0°, 5°, 10°, 15°, 20°, 25°, 30 °C

äußerste Ausdehnung der Meeresvereisung

Windstärke: schwach, mäßig, stürmisch

Windbeständigkeit: lange Pfeile = beständig, kurze Pfeile = veränderlich

Maßstab 1 : 100 000 000

4 Niederschläge im Jahr

Maßstab 1 : 100 000 000

0 mm, 100, 250, 500, 1000, 2000, 3000, 4000 mm

Staatsgrenze

5 Südasien – Monsun

Maßstab 1 : 36 000 000

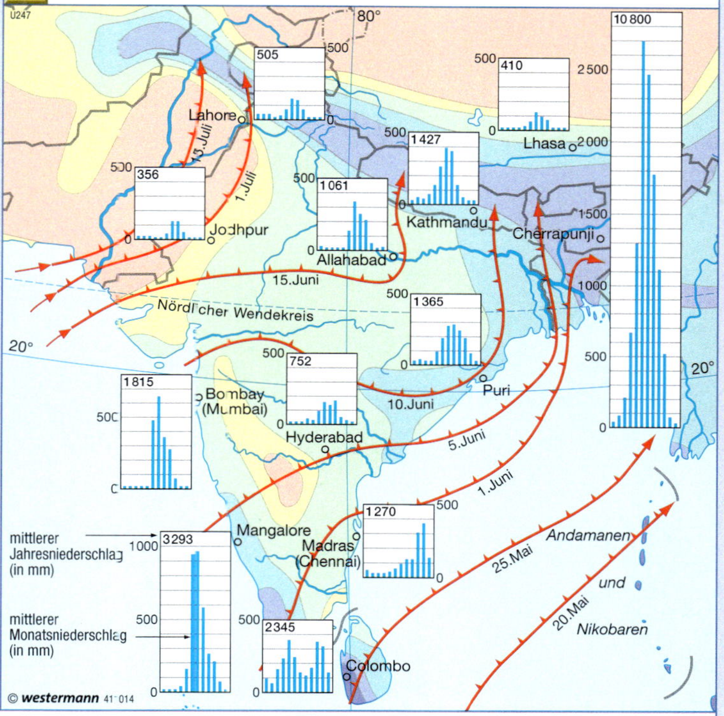

Zahl der humiden Monate: 0, 2, 4, 6, 8, 10

Einsetzen des Südwest-Monsuns

6 Südwest- und Nordost-Monsun

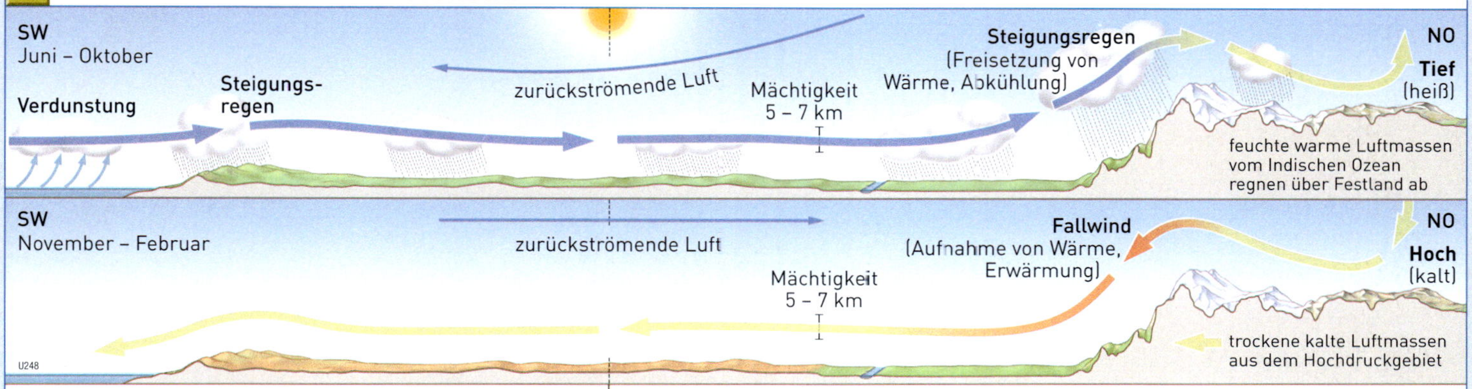

D3-144
www.diercke.de

1 Wirtschaft

Maßstab 1 : 36 000 000

2 Bangkok – Stadtwachstum und Landschaftsverbrauch

Maßstab 1 : 250 000

Landnutzung

1 Citybebauung
2 niedrige Bebauung
3 Industriegebiet
4 Reisfelder
5 Aquakulturen

Stadtwachstum

Bebauung 1960

Das TERRA-Satellitenbild oben entstand im Dezember 2007. Naturnahe Farben wurden dem Bild nachträglich zugewiesen.

Durch Bebauung und Straßen versiegelte Stadtflächen weiten sich auf Kosten des umgebenden Acker- und Feuchtlandes aus.

Wirtschaftsraum

- naturnahe Landschaft, wirtschaftlich wenig oder nicht genutzt
- Kulturland, vielfältige wirtschaftliche Nutzung
- dicht besiedelter ländlicher Raum
- verstädtert, viel Industrie und hoher Dienstleistungsanteil

Wirtschaftszentrum

Ausstrahlung (Bedeutung im Städtevergleich)
- global bedeutendes Zentrum
- kontinental bedeutendes Zentrum
- für mehrere Staaten bedeutendes Zentrum

Ausrichtung
- politisch-kulturelles Zentrum
- Finanzzentrum (Banken, Handel, Börse)
- Innovationszentrum (Hightech-Industrie, Forschung)

- Ort mit nationaler wirtschaftlicher Bedeutung (in Auswahl)
- sonstiger Ort
- bedeutende Tourismusregion

D3-146
www.diercke.de

Maßstab 1 : 18 000 000
1 cm ≙ 180 km

0 200 400 600 800 1000 km

Landhöhen und Meerestiefen
(in Meter)

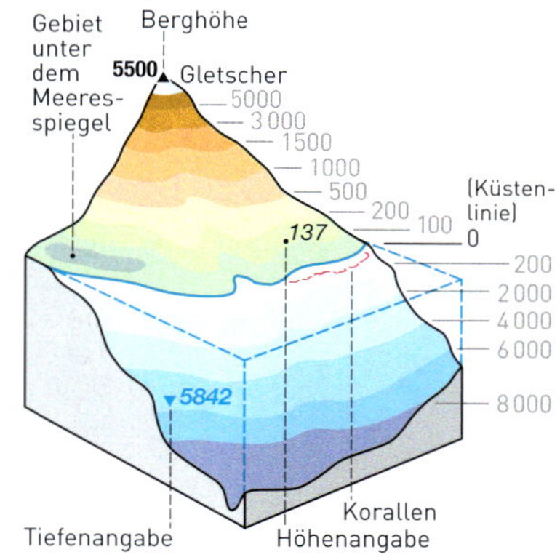

Gewässer

- Fluss
- schiffbarer Fluss
- Fluss, zeitweilig Wasser führend
- Kanal, bedingt schiffbar
- schiffbarer Kanal
- See · Salzsee
- Stausee, Staumauer
- Sumpf, Moor

Orte

Einwohner

über	5 000 000
1 000 000 –	5 000 000
500 000 –	1 000 000
100 000 –	500 000
20 000 –	100 000
unter	20 000

∴ Ruinenstätte, geschichtlich bedeutsamer Ort

Verkehr

- Eisenbahn
- Fernstraße
- Pass

Verwaltung

- Staatsgrenze
- Grenze der autonomen Regionen in China

Hanoi Hauptstadt eines Staates
Putrajaya Regierungssitz eines Staates
Nanning Hauptstadt einer autonomen Region in China

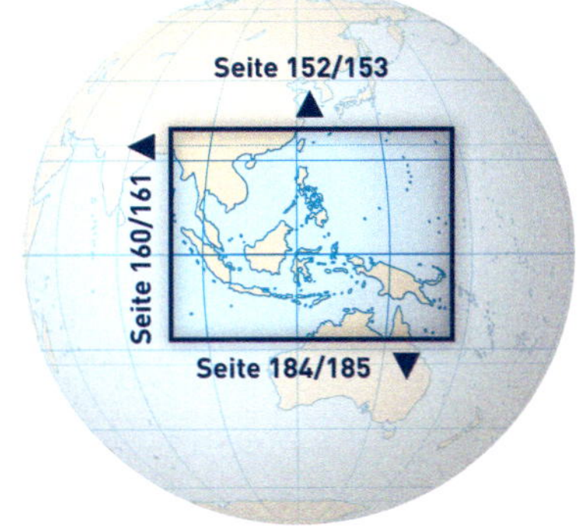

D3-148 www.diercke.de

1 Wirtschaft

Maßstab 1 : 18 000 000

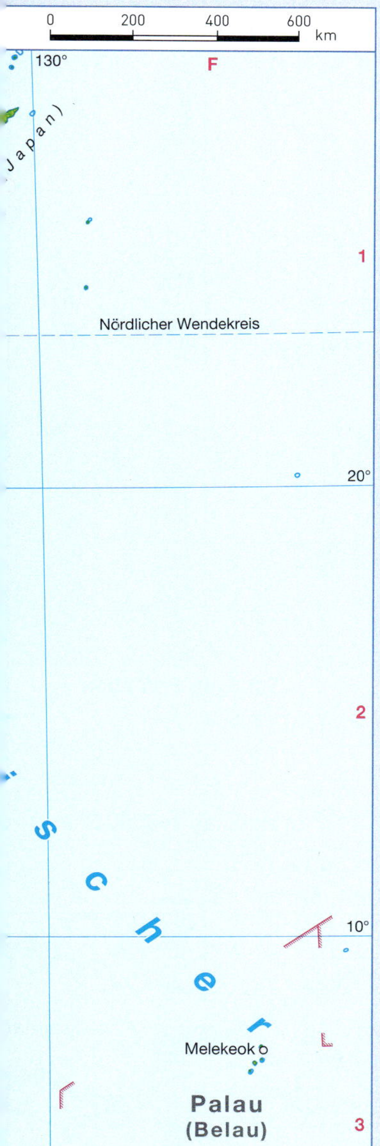

2 Borneo 1980 – Wirtschaft

Maßstab 1: 18 000 000

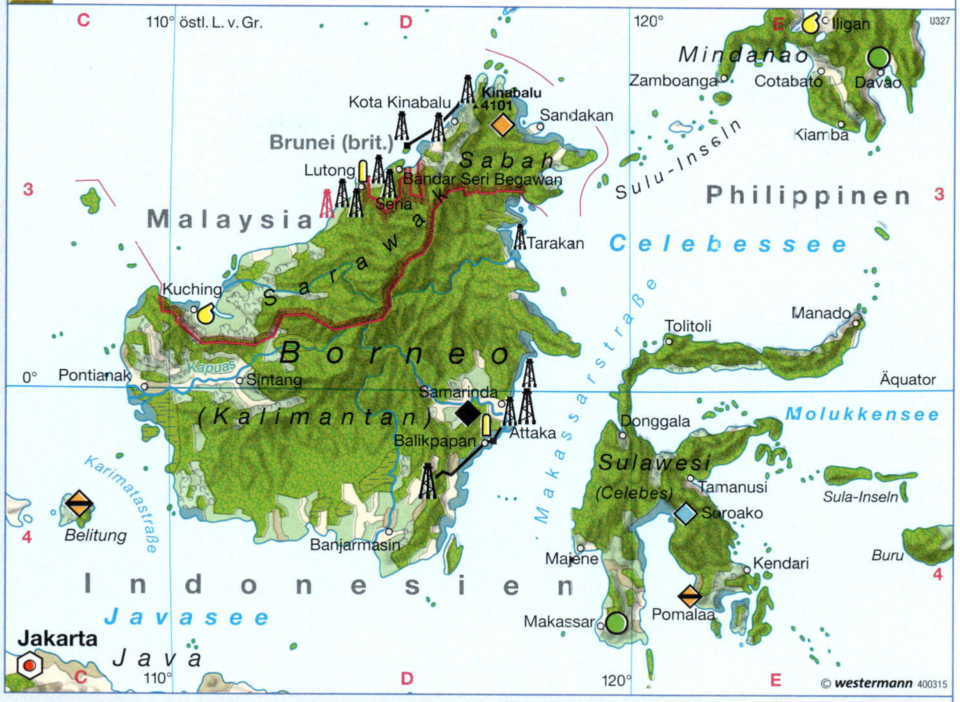

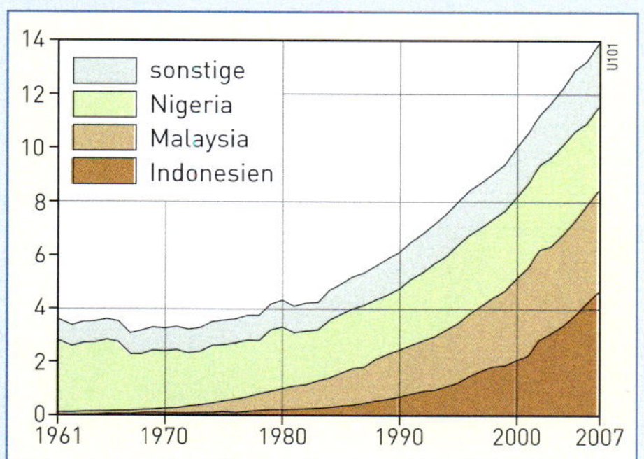

Gesamtfläche der Ölpalmenplantagen weltweit (in Millionen Hektar)

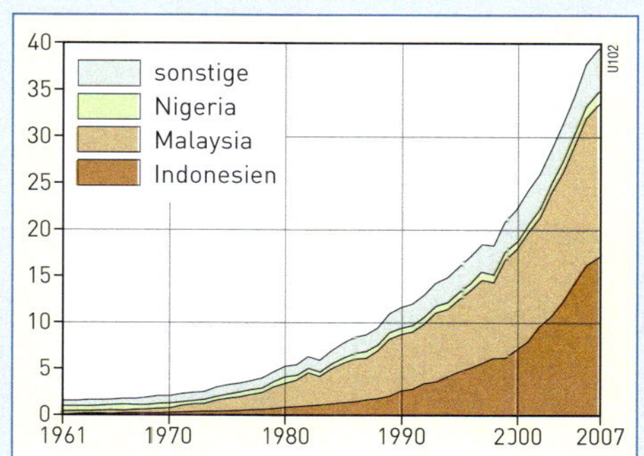

Weltproduktion von Palmöl (in Millionen Tonnen)

Waldlandschaften
- sommergrüner Laub- und Mischwald, Gebirgsnadelwald
- Monsun- und Regenwald
- sumpfiger Regenwald
- Sekundär- u. Buschwald, z.T. Weide
- Mangrove

offene Landschaften
- Steppe und Hochgebirgsgrasland
- Trockensavanne
- Feuchtsavanne
- Halbwüste und Wüste

Kulturlandschaften
- Ackerbau
- Bewässerungsland
- Weide, z.T. Wiese
- Plantagenwirtschaft (Ölpalmen, Kokospalmen, Kaffee)

Bergbau
- Erdöl
- Erdgas
- Steinkohle
- Braunkohle
- Uran
- Eisen
- Stahlveredler
- Kupfer
- Zinn
- Blei/Zink
- Bauxit
- Diamanten
- Gold
- Silber
- Phosphat

Industrie
- Eisen- u. Stahlerzeugung
- Buntmetallverhüttung
- Aluminiumverhüttung
- Eisen-, Metallverarbeitung, Maschinenbau
- Kraftfahrzeugbau
- Luft-, Raumfahrttechnik
- Schiffbau
- Chemie, Biotechnologie
- Erdölraffinerie
- Elektroindustrie, Optik
- Textilien, Bekleidung, Leder
- Holz, Papier
- Nahrungsmittel
- Fischverarbeitung
- Kernkraftwerk
- Wärmekraftwerk
- Wasserkraftwerk

Dienstleistungszentrum
- mit internationaler Bedeutung
- mit überregionaler Bedeutung
- mit regionaler Bedeutung
- Tourismusregion

Transport und Verkehr
- Erdölleitung
- Erdgasleitung
- Eisenbahn
- Fernstraße
- Staatsgrenze

D3-150
www.diercke.de

1 Naturrisiken

Maßstab 1 : 16 000 000

Wetterrisiken
- hohe Wahrscheinlichkeit heftiger Schneefälle
- häufige Überschwemmungen
- Durchzugsbahnen von Taifunen

Tektonik
- Plattengrenze mit Subduktion. Die Dreiecke kennzeichnen den abtauchenden Plattenrand.
- als aktiv eingeschätzter Vulkan
- schweres Erdbeben zwischen 1885 u. 2008
- verlustreiches Erdbeben (über 1000 Tote)
- Tsunami-gefährdeter Küstenabschnitt

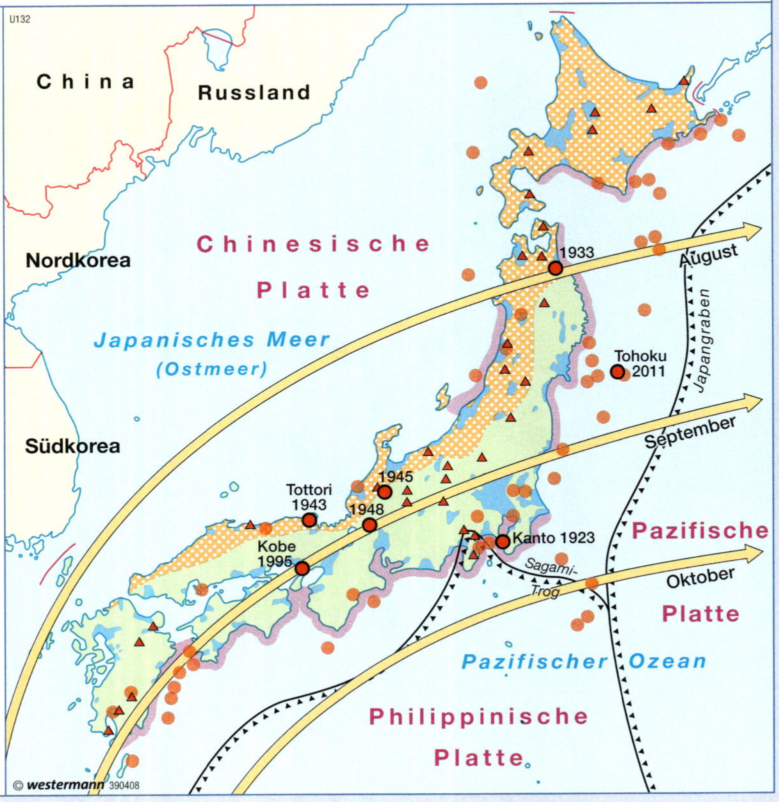

2 Erdbeben im Raum Tokio

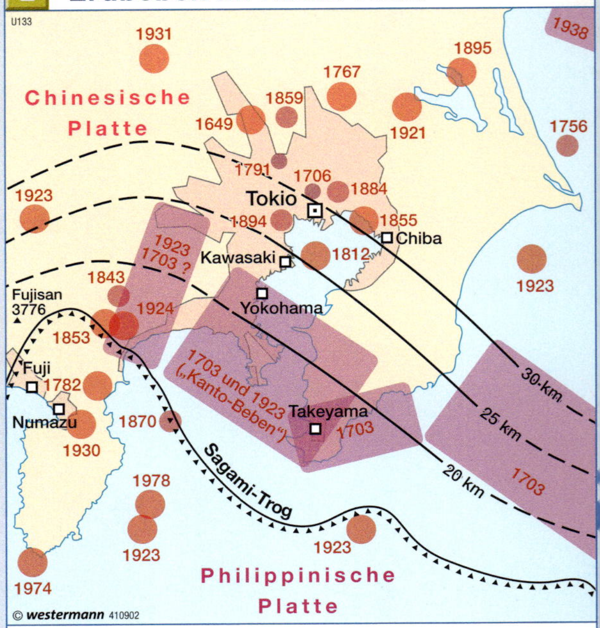

Tektonik
- Plattengrenze mit Subduktion
- 20 km Tiefenlage der Philippinischen Platte (Oberseite, z.T. vermutet)

Schwere Erdbeben
Magnitude (Stärke): 5 · 6 · 7 · größer als 7,5

Maßstab 1 : 3 000 000

3 Tokio – Weltstadt

Maßstab 1 : 500 000

Flächennutzung
- Bebauung 1950
- Bebauung heute
- Geschäfts- und Dienstleistungszentrum (Büros, Banken, Konzernsitze, Hotels)
- Industrie, Gewerbe
- altes Holzhausviertel (Großbrandgefahr)
- landwirtschaftliche Nutzfläche
- Grünfläche, Wald

Neulandgewinnung
- Wohnfläche
- neue Stadtteile (Wohnen, Arbeiten, Einkaufen, Erholen)
- Freizeitfläche
- Industrie, Hafenanlagen

Industrie
- Eisen- und Stahlerzeugung
- Eisen-, Blech-, Metallwaren
- Maschinenbau
- Kraftfahrzeugbau
- Schienenfahrzeugbau
- Schiffbau
- Elektrotechnik, Elektronik
- Feinmechanik, Optik
- Chemie, Kunststoffe
- Erdölraffinerie
- Druckgewerbe
- Nahrungsmittel

Stromversorgung
- Wärmekraftwerk (über 100 MW)

Verkehr
- Shinkansen
- Fernbahn
- S-Bahn
- Autobahn
- Straße
- Flughafen

4 Bevölkerung

Maßstab 1 : 16 000 000

Bevölkerungsdichte
Einwohner je km²
- 0 – 25
- 25 – 200
- 200 – 500
- über 500

Großstädte – Einwohner
- 100 000 – 500 000
- 500 000 – 1 000 000
- 1 000 000 – 5 000 000
- 5 000 000 – 10 000 000

Industrieproduktion
16% Prozentanteil einer Hauptregion an der gesamten Industrieproduktion Japans

5 Wirtschaft

Maßstab 1 : 6 000 000

0 50 100 150 km

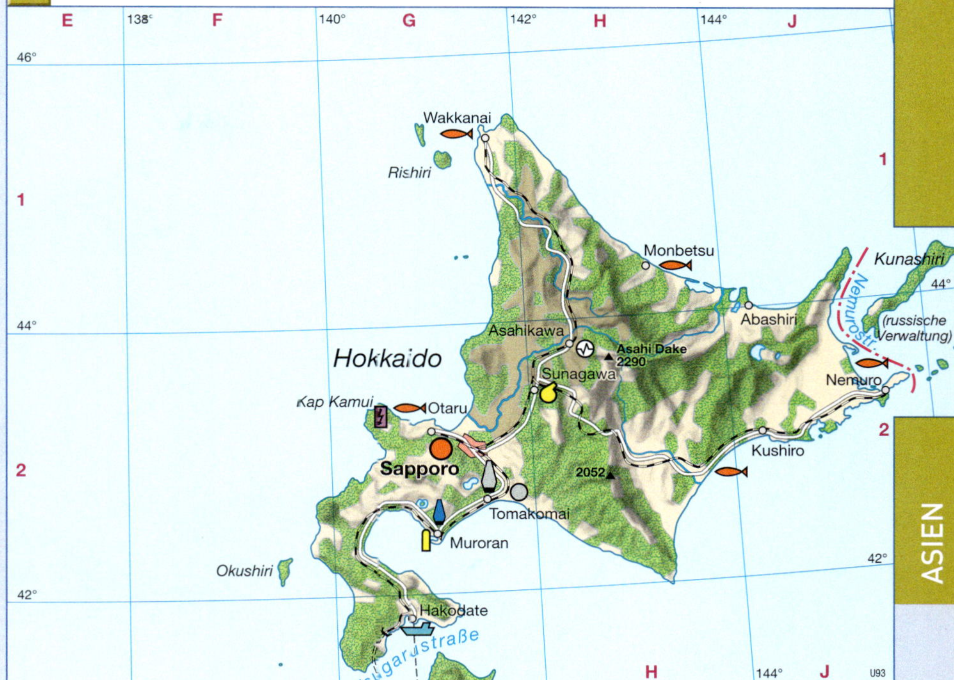

Waldlandschaften
- sommergrüner Laub- und Mischwald, Gebirgsnadelwald

Kulturland
- Ackerbau
- Bewässerungsland

Bergbau
- Erdgas
- Steinkohle

Energie
- Wasserkraftwerk
- Wärmekraftwerk
- Kernkraftwerk

Industrie
- Eisen- und Stahlerzeugung
- Buntmetallverhüttung
- Aluminiumverhüttung
- Eisen- und Metallverarbeitung
- Kraftfahrzeugbau
- Schiffbau
- Elektrotechnik, Elektronik
- Feinmechanik, Optik
- Chemie, Kunststoffe
- Erdölraffinerie
- Textilien, Bekleidung
- Holz, Zellulose, Papier
- Nahrungsmittel
- Fischverarbeitung

Dienstleistungszentrum
- Finanzen, Handel
- Bildung, Medien
- internationaler Flughafen
- wichtiger Hafen
- bedeutende Tourismusregion

Verkehr
- Eisenbahn
- Schnellbahn (Shinkansen)
- Fernstraße
- Erdgasleitung

D3-152
www.diercke.de

Landhöhen und Meerestiefen
(in Meter)

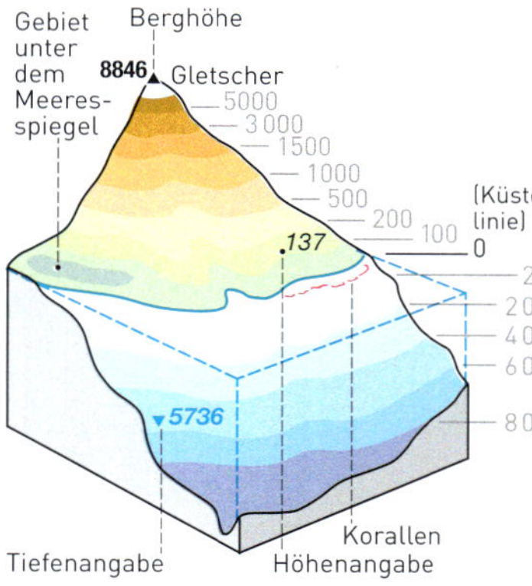

Gewässer
- Fluss
- schiffbarer Fluss
- Fluss, zeitweilig Wasser führend
- Kanal, bedingt schiffbar
- schiffbarer Kanal
- See, Salzsee
- Stausee, Staumauer
- Sumpf, Moor
- Salzpfanne

Orte

Einwohner

über		5 000 000
1 000 000	–	5 000 000
500 000	–	1 000 000
100 000	–	500 000
20 000	–	100 000
unter		20 000

- Ruinenstätte, geschichtlich bedeutsamer Ort

Verkehr
- Eisenbahn
- wichtige Fernstraße
- Pass

Verwaltung
- Staatsgrenze
- Grenze der autonomen Regionen in China
- nicht festgelegte Grenze
- Chinesische Mauer

- Hanoi — Hauptstadt eines Staates
- Kotte — Regierungssitz eines Staates
- Hohhot — Hauptstadt einer autonomen Region in China

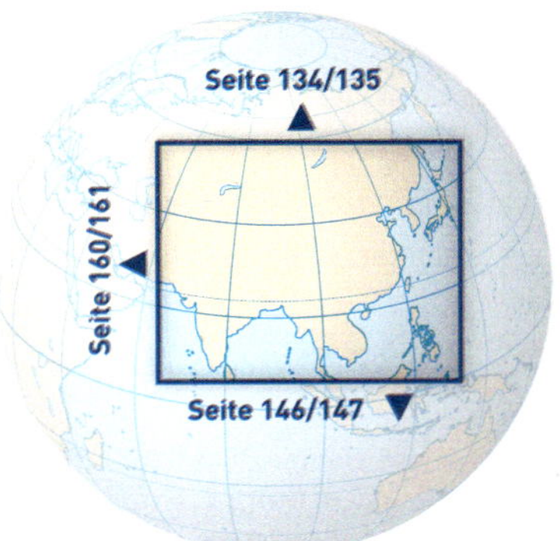

D3-154 www.diercke.de

1 Peking – Machtzentrum Chinas

Maßstab 1 : 50 000

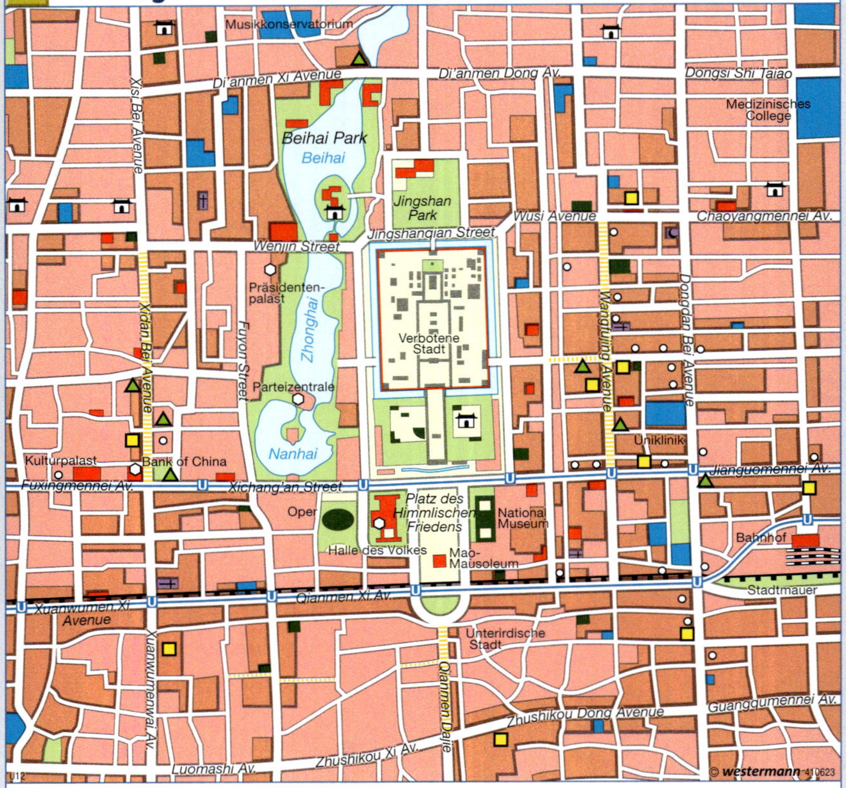

Bebauung

- 1- bis 3-geschossig (Hutongs)
- vorwiegend mit Hochhäusern
- öffentliche Gebäude
- Theater, Museum
- Universität, Krankenhaus
- Tempel
- Kirche
- Moschee

Machtzentrum der Ming-Dynastie

- historische Stadtmauer (nur zum Teil erhalten)
- Mauer des Kaiserpalastes
- Palastgebäude

modernes Geschäftszentrum

- Hauptgeschäftsstraße
- Markt
- Einkaufszentrum (Mall)
- Großhotel
- Regierung, Finanzen

2 China – Raumentwicklung seit 1980

Maßstab 1 : 36 000 000

Staatliche Wirtschaftsförderung

- geöffnetes Küstengebiet (1980)
- (1980) Sonderwirtschaftszone (mit Jahr)
- offene Küstenstadt (1984)
- offene Stadt (1992/1993)
- offene Binnenstadt (2000/2002)
- Sonderverwaltungsregion
- *Tibet* autonomes Gebiet
- Gebiet des Entwicklungsplans „Westliches China“ (2000–2050)
- Provinzgrenze
- Aus- und Neubau von Eisenbahnstrecken

Wirtschaftsstruktur

überdurchschnittlich in der Provinz vertretener Wirtschaftssektor (gemessen an nationalen Anteilen 2006)

- Landwirtschaft
- Industrie
- Dienstleistung

3 Wirtschaft

Waldlandschaften

- nördlicher Nadelwald
- sommergrüner Laub- und Mischwald, Gebirgsnadelwald
- Monsun- und Regenwald
- Sekundär- und Buschwald, z.T. Weide
- Mangrove

offene Landschaften

- Tundra
- Steppe und Hochgebirgsgrasland
- Halbwüste und Wüste
- Fels- u. Gletscherregion
- Staatsgrenze
- nicht festgelegte Grenzen

Maßstab 1 : 18 000 000

Kulturland

- Ackerbau
- Bewässerungsland
- Weide, z. T. Wiese

- Erdölleitung
- Erdgasleitung
- wichtige Eisenbahn

Bergbau

- Erdöl
- Erdgas
- Steinkohle
- Braunkohle
- Uran
- Eisen
- Stahlveredler
- Graphit
- Kupfer
- Zinn
- Blei/Zink
- Quecksilber
- Bauxit (Aluminiumrohstoff)
- Metalle der Seltenen Erden (Hightech-Rohstoffe)
- Gold
- Silber
- Platin
- Phosphat

Industrie

- Eisen- u. Stahlerzeugung
- Buntmetallverhüttung
- Aluminiumverhüttung
- Eisen-, Metallverarbeitung, Maschinenbau
- Kraftfahrzeugbau
- Luft-, Raumfahrttechnik
- Schiffbau
- Elektroindustrie, Optik
- Chemie, Kunststoffe
- Erdölraffinerie
- Textilien, Bekleidung, Leder
- Holz, Papier
- Nahrungs- u. Genussmittel
- Fischverarbeitung
- Kernkraftwerk
- Wasserkraftwerk
- Wärmekraftwerk

Dienstleistungszentrum

- mit internationaler Bedeutung
- mit überregionaler Bedeutung
- mit regionaler Bedeutung
- Tourismusregion

D3-156
www.diercke.de

1 Küstenregion Shanghai

Maßstab 1 : 1 000 000

Flächennutzung

- Bebauung bis 1945
- Bebauung bis 1990
- Bebauung bis 2010
- Neulandgewinnung
- dicht besiedelter ländlicher Raum (vorwiegend Reisanbau auf Bewässerungsland)
- Wald

Raumentwicklung

Bau neuer Städte und Stadtteile für
- > 100 000 Einwohner
- 50 000 – 100 000 Einw.
- < 50 000 Einwohner
- 1998/2008 Baubeginn/Fertigstellung
- großer Industriepark
- Sonderwirtschaftszone Pudong

Verkehr

- Eisenbahn
- Transrapid (2001/2003)
- Autobahn/Schnellstraße
- im Bau/in Planung
- Hauptwasserstraße
- internationaler Flughafen
- Containerhafen
- 10 m-Tiefenlinie
- Provinzgrenze
- Stadtgrenze

Shanghai 1988: Blick zum Ostufer des Huangpu

Shanghai 2008: Bankenviertel Lujiazui in Pudong

2 Tiefwasserhafen Yangshan

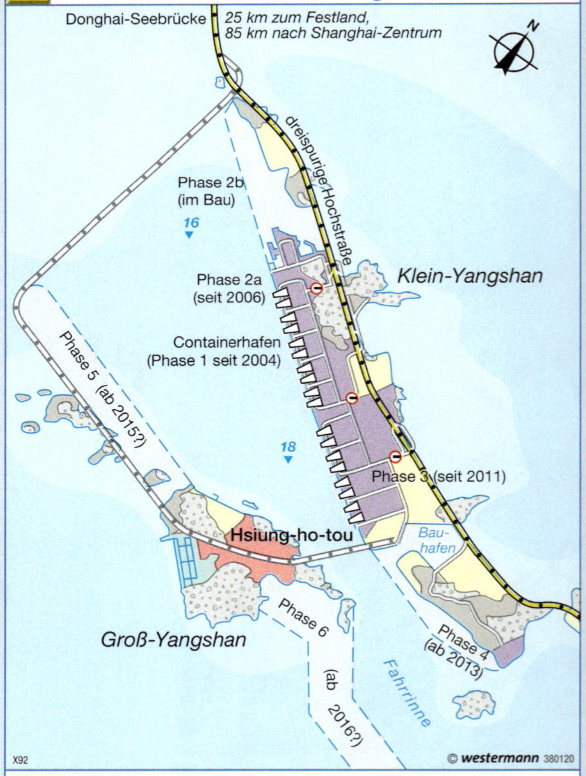

Flächennutzung

- Fischerdorf und Arbeiterquartiere
- Reisgärten
- Felsen mit Buschvegetation
- Steinbruch, Bergplanierung (Bauvorhaben)
- Aufschüttung, Aufspülung (Hafenausbau)
- Containerhafen (Neuland)

Maßstab 1 : 150 000

- Zoll
- Containerbrücke
- Brücke, Hochstraße
- im Bau/Planung
- 10 m-Tiefenlinie

3 Shanghai Innenstadt und die Sonderwirtschaftszone Pudong

Maßstab 1 : 50 000

0 500 1000 1500 m

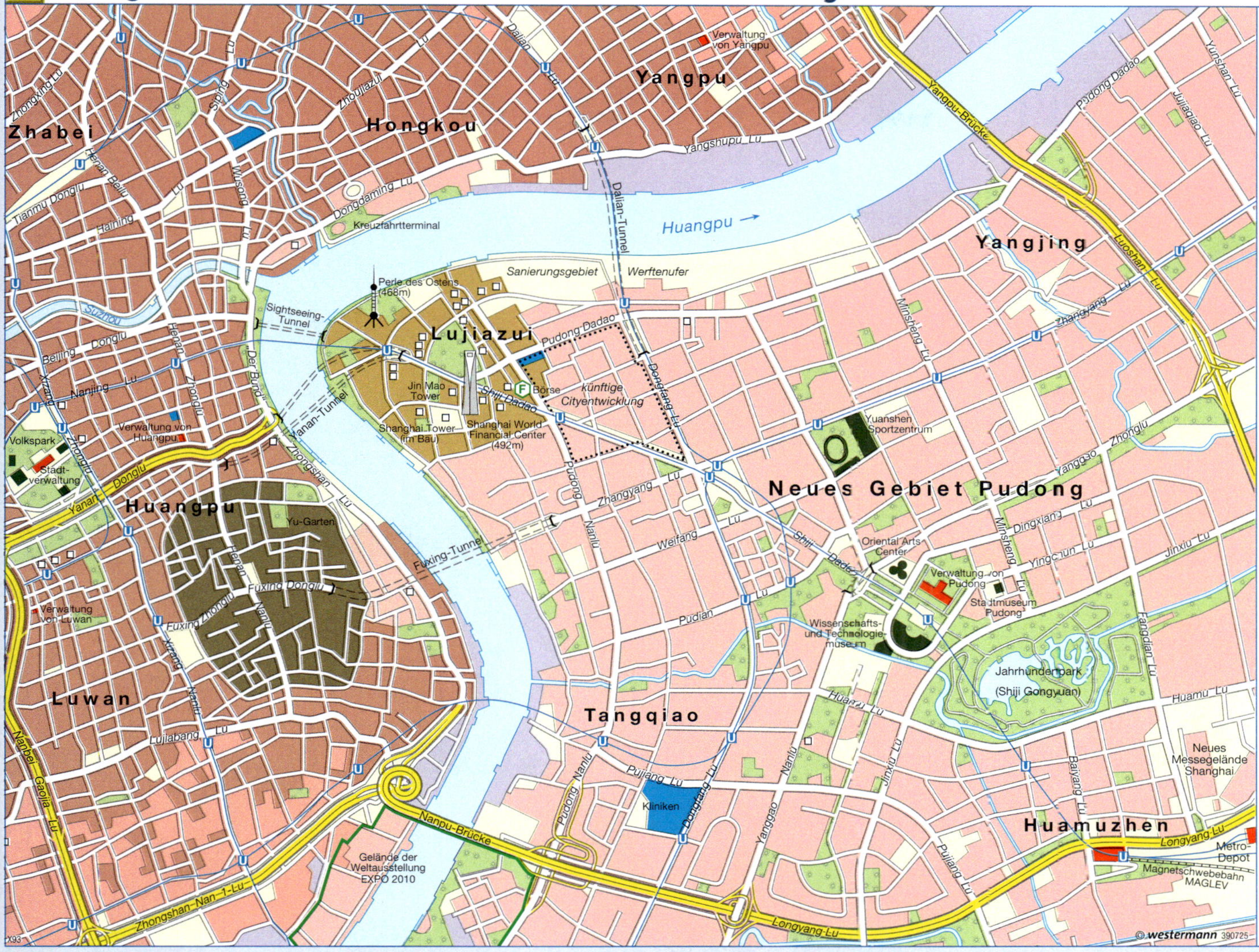

Verkehr
- Autobahn
- Straße
- Weg
- U-Bahn mit Haltestelle
- Transrapid

Bebauung
- bis 1842
- 1842 – 1945
- 1945 – 1992
- seit 1992
- Finanz- und Bankenviertel (seit 1990) (Mietkasernen, Bürokomplexe, Hochhäuser)
- Hochhaus über 200m Höhe
- Hafengelände
- Park, Grünanlage
- Freifläche
- Krankenhaus
- kulturelle Einrichtung
- Verwaltung, öffentliches Gebäude

4 China – Außenhandel

Maßstab 1 : 150 000 000

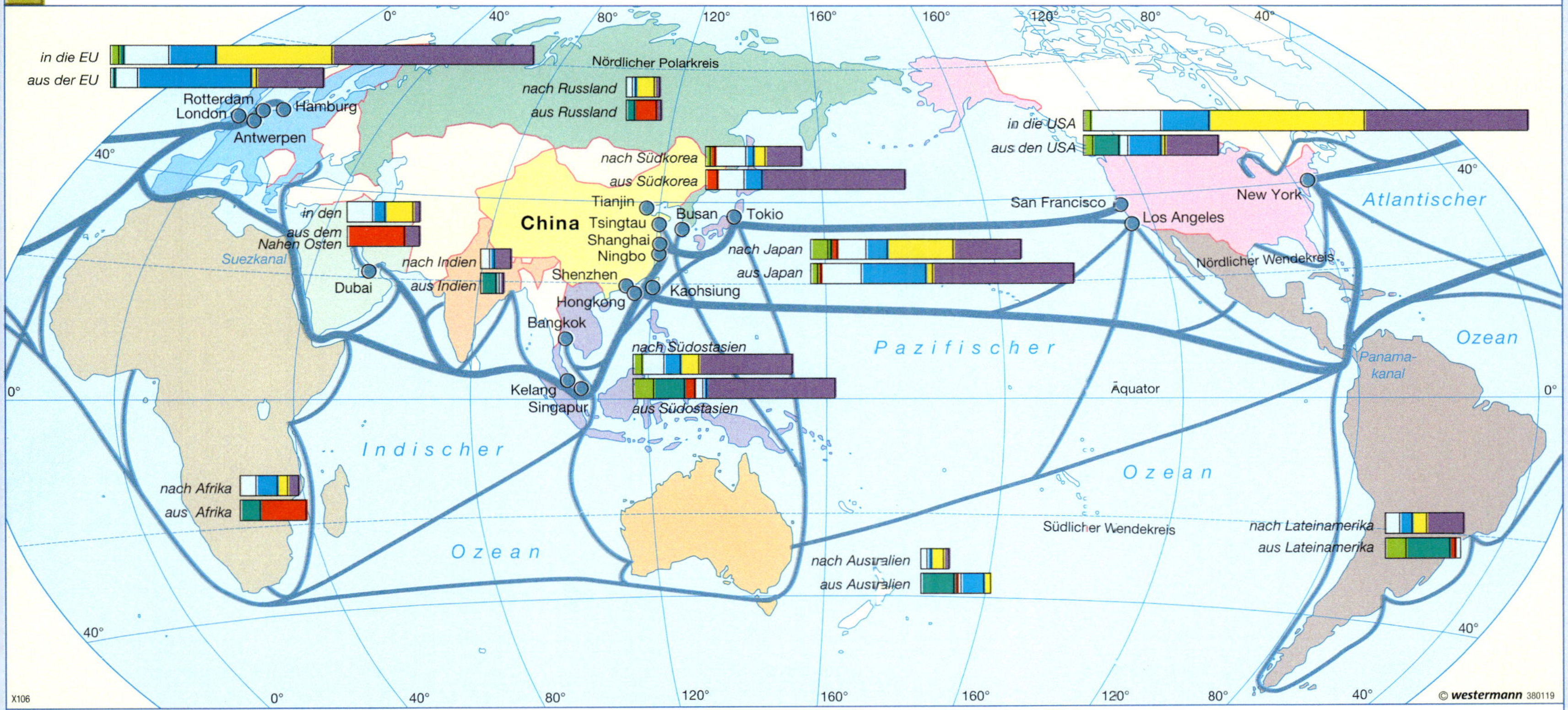

Exporte und Importe Chinas (2006) nach Handelsregionen

Wert der gehandelten Güter
- Ausfuhr aus China
- Einfuhr nach China

1 15 30 60 90 Milliarden US-$

1 mm Balkenlänge entspricht 3 Milliarden US-$

Handelsüberschuss:
- Export
- Import

Handelsdefizit:
- Export
- Import

Hauptgütergruppen im Außenhandel
- Nahrungsmittel (z.B. Getreide)
- Rohstoffe (z.B. Erze, Baumwolle)
- Energierohstoffe (inkl. Benzin)
- Vorerzeugnisse (Halbfertigwaren)
- Maschinen, Fahrzeuge, Fahrzeugteile
- Konsumgüter (z.B. Textilien, Spielzeug)
- sonstiges (z.B. Elektrotechnik, Chemie)

Seeverkehr
- Containerhafen von Weltrang (Containerumschlag von über 5 Millionen TEU, 1 Twenty foot Equivalent Unit entspricht dem Fassungsvermögen eines Containers, das sind ca. 33m³)
- internationale Containerroute

D3-158 www.diercke.de

1 Wirtschaft

Maßstab 1: 18 000 000

0 200 400 600 km

Waldlandschaften
- sommergrüner Laub- und Mischwald, Gebirgsnadelwald
- Monsun- und Regenwald
- Mangrove

offene Landschaften
- Trocken- und Dornstrauchsavanne
- Steppe und Hochgebirgsgrasland
- Halbwüste und Wüste
- Fels- und Gletscherregion

Kulturland
- Ackerbau
- Bewässerungsland

Bergbau
- Erdöl
- Erdgas
- Steinkohle
- Braunkohle
- Uran
- Eisen
- Stahlveredler
- Kupfer
- Blei/Zink
- Bauxit
- Metalle der Seltenen Erden
- Phosphat
- Gold

Industrie
- Eisen- u. Stahlerzeugung
- Buntmetallverhüttung
- Aluminiumverhüttung
- Eisen- und Metallverarbeitung, Maschinenbau
- Kraftfahrzeugbau
- Luft-, Raumfahrzeugbau
- Schiffbau
- Chemie, Kunststoffe
- Erdölraffinerie
- Elektroindustrie, Optik
- Textilien, Bekleidung, Leder
- Holz, Papier
- Nahrungsmittel
- Fischverarbeitung
- Kernkraftwerk
- Wärmekraftwerk
- Wasserkraftwerk

Dienstleistungszentrum
- mit internationaler Bedeutung
- mit überregionaler Bedeutung
- mit regionaler Bedeutung
- Tourismusregion

- Erdölleitung
- Erdgasleitung
- Eisenbahn
- Fernstraße
- Staatsgrenze
- nicht festgelegte Grenze

2 Religionen

Maßstab 1: 36 000 000

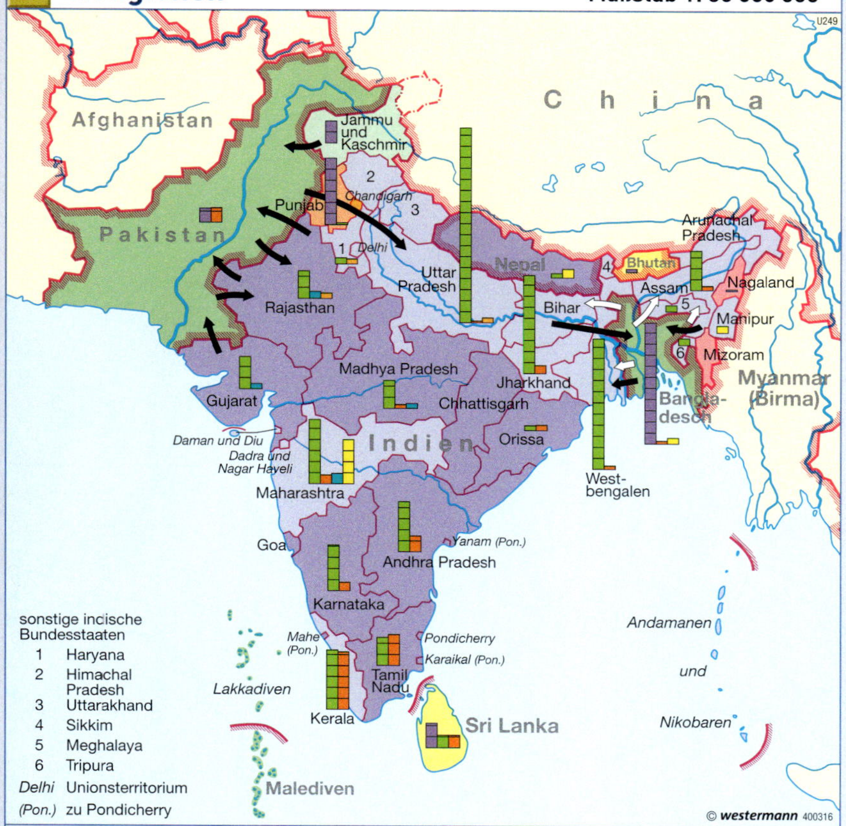

Religionszugehörigkeit (60–85 % / über 85 %)
- Hindus
- Buddhisten
- Muslime
- Sikhs
- Christen

Minderheiten
- Hindus
- Buddhisten
- Muslime
- Sikhs
- Jainas
- Christen
- Andere
- ≙ 1 Mio. Personen

Flüchtlingsbewegungen
- nach der Teilung Britisch-Indiens (1947)
- aus wirtschaftlichen Gründen in neuerer Zeit

3 Bevölkerung und Städtewachstum

1: 36 000 000

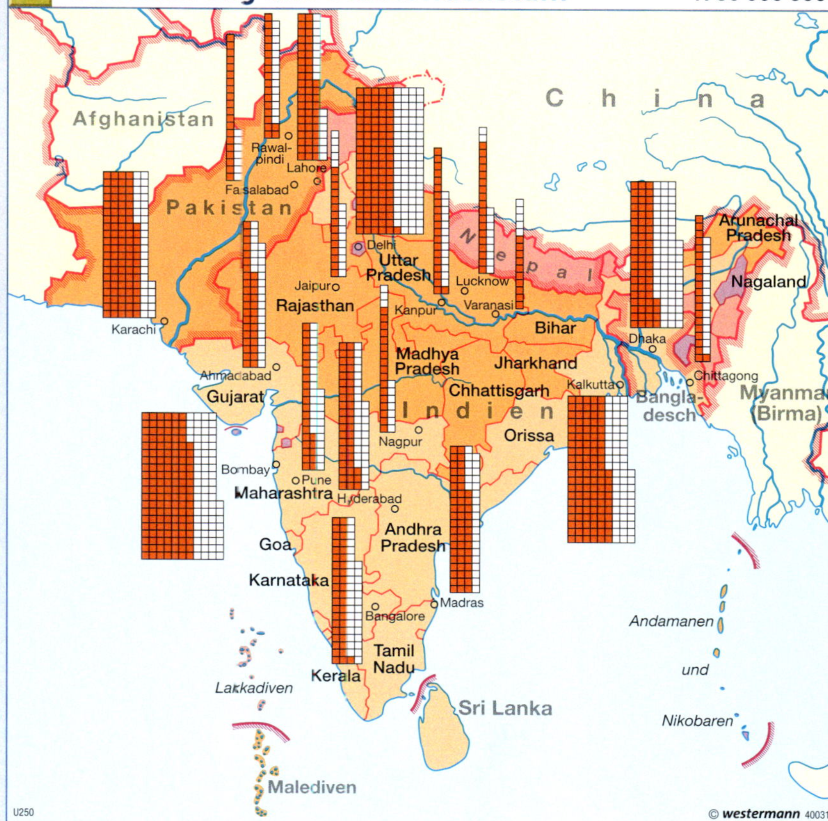

Bevölkerungswachstum (1991–2007)
- 10 % – 40 %
- 40 % – 50 %
- 50 % – 70 %
- 70 % – 130 %
- Bundesstaatengrenze in Indien

Wachstum der Städte (insbesondere der Slums)
- Einwohner 2007, davon um 1991 – 1 Kästchen ≙ 100 000 Einwohner

Die Bevölkerung von Deutschland wuchs im gleichen Zeitraum um 1 %.

4 Dürregefährdung / Bewässerung

Maßstab 1: 36 000 000

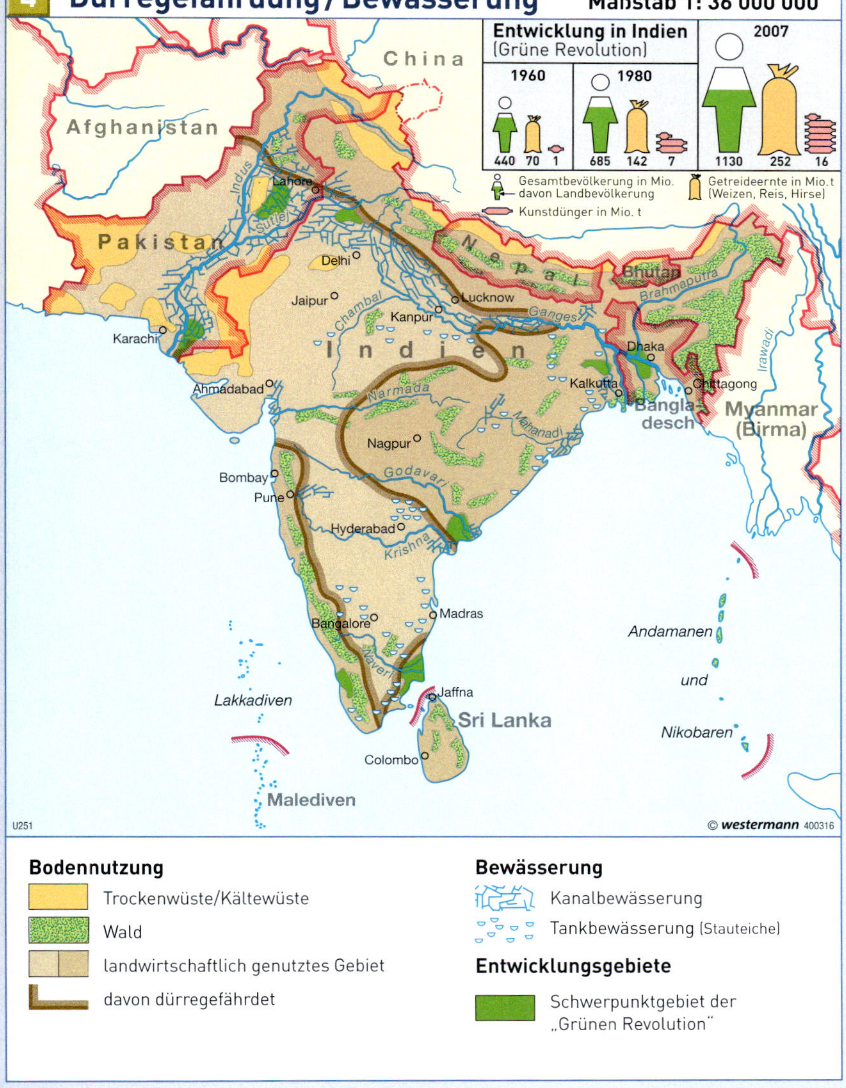

Bodennutzung
- Trockenwüste/Kältewüste
- Wald
- landwirtschaftlich genutztes Gebiet
- davon dürregefährdet

Bewässerung
- Kanalbewässerung
- Tankbewässerung (Stauteiche)

Entwicklungsgebiete
- Schwerpunktgebiet der „Grünen Revolution“

5 Raumentwicklung

Maßstab 1: 36 000 000

Pro-Kopf-Einkommen (2006 in Euro)
- über 5000
- 3000 – 5000
- 2000 – 3000
- 1500 – 2000
- unter 1500 €/Jahr

Verkehrserschließung Indiens seit 2000

Autobahnen
- Goldenes Viereck
- N-S-Tangente
- W-O-Tangente
- existierte vor 2000
- Modernisierungszentrum mit Weltmarktorientierung

Flughäfen
- Neubau
- Erweiterung

Häfen
- internationaler Hafen

D3-160
www.diercke.de

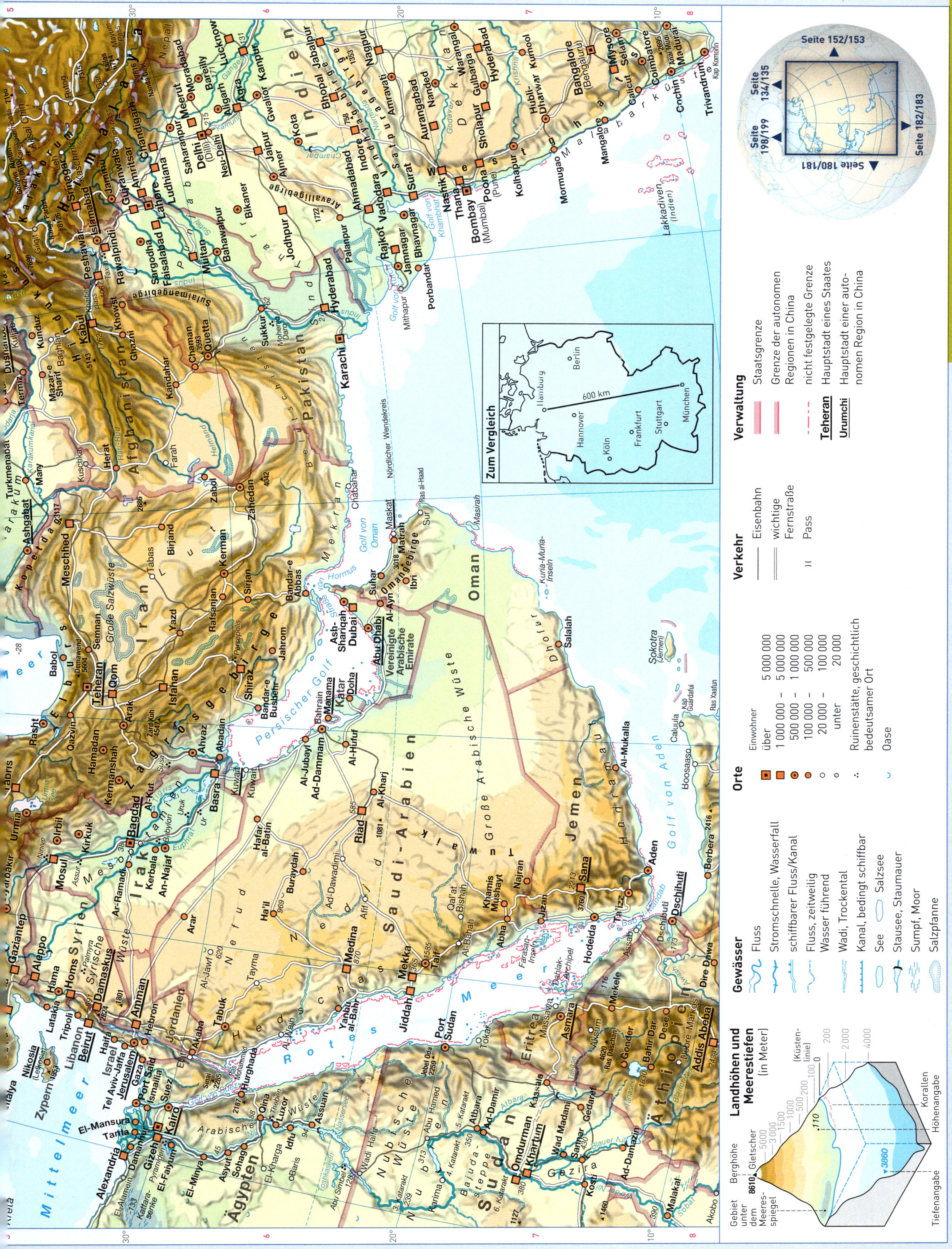
Landhöhen und Meerestiefen (in Meter)
Gebiet unter dem Meeresspiegel
Berghöhe
Gletscher
Tiefenangabe
Korallen
Höhenangabe
Gewässer
Fluss
Stromschnelle, Wasserfall
schiffbarer Fluss/Kanal
Fluss, zeitweilig Wasser führend
Wadi, Trockental
Kanal, bedingt schiffbar
See
Salzsee
Stausee, Staumauer
Sumpf, Moor
Salzpfanne
Orte
Einwohner
über 5 000 000
1 000 000 – 5 000 000
500 000 – 1 000 000
100 000 – 500 000
20 000 – 100 000
unter 20 000
Ruinenstätte, geschichtlich bedeutsamer Ort
Oase
Verkehr
Eisenbahn
wichtige Fernstraße
Pass
Verwaltung
Staatsgrenze
Grenze der autonomen Regionen in China
nicht festgelegte Grenze
Teheran Hauptstadt eines Staates
Urumchi Hauptstadt einer autonomen Region in China
Zum Vergleich
Hamburg
Berlin
Hannover
Köln
Frankfurt
Stuttgart
München
600 km
Seite 152/153
Seite 134/135
Seite 198/199
Seite 182/183
Seite 180/181

D3-162
www.diercke.de

1 Palästina zur Zeit Jesu

Maßstab 1:2500000

Landhöhen und Meerestiefen

Königreich Herodes des Großen 40–4 v. Chr.
Teilung des Reiches:
1 an Sohn Archelaos
2 an Sohn Herodes Antipas
3 an Sohn Philippus
4 an Schwester Salome
5 an die römische Provinz Syria
im Neuen Testament erwähnter Ort
sonstiger Ort

2 Lebensgrundlage Wasser

Maßstab 1:2500000

- Bewässerungsland
- Süßwasser
- Salz- oder Brackwasser

Wasserbilanz (Zahlen in Mio. m³ i. J.)

- Kanal
- Rohrleitung, Tunnelstrecke
- Fließrichtung des Grundwassers
- eindringendes Salzwasser durch zu hohe Grundwasserentnahme
- Quelle und Fluss
- Staudamm
- 440 Zufluss oder Abfluss 1960
- 100 Zufluss oder Abfluss 2000
- Niederschlag
- Verdunstung (Differenzen durch Zu- und Abfluss des Grundwassers)

Projekte

- Überleitungen von Süßwasser
- Überleitungen von Salzwasser (mit Wasserkraftwerk und Entsalzungsanlage)

3 Siedlungsgebiete

Maßstab 1:1000000

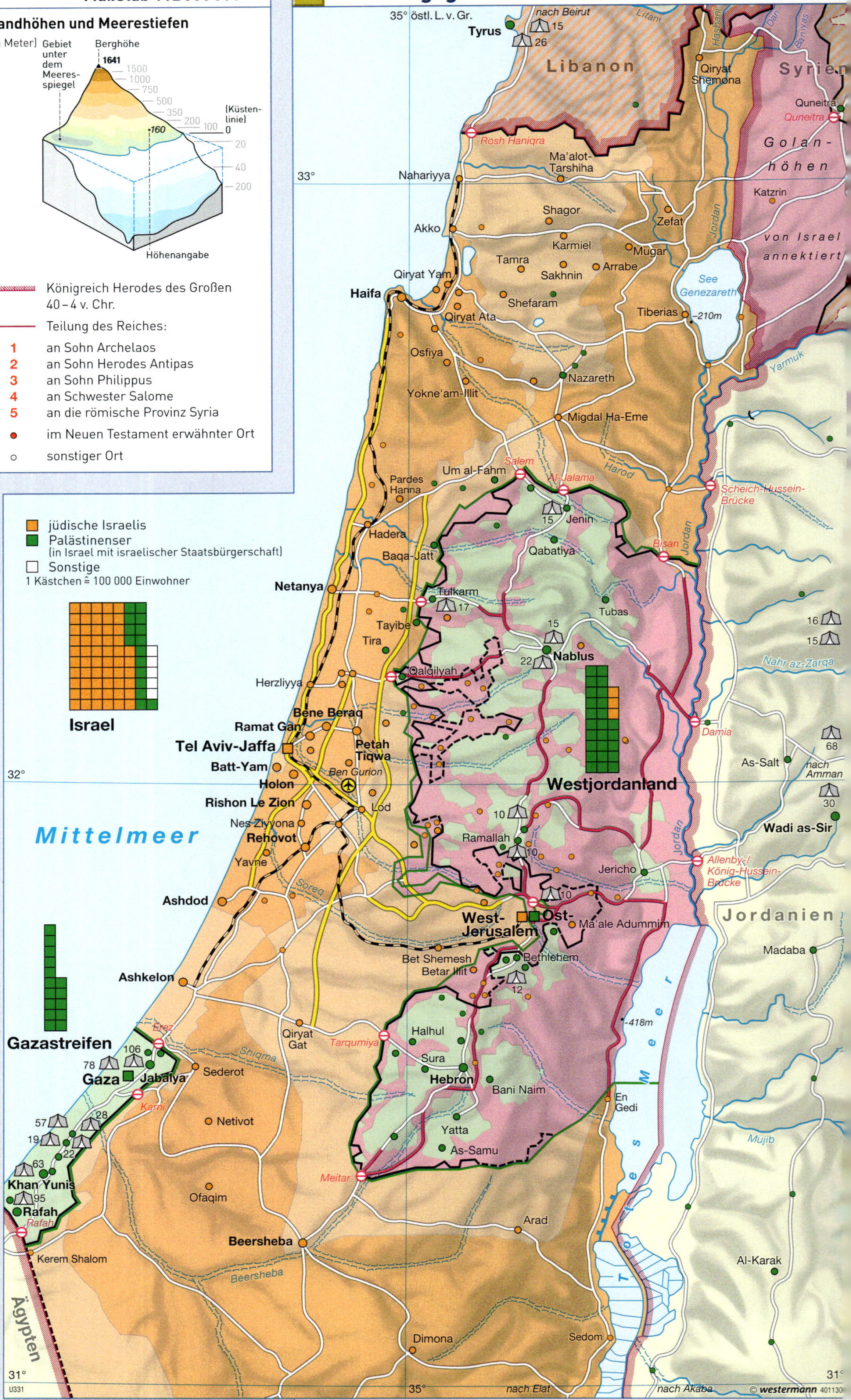

Orte/Siedlungen

Bevölkerungsmehrheit
- jüdisch
- palästinensisch/arabisch

Einwohnerzahl
- über 250000
- 100000–250000
- 20000–100000
- unter 20000
- Flüchtlingslager (Flüchtlinge in 1000)

Gebiete

- UN-Planung für einen jüdischen Staat von 1947
- Israel heute
- von Israel kontrolliert
- palästinensische Autonomiegebiete (seit 1994)
- UN-Pufferzone

Grenzen

- Waffenstillstandslinie von 1949
- Grenzzaun/Mauer
- Grenzzaun/Mauer in Bau/Planung
- Staatsgrenze
- Grenzübergang/Checkpoint
- für Palästinenser gesperrte Straße

4 Erde – Religionen

Maßstab 1 : 140 000 000

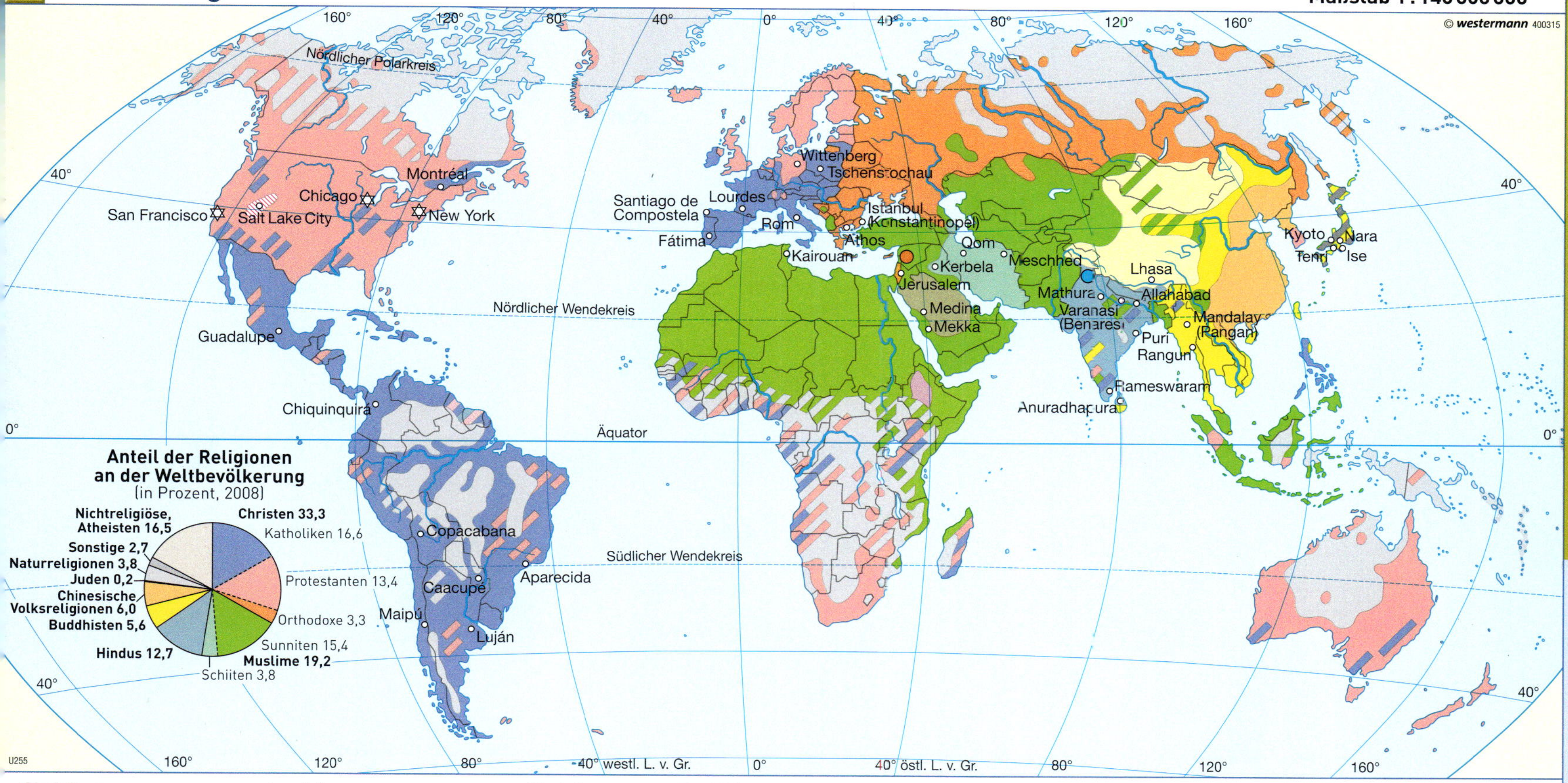

Christentum
- Katholiken
- Protestanten
- Orthodoxe und Orientale
- Kopten

Islam
- Sunniten
- Schiiten
- Wahhabiten u. a.

Hinduismus
- Hindus

Buddhismus
- nördliche und südliche Buddhisten
- Lamaisten

Judentum
- Juden
- ✡ Ort mit bedeutender jüdischer Gemeinde

- Konfuzianer, Taoisten
- Schintoisten
- Mormonen (Heilige der letzten Tage)
- Naturreligionen
- Sikhs
- Pilgerzentrum / religiöses Zentrum

5 Jerusalem – heilige Stadt für drei Weltreligionen

Maßstab 1 : 25 000 (0 250 500 750 m)

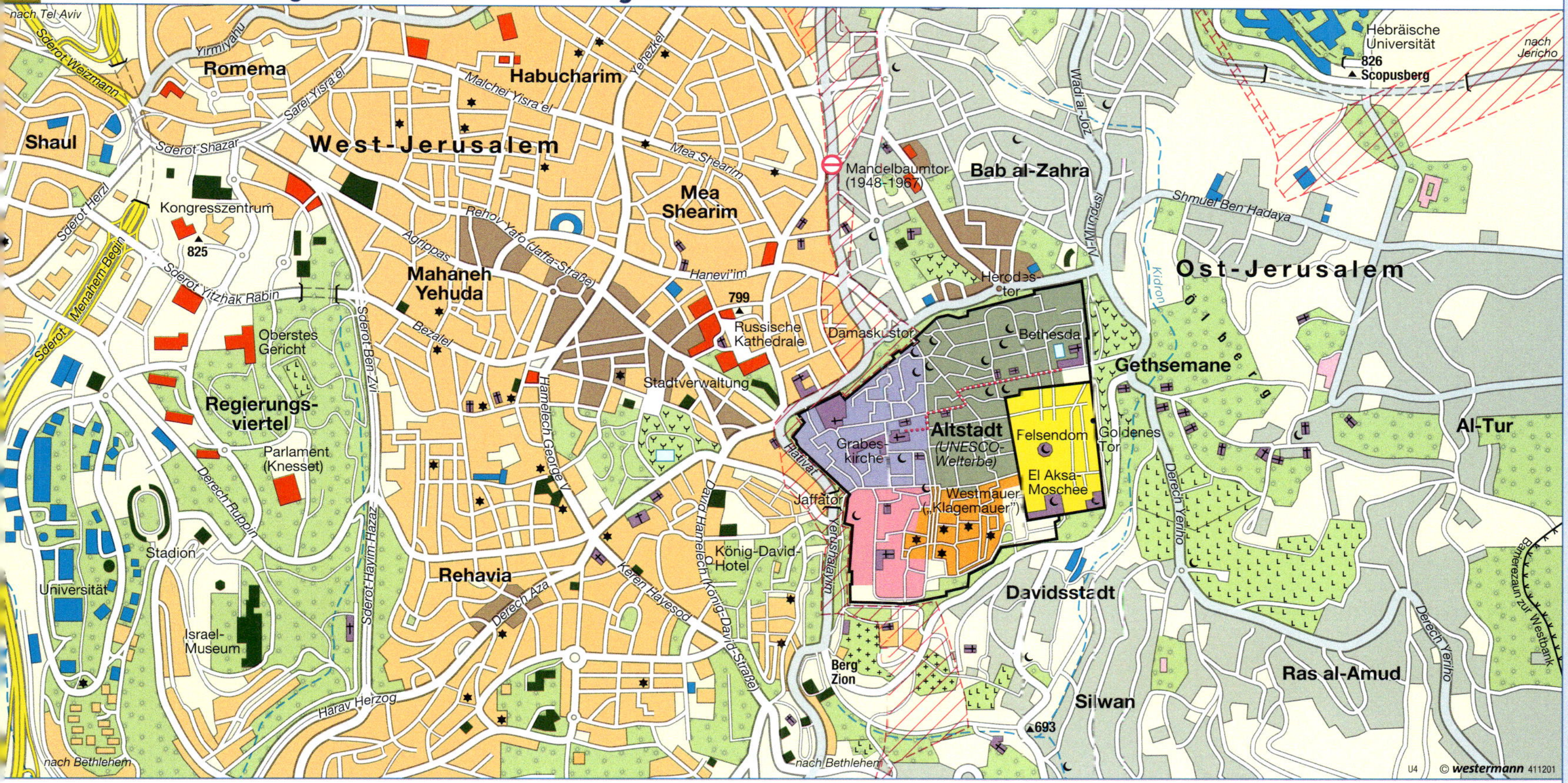

- Stadtmauer (16. Jahrhundert)
- muslimisches Viertel
- christliches Viertel
- armenisches Viertel
- jüdisches Viertel
- Via Dolorosa (Kreuzweg)
- Tempelberg
- Waffenstillstandslinie 1949–1967
- Niemandsland 1949–1967
- ehemaliger Grenzübergang / Checkpoint
- palästinensisches / arabisches Wohngebiet
- jüdisches Wohngebiet erbaut bis 1967
- Bypass Road (Nutzung durch Palästinenser nur eingeschränkt möglich)
- Hauptgeschäftszentrum
- Regierung und öffentliche Verwaltung
- kulturelle Einrichtung
- Bildung
- religiöse Einrichtung
- Synagoge
- jüdischer Friedhof
- Moschee
- islamischer Friedhof
- Kirche, Kloster
- christlicher Friedhof

D3-164 www.diercke.de

1 Die Ausbreitung des Islam 632–750

Maßstab 1 : 48 000 000 (0 – 500 – 1000 – 1500 km)

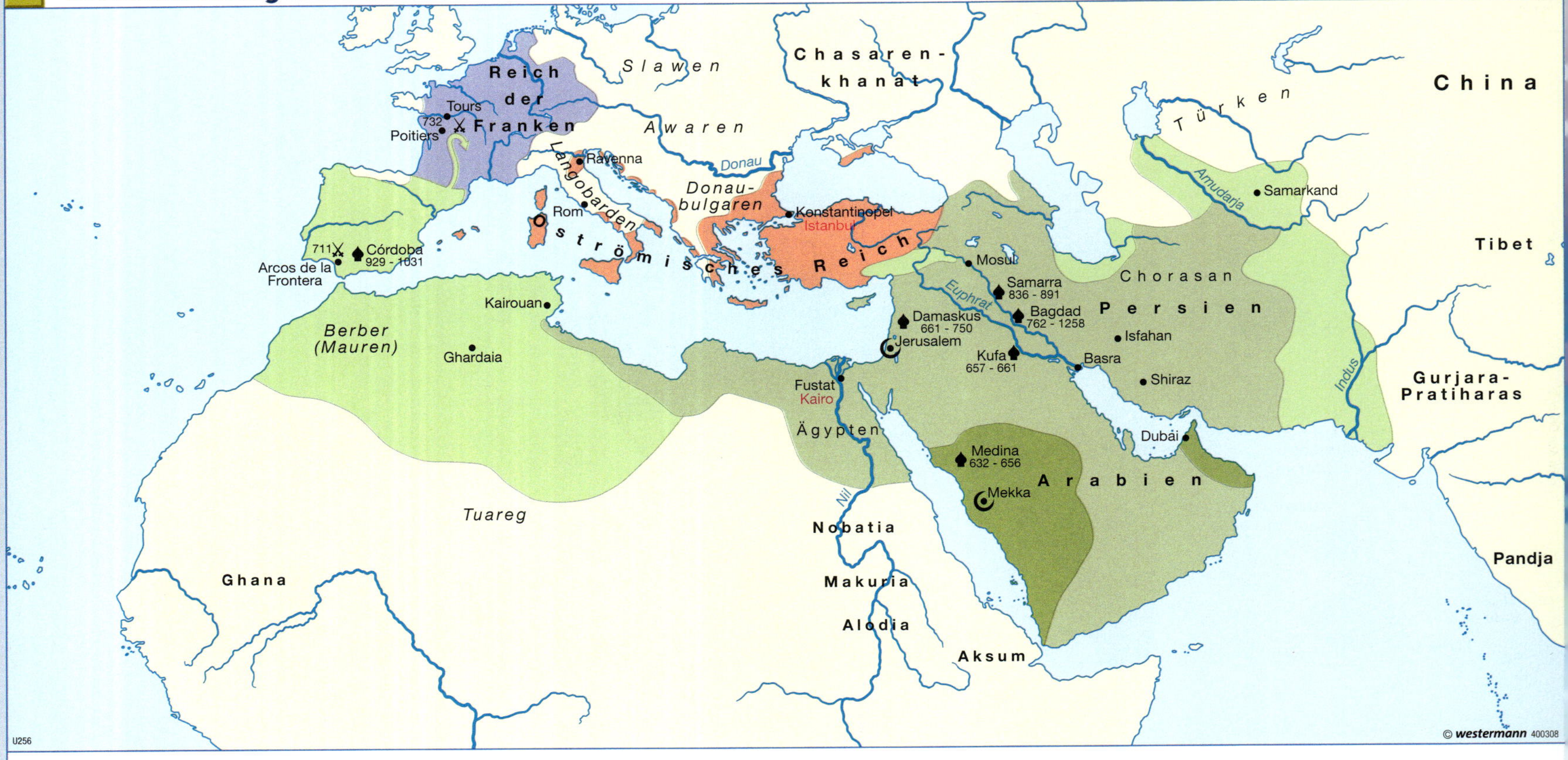

Allahs Name in ornamentaler Form (aus der Hakim-Moschee in Kairo)

- Herrschaftsbereich beim Tode Mohammeds 632
- Erwerbungen zur Zeit der ersten Kalifen (632–661)
- Erwerbungen zur Zeit der Omaijaden (661–750)

- Kalifensitz
- islamisches Heiligtum
- sonstiger Ort

Ortsvergleiche Seite 125 5 (Die Ausbreitung des Christentums)

- Kairo – heutiger Ortsname
- *Türken* – Stammesname
- **Tibet** – Reichsname
- bedeutende Schlacht

2 Mekka (Makkah al-Mukarramah) – Pilgerstadt

Maßstab 1 : 125 000 (0 – 1 – 2 – 3 – 4 – 5 km)

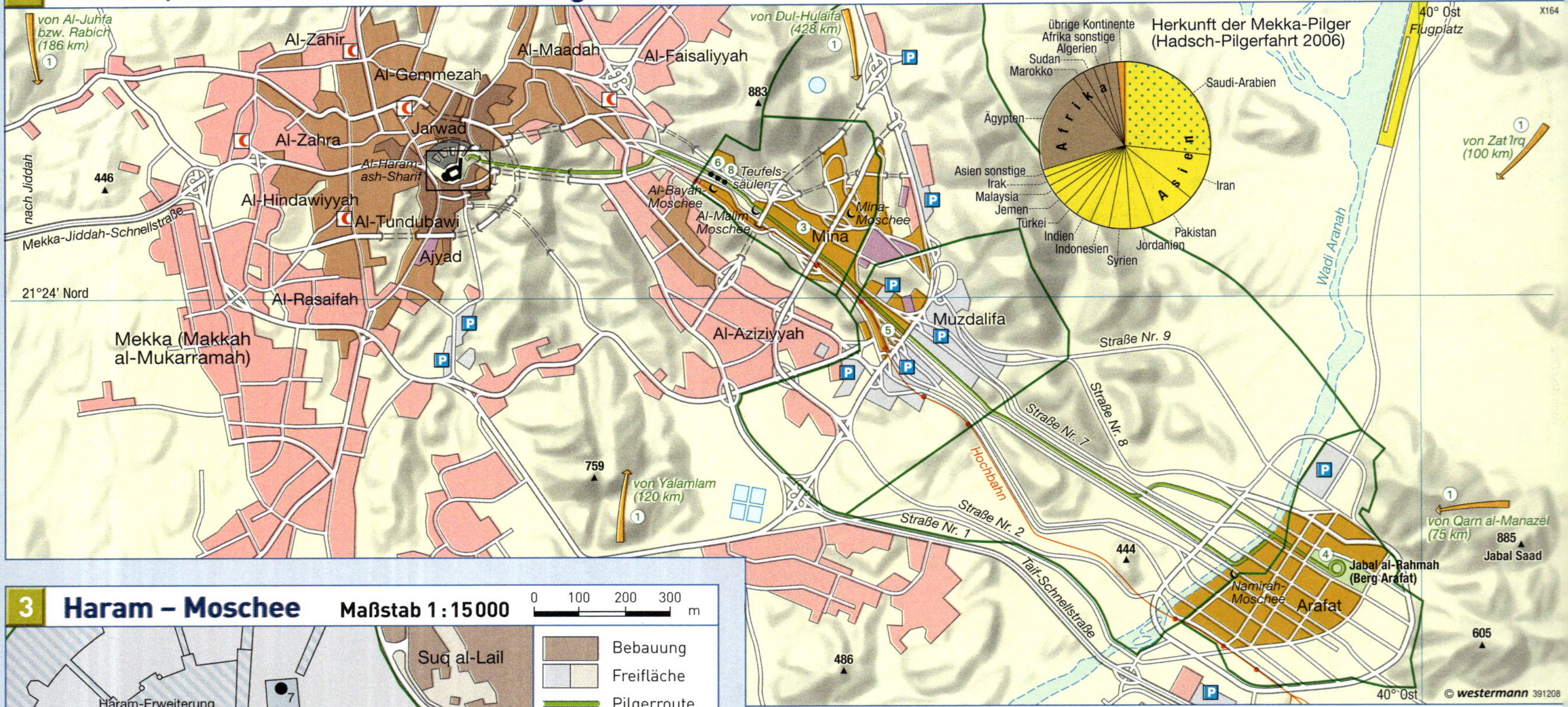

Bebauung
- bis 1946
- bis 1976
- bis 2006

Einrichtungen für Pilger
- Pilgerlager (Zeltstadt)
- Parkplatz, Lager
- Pilgerroute
- rituelles Schlachthaus
- Krankenhaus
- Moschee (Auswahl)
- heiliger Bereich
- *Yalamlam* Ort der Vorbereitung auf die Pilgerfahrt außerhalb Mekkas

Pilgerstationen der Hadsch
1. Vorbereitung in einem festgelegten Ort
2. Umrundung der Kaaba
3. Übernachtung und Gebete in Mina
4. Bitte an Gott um Vergebung am Berg Arafat
5. Übernachtung und Gebete in Muzdalifah
6. symbolische Steinigung des Teufels an einer Säule, Feier des Opferfests
7. Umrundung der Kaaba
8. symbolische Steinigung des Teufels an allen Säulen
9. Umrundung der Kaaba

3 Haram – Moschee

Maßstab 1 : 15 000 (0 – 100 – 200 – 300 m)

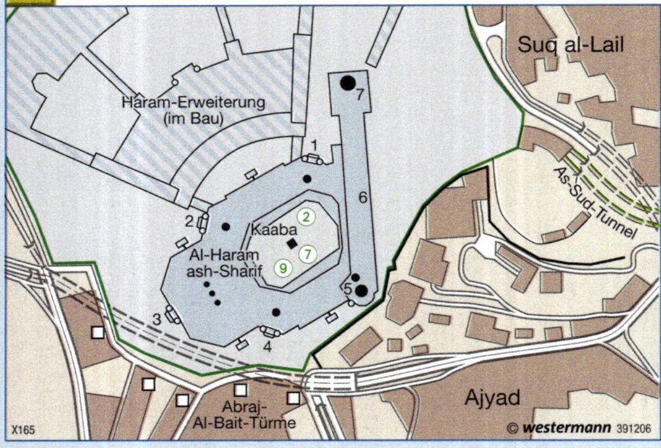

- Bebauung
- Freifläche
- Pilgerroute
- Hotel

1. Fatah-Tor
2. Umrah-Tor
3. Fahd-Tor
4. Abdul-Aziz-Tor
5. heiliger Stein Safa
6. As-Salaam-Tor
7. heiliger Stein Marwah

4 Dubai – Wandel zur Tourismusmetropole

Maßstab 1 : 250 000

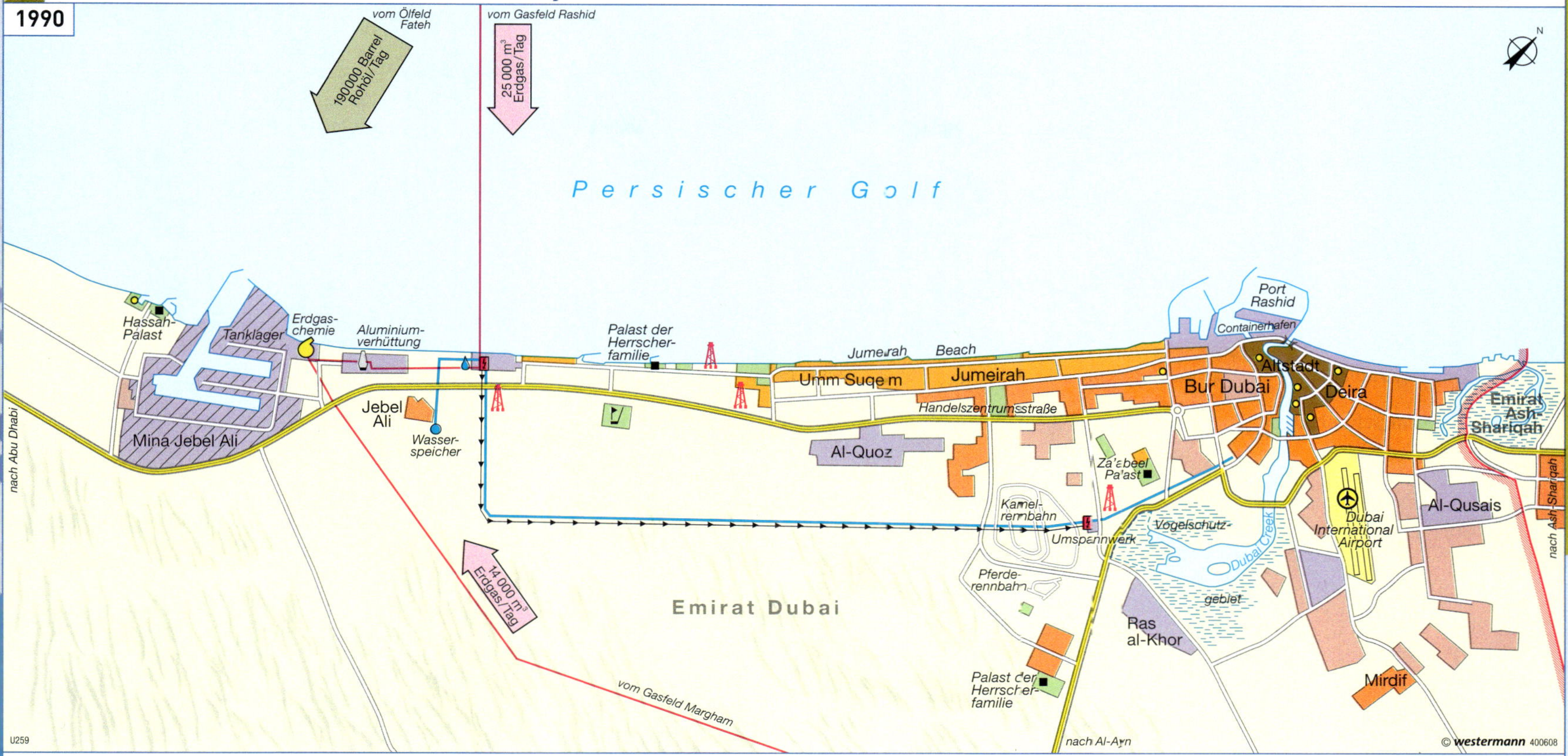

Bebauung
- luxuriöser/hoher Wohnkomfort
- mittlerer Wohnkomfort
- einfacher/niedriger Wohnkomfort
- bewachtes Wohn- und Geschäftsviertel (private Großinvestitionen)
- Hochhaus über 200m Höhe

Tourismus
- bewässerte Grünanlage
- Wüste
- Golfplatz
- Luxushotel
- Einkaufs-/Vergnügungszentrum

Wirtschaft
- Industrie-/Gewerbegebiet
- Geschäfts-/Einkaufsviertel
- Freihandelszone
- Gas (erschöpftes Vorkommen)
- Wärmekraftwerk
- Erdgasleitung
- tägliche Gas-Fördermenge
- Meerwasser-entsalzungsanlage
- Hauptwasser-leitung
- Hochspannungs-leitung

Verkehr
- Autobahn/Schnellstraße
- sonstige Straße
- Hochbahn/U-Bahn (im Bau)
- Emiratsgrenze

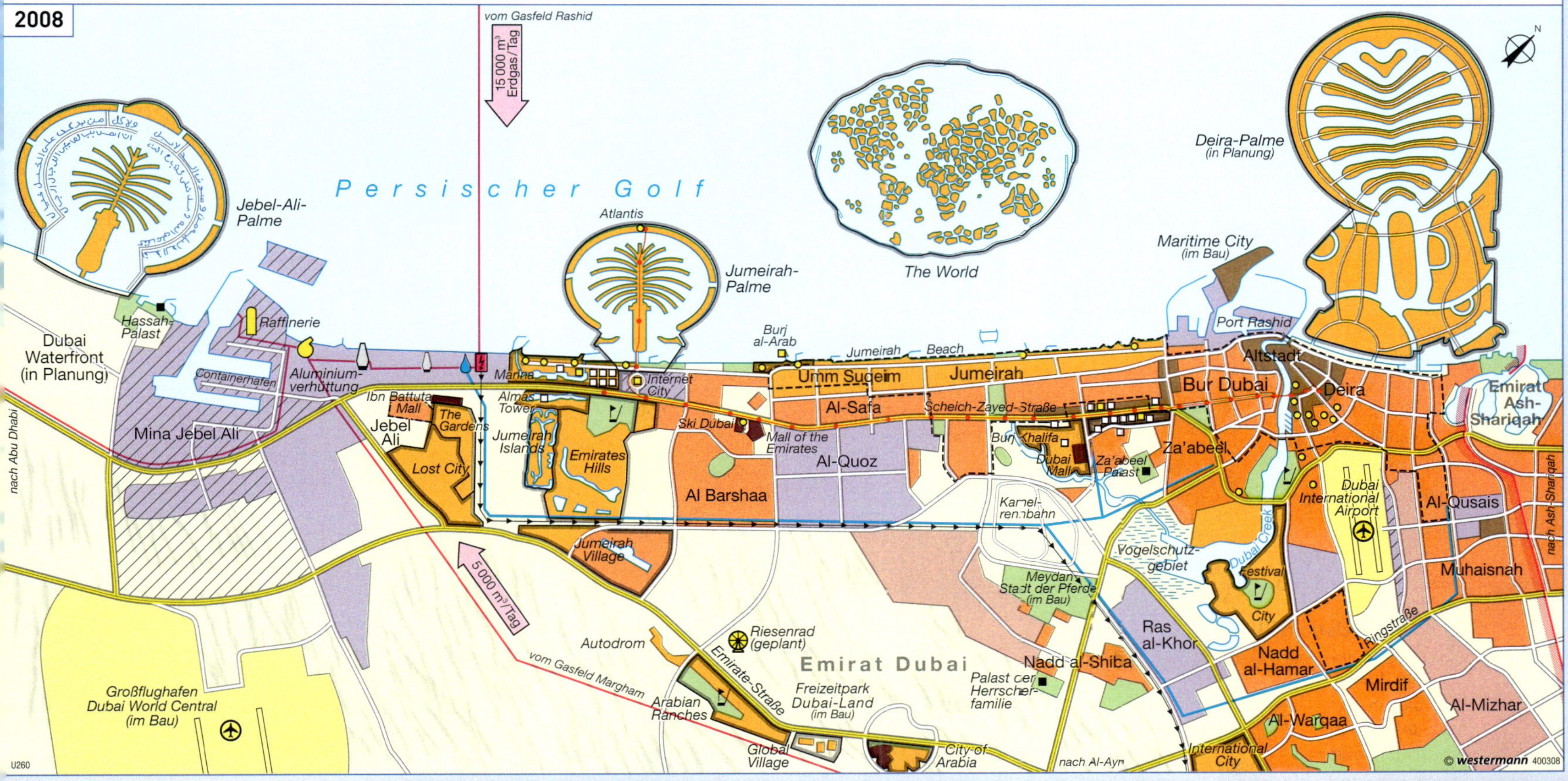

Am Dubai Creek 1990

Luxushotel Burj al-Arab (seit 1999)

Bau der Dubai Marina (seit 2003)

Immer neue Städtebau-Visionen

Kulturland
- Ackerbau
- Bewässerungsland
- Weide, z. T. Wiese

offene Landschaften
- Steppe, Gebirgsweide
- Dornstrauchsavanne
- Trockensavanne
- Feuchtsavanne
- Halbwüste, Wüste
- Salzpfanne

Waldlandschaften
- sommergrüner Laub- und Mischwald, Gebirgsnadelwald
- Monsun- und Regenwald
- Mangrove
- Hartlaubgehölz

Bodenschätze
- Erdöl
- Erdgas
- Steinkohle
- Braunkohle
- Uran
- Eisen
- Stahlveredler (Chrom, Mangan, Kobalt)
- Kupfer
- Zinn
- Blei/Zink
- Bauxit
- Phosphat
- Gold
- Silber
- Edelsteine

Industrie
- Eisen- und Stahlerzeugung
- Buntmetallverhüttung
- Aluminiumverhüttung
- Eisen-, Metallverarbeitung und Maschinenbau
- Kraftfahrzeugbau
- Luft- und Raumfahrttechnik
- Schiffbau
- Elektroindustrie, Optik
- Chemie, Kunststoffe
- Erdölraffinerie
- Textilien, Bekleidung, Leder
- Holz, Papier
- Nahrungsmittel
- Fischverarbeitung

Stromerzeugung
- Wasserkraftwerk
- Wärmekraftwerk
- Kernkraftwerk

Dienstleistungszentrum
- mit internationaler Bedeutung
- mit überregionaler Bedeutung
- mit regionaler Bedeutung
- Tourismusregion (siehe dazu auch Seite 128/129)

Abkürzungen:
D. = Deutschland
Kos. = Kosovo

Russland
Ukraine
Kasachstan
Usbekistan
Kirgisistan
China
Tadschikistan
Turkmenistan
Georgien
Armenien
Aserbaidschan
Türkei
Afghanistan
Syrien
Irak
Iran
Pakistan
Indien
Zypern
Libanon
Israel
Jordanien
Kuwait
Bahrain
Katar
Vereinigte Arab. Emirate
Saudi-Arabien
Oman
Jemen
Ägypten
Sudan
Eritrea
Dschibuti
Äthiopien
Somalia
Kenia
Schwarzes Meer
Kaspisches Meer
Persischer Golf
Golf von Oman
Rotes Meer
Golf von Aden
Arabisches Meer
Indischer Ozean
Kaukasus
Elburs
Karakum
Kysylkum
Pamir
Hindukusch
Große Salzwüste
Wüste Nefud
Große Arabische Wüste
Nubische Wüste
Danakil
Ogaden
Sokotra (Jemen)
Nördlicher Wendekreis
Äquator
Istanbul
Ankara
Bursa
Kairo
Alexandria
Tel-Aviv/Jaffa
Damaskus
Aleppo
Adana
Teheran
Baku
Riad
Dubai
Jiddah
Mekka
Medina
Karachi
Faisalabad
Khartum
Addis Abeba
Mogadischu
Aden
Sana
Maskat
Kuwait
Basra
Bagdad
Isfahan
Kabul
Taschkent
Bishkek
Dushanbe
Samarkand
Mary
Herat
Kandahar
Quetta
Hyderabad
Transport und Verkehr
Erdölleitung
Erdgasleitung
Eisenbahn
Wasserferntransport
(fossiles Sahara-Grundwasser)
Grenzen
Staatsgrenze
nicht festgelegte Grenze
© westermann 400412

D3-168 www.diercke.de

1 Ägypten – eine antike Stromkultur

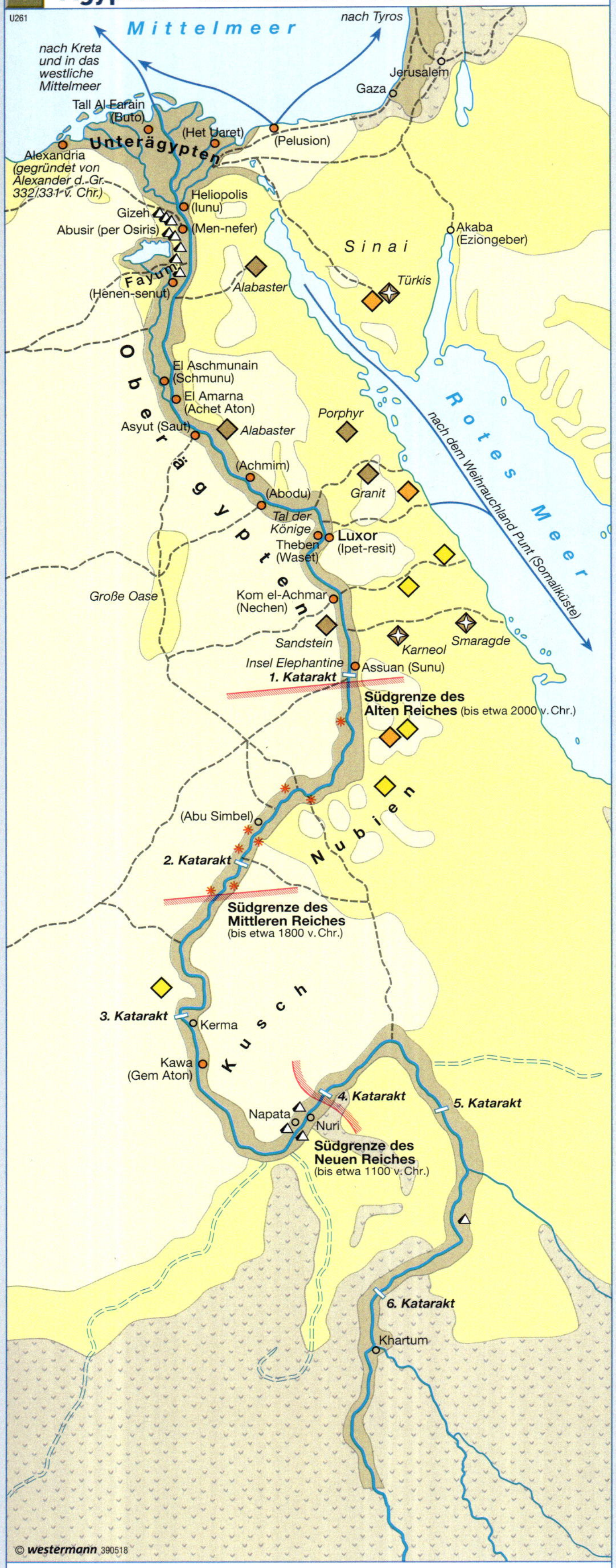

- Stadt, Palast, Grabanlage (bedeutender Fund)
- Assuan – heutiger Name
- (Sunu) – altägyptischer Name
- Pyramide
- Fundort vom Nassersee überflutet
- Steinbruch
- Gold
- Kupfer
- Edelsteine
- Stromschnelle (Katarakt)
- Karawanenweg

Maßstab 1 : 9 000 000

0 75 150 225 km

Bodenbedeckung (Karten 1 und 2)

- Wüste
- Halbwüste
- Dornstrauchsavanne
- Trockensavanne (schwach genutztes Weideland)
- Feuchtsavanne (stark genutztes Weideland)
- Regenwald
- Kulturland (heute vorwiegend Baumwoll- und Zuckerrohranbau)
- Ackerbau

2 Der Nil – ein Fremdlingsfluss

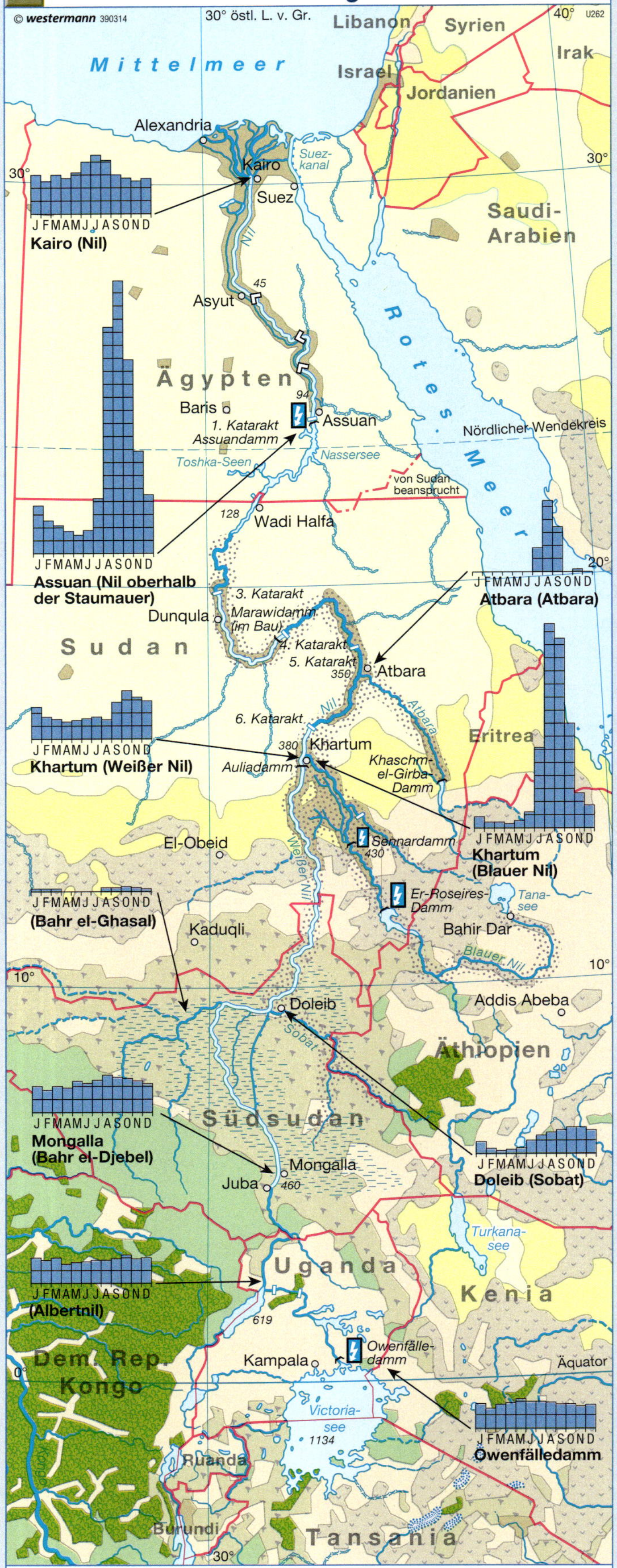

Wasserführung/Abflussdiagramme (Gegenwart)

- Fluss
- Fluss (ganzjährig schiffbar)
- Staudamm
- Schleuse
- Stromschnelle (Katarakt)
- Wadi
- zeitweilig überschwemmtes Gebiet
- 480 Höhenangabe
- Ablagerung von fruchtbarem Nilschlamm

Maßstab 1 : 18 000 000

0 200 400 km

- monatliche Wasserführung (2mm Säulenhöhe ≙ 1 Milliarde m³) – J F M A M J J A S O N D – **Nil** bei Kairo
- Zum Vergleich: **Rhein** bei Köln – J F M A M J J A S O N D
- Wasserkraftwerk
- Staatsgrenze

3 Physische Über

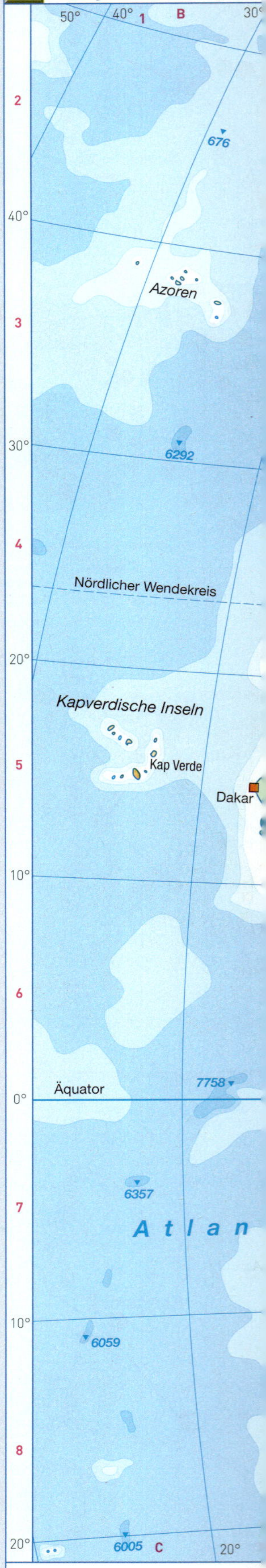

Gewässer

- Fluss
- Stromschnelle, Wasserfall
- Wadi, Trockental
- Kanal
- See
- Stausee, Staumauer
- Sumpf, Moor
- Salzpfanne
- Oase

Ballungsraum

	Einwohner
über	10 000 000
3 000 000	– 10 000 000
1 000 000	– 3 000 000

sicht

Maßstab 1 : 36 000 000

D3-170 www.diercke.de

1 Afrikanische Staaten im 15.–17. Jahrhundert

Maßstab 1:54 000 000

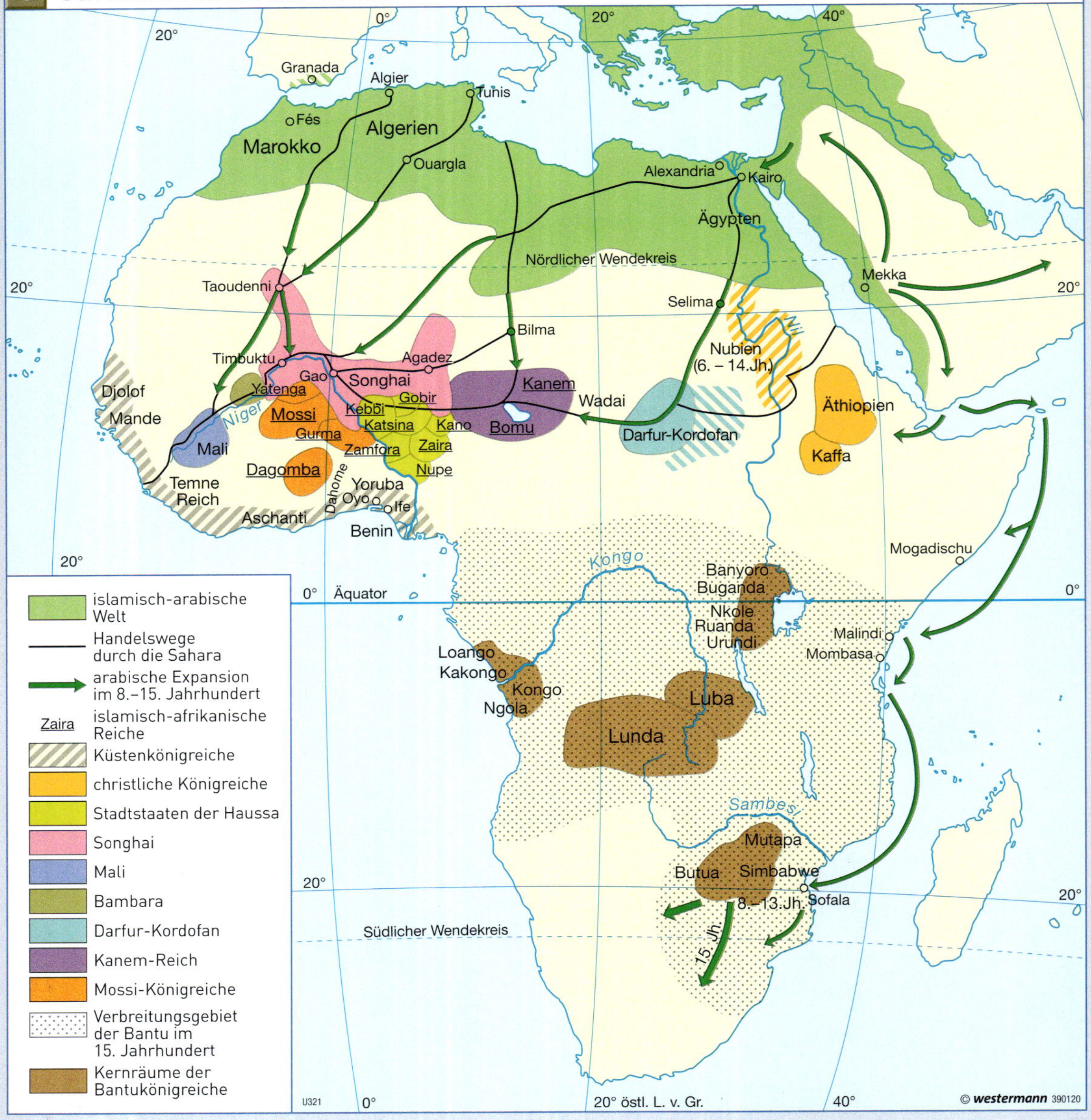

- islamisch-arabische Welt
- Handelswege durch die Sahara
- arabische Expansion im 8.–15. Jahrhundert
- Zaira: islamisch-afrikanische Reiche
- Küstenkönigreiche
- christliche Königreiche
- Stadtstaaten der Haussa
- Songhai
- Mali
- Bambara
- Darfur-Kordofan
- Kanem-Reich
- Mossi-Königreiche
- Verbreitungsgebiet der Bantu im 15. Jahrhundert
- Kernräume der Bantukönigreiche

2 Afrika – 1914/1918

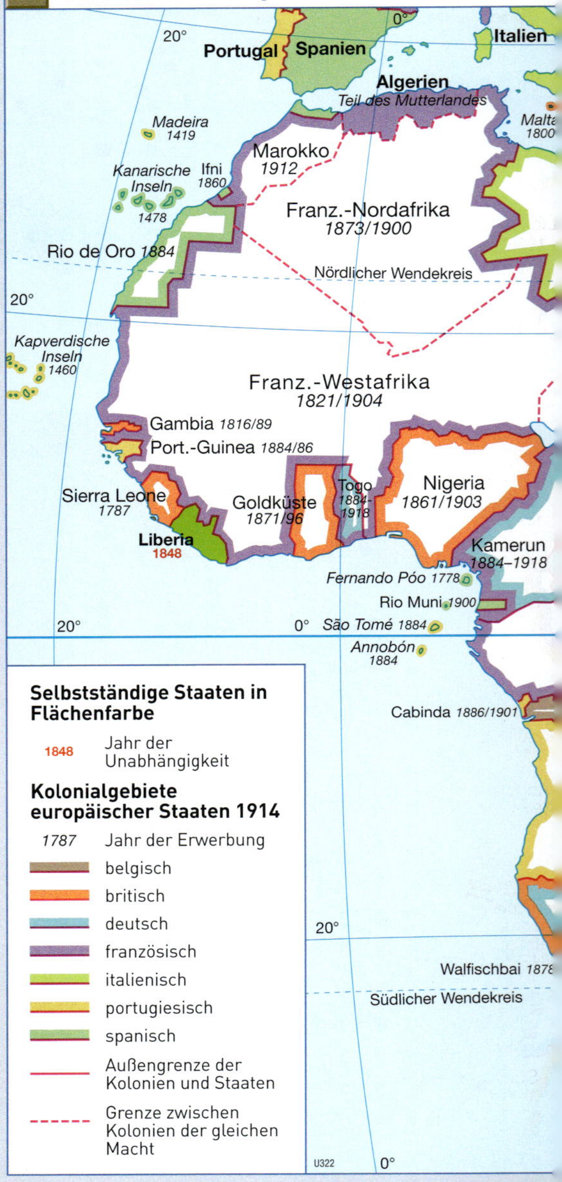

Selbstständige Staaten in Flächenfarbe

- 1848 Jahr der Unabhängigkeit

Kolonialgebiete europäischer Staaten 1914

- 1787 Jahr der Erwerbung
- belgisch
- britisch
- deutsch
- französisch
- italienisch
- portugiesisch
- spanisch
- Außengrenze der Kolonien und Staaten
- Grenze zwischen Kolonien der gleichen Macht

4 Die Burenstaaten bis 1902

Maßstab 1:16 000 000

- Siedlungsgebiet der holländischen Buren um 1800
- Burentreck 1836–1844

Burenstaaten

- Stellaland: Burenstaat
- bis 1902 bestehend
- N. R.: Neue Republik

britische Kolonien

- Kapkolonie 1806/14–1874
- Erweiterungen der Kapkolonie bis 1895
- Kolonie Natal 1843–1897
- Erweiterungen der Kolonie Natal bis 1902
- Kolonie Basutoland
- Protektorat Swasiland
- (1902) Jahr der britischen Erwerbung
- Südafrikanische Union 1910

Schlacht am Majuba Hill 1881: Sieg der Buren über die Briten im ersten Burenkrieg.

Frieden von Vereeniging 1902: Ende des zweiten Burenkrieges. Übergang der Burenstaaten in britische Kolonien. Afrikaans wird auch Amtssprache und die Concentration Camps für Buren werden aufgelöst.

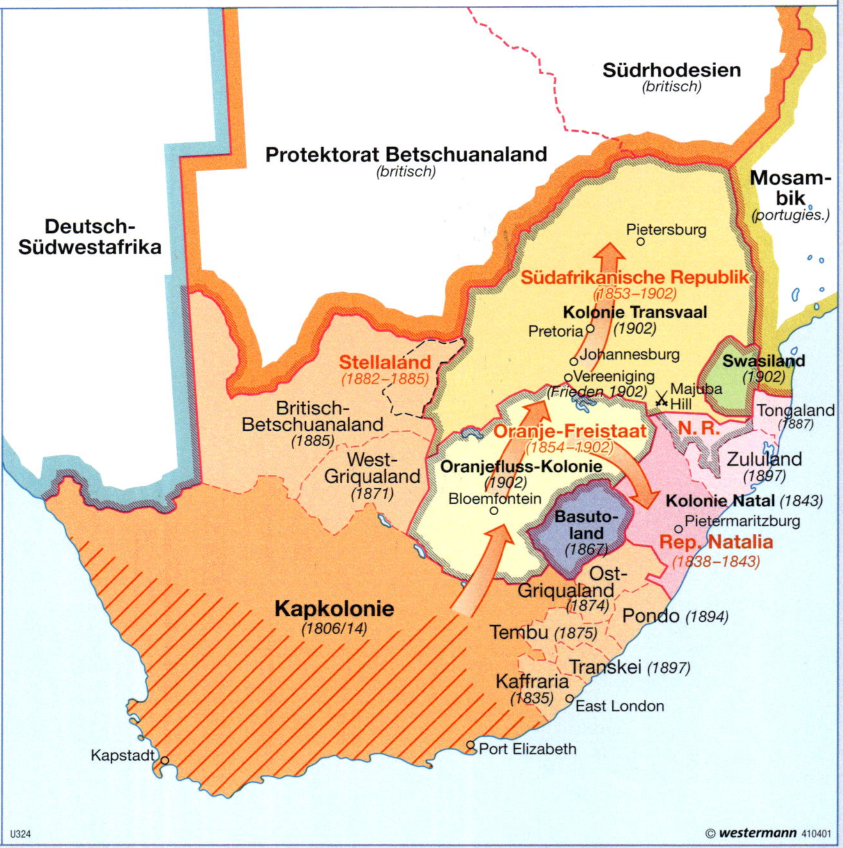

5 Südafrika – Erbe der Apartheid

Apartheid steht für die rassistische Politik der Unterdrückung aller „Nichtweißen" durch die „Weißen" bis 1994. Ihre Ausprägungen fand diese Politik unter anderem in der räumlichen Ausgrenzung der „Nichtweißen" in Homelands und Townships.

Homeland (Stamm)

- Bophuthatswana
- Ciskei (Xhosa)
- Gazankulu (Tsonga)
- KaNgwane (Swasi)
- KwaNdebele (Ndebele)
- KwaZulu (Zulu)
- Lebowa (Sotho)
- QwaQwa (Sotho)
- Transkei (Xhosa)
- Venda (Venda)

- Township
- Provinzhauptstadt
- sonstiger Ort
- Staatsgrenze
- Provinzgrenze
- Haftstätte Nelson Mandelas (1994 erster schwarzer Präsident Südafrikas)

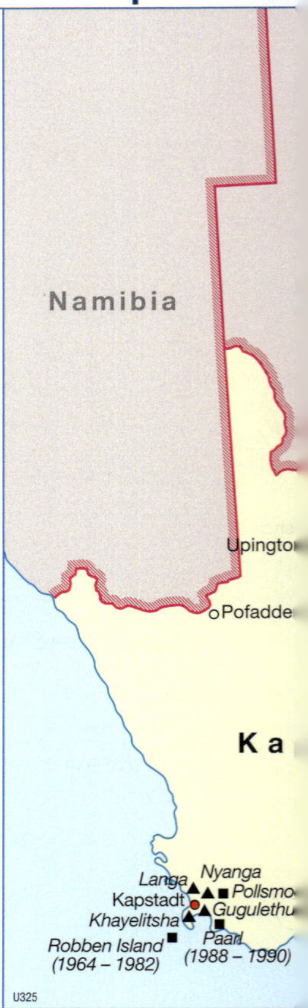

Maßstab 1 : 54 000 000

3 Politische Übersicht

Maßstab 1 : 54 000 000

1994

Maßstab 1 : 16 000 000

6 Südafrika – Bevölkerung 2007

Maßstab 1 : 16 000 000

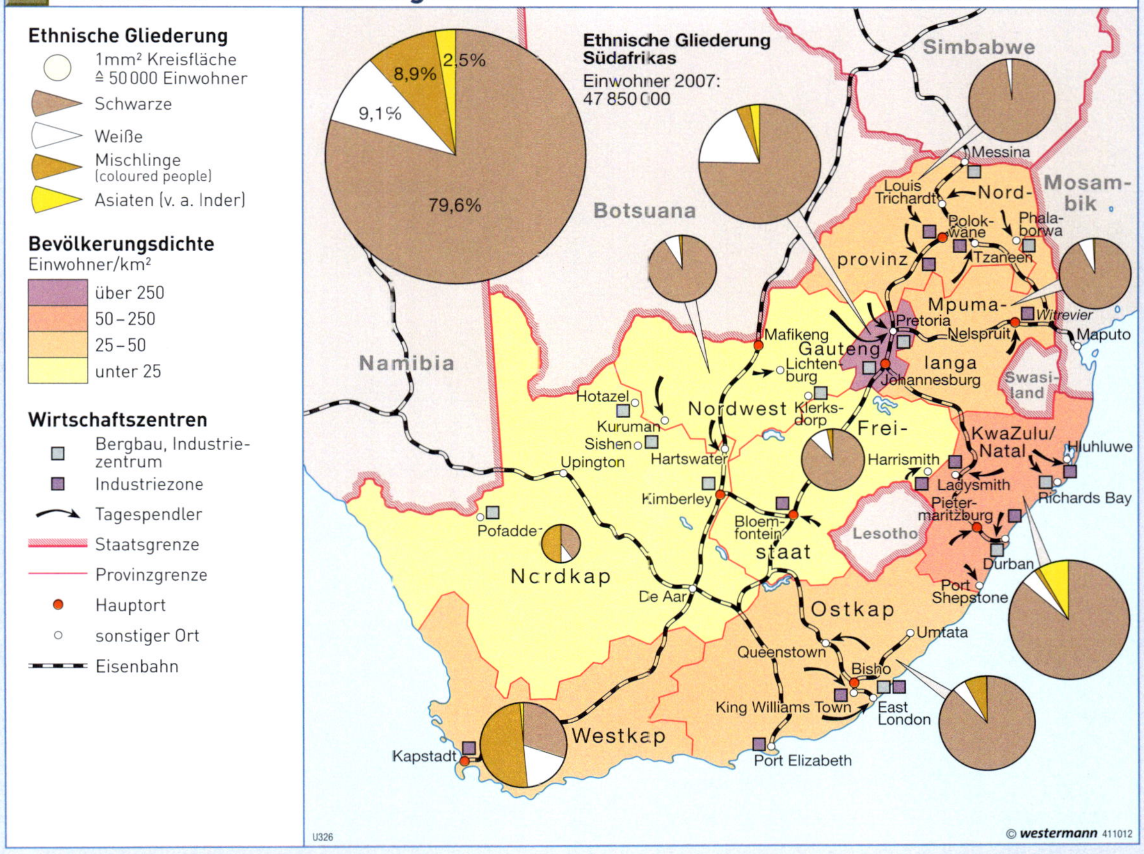

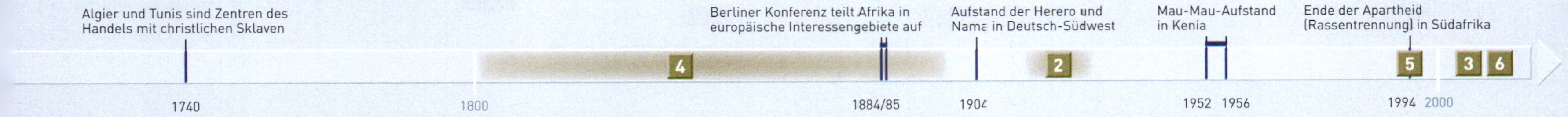

1 Temperaturen im Januar

Maßstab 1 : 72 000 000

(Monatsmittel in Grad Celsius)

-10°C | -5° | 0° | 5° | 10° | 15° | 20° | 25° | 30°C

Staatsgrenze

2 Vegetationsbedeckung im Januar

Maßstab 1 : 72 000 000

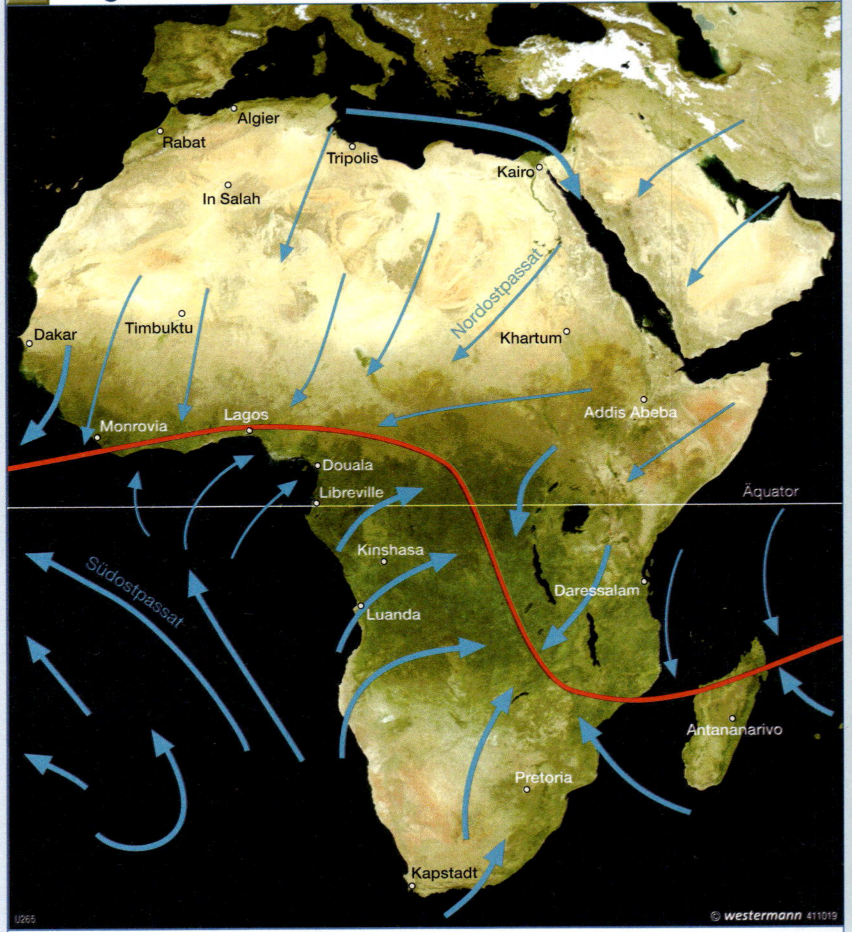

Vegetationsbedeckung
- immergrüner tropischer Regenwald
- Vegetation wechselfeuchter Klimazonen zur Trockenzeit
- Wüste/Halbwüste
- Lage der äquatorialen Tiefdruckrinne (ITC)
- schwacher Wind
- mäßiger bis starker Wind

4 Temperaturen im Juli

Maßstab 1 : 72 000 000

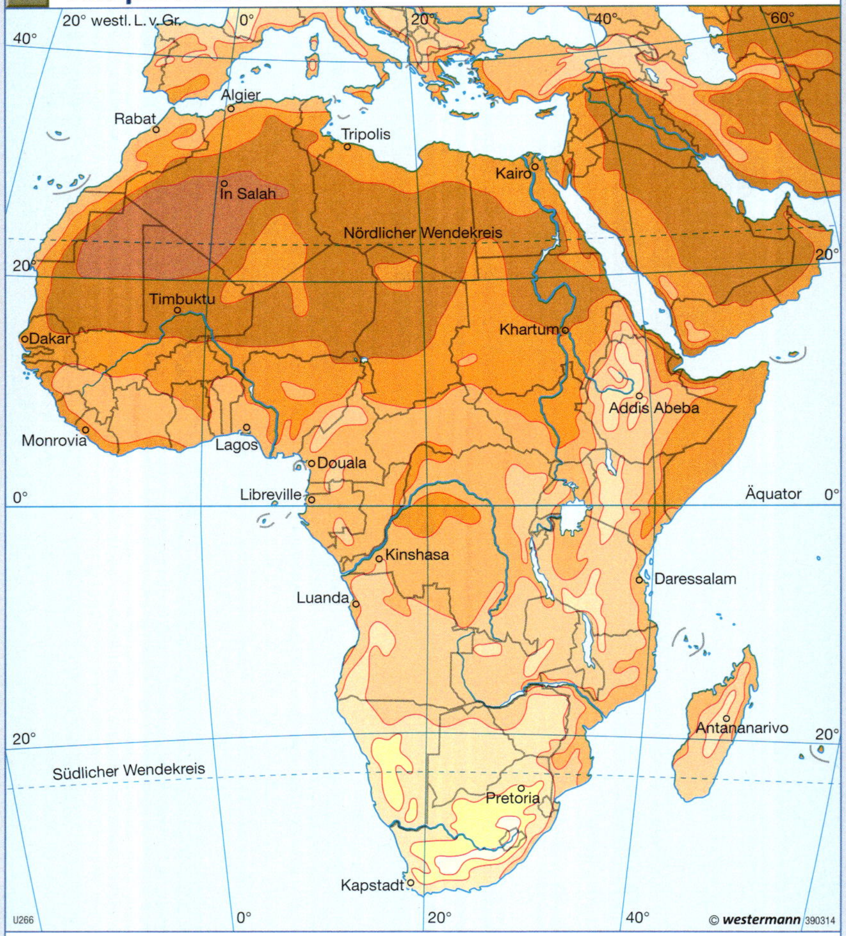

(Monatsmittel in Grad Celsius)

-10°C | -5° | 0° | 5° | 10° | 15° | 20° | 25° | 30° | 35°C

5 Vegetationsbedeckung im Juli

Maßstab 1 : 72 000 000

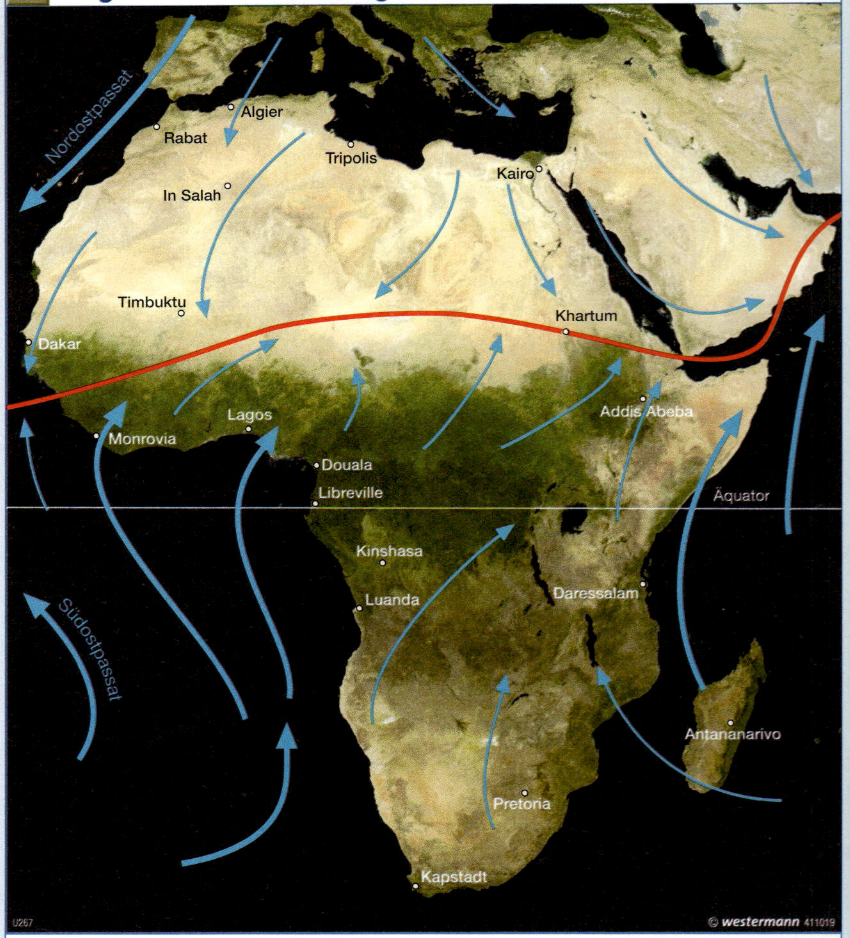

Vegetationsbedeckung
- immergrüner tropischer Regenwald
- Vegetation wechselfeuchter Klimazonen zur Regenzeit
- Wüste/Halbwüste
- Lage der äquatorialen Tiefdruckrinne (ITC)
- schwacher Wind
- mäßiger bis starker Wind

3 Niederschläge im Januar

Maßstab 1: 72 000 000

(langjähriges Monatsmittel in mm)

25 mm | 50 | 100 | 200 | 300 | 400 mm im Januar

—— Staatsgrenze

6 Niederschläge im Juli

Maßstab 1: 72 000 000

(langjähriges Monatsmittel in mm)

25 mm | 50 | 100 | 200 | 300 | 400 mm im Juli

—— Staatsgrenze

7 Passatkreislauf

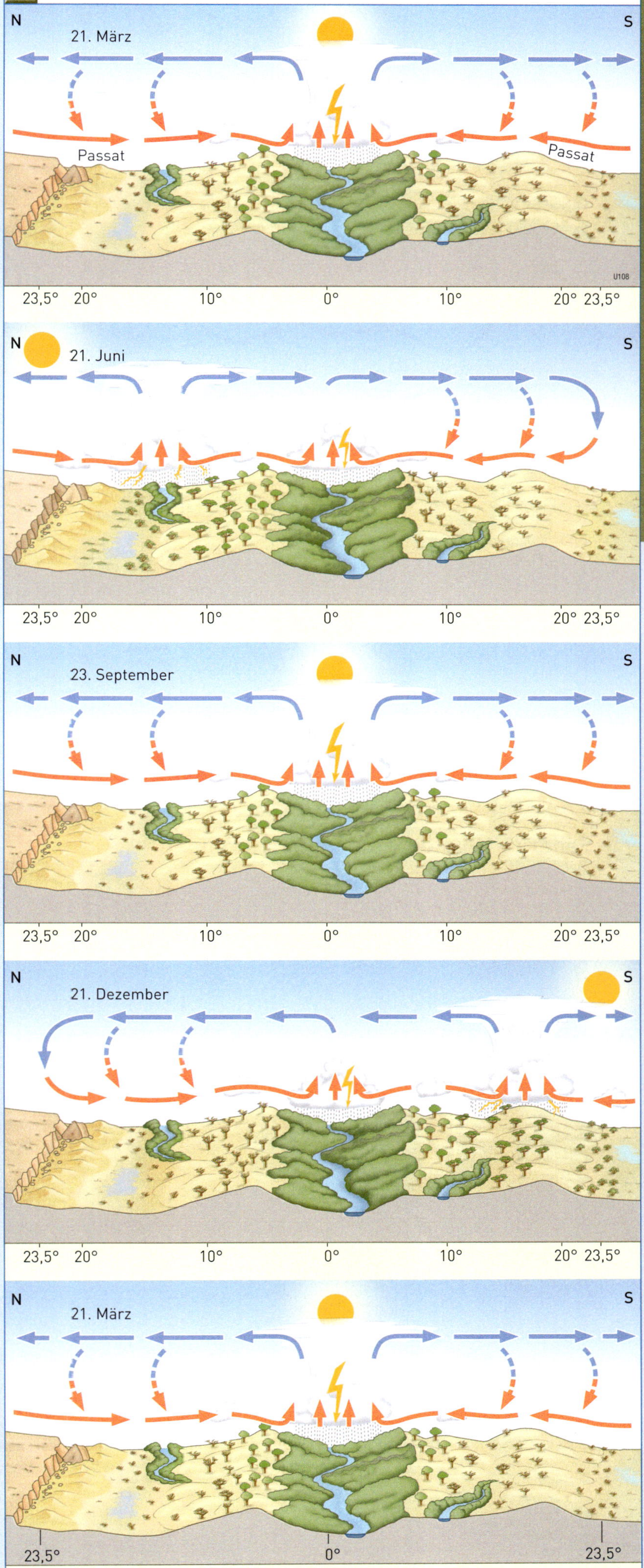

Zenitstand der Sonne
Zenitalregenzone
23,5° Wendekreis der Sonne
Wärmegewitter (täglich)
Luftbewegung
warm/heiß
kühler

© westermann 411016

D3-174 www.diercke.de

1 Wüstenarten und Wüstenausbreitung (Desertifikation)

Maßstab 1 : 36 000 000

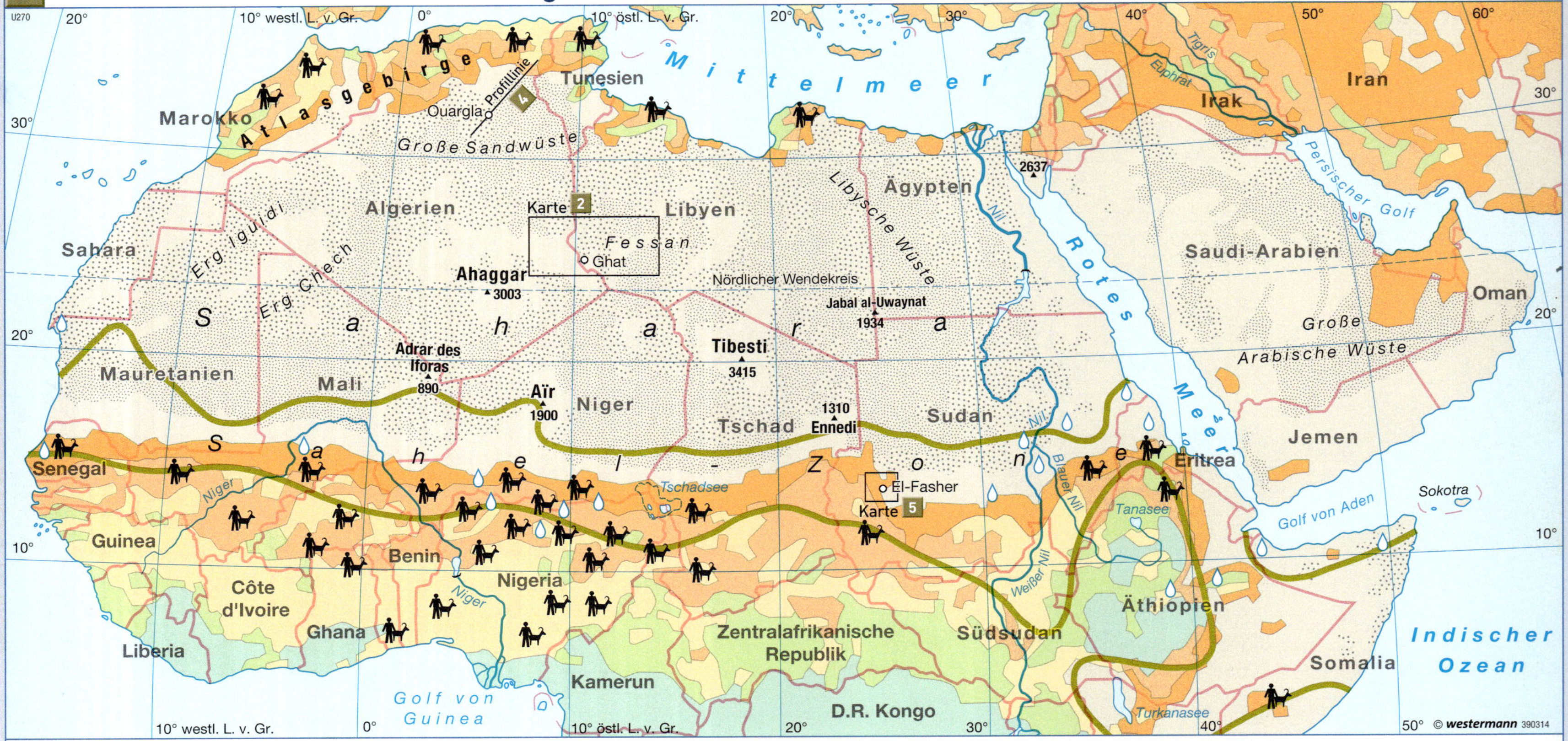

Wüstenarten

- Felswüste, Blockwüste, Schuttwüste
- Kieswüste
- Sandwüste
- Halbwüste

Desertifikation

Empfindlichkeit der Landschaft für fortschreitende Wüstenbildung

- sehr hoch
- hoch
- mäßig
- gering
- keine (humide Zone)

- dürregefährdete Zone
- Beschleunigung der Desertifikation durch hohen Bevölkerungsdruck und Überweidung
- Wassermangel durch hohen Bevölkerungsdruck

Zu den Zusammenhängen der fortschreitenden Wüstenbildung siehe Text bei Karte 5.

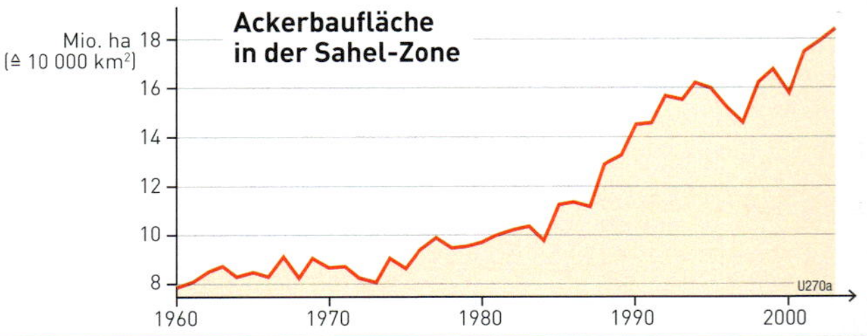

2 Sahara – Wüstenarten im Satellitenbild

Maßstab 1 : 3 000 000

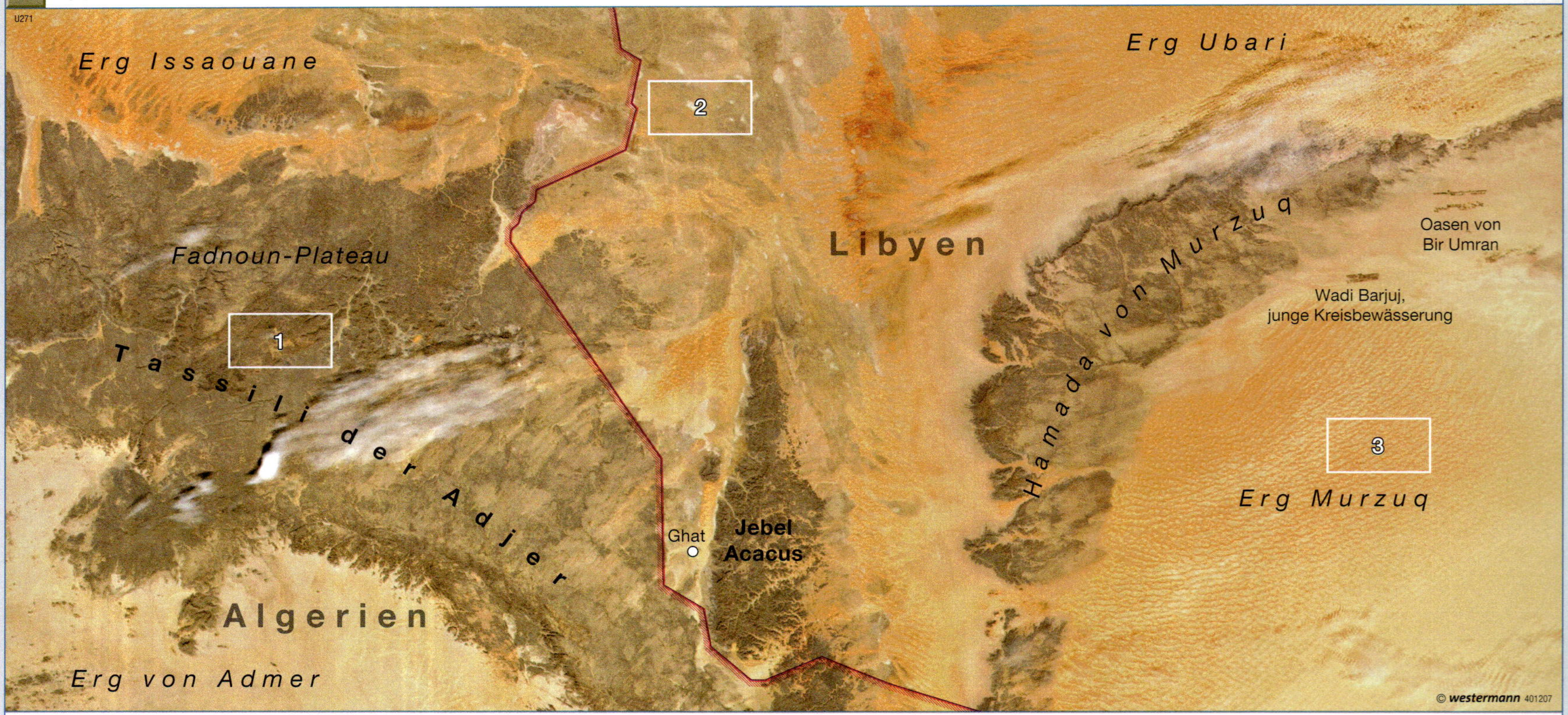

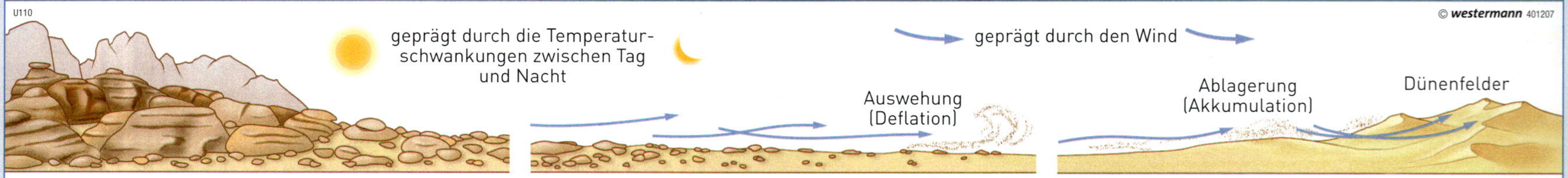

1 Fels- und Blockwüste (Hamada)

2 Kieswüste (Serir)

3 Sandwüste (Erg)

3 Ouargla – Brunnenoase in Algerien

Maßstab 1 : 100 000

Der Ksar von Ouargla

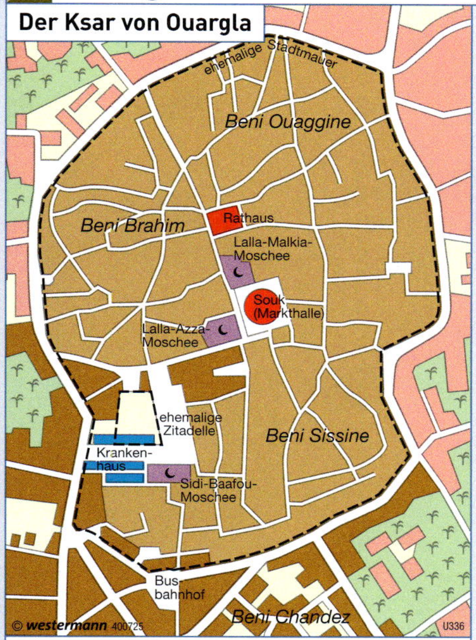

Maßstab 1 : 10 000

Autostraße

Gasse, z. T. überdacht

Der Ksar, die ehemals befestigte Wohnburg der Berber, ist die orientalische Altstadt von Ouargla.

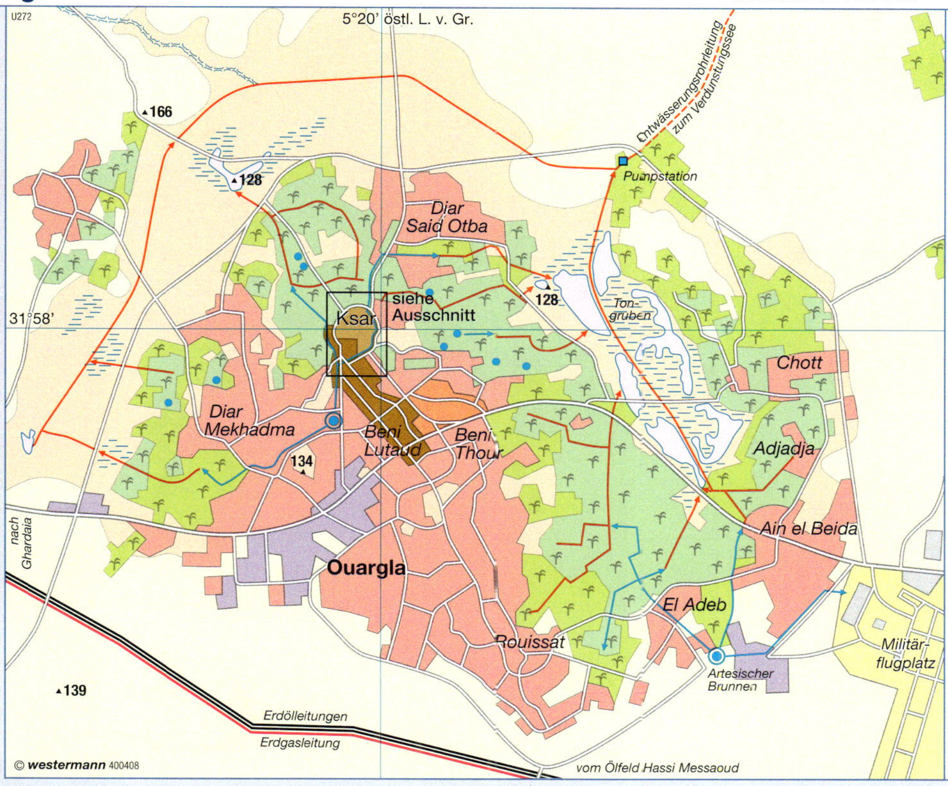

0 1 2 3 km

Wüste
- Sandwüste (Erg)
- Schott (Salztonebene)
- Verdunstungssee
- Wadi (selten Wasser führend)
- Sumpf

Siedlung in der Oase
- alte Berber-Stadt (Medina)
- modernes Geschäftsviertel
- europäisch geprägtes Viertel
- jüngere Stadterweiterung u.a. Nomadenansiedlungen
- Gewerbegebiet

Landwirtschaft in der Oase
- ältere Dattelpalmenhaine (Unterkultur: Getreide, Gemüse, Luzerne)
- junge Dattelpalmenhaine seit 1960 (z. T. mit Gemüse-/Obstgärten)
- Artesischer Brunnen (aufsteigendes Grundwasser)
- Brunnen/Pumpstation
- Bewässerungskanal
- Entwässerungskanal

4 Grundwasser führende Gesteinsschichten in der Nordsahara

Längenmaßstab 1 : 4 000 000

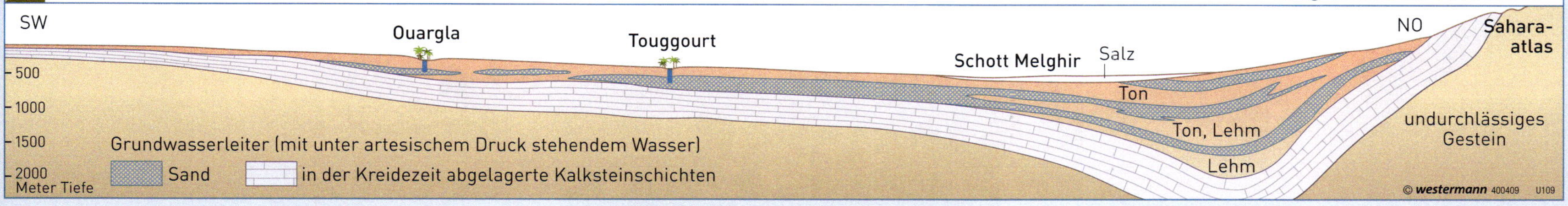

Grundwasserleiter (mit unter artesischem Druck stehendem Wasser)
Sand
in der Kreidezeit abgelagerte Kalksteinschichten

5 El Fasher (Sudan) – Desertifikation in der Sahel-Zone

Maßstab 1 : 1 500 000

Geringe lokale Bevölkerungsdichte:

Hirtenfamilien ziehen mit Zeltlager und ihren Herden [Pfeil] von Weidefläche zu Weidefläche [Signatur]. Länge und Verlauf der Wanderungen sowie die Aufenthaltsdauer der Nomaden orientieren sich an den Grenzen des Angebotes der Natur [Signatur] und nicht an administrativen Grenzen.

Hohe lokale Bevölkerungsdichte:

Politische Entscheidungen, dass Nomaden und ihre Herden Staatsgrenzen nicht überschreiten dürfen, führten zur Ansiedlung in Dörfern [Signatur] und zum Brunnenbau [Signatur].
Der Viehbestand konzentriert sich regional [Signatur], der Ackerbau nimmt zu [Signatur] und benötigt zusätzliches Wasser [Signatur].
Die lokale Brennholzgewinnung führt zu verstärkter Abholzung [Signatur].
Sinkender Grundwasserspiegel und die Zerstörung der Vegetation schädigen die Böden gründlich und führen zunächst zu inselhafter und schließlich zu flächenhafter Wüstenbildung [Signatur].

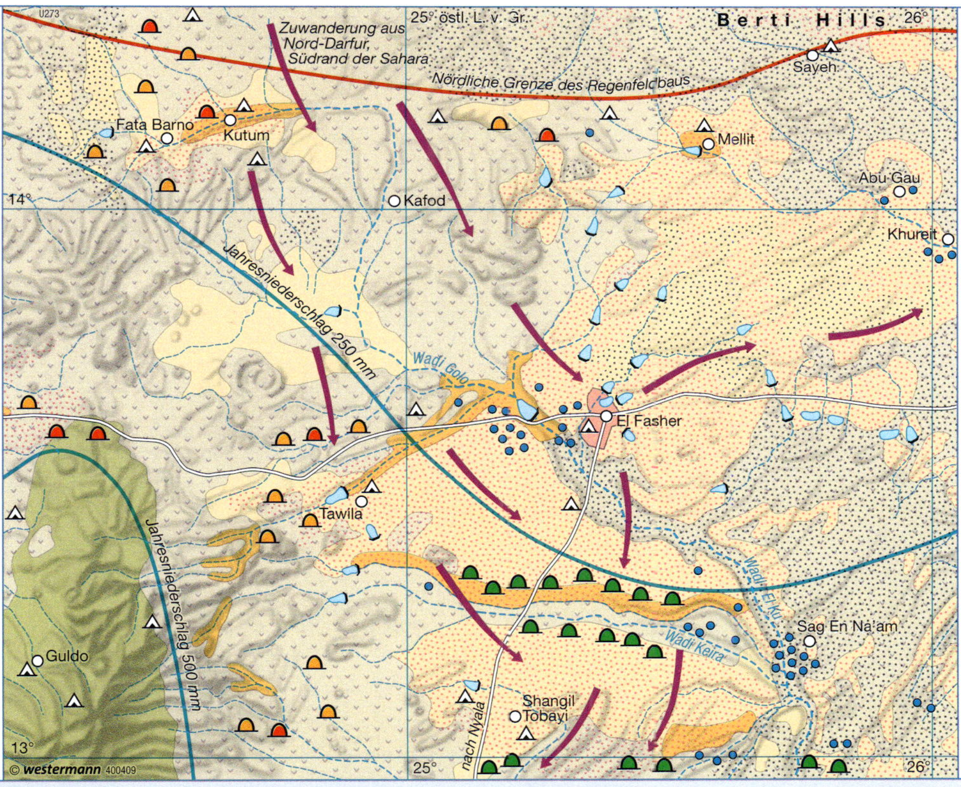

0 15 30 45 km

Landnutzung (in Friedenszeiten)
- Dornstrauchsavanne (Beweidung in der Regenzeit)
- ehemalige Waldsavanne, heute Terrassenanbau von Getreide, Gemüse und Zitrusfrüchten
- Regenfeldbau (Hirse)
- Wanderung der Nomaden in Dürrejahren
- Ackerbau in Wadis (Gemüse, Tabak, Hirse)

Desertifikation
- durch ganzjährige starke Beweidung, Abholzung und Regenfeldbau auf Dünen
- durch ganzjährige Beweidung
- Tiefbrunnen
- Siedlung sesshaft gewordener Nomaden
- Regenspeicher (Hafir)

Darfur-Konflikt
(Aufstand gegen die Zentralregierung: afrikanische Stämme gegen arabische Regierungsmiliz)
- total zerstörtes Dorf
- teilzerstörtes Dorf
- Flüchtlingslager (über 5 000 Vertriebene)

6 Klimadiagramm El Fasher / Niederschlagsvariabilität in der Sahel-Zone

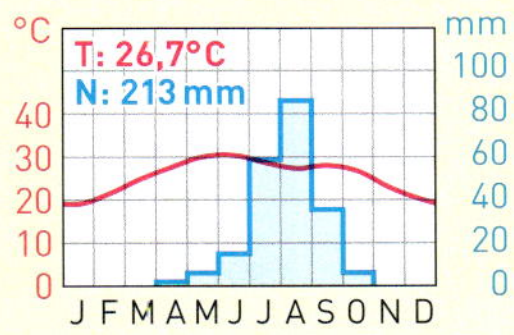

Niederschlagssumme Mai bis September (Regenzeit) an der Klimastation El Fasher

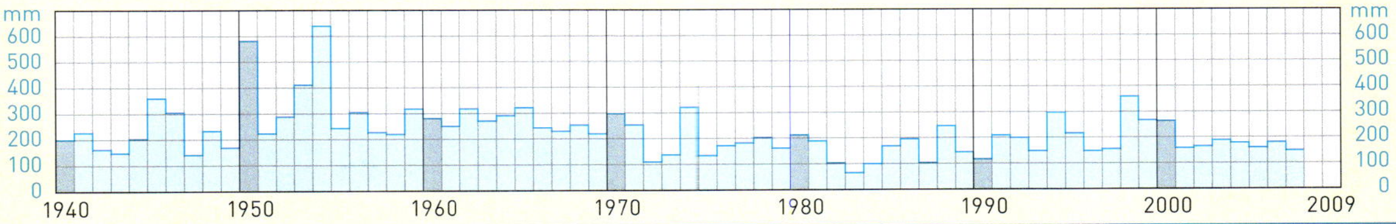

D3-176 www.diercke.de

1 Landwirtschaft

Maßstab 1 : 36 000 000

Kamele
1 großes Zeichen ≙ 5 Mio. Stück
1 kleines Zeichen ≙ 1 Mio. Stück

Rinder
Schafe
Schweine
1 großes Zeichen ≙ 20 Mio. Stück
1 kleines Zeichen ≙ 5 Mio. Stück

Nutzpflanzen

Weizen, Mais, Reis, Hirse, Erdnüsse, Schnittblumen, Dattelpalmen, Kokospalmen, Ölpalmen, Baumwolle, Zuckerrohr, Bananen, Zitrusfrüchte, Kautschuk, Sisal, Jute, Tabak, Kaffee, Kakao, Tee, Wein

2 Anteil Afrikas an der Weltproduktion

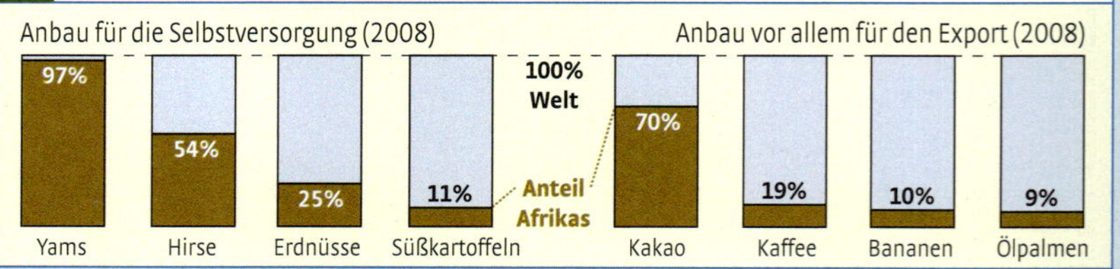

3 Kilimandscharo und Meru (Nord-Tansania) – Natur- und Kulturlandschaft

Maßstab 1 : 500 000 (0 5 10 15 km)

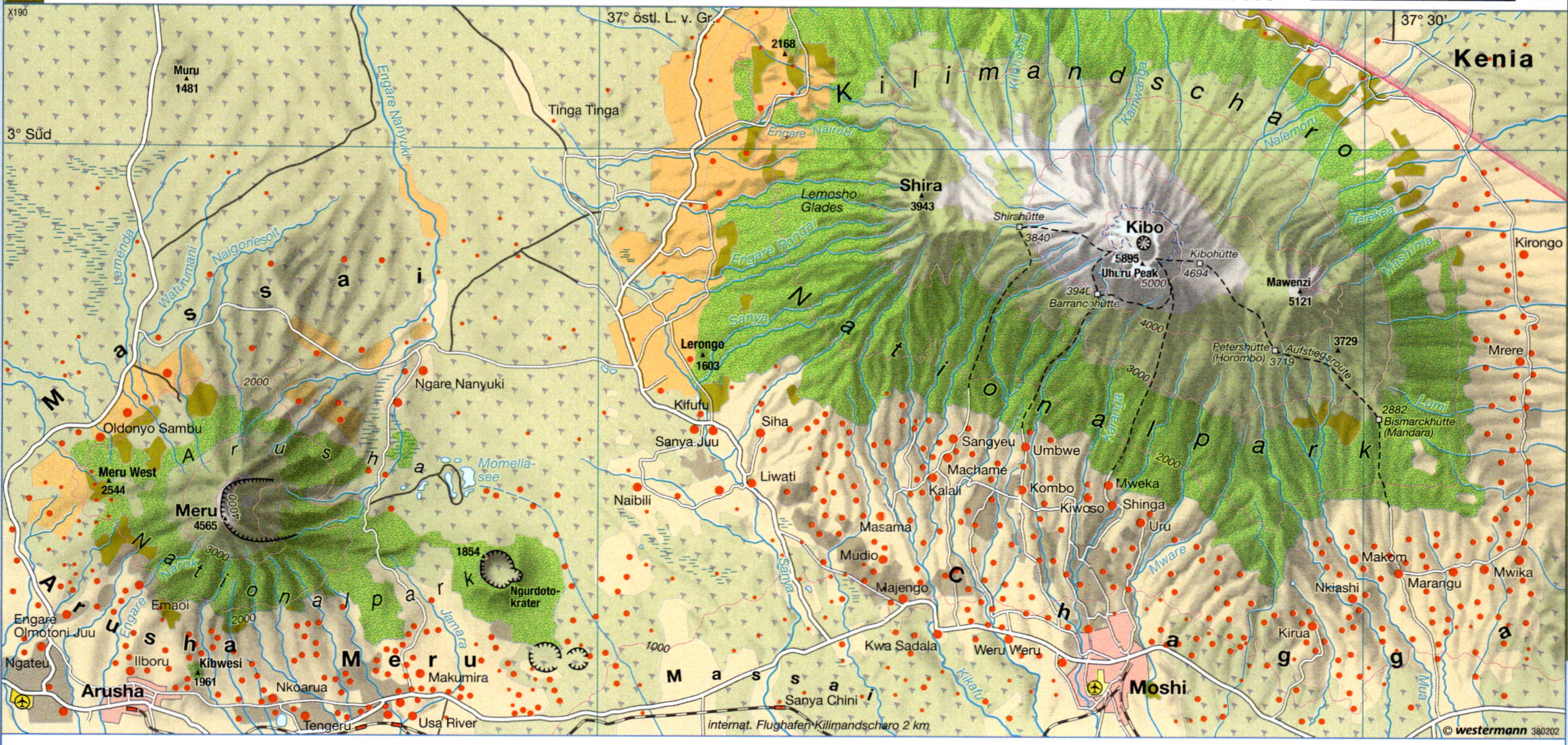

Naturlandschaft
- Schnee- und Eisregion
- Eisregion 1976
- Fels- und Frostschuttregion
- Heide und Moor
- tropisch-feuchter Berg- und Nebelwald
- Trockensavanne, extensive Weide

Kulturlandschaft
- kleinbäuerlicher Ackerbau (Hackfrüchte, Mais, Bananen, Kaffee)
- Staatsfarmen (Weizen, Rinderzucht, Milchvieh)
- Kaffeepflanzungen
- Sekundärwald, z. T. Forsten

- Höhenlinie
- 5121 Höhe in Meter
- Vulkankrater
- Schutzhütte
- Allwetterstraße
- Weg, Pfad
- Eisenbahn

Besiedlung
- über 35 000
- 3 000
- 1 000
- 500 Einwohner
- Massai Bevölkerungsgruppe
- Staatsgrenze

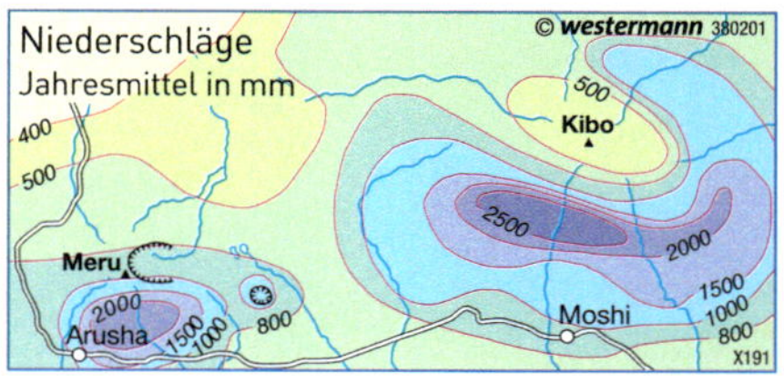

4 Okavango-Binnendelta (Botsuana) – Landnutzung

Maßstab 1 : 3 000 000 (0 25 50 75 km)

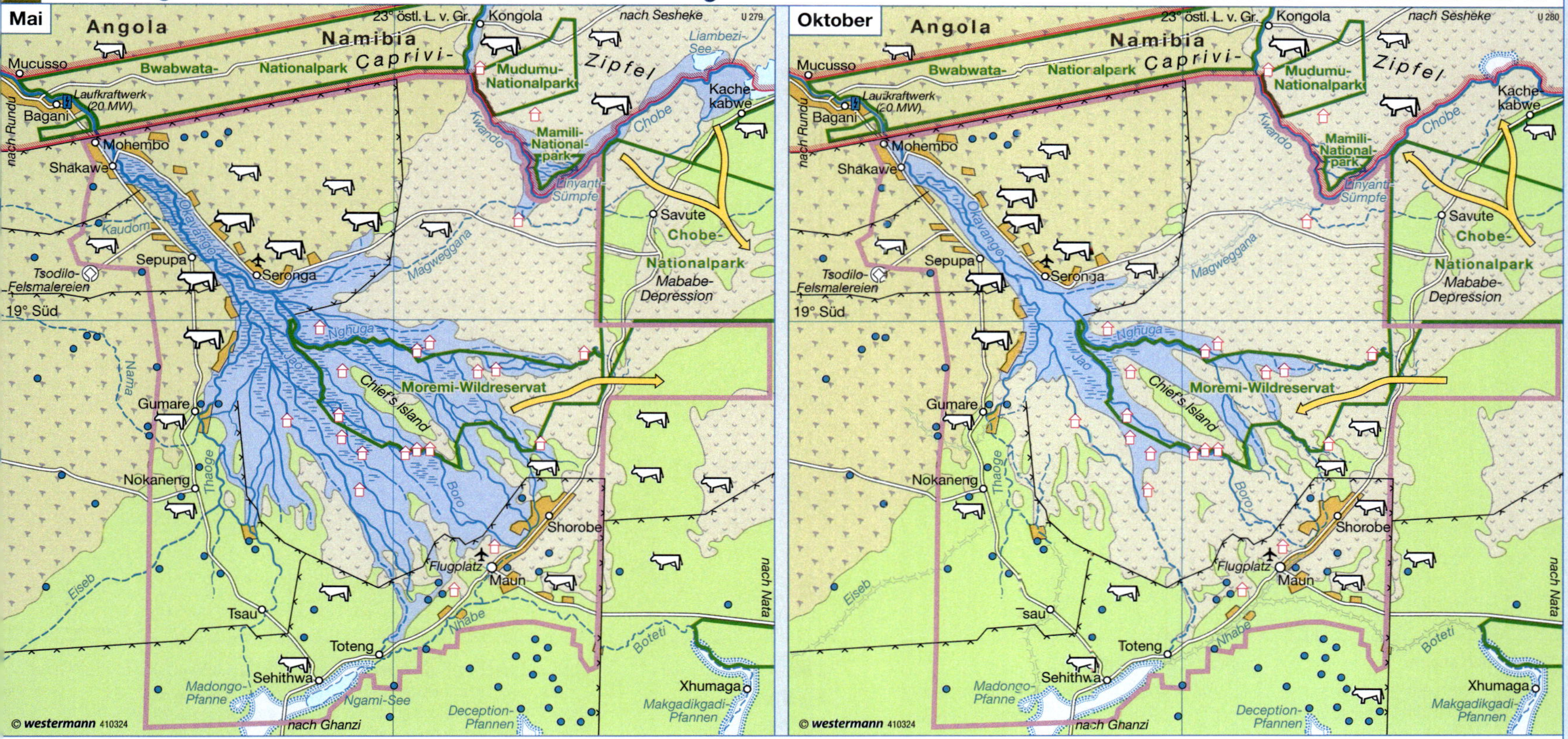

Bodenbedeckung
- ständig überschwemmt
- häufig überschwemmt
- Kurzgrassavanne mit Akazien
- Strauchsavanne (Mopanewald)
- Trockensavanne auf Dünen
- kein ständiger Abfluss
- ausgetrocknete Abflussrinne

Landnutzung
- Trockenfeldbau (Mais, Sorghum-Hirse)
- extensive Beweidung (Ziegen, Rinder)
- intensivere Viehhaltung (1 Zeichen = 1 000 Rinder)
- Brunnen, Viehtränke
- Zaun (Seuchenkontrolle)

Naturschutz
- Nationalpark, Wald-, Wildreservat
- Ramsar-Feuchtgebiet (international bedeutendes Vogelschutzgebiet)
- saisonale Elefantenwanderung

Tourismus
- Safari-Lodge mit Landepiste
- UNESCO-Weltkulturerbe
- Ort über 10 000 Einwohner
- Ort unter 10 000 Einwohner
- Staatsgrenze

Abfluss des Okavango bei Mohembo

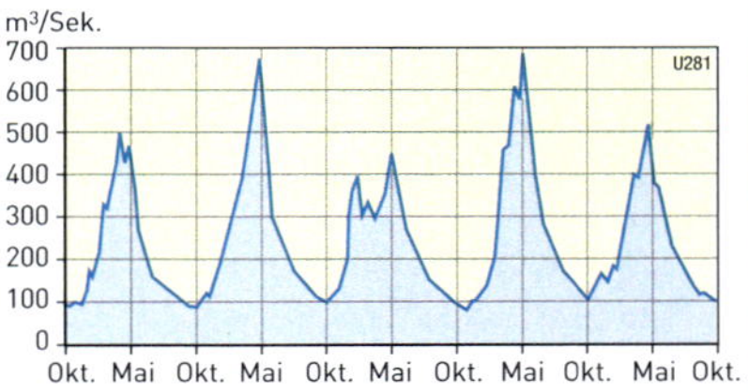

D3-178 www.diercke.de

1 Wirtschaft (Übersicht)

Maßstab 1 : 36 000 000

Wirtschaftsraum

- naturnahe Landschaft, wirtschaftlich wenig oder nicht genutzt
- wirtschaftliche Nutzung gering (z. B. durch Weidewirtschaft oder durch Holzwirtschaft)
- Kulturland, vorwiegend Landwirtschaft
- dicht besiedelte Region mit höherem Industrie-, Bergbau- und Dienstleistungsanteil
- bedeutende Tourismusregion

Wirtschaftszentrum

Ausstrahlung (Bedeutung im Städtevergleich)

- kontinental bedeutendes Zentrum
- für mehrere Staaten bedeutendes Zentrum

Ausrichtung

- politisch-kulturelles Zentrum
- Finanzzentrum (Banken, Handel, Börse)
- Innovationszentrum (Hightech, Forschung)
- Ort mit nationaler wirtschaftlicher Bedeutung (in Auswahl)

- Eisenbahn
- Fernstraße
- Staatsgrenze

„Ökologischer Fußabdruck“

Flächenbedarf pro Person, errechnet aus dem Verbrauch natürlicher Ressourcen und dem nötigen Ausgleich dafür

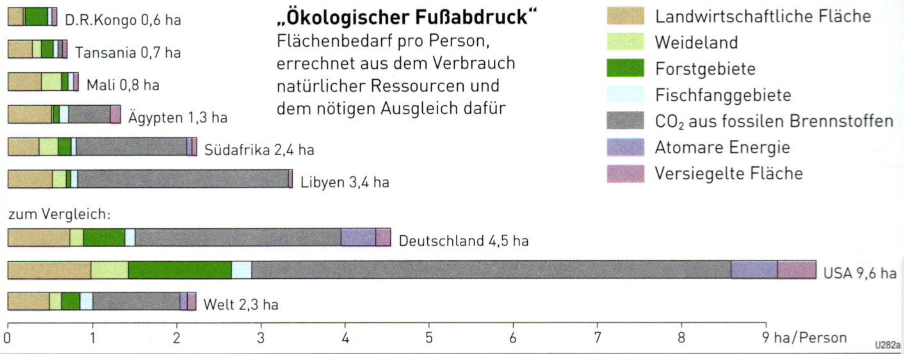

2 Nigerdelta – Erdölwirtschaft

Maßstab 1 : 2 250 000

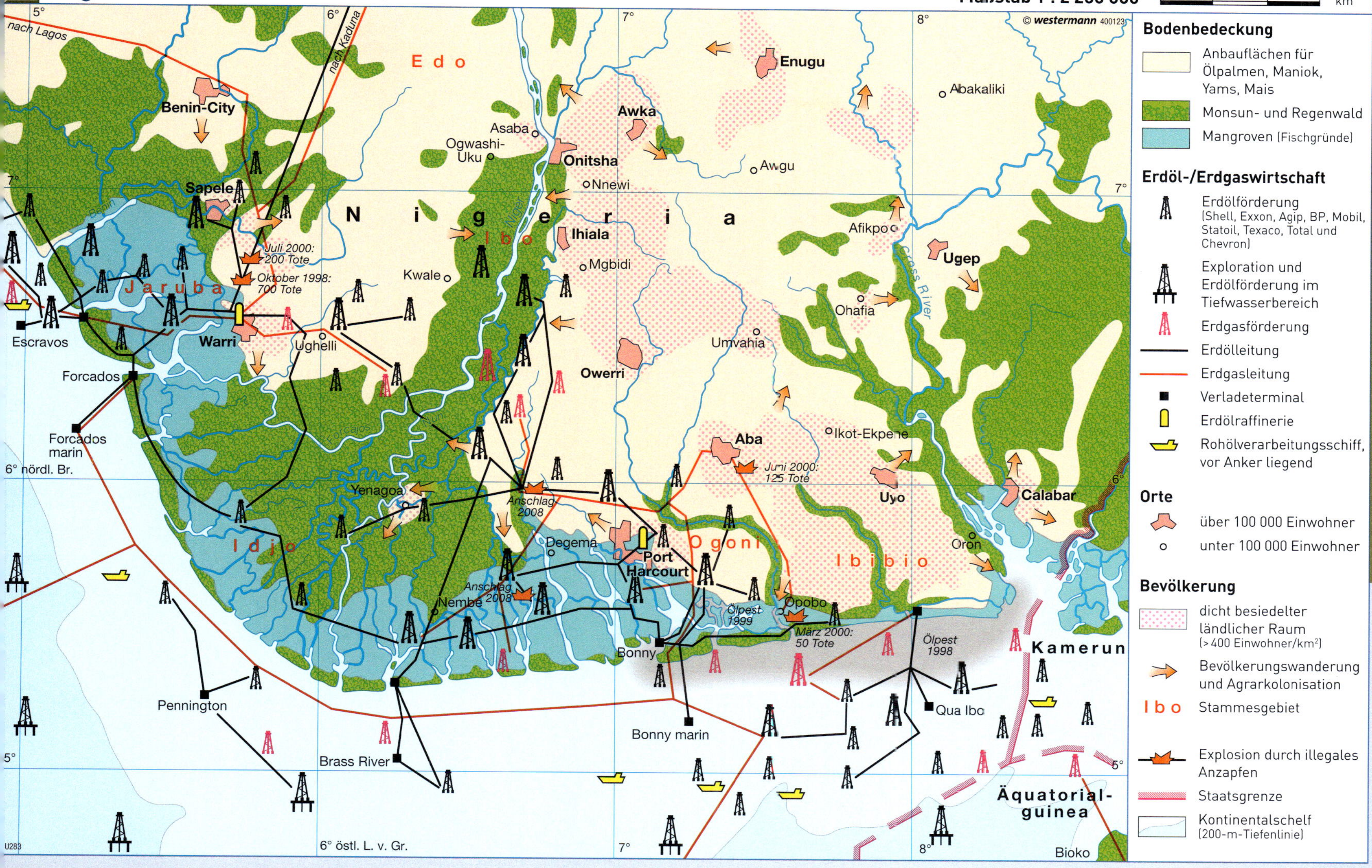

3 Bergbau

Maßstab 1 : 72 000 000

4 Industrie

Maßstab 1 : 72 000 000

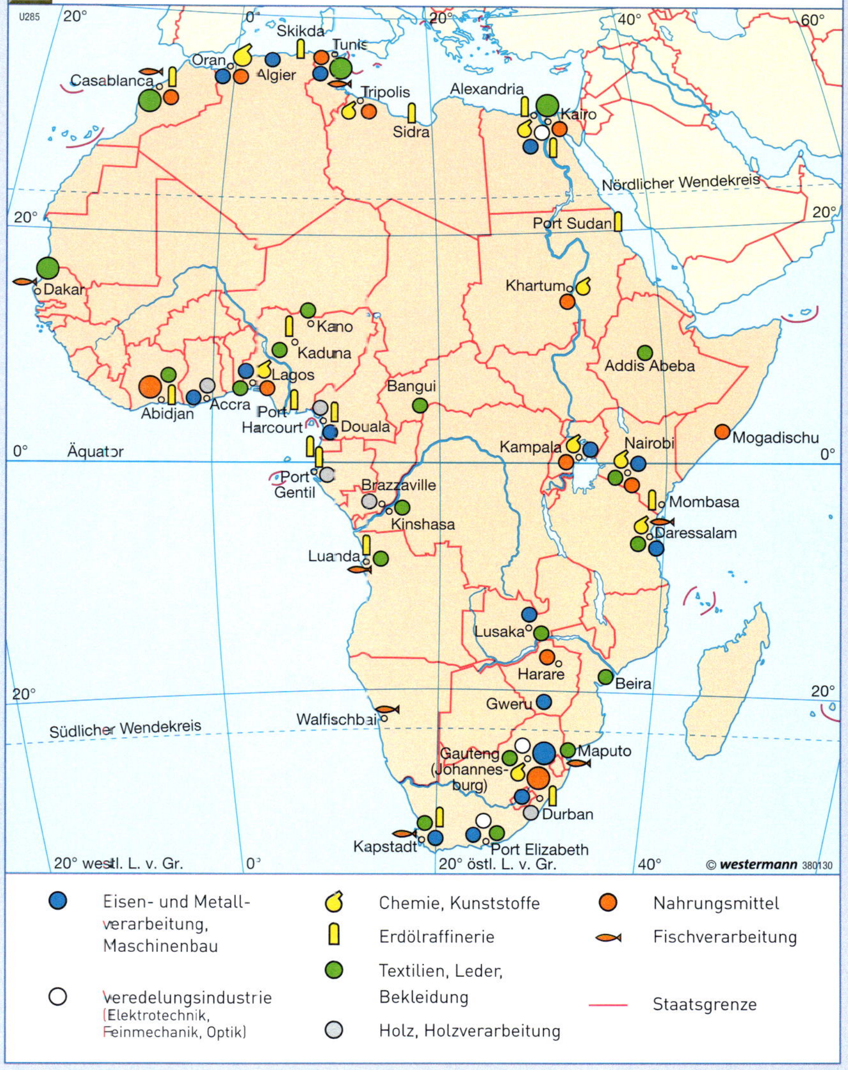

D3-180
www.diercke.de

Erläuterungen siehe Seite 183

D3-182
www.diercke.de

Maßstab 1 : 18 000 000
1 cm ≙ 180 km

0 200 400 600 800 1000 km

Landhöhen und Meerestiefen
(in Meter)

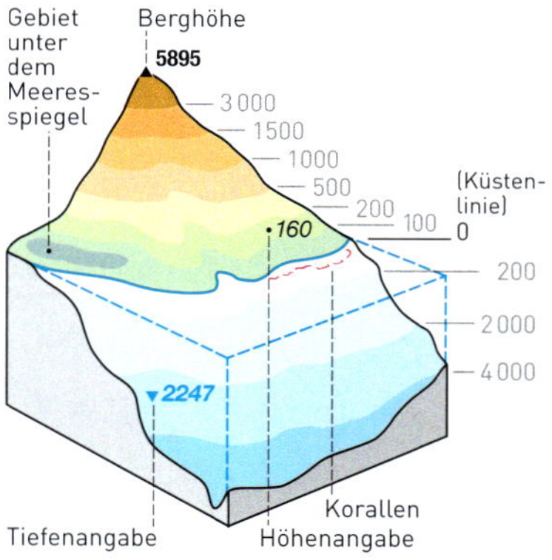

Gewässer

- Fluss
- schiffbarer Fluss
- Stromschnelle, Wasserfall
- Fluss, jahreszeitlich Wasser führend
- Wadi, Trockental, selten Wasser führend
- See
- Stausee, Staumauer
- Sumpf, Moor
- Salzpfanne
- Salzsee

Orte

Einwohner	
über	5 000 000
1 000 000 –	5 000 000
500 000 –	1 000 000
100 000 –	500 000
20 000 –	100 000
unter	20 000

- Ruinenstätte, geschichtlich bedeutsamer Ort
- Oase

Verkehr

- Eisenbahn
- wichtige Fernstraße
- Piste

Verwaltung

- Staatsgrenze
- nicht festgelegte Grenze
- Provinzgrenze in Südafrika
- Nationalparkgrenze

Nairobi	Hauptstadt
Daressalam	Regierungssitz
Kapstadt	Parlamentssitz
Bisho	Provinzhauptstadt in Südafrika

E 40° F 50° G 60°

D3-184
www.diercke.de

1 Physische Übersicht

Maßstab 1 : 36 000 000

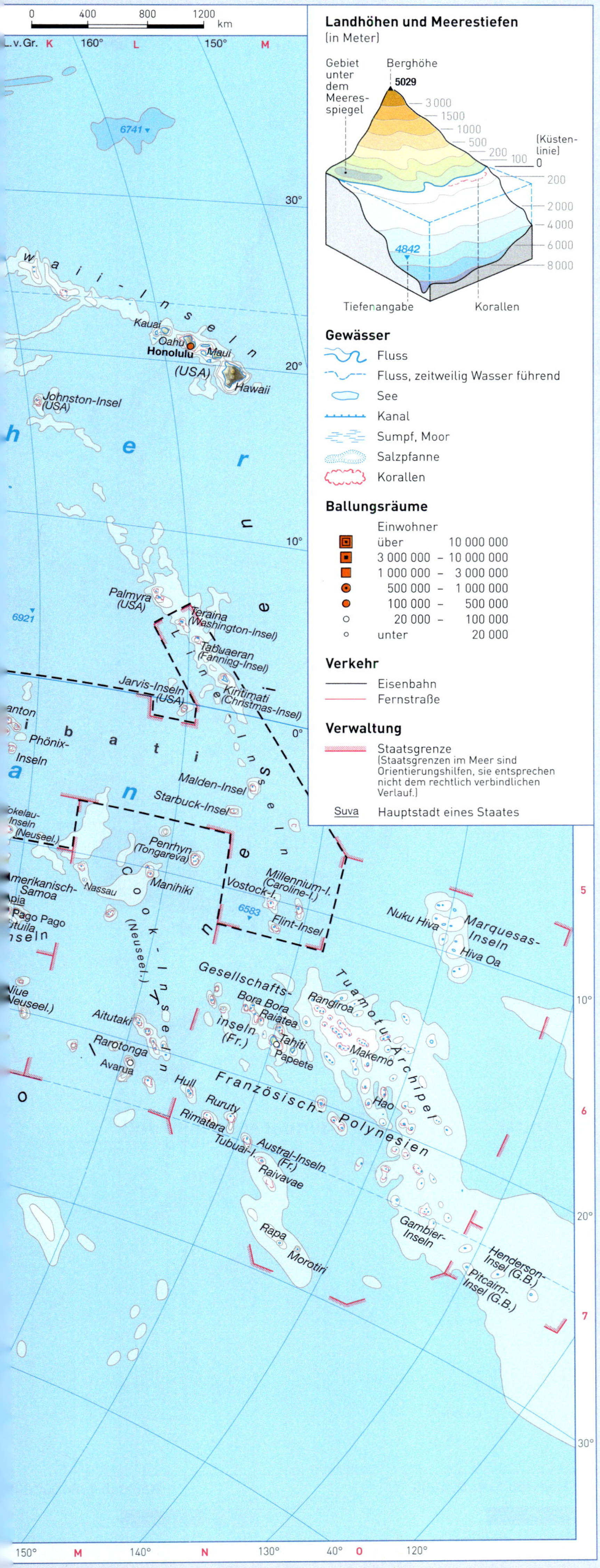

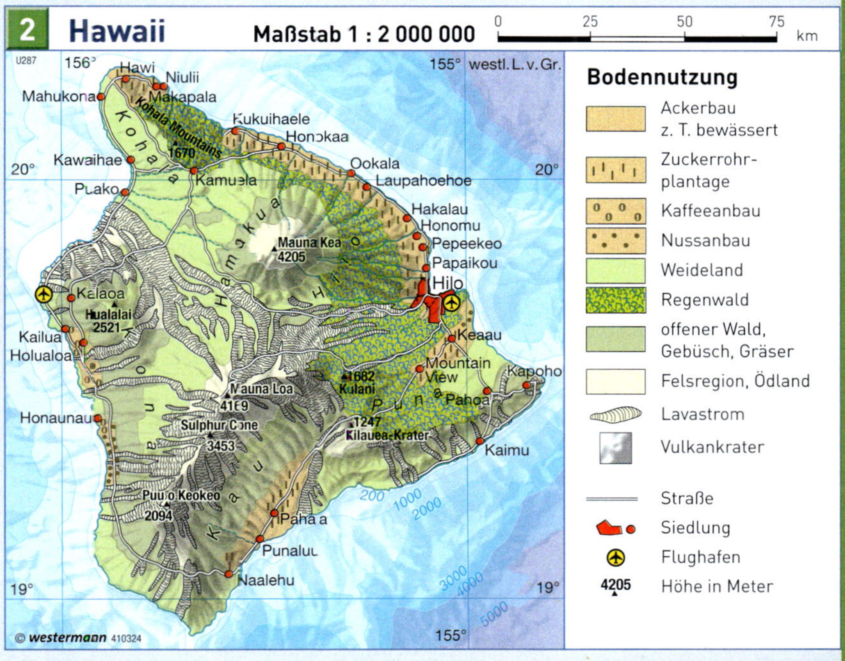

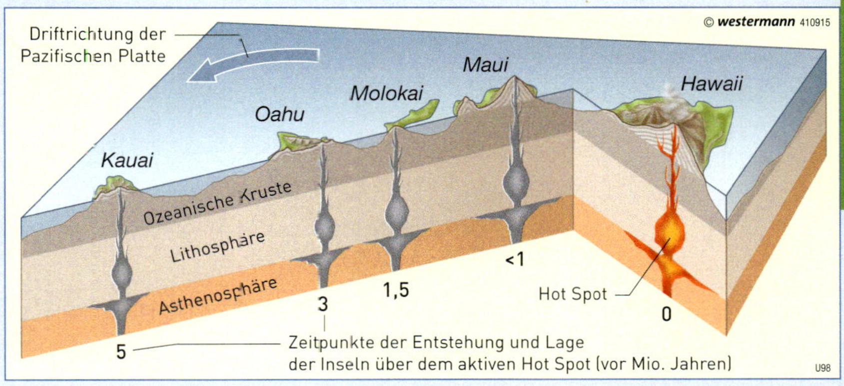

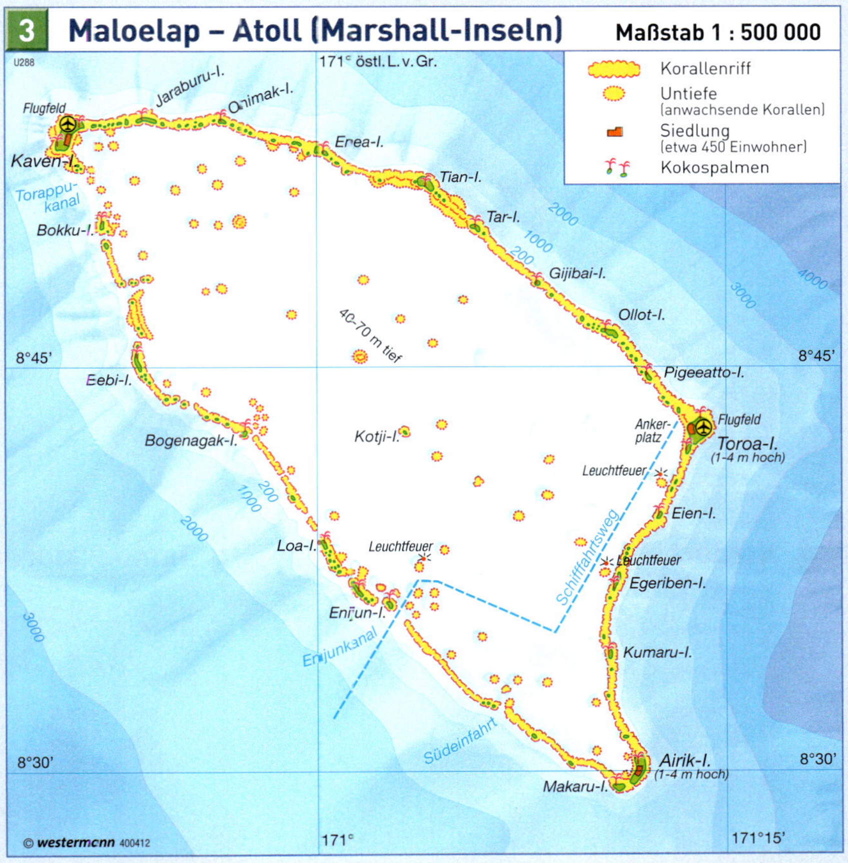

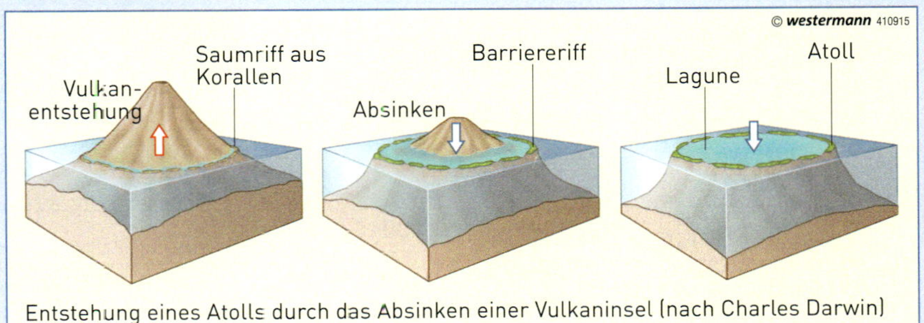

Entstehung eines Atolls durch das Absinken einer Vulkaninsel (nach Charles Darwin)

1 Wirtschaft

2 Niederschläge im Jahr

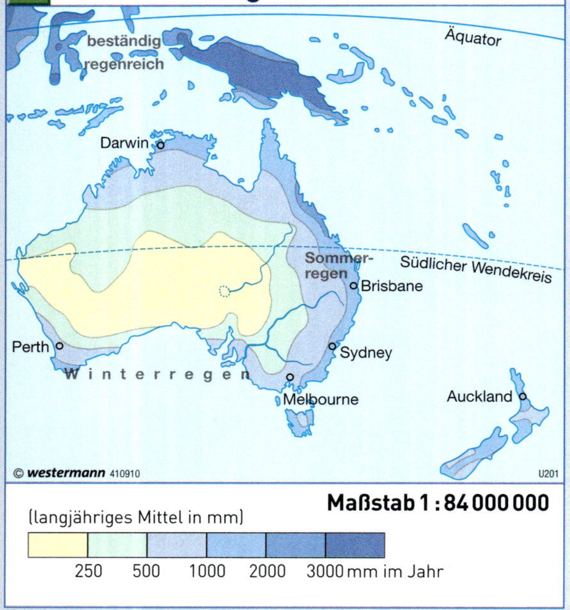

3 Temperaturen im Januar

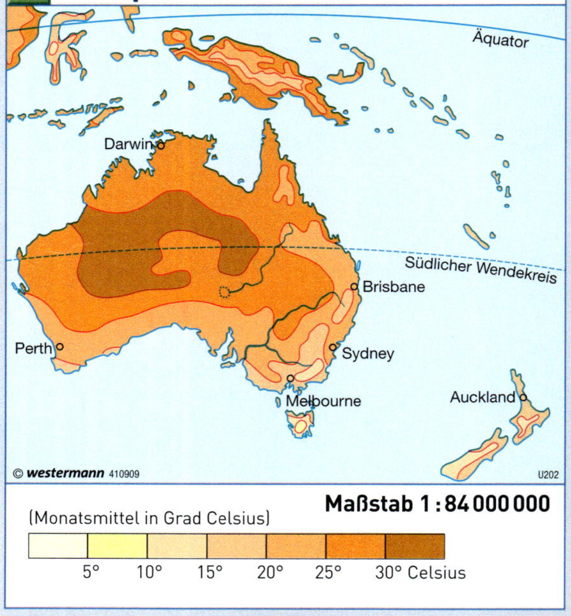

4 Temperaturen im Juli

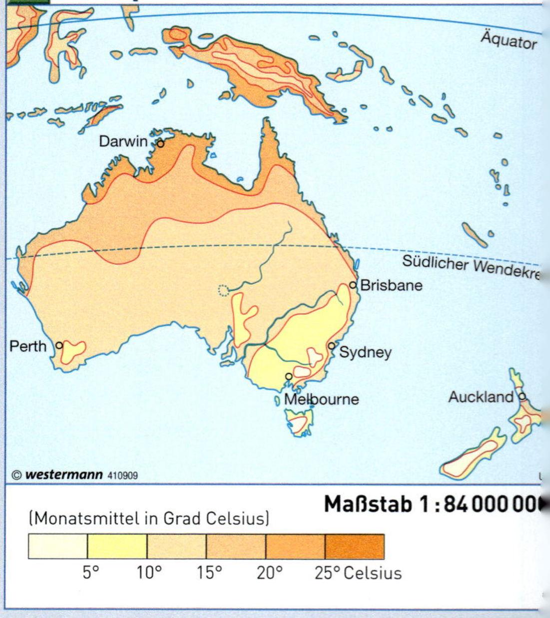

Maßstab 1 : 18 000 000

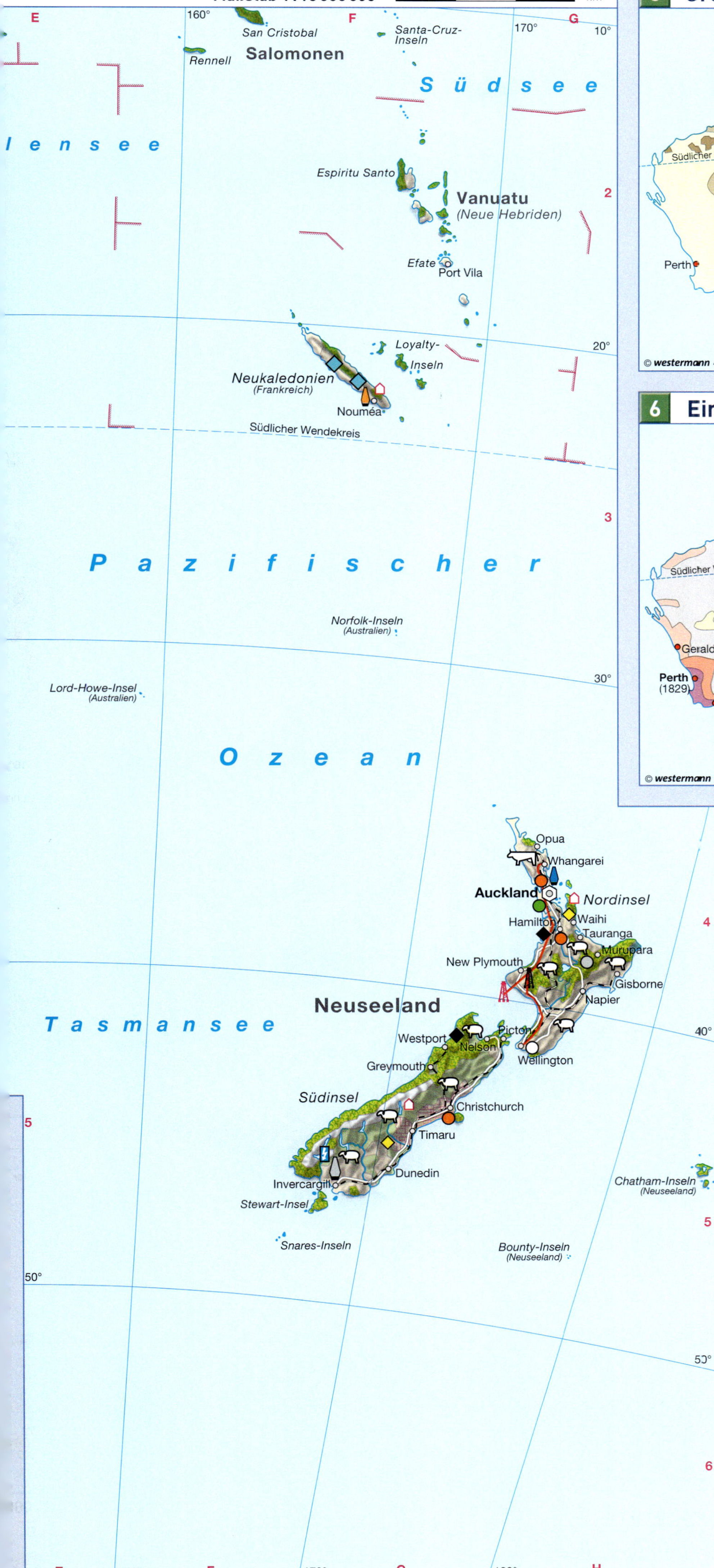

5 Ureinwohner (Aborigines)

Maßstab 1 : 54 000 000

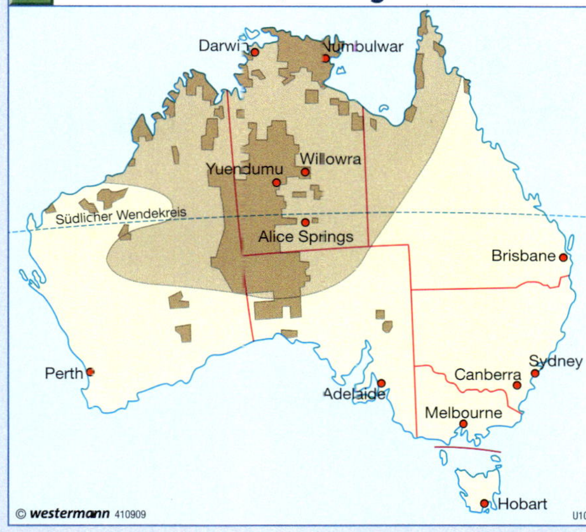

ursprüngliches Wohngebiet
heutiges Wohngebiet
Stadt, in der Aborigines-Minderheiten in Slums leben

In Australien (2010: 22,5 Mio. Einwohner) leben ca. 450 000 Aborigines.

Bundesstaatengrenze

6 Einwanderung

Maßstab 1 : 54 000 000

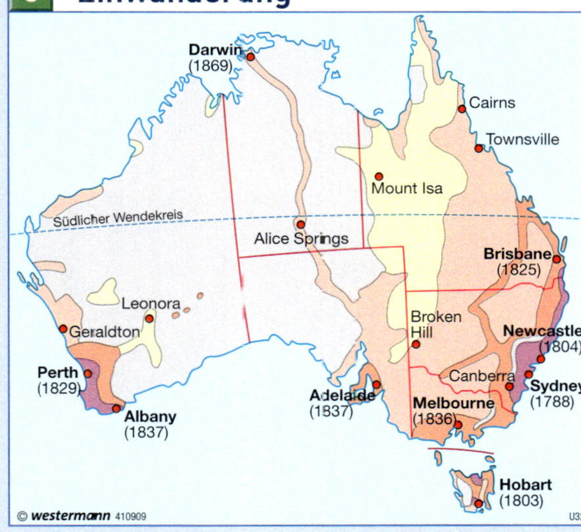

Besiedlung

- bis 1830
- 1830 – 1850
- 1850 – 1875
- 1875 – 1900
- nach 1900 bzw. unbewohnt

Sydney (1788) Jahr der ersten dauerhaften europäischen Besiedlung

Bundesstaatengrenze

Waldlandschaften
- Feucht- und Trockenwald der gemäßigten Zone
- tropischer Feucht- und Regenwald

offene Landschaften
- Trockensavanne (Eukalyptus) und Dornstrauchsavanne (Akazie)
- Halbwüste und Wüste
- Feuchtsavanne
- Mangrove

Kulturland
- Ackerbau
- Bewässerungsland
- Weide, z. T. Wiese

Nutzpflanzen
- Weizen
- Reis
- Zuckerrohr
- Bananen
- Zitrusfrüchte
- Baumwolle
- Wein

Viehhaltung
- Rinder
- Schafe

(1 Zeichen = 5 Millionen Stück)

Bergbau
- Erdöl
- Erdgas
- Steinkohle
- Braunkohle
- Uran
- Eisen
- Stahlveredler (Chrom, Mangan, Nickel, Kobalt, Wismut, Wolfram)
- Bauxit
- Kupfer
- Zinn
- Blei, Zink
- Gold
- Silber
- Diamanten

Industrie
- Eisen- und Stahlerzeugung
- Buntmetallverhüttung
- Aluminiumverhüttung
- Eisen- und Metallverarbeitung, Maschinenbau
- Elektrotechnik, Elektronik
- Chemie, Kunststoffe
- Erdölraffinerie
- Textilien, Bekleidung, Leder
- Holz, Papier
- Nahrungsmittel
- Wasserkraftwerk
- Wärmekraftwerk

Dienstleistungszentrum
- mit internationaler Bedeutung
- mit überregionaler Bedeutung
- mit regionaler Bedeutung
- Tourismusregion

Verkehr und Transport
- Erdölleitung
- Erdgasleitung
- Eisenbahn
- Straße
- Grenze der Bundesstaaten in Australien

D3-188
www.diercke.de

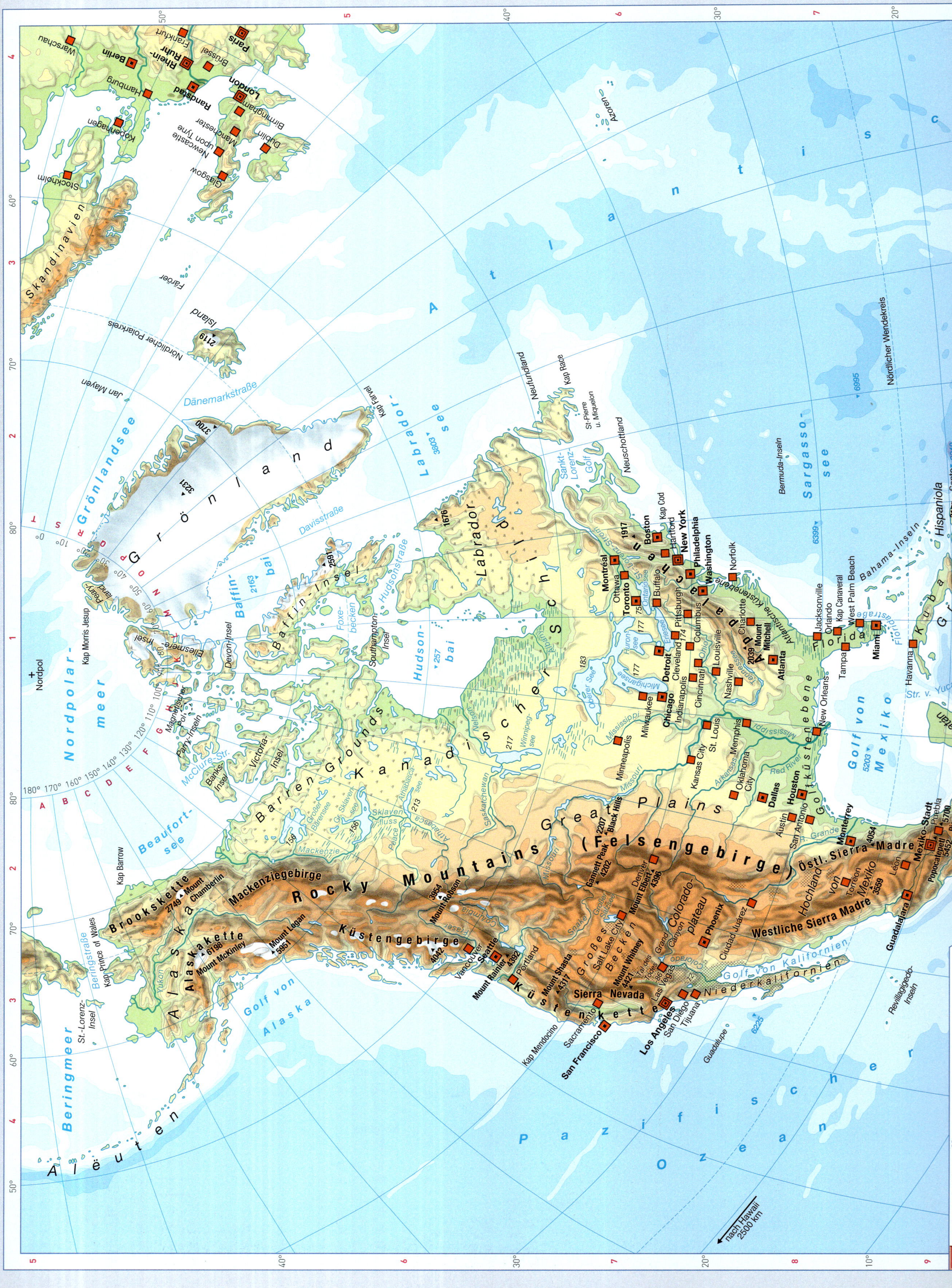

1 Physische Übersicht

Landhöhen und Meerestiefen (in Meter)

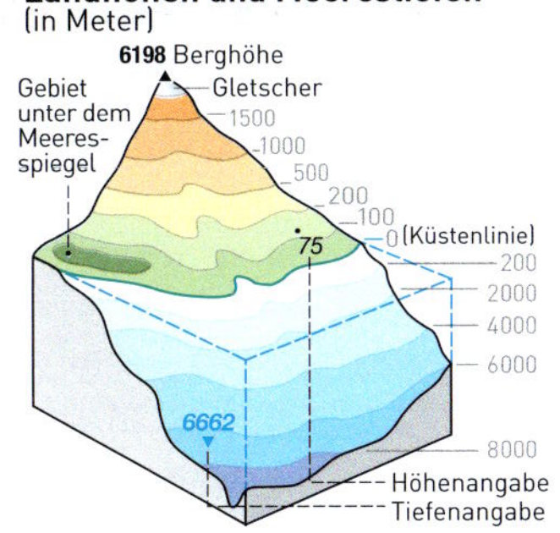

Gewässer

- Fluss
- Fluss, periodisch
- Kanal
- Wasserfall, Stromschnelle
- See
- Sumpf, Moor
- Salzpfanne
- Tundra
- Wüste

Ballungsraum

Einwohner	
über	10 000 000
3 000 000 –	10 000 000
1 000 000 –	3 000 000

Rekorde Amerikas:

Längster Fluss: .... Amazonas (6437 km)
Höchster Berg: .... Aconcagua (6960 m)
Tiefster Punkt: .... Tal des Todes (–86 m)
Größter See: ....Oberer See (82 103 km²)
Höchster aktiver Vulkan der Welt: .... Cotopaxi (5 897 m)
Größte Schlucht der Welt: .... Grand Canyon
Größter Ballungsraum: .. Mexiko-Stadt (ca. 23 Mio. Einw.)

2 Topographie

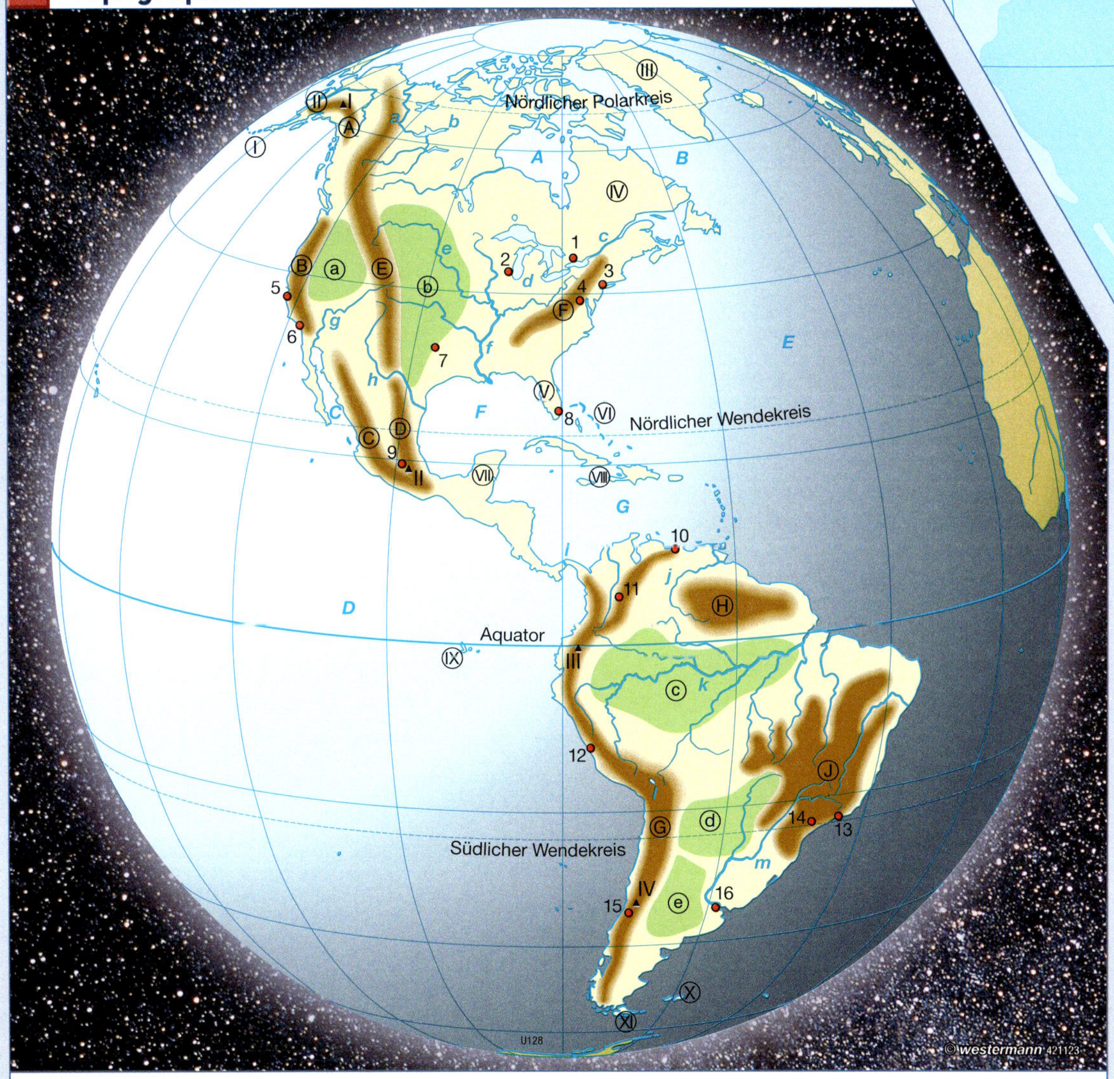

• 1-16 Ballungsräume	a-m Flüsse, Seen	I-IV Berge	ⓐ-ⓔ Becken, Landschaften
	A-G Meere	Ⓐ-Ⓙ Gebirge	Ⓘ-Ⓧ Inseln, Halbinseln

D3-190 www.diercke.de

1 Urbevölkerung Anfang 16. Jahrhundert

2 Europäisierung Mitte 18. Jahrhundert

Maßstab 1 : 64 000 000

Tolteken erobern Chichén Itzá – 987

Mississippi-Kultur erreicht Höhepunkt: Gründung von Cahokia (30.000 Einwohner) – 1100

Pueblo-Kultur (Anasazi) auf dem Höhepunkt – 1200

Aztekenreich entsteht – um 1320

Quipu erfunden: Knotenschrift der Inka – ca. 1400

987 1000 1100 1200 1300 um 1320 ca. 1400

3 Nationenbildung um 1825 Maßstab 1 : 64 000 000

4 Politische Übersicht Maßstab 1 : 64 000 000

D3-192
www.diercke.de

1 Temperaturen im Januar 1 : 64 000 000

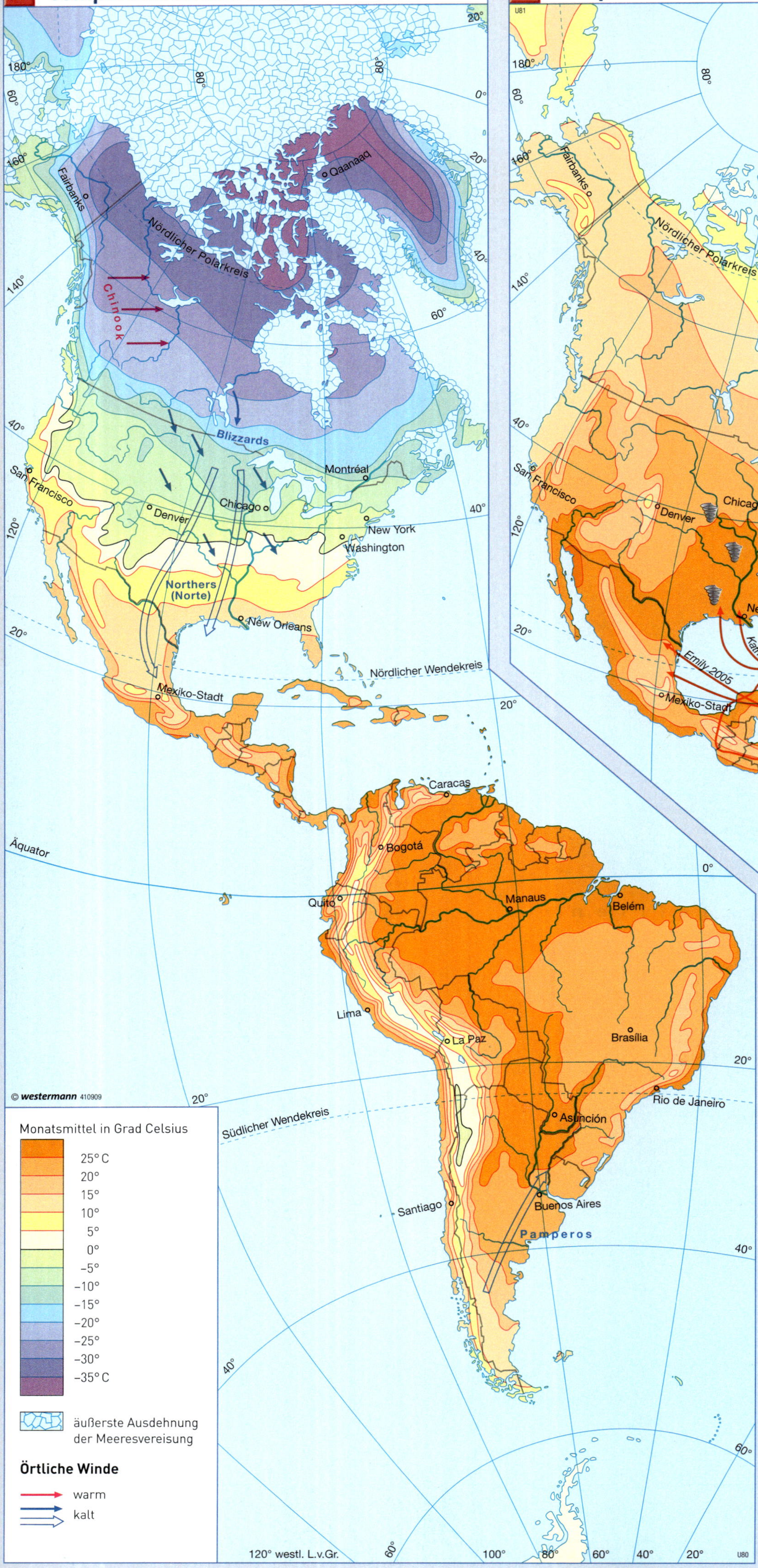

2 Temperaturen im Juli 1 : 64 000 000

3 Niederschläge

1 : 64 000 000

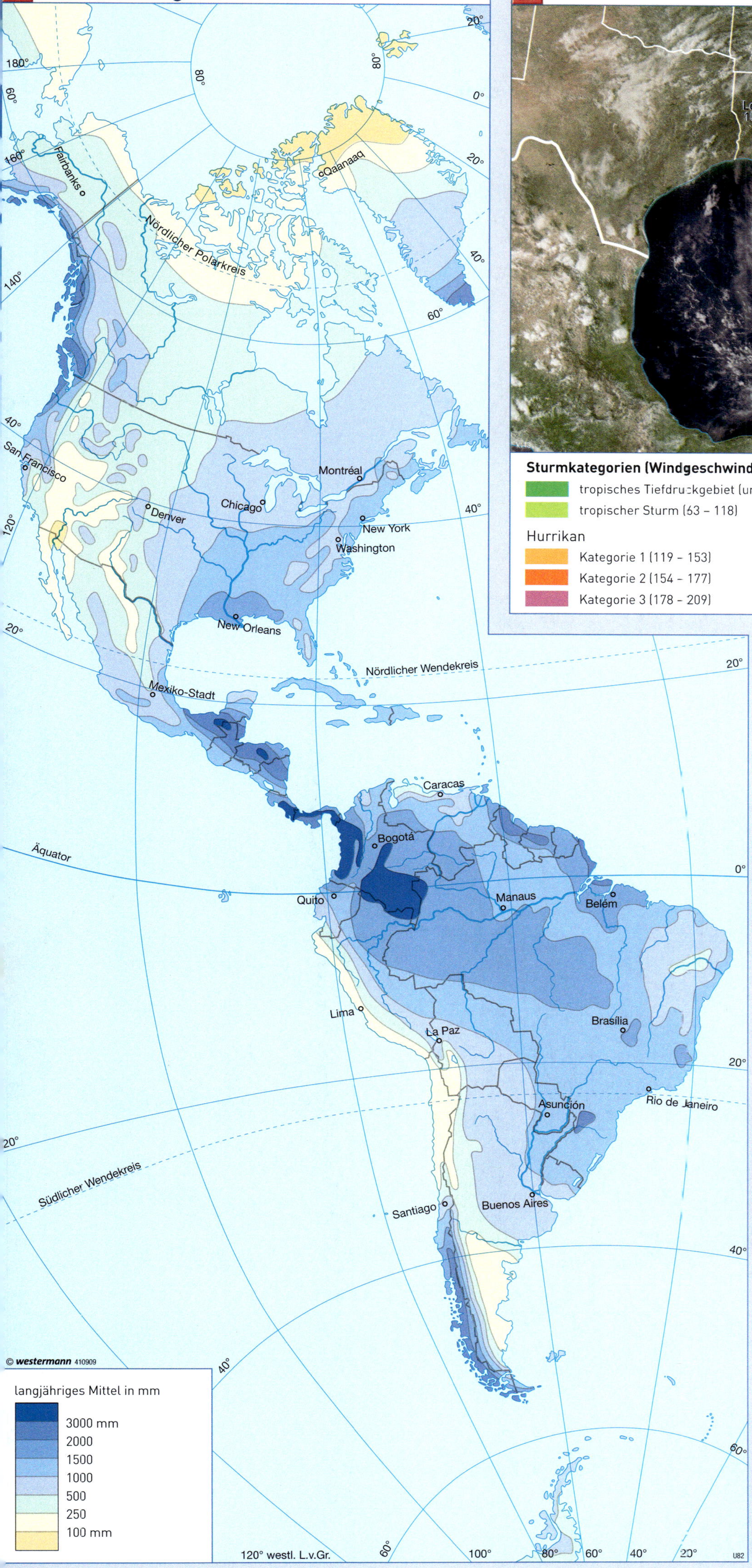

langjähriges Mittel in mm

3000 mm
2000
1500
1000
500
250
100 mm

4 Hurrikan Katrina

1 : 24 000 000

0 150 300 450 600 km

Sturmkategorien (Windgeschwindigkeit in km/h)

- tropisches Tiefdruckgebiet (unter 63)
- tropischer Sturm (63 – 118)

Hurrikan

- Kategorie 1 (119 – 153)
- Kategorie 2 (154 – 177)
- Kategorie 3 (178 – 209)
- Kategorie 4 (210 – 249)
- Kategorie 5 (über 250)
- Zugbahn des Hurrikans Ende August 2005
- 27.8. Lage des Hurrikans um 0 Uhr Greenwichzeit
- 1577/705 Tote/Vermisste in den Bundesstaaten

5 Entstehung eines Hurrikans

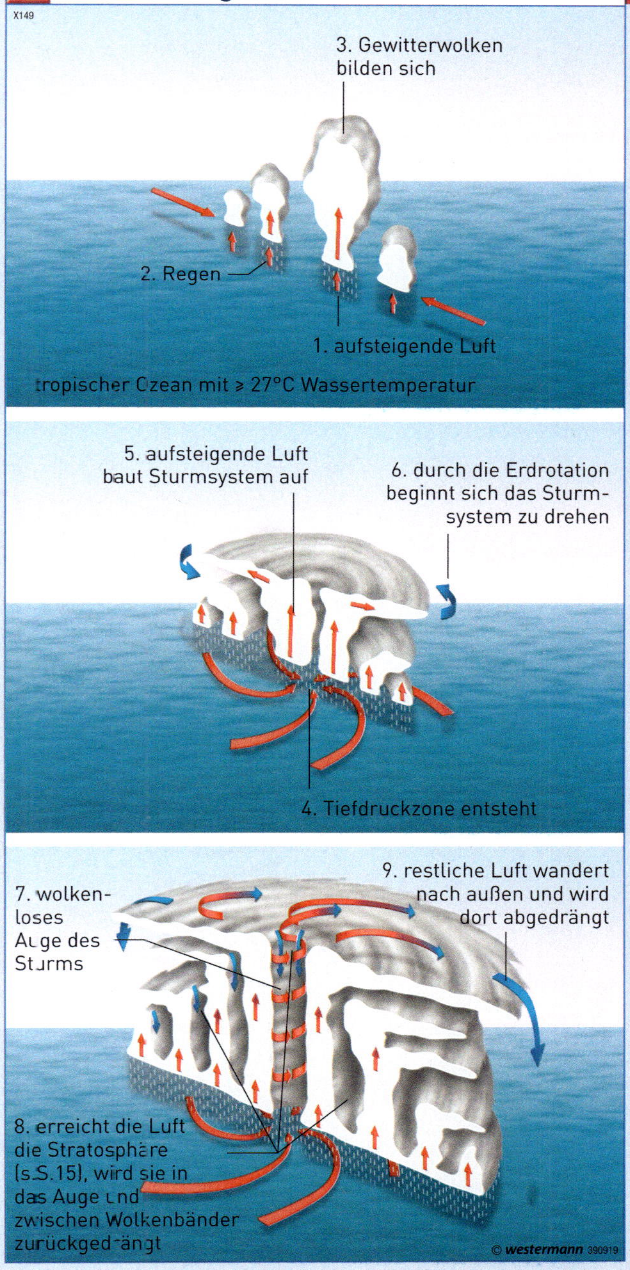

D3-194 www.diercke.de

1 Landwirtschaft

Maßstab 1 : 36 000 000

Waldlandschaften
- nördlicher Nadelwald
- sommergrüner Laub- und Mischwald, Gebirgsnadelwald
- Feuchtwald
- Hartlaubgehölz
- Monsun- und Regenwald

offene Landschaften
- Tundra
- Steppe und Hochgebirgsgrasland
- Trocken- und Dornstrauchsavanne
- Feuchtsavanne
- Halbwüste und Wüste
- Fels- und Gletscherregion

Kulturland
- Ackerbau
- Bewässerungsland
- Weide, z.T. Wiese
- nördliche und südliche Anbaugrenze von Getreide

- Staatsgrenze

Nutzpflanzen
- Weizen
- Reis
- Mais
- Sojabohnen
- Erdnüsse
- Sonnenblumen
- Zuckerrüben
- Zuckerrohr
- Bananen
- Zitrusfrüchte
- Baumwolle
- Kautschuk
- Tabak
- Kaffee
- Kakao
- Tee
- Wein

Viehhaltung
- Rinder
- Schweine
- Schafe
- Ziegen

1 großes Zeichen = 20 Mio. Stück
1 kleines Zeichen = 5 Mio. Stück

2 Bananenhandel – CO_2-Emission

Für jedes Produkt kann der „ökologische Rucksack" berechnet werden. Er beinhaltet auch die Treibhausgase, die während der Produktion und beim Handel dieses Produktes freigesetzt werden.

Vergleich der CO_2-Emissionen von Bio-Bananen

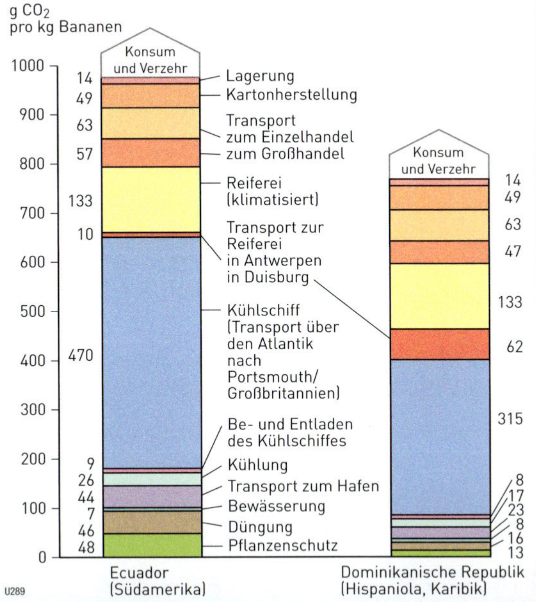

3 Mittelamerika – Bananenanbau

Maßstab 1 : 16 000 000

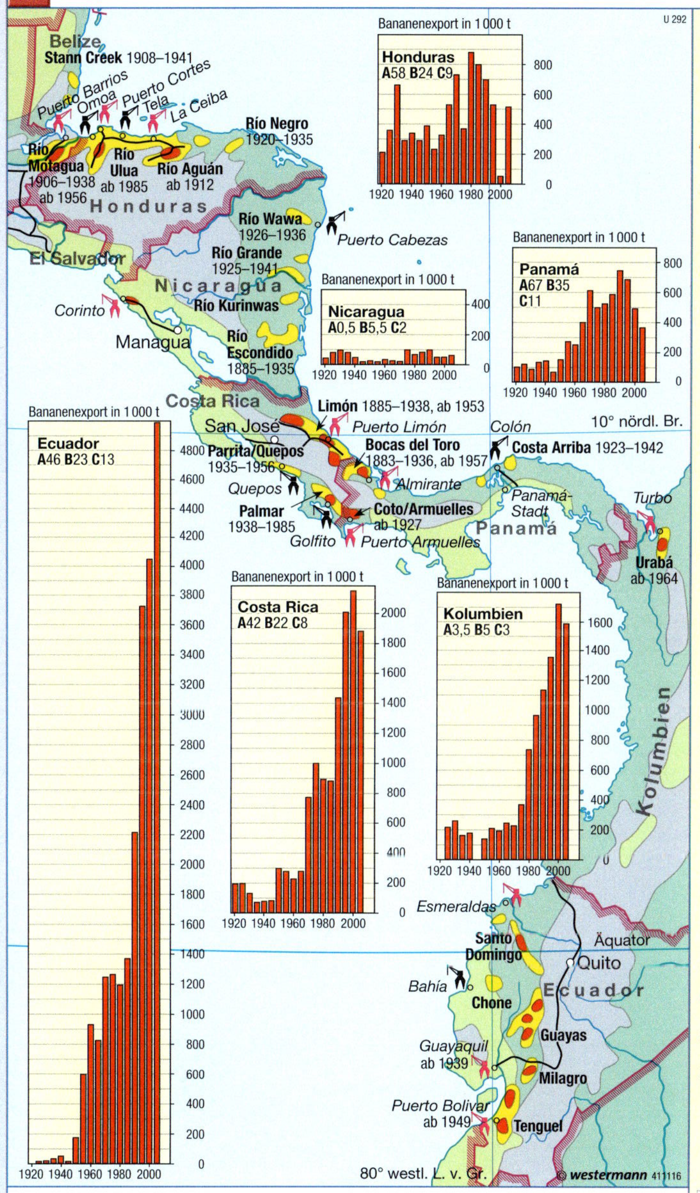

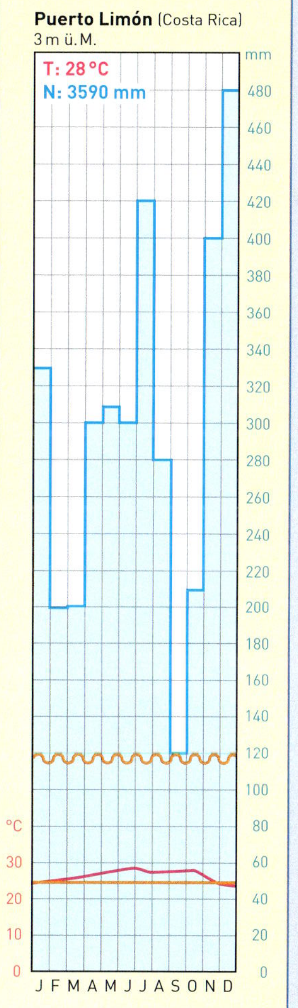

Klimaanspruch der Bananen

eingetragen in ein Klimadiagramm aus den Tropen

- Niederschlagsanspruch von Bananen (Minimum)
- Temperaturanspruch von Bananen (Durchschnitt)

- Temperaturen im Monatsmittel
- Niederschläge im Monat insgesamt
- T: 28 °C – Jahresdurchschnittstemperatur
- N: 3590 mm – Jahressumme Niederschlag
- 3 m ü. M. – Höhenangabe in Meter über dem Meeresspiegel

- regenreiches, heißes Tiefland
- wechselfeuchtes, heißes Tiefland
- höhere, kühlere Region

Bananenanbau (Plantagengebiete)
- ehemaliges Anbaugebiet
- heutiges Anbaugebiet

- 1885–1935 Produktionsperiode
- Bananenexporthafen in Betrieb / aufgegeben
- Transportbahn (z. T. stillgelegt)

Diagramme: Anteil der Bananenausfuhr am Exporterlös eines Staates in Prozent:
A 1950–1959 **B** 1992–1996 **C** 2002–2006

D3-196
www.diercke.de

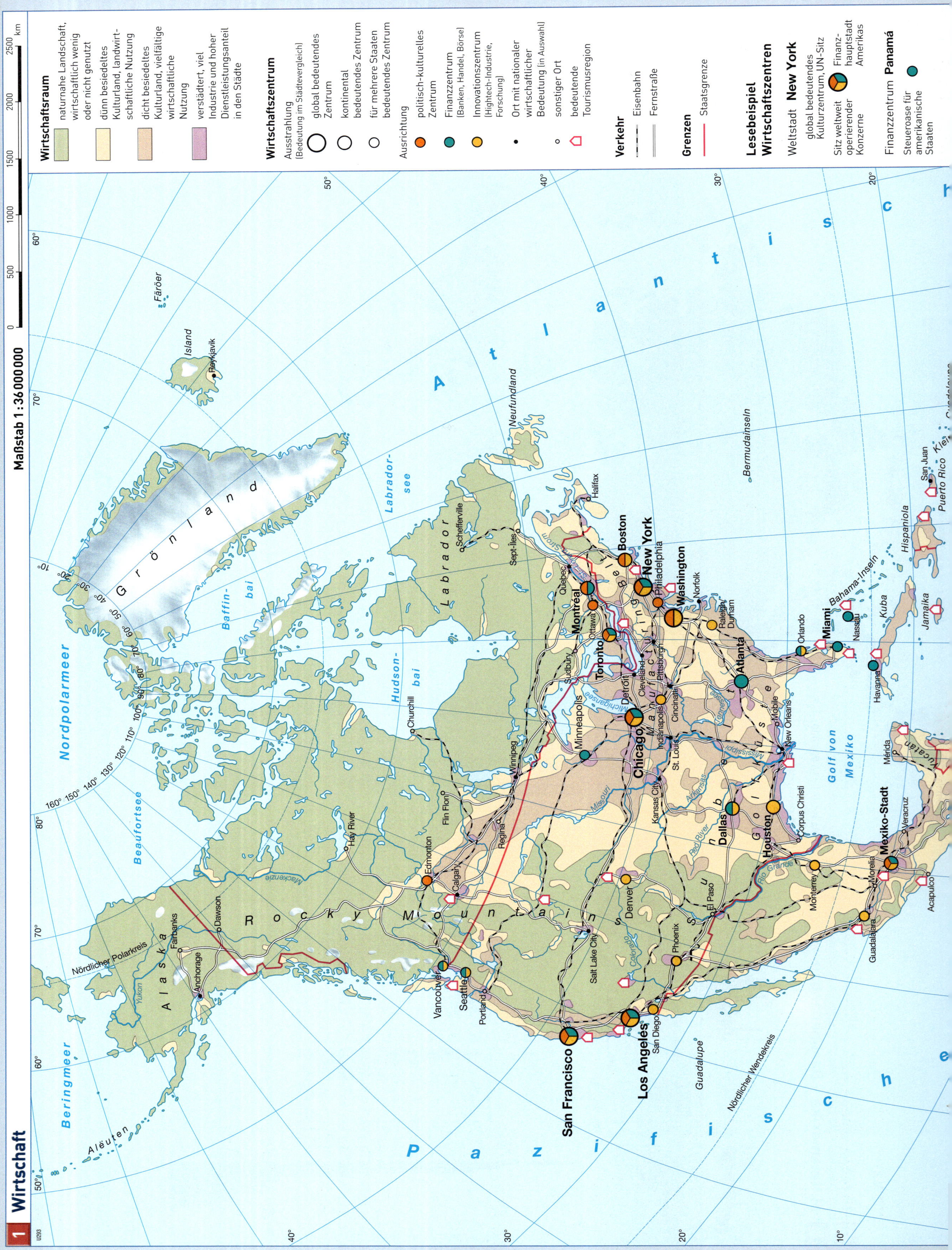

2 Panamakanal – Verbindung der Weltmeere 1:600 000

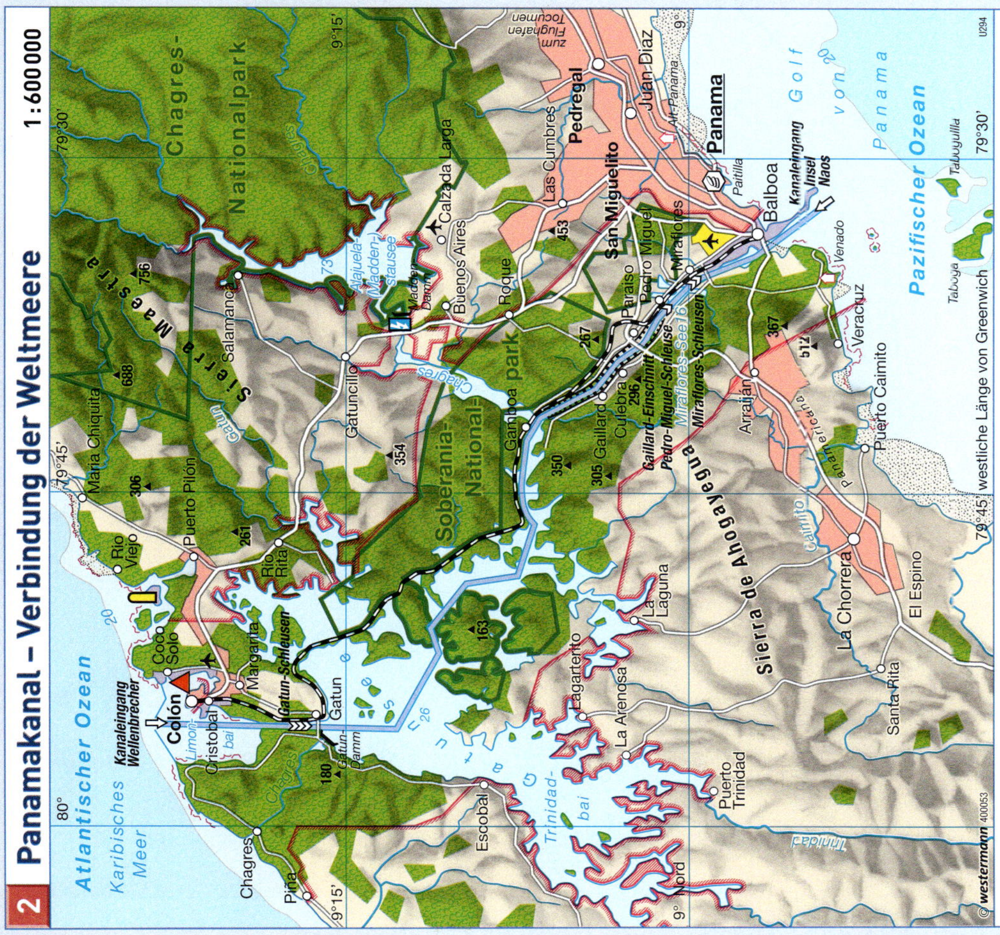

Kanalzone

- Kanaleinschnitt
- Schleuse
- Grenze der Kanalzone

Die zwischen 1903 und 1979 von den USA kontrollierte Kanalzone wurde 1999 ganz an Panama zurückgegeben.

- Siedlungsfläche
- Hafenanlagen, z. T. Militäreinrichtungen
- vorwiegend Ackerbau
- Tropischer Regenwald
- Watt
- Korallenriff
- Staudamm
- Wasserkraftwerk
- Erdölraffinerie
- Freihandelszone
- Finanzzentrum
- Tourismusort
- Nationalpark

Profil entlang des Panamakanals

Längenmaßstab 1 : 800 000
Höhen sind 100fach überhöht

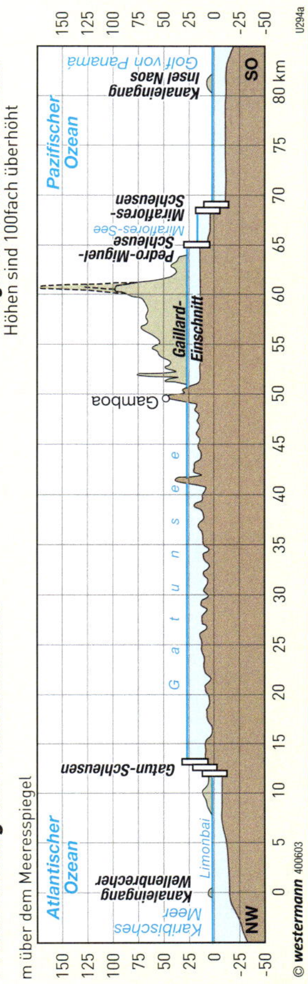

AMERIKA

D3-198 www.diercke.de

Landhöhen und Meerestiefen
(in Meter)

Gewässer
- Fluss
- schiffbarer Fluss
- Stromschnelle, Wasserfall
- See
- Stausee, Staumauer
- Sumpf, Moor
- Salzsee

Orte
Einwohner
- über 5 000 000
- 1 000 000 – 5 000 000
- 500 000 – 1 000 000
- 100 000 – 500 000
- 20 000 – 100 000
- unter 20 000

Verkehr
- Eisenbahn
- Alaska Highway, Panamerican Highway
- Fernstraße
- Pass

Verwaltung
- Staatsgrenze
- Grenze einer Provinz in Kanada oder eines Bundesstaates in den USA
- Nationalparkgrenze
- **Ottawa** Hauptstadt eines Staates
- Bismarck Hauptstadt einer Provinz in Kanada oder eines Bundesstaates in den USA

Maßstab 1 : 18 000 000
1 cm ≙ 180 km

0 200 400 600 800 1000 km

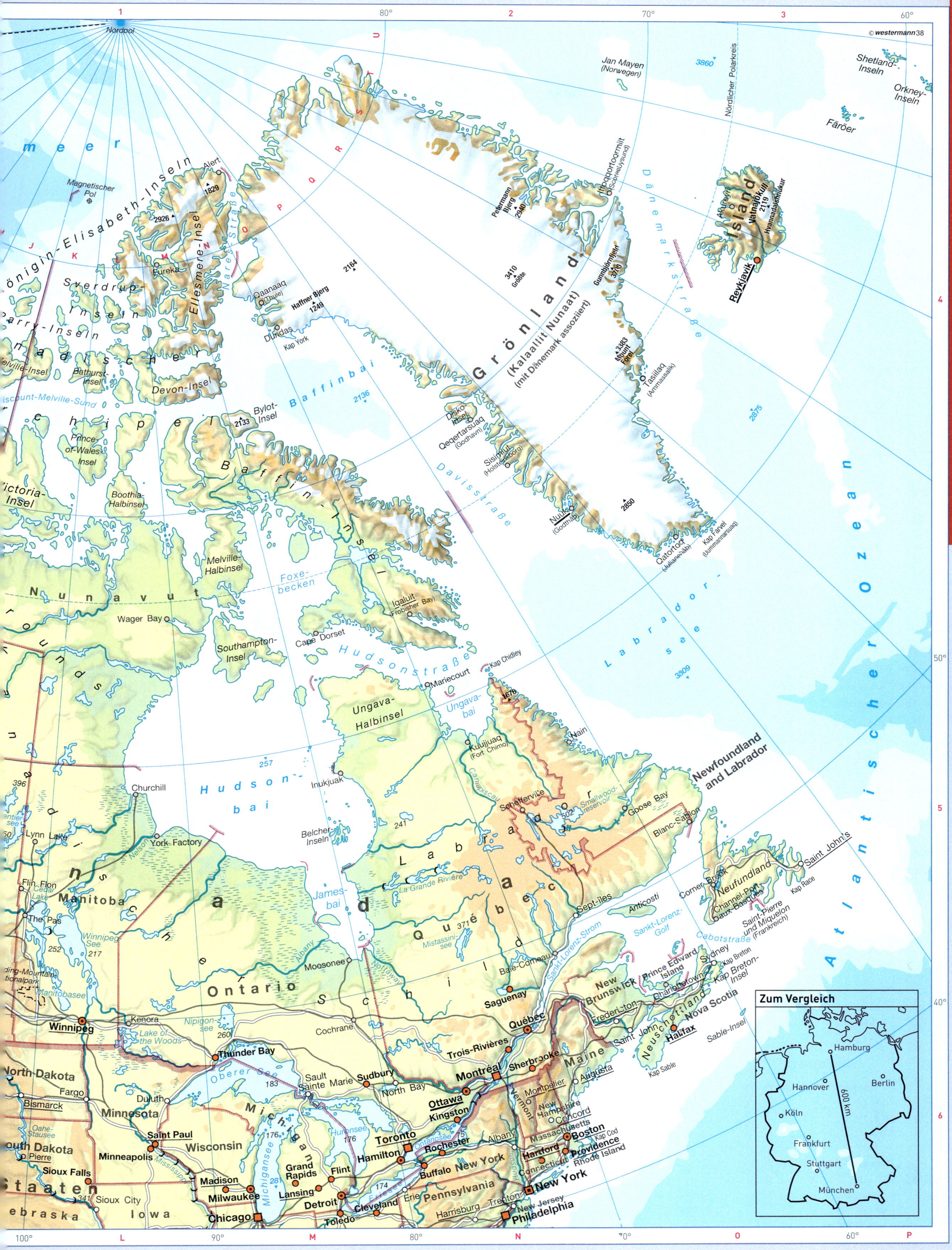

D3-200 www.diercke.de

Landhöhen und Meerestiefen
(in Meter)

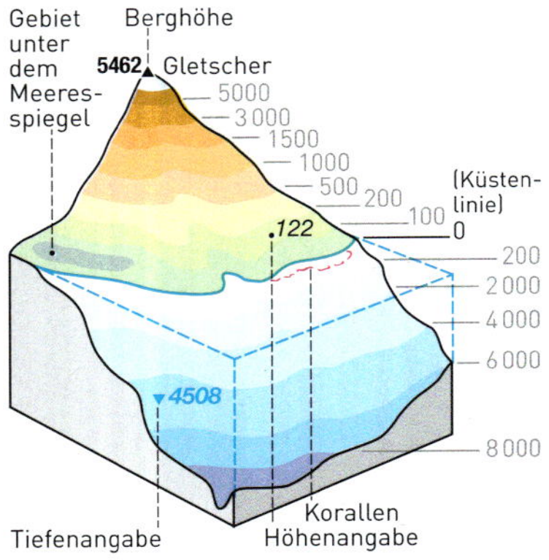

Gewässer
- Fluss
- schiffbarer Fluss
- Stromschnelle, Wasserfall
- Kanal, bedingt schiffbar
- schiffbarer Kanal
- Wasserleitung
- See
- Stausee, Staumauer
- Sumpf, Moor
- Salzsee

Orte
Einwohner	
über	5 000 000
1 000 000 –	5 000 000
500 000 –	1 000 000
100 000 –	500 000
20 000 –	100 000
unter	20 000

Ruinenstätte, geschichtlich bedeutsamer Ort

Verkehr
- Eisenbahn
- Panamerican Highway
- Fernstraße
- Pass

Verwaltung
- Staatsgrenze
- Grenze eines Bundesstaates in den USA oder einer Provinz in Kanada
- Nationalparkgrenze
- Nassau – Hauptstadt eines Staates
- Salem – Hauptstadt eines Bundesstaates in den USA oder einer Provinz in Kanada

© westermann38
Ontario
Québec
Neufundland
Newfoundland and Labrador
Saint John's
Kap Race
Saint-Pierre und Miquelon (Frankreich)
Channel-Port-aux-Basques
Corner Brook
Cabotstraße
Sankt-Lorenz-Golf
Sankt-Lorenz-Strom
Anticosti
Sept-Îles
Baie-Comeau
Saguenay
Québec
Trois-Rivières
Montréal
Sherbrooke
Ottawa
Kingston
Toronto
Hamilton
Sudbury
North Bay
Sault Sainte Marie
Moosonee
Cochrane
James-bai
Mistassini-see
Nipigon-see
Kenora
Lake of the Woods
Thunder Bay
Oberer See
Huronsee
Michigansee
Eriesee
Ontariosee
Minnesota
Duluth
Saint Paul
Minneapolis
Wisconsin
Madison
Milwaukee
Michigan
Grand Rapids
Lansing
Flint
Detroit
Chicago
Iowa
Des Moines
Illinois
Springfield
Indiana
Indianapolis
Ohio
Toledo
Cleveland
Columbus
Cincinnati
Kansas City
Jefferson City
Saint Louis
Missouri
Evansville
Louisville
Frankfort
Kentucky
Staaten
Tennessee
Nashville
Memphis
Chattanooga
Arkansas
Little Rock
Mississippi
Jackson
Alabama
Birmingham
Montgomery
Atlanta
Georgia
Columbus
Savannah
Louisiana
Shreveport
Baton Rouge
New Orleans
Mississippi-delta
Mobile
Tallahassee
Gainesville
Jacksonville
Florida
Orlando
Tampa
Saint Petersburg
Kap Canaveral
West Palm Beach
Miami
Everglades
Kap Sable
Key West
Florida Keys
Floridastraße
Maine
Augusta
Montpelier
Vermont
New Hampshire
Concord
Massachusetts
Boston
Kap Cod
Providence
Rhode Island
Hartford
Connecticut
Albany
New York
Buffalo
Rochester
Pennsylvania
Harrisburg
Trenton
Pittsburgh
New Jersey
Philadelphia
Dover
Delaware
Baltimore
Annapolis
Maryland
Washington D.C.
West Virginia
Charleston
Virginia
Richmond
Norfolk
Chesapeakebai
North Carolina
Raleigh
Greensboro
Charlotte
Mount Mitchell 2039
Kap Hatteras
South Carolina
Columbia
Charleston
Appalachen
New Brunswick
Fredericton
Saint John
Prince Edward Island
Charlottetown
Neuschottland
Nova Scotia
Halifax
Sydney
Kap Breton
Kap Breton-Insel
Sable-Insel
Kap Sable
Bermuda-Inseln (Großbritannien)
Sargassosee
Atlantischer Ozean
Nördlicher Wendekreis
Golf von Mexiko
Bahamas
Grand Bahama
Great Abaco
Nassau
Eleuthera
Andros
Cat
San Salvador (Watlings Island, Guanahani) am 12.10.1492 von Kolumbus entdeckt
Große Bahamabank
Caicos-Inseln (Großbritannien)
Turks-Inseln (Großbritannien)
Inagua-Inseln
Havanna
Pinar del Río
Santa Clara
Cienfuegos
Camagüey
Holguín
Kuba
Guantánamo
Santiago de Cuba
Turquino 1972
Cayman-Inseln (Großbritannien)
Kap Cruz
Jamaika
Kingston
Große Antillen
Hispaniola
Cap-Haïtien
Haiti
Port-au-Prince
Pico Duarte 3157
Santiago
Puerto Plata
Dominikanische Republik
Santo Domingo
San Juan
Puerto Rico (USA)
Ponce
Jungferninseln
Anguilla
Saint-Martin
Sint Eustatius (Niederl.)
Saint Kitts und Nevis
Montserrat
Barbuda
Antigua und Barbuda
Saint John's
Guadeloupe (Fr.)
Basse-Terre
Dominica
Roseau
Martinique (Fr.)
Fort-de-France
Saint Lucia
Castries
Barbados
Bridgetown
Saint Vincent und die Grenadinen
Kingstown
Grenada
Saint George's
Tobago
Trinidad und Tobago
Port of Spain
Trinidad
Inseln über dem Winde
Kleine Antillen
Inseln unter dem Winde
Niederländische Antillen
Aruba
Curaçao
Bonaire
Willemstad
Margarita
Karibisches Meer
Bank von Campeche
Golf von Campeche
Kap Catoche
Kap San Antonio
Straße von Yucatán
Mérida
Chichén Itzá
Cancún
Halbinsel Yucatán
Campeche
Chetumal
Belize
Belmopan
Coatzacoalcos
Villahermosa
Isthmus von Tehuantepec
Tuxtla Gutiérrez
Tikal
Guatemala
Tajumulco 4211
Quezaltenango
Tapachula
Guatemala-Stadt
Copán
Puerto Barrios
San Pedro Sula
La Ceiba
Honduras
Tegucigalpa
San Salvador
El Salvador
San José
Kap Gracias a Dios
Moskito-Küste
León
Nicaragua
Managua
Nicaraguasee
Santanilla (Honduras)
San Andrés (Kolumbien)
Costa Rica
Puerto Limón
Puntarenas
San José
Chirripó 3819
Panama
Colón
Panamá-Stadt
Isthmus von Panamá
Golf von Panamá
Golf von Darién
Kap Gallinas
Santa Marta
Barranquilla
Cartagena
Sincelejo
Montería
Medellín
Manizales
Tunja
Bogotá
Bucaramanga
Cúcuta
Kolumbien
Maracaibo
Maracaibo-see
Barquisimeto
Mérida
Pico Bolívar 5002
Barinas
San Cristóbal
Valencia
Maracay
Caracas
Petare
Cumaná
Anaco
Venezuela
Ciudad Bolívar
Ciudad Guayana
Ciudad Piar
Orinoco
Orinoco-delta
Cerro Bolívar 802
Auyan-Tepui 2953
Roraima 2810
Guyana
Georgetown
Serra Pacaraima
Bergland von Guayana
Boa Vista
Brasilien
Puerto Carreño
Marahuaca 2579
Llanos
Kordillere von Mérida
Cordillera Oriental
Magdalena
Cauca
Guaviare
Apure
Arauca
Meta
6399
3880
4375
7680
4230
5630
9219
6662
90°
80°
70°
60°
50°
40°
30°
20°
10°
E
F
G
H
J
K
2
3
4
5
6

Nordamerika (südlicher Teil) und Mittelamerika – Wirtschaft

Waldlandschaften

- nördlicher Nadelwald
- sommergrüner Laub- und Mischwald, Gebirgsnadelwald
- Monsun- und Regenwald
- Mangrove

offene Landschaften

- Tundra
- Steppe und Hochgebirgsgrasland
- Trocken- und Dornstrauchsavanne
- Halbwüste und Wüste
- Sumpfgebiet

Kulturland

- Ackerbau
- Bewässerungsland
- Weide, z.T. Wiese

Bergbau

- Erdöl
- Erdgas
- Steinkohle
- Braunkohle
- Uran
- Eisen
- Stahlveredler (Chrom, Kobalt, Molybdän, Nickel)
- Kupfer
- Blei/Zink
- Bauxit
- Gold
- Silber
- Platin
- Diamanten
- Phosphat
- Steinsalz
- Graphit

Industrie

- Eisen- und Stahlerzeugung
- Buntmetallverhüttung
- Aluminiumverhüttung
- Eisen-, Metallverarbeitung und Maschinenbau
- Kraftfahrzeugbau
- Luft- und Raumfahrttechnik
- Schiffbau
- Atomindustrie
- Elektroindustrie, Elektronik (Hightech), Optik
- Biotechnologie, Pharmazie
- Chemie, Kunststoffe
- Erdölraffinerie
- Textilien, Bekleidung, Leder
- Holz, Papier
- Nahrungs- und Genussmittel
- Fischverarbeitung
- Wasserkraftwerk
- Wärmekraftwerk
- Kernkraftwerk
- Geothermiekraftwerk

Dienstleistungszentrum

- mit internationaler Bedeutung
- mit überregionaler Bedeutung
- mit regionaler Bedeutung
- Tourismusregion

- Erdölleitung
- Erdgasleitung
- Eisenbahn
- Fernstraße
- Staatsgrenze

Hudsonbai
James-bai
La Grande Rivière
Labrador City
Gagnon
Port Cartier
Baie-Comeau
St. Lorenz-Strom
Neufundland
St. John's
Channel-Port-aux-Basques
Sydney
Bathurst
Halifax
St. John
Moosonee
Manitou-wadge
Porcupine
Val d'Or
Chicoutimi
Québec
Thunder Bay
Oberer See
Mesabi
Duluth
Cobalt
Sudbury
Montréal
Ottawa
Portland
Huron-see
Toronto
Ontariosee
Syracuse
Boston
Providence
Hartford
Rochester
Buffalo
St. Paul
Milwaukee
Michigan See
Chicago
Detroit
Eriesee
New York
Philadelphia
Cleveland
Pittsburgh
Baltimore
Washington
Peoria
Indiana-polis
Columbus
Cincinnati
Charleston
Norfolk
Kansas City
St. Louis
Evansville
Louisville
Oak Ridge
Durham
Knoxville
Tennessee
Charlotte
Memphis
Mississippi
Arkansas
Chattanooga
Huntsville
Birmingham
Atlanta
Augusta
East Texas
Savannah
Jacksonville
Mobile
New Orleans
Port Arthur
J.-F.-Kennedy Raumfahrtzentrum
Orlando
Tampa
Miami
Atlantischer
Ozean
Nördlicher Wendekreis
Bahamas
Nassau
Golf von Mexiko
Havanna
Santa Clara
Kuba
Nicaro
Dominikanische Republik
Haiti
Port-au-Prince
Santo Domingo
San Juan
Puerto Rico (USA)
St. Croix (USA)
St. Kitts u. Nevis
Antigua u. Barbuda
Guadeloupe (Fr.)
Dominica
Martinique (Fr.)
Saint Lucia
Barbados
St. Vincent u.d. Grenadinen
Grenada
Trinidad u. Tobago
Port of Spain
Mérida
Cancún
Halbinsel Yucatán
Belize
Jamaika
Kingston
Karibisches Meer
Guatemala
Guatemala-Stadt
Honduras
Tegucigalpa
San Salvador
El Salvador
Nicaragua
Managua
Bluefields
Costa Rica
San José
Colón
Panama-Stadt
Panama
Amuay
Aruba
Willemstad
El Cardón
Caracas
Cumaná
Valencia
Maracay
Santa Marta
Barranquilla
Cartagena
Coveñas
Maracaibo
Mérida
Kolumbien
Cúcuta
Bucaramanga
Barrancabermeja
Medellín
Tunja
Apure
Meta
Orinoco
Venezuela
Ciudad Guayana
Cerro Bolívar
Georgetown
Guyana
Brasilien
90° westl. L. v. Gr.
80°
70°
60°
50°
40°
30°
20°
10°

D3-204
www.diercke.de

1 Einwanderung und Erschließung

Maßstab 1 : 36 000 000

Frontier (Besiedlungsgrenze) bis
- 1775
- 1800
- 1830
- 1860
- 1880
- nach 1880

Seattle – transkontinentale Eisenbahn und wichtige Anschlussbahnen mit Ausgangs- bzw. Endstation

1883 – Jahr der Fertigstellung

Kiowa – Lebensraum ausgewählter Indianerstämme vor der Besiedlung durch Weiße

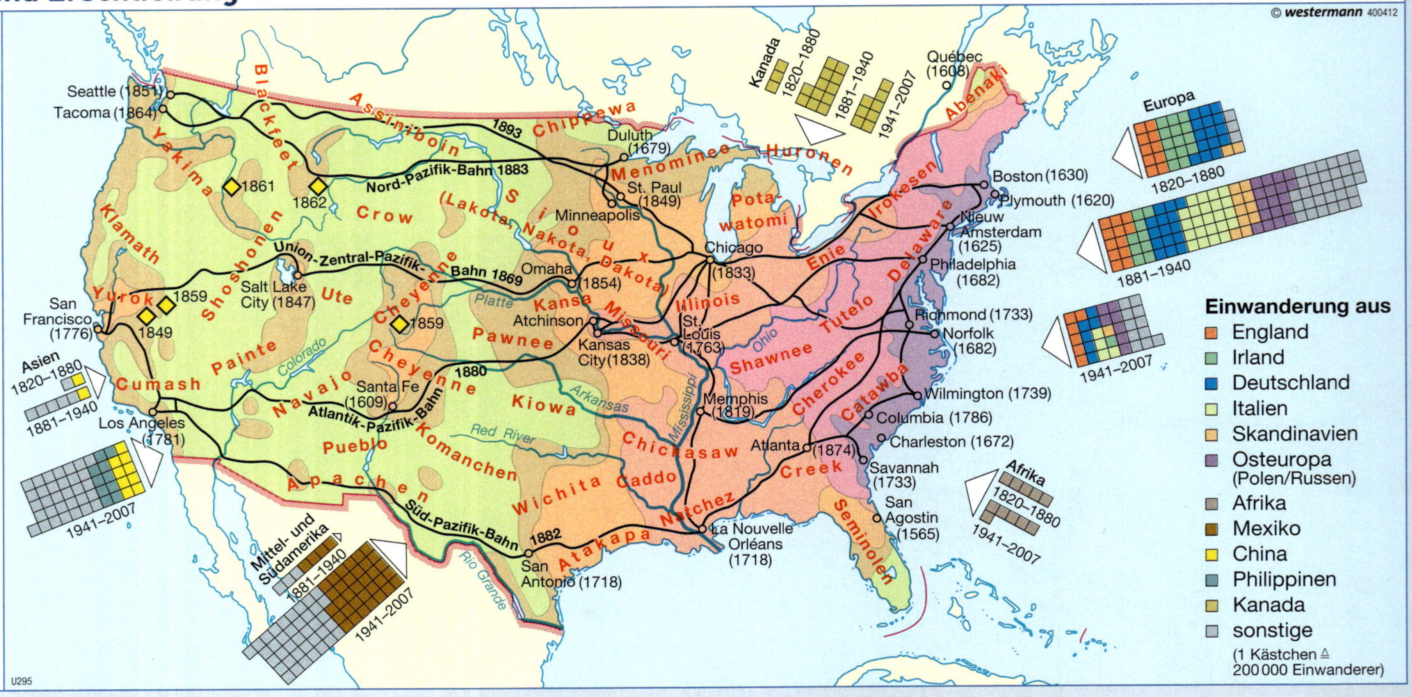

2 Politische Entwicklung

Maßstab 1 : 36 000 000

- Gebiet der 13 Gründerstaaten („Neu England")
- 1783 von England abgetreten
- 1803 von Frankreich gekauft
- 1818 von England abgetreten
- 1819/22 von Spanien gekauft
- 1845 zur Union beigetreten
- 1846 von England abgetreten
- 1848 von Mexiko abgetreten
- 1853 von Mexiko gekauft
- 1883 – Jahr der Anerkennung als Bundesstaat oder des Beitritts zur Union
- heutige Staatsgrenze
- Grenze des Bundesstaates
- Indianerreservation 1880

3 Ethnische Gliederung

Maßstab 1 : 36 000 000

Anteil der Spanisch sprechenden Bevölkerung („Hispanics") in Prozent
- 5 – 10
- 10 – 20
- über 20 %

Anteil der afro-amerikanischen Bevölkerung („Blacks") in Prozent
- 5 – 10
- 10 – 20
- über 20 %

Anteil der asiatischen Bevölkerung („Asians") in Prozent
- 5 – 10
- über 10 %

Indianerreservation heute

Süden – Großregion der USA

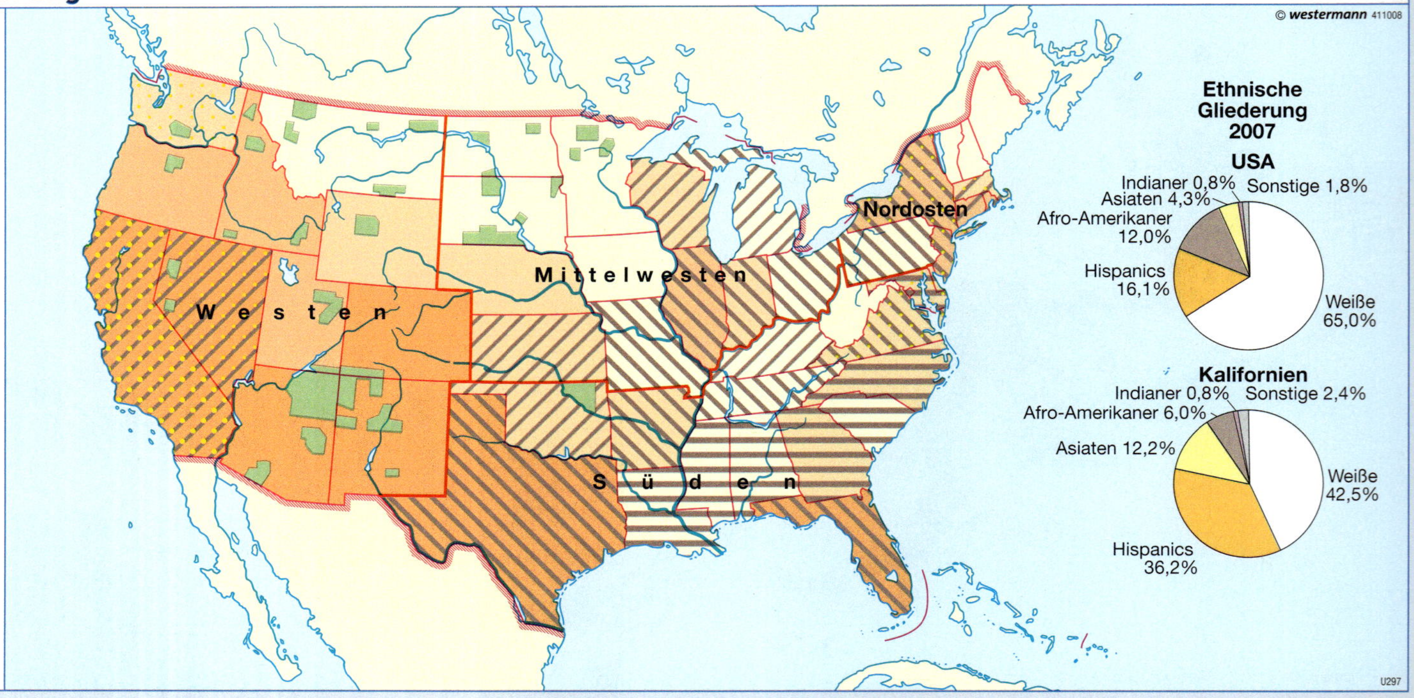

4 Kalifornien um 1830

Maßstab 1 : 6 000 000

5 Kalifornien um 2008

Maßstab 1 : 6 000 000

- spanische Kirchenmission
- spanisches Fort (Presidio)
- spanischer Ort (Pueblo)
- befestigter Weg
- Trapperpfad
- indianischer Handelsweg
- Goldmine (ab 1842)
- Weide
- Waldweide, z.T. Ranching
- Strauch- und Wüstensteppe
- Hartlaubgehölze
- Halbwüste, Wüste

Anbauarten (heute)

- Feldfrüchte auf Bewässerungsland (Weizen, Gerste, Mais, Alfalfa und Gemüse)
- Reis
- Baumwolle
- Wein
- Zitrusfrüchte
- Mandeln, Walnüsse
- Erdbeeren
- sonstiges Obst (Pfirsiche, Aprikosen, Pflaumen u.a.)
- Tomaten
- Kopfsalat
- wichtige Autobahn
- Stausee
- Bewässerungskanal
- überregionaler Bewässerungskanal

0 50 100 150 200 250 km

6 Kalifornisches Längstal – Panoramabild

D3-206 www.diercke.de

1 Coloradoplateau / Grand Canyon – Nutzung eines Trockenraums

Bodenbedeckung

- Hotel- und Casinodistrikt
- Vorstadtbebauung
- Kiefernwald
- Grassteppe
- Wüstensteppe
- Fels- und Schuttregion
- Schutt- und Schwemmfächer, Fels
- Lavafelder und -hänge
- Salzpfanne
- Trockental

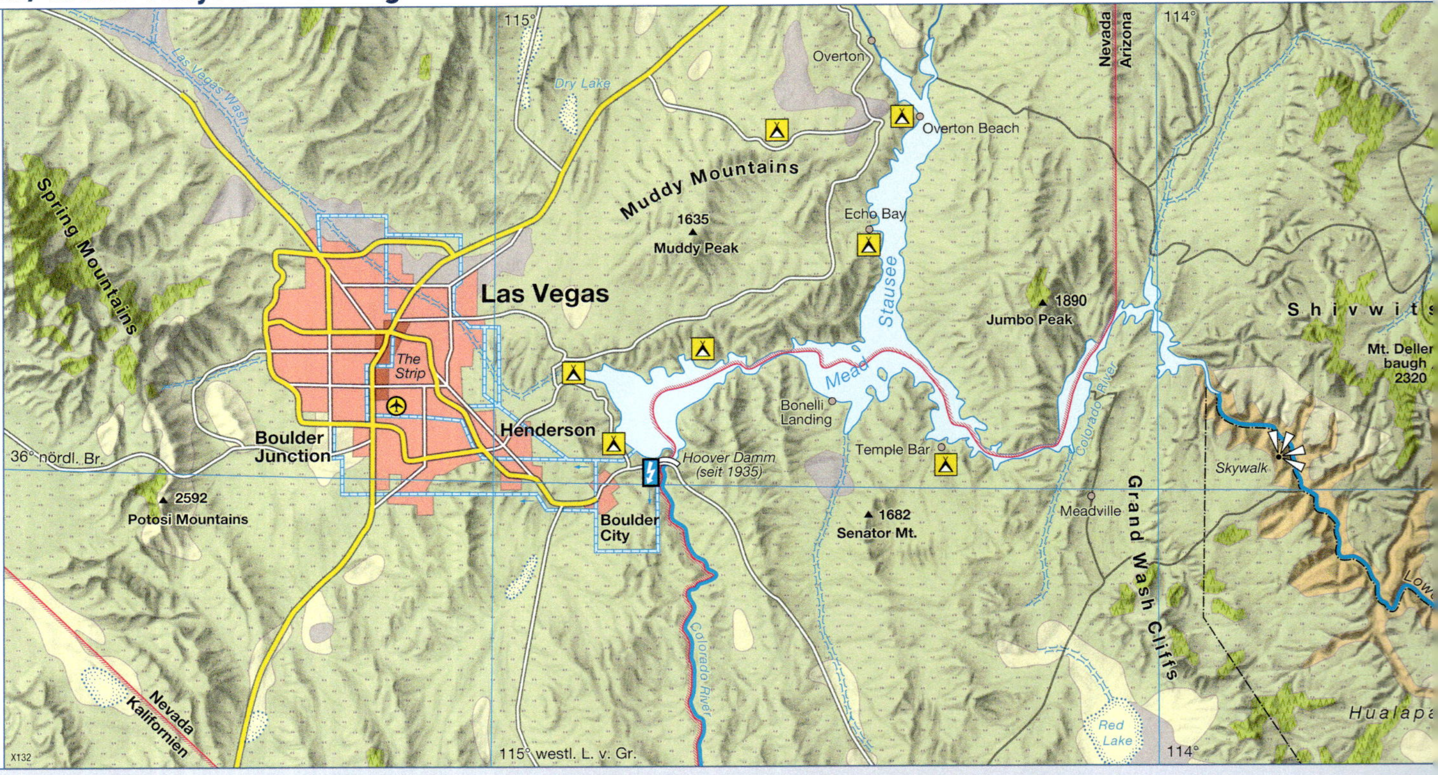

2 Stadtwachstum und Wasserverbrauch in Las Vegas

Maßstab 1 : 1 000 000 (0 – 10 – 20 – 30 km)

Bevölkerung: 2800 Einwohner

Wasserverbrauch: 21 Mio m³ (Grundwasserspiegel bei –5 bis –20 m)

Bevölkerung: 32 000 Einwohner

Wasserverbrauch: 42 Mio m³ (Grundwasserspiegel bei –26 m)

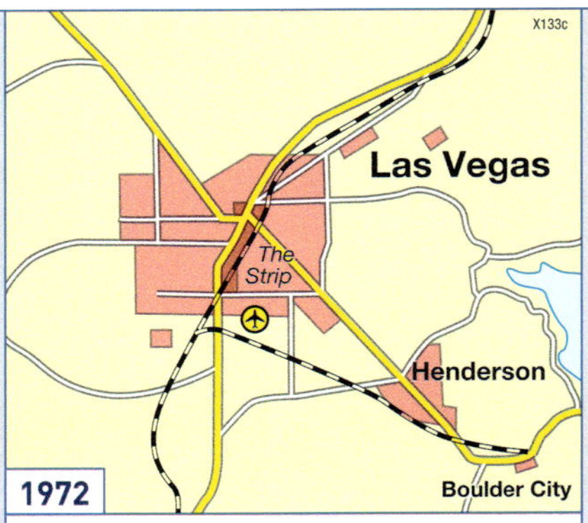

Bevölkerung: 355 500 Einwohner

Wasserverbrauch: 85 Mio m³ (Grundwasserspiegel bei –40 m)

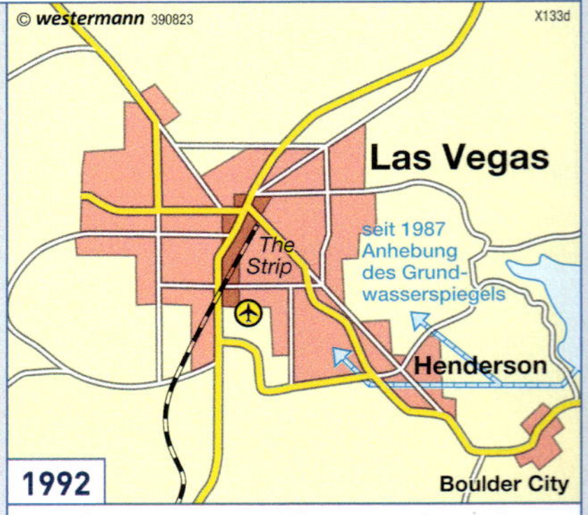

Bevölkerung: 945 000 Einwohner

Wasserverbrauch: 84 Mio m³ (Grundwasserspiegel bei –51 m)

3 Las Vegas – Satellitenbildvergleich 1992 und 2010

1. Stadtzentrum „The Strip" mit Großhotels, Casinos
2. bewässerte Fläche Grünanlagen und Hausgärten
3. Golfplatz, bewässert
4. junge Einfamilienhaussiedlung mit kleinen Gärten
5. Flughafen, Flugplatz
6. Trockental selten Wasser führend
7. Grassteppe, Wüstensteppe

Las Vegas 2010

Bevölkerung: 1 951 000 Einwohner

Wasserverbrauch: >100 Mio. m³ (Grundwasserspiegel bei -45 m)

Maßstab: 0 – 5 – 10 km

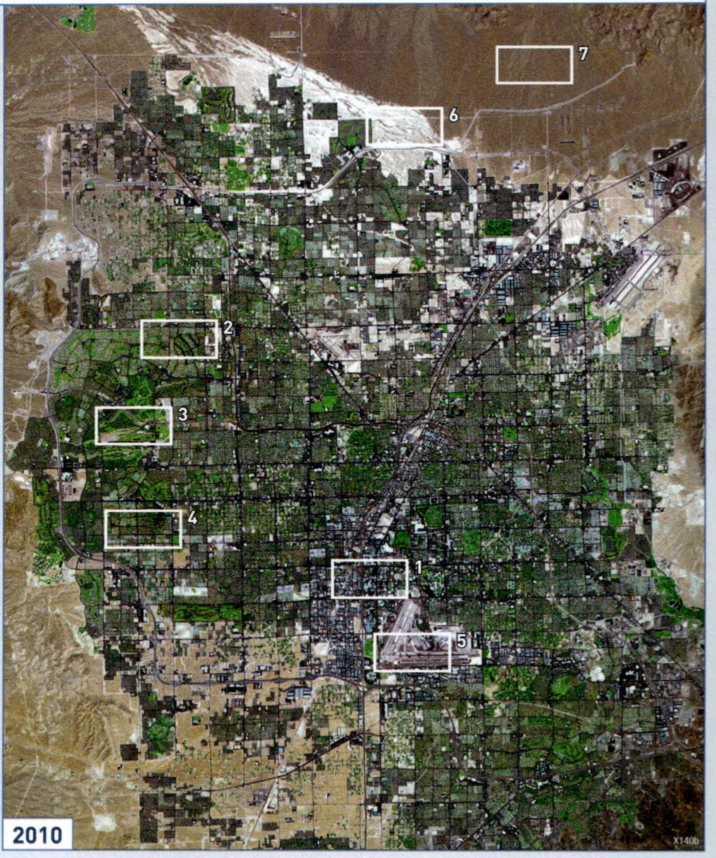

Maßstab 1 : 1 000 000

0 10 20 30 km

- Wasserkraftwerk
- Leitungen zur Wasserversickerung (Grundwasserspiegel-Erhöhung)

Tourismus
- Campingplatz
- beliebter Aussichtspunkt

Verkehr
- wichtiger Highway
- sonstige Straßen
- Trail, Wanderweg (z. T. befahrbar)

Grenzen
- Nationalpark
- Indianerreservat
- Bundesstaat

Las Vegas
610 m ü. M.
°C mm
T: 20° C N: 114 mm
40 30 20 10 0 20 0
J F M A M J J A S O N D

4 Entstehung des Grand Canyon durch Tektonik und Erosion

vor 2 Milliarden Jahren | vor 1,5 Milliarden Jahren | vor 40 Millionen Jahren | seit 5 Millionen Jahren

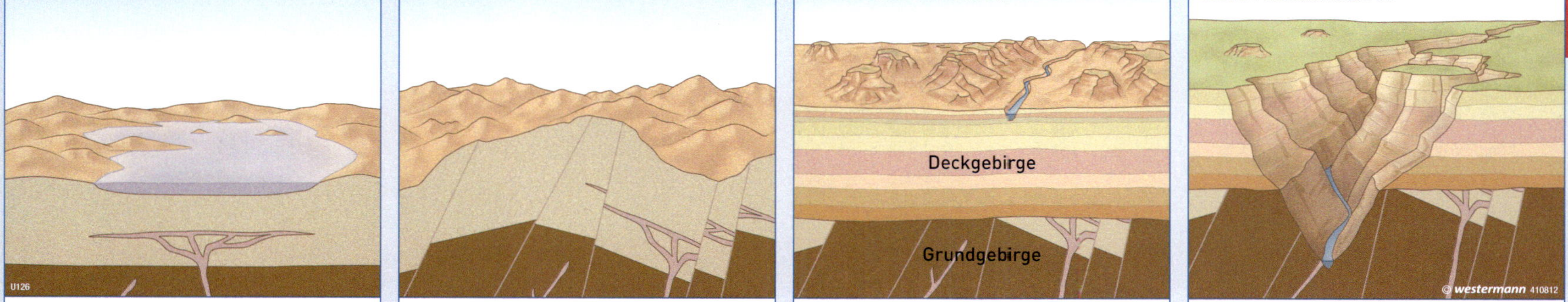

In einem Ablagerungsbecken häufen sich die Erosionsprodukte der umliegenden Festlandsmassen an (Sedimentation).

Die Sedimente werden durch Gebirgstektonik in festere Gesteine umgewandelt. Dazu ist lange Zeit und hoher Druck nötig.

Das aufgefaltete Gebirge wird durch Erosion abgetragen und von neuen Sedimenten überschüttet, die zu Sand- und Kalksteinen werden.

Seitdem sich das gesamte Colorado-Plateau immer schneller gehoben hat, schneidet sich der Fluss tief ein. Eine Schlucht entsteht.

5 Grand Canyon – Gesteine und Landschaftsformen

Erdzeitalter		Gesteinsformation (Eigenschaften, Schicht-Dicke, durchschnittl. Schicht-Alter in Jahren)
Mittleres Perm	250 Mio	⑧ **Kaibab-Kalkstein** hart, Kliffs bildend 90 m
Mittleres Perm	255 Mio	⑦ **Toroweap-Formation** (Sand-/Kalksteine) 60 m
Unteres (frühes Perm)	260 Mio	⑥ **Coconino-Sandstein** Kliffs bildend 50 m–90 m
Unteres (frühes Perm)	265 Mio	⑤ **Hermit-Tonschiefer** weich: leicht erodierbar 90 m
Oberkarbon (Pennsylvanian)	285 Mio	④ **Supai-Gruppe** Ton- und Sandsteine verschiedener Widerständigkeit 180 m–200 m
Unterkarbon (Mississippian)	335 Mio	③ **Redwall-Kalkstein** fest, rötlich, massive Wände bildend 120 m–200 m
Schichtlücke von mehr als 100 Mio. Jahren: kein Ablagerungsgestein hat sich erhalten		
Mittleres Kambrium	515 Mio	② **Muav-Kalkstein** hell, kleinere Stufen bildend 45 m–240 m
Unteres Kambrium	530 Mio	① **Bright-Angel-Schiefer** weich: leicht erodierbar 60 m–135 m

Das Foto zeigt den Marble Canyon, den obersten engen Abschnitt des Grand Canyon. Der Aufnahmestandort Nankoweap ist bekannt für in die Felswand geschlagene indianische Getreidespeicher. Von dort schaut man den Colorado River hinunter in Richtung Süden.
In der Erdneuzeit schneidet sich der Colorado River verstärkt in die älteren Gesteinsschichten ein.
Diese Gesteinspakete sind auf dem Foto mit den Nummern ① bis ⑧ markiert.
Harte Gesteinsschichten erzeugen bei der Erosion Geländestufen, die Kliffs. Darunter bilden die weicheren Gesteinsschichten steile Wände.
Unten in der Schlucht sind Schuttfächer aus heruntergefallenem Gestein zu erkennen. Der Fluss schüttet Sand- und Kiesbänke auf.

D3-208 www.diercke.de

1 New York – Manhattan

Maßstab 1 : 50 000

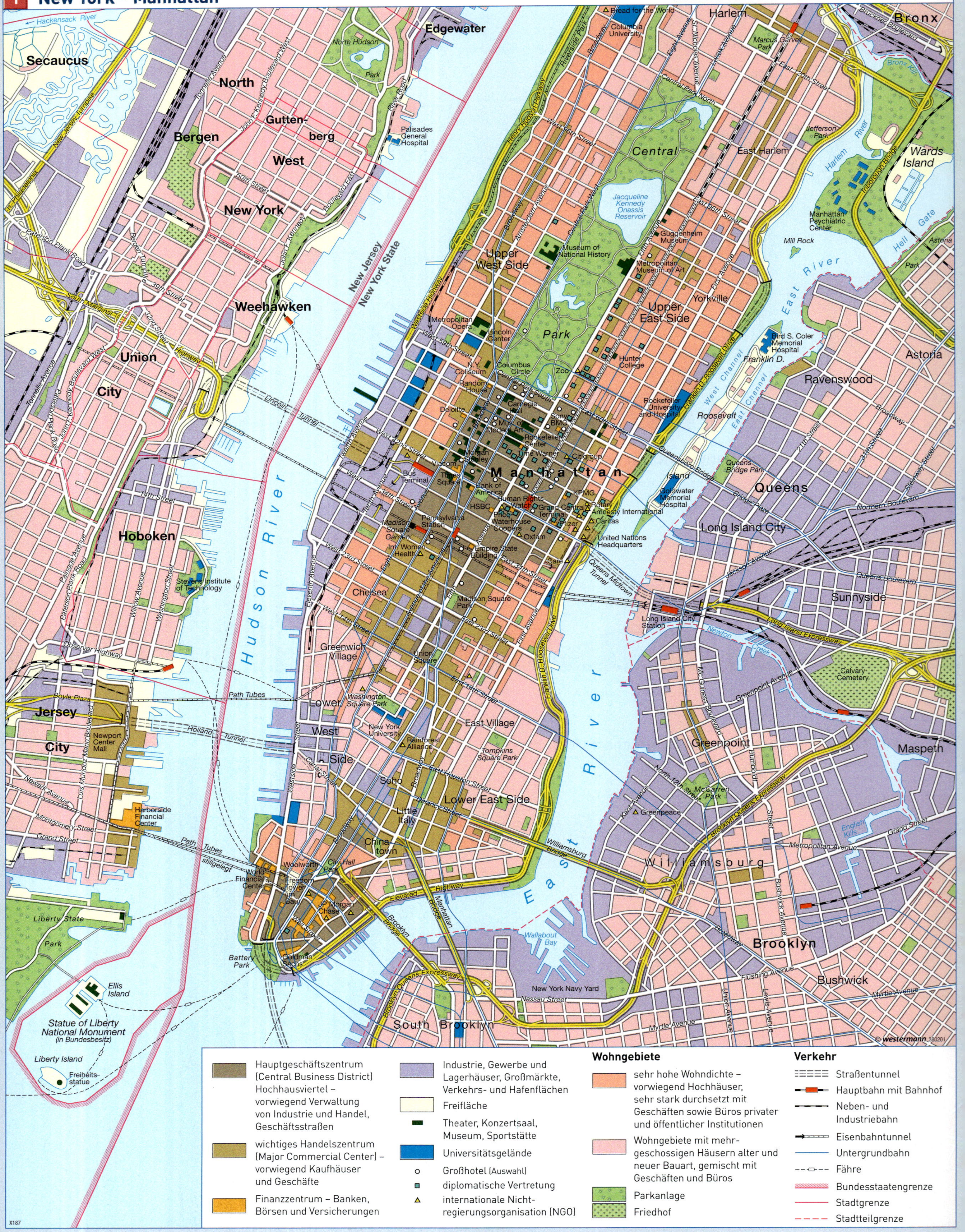

Hauptgeschäftszentrum (Central Business District) Hochhausviertel – vorwiegend Verwaltung von Industrie und Handel, Geschäftsstraßen	
wichtiges Handelszentrum (Major Commercial Center) – vorwiegend Kaufhäuser und Geschäfte	
Finanzzentrum – Banken, Börsen und Versicherungen	
Industrie, Gewerbe und Lagerhäuser, Großmärkte, Verkehrs- und Hafenflächen	
Freifläche	
Theater, Konzertsaal, Museum, Sportstätte	
Universitätsgelände	
Großhotel (Auswahl)	
diplomatische Vertretung	
internationale Nichtregierungsorganisation (NGO)	

Wohngebiete

- sehr hohe Wohndichte – vorwiegend Hochhäuser, sehr stark durchsetzt mit Geschäften sowie Büros privater und öffentlicher Institutionen
- Wohngebiete mit mehrgeschossigen Häusern alter und neuer Bauart, gemischt mit Geschäften und Büros
- Parkanlage
- Friedhof

Verkehr

- Straßentunnel
- Hauptbahn mit Bahnhof
- Neben- und Industriebahn
- Eisenbahntunnel
- Untergrundbahn
- Fähre
- Bundesstaatengrenze
- Stadtgrenze
- Stadtteilgrenze

X187

2 Manhattan – Gebäudehöhenmodell

Dieses digitale Höhenmodell dient zur Erfassung von Funkschatten für die Planung von Mobiltelefonnetzen.

3 New York – kulturgeprägte Wohngebiete

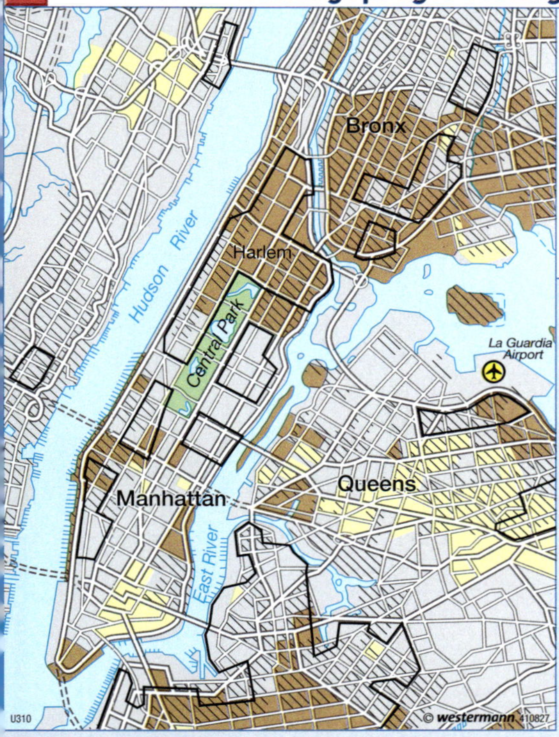

Maßstab 1 : 200 000

Bevölkerungsanteil (über 25 Prozent)

- Afroamerikaner
- Hispanics/Latinos
- Asiaten
- Gebiete mit älteren Häusern (vor 1900 erbaut)

4 New York – Bevölkerungsdichte

Maßstab 1 : 500 000

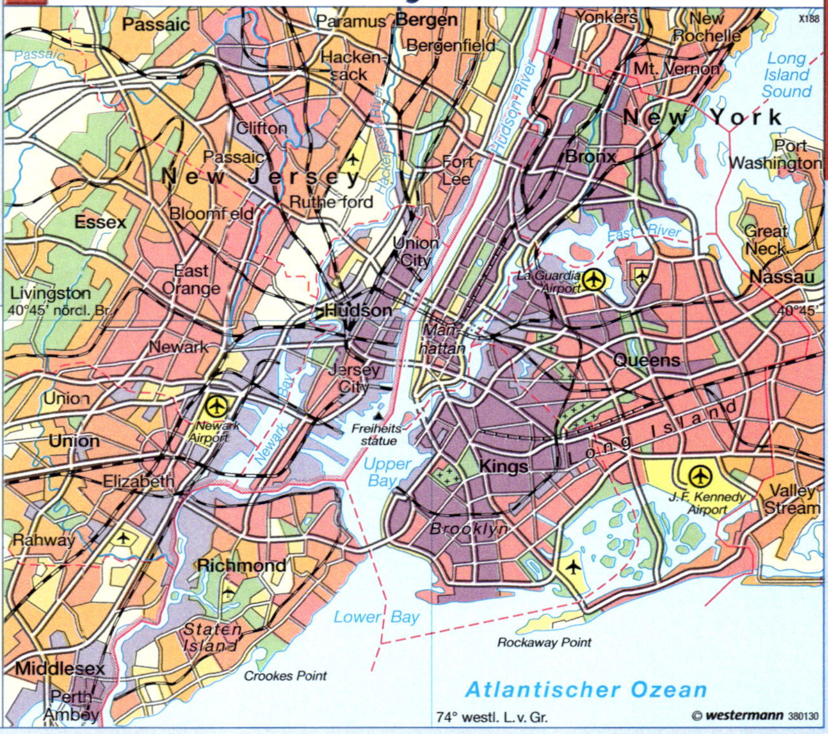

Wohngebiete

- über 15500
- 5000 – 15500
- 2500 – 5000
- 1000 – 2500
- unter 1000 Einw./km²
- Industriegebiet
- Grünanlage, Wald
- sonstige Fläche
- Bundesstaatengrenze
- Stadtgrenze New York City
- Stadtteil- und Countygrenze

5 Washington D.C. – Machtzentrum der USA

Maßstab 1 : 50 000 0 500 1000 1500 m

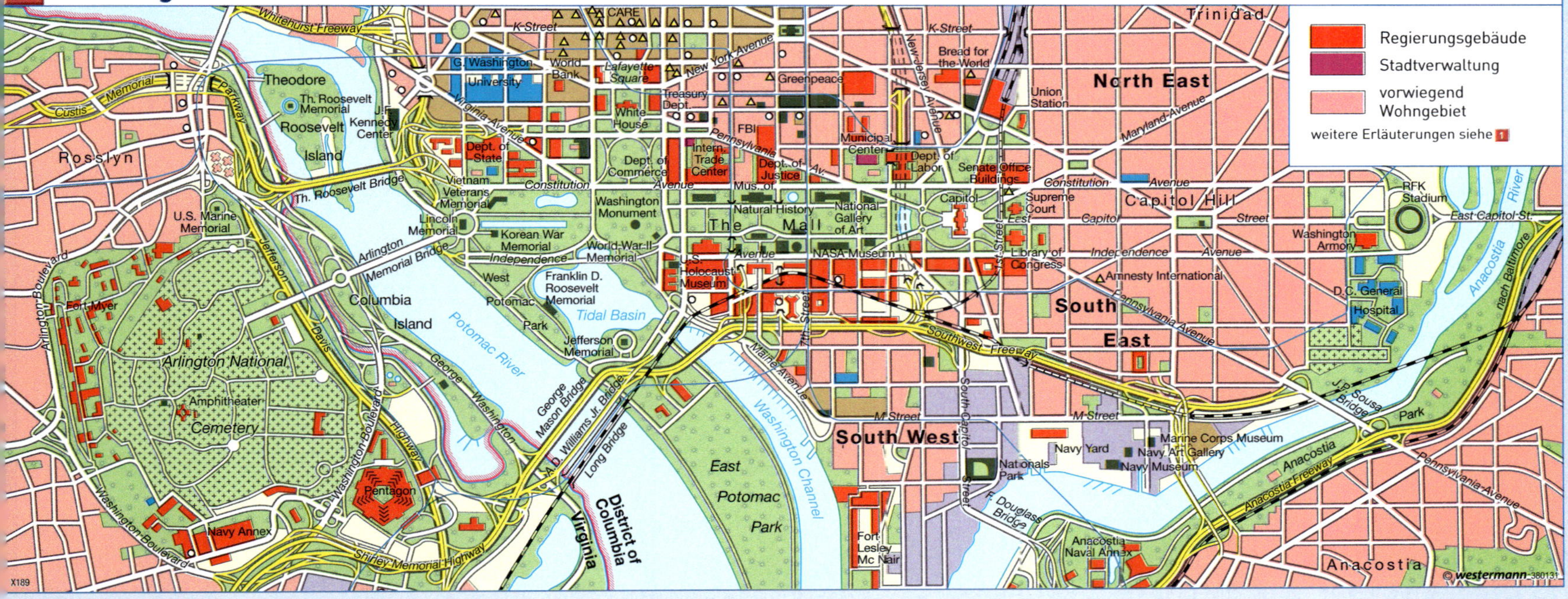

- Regierungsgebäude
- Stadtverwaltung
- vorwiegend Wohngebiet

weitere Erläuterungen siehe

D3-210 www.diercke.de

1 Tenochtitlán und Umgebung um 1500

Maßstab 1 : 500 000 (0 – 5 – 10 – 15 km)

Aztekische Siedlungen
- Hauptort mit Tempelbezirk
- Provinzort
- königliche Fluchtburg
- zeremonieller Ort
- Bauerndorf

Wasserbau
- Salzwasser
- Sumpf
- Brackwasser
- Süßwasser
- Chinampas („Schwimmende Gärten")
- Damm
- Dammweg mit Brücken
- Wasserleitung
- 3000 Höhenlinie (Angabe in Meter)

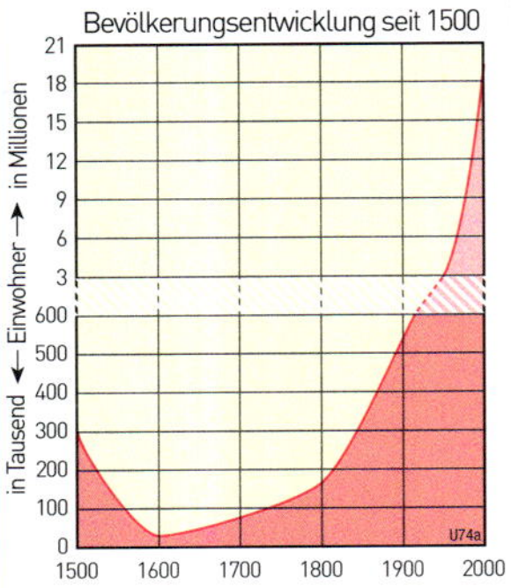

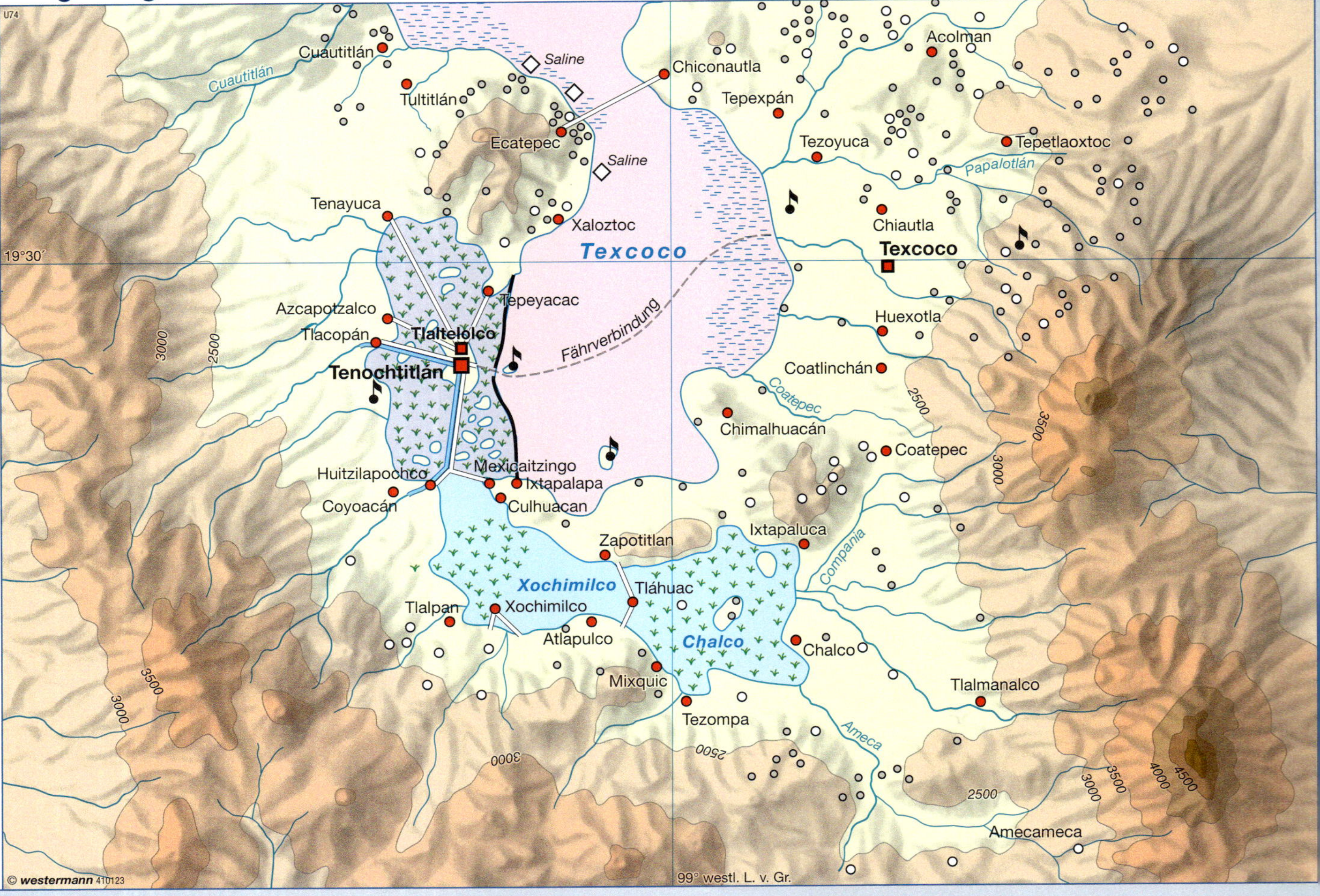

2 Mexiko-Stadt 2008

Maßstab 1 : 500 000 (0 – 5 – 10 – 15 km)

Siedlungsfläche

Wohnviertel der
- Oberschicht
- Mittelschicht
- Unterschicht (z.T. Slums)
- Innenstadt (Centro)
- Industriegebiet
- Stadtgrenze

Verkehr
- wichtiger Busbahnhof
- Autobahn/Straße
- Eisenbahn

Wasserbau
- Stauseen und Wasserbecken
- Chinampas („Schwimmende Gärten")
- Entwässerungskanäle
- Restsee (in der Trockenzeit Staub- und Salztonwüste)
- vorherrschende Windrichtung

Höhenlage (in Meter)
- 4000
- 3500
- 3000
- 2500
- 3000 Höhenlinie (Angabe in Meter)
- Vulkan

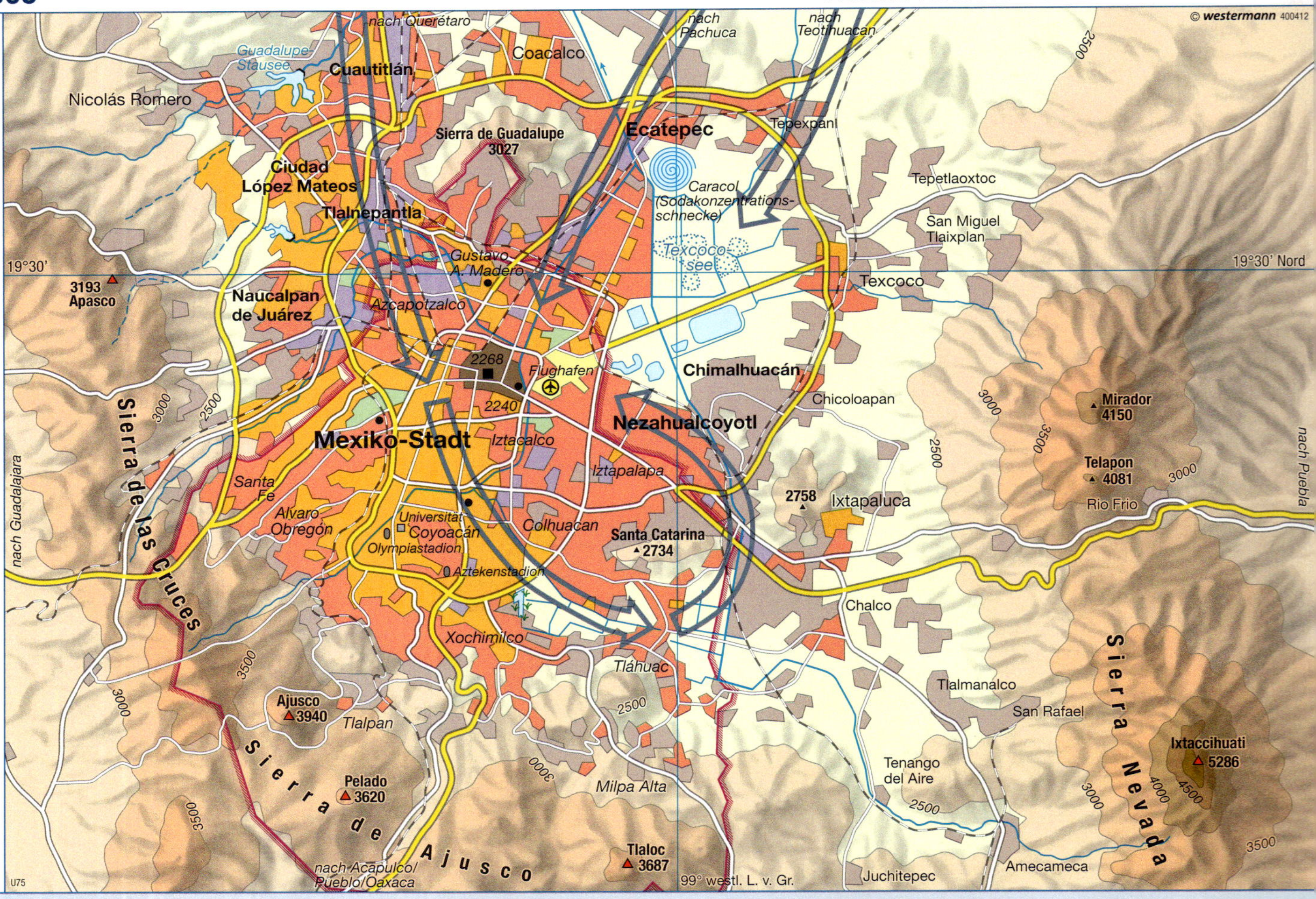

3 Inversion

Luftschichtung und Luftmassen-austausch bei der häufigen Inversionswetterlage

a Früher Vormittag

b Später Nachmittag

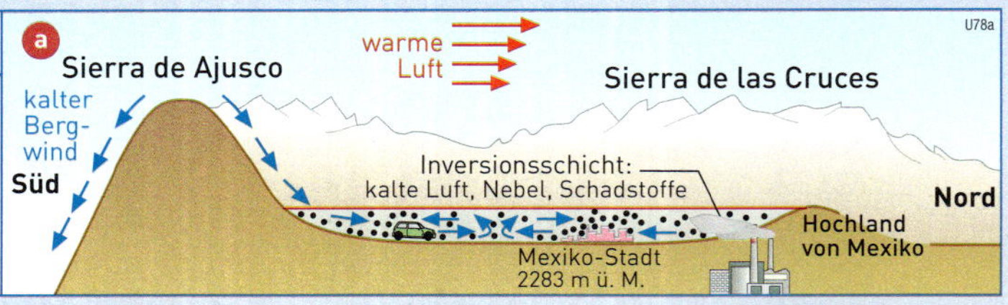

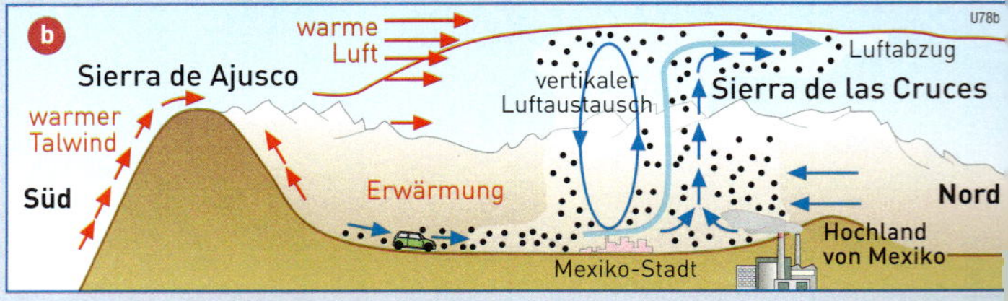

4 Yucatán (Mexiko) – Kultur- und Massentourismus

Maßstab 1 : 1 500 000

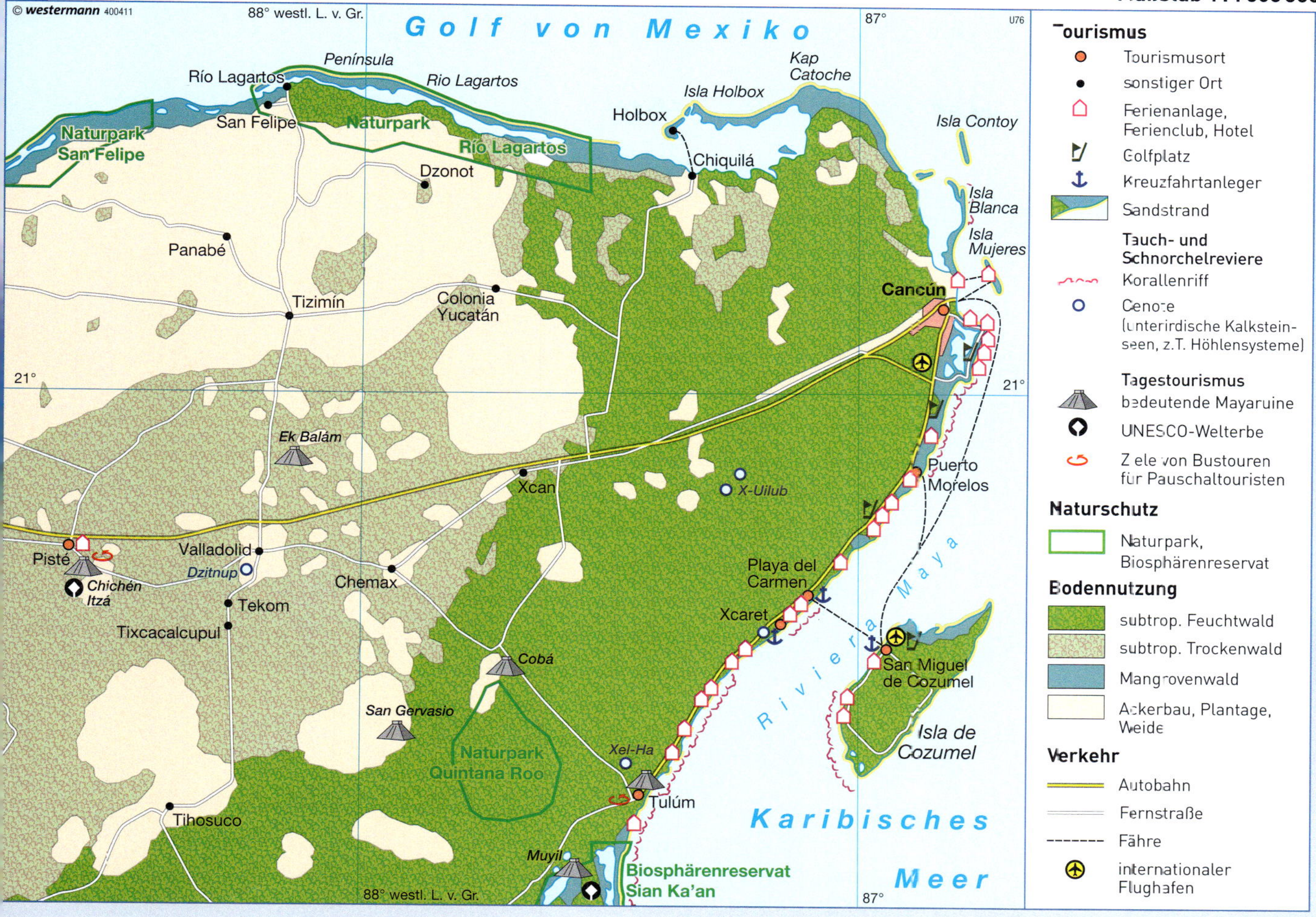

Kukulcán-Pyramide / Chichén Itzá

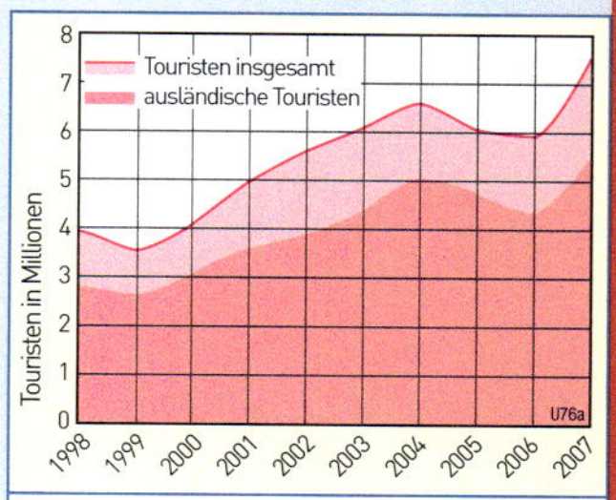

Tourismusentwicklung Riviera Maya

Hotels an der Lagune von Cancún

5 Galápagos-Inseln (Ecuador) – Naturtourismus und Naturschutz

Maßstab 1 : 1 500 000

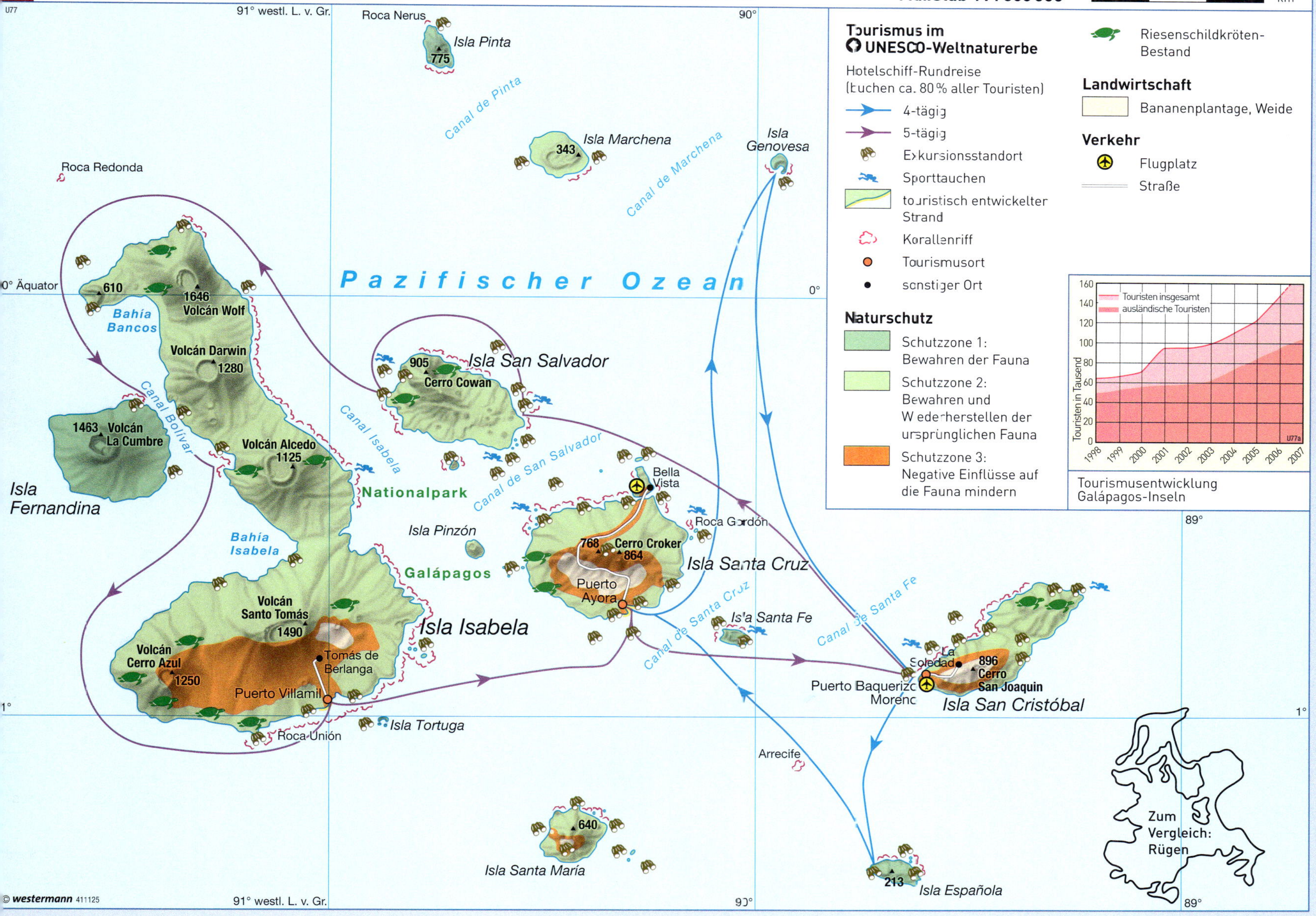

D3-212
www.diercke.de

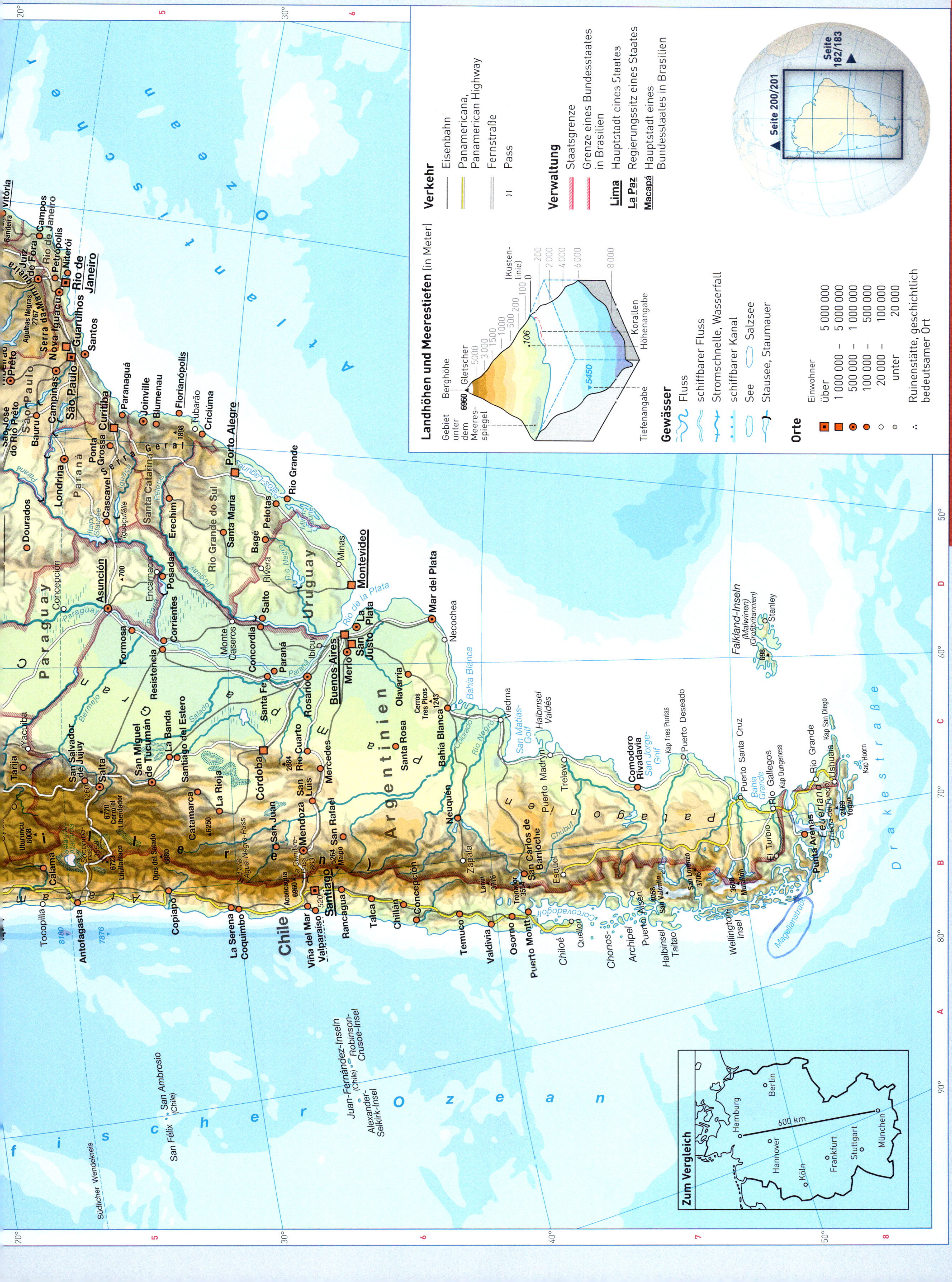
Landhöhen und Meerestiefen (in Meter)
Verkehr
Eisenbahn
Panamericana, Panamerican Highway
Fernstraße
Pass
Verwaltung
Staatsgrenze
Grenze eines Bundesstaates in Brasilien
Lima Hauptstadt eines Staates
La Paz Regierungssitz eines Staates
Macapá Hauptstadt eines Bundesstaates in Brasilien
Gewässer
Fluss
schiffbarer Fluss
Stromschnelle, Wasserfall
schiffbarer Kanal
See
Salzsee
Stausee, Staumauer
Orte
Einwohner
über 5 000 000
1 000 000 – 5 000 000
500 000 – 1 000 000
100 000 – 500 000
20 000 – 100 000
unter 20 000
Ruinenstätte, geschichtlich bedeutsamer Ort
Seite 200/201
Seite 182/183
Zum Vergleich
Hamburg
Berlin
Hannover
Köln
Frankfurt
Stuttgart
München
600 km
Atlantischer Ozean
Pazifischer Ozean
Drakestraße
Chile
Argentinien
Paraguay
Uruguay

D3-214
www.diercke.de

Maßstab 1 : 18 000 000
1 cm ≙ 180 km
0 200 400 600 800 1000 km

2 Anden – Höhenstufen der Vegetation

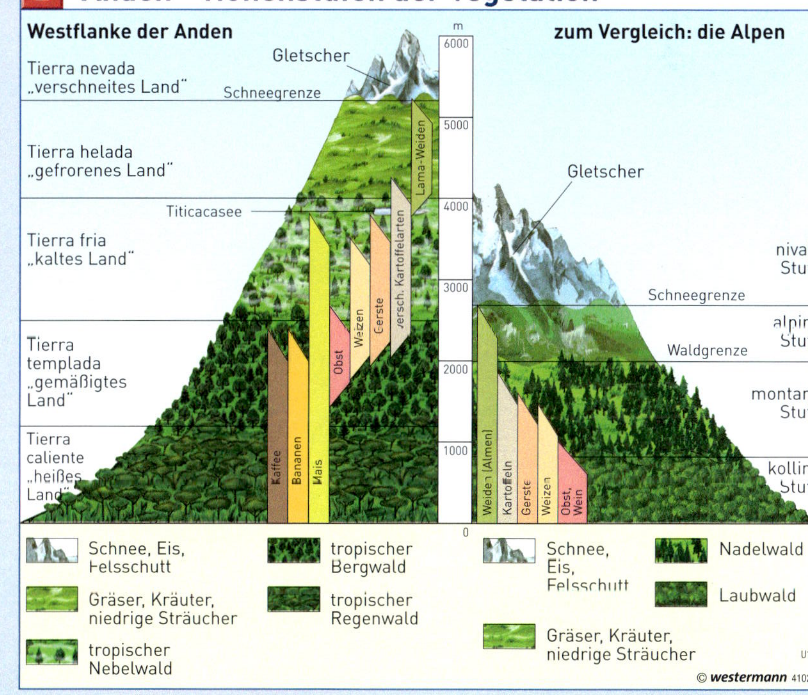

Waldlandschaften
- Feuchtwald
- Monsun- und Regenwald
- Moor, Sumpf
- Mangrove

offene Landschaften
- antarktische Tundra
- Steppe und Hochgebirgsgrasland
- Trocken- und Dornstrauchsavanne
- Halbwüste und Wüste
- Fels- und Gletscherregion

Kulturlandschaften
- Ackerbau
- Bewässerungsland
- Weide

Bergbau
- Erdöl
- Erdgas
- Steinkohle
- Uran
- Eisen
- Stahlveredler (Chrom, Mangan, Kobalt, Nickel)
- Bauxit (Aluminiumrohstoff)
- Kupfer
- Zinn
- Blei/Zink
- Gold
- Silber
- Phosphat
- Salz
- Diamanten

Industrie
- Eisen- und Stahlerzeugung
- Buntmetallverhüttung
- Aluminiumverhüttung
- Eisen- und Metallverarbeitung
- Kraftfahrzeugbau
- Luft- und Raumfahrttechnik
- Schiffbau
- Chemie, Kunststoffe
- Erdölraffinerie
- Elektroindustrie, Optik
- Textilien, Bekleidung, Leder
- Holz, Papier
- Nahrungsmittel
- Fischverarbeitung
- Wasserkraftwerk
- Kernkraftwerk

Dienstleistungszentrum
- mit internationaler Bedeutung
- mit überregionaler Bedeutung
- mit regionaler Bedeutung
- Tourismusregion

- Erdölleitung
- Erdgasleitung
- Eisenbahn
- Staatsgrenze

D3-216 www.diercke.de

1 Amazonien – Eingriffe in den tropischen Regenwald

Maßstab 1 : 15 000 000 (0 – 150 – 300 – 450 km)

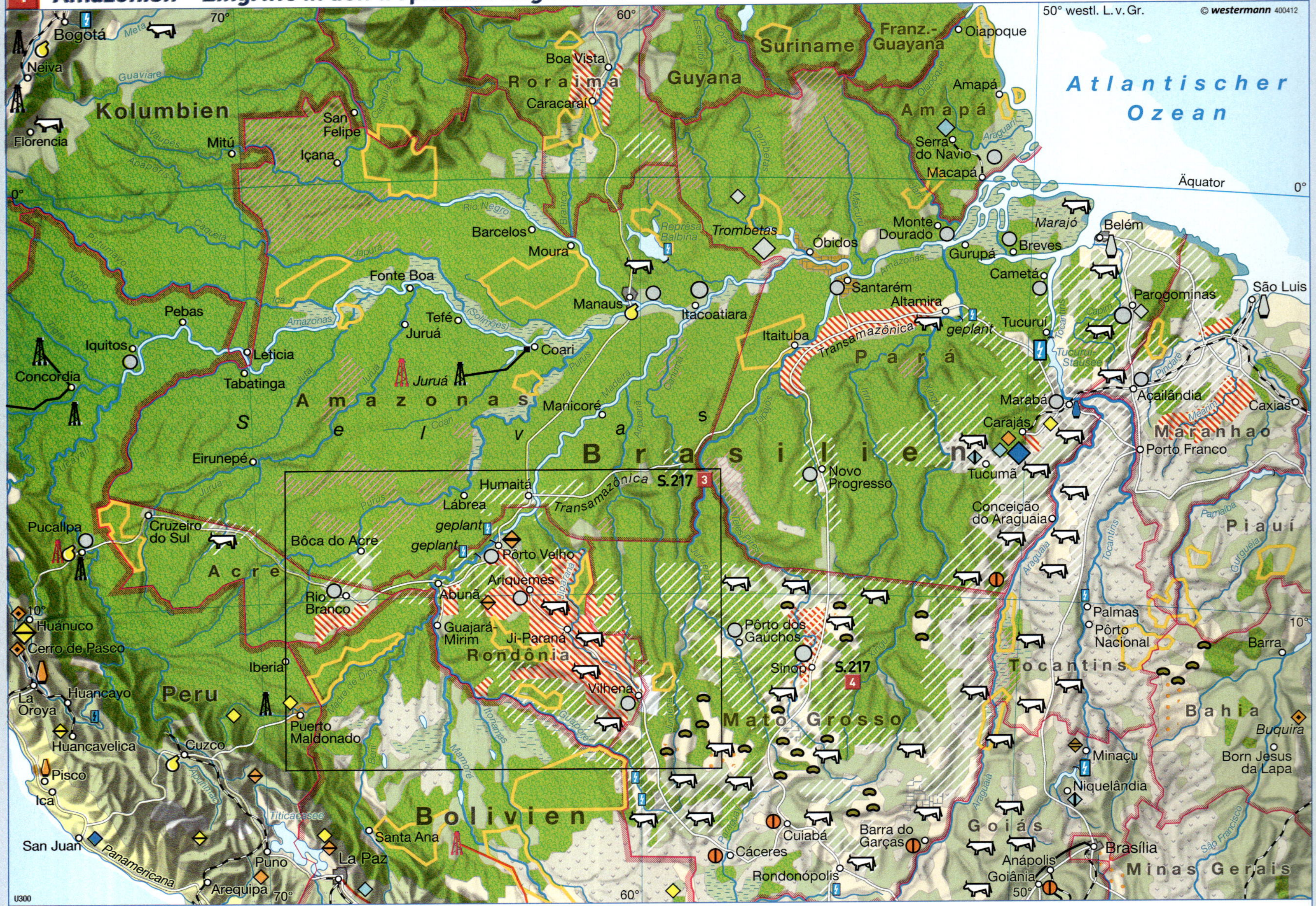

Bodenbedeckung
- tropischer Regenwald
- Trockenwald und Strauchsavanne
- Steppe und Hochgebirgsgrasland
- Wüste, Halbwüste

Landwirtschaft
- Ackerbau
- Weideland
- Mais
- Sojabohnen
- landwirtschaftliches Kolonisationsgebiet
- starke Rodungen
- Rinderhaltung in Großbetrieben
- Waldreservegebiet
- vermessene Indianerreservate

Bergbau
- Eisen
- Stahlveredler
- Nickel
- Blei, Zink
- Kupfer
- Zinn
- Gold
- Silber
- Bauxit
- Asbest
- Erdöl
- Erdgas

Industrie
- Petrochemie
- Aluminiumverhüttung
- Eisenverhüttung
- Buntmetallverhüttung
- Fleischverarbeitung
- Holz, Papier

- Erdgasleitung
- Erdölleitung
- Wasserkraftwerk
- Stausee, Staumauer
- Staatsgrenze
- Grenze eines Bundesstaates

2 Tropischer Regenwald – Stoffkreisläufe und Folgen der Abholzung

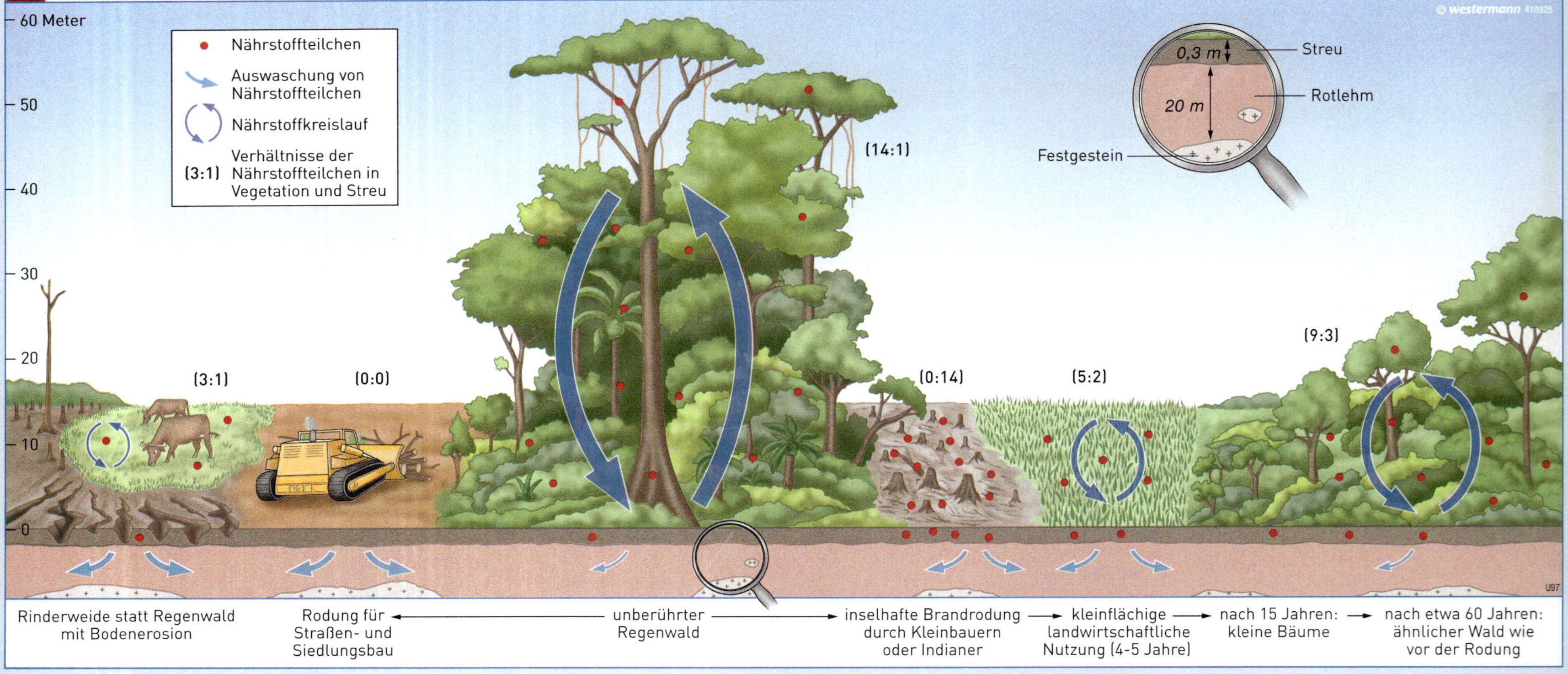

3 Acre und Rondônia – Rodungsstrukturen

Maßstab 1 : 5 000 000

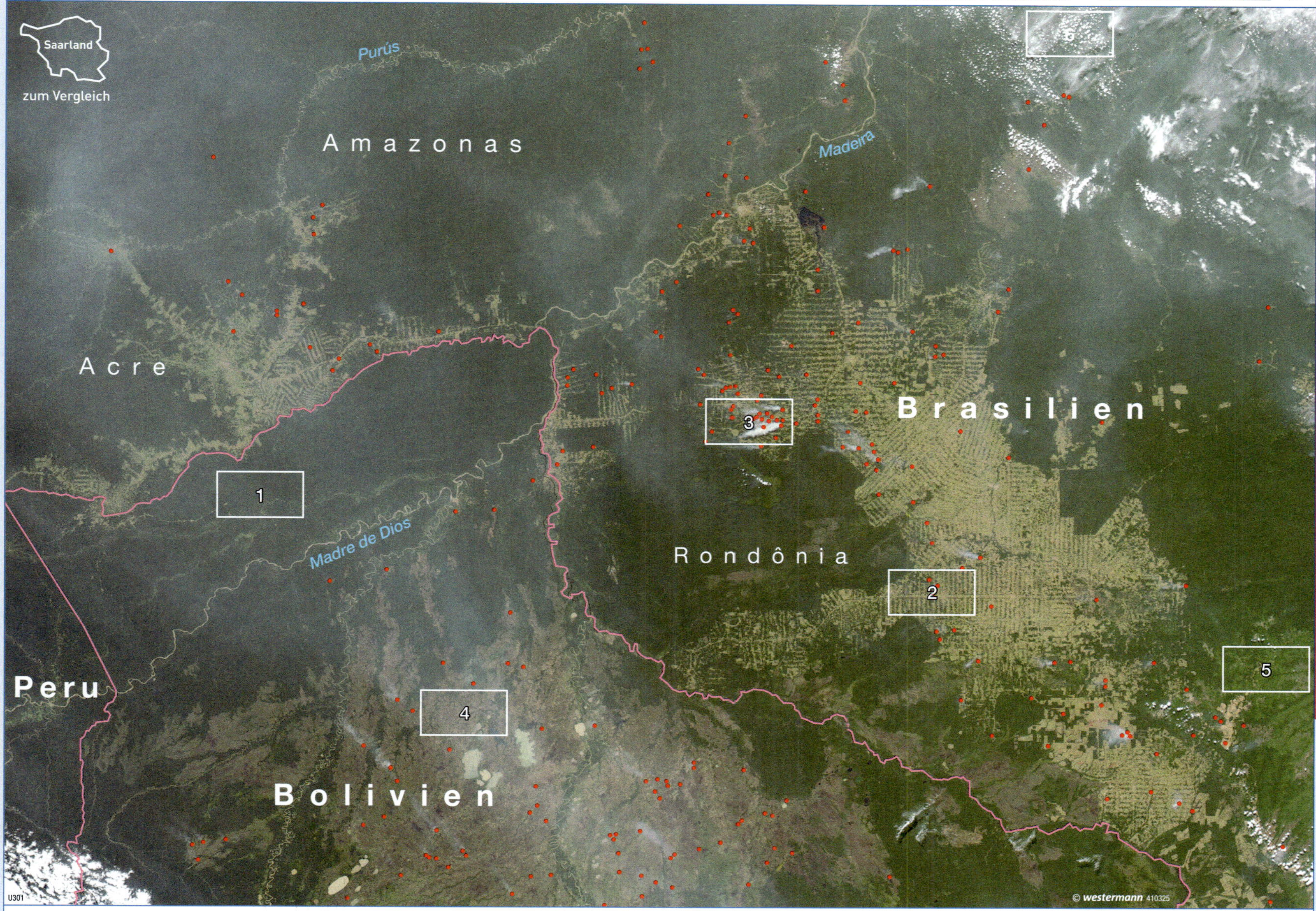

1 tropischer Regenwald
2 Rodungsstreifen für Weiden und Äcker
3 Rauchwolken großer Brände
4 Savanne, z. T. beweidet
5 Weiden auf Rodungsland
6 Wolken, Hochnebel

Dieses Bild hat der Umweltsatellit TERRA mit seinem Instrument MODIS aufgenommen. Dieser Sensor kann Echtfarbbilder und Falschfarbbilder (siehe 4) machen. Der Bildausschnitt von fast einer Million km^2 ist auch in Karte 1 eingetragen.

Im brasilianischen Bundesstaat Rondônia sieht man die Streifenstrukturen planmäßiger Waldrodung. Auf dem Höhepunkt der landwirtschaftlichen Kolonisation Rondônias, den 1980er-Jahren, wurden eine halbe Million Menschen hier angesiedelt.

Am Aufnahmetag (dem 11.8.2003) haben in diesem Teil Amazoniens Hunderte große Feuer gebrannt. Brände, die aus dem Weltraum erkennbar waren, wurden rot hervorgehoben. Viele Feuer deuten auf die Rodung kleiner Waldstücke hin.

4 Mato Grosso – Sojaanbauflächen an Erschließungsstraßen

Maßstab 1 : 500 000

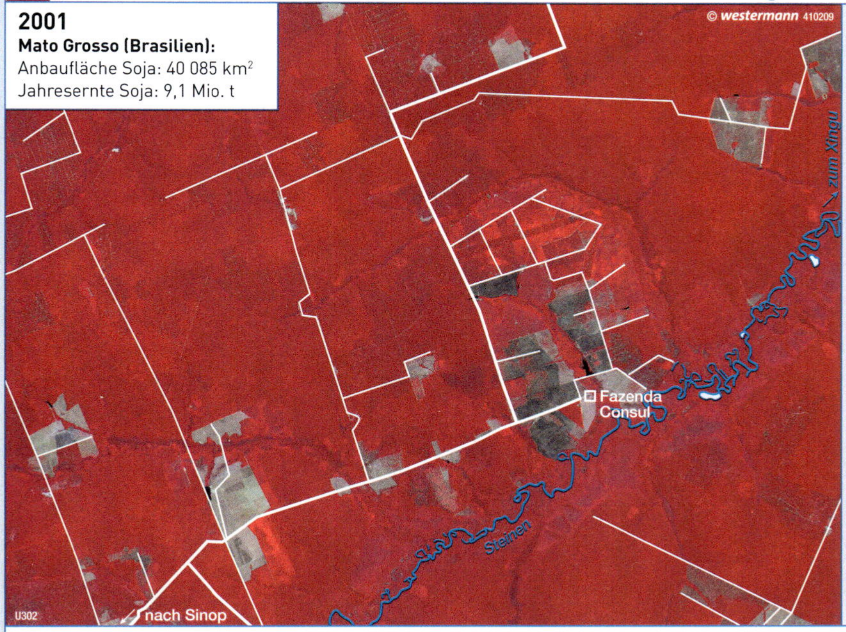

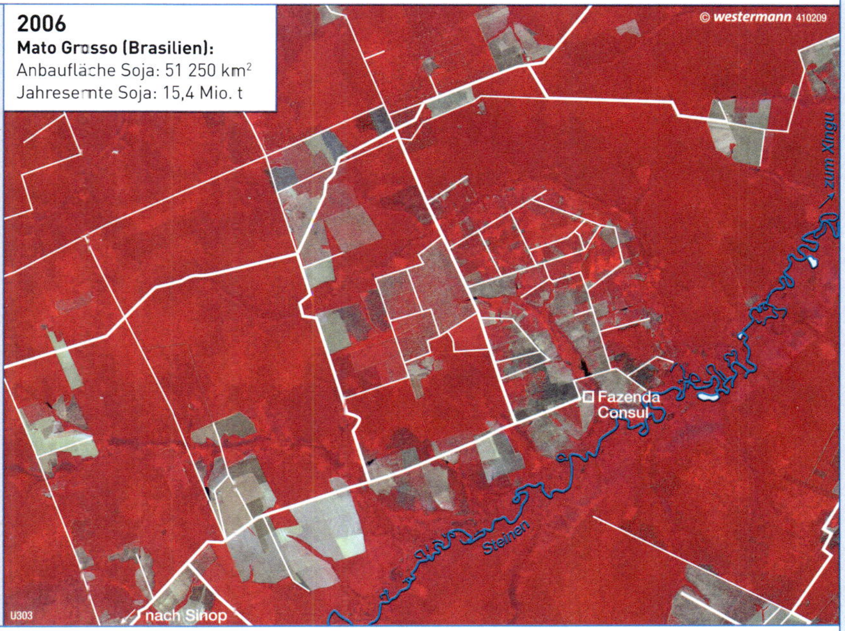

Diese Satellitenbilder sind Falschfarbenaufnahmen: Der Sensor MODIS erfasst zusätzlich zum sichtbaren Licht auch die nahe Infrarotstrahlung. Dadurch lassen sich verschiedene Vegetationsarten besser voneinander unterscheiden. Fluss und Straßen wurden nachgezeichnet.

Der tropische Regenwald wird in leuchtend roter Farbe wiedergegeben. Die Sojaanbauflächen haben in den Bildern helle unbunte Farbtöne. In nur 5 Jahren haben sich die Felder entlang der Straße stark ausgeweitet. Das Exportgut Soja wurde für Brasilien immer wichtiger.

Das Sachwortregister enthält Begriffe aus den Fachgebieten der Geographie, Geschichte und Politik. Die Begriffe helfen den Atlas selbstständig thematisch zu erschließen.
Durch die Nennung mehrerer Kartenbeispiele zu einem Stichwort werden neben der Vielfalt des Themas auch weltweite Zusammenhänge deutlich. Stichworte, die sich aus dem Kartentyp ergeben, sind hier in der Regel nicht aufgenommen. Dazu gehören physische Karte und Wirtschaftskarte.
Die jeweiligen Verweise beziehen sich auf die Seitenzahl, anschließend folgt die Nummer der Einzelkarte (z. B. 133.4).

A

Abflussdiagramm 168.2; 177.4
Ablagerung 50/51; 124.1,3; 207.4,5
Aborigines 187.5
Absolutismus 90.2
Achsenmächte 22.1; 62.1
Agglomeration → Ballungsraum
Agrarkolonisation 216.1
AIDS 33.3
Alexander der Große 140.1
Alliierte Mächte 22.1; 62.1
Alm 121.3
Alpen 120/121
Alpentransit 120.2
Alpenübergang → Pass
Alpidische Gebirge 124.2
Alternative Energie → Erneuerbare Engergie
Altersaufbau → Bevölkerungspyramide
Altmensch 16/17.1; 101.2
Amtssprachen 36.2
Analphabetismus 33.4
Angloamerika (Kulturerdteil) siehe Innendeckel vorne
Aquakultur 40/41.1; 145.2
Aridität 12/13.4
Artesischer Brunnen 175.3,4
Asthenosphäre 8.2; 185.2
Astronomie 242/243
Atoll 185.3
Atomkraftwerk → Kernkraftwerk
Atommacht 22/23.2
Atomtest 22/23.2; 206.2
Atmosphäre 39.4
Ausländische Arbeitnehmer 95.5
Ausländische Bevölkerung 77.7,8
Außenhandel 157.4
Azteken 190.1; 210.1

B

Ballungsraum 82/83; 84/85.2; 96.2; 138/139; 168/169.3; 184/185.1; 188/189
Bananenanbau 195.2,3
Befestigung 58.1; 59.3; 67.2
Bergbau 34/35.2; 54.1; 72/73; 78/79; 86/87.1,2; 102.2; 179.3; 216.1
Berliner Mauer 64.1,2
Besatzungsmächte 63.3
Besatzungszonen 63.3
Bevölkerungsdichte 30/31.1; 76.1; 96.2; 151.4; 171.6; 209.4
Bevölkerungsentwicklung 69.2; 96.3; 110/111; 150.3; 159.3; 210.1
Bevölkerungspyramide 33.3; 76.2; 96.1,3
Bevölkerungswachstum 30.2; 159.3
Bevölkerungszunahme/-abnahme 30.2
Bewässerung 133.4; 159.4; 205.5
Binnenschifffahrt 74.3; 114/115
Binnenwanderung 175.5
Biosphärenreservat 211.5
Bistum 56.1
Blockbild 46.1
Böden 101.3
Bodenschätze → Rohstoffe
Bodenversalzung 133.4
Borealer Nadelwald → Nördlicher Nadelwald
Braunerde → Böden
Braunkohle 78/79
Britisches Empire 20/21
Bruttoinlandsprodukt 95.4
Buddhisten 159.2; 163.4
Bündnisse 22/23.1–3; 61.3; 77.4,5; 77.6; 92.4; 94.2
Bürgerkrieg 28/29.1

C

Caldera 124.1,3
Canyon 206/207.1,4,5
Capitol 125.4; 209.5
Central Business District → Hauptgeschäftszentrum
Chemische Industrie 70/71; 72.1; 73.3
Chinesische Mauer 87.3; 152/153
Christen 88.2; 90.1; 125.5; 159.2; 162/163.1,3–5
City → Hauptgeschäftszentrum
CO2-Emission 38/39.2,4; 194.2
Commonwealth 171.3
Containerhafen 156/157.1,2,4; 165.4
Cro-Magnon-Mensch → Jetztmensch

D

Datumsgrenze 37.3; 184/185.1
Dauerfrostboden 39.3; 42.1; 100/101.1
Deich 113.2,3,4
Delta 139.2; 177.4
Demographischer Wandel 96.3
Desertifikation → Wüstenbildung
Deutsche Demokratische Republik (DDR) 64.1
Deutscher Bund 59.4; 60.1; 91.4
Dienstleistung 70.1;72.1,2; 73.3
Diktatur 63.2; 92.3
Distrikt 66.1
Dominien 20/21.1
Dornstrauchsavanne 14/15; 175.5
Düne 113.2,4
Dürre 159.4; 174/175.1,5; 176.1

E

Einparteiensystem 24/25.2,5
Einwanderung 187.6; 204.1
Eisdrift 42.1
Eisen- und Stahlerzeugung 72/73
Eisenbahn 74.1; 97.5; 120.2; 204.1
Eiserner Vorhang 92.4
Eiszeit 16/17; 101.2
Emissionen 38/39.2,4; 194.2; 210.3
Energie → Stromerzeugung
Entdeckungsreisen 18/19.2; 42.2; 190.1
Entente 21.3; 61.3
Erdachse 42.3
Erdaltertum 8/9.1; 10/11.5; 50/51 207.5
Erdbeben 8/9.1; 124.2; 150.1,2
Erdfrühzeit 10/11.5; 50/51; 207.4
Erdkruste 8/9.3
Erdmittelalter 8/9.1; 10/11.1,2,5; 50/51; 207.4,5
Erdneuzeit 10/11.3,4,5; 50/51
Erdöl/Erdgas 78.1; 103.2; 106/107; 166/167; 179.2
Erdrutsch 52.1
Erdzeitalter 10/11.5; 50/51
Erneuerbare Energie 80.1–3; 103.3; 162.2
Erosion 174.2; 207.4
Erster Weltkrieg 23.3; 61.3
Erzbistum 56.1
Ethnische Gliederung 170.1; 171.6; 190.1; 204.1,3; 209.3
Ethnischer Konflikt 77.6; 170.5
EU (Europäische Union) 34/35.1; 67.2; 94/95.1–4
Evolution 10/11.5

F

Faltengebirge 8/9
Festungsstadt 59.3; 67.2
Feuchtsavanne 14/15
Finanzzentrum 102/103.1; 110/111; 144/145.1; 157.3; 196/197.1; 208.1
Fischereikonflikte 41.3
Fischfang 40/41.1,3
Fischverzehr 41.3
Fjord 104/105
Flächennutzung 67.2; 68/69; 94.3; 110/111.2,4; 125.4; 150.3; 157.3; 163.5; 165.4; 208/209.1,5
Flächenverbrauch 68/69; 208.2,3
Flüchtlinge 28/29.1; 63.3; 159.2; 162.3
Flughafen 74.4; 75.5,6; 97.5
Föhn 98.1,2
Forschungsreise 42.2
Franken 88.1
Frauen 33.4; 63.2; 96.3
Freie Reichsstadt 57.2; 58.2
Freie Stadt 59.4; 60.1,2
Freihandelszone → Sonderwirtschaftszone
Freizeitpark/Erlebnispark 53.2
Fremdenverkehr → Tourismus
Fremdlingsfluss 168.2; 177.4
Frühgeschichte 16/17
Frühmensch 16/17.1
Fumarole 124.1

G

Gemäßigte Zone 14/15.1
Geofernerkundung 217.3,4
Geographischer Pol 42/43.1,3,4
Geologie 8/9.1–3; 10/11.1–5; 50/5; 52.1; 124.2; 207.4,5
Geothermie 103.3
Geysir 104/105
Germanen 54.1; 55.2; 86.1; 125.5
Geschichtskarte 86.1
Geteilte Stadt 64.1,2; 163.5
Gewässergüte 81.5
Gezeiten 103.3
Gletscher 16/17; 39.3,5; 42/43.1,4; 101.2; 121.3
Global City 110/111; 150.3; 208.1
Globalisierung 34/35.1; 71.3; 156/157.1–4; 159.5; 165.4
Globalstrahlung 73.2
Gold 87.2; 205.4
Golfstrom 40/41.1; 42/43.1,5; 98.1,2
Gondwana 10.2
Griechen (Antike) 86.1; 125.5; 140.1
Grüne Revolution 159.4
Grundgebirge 207.4
Grundwasser 81.4; 175.4; 206.1,2
GUS (Gemeinschaft Unabhängiger Staaten) → Bündnisse

H

Habsburger 57.2; 58.2
Hafen 74.3; 106/107; 156.2
Handel 20.2; 70.1; 72.1,2; 75.5; 87.2; 89.3; 157.4
Handelswege 55.2; 86/87.1,2; 89.3; 141.3; 170.1
Hanse 89.3
Hartlaubgehölze 14/15; 128/129
Hauptgeschäftszentrum 67.2; 110/111.2,4; 150.3; 163.5; 208/209.1,5
Hauptstadt 24/25.1; 66.1; 67.2; 66/67.2
HDI (Human Development Index) 32.1
Heiliges Römisches Reich 56/57.1,2; 88.2; 90.1,2
Hightech-Industrie 102.1; 144/145.1; 178.1; 196/197.1
Himmelsrichtungen 46.1
Hindus 159.2; 163.4
HIV → AIDS
Hochdruckgebiet 14/15.1,2
Hochhaus 132.2; 157.3; 165.4; 208/209
Hochkultur 16/17.2
Hochwasserschutz 113.2–4
Höhenstufen der Vegetation 215.2
Hohenzollern 57.2
Höhlenmalerei 16/17.1; 101.2
Homo sapiens → Jetztmensch
Hotspot 185.2
Humidität 12/13.4
Hunger 32.2
Hurrikan 192/193.2,4,5

I

Imperialismus 20/21.1–3; 132.1; 170.2
Indianer 190.1; 204/205.1–4; 206/207.1; 216.1
Industrie 70/71; 72/73; 76/77.1,2; 151.4; 154.2; 156.1
Industrieentwicklung 72/73; 156.2
Inka 190.1
Inlandeis 39.3; 42/43.1,4
Innertropische Konvergenz (ITC) 12/13.2,3; 172.2,5
Innovationszentrum 102.1; 144/145.1; 178.1; 196/197.1
Internet 34/35.1
Inversion 210.3
Islam 88.2; 90.1; 159.2; 163.4,5; 164.1–3; 170.1

J

Jahreszeiten 242.6
Jahreszeitenklima 12/13.3
Jetstream → Windsysteme
Jetztmensch 16/17.1; 101.2
Juden 125.5; 162/163.3–5

K

Kaffee 20.2; 176/177.1–3; 194/195.1
Kaiser 57.1, 88.1; 90.2; 154.1
Kaiserreich 60.2; 91.3
Kalte Zone 12.1
Kalter Krieg 22/23.2; 77.4
Kaltzeit → Eiszeit
Kanton 66.1
Karl der Große 88.1
Kastell 54.1
Katarakt (Stromschnelle) 168.1,2
Kernkraftwerk 78.1; 151.5
Kinderarbeit 29.3
Kleinstaaten 57.2; 58.2; 60.1; 90.2; 125.4
Klimadiagramm 12/13.1; 42.1; 43.4; 47.4; 98/99; 175.6; 195.3; 206/207.1
Klimawandel 39.3–5; 121.3
Klimazonen 12/13.1
Kloster 53.2; 55.3,4; 56.1; 58.1
Kohle → Braunkohle, Steinkohle
Kohlenstoffdioxid → Treibhausgase
Kohlenstoffkreislauf 39.4
Kolonien 18/19.2; 20/21.1; 91.4; 170.2,4; 190.2
Kolumbus 18/19.2; 190.1
Kommunikation 34/35.1
Kondom 33.3
Konflikte 28.1; 41.3; 77.6; 162.3; 175.5
Königspfalz 56.1
Kontinentalsperre 91.3
Kontinentalverschiebung 10/11.1–4
Kontinente siehe Innendeckel vorne; 6/7.1; 10/11.1–4
Konzentrationslager 63.2
Korallenriffe 40/41.1; 184/185.1,3; 211.4
Kraftwerke → Stromerzeugung
Krater 124.1; 177.3; 185.2
Kreml 132.2
Kreuzfahrt 36/37.1; 211.5
Kreuzzüge 88.2
Krill 43.4
Küstenschutz 113.2–4
Kulturerdteile siehe Innendeckel vorne

L

Landgewinnung 113.2; 150.3; 156.1,2; 165.4
Landschaftsschutz 177; 216/217
Landschaftswandel 39.3,5; 68/69; 72/73; 121.3; 133.4; 156.1
Landwirtschaft 100/101.1; 142/143.1; 175.3

Laurasia 10.2
Lateinamerika (Kulturerdteil) siehe Innendeckel vorne; 210/211
Lava 124.1,3; 185.2; 206/207.1
Lebensbedingungen 32.1
Lebenserwartung 31.3
Lichtverschmutzung 82/83
Limes 55.2; 56.1; 87.2
Lithosphäre 8.2; 185.2
Logistik 156.1,2
Löss 100/101.1,2
Luftbild 44.1; 71.2; 73

M

Maar 124.3
Magnetfeld 42.3; 242.4
Magnetischer Pol 42/43.1,3,4; 198/199
Mangrove 179.2; 211.4
Marco Polo 141.3
Marsch 54.1; 82.1
Massengut 79.2
Maßstab 84.1
Maya 190.1
Medien 70.1; 71.2
Meeresspiegelanstieg 39.5
Meeresströme 40/41.1; 42/43.1,5
Meerwasserentsalzung 162.2; 165.4
Menschenrechte 28.2
Messe 69.2; 73.3; 89.3; 157.3
Migration 77.7,8; 187.6; 204.1
Milchstraßensystem 242.1
Minderheiten 170/171.5,6; 204.3
Mittelalter 55.3,4; 87.3; 88/89
Mittelalterliche Stadt 55.3,4; 58.1
Mittelgebirge 48.1; 52.1
Mittelmächte 21.3
Monarchie 24/25.2,4; 62.2; 91.4
Mond 242.5
Mongolen 140.2
Monsun 12/13.2,3; 139.2; 143.5,6
Monsunwald → Regenwald
Montanindustrie 44/45.2,3; 72/73
Moor 54.1
Multikulturelle Gesellschaft 77.7; 159.2; 204.1,3; 211.3
Muslime → Islam

N

Nachhaltigkeit 39.3; 80.3
Nährstoffkreislauf 216.2
Nahrungsmittelversorgung 32.2
Napoleon 91.3
Nationalpark 36/37.1; 177.4; 197.2; 206/207.1; 211.5
Nationalsozialismus 63.3
Nationenbildung 171.3; 191.3,4
NATO → Bündnisse
Naturkatastrophe 8/9.1; 124.1; 139.2; 150.1,2; 193.4
Naturpark 53.2; 211.4
Naturraum 52.1; 54.1
Naturrisiken 8/9.1; 150.1,2
Neandertaler → Altmensch
Neolithikum 16/17; 101.2
Neulandgewinnung → Landgewinnung
Niederschlag 12/13.2,3; 47.5; 99.3,4; 143.4–6; 173.3,6; 175.6; 177.4; 186.2; 193.3; 195.3
Niederschlagsdiagramm 143.5; 175.6
Nomaden 175.3,5
Nordwestpassage 39.5
Nördlicher Nadelwald 14/15; 196/197.1
Nördlicher Seeweg 39.5
Nuklearmacht → Atommacht
Nutzpflanzen 16/17.2
Nutzungskonflikt 133.4; 206/207.1; 211.5; 216.1

O

Oase 100.1; 175.3; 176.1
Offshoreförderung 103.3; 106/107; 179.2
Ökologie 43.4; 113.4; 121.3; 133.4; 179.2; 210.2; 216.1
Ökologischer Fußabdruck 178.1
Ökologischer Rucksack 194.2
Ökozonen 14/15
Ölpalmenplantagen 148/149
Ölpest 179.2
OPEC 34/35.1
Orient (Kulturerdteil) siehe Innendeckel vorne; 16.2
Orientalische Stadt 175.3
Ozeanischer Rücken 8/9.1,3

P

Packeis 42/43.1,2,4
Palästina 162.1
Pangäa 10.1
Panorama 205.6; 209.2
Parlamentarische Monarchie 24/25.2,4
Parlamentarisches Regierungssystem 24/25.2; 65.4
Pass 118/119; 120/121
Passat 12/13.2,3; 172/173.2,5,7
Paulus, Apostel 125.5
Pendler 73.4
Permafrost → Dauerfrostboden
Pflanzenreich → Vegetation
Pflanzliche Primärproduktion 39.4; 40.2; 216.2
Photovoltaik 73.2; 80.2
Pilger 36/37.1; 164.2
Pilgerväter 190.2
Pipeline (Erdöl, Erdgas) 103.2; 106/107; 166/167; 179.2
Planeten 242/243
Plantagenwirtschaft 148/149
Plattentektonik 8/9.1,3; 124.2; 150.1,2; 207.4
Podsol → Böden
Polare Zone 12/13.1
Polarklima 12/13; 42.1; 43.4
Politische Systeme 24/25.2–5; 66.1; 77.4,5
Präsidentielles Regierungssystem 26/27.2,3
Primärproduktion 40.2
Profil 50.3; 139.2
Pyramide 168.1; 211.4

R

Raetien 54.1
Ramsar-Feuchtgebiet 177.4
Reaktion 91.4
Reformation 90.1
Regenerative Energie → Alternative Energie
Regenfeldbau 175.5
Regenwald 14/15; 172.2,5; 216/217.1–4
Regenzeit 143.4; 173.3,6; 193.3
Regierungsviertel 64/65.3; 67.2; 94.3; 150.3; 163.5; 209.5
Rekorde 6/7.2–4; 24/25; 46/47
Rekultivierung 79.3
Religionen 88.2; 90.1; 125.5; 159.2; 162/163.1,4,5; 164.1–3
Republik 24; 91.4
Reservation 204.2,3; 216.1
Revolution 91.4
Rodung 148/149; 216/217
Rohstoffe 20.2; 34/35.2; 42/43.1,4; 72.1; 73.2; 78.1; 103.2; 124.2; 166/167; 179.2,3
Roll-on/Roll-off-Anlage → Hafen
Römer 54.1; 54; 55.2; 87.2
Römische Stadt 54.1
Römisches Reich 87.2; 124/125.1,4,5; 162.1

S

Sahelzone 14/15; 174/175.1,5,6; 176.1
Salzpfanne 180/181; 184/185
Satellitenbild 38.1; 39.5; 44/45.4–7; 145.2; 172.2,5; 193.4; 206.3; 217.3,4
Säuglingssterblichkeit 31.3
Savanne 14/15
Schalenbau der Erde 8.2
Schengen-Staaten 95.5; 97.5
Schichtstufen 50.3; 51; 52.1; 54/55.1,3
Schiiten 163.4
Schiffspassagen 39.5
Schleuse 48/49; 113.4; 197.2
Schott 175.3,4
Schrägluftbild 71.2; 73
Schutzstaaten 20/21.1
Schwarzafrika (Kulturerdteil) siehe Innendeckel vorne
Schwarzerde → Böden
Schwellenland 32.1
Schwerindustrie → Eisen- und Stahlerzeugung
Seebad 113.4
Seehandel 34/35.2; 157.4
Seidenstraße 141.3
Senkrechtluftbild 44.1,2
Sektorenstadt → Geteilte Stadt
Sklaven 54.1; 86/87.1,2; 89.3; 190.2
Slawen 56.1; 88.1
Slum 187.1; 210.2
Soja 216/217.1,4
Solarthermie 80.2
Sonderkulturen 72/73; 205.5
Sonderwirtschaftszone 154/155.3; 156/157.1,3; 165.4
Sonne 12/13.2,3; 242/243
Sonnenenergie 80.2; 103.3
Sonnensystem 242/243.2
Sowjetunion (UdSSR) 92.2–4
Sperrwerk 113
Sprachen 97.4
Stadtlandschaft 64/65.3; 68/69; 110/111.2,4; 125.4; 132.2; 145.2; 150.3; 157.3; 163.5; 208/209
Stadtwachstum 58.1; 59.3; 68/69; 110/111.1,3; 145.2; 156/157.1,3; 159.3; 206.2,3
Stahlerzeugung → Eisen- und Stahlerzeugung
Stausee 48/49; 81.4; 168.2; 197.2; 206/207.1,2
Steinkohle 72/73; 78.1; 74/75.2–5; 79.2
Steinzeit → Neolithikum
Steppe 14/15; 206/207.1
Straßenverkehr 74.2; 120.2
Stratosphäre 15.2; 193.5
Stromerzeugung 38.2; 78/79; 80/81; 168.2
Stromkultur 168.1
Strukturwandel 68/69; 72/73; 149.2; 165.4
Stumme Karte 189.2
Sturmflut 113.3,4
Subtropen 12/13.1
Sunniten 163.4

T

Tagebau 79.2,3
Tageslänge 14/15.3,4
Tageszeitenklima 13.3
Taiga 136/137
Tektonik → Plattentektonik
Terra rossa → Böden
Tethys 10.2
Thematische Karte 45.3; 68/69 unten; 77.2
Thermalquelle 104/105; 124.1
Tide → Gezeiten
Tiefdruckgebiet 14/15.1,2
Tiefseegraben 8/9.1,3
Tierreich 10/11.5
Todesstrafe 28.2
Tornado 192.2
Tourismus 36/37.1; 53.2; 67.2; 120/121.1; 154.1; 165.4; 177.4; 178.1; 211.4,5
Transsibirische Eisenbahn 132/133.1,3; 136/137
Treibeisgrenze 42/43.1,2,4
Treibhauseffekt 39.4
Treibhausgase 38/39.2,4; 194.2
Trinkwasser 32.2; 162.2
Trockengrenze → Regenfeldbau
Trockenklima 12/13
Trockenraum 174/175; 206/207
Trockenzeit 172/173
Tropen 12/13; 172/173; 195.3; 216.1
Tropischer Regenwald → Regenwald
Tsunami 8/9.1; 150.1
Tundra 14/15

U

Überschwemmung 113.3; 139.2; 177.4
Umsiedlung 63.3; 79.3,4
Umweltbelastung 40/41.1; 81.5; 82/83; 133.4; 179.2; 210.2,3
Umweltschutz 83.4
UN → Vereinte Nationen
Ureinwohner 170.1; 187.5; 190.1; 204.1; 210.1; 216.1
Urgeschichte 16/17; 101.2
Urkontinent 8/9.1; 10.1; 124.2
Urstromtal 54/55.1,2

V

Vatikan 125.4
Vegetation 10/11.5; 14/15; 172.2,5
Vegetationsstufen → Höhenstufen der Vegetation
Verbotene Stadt 154.1
Verbundnetz (Elektrizität) 78.1
Vereinte Nationen 24/25.1; 28/29
Verkehr 74/75; 76.1; 78/79; 97.5; 159.5
Verkehrserschließung 150.3; 159.5
Verkehrskorridore 64
Versailler Vertrag 61.4
Versalzung 133.4
Versorgung (Wasser, Strom) 78.1; 79.3; 80/81; 162.2; 165.4; 175.3; 206.2
Verstädterung 68/69; 145.2; 150.3; 156.1; 159.3
Vertreibung 63.3
Verwaltung 66/67
Verwaltungsgliederung 66.1
Viehwirtschaft 100.1; 177.4; 216.1
Völkerbund 61.4
Völkerwanderung 87.3
Vormensch 16/17.1
Vulkanismus 8/9.1,3; 124.1–3; 185.2,3

W

Wal 40/41.1; 43.4
Waldlandschaft 54.1
Waldrückgang 39.3; 148/149
Waldsanierung 39.3
Warmzeit 101.2
Warschauer Pakt 22/23.2
Wasserbilanz 162.2
Wasserkraft 81.4; 103.3
Wasserkraftwerk 78.1; 81.6
Wasserverbrauch 206.2,3
Wasserwirtschaft 162.2
Wasserzirkulation 43.5
Weichseleiszeit → Eiszeit
Weimarer Republik 61.4
Weißes Haus 209.5
Weltall 242/243
Weltbild 18/19.1
Weltkriege 21.3; 22.1; 62.1; 92.1–4
Weltkulturerbe 177.4; 211.4
Weltmeere 6/7.1; 40/41
Weltnaturerbe 206/207.1; 211.5
Weltstadt → Global City
Wendekreis 14/15.3,4; 173.7
Westfälischer Frieden 57.2
Wetter 150.1; 192/193.2,4,5
Wettiner 57.2
Wikinger 88.1
Winde 80.1; 98.1,2; 143.2,3; 172/173.2,5,7
Windenergie 80.1; 103.3
Windsysteme 12/13.2,3; 173.7
Wintersport 36/37.1; 120/121.1
Wirbelstürme 192.2,4,5
Wirtschaftsraum 72.1; 73.3; 102/103.1; 144/145.1; 178.1; 196.1
Wirtschaftssektoren → Bergbau, Industrie, Dienstleistung
Wittelsbacher 57.2
Wolkenbildung 39.4; 143.6; 173.7; 193.5; 205.6
Wolkenkratzer → Hochhaus
Würmeiszeit → Eiszeit
Wüste 14/15; 168.1,2; 174.1,2
Wüstenbildung 39.3; 174/175.1,5

Z

Zeitzonen 37.3
Zenit der Sonne 12/13.2,3; 173.7
Zuwanderung 28/29.1; 76/77; 95.5; 170.4; 187.6; 204.1
Zweiter Weltkrieg 22.1; 62.1; 63.2

Das Register umfasst alle Namen der physischen Karten sowie alle zusätzlichen Ortsnamen in den historischen und thematischen Karten.

Das Orientierungssystem besteht aus • Seitenzahlen für die Kartenseiten und zusätzlichen • arabischen Ziffern für Teilkarten.

Gradfelder werden aus • roten Buchstaben im oberen und unteren und aus • roten Zahlen im rechten und linken Kartenrand gebildet.

In dieser Reihenfolge ist die Lage der Namen nach Atlasseite, Teilkarte und Gradfeld im Register ausgewiesen.

Bei Flüssen ist in der Regel die Lage des quellnächsten Namens angegeben. Bei über mehrere Gradfelder hinwegreichenden Namen wird auf den Wortanfang verwiesen. Gleich lautenden Begriffen ist eine unterscheidende Lage- oder Objektbezeichnung beigefügt:

Valencia (Spanien)
Valencia (Venezuela)

Sind gleich lautende Begriffe keine Ortsnamen, so erhalten sie eine Objektbezeichnung:

Mesen	Nauru (Insel)	Gurk (Dom)
Mesen (Fluss)	Nauru (Staat)	Gurk (Fluss)

Bei Staatsnamen erfolgt ein Verweis auf die politischen Karten.

Sämtliche Namen sind alphabetisch geordnet. Die Umlaute ä, ö, ü sind wie die Selbstlaute a, o, u behandelt; ß ist ss gleichgestellt. Buchstaben mit besonderen Zeichen aus fremden Schriften gelten als einfache lateinische Buchstaben.

Namensteile wie Bad, Djebel, Golf, Kap, Mount, Porto, Puerto, Rio, Saint u. a. bleiben in ihrer Stellung zum Hauptnamen erhalten.

Gibt es zu einem ausländischen Ortsnamen eine gängige deutsche Bezeichnung, so ist der ausländische Name in Klammern zur deutschen Bezeichnung gesetzt, z. B. Stettin (Szczecin). Zusätzlich ist an entsprechender Stelle der Zweitname mit Verweis auf den Hauptnamen aufgenommen, z. B. Szczecin = Stettin.

Bedeutsame historische Ortsnamen verweisen auf den heute gültigen Namen, z. B. Konstantinopel (hist. Istanbul), Massilia (hist. Marseille).

Verzeichnis der Abkürzungen
Das Verzeichnis enthält Abkürzungen, die nicht in den Legenden erläutert sind. Es fehlen jene Abkürzungen im Verzeichnis, die allgemein verständlich sind. Dazu gehören Adjektive und Adverbien mit der abgekürzten Endsilbe -lich und -isch (zum Beispiel nördl. statt nördlich).

Staatsformen

Kgr.	Königreich
Ghzm.	Großherzogtum
Ehzm.	Erzherzogtum
Hzm.	Herzogtum
Gfsm.	Großfürstentum
Kfsm.	Kurfürstentum
Fsm.	Fürstentum
Mgft.	Markgrafschaft
Lgft.	Landgrafschaft
Gft.	Grafschaft
Ebm.	Erzbistum
Bm.	Bistum
Ksr.	Kaiserreich
Rep.	Republik
VR	Volksrepublik
FVR	Föderative Volksrepublik
SFR	Sozialistische Föderative Republik

Staaten

Austr.	Australien
Bras.	Brasilien
Fr.	Frankreich
G.-B.	Großbritannien
Ind.	Indien
Jap.	Japan
Mex.	Mexiko
Norw.	Norwegen
Port.	Portugal
Span.	Spanien
USA	Vereinigte Staaten von Amerika

A

A Coruña = La Coruña 122, A 3
Aachen 112, F 4
Aalborg 105, D 5
Aalen 118, G 2
Aalst 112, D 4
Aare 118, D 3
Aarhus 105, D 5
Abadan 161, E/F 5
Abadla 180, C 2
Abagnar Qi 153, H 2
Abakan 134, K 4
Abancay 212, B 4
Abano Terme 119, H 5
Abashiri 151, 5 J 2
Abayasee 181, G 5
Abbai = Blauer Nil 181, G 4
Abbeville 112, A/B 4
Abéché 181, F 4
Aberdeen 108, C 2
Abetone 118, G 6
Abha 161, E 7
Abidjan 180, C 5
Abilene 200, D/E 3
Abisko 104, F 2
Åbo = Turku 104, G 4
Abondance 118, C 4
Aborigen 135, P 3
Abruzzen 123, G 3
Abu Dhabi 161, F 6
Abu Hamed 181, G 4
Abu Kamal 127, H 5
Abu Simbel 181, F/G 3
Abuja 180, D 5
Abweiler 49, C 3
Abydos 86, 1 E 3
Acapulco 200, D 5
Accra 180, C/D 5
Achtubinsk 131, H 4
Aconcagua 213, B/C 6
Acqui Terme 118, E 6
Acre 212, B 3
Ad-Dakhla 180, B 3
Ad-Damazin 181, G 4
Ad-Damir 181, G 4
Ad-Dammam 161, E 6
Ad-Dawadimi 161, E 6
Ad-Dawhah = Doha 161, F 6
Ad-Diwaniyah 127, J 5
Ad-Du'ayn 181, F 4
Adamaoua 180, E 5
Adana 127, F 4
Adapazarı 126, E 3
Adda 118, F 4
Addis Abeba 181, G 5
Adelaide 184, 1 D 8
Adelaide-Insel 43, 4 P 2
Adélieland 43, 4 G 2
Aden 161, E 7
Adige = Etsch 118, G 4
Adıyaman 127, G 4
Adler 127, G 3
Admiralitäts-Inseln 147, G 4
Adour 109, C 6
Adrar 180, C 3
Adrar des Iforas 180, D 3
Adria 119, J 5
Adriatisches Meer 119, K 6
Aenus (Inn) 54, 1 D 5
Afghanistan 141, 4 E 3
Afif 161, E 6
Afrika 7, 1 K 5
Afyonkarahisar 126, E 4
Agadez 180, D 4
Agadir 180, B 2
Ägadische Inseln 123, F/G 4
Ägäisches Meer 126, D 4
Agalega-Inseln 183, G 4
Agartala 152, F 4
Agats 149, 1 F 4
Agepsta 127, H 3
Agorro = Kinyeti 181, G 5
Agra 152, D 4
Ağri 127, H 4
Agri Decumates 54, 1 C 4
Agrigento 123, G 4
Agrinion 126, C 4
Agua-Negra-Pass 213, C 6
Aguascalientes 200, D 4
Agulhas Negras 213, E 5
Agulhasbecken 7, 1 K 8
Ägypten 171, 3 D 2
Ahaggar 169, 3 F 4
Ahmadabad 152, D 4
Ahn 49, D 3
Ahr 112, G 4
Ahvaz 161, E 5
Aichal 137, L 3
Aidabiya 180, E 2
Ain 118, B 4
Aïn Oussera 122, D 5
Aïn Sefra 180, C/D 2
Aiquile 212, C 4
Aïr (Azbine) 180, D 4
Aire 112, B 4
Airolo 118, E 4
Aisne 112, D 5
Aitutaki 185, 1 K 6
Aix-en-Provence 109, E 6
Aix-les-Bains 118, B/C 5
Aizawl 152, F 4
Ajaccio 123, F 3
Ajagus 160, H/J 4
Ajan 135, O 4
Ajka 119, O 3
Ajmer 152, D 4
Ak dağ 127, F 4
Akaba (Al-'Aqabah) 161, D 6
Akita 153, K 3
Akjoujt 180, B 4
Akmola = Astana 160, H 3
Akobo 181, G 5
Akobo (Fluss) 181, G 5
Aksai 131, K 4
Aksai Chin 152, D 3
Aksaray 127, F 4
Aksaut 127, H 2
Aksu 152, E 2
Aksum 181, G 4
Aktjubinsk = Aqtöbe 160, F 3
Akureyri 104, C 1
Akyab (Sittwe) 152, F 4
Al Djazâir = Algier 180, D 2
Al Mina 86, 1 F 3
Al-'Aqabah = Akaba 161, D 6
Al-Ayn 161, F 6
Al-Bab 127, G 4
Al-Bahah 161, E 7
Al-Bahariya 181, F 3
Al-Basrah = Basra 161, E 5
Al-Beida 181, F 2
Al-Djazâir = Algier 122, D 4
Al-Fallujah 127, H/J 5
Al-Hamadah al-Hamra 180, E 3
Al-Harujal-Aswad 180, E 3
Al-Hillah 127, J 5
Al-Hufuf 161, E 6
Al-Jaghbub 166, E 3
Al-Jawf (Landschaft) 180, C 3
Al-Jawf (Libyen) 181, F 3
Al-Jawf (Saudi-Arabien) 161, D 6
Al-Jubayl 161, E 6
Al-Junaynah = El-Geneina 181, F 4
Al-Kharj 161, E 6
Al-Khartum = Khartum 181, G 4
Al-Khums 180, E 2
Al-Kut 161, E 5
Al-Kuwayt = Kuwait 161, E 6
Al-Laziqiya = Latakia 127, F 5
Al-Milh-See 127, H 5
Al-Mukalla 161, E/F 7
Al-Qadarif = Gedaref 181, G 4
Al-Qamishli 127, H 4
Al-Ubayyid = El-Obeid 181, F/G 4
Al-Wajh 161, D 6
Alabama 201, F 3
Aladağ 127, E 3
Alagoas 212, F 3
Alagoinhas 212, F 4
Alalia 86, 1 C 2
Åland-Inseln 104, F/G 4
Alanya 127, F 4
Alasani 127, J 3
Alaska 6, 1 B 2
Alaska-Halbinsel 198, D/E 4
Alaskakette 198, E 3
Alassio 118, E 7
Alatau 160, H/J 4
Alatyr (Fluss) 131, H 3
Alba 118, E 6
Albacete 122, C 4
Albaner Berge 123, G 3
Albanien 93, 5 G 4
Albany (Australien) 184, 1 B 8
Albany (Fluss) 199, M 4
Albany (USA) 201, G 2
Albert 112, B 4
Albert-Kanal 112, D 3
Alberta 198, J 4
Albertville 118, C 5
Albis (Elbe) 54, 1 E 3
Albuquerque 200, D 3
Alcázar de San Juan 122, C 4
Aldabra 183, F 3
Aldabragruppe 183, F 3
Aldan 135, N 4
Aldan (Fluss) 135, O 4
Alentejo 122, A/B 4
Aleppo (Halab) 127, G 4
Alert 199, O 1
Alessandria 118, E 6
Ålesund 104, C 4
Alëuten 6, 1 A 3
Alëutengraben 6, 1 A 3
Alëutenkette 198, D/E 4
Alexander-Archipel 198, G 4
Alexander-Insel 43, 4 P 2
Alexander-Selkirk-Insel 213, A 6
Alexandria 181, F 2
Alexandrowsk-Sachalinskij 135, P 4
Alexejewka 130, F 4
Algarve 122, A/B 4
Algeciras 122, B 4
Algerien 171, 3 B 2
Algier (Al-Djazâir) 180, D 2
Aliakmon 126, C/D 3
Alicante 122, C 4
Alice Springs 184, 1 D 7
Aligarh 152, D 4
Aliskerowo 135, R 3
Alkmaar 112, D 2
Allahabad 152, E 4
Allenstein (Olsztyn) 115, G 2
Allerborn 48, B 1
Allgäu 118, G 3
Allgäuer Alpen 118, G 3
Alma-Ata = Almaty 160, H 4
Almaty (Alma-Ata) 160, H 4
Almelo 112, F 2
Almere 112, E 2
Almería 122, C 4
Almetjewsk 131, J 3
Alor 146, E 4
Alor Setar 146, B/C 3
Alpe-d'Huez 118, C 5
Alpen 7, 1 K 3
Alphonsegruppe 183, G 3
Alscheid 48, B – C 2
Alta 104, G 2
Altai 152, F 2
Altai (Gebirge) 7, 1 O 3
Altamira 212, D 3
Altay 152, E 2
Altdorf 118, E 4
Alte IJssel 112, F 3
Altiplano 212, C 4
Altkastilien 122, B 3
Altlinster 49, C 3
Altrier 49, D 2
Altschewsk 130, F 4
Altun Shan 152, E/F 3
Altwies 49, D 3
Alzette 49, C 3
Alzingen 49, C 3

Am Timan 181, F 4
Amadeussee 184, 1 C 7
Amal 129, H 6
Amami-Inseln 153, J/K 4
Amapá 212, D 2
Amarillo 200, D 3
Amasya 127, F 3
Amazonas (Bundesstaat) 212, C 3
Amazonas (Fluss, Solimões) 212, C 3
Amazonasdelta 212, E 2
Ambato 212, B 3
Ambatondrazaka 183, F/G 4
Ambon 146, E 4
Ambon (Insel) 146, E 4
Ambositra 183, F 5
Amderma 134, G 3
Ameland 112, E/F 1
American-Highland 43, 4 D 2
Amerikanisch-Samoa 185, 1 J 6
Amersfoort 112, E 2
Amery-Schelfeis 43, 4 D 2
Amga 135, N 4
Amgun 135, O 4
Amhara 181, G 4
Amiens 109, D 4
Amiranten 183, G 3
Amisia (Ems) 54, 1 B 2
Amman 161, D 5
Ammersee 119, H 2
Ampato 212, B 4
Amper 119, H 2
Ampurimac 212, B 4
Amravati 152, D 4
Amritsar 152, D 3
Amsterdam 112, D/E 2
Amsterdam (Insel) 25, 1 N 6
Amstetten 119, L/M 2
Amuay 203, G 5
Amudarja 161, G 5
Amundsen-Golf 198, H/J 2
Amundsensee 43, 4 N 2
Amuntai 146, D 4
Amur 135, O 4
An-Najaf 161, E 5
An-Nuhud 181, F 4
Anabar 135, M 2
Anaco 212, C 2
Anadyr 135, S 3
Anadyr (Fluss) 135, S 3
Anadyr-Golf 135, T 3
Anai Muldi 152, D 6
Analalava 183, F 4
Anamur 127, F 4
Anápolis 214, D 4
Anatolien 126, E 4 – G 4
Anchorage 198, E 3
Ancona 119, K 7
Andalusien 122, B 4
Andamanen 7, 1 O 5
Andamanisches Meer 146, B 2
Anden (Kordilleren) 212/213, B 2 – C 6
Andenne 112, E 4
Anderlecht 112, D 4
Andermatt 118, E 4
Andernach 112, G 4
Andishan 160, H 4
Andorra 93, 5 F 4
Andorra la Vella 122, D 3
Andreanof-Inseln 198, C 4
Andringitra 183, F 5
Andros (Bahamas) 201, G 4
Andros (Griechenland) 126, D 4
Angara 135, K 4
Angarsk 135, L 4
Angelfälle 212, C 2
Angelsberg 49, C 2
Ångermanälven 104, F 4
Angers 109, C 5
Angkor 146, C 2
Anglesey 108, B 3
Angmagssalik = Tasiilaq 199, R 3
Angola 171, 3 C 4
Angolabecken 7, 1 K 6
Anguilla 201, H 5
Anjuigebirge 135, R 3
Ankara 127, F 3
Ankaratra 183, F 4
Annaba 123, E 4
Annam 146, C 2
Annapolis 201, G 3
Annapurna 152, E 4
Annecy 118, C 5
Annobón 182, B 3
Anqing 153, H 3
Ansembourg 49, C 3
Anshan 153, J 2
Anshun 153, G 4
Antakya 127, F/G 4
Antalya 126, E 4
Antananarivo 183, F/G 4
Antarktis 6, 1 F 10
Antarktische Halbinsel 43, 4 Q 2
Antiatlas 180, C 2 – C 3
Antibes 118, D 7
Anticosti 199, O 5
Antigua und Barbuda 191, 4 G 5
Antikyra 129, H 4
Antipoden-Inseln 184, 1 H 9
Antipolis 86, 1 C 2
Antisiranana 183, F 4
Antofagasta 213, B 5
Antsirabe 183, F 4
Antwerpen 112, D 3
Anyang 153, H 3
Äolische Inseln = Liparische Inseln 123, G 4
Aomen = Macau 153, H 4
Aomori 153, L 2
Aosta 118, D 5
Aouk 180, F 5
Apaporis 212, B 2
Aparri 146, E 2
Apatity 134, D 3
Apeldoorn 112, E 2
Apenninen 123, F 2
Apia 185, 1 J 6
Apo 146, E 3
Appalachen 6, 1 E 4
Appenzeller Alpen 118, F 3
Apt 118, B 7
Apuanische Alpen 118, G 6
Apuka 135, R/S 3
Apulien 123, G 3
Apure 212, B/C 2
Aqtau 160, F 4
Aqtöbe (Aktjubinsk) 160, F 3
Aquae (Aachen) 54, 1 B 3
Aquae (Baden-Baden) 54, 1 C 4
Äquatorialguinea 171, 3 C 3
Aquileia (Heidenheim) 54, 1 C 4
Ar-Ramadi 127, H 5
Ar-Raqqah (Rakka) 127, G 4
Ar-Rutba 127, H 5
Arabien 7, 1 L 4
Arabisch-Indischer Rücken 7, 1 M 5
Arabische Wüste 181, G 3
Arabisches Becken 7, 1 M 5
Arabisches Meer 7, 1 M 5
Aracajú 212, F 4
Arad 115, G 4
Arae Flaviae (Rottweil) 54, 1 B 4
Arafurasee 147, F 4
Aragaz 127, J 3
Aragonien 122, C/D 3
Araguaia 212, D 3
Araguaína 212, E 3
Arak 161, E/F 5
Arakangebirge 152, F 4
Aral 160, G 4
Aralsee 138, D/E 3
Aran-Inseln 108, A 3
Aranjuez 122, C 4
Arapiraca 212, F 3
Arar 161, E 5
Ararat 127, J 4
Arauca 212, C 2
Aravalligebirge 152, D 4
Arawa 147, H 4
Arax 127, H 3
Arc 118, C 5
Arcachon 109, C 5
Archangelsk 134, E 3
Årdal 106, F 2
Ardennen 112, D 5 – E 4
Arendal 105, D 5
Arequipa 212, B 4
Arezzo 119, H/J 7
Arga Emneke 135, P 3
Argens 118, C 7
Argenta 119, H 6
Argentera 118, D 6
Argenteuil 112, B 6
Argentinien 191, 4 G 7
Argentinisches Becken 6, 1 G 7
Argentoratum (Straßburg) 54, 1 B 4
Argun 153, H 1
Argusdom 43, 4 D 1
Argyle 186, 1 B 2
Argylesee 146, E 5
Arica 212, B 4
Arizona 200, C 3
Arkalyk 160, G 4
Arkansas (Bundesstaat) 201, E 3
Arkansas (Fluss) 200, E 3
Arktisches Kap 135, K/L 1
Arlberg 118, F/G 3
Arles 109, E 6
Arlon 112, E 5
Armawir 127, H 2
Armenien 141, 4 C 2
Armentières 112, B 4
Arnas 127, H 4
Arnheim (Arnhem) 112, E/F 3
Arnhem = Arnheim 112, E/F 3
Arnhemland 184, 1 D 6
Arno 119, H 7
Arras 112, B 4
Arsamas 131, G/H 3
Arsdorf 48, B 2
Artois 112, A/B 4
Artvin 127, H 3
Aru-Inseln 147, F 4
Arua 183, E 2
Arusha 183, E 3
Aruwimi 182, D 2
As-Sulaymaniya 127, J 5
Asahi Dake 153, L 2
Asahikawa 153, K/L 2
Asandeschwelle 169, 3 G 6
Asansol 152, E 4
Ascension 6, 1 H 6
Ascona 109, D 9
Aserbaidschan 141, 4 D 3
Ash-Shamiyah 127, J 6
Ash-Shariqah 161, F 6
Ashburton 184, 1 B 7
Ashgabat 161, F 5
Asi (Orontes) 127, G 5
Asien 7, 1 N 3
Asino 134, J 4
Askja 104, C 1
Asmara 181, G 4
Asowsches Meer 127, G 2
Aspelt 49, C 3
Assab 181, H 4
Assad-Stausee 127, G 4
Assam 152, F 4
Assel 49, D 3
Asselborn 48, B 1
Assen 112, F 1/2
Assisi 128, F 3
Assuan 181, G 3
Assur 127, H 5
Astana (Akmola) 160, H 3
Asti 118, E 6
Astrachan 131, J 5
Asunción 213, D 5
Asyut 181, F/G 3
Atacama 213, B/C 5
Atacamagraben 6, 1 F 6
Atar 180, B 3
Atatürk-Stausee 127, G 4
Atbara 181, G 4
Atbara (Fluss) 181, G 4
Atbassar 160, G 3
Ath 112, C 4
Athabasca River 198, J 4
Athabascasee 198, K 4
Athen (Athinai) 126, C/D 4
Athinai = Athen 126, C/D 4
Äthiopien 171, 3 D 3
Athos 126, D 3
Ati 180, E 4
Atlanta 201, F 3
Atlantisch-Indischer Rücken 7, 1 J 8
Atlantisch-Indisches Südpolarbecken 6, 1 H 9
Atlantischer Ozean 6, 1 G 4
Atlasgebirge 169, 3 E 4
Ätna 123, G 4
Atranos 126, E 4
Atschinsk 134, J/K 4
Atschikassar 127, H/J 3
Attaka 148, 1 D 4
Attáviros 126, D 4
Attert 49, B 2
Attika 129, H 4
Atyrau 131, K 5
Auasberge 182, C 5
Aube 118, A 2
Auckland 184, 1 H 8
Auckland-Inseln 184, 1 G 10
Augsburg 118, G 2
Augusta (USA, Georgia) 203, F 3
Augusta (USA, Maine) 201, H 2
Augusta Raurica (Augst) 54, 1 B 5
Augusta Treverorum (Trier) 54, 1 B 4
Augusta Vindelicorum (Augsburg) 54, 1 D 4
Aurangabad 152, D 4
Aurich 112, G 1
Auron 118, C 6
Ausangate 212, B/C 4
Auschwitz 115, F 3
Äußere Hebriden 108, B 2
Austin 200, E 3
Austral-Inseln = Tubuai-Insel 185, 1 M 7
Australien 7, 1 P 7
Australisches Bergland 184, 1 E 6
Australisches Tiefland 184, 1 D 7
Authie 112, B 4
Autun 118, A 4
Auvergne 109, D 5
Auyán-Tepuí 212, C 2
Avarua 185, 1 K 7
Aventicum (Avenches) 54, 1 B 5
Avesnes 112, E/D 4
Avignon 109, E 6
Ávila 122, B 3
Avilés 122, B 3
Awasa 181, G 5
Awash 181, H 4
Awjilah 181, F 3
Axios 126, C 3
Ayacucho 212, B 4
Aydın 126, D 4
Ayorou 180, D 4
Ayteke Bi 160, G 4
Ayutthaya 146, C 2
Azaouad 180, C 4
Azare 180, D/E 4
Azbine = Aïr 180, D 4
Azoren 188, 1 Q 6
Azorenschwelle 6, 1 H 4

B

Baalbek 127, G 5
Bab el-Mandeb 161, E 7
Babajewo 130, E 2
Babol 161, F 5
Babruisk 130, D 3
Babylon 161, E 5
Bacău 115, H 4
Bachergebirge 119, M 4
Bachmatsch 130, E 4
Bad Gastein 119, K 3
Bad Ischl 119, K 3
Bad Kleinkirchheim 119, K/L 4
Bad Radkersburg 119, M 4
Bad Reichenhall 119, J 3
Bad Tölz 119, H 3
Badain Jaran Shamo 152, G 2
Badajoz 122, B 4
Badalona 122, D 3
Baden (Österreich) 119, N 3
Baden (Schweiz) 118, E 3
Baden-Baden 118, E 2
Baffin-Insel 6, 1 F 2
Baffinbai 6, 1 F 2
Bafing 180, B 4
Bagdad (Baghdad) 161, E 5
Bagé 213, D 6
Baghdad = Bagdad 161, E 5
Baghlan 161, G 5
Bagu = Pegu 152, F 5
Baguezane 180, D 4
Bahama-Inseln 188, 1 L 7
Bahamas 191, 4 G 4
Bahawalpur 152, D 4
Bahia 212, E 4
Bahía Blanca 213, C 6
Bahía Blanca (Bucht) 213, C/D 6
Bahia Grande 213, C 8
Bahir Dar 181, G 4
Bahr al-Abiad = Weißer Nil 181, G 4
Bahr al-Azraq = Blauer Nil (Sudan) 181, G 4
Bahr al-Ghazal 181, F 5
Bahrain 141, 4 D 3
Baia Mare 115, G/H 4
Baicheng 153, J 2
Baidoa = Baydhabo 181, H 5
Baie-Comeau 199, N/O 5
Baikalgebirge 135, L 4
Baikalsee 135, L 4
Baile Atha Cliath = Dublin 108, B 3
Bajah 123, F 4
Bajanhongor 152, G 2
Bajovar 214, A 3
Bajudasteppe 181, G 4
Baker-Insel 184, 1 J 5
Bakhtaran = Kermanshah 161, E 5
Bakı = Baku 160, F 4
Bakkabucht 104, D 1
Baku (Bakı) 160, F 4
Balad 127, H/J 5
Balakowo 131, H/J 3
Balaschow 131, G/H 4
Balaton = Plattensee 119, O 4
Balchasch 160, H 4
Balchaschsee 160, H 4
Balearen 122, D 4 – D 3
Bali 146, D 4
Balikpapan 146, D 4
Balıkesir 126, D 4
Balkan 126, C/D 3
Ballarat 184, 1 D 8
Balleny-Inseln 43, 4 J 2
Bălţi 130, C/D 5
Baltimore 201, G 3
Baltisk = Pillau 115, F/G 2
Baltrum 112, G 1
Balykchy 160, H 4
Bamako 180, C 4
Bambari 181, F 5
Bamboesch 46, C 3
Banaba (Ocean-Insel) 184, 1 G 5
Banat 126, C 2
Banater Gebirge 115, G 4
Banda Aceh 146, B 3
Bandar Lampung 146, C 4
Bandar Seri Begawan 146, D 3
Bandar-e Abbas 161, F 6
Bandar-e Bushehr 161, F 6

Bandasee 146, E 4
Bandırma 126, E 3
Bandundu 182, C 3
Bandung 146, C 4
Bangalore (Bengaluru) 152, D 5
Bangassou 181, F 5
Banghazi = Bengasi 180, E/F 2
Bangka 146, C 4
Bangkok (Krung Thep) 146, C 2
Bangladesch 141, 4 F 3
Bangui 180, E 5
Bani 180, C 4
Banias 129, L 4
Banja Luka 126, B 2
Banjarmasin 146, D 4
Banjul (Bathurst) 180, B 4
Bank von Campeche 201, E/F 4
Banks-Insel 198, H 2
Bantrybai 108, A 4
Banyuwangi 146, D 4
Baoding 153, H 3
Baoji 153, G 3
Baoshan 152, F 4
Baotou 153, G/H 2
Baoulé 180, C 4
Bapaume 112, B/C 4
Baqubah 127, J 5
Bar 126, B 3
Bar-le-Duc 118, B 2
Bar-sur-Aube 118, A 2
Baranawitschi 130, C 3
Baraque de Fraiture 112, E 4
Barauni 158, 1 D 3
Barbados 191, 4 H 5
Barbuda 201, H 5
Barcelona 122, D 3
Barcelonette 118, C 6
Bardaï 180, E 3
Bardonecchia 118, C 6
Bareilly 152, D/E 4
Bären-Inseln = Medweshi-Inseln 135, R 2
Häreninsel 134, B/C 2
Barentsburg 42, 1 J 2
Barentssee 7, 1 L 2
Bari 123, H 3
Barinas 212, B/C 2
Baris 181, G 3
Barito 146, D 4
Barletta 123, H 3
Barnaul 134, J 4
Barquisimeto 212, B/C 1
Barrancabermeja 214, B 2
Barranquilla 212, B 1
Barreiras 212, E 4
Barren Grounds 198, H 3 – L 3
Barrow-Insel 184, 1 B 7
Bartica 214, C 2
Baruun Urt 153, H 2
Barysau 130, C/D 3
Bas-Bellain 48, B 1
Bascharage 49, B 3
Baschleiden 48, B 2
Basilan 146, E 3
Basilia (Basel) 54, 1 B 5
Baskenland 122, C 3
Basra (Al-Basrah) 161, E 5
Bass-Straße 184, 1 E 9
Bassano del Grappa 119, H 5
Bassas da India 183, E/F 5
Basse-Terre 201, H/J 5
Bassein (Pathein) 152, F 5
Bastendorf 48, C 2
Bastia 123, F 3
Bastogne 112, E 4/5
Bata 182, B 2
Bataisk 130, F 5
Batang 152, F/G 4
Batangas 146, D/E 2
Bathurst 203, H 2
Bathurst = Banjul 180, B 4
Bathurst-Insel 199, K/L 2
Batman 127, H 4
Batna 123, E 5
Baton Rouge 201, E/F 3
Battambang 146, C 2
Batu 181, G 5
Batumi 160, E 4
Baturaja 146, C 4
Bauchi 180, D/E 4
Bauru 213, D/E 5
Bavigne 48, B 2
Bayan Har Shan 152, F 3
Baydhabo (Baidoa) 181, H 5
Bayerische Alpen 118, G 3 – J 3
Bayerische Alpen 118, C 3
Bayonne 109, C 6
Bayrut = Beirut 127, F 5
Beaufort 48, D 2
Beaufortsee 6, 1 B 2
Beaujolais 118, A 4
Beaune 118, A 3
Beauvais 112, B 5
Bech 49, D 2
Bech-Kleinmacher 49, D 3
Béchar 180, C 2
Bechuanaland 182, D 5
Beckerich 49, B 3
Bei Shan 152, F 2
Bei'an 153, J 2
Beidweiler 49, D 3
Beihai 155, 1 E 4
Beijing = Peking 153, H 3
Beiler 48, C 1
Beinn Dearg 108, B 2
Beira 183, E 4
Beirut (Bayrut) 127, F 5
Beja 122, B 4
Bejaia 122, E 4
Belaja (Berg) 135, S 3
Belaja (Fluss) 127, H 2
Belcher-Inseln 199, M 4
Belém 212, E 3
Belfast 108, B 3
Belgaum 158, 1 C 4
Belgica 54, 1 B 4
Belgien 93, 5 F 3
Belgorod 130, F 4
Belgrad (Beograd) 126, C 2
Belikh 127, G 4
Belitung 146, C 4
Belize 201, F 5
Belize (Staat) 191, 4 F 5
Bellegarde 118, B/C 4
Bellingshausensee 43, 4 O 2
Bellinzona 118, F 4
Belluno 119, J 4
Belmopan 201, F 5
Belo Horizonte 212, E 4
Belogorsk 135, N/O 4
Belowo 137, J 4
Belvaux 49, B 3
Ben Nevis 108, B 2
Benadir 181, H 5
Bender 130, D 5
Bender Qasim = Boosaaso 181, H 4
Bendigo 186, 1 D 4
Benevento 123, G 3
Bengalen 152, E/F 4
Bengalischer Rücken 7, 1 O 7
Bengaluru = Bangalore 152, D 5
Bengasi (Banghazi) 180, E/F 2
Bengbu 153, H 3
Bengkulu 146, C 4
Benguela 182, C 4
Beni Abbes 180, C 2
Benidorm 122, C 4
Benin (Staat) 171, 3 B 3
Benin-Stadt 180, D 5
Benue 180, D 5
Beograd = Belgrad 126, C 2
Berbera 181, H 4
Berbérati 180, E 5
Berbourg 49, D 3
Berchem 49, C 3
Berdjansk 130, F 5
Berdorf 48, D 2
Béreldange 49, C 3
Beresina (Bjaresina) 130, D 3
Beresowo 134, G 3
Berg (bei Colmar) 48, C 2
Berg (bei Grevenmacher) 49, D 3
Bergamasker Alpen 118, F 4
Bergamo 118, F 5
Bergem 49, C 3
Bergen (Norwegen) 104, C 4
Bergen op Zoom 112, D 3
Berghaff 49, D 3
Bergisch Gladbach 112, G 3-4
Bergisches Land 112, G 3-4
Bergland von Guayana 6, 1 F 5
Bergse Maas 112, D/E 3
Bergufer 131, H 4
Bering-Insel 135, R 4
Beringen 112, E 3
Beringen (Luxembourg) 49, C 2
Beringmeer 7, 1 S 3
Beringowskij 135, S 3
Beringstraße 135, U 3
Berjesniki 131, L 2
Berkel 112, F 2
Berkner-Insel 43, 4 Q 2
Berlé 48, B 2
Berlin 114, E 2
Bermejo 213, C 5
Bermuda-Inseln 201, H 3
Bern 118, D 4
Berner Alpen 118, D/E 4
Berta 127, H 3
Bertoua 180, E 5
Bertrange 49, C 3
Beryl 106, E 3
Besançon 109, E 5
Beshta 127, J 3
Beskiden 115, F/G 3
Beslan 127, J 3
Beth 122, B 5
Bethel 198, D 3
Béthune 112, B 4
Betische Kordillere 122, B/C 4
Betpak-Dala (Hungersteppe) 160, G/H 4
Bettange-sur-Mess 49, B 3
Bettborn 49, B 2
Bettel 48, C 2
Bettembourg 49, C 3
Bettendorf 48, C 2
Betzdorf (Luxembourg) 49, D 3
Beuthen (Bytom) 115, F 3
Beveren 112, D 3
Beyren 49, D 3
Béziers 109, D 6
Bhadravati 158, 1 C 4
Bhavnagar 152, D 4
Bhilai 158, 1 D 3
Bhopal 152, D 4
Bhutan 141, 4 F 3
Biak 147, F 4
Białystok 115, G 2
Biarritz 109, C 6
Biberach 118, F/G 2
Bibione 119, J/K 5
Biel (Bienne) 118, D 3
Bielefeld 114, D 2
Bieler See 118, D 3
Biella 118, E 5
Bienne = Biel 118, D 3
Bigelbach 48, D 2
Bigonville 48, B 2
Bihać 119, M 6
Bijsk 134, J 4
Bikaner 152, D 4
Bikin 137, O 5
Bikini-Atoll 184, 1 G 3
Bila-Zerkwa 130, D 4
Bilbao (Bilbo) 122, C 3
Bilbo = Bilbao 122, C 3
Bilibino 137, R 3
Billings 200, C 2
Bilma 180, E 4
Bilsdorf 48, B 2
Bima-Raba 146, D 4
Bingöl 127, H 4
Binsfeld 48, C 1
Bintulu 146, D 3
Biograd 119, M 7
Bioko 182, B 2
Bir Mogreïn 180, B 3
Birao 181, F 4
Birdum 147, F 5
Birjand 161, F 5
Birkelt 48, D 2
Birma = Myanmar 141, 4 F 3
Birmingham (Großbritannien) 108, C 3
Birmingham (USA) 201, F 3
Birnin Kebbi 180, D 4
Birobidshan 135, O 5
Birougouberge 182, C 3
Birsk 131, K 3
Bischofshofen 119, J/K 3
Bishkek 160, H 4
Bisho 182, D 6
Biskra 180, D 2
Bismarck 200, D/E 2
Bismarck-Archipel 147, G/H 4
Bismarcksee 147, G/H 4
Bissagos-Inseln 180, B 4
Bissau 180, B 4
Bissen 49, C 2
Bitburg 112, F 5
Bitola 126, C 3
Bitterrootkette 200, C 2
Bivange 49, C 3
Bivels 48, C 2
Biwer 49, D 3
Biwisch 48, B 1
Bizerte 180, D 2
Bjaresina = Beresina 130, D 3
Bjelaja 131, K 3
Bjelomorsk 134, D 3
Bjeloserssk 130, F 2
Bjelucha 134, J 5
Black Hills 200, D 2
Blackpool 106, D 4
Blackwater 186, 1 D 3
Blagoweschtschensk 135, N 4 – O 5
Blanc-Sablon 199, P 4
Blanca Peak 200, D 3
Blangy 112, A 5
Blantyre 183, E 4
Blaschette 49, C 3
Blauer Nil (Äthiopien, Abbai) 181, G 4
Blauer Nil (Sudan, Bahr al-Azraq) 181, G 4
Bled 119, L 4
Blees 48, C 2
Blida 180, D 2
Blitta 166, C 5
Bloemfontein 182, D 5
Blois 109, D 5
Bluefields 203, F 5
Blumenau 213, E 5
Blumenthal 49, D 3
Bo 180, B 5
Boa Vista 212, C 2
Bobigny 112, B 6
Bobo Dioulasso 180, C 4
Bôca do Acre 212, C 3
Bocholt 112, F 3
Bochum 112, G 3
Bockholtz 48, C 1
Bodaibo 135, M 4
Bodelé 180, E 4
Boden 104, G 3
Bodensee 118, F 3
Bodø 104, E 3
Bodrum 126, D 4
Boende 182, D 3
Bœur 48, B 1
Boevange 48, B 1
Boevange-sur-Attert 49, C 2
Bofferdange 49, C 3
Bogor 146, C 4
Bogotá 212, B 2
Boise 200, C 2
Boknafjord 105, C 5
Boksitogorsk 136, D 4
Bol 166, D 4
Bolivien 191, 4 G 6
Bollendorf-Pont 48, D 2
Bologna 119, H 6
Bolscherezk 135, Q 4
Bolschewik-Insel 135, L/M 2
Bolu 127, E 3
Bolzano = Bozen 119, H 4
Boma 182, C 3
Bombay (Mumbai) 152, D 5
Bon Pays 49, B – C 3
Bonaire 201, H 5
Bongor 166, D 4
Bonifacio 123, F 3
Bonin-Inseln 147, G 1
Bonn 112, F/G 4
Bonna (Bonn) 54, 1 B 3
Bonnal 48, B 2
Bontang 146, D 3
Boosaaso (Bender Qasim) 181, H 4
Boothia-Halbinsel 199, L 2
Bor (Serbien) 126, C 2
Bor (Sudan) 181, G 5
Bora Bora 185, 1 L 6
Borås 105, E 5
Borbetomagus (Worms) 54, 1 B 4
Bordeaux 109, C 5
Borðeyri 104, B 1
Borgarnes 104, B 1
Børgefjell 104, E 3
Borisoglebsk 131, G 4
Borkou 180, E 4
Borkum 112, F 1
Borlänge 107, H 2
Bormida 118, E 6
Bormio 118, G 4
Born 49, D – E 2
Borneo (Kalimantan) 146, D 3
Bornholm 105, E 6
Borsja 135, M 4
Bosnien und Herzegowina 93, 5 G 4
Bosporus 126, E 3
Bossangoa 180, E 5
Boston 201, G/H 2
Botlich 127, J 3
Botoşani 115, H 4
Botrange 112, F 4
Botsuana 171, 3 D 5
Bottnischer Meerbusen 104, F 4 – G 3
Bou Saâda 122, E 5
Bouaké 180, C 5
Bouar 180, E 5
Bouarfa 166, B 2
Boudler 49, D 3
Boudlerbach 49, D 3
Bougainville 147, H 4
Bougtob 122, D 5
Boujdour (Bu Jaydur) 180, B 3
Boulaide 48, B 2
Boulogne-sur-Mer 112, A 4
Bounty-Inseln 184, 1 H 9
Bour 49, C 3
Bourem 180, C 4
Bourg-en-Bresse 118, B 4
Bourges 109, D 5
Bourglinster 49, C 3
Bourgoin-Jallieu 118, B 5
Bourke 184, 1 E 8
Bourscheid 48, C 2
Bous 49, D 3
Bouvet-Insel 7, 1 K 8
Bowanenko 136, G 3
Bowen 186, 1 D 3
Boxhorn 48, B 1
Boxtel 112, E 3
Bozen (Bolzano) 119, H 4
Brabant 112, D/E 4
Brachtenbach 48, B 1
Bradano 123, H 3
Braga 122, A 3
Brahmaputra 152, F 4
Brăila 115, H 4
Brandberg 182, C 5
Brandenbourg 48, C 2
Brasília 212, E 4

Brasilianisches Becken 6, 1 H 6
Brasilianisches Bergland 6, 1 G 7
Brasilien 191, 4 G 6
Braşov = Kronstadt 115, H 4
Bratislava (hist. Preßburg) 119, O 2
Bratsk 135, L 4
Brattert 48, B 2
Braunschweig 114, D 2
Brazzaville 182, C 3
Břeclav = Lundenburg 119, N 2
Breda 112, D 3
Breg 118, E 2 – 3
Bregenzer Wald 118, F 3
Breidafjord 104, B 1
Breidfeld 48, C 1
Breidweiler 49, D 2
Breinertknupp 49, D 3
Bremen 114, D 2
Bremerhaven 114, D 2
Brenner 119, H 3
Brent 106, E 2
Brenta 119, H 5
Brescia 118, G 5
Breslau (Wrocław) 114, F 3
Bressanone = Brixen 119, H 4
Brest (Frankreich) 109, B 4
Brest (Weißrussland) 130, B 3
Bretagne 109, C 4
Breuil-Cervina 118, D 5
Bria 181, F 5
Briançon 118, C 6
Bridel 49, C 3
Bridgetown 201, J 5
Brie 112, B 6
Brienz 118, D/E 4
Brienzer See 118, D 4
Brig 118, D 4
Brigach 118, E 2 – 3
Brigantinum (Bregenz) 54, 1 C 5
Brighton 108, C/D 4
Brignoles 118, C 7
Brijuni (Brioni) 119, K 6
Brindisi 123, H 3
Brioni = Brijuni 119, K 6
Brisbane 184, 1 F 7
Bristol 108, C 4
Bristolkanal 108, B 4
Britische Inseln 7, 1 J 3
British Columbia 198, H 4
Brive 109, D 5
Brixen (Bressanone) 119, H 4
Brjansk 130, E 3
Brno = Brünn 114, F 3
Broderbour 48, C 2
Broken Hill 184, 1 D 8
Brokopondo 214, D 2
Bromberg (Bydgoszcz) 114, F 2
Brookskette 198, D 3 – F 3
Broome 146, E 5
Brouch (bei Graulinster) 49, D 3
Brouch (bei Saeul) 49, C 3
Bruck an der Mur 119, M 3
Brügge (Brugge) 112, C 3
Brugge = Brügge 112, C 3
Brunei 141, 4 G 4
Brünn (Brno) 114, F 3
Brüssel (Bruxelles) 112, D 4
Bruxelles = Brüssel 112, D 4
Bu Jaydur = Boujdour 180, B 3
Bucaramanga 212, B 2
Buchanan 180, B 5
Buchara 160, G 5
Bucht von Benin 180, D 5
Bucht von Bonny 182, B 2
Bucht von Mangyschlak 131, J 5
Bucureşti = Bukarest 115, H 4
Budapest 115, F/G 4
Budersberg 49, C 4
Buderscheid 48, B 2
Budweis (České Budějovice) 114, E 3
Buenaventura 212, B 2
Buenos Aires 213, C/D 6
Buergplaz 48, C 1
Buffalo 201, G 2
Bug 130, B 4
Bui 131, G 2
Buinaksk 127, J 3
Bujumbura 182, D 3
Bukama 182, D 3
Bukarest (Bucureşti) 115, H 4
Bukavu 182, D 3
Bukowina 130, C 4
Bulawayo 182, D 5
Bulgarien 93, 5 H 4
Bumba 182, D 2
Bunbury 186, 1 A 4
Bunguran-Inseln = Natuna-Besar-Inseln 146, C 3
Burange 49, C 4
Buraydah 161, E 6
Burco 181, H 5
Burden 48, C 2
Buret 48, B 1
Burgas 126, D 3
Burgenland 119, N 3
Burgos 122, B/C 3
Burgund 114, B 4
Burkina Faso (Obervolta) 171, 3 B 3
Burmerange 49, D 4
Burnie 186, 1 D 5
Burrundie 147, F 5
Bursa 126, E 3
Buru 146, E 4
Burundi 171, 3 D 4
Busan 153, J/K 3
Buschberg 119, N 2
Buschdorf 49, B – C 2
Buschrodt 48, B 2
Busto Arsizio 118, E 5
Busuluk 131, K 3
Buta 182, D 2
Butembo 182, D 2
Butte 200, C 2
Butuan 146, E 3
Büyük Menderes (Mäander) 126, E 4
Buzău 115, H 4
Bydgoszcz = Bromberg 114, F 2
Bylot-Insel 199, N 2
Byrrangagebirge 135, K/L 2
Bytom = Beuthen 115, F 3
Byzantion 86, 1 E 2

C

Cabinda 182, C 3
Cabotstraße 199, O/P 5
Cáceres 122, B 4
Cádiz 122, B 4
Caen 109, C 4
Cagayan de Oro 146, E 3
Cagliari 123, F 4
Caguán 212, B 2
Cahora Bassa 183, E 4
Caicos-Inseln 201, G/H 4
Cairns 147, G 5
Cajamarca 212, B 3
Calais 112, A 4
Calama 213, C 5
Caldera 215, B 5
Calgary 198, J 4
Cali 212, B 2
Calicut (Kozhikode) 152, D 5
Callao 212, B 4
Calmus 49, B 3
Caluula 181, J 4
Calvi 123, F 3
Calvinia 182, C/D 6
Camagüey 201, G 4
Camargue 118, A 7
Cambodunum (Kempten) 54, 1 C 5
Cambrai 112, C 4
Cambrian Mountains 108, B/C 4
Cambridge 108, C/D 3
Cambridge Bay 42, 1 P 2
Camocim 214, E 3
Campbell-Insel 184, 1 G 10
Campeche 201, E 5
Campina Grande 212, F 3
Campinas 213, E 5
Campo Grande 213, D 5
Campos 213, E/F 5
Canach 49, D 3
Canal du Centre 118, A 4
Canazei = Cianacei 119, H 4
Canberra 184, 1 E 8
Canche 112, B 4
Cancún 201, F 4
Cangzhou 153, H 3
Caniapiscau 199, O 4
Cannae 123, H 3
Cannes 109, E 6
Canossa 118, G 6
Cantwell 198, F 3
Canumã 212, D 3
Cáorle 119, J 5
Cap 49, B 3
Cap-Haïtien 201, G 5
Cape Coast 180, C 5
Cape Dorset 199, N 3
Cape Town = Kapstadt 182, C 6
Capellen 49, B 3
Capri 123, G 3
Caquetá 212, B 3
Caracas 212, C 2
Carajás 212, D 3
Carcassonne 109, D 6
Cardiff 108, C 4
Carelshaff 48, C 2
Cargados-Carajos-Inseln 183, G 4
Caribouberge 198, J 4
Carlisle 108, C 3
Carnarvon 184, 1 B 7
Caroline-Insel = Millennium-Insel 185, 1 L 5
Carpentariagolf 147, F 5
Carpentras 118, B 6
Carrara 118, F/G 6
Carrauntoohil 108, A 4
Carson City 200, C 3
Cartagena (Kolumbien) 212, B 1
Cartagena (Spanien) 122, C 4
Cartema 86, 1 C 3
Carthago 86, 1 C 3
Caruaru 212, F 3
Casablanca 180, B/C 2
Casale Monferrato 118, E 5
Cascavel 213, D 5
Casper 200, D 2
Cassai 182, D 3
Cassel 112, B 4
Cassinga 182, C 4
Castellane 118, C 7
Castelló de la Plana = Castellón 122, C/D 4
Castellón (Castelló de la Plana) 122, C/D 4
Castra Batava (Passau) 54, 1 E 4
Castra Regina (Regensburg) 54, 1 E 4
Castries 201, H 5
Castro 215, B 7
Cat 201, G 4
Catamarca 213, C 5
Catania 123, G 4
Cauca 212, B 2
Cauvery 152, D 5
Cavaillon 118, B 7
Cavalese 119, H 4
Cavally 180, C 5
Caxito 182, C 3
Cayambe 212, B 3
Cayenne 212, D 2
Cayman-Inseln 201, F 5
Ceará 212, E/F 3
Cebu 146, E 2
Cecina 118, G 7
Celebes = Sulawesi 146, D/E 4
Celebessee 146, E 3
Celje 119, M 4
Cerf 183, G 3
Cerro Bolívar 212, C 2
Cerro de Pasco 212, B 4
Cerro el Libertador 213, C 5
Cerros Tres Picos 213, C 6
Cesena 119, J 6
Cesenatico 119, J 6
České Budějovice = Budweis 114, E 3
Çesme 126, D 4
Ceuta 122, B 5
Cevennen 109, D 6 – E 5
Ceyhan 127, F 4
Chabahar 161, F/G 6
Chabarowsk 135, O 5
Chalcedon 86, 1 E 2
Chalkida 126, C/D 4
Chalkidike 126, C 3
Chalon-sur-Saône 109, E 5
Châlons-en-Champagne 112, D 6
Chaman 152, C 3
Champal 152, D 4
Chambéry 118, B 5
Chamonix 118, C/D 5
Champagne 109, D 4
Chan-Chan 212, B 3
Chandigarh 152, D 3
Chandrapur 158, 1 C 4
Chandyga 135, O 3
Changaigebirge 152, F 2
Changchun 153, J 2
Changde 153, G 4
Changjiang 155, 1 E 5
Changsha 153, H 4
Changzhou 153, H 3
Chania 126, C/D 5
Chankasee 135, O 5
Channel-Port-aux-Basques 199, P 5
Chanthaburi 146, C 2
Chanty-Mansijsk 134, G 3
Char Choto 152, G 2
Chari 180, E 4
Charkiw 130, F 4
Charleroi 112, D 4
Charleston (USA, South Carolina) 201, F/G 3
Charleston (USA, West Virginia) 201, F 3
Charleville 186, 1 D 3
Charleville-Mézières 112, D 5
Charlotte 201, F/G 3
Charlottetown 199, O 5
Charolais 118, A 4
Chasawjurt 127, J 3
Chasseral 118, C/D 3
Chasseron 118, C 4
Chatanga 135, L 2
Châteauroux 109, D 5
Châtelet 112, D 4
Chatham-Inseln 184, 1 H 9
Châtillon-sur-Seine 118, A 3
Chattagam = Chittagong 152, E 4
Chattanooga 201, F 3
Chauk 148, 1 B 1
Chaumont 118, B 2
Chaury 112, B 5
Cheb = Eger 114, E 3
Cheliff 122, D 4
Chemnitz 114, E 3
Chengde 155, 1 F 2
Chengdu 152, G 3
Chennai = Madras 152, E 5
Chenzhou 155, F 4
Cheonju 153, J 3
Cherbourg-Octeville 109, C 4
Cherson 130, E 5
Chersonesus 86, 1 E 2
Chesapeakebai 201, G 3
Chesterfield-Inseln 184, 1 F 6
Cheta 135, K 2
Chetumal 201, E/F 5
Cheyenne 200, D 2
Chiang Mai 146, B/C 2
Chiange 182, C 4
Chiavari 118, F 6
Chiavenna 118, F 4
Chiba 151, 5 G 6
Chicago 201, E/F 2
Chichén Itza 201, F 4
Chiclayo 212, A/B 3
Chicoutimi 203, G 2
Chiemsee 119, J 3
Chienti 119, K 7
Chiers 49, B 3
Chiese 118, G 5
Chifeng 153, H 2
Chihuahua 200, D 4
Chile 191, 4 G 7
Chilebecken 6, 1 E 7
Chilenische Schwelle 6, 1 D 7
Chillán 213, B 6
Chiloé 213, B 7
Chilok 135, M 4
Chilwasee 183, E 4
Chimay 112, D 4
Chimborazo 212, A/B 3
Chimbote 212, A 3
Chimoio 183, E 4
China 141, 4 F 3
Chincha Alta 212, B 4
Chindwin 152, F 4
Chingola 182, D 4
Chioggia 119, J 5
Chios 126, D 4
Chipata 183, E 4
Chiriquí 201, F 6
Chirripó 201, F 6
Chişinău (Kischinau) 115, J 4
Chittagong (Chattagam) 152, E 4
Chmelnizkij 130, C 4
Choiseul 147, H 4
Chojna = Königsberg (Polen) 49, K 3
Cholet 116, C 4
Cholmsk 135, O/P 5
Choma 182, D 4
Chongjin 153, J 2
Chongqing 153, G 4
Chonos-Archipel 213, B 7
Choper 131, G 4
Chovd 152, F 2
Chövsgöl Nuur 152, G 1
Christchurch 184, 1 H 9
Christmas-Insel (Australien) 146, C 5
Christmas-Insel = Kiritimati 185, 1 L 4
Christnach 49, D 2
Chromtau 136, F 5
Chubut 213, C 7
Chudshand 160, G/H 5
Chugachberge 198, F 3
Chugokugebirge 151, 5 C 6
Chuquicamata 214, C 5
Chur 118, F 4
Churchill 199, L 4
Churchill (Fluss) 198, K 4
Chuuk-Inseln 147, H 3
Cianacei (Canazei) 119, H 4
Cide 127, F 3
Cienfuegos 201, F/G 4
Cilacap 146, C 4
Cilegon 146, C 4
Cima Presanella 118, G 4
Cincinnati 201, F 3
Ciney 112, E 4
Cinqfontaines 48, C 1
Čir 131, G 4
Cirebon 146, C 4
Ciskei 182, D 6
Citlaltépetl 200, E 5
Ciudad Bolívar 212, C 2
Ciudad Guayana 212, C/D 2
Ciudad Juárez 200, D 3
Ciudad Obregon 202, C 4
Ciudad Piar 212, C 2
Ciudad Real 122, B/C 4

Ciudad Victoria 200, E 4
Cizre 127, H 4
Cıldırsee 127, H 3
Claireküste 43, 4 G 2
Clairvaux 118, A 2
Clarenna (Cannstatt) 54, 1 C 4
Clarionstufe 6, 1 C 5
Claymore 106, E 3
Clemency 49, B 3
Clermont 112, B 5
Clermont-Ferrand 109, D 5
Clervaux 48, C 1
Clerve 48, B 1
Cleveland 201, F 2
Clipperton-Insel 200, C/D 5
Clippertonstufe 6, 1 C 5
Cloncurry 184, 1 E 7
Cluj-Napoca = Klausenburg 115, G/H 4
Clunia (Feldkirchen) 54, 1 C 5
Cluny 118, A 4
Coari 212, C 3
Coatsland 43, 4 R 2
Coatzacoalcos 201, E 5
Cobalt 203, G 2
Cobar 186, 1 D 4
Cochabamba 212, C 4
Cochem 112, F/G 4
Cochin 152, D 6
Cochrane 199, M 5
Coëtivy 183, G 3
Coevorden 112, F/G 2
Cognac 109, C 5
Coimbatore 152, D 5
Coimbra 122, A 3
Col de l'Iseran 118, C/D 5
Col de la Bonette 118, C/D 6
Col de Larche 118, C/D 6
Colatina 212, E 4
Colbette 49, D 2
Colline Kneiff 48, C 1
Colmar (Luxembourg) 48, C 2
Colombo 152, D 6
Colón 201, F 6
Colonia 147, F 3
Colonia Claudia Ara Agrippinensium (Köln) 54, 1 B 3
Colorado (Bundesstaat) 200, D 3
Colorado (Fluss, Argentinien) 213, C 6
Colorado (Fluss, USA) 200, D 3
Colorado Springs 202, D 3
Colpach-Bas 49, B 2
Colpach-Haut 49, B 2
Columbia (Fluss) 198, J 5
Columbia (USA, South Carolina) 201, F/G 3
Columbus (USA, Georgia) 201, F 3
Columbus (USA, Ohio) 201, F 3
Comacchio 119, J 6
Comer See 118, F 4
Como 118, F 5
Comodoro Rivadavia 213, C 7
Comoé 180, C 5
Compiègne 112, B/C 5
Conakry 180, B 5
Concepción (Chile) 213, B/C 6
Concepción (Paraguay) 213, D 5
Concord 201, G/H 2
Concordia 213, C/D 6
Confluentes (Koblenz) 54, 1 B 3
Connecticut (Bundesstaat) 201, G 2
Consdorf 49, D 2
Constanța = Konstanza 115, J 4
Constantia (Konstanz) 54, 1 C 5
Constantine (Qacentina) 180, D 2
Consthum 48, C 2
Contern 49, C 3
Cook-Inseln 185, 1 K 6
Cook-Straße 184, 1 H 9
Cooktown 147, G 5
Coolgardie 186, 1 A 4
Cooma 186, 1 D 4
Cooper Creek 184, 1 E 7
Copán 201, F 5
Copiapó 213, B 5
Coppermine 198, J 3
Coquimbo 213, B 6
Corbie 112, B 5
Corcaigh = Cork 108, A 4
Corcovadogolf 213, B 7
Córdoba (Argentinien) 213, C 6
Córdoba (Spanien) 122, B 4
Cork (Corcaigh) 108, A 4
Çorlu 126, D/E 3
Corner Brook 199, O 5
Cornwall 108, B 4
Coropuna 212, B 4
Corpus Christi 200, E 4
Corrientes 213, D 5
Cortina d'Ampezzo 119, J 4
Çoruh 127, H 3
Çorum 127, F 3
Corumbá 212, D 4
Cosenza 123, G/H 4
Cosmoledo 183, F 3
Costa Blanca 122, C/D 4
Costa Brava 122, D 3
Costa del Sol 122, B/C 4
Costa Dorada 128, D 3
Costa Rica 191, 4 F 5
Costa Smeralda 123, F 3
Cotabato 146, E 3
Côte d'Azur 109, E 6
Côte d'Ivoire 171, 3 B 3
Côte d'Or 118, A 3/4
Cotonou 180, D 5
Cotopaxi 212, B 3
Cottbus 114, E 3
Cottische Alpen 118, C 6
Courcelles 112, D 4
Courchevel 118, C 5
Couvin 112, D 4
Coveñas 214, B 2
Craiova 115, G 4
Crans-Montana 118, D 4
Crau 118, A 7
Crauthem 49, C 3
Crécy-en-Brie 112, B/C 6
Creil 112, B 5
Cremona 118, G 5
Crendal 48, B 1
Cres 119, L 6
Cres (Insel) 119, L 6
Crêt de la Neige 118, B/C 4
Criciúma 213, E 5
Crikvenica 119, L 5
Crişul Alb 115, G 4
Croce di Pratomagno 119, H 7
Crotone 123, H 4
Crozet-Inseln 25, 1 M 7
Cruchten 49, C 2
Cruzeiro do Sul 212, B 3
Cuamba 183, E 4
Cuango 182, C 3
Cuanza 182, C 3
Cubango 182, C 4
Cúcuta 212, B 2
Cuddalore 158, 1 C 4
Cuenca (Bolivien) 212, B 3
Cuenca (Spanien) 122, C 3
Cuiabá 212, D 4
Cuito 182, C 4
Culiacán 200, D 4
Cumana 212, C 1
Cuneo 118, D 6
Cunnamulla 186, 1 D 3
Curaçao 201, H 5
Curcubăta 115, G 4
Curia (Chur) 54, 1 C 5
Curitiba 213, E 5
Cuttack 152, E 4
Cuxhaven 114, D 2
Cuzco 212, B 4
Cyrenaika 181, F 2
Częstochowa = Tschenstochau 115, F/G 3

D

D.C. (District of Columbia) 201, G 3
D'Entrecasteaux-Inseln 147, H 4
Da Lat 146, C 2
Da Nang 146, C/D 2
Daba Shan 153, G/H 3
Dabola 166, A 4
Daegu 153, J 3
Daejeon 153, J 3
Dagö (Hiiumaa) 105, G 5
Dahl 48, B 2
Dahlak-Archipel 181, H 4
Dahlem 49, B 3
Dahuk 127, H 4
Daito-Inseln 153, K 4
Dakar 180, B 4
Dakhla-Oasen 181, F 3
Dalälven 105, F 4
Dalan-Dzadgad 152, G 2
Dalarna 104, E 4
Dalheim 49, D 3
Dalian 153, J 3
Dallas 200, E 3
Dalmatien 119, M 6
Dalmatinische Inseln 126, A 2 – B 3
Dalnegorsk 135, O 5
Daloa 180, C 5
Daly Waters 147, F 5
Damanhur 181, F/G 2
Damaraland 182, C 5
Damaskus 161, D 5
Damaturu 180, E 4
Dammastock 118, E 4
Dampier 184, 1 B 7
Dan 106, F 4
Dandong 153, J 2
Dänemark 93, 5 F 3
Dänemarkstraße 199, R 3 – T 3
Dangori 152, F 4
Danilow 131, G 2
Danubius (Donau) 54, 1 E 4
Danzig (Gdańsk) 114, F 2
Daqing 155, 1 G 2
Dar as-Salam = Daressalam 183, E/F 3
Darchan 152, G 2
Daressalam (Dar as-Salam) 183, E/F 3
Darfur 181, F 4
Darling 184, 1 E 8
Darling (Fluss) 147, G 3
Darlingebene 184, 1 E 7
Darlingkette 184, 1 B 7
Daru 147, G 4
Darwin 147, E/F 5
Dashoguz 160, F 4
Dasht e Kavir = Große Salzwüste 161, F 5
Datong 153, H 3
Datschawa 129, H 2
Daua 181, H 5
Daugavpils 105, H 5
Dauphiné-Alpen 118, C 5 – C 6
Davao 146, E 3
Davis 43, 4 D 2
Davissee 43, 4 E 2
Davisstraße 199, P 3
Davos 118, F 4
Dawson 198, G 3
Dawson Creek 198, H 4
Dayr az-Zawr 127, G/H 5
Dayu 154, 1 E 4
De Aar 182, D 6
De Panne 112, B 3
Debauch Mountain 198, D/E 3
Debre Markos 181, G/H 4
Debrecen 115, G 4
Dédougou 180, C 4
Deiffelt 48, B 1
Deinze 112, C 4
Dekkan 152, D 5
Delaware 201, G 3
Delémont 118, D 3
Delft 112, D 3
Delfzijl 112, F 1
Delhi (Dilli) 152, D 4
Dellen 48, B 2
Delphi 126, C 4
Dema 131, K 3
Demawend 161, F 5
Demer 112, D 4
Demokratische Republik Kongo 182, D 3
Dempo 146, C 4
Den Burg 112, D 1
Den Haag (,s-Gravenhage) 112, C/D 2
Den Helder 112, D 2
Denain 112, C 4
Dendermonde 112, D 3
Deniliquin 186, 1 D 4
Denizli 126, E 4
Denpasar 146, D 4
Denver 200, D 3
Der Kanal 109, B/C 4
Derby (Australien) 146, E 5
Derby (Großbritannien) 106, D 4
Derenbach 48, B 1
Derry (Londonderry) 108, B 3
Des Moines 201, E 2
Dese 181, G 4
Desna 130, E 3
Detroit 201, F 2
Deutschland 93, 5 F 3
Deva 115, G 4
Deventer 112, F 2
Devodi Munda 152, E 5
Devon-Insel 199, L 2
Dhaka 152, E 4
Dhaulagiri 152, E 4
Dhofar 161, F 7
Diamantina 212, E 4
Diamantina (Fluss) 184, 1 D 7
Diamantino 212, D 4
Dibrugarh 152, F 4
Dickweiler 49, D 2
Die 118, B 6
Diego Garcia 25, 1 N 5
Diekirch 48, C 2
Dieppe 109, D 4
Diest 112, E 3/4
Differdange 49, B 3
Digboi 148, 1 B 1
Digne 118, C 6
Dijon 109, E 5
Diksmuide 112, B/C 3
Dikson 134, J 2
Dili 146, E 4
Dilli = Delhi 152, D 4
Dillingen 48, D 2
Dimitrovgrad 131, J 3
Dinant 112, D 4
Dinard/Saint-Malo 116, C 3
Dinarisches Gebirge 126, A 2 – B 3
Dioskurias 86, 1 G 2
Dippach 49, B 3
Dirbach 48, C 2
Dire Dawa 181, H 5
Dirschau (Tczew) 115, F 2
Disko-Insel 199, P 3
Diskobai 199, P 3
Divodurum (Metz) 54, 1 B 4
Diyala 127, J 5
Diyarbakır 127, G/H 4
Djado 180, E 3
Djadoplateau 180, E 3
Djanet 180, D 3
Djebel Chélia 123, E 5
Djebel Foua 123, E/F 5
Djelfa 180, D 2
Djerba 180, E 2
Dnipro 130, D 4
Dniprodsershynsk 130, E 4
Dniprodsershynsker Stausee 130, E 4
Dnipropetrowsk 130, E 4
Dnister 130, C 4
Dnjepr 130, E 3
Dobbiaco = Toblach 119, J 4
Dobrič 126, D 3
Dobrudscha 115, H 5 – J 4
Dodge City 202, D 3
Dodoma 183, E 3
Doennange 48, B 1
Doetinchem 112, F 3
Doggerbank 114, B 2
Doha (Ad-Dawhah) 161, F 6
Dokdo/Takeshima 153, K 3
Dokkum 112, E/F 1
Dole 118, B 3
Dollart 112, G 1
Dolo 181, H 5
Dolomiten 119, H/J 4
Dombasle 118, C 2
Dombes 118, A 4
Dominica 191, 4 G 5
Dominikanische Republik 191, 4 G 4
Domodossola 118, E 4
Domrémy-la-Pucelle 118, B 2
Don 131, G 4
Donau 118, F 2
Donau (Duna) 114, D 3
Donaudelta 115, J 4
Donaueschingen 118, E 3
Donauwörth 118, G 2
Doncols 48, B 2
Dondelange 49, C 3
Dondo 182, C 3
Donegalbai 108, A 3
Donez 130, F 4
Donezk 130, F 5
Donezkbecken 129, L 2
Donggala 149, 2 D 4
Dongsha (Pratas) 153, H 4
Dongting-Hu 153, H 4
Donnerpass 200, B 3
Donostia-San Sebastián 122, C 3
Dora Baltea 118, D 5
Dora Riparia 118, D 5
Dordogne 109, D 5
Dordrecht 112, D 3
Dori 180, C 4
Dornbirn 118, F 3
Dorpat = Tartu 105, H 5
Dorscheid 48, C 1
Dortmund 112, G 3
Dortmund-Ems-Kanal 112, G 2
Douai 112, C 4
Douala 180, D 5
Doubs 118, C 4
Douglas 108, B/C 3
Dourados 213, D 5
Douro 122, B 3
Dover (Großbritannien) 114, B 3
Dover (USA) 201, G 3
Dovrefjell 104, D 4
Drachten 112, F 1
Draguignan 118, C 7
Drakensberge 182, D 6
Drakestraße 213, B/C 8
Drammen 105, D 5
Drau (Drava) 119, L 4
Drauffelt 48, B – C 1
Draugen 106, F 1
Draupner 106, E 3
Drava = Drau 119, L 4
Dreiborn 49, D 3
Dresden 114, E 3
Drin 126, C 3
Drina 126, B 2
Drinklange 48, C 1
Drobeta-Turnu Severin 115, G 4
Drushina 135, P 3
Drygalski-Insel 43, 4 E 2
Dschibuti 181, H 4
Dschibuti (Staat) 171, 3 E 3
Dsershinsk 131, G 2
Dshalinda 155, 1 G 1
Dshankoi 127, F 2

Dshugdshurgebirge 135, O 4
Dsungarei 152, E 2
Dsungarische Pforte 152, E 2
Dubai 161, F 6
Dubăsary 130, D 5
Dubbo 186, 1 D 4
Dublin (Baile Atha Cliath) 108, B 3
Dubrovnik 126, B 3
Dudelange 49, C 4
Dudinka 137, J 3
Duero 122, C 3
Dufekmassiv 43, 4 Q 1
Dufourspitze 118, D/E 5
Dugi Otok 119, L 7
Duisburg 112, F 3
Dukat 137, Q 3
Duklapass 115, G 3
Dulce 213, C 5
Duluth 201, E 2
Duma 127, G 5
Dumaguete 146, E 3
Dumai 148, 1 C 3
Düna 105, H 5
Duna = Donau 114, D 3
Dunajská Streda 119, O 3
Dunaújváros 117, H 4
Dundalk 108, B 3
Dundas 199, N/O 2
Dundee 108, C 2
Dunderland 104, E 3
Dunedin 184, 1 H 9
Dunkerque = Dünkirchen 112, B 3
Dünkirchen (Dunkerque) 112, B 3
Durance 118, B 6
Durban 183, E 5
Düren 112, F 4
Durgapur 152, E 4
Durham 203, G 3
Durrës 126, B 3
Dushanbe 161, G 5
Düsseldorf 112, F 3
Duyun 155, 1 E 4
Dych-Tau 127, H 3

E

East London 182, D 6
East Texas 203, E 3
Ebolowa 182, C 2
Ebro 122, C 3
Ech Chéliff 122, D 4
Echternach 48, D 2
Ecrins 109, E 5
Ecuador 191, 4 F 6
Edam-Volendam 112, E 2
Ede 112, E 2
Edeyin Awbari 180, E 3
Edeyin Marzuq 180, E 3
Edinburgh 108, C 3
Edirne 126, D 3
Edith-Ronne-Land 43, 4 O 2
Edjeleh 180, D 3
Edmonton 198, J 4
Edolo 118, G 4
Eduard VII.-Halbinsel 43, 4 L 2
Eger (Ungarn) 115, G 4
Eglab 180, C 3
Eğridirsee 126, E 4
Ehlange 49, C 3
Ehlerange 49, B 3
Ehnen 49, D 3
Eifel 112, F/G 4
Eindhoven 112, E 3
Einödriegel 119, K 2
Einsiedeln 118, E 3
Eirunepé 212, B 3
Eisack (Isarco) 119, H 4
Eisch 49, B 3
Eischen 49, B 3
Eisenborn 49, C 3
Eisenerz 119, L 3
Eisenerzer Alpen 119, L 3
Eisenstadt 119, N 3
Eiskap = Kap Shelanija 134, G 2
Ekibastus 160, H 3
Ekofisk 106, E 3
El Araich (Larache) 122, B 5
El Arenal 122, D 4
El Cardón 214, B 1
El Eulma 122, E 5
El Jadida (Mazagan) 122, A 5
El Meheiriga 129, H 6
El Paso 200, D 3
El Qatrun 166, D 3
El Salvador 191, 4 E 5
El Turbio 213, B 8
El-Aaiún 180, B 3
El-Alamein 181, F 2
El-Borma 128, E 5
El-Faiyum 181, F/G 3
El-Fasher 181, F/G 4
El-Geneina (Al-Junaynah) 181, F 4
El-Golea 180, D 2
El-Kharga 181, F/G 3
El-Mansura 181, G 2
El-Minya 181, F/G 3
El-Obeid (Al-Ubayyid) 181, F/G 4
el-Rharsa 123, F 5
Elat 161, D 6
Elâzığ 127, G 4
Elba 123, F 3
Elbasan 126, B/C 3
Elbe 114, D 2
Elbe (Labe) 114, E 3
Elbing (Elbląg) 115, F/G 2
Elbląg = Elbing 115, F/G 2
Elbrus 160, E 4
Elburs 161, E 5
Elche (Elx) 122, C 4
Eldikan 135, O 3
Eldoret 183, E 2
Elea 86, 1 D 3
Elektrostal 130, F 3
Eleuthera 201, G 4
Elfenbeinküste 180, C 5
Elgon 183, E 2
Elista 131, H 5
Ełk = Lyck 115, G 2
Ell 49, B 2
Ellange 49, D 3
Ellesmere-Insel 199, M 2 – N 1
Ellice-Inseln 184, 1 H 5
Ellsworthland 43, 4 O 2
Elsene = Ixelles 112, D 4
Elvange (bei Mondorf-les-Bains) 49, D 3
Elvange (bei Noerdange) 49, B 3
Elx = Elche 122, C 4
Emba 160, F 4
Embrun 118, C 6
Emden 112, G 1
Emden 114, C 2
Emerange 49, D 4
Emgajet 166, D 3
Emi Koussi 180, E 3
Emilia-Romagna 118, F 6 – J 6
Emmeloord 112, E 2
Emmental 118, D 3
Emmerich 112, F 3
Emporion 86, 1 C 2
Ems 112, G 1
Ems-Jade-Kanal 112, G 1
Emsland 112, G 2
Encarnacin 213, D 5
Ende 146, E 4
Enderbyland 43, 4 C 2
Engadin 118, F/G 4
Engels 131, H 4
England 108, D 3
Eniwetok-Atoll 184, 1 G 3
Enkhuizen 112, E 2
Ennedi 181, F 4
Enns 119, L 2
Enns (Fluss) 119, L 3
Enschede 112, F 2
Enscherange 48, B 1
Epe 112, E 2
Épernay 112, C 5
Ephesos 126, D 4
Epidamnos 86, 1 D 2
Épinal 109, E 4
Eppeldorf 48, C 2
Er Rif 180, C 2
Er-Rif 122, B 5
Erbeskopf 112, G 5
Erciyas dağı 127, F 4
Erding 119, H/J 2
Erechim 213, D 5
Ereğli 127, F 4
Erenhot 153, H 2
Eretria 86, 1 E 3
Erft 112, F 4
Erfurt 114, D 3
Erg Chech 180, C 3
Erg Iguidi 180, C 3
Ergene 126, D 3
Erie 201, F/G 2
Eriesee 201, F 2
Eritrea 171, 3 D 3
Ermsdorf 48, C 2
Ernster 49, C – D 3
Ernz Blanche 48, C 2
Ernzen 49, C 2
Erpeldange (bei Diekirch) 48, C 2
Erpeldange (bei Remich) 49, D 3
Erpeldange (bei Wiltz) 48, B 2
Ersange 49, D 3
Ertsberg 149, 1 E 4
Erzgebirge 114, E 3
Erzincan 127, G 4
Erzurum 127, H 4
Es-Sallum 181, F 2
Es-Semara 180, B 3
Esbjerg 105, C/D 6
Esch-sur-Alzette 49, B 3
Esch-sur-Sûre 48, B 2
Eschdorf 48, B 2
Eschette 48, B 2
Eschweiler (bei Graulinster) 49, D 3
Eschweiler (bei Wiltz) 48, B 2
Eselborn 48, B – C 1
Esino 119, K 7
Eskilstuna 105, F 5
Eskişehir 126, E 4
Esla 122, B 3
Esmeraldas 212, A/B 2
Esperance 184, 1 C 8
Espirito Santo 212, E 4
Espoo 105, G/H 4
Esquel 213, B 7
Essen 112, F/G 3
Esslingen 118, F 2
Estland 93, 5 H 3
Estoril 122, A 4
Étang de Berre 118, B 7
Étaples 112, A 4
Etorofu (Iturup) 135, P 5
Etoschapfanne 182, C 4
Etsch (Adige) 118, G 4
Ettelbruck 48, C 2
Euböa 126, C 4
Eucla 186, 1 B 4
Eupen 112, F 4
Euphrat 161, E 5
Eure 112, A 6
Eureka 199, M 2
Europa 7, 1 K 3
Europäisches Nordmeer 7, 1 J 2
Europäisches Raumfahrtzentrum Kourou 214, D 2
Evansville 201, F 3
Everglades 201, F 4
Everlange 49, B 2
Évora 122, B 4
Exeter 108, B/C 4
Extremadura 122, B 4
Eyl 181, H 5
Eyresee 184, 1 D 7

F

F.-D.-Roosevelt-Stausee 200, B 2
Fabriano 119, J/K 7
Fada 131, F 4
Faenza 119, H 6
Fairbanks 198, F 3
Faisalabad 152, D 3
Falkland-Inseln (Malwinen) 213, D 8
Falun 104, E 4
Famagusta 127, F 5
Fanning-Insel = Tabuaeran 185, 1 L 4
Fano 119, K 7
Farafra 181, F 3
Farah 161, G 5
Farasan-Inseln 161, E 7
Fargo 200, E 2
Faro 122, B 4
Färöer 108, B 1
Farquhar 183, G 4
Farquhargruppe 183, G 3
Fatima 128, B 4
Faxabucht 104, B 1
Faya 180, E 4
Feira de Santana 212, E/F 4
Feldbach 119, M 4
Feldberg 118, D/E 3
Feldkirch 118, F 3
Felsengebirge = Rocky Mountains 6, 1 C 2
Femundsee 104, D 4
Fennange 49, C 3
Fenoarivo 183, F/G 4
Fënsterdall 49, C 2
Fentange 49, C 3
Fergana 160, H 5
Fernando de Noronha 24, 1 H 5
Ferrara 123, F/G 2
Fès 180, C 2
Fessan 180, E 3
Fethiye 129, J 4
Feuerland (Tierra del Fuego) 213, B/C 8
Feulen 48, C 2
Fianarantsoa 183, F 5
Fidenza 118, F/G 6
Fidschi (Inseln) 7, 1 S 6
Fidschi (Staat) 25, 1 S 5
Fier 129, G 3
Filchner-Schelfeis 43, 4 Q 2
Filsdorf 49, C – D 3
Filyos Çayı 127, F 3
Finale Ligure 118, E 6
Findel 49, C 3
Fingig 49, B 3
Finnischer Meerbusen 105, G/H 5
Finnland 93, 5 H 3
Finnmark 104, G 2
Finsteraarhorn 118, D/E 4
Firenze = Florenz 123, F 3
Firth of Clyde 108, B 3
Firth of Forth 114, A 2
Firth of Lorne 108, B 2
Fischbach (bei Altlinster) 49, C 3
Fischbach (bei Clervaux) 48, C 1
Fischbacher Alpen 119, M 3
Fischerhalbinsel 104, K 2
Fischt 127, G 3
Fishguard 108, B 3
Fitzroy 184, 1 C 6
Fitzroy Crossing 146, E 5
Flandern 112, B 4 – C 3
Flaxweiler 49, D 3
Fléibur 48, C 2
Flensburg 114, D 2
Fleurus 112, D 4
Flevoland 112, E 2
Flims 118, F 4
Flin Flon 199, K/L 4
Flinders 184, 1 E 6
Flint 201, F 2
Flint-Insel 185, 1 L 6
Florenz (Firenze) 123, F 3
Flores 146, E 4
Florianópolis 213, E 5
Florida 201, F 4
Florida Keys 201, F/G 4
Floridastraße 201, F/G 4
Florø 104, C 4
Fly 147, G 4
Foetz 49, C 3
Foggia 123, G 3
Foinaven 106, C 2
Folkendange 48, C 2
Folkestone 108, D 4
Folschette 48, B 2
Fond de Heiderscheid (Heischtergronn) 48, B 2
Fontainebleau 109, D 4
Foret d'Anlier 46, A 2
Forlí 123, F 2
Formentera 122, D 4
Formosa 213, D 5
Formosastraße 153, H 4
Forsayth 186, 1 D 2
Fort Chimo = Kuujjuaq 199, O 4
Fort McMurray 198, J 4
Fort Nelson 198, H 4
Fort Reliance 198, K 3
Fort Schewtschenko 131, J 5
Fort Simpson 198, H 3
Fort William 106, C 3
Fort Worth 200, E 3
Fort Yukon 198, F 3
Fort-de-France 201, H/J 5
Fortaleza 212, F 3
Fos-Marseille 128, D 3
Fos-sur-Mer 109, E 6
Foshan 153, H 4
Fossano 118, D 6
Fouhren 48, C 2
Fourmies 112, C/D 4
Fouta Djalon 180, B 4
Foxebecken 199, N 3
Franceville (Masuku) 182, C 3
Francistown 182, D 5
Frankfort 201, F 3
Frankfurt 114, D 3
Frankfurt (Oder) 114, E 2
Frankreich 93, 5 E 4
Franz-Josef-Land 134, E 2 – G 2
Französisch-Guayana 212, D 2
Französisch-Polynesien 185, 1 L 7
Französische Kalkalpen 118, B 6/7
Französischer Jura 118, B 5 – C 4
Fraser 198, H 4
Freckeisen 49, C – D 2
Fredericia 106, G 4
Fredericton 199, O 5
Frederikshavn 105, D 5
Fredrikstad 105, D/E 5
Freetown 180, B 5
Freiburg 118, D/E 2
Freiburg (Schweiz, Fribourg) 118, D 4
Freising 119, H 2
Freistaat 182, D 5
Freistadt 119, L 2
Fréjus 118, C 7
Fremantle 184, 1 B 8
Fresno 200, B/C 3
Freundschafts-Inseln 184, 1 J 7
Friaul 119, J 4
Fribourg = Freiburg (Schweiz) 118, D 4
Friedland (Kreis Göttingen) 48, E/F 4
Friedrichshafen 118, F 3
Friesische Inseln 116, E 2
Frisange 49, C 3
Frobisher Bay = Iqaluit 199, O 3
Frolowo 131, G 4
Fuchs-Inseln 198, C/D 4
Fuerteventura 180, B 3
Fujisan 153, K 3

Fukui 151, 5 D 5
Fukuoka 153, J 3
Fukushima 151, 5 G 5
Fulda 114, D 3
Funafuti 184, 1 H 5
Funchal 180, B 2
Fünen 105, D 6
Furkapass 118, E 4
Fürstenfeld 119, M/N 4
Fushun 153, J 2
Füssen 118, G 3
Futapass 119, H 6
Futuna 184, 1 H 6
Fuxin 153, J 2
Fuzhou 153, H 4

G

Gaalkacyo 181, H 5
Gabis 180, D 2
Gaborone 182, D 5
Gabun 171, 3 C 4
Gades 86, 1 B 3
Gafsa 180, D 2
Gagnon 203, G 1
Gaichel 49, B 3
Gail 119, K 4
Gailtaler Alpen 119, J/K 4
Gainesville 201, F 4
Galana 183, E 3
Galápagos-Inseln 189, 1 K 10
Galați 115, H 4
Galdhøpiggen 104, C/D 4
Galicien 122, A/B 3
Galitsch 131, G 2
Galizien 115, G 3
Gällivare 104, G 3
Galway 108, A 3
Gambia (Fluss) 180, B 4
Gambia (Staat) 171, 3 A 3
Gambier-Inseln 185, 1 N 7
Gäncä 127, J 3
Gandajika 182, D 3
Gander 49, C 3
Gandia 122, C/D 4
Ganges 152, D 4
Gangesdelta 152, E/F 4
Gangtok 152, E 4
Gannett Peak 200, D 2
Ganzhou 153, H 4
Gao 180, D 4
Gap 118, C 6
Gar 152, E 3
Gardasee 118, G 5
Gargano 123, G/H 3
Garmisch-Partenkirchen 119, H 3
Garnich 49, B 3
Garonne 109, D 5
Garoowe 181, H 5
Garoua 180, E 5
Garzê 152, G 3
Gascogne 109, C 5 – D 6
Gatschina 105, J 5
Gaußberg 43, 4 E 2
Gauteng 182, D 5
Gavdos 126, D 5
Gävle 104, F 4
Gaya 180, D 4
Gaza 161, D 5
Gaziantep 127, G 4
Gbarnga 166, B 5
Gdańsk = Danzig 114, F 2
Gdingen (Gdynia) 114, F 2
Gdynia = Gdingen 114, F 2
Gedaref (Al-Qadarif) 181, G 4
Gediz (Hermos) 126, E 4
Gedser 105, E 6
Geelong 184, 1 E 8
Gehaansbierg 49, C 4
Geiranger 104, C/D 4
Gejiu 155, 1 E 4
Gelber Fluss = Huang He 152, G 3
Gelbes Meer 153, J 3
Gelderland 112, E/F 2
Gelsenkirchen 112, F/G 3
Gemena 182, C/D 2
Gemona 119, K 4
General Santos 146, E 3
Genève = Genf 118, C 4
Genf (Genève) 118, C 4
Genfer See 118, C 4
Genil 122, B 4
Genk 112, E 4
Genova = Genua 123, F 2
Gent 112, C 3
Genua (Genova) 123, F 2
Geographischer Nordpol 42, 1 O 1
Geographischer Südpol 43, 4 P 1
Geomagnetischer Nordpol 42, 1 N 2
Geomagnetischer Südpol 43, 4 F 1
Georg V.-Küste 43, 4 H 2
George 182, D 6
George Town 146, B/C 3
Georgetown 212, D 2
Georgia 201, F 3
Georgien 141, 4 C 2
Georgische Riviera 129, L 3
Geraldton 184, 1 B 7
Gerlsdorfer Spitze 115, G 3
Germania Inferior 54, 1 B 3
Germania Superior 54, 1 B 5
Gerolstein 112, F 4
Gêrzê 152, E 3
Gesäuse 119, L 3
Gesellschaftsinseln 185, 1 L 6
Getafe 122, B/C 3
Gewershaff 49, D 2
Gezira 181, G 4
Ghadamis 180, D/E 2
Ghana 171, 3 B 3
Ghanzi 182, D 5
Ghardaia 180, D 2
Ghat 180, E 3
Ghazni 161, G 5
Gibraltar 122, B 4
Gibsonwüste 184, 1 C 7
Gifu 151, 5 E 6
Gijón (Xixón) 122, B 3
Gilbert-Inseln 184, 1 H 4
Gilgit 152, D 3
Gilsdorf 48, C 2
Giovipass 118, E/F 6
Gippsland-Schelf 186, 1 D 4
Girona 122, D 3
Girst 49, D 2
Girsterklaus 49, D – E 2
Gisborne 187, 1 G 4
Gishiga 135, R 3
Gisors 112, A 5
Giurgiu 115, H 5
Givenich 49, D 3
Givet 112, D 4
Givors 118, A 5
Gizeh 181, F/G 2
Gjamysch 127, J 3
Gjøvik 104, D 4
Gjumri 127, H/J 3
Glabach 49, C 2
Gladstone 186, 1 E 3
Glarner Alpen 118, E/F 4
Glärnisch 118, E/F 4
Glarus 118, F 3
Glasgow 108, B 3
Glasow 131, K 2
Gleinalpe 119, L/M 3
Gleisdorf 119, M 3
Gleiwitz (Gliwice) 115, F 3
Glittertind 104, D 4
Gliwice = Gleiwitz 115, F 3
Glogau (Głogów) 114, E/F 3
Gloggnitz 119, M/N 3
Głogów = Glogau 114, E/F 3
Gmünd 119, L/M 2
Goba 181, H 5
Gobabis 182, C/D 5
Gobi 152, G/H 2
Gobi-Altai 152, F/G 2
Godavari 152, D 5
Godbrange 49, C 3
Godhavn = Qeqertarsuaq 199, P 3
Godthåb = Nuuk 199, P 3
Godwin Austen (K2) 152, D 3
Goeblange 49, B 3
Goedange 48, C 1
Goes 112, C 3
Goesdorf 48, B 2
Goetzange 49, B 3
Goiânia 212, D/E 4
Goiás 212, D/E 4
Göksu 127, F 4
Goldküste 180, C/D 5
Goldstrand = Zlatni Pjasâci 126, E 3
Goldsworthy 186, 1 A 2
Golf von Aden 161, E/F 7
Golf von Alaska 198, F 4
Golf von Antalya 127, E 4
Golf von Bengalen 152, E/F 5
Golf von Biscaya 109, B 5
Golf von Cádiz 122, B 4
Golf von Campeche 201, E 4
Golf von Darién 201, G 6
Golf von Genua 118, E/F 7
Golf von Guayaquil 212, A 3
Golf von Guinea 180, D 5
Golf von İskenderun 127, F 4
Golf von Kalifornien 200, C 3 – D 4
Golf von Khambhat 152, D 4
Golf von Kutch 152, C 4
Golf von Mannar 152, D 6
Golf von Mexiko 201, E/F 4
Golf von Oman 161, F 6
Golf von Panamá 201, G 6
Golf von Suez 181, G 3
Golf von Tarent 123, H 4
Golf von Thailand 146, C 2
Golf von Tonkin 146, C 1
Golf von Triest 119, K 5
Golfstrom 42, 1 L 3
Goljam Perelik 126, D 3
Golmud 152, F 3
Goma 182, D 3
Gombe 180, E 5
Gondel 49, D 3
Gonder 181, G 4
Gonderange 49, C – D 3
Gongga Shan 152, G 4
Goose Bay 199, O/P 4
Göppingen 118, F 2
Gorakhpur 152, E 4
Gordion 86, 1 F 3
Gore 181, G 5
Gorgan 167, H 2
Gorgona 118, F 7
Gorinchem 112, D/E 3
Gorizia 119, K 5
Gorjanci 119, M 5
Gorkijer Stausee 131, G 2
Görlitz 114, E 3
Gorno-Altaisk 134, J 4
Gorontalo 146, E 3
Gospić 119, M 6
Gosseldange 49, C 3
Gostingen 49, D 3
Götaälv 105, E 5
Götaland 105, E 5
Göteborg 105, D 5
Gotland 105, F 5
Gouda 112, D 3
Gough-Insel 25, 1 J 7
Gournay-en-Bray 112, A 5
Gove = Nhulunbuy 186, 1 C 2
Governador Valadares 212, E 4
Grado 119, K 5
Grafton 186, 1 E 3
Grahamland 43, 4 Q 2
Grahamstown 182, D 6
Grajische Alpen 118, C/D 5
Gralingen 48, C 2
Grampian Mountains 108, B/C 2
Gran Canaria 180, B 3
Gran Chaco 213, C 5 – D 4
Gran Paradiso 118, D 5
Gran Sasso d'Italia 123, G 3
Granada 122, C 4
Grand Bahama 201, G 4
Grand Canyon 200, C 3
Grande Chartreuse 118, B 5
Grande Rivière de la Baleine 199, N 4
Grande-Synthe 112, A/B 3
Grass 49, B 3
Grasse 118, C/D 7
Graudenz (Grudziądz) 115, F 2
Graulinster 49, D 3
Gray 118, B 3
Graz 119, M 3
Great Abaco 201, G 4
Great Barrier Reef 147, G 5
Great Plains (Prärien) 6, 1 D 3
Great Yarmouth 108, D 3
Greensboro 201, G 3
Greenvale 186, 1 D 2
Greenville 180, B/C 5
Greenwich 108, D 4
Greisch 49, B 3
Greiveldange 49, D 3
Gremelange 48, B 2
Grenada 191, 4 G 5
Grengewald 46, C 3
Grenoble 109, E 5
Grevels 48, B 2
Greven 112, G 2
Grevenknapp 49, C 2
Grevenmacher 49, D 3
Greymouth 187, 1 F 5
Griechenland 93, 5 H 5
Griffith 186, 1 D 4
Grimsby 108, C/D 3
Grimselpass 118, E 4
Grímsey 104, C 1
Grindelwald 118, D/E 4
Grindhausen 48, C 1
Gronau 112, F/G 2
Groningen 112, F 1
Grönland 188, 1 P 2
Grönlandsee 188, 1 R 2
Groot Winterhoek 182, C/D 6
Groote Eylandt 147, F 5
Grootfontein 182, C/D 4
Grosbous 48, B 2
Grosne 118, A 4
Grosnyj 127, J 3
Groß-Namaland 182, C 5
Großbritannien 93, 5 E 3
Große Antillen 201, F 4 – H 5
Große Arabische Wüste 161, E 7 – F 6
Große Australische Bucht 184, 1 C 8
Große Bahamabank 201, G 4
Große Mauer 153, G 3
Große Salzwüste (Dasht e Kavir) 161, F 5
Große Sandwüste (Afrika) 169, 3 F 3
Große Sandwüste (Australien) 184, 1 C 7
Große Sunda-Inseln 146, C/D 4
Große Syrte 180, E 2
Große Victoriawüste 184, 1 C 7
Großer Aralsee 160, F 4
Großer Bärensee 198, H/J 3
Großer Chingan 153, H 2 – J 1
Großer Irgis 131, J 3
Großer Jenissej 135, K 4
Großer Kanal (Yunhe) 153, H 3
Großer Kinel 131, J 3
Großer Peilstein 119, L/M 2
Großer Salzsee 200, C 2
Großer Sankt Bernhard 118, D 5
Großer Sklavensee 198, J 3
Großer Usen 131, J 4
Großer Zab 127, H/J 4
Großes Becken 200, C 2
Grosseto 123, F 3
Großglockner 119, J 3
Großvenediger 119, J 3
Großwardein (Oradea) 115, G 4
Grou 122, B 5
Grousseboesch 46, B 3
Grudziądz = Graudenz 115, F 2
Grumelscheid 48, B 2
Grünberg (Polen) (Zielona Góra) 114, E/F 2
Grundhof 48, D 2
Grüner Fluss = Yeşılırmak 127, G 3
Guadalajara (Mexiko) 200, D 4
Guadalajara (Spanien) 122, C 3
Guadalcanal 184, 1 G 6
Guadalquivir 122, B 4
Guadeloupe 201, H/J 5
Guadiana 122, B 4
Guallatiri 212, C 4
Guam 147, G 2
Guanare 212, C 2
Guangdong 153, H 4
Guangxi 153, G/H 4
Guangzhou = Kanton 153, H 4
Guantánamo 201, G 4
Guaporé 212, C 4
Guarda 122, B 3
Guarulhos 213, E 5
Guatemala (Staat) 191, 4 E 5
Guatemala-Stadt 201, E 5
Guaviare 212, C 2
Guayana 191, 4 H 5
Guayanabecken 6, 1 G 5
Guayaquil 212, A/B 3
Gubbio 119, J 7
Gudbrandsdal 104, D 4
Gudermes 127, J 3
Guernsey 109, C 4
Guilin 155, 1 F 4
Guinea 171, 3 B 3
Guinea-Bissau 171, 3 A 3
Guineabecken 7, 1 J 6
Guineaschwelle 7, 1 J 6
Guise 112, C 5
Guiyang 153, G 4
Gujranwala 152, D 3
Gulbarga 152, D 5
Guleman 129, M 4
Gulian 155, 1 G 1
Gullfaks 106, E 2
Gulu 183, E 2
Gunnbjörnfjeld 199, R/S 3
Guntur 152, D 5
Gunung Slamet 146, C/D 4
Gurk (Dom, Österreich) 119, L 4
Gurk (Fluss, Österreich) 119, L 4
Gurk (Fluss, Slowenien) 119, L 5
Gurktaler Alpen 119, K 4 – L 3
Güssing 119, N 3
Gutland 46, B 3 – D 3
Guwahati 152, F 4
Guyana 191, 4 H 5
Gwadar 158, 1 B 3
Gwalior 152, D 4
Gwangju 153, J 3
Gweru 182, D 4
Gyda 134, H 2
Györ = Raab (Ungarn) 114, F 4

H

Ha'il 161, E 6
Haarlem 112, D 2
Haarlemmermeer 112, D 2
Hachinohe 151, 5 G 3
Hachiville 48, B 1
Hadera 127, F 5
Hadramaut 161, E/F 7
Hadrumetum 86, 1 C 3
Hafar al-Batin 161, E 6
Haffner Bjerg 199, O/P 2
Hagåtña 147, G 2
Hagelsdorf 49, D 3
Hagen 112, G 3
Hagen (Luxembourg) 49, B 3
Hagios Illias 126, C 4

Haifa 161, D 5
Haikou 155, 1 F 5
Hailar 153, H/J 2
Hailuoto (Karlö) 104, H 3
Hainan 153, H 5
Haiphong 146, C 1
Haiti 191, 4 G 5
Hakodate 153, L 2
Halab = Aleppo 161, D 5
Halbinsel Busatschi 131, J/K 5
Halbinsel Jamal 134, G 2
Halbinsel Kola 104, L 3
Halbinsel Malakka 146, B/C 3
Halbinsel Taitao 213, B 7
Halbinsel Tjub-Karagan 131, J 5
Halbinsel Valdés 213, C 7
Halbinsel Yucatán 201, F 5
Haleb (historischer Ort) 86, 1 F 3
Halifax 199, O 5
Halikarnassos 126, D 4
Halle 114, D/E 3
Halle (Belgien) 112, D 4
Haller 48, D 2
Halmahera 146, E 3
Halmstad 105, D 5
Haltitunturi 104, G 2
Ham 112, C 5
Hama 161, D 5
Hamadan 161, E 5
Hamamatsu 153, K/L 3
Hamar 104, D 4
Hamburg 114, D 2
Hämeenlinna 104, G/H 4
Hamhung 153, J 2
Hami (Kumul) 152, F 2
Hamilton (Australien) 184, 1 H 8
Hamilton (Kanada) 199, M 5
Hamiville 48, B 1
Hamm 112, G 3
Hammerfest 104, G 2
Han Jiang 153, H 3
Handan 153, H 3
Hangö = Hanko 105, G 5
Hangzhou 153, H 3
Hanko (Hangö) 105, G 5
Hannover 114, D 2
Hanoi 146, C 1
Hao 185, 1 M 6
Haparanda 104, G 3
Harar 181, H 5
Harare 183, E 4
Harbin 153, J 2
Hardangerfjord 104, C 4
Hardangervidda 104, C 4
Hardenberg 112, F 2
Harderwijk 112, E 2
Hardigny 48, B 1
Hargeysa 181, H 5
Hari-Rud 161, G 5
Haringvliet 112, C 3
Harjavalta 107, K 2
Harlange 48, B 2
Harlingen 112, E 1
Härnösand 104, F 4
Harrisburg 201, G 2
Harstad 104, F 2
Hartberg 119, M/N 3
Hartford 201, G 2
Harwich 108, D 4
Harz 114, D 3
Hase 112, G 2
Hasenöhrl 118, C 4
Hassel 49, C 3
Hasselt 112, E 4
Hassi Messaoud 180, D 2
Hassi-R'Mel 128, D 5
Hat Yai 146, C 3
Hatra 127, H 5
Hattusa 127, F 3
Hauei Sai 148, 1 C 1
Haugesund 105, C 5
Hautbellain 48, B 1
Hautcharage 49, B 3
Havanna 201, F 4
Hawaii 185, 1 L 2
Hawaii-Inseln 6, 1 B 5
Hawaiirücken 6, 1 A 4
Hay Point 186, 1 D 3
Hay River 198, J 3
Hazebrouck 112, B 4
Heard-Insel 25, 1 N 7
Hebron 161, D 5
Hede 104, E 4
Hedschas 161, D 6
Heerhugowaard 112, D 2
Heerlen 112, E 4
Hefei 153, H 3
Heffingen 49, C 2
Hegang 153, K 2
Hegau 118, E 3
Heidelberg 114, D 3
Heidenheim 118, G 2
Heiderscheid 48, B 2
Heidrun 106, F 1
Heihe 153, J 1
Heiligenblut 119, J 3
Heimaey 104, B/C 2
Heinerscheid 48, C 1
Heisdorf 49, C 3
Heispelt 48, B 2
Hekla 104, C 1
Helena 200, C 2
Helgeland 104, E 3
Helgoland 114, C 2
Helgoland 114, C 2
Hellange 49, C 3
Helmand 161, G 5
Helmdange 49, C 3
Helmond 112, E 3
Helmsange 49, C 3
Helperknapp 49, C 2
Helsingborg 105, E 6
Helsingør 105, D/E 5
Helsinki 105, H 4
Heluan 129, K 6
Hemsedalsfjella 104, C/D 4
Hemsthal 49, D 3
Henan 153, H 3
Henderson-Insel 185, 1 O 7
Hengyang 153, H 4
Henneberg 86, 1 C 2
Hennegau 112, C 4
Heraklion (Iraklion) 126, D 5
Herat 161, G 5
Herborn (Luxembourg) 49, D 3
Herentals 112, D/E 3
Herheck 48, B 2
Hermannstadt (Sibiu) 115, G/H 4
Hermeroskopeion 86, 1 B 3
Hermon 127, F 5
Hermos = Gediz 126, E 4
Hermosillo 200, C 4
Herne 112, G 3
Hersberg 49, D 2
Herstal 112, E 4
Hesdin 112, B 4
Hespérange 49, C 3
Hetian = Hotan 152, D 3
High Willhays 108, B/C 4
Highlands 108, B/C 2
Hiiumaa = Dagö 105, G 5
Hillah 127, J 6
Hilversum 112, E 2
Himalaya 7, 1 N 4
Himeji 151, 5 D 6
Hims = Homs 161, D 5
Hindukusch 161, G/H 5
Hindustan 152, D 3 – E 4
Hinterrhein 118, F 4
Hippo Regius 86, 1 C 3
Hirfanli-Stausee 127, F 4
Hirosaki 151, 5 G 3
Hiroshima 153, K 3
Hirson 112, D 5
Hirtshals 105, D 5
Hispaniola 201, G/H 4
Hitachi 151, 5 G 5
Hiva Oa 185, 1 N 5
Hivange 49, B 3
Ho-Chi-Minh-Stadt (Saigon) 146, C/D 2
Hobart 184, 1 E 9
Hobscheid 49, B 3
Hobyo 181, H 5
Hochalmspitze 119, K 4
Hochgolling 119, K/L 3
Hochland der Schotts 180, C/D 2
Hochland von Äthiopien 169, 3 J 5
Hochland von Bié 182, C 4
Hochland von Iran 7, 1 M 4
Hochland von Mexiko 6, 1 D 4
Hochland von Tibet 7, 1 O 4
Hochosterwitz 119, L 4
Hochschwab 119, M 3
Hodeida 161, E 7
Hoek van Holland 112, C/D 3
Hoesdorf 48, C – D 2
Hof 114, D 3
Hoffelt 48, B 1
Höfn 104, D 1
Hofsjökull 104, C 1
Hoggar = Ahaggar 180, D 3
Hohe Acht 112, F 4
Hohe Tatra 115, F/G 3
Hohe Tauern 119, J/K 3
Hohe Warte 119, J 4
Hoher Atlas 180, C 2
Hohhot 153, H 2
Hokkaido 153, L 2
Holguín 201, G 4
Hollabrunn 119, M 2
Holland 112, D 3
Hollenfels 49, C 3
Holler 48, C 1
Holmsund 104, G 4
Holtz 48, B 2
Holyhead 108, B 3
Holzem 49, B 3
Holzthum 48, C 2
Homburg 112, G 5
Homel 130, D 3
Homs (Hims) 127, G 5
Honduras 191, 4 F 5
Hønefoss 104, D 4
Hongkong (Xianggang) 153, H 4
Honiara 184, 1 G 5
Honolulu 185, 1 K 2
Honshu 7, 1 R 4
Hoogeveen 112, F 2
Hoogezand-Sappemeer 112, F 1
Hoorn 112, E 2
Horenj 130, C 4
Horliwka 130, F 4
Horn 119, M 2
Horn (Landschaft) 104, B 1
Hornavan 104, E 3
Hornisgrinde 118, E 2
Horsham 186, 1 D 4
Hoscheid 48, C 2
Hoscheid-Dickt 48, C 2
Hosingen 48, C 1
Hostert (bei Findel) 49, C 3
Hostert (bei Rambrouch) 48, B 2
Hosukura 151, 5 G 4
Hotan 152, D 3
Hotan (Hetian) 152, D 3
Hotazel 182, D 5
Houston 200, E 3
Houwald 46, D 3
Hovelange 49, B 3
Hoverlja 130, C 4
Howland-Insel 184, 1 J 4
Høyanger 106, F 2
Hrodna 130, B 3
Hrvatska = Kroatien 126, A 2
Huaibai 153, H 3
Huaihua 153, G 4
Huainan 153, H 3
Huaiyin 153, H/J 3
Huallaga 212, B 3
Huambo 182, C 4
Huancavelica 214, B 4
Huancayo 212, B 4
Huang He (Gelber Fluss) 152, G 3
Huangshi 153, H 4
Huánuco 212, B 3
Huascarán 212, B 3
Hubli-Dharwar 152, D 5
Hudiksvall 104, F 4
Hudson 201, G 2
Hudsonbai 6, 1 E 2
Hudsonstraße 199, N/O 3
Hue 146, C 2
Huelva 122, B 4
Huesca 122, C 3
Hughenden 184, 1 E 7
Hugoton 202, D 3
Huldange 48, C 1
Hull 135, 1 L 7
Hulun Nur 153, H 2
Humber 108, D 3
Hümmling 112, G 2
Humphreys Peak 200, C/D 3
Hun 136, D 3
Húnabucht 104, B 1
Huncherange 49, C 3
Hunedoara 129, H 2
Hungersteppe = Betpak-Dala 160, G 4
Hungnam 153, J 3
Hünsdorf 49, C 3
Hunsrück 112, F 5 – G 4
Huntsville 203, F 3
Hupperdange 48, C 1
Hurghada 181, G 3
Huronsee 201, F 2
Huttange 49, B 3
Hvannadalshnúkur 104, C 2
Hwange 182, D 4
Hyderabad (Indien) 152, D 5
Hyderabad (Pakistan) 152, C/D 4
Hyères 118, C 7
Hyesan 153, J 2
Hypsarion 115, H 4

I

Ialomiţa 126, E 3
Iaşi 115, H 4
Ibadan 180, D 5
Ibagué 212, B 2
Ibarra 212, B 2
Ibbenbüren 112, G 2
Iberisches Randgebirge 122, C 3
Ibicuy 213, D 6
Ibiza 122, D 4
Ibri 161, F 6
Ibu 146, E 3
Ica 212, B 4
Içá 126, D 3
İçel = Mersin 127, F 4
Ida 126, D 5
Idaho 200, C 2
Idaho Falls 202, C 2
Idar-Oberstein 112, G 5
Idfu 181, G 3
Idlib 127, G 5
Idrosee 118, G 5
Ieper = Ypern 112, B 4
Iférouane 180, D 4
Iftesene 180, D 3
Igarka 137, J 3
Iguaçu 213, D 5
Iguaçufälle 213, D 5
Iguatu 212, E/F 3
Iisalmi 104, H 4
IJsselmeer 112, E 2
Ik 131, K 3
Île de France 112, A 5 – C 5
Ilebo 182, D 3
Ilek 131, K 4
Ilhéus 212, F 4
Ili 152, E 2
Iliamna 198, E 3
Iligan 148, 1 E 3
Ilisu-Stausee 127, H 4
Ill (Vorarlberg) 118, F 3
Illampu 212, C 4
Iller 118, G 3
Illimani 212, C 4
Illinois 201, E/F 2
Illizi 166, C 3
Ilmensee 130, D/E 2
Iloilo 146, E 2
Ilorin 180, D 5
Ilowlja 131, H 4
Imandrasee 104, H/J 3
Imatra 104, J 4
Imbringen 49, C 3
Imiter 166, B 2
Immingham 106, D 4
Imola 119, H 6
Imperatriz 212, E 3
Imperia 118, E 7
Imphal 127, F 4
İmros 126, D 3
In Amenas 166, C 3
In Salah 180, D 3
Inagua-Inseln 201, G 4
Inari 104, H 2
Inarisee 104, H/J 2
Incheon 153, J 3
Inderborskij 131, J/K 4
Indiana 201, F 2
Indianapolis 201, F 3
Indien (Landschaft) 7, 1 N 4
Indien (Staat) 141, 4 E 3
Indigirka 135, P 3
Indisch-Antarktischer Rücken 7, 1 O 8
Indisch-Antarktisches Becken 7, 1 O 8
Indischer Ozean 7, 1 M 6
Indonesien 141, 4 G 5
Indore 152, D 4
Indus 152, D 3
İnegöl 126, E 3
Ingeldorf 48, C 2
Ingolstadt 119, H 2
Inhul 130, E 5
Inhulez 130, E 5
Inírida 212, C 2
Inn 118, F 4
Inn 119, K 2
Innere Hebriden 108, B 2
Innere Mongolei 152, G/H 2
Innerer Taurus 127, G/H 4
Innisfail 147, G 5
Innsbruck 119, H 3
Innviertel 119, K 2
Inongo 182, C 3
Insel Marajó 212, D/E 3
Inseln über dem Winde 201, H/J 5
Inseln unter dem Winde 201, H 5
Insenborn 48, B 2
Interlaken 118, D/E 4
Inukjuak 199, M/N 4
Inuvik 198, G 3
Invercargill 184, 1 G 9
Inverness 108, B/C 2
Inyangani 183, E 4
Ioannina 126, C 4
Ionische Inseln 126, B/C 4
Ionisches Meer 126, B 4
Iowa 201, E 2
Ipatinga 212, E 4
Ipoh 146, C 3
Ipswich 108, D 3
Iqaluit (Frobisher Bay) 199, O 3
Iquique 213, B 5
Iquitos 212, B 3
Irak 141, 4 D 3
Iraklion = Heraklion 126, D 5
Iran 141, 4 D 3
Irawadi 152, F 4
Irbid 127, F 5
Irbil 161, E 5
Irian Jaya = Papua 147, F 4
Iringa 183, E 3
Iriri 212, D 3
Irische See 108, B 3
Irkutsk 135, L 4

Irland 93, 5 E 3
Iron Knob 186, 1 C 4
Iron Range 184, 1 E 6
Irtysch 160, H 3
Iruña = Pamplona 122, C 3
Isafjord 104, B 1
Isar 119, H 3
Isara (Isar) 54, 1 D 4
Isarco = Eisack 119, H 4
Ísarfjörður 104, A 1
Ischgl 118, G 3
Ischia 123, G 3
Ischim 134, G 4
Ischim (Fluss) 160, G 3
Iseo 118, G 5
Iseosee 118, G 5
Isère 118, C 5
Iserlohn 112, G 3
Isfahan 161, F 5
Isfjord 42, 1 J 2
Ishewsk 131, K 2
Isiro 182, D 2
Iskâr 126, E 3
İskenderun 127, G 4
Islamabad 152, D 3
Island (Insel) 6, 1 H 2
Island (Staat) 93, 5 C 2
Ismailia 181, G 2
Isonzo (Soča) 119, K 5
İsparta 126, E 4
Israel 141, 4 C 3
Issyk-Kul 126, E 4
İstanbul 126, E 3
Isthmus von Panamá 201, G 5
Isthmus von Tehuantepec 201, E 5
Istrien 126, A 2
Itaipú 214, D 5
Itaipú-Stausee 213, D 5
Italien 93, 5 G 4
Itambé 212, E 4
Itschinskaja Sopka 135, Q 4
Ittoqqortoormiit (Scoresbysund) 199, S/T 2
Itumbiara 212, D/E 4
Iturup = Etorofu 135, P 5
Itzig 49, C 3
Iuvavum (Salzburg) 54, 1 E 5
Ivančica = Ivanščica 119, N 4
Ivanščica (Ivančica) 119, N 4
Ivrea 126, E 3
Iwaki 151, 5 G 5
Iwano-Frankiwsk 130, C 4
Iwanowo 131, G 2
Iwdel 134, G 3
Ixelles (Elsene) 112, D 4
İzmir (Smyrna) 126, D 4
İzmit (Kocaeli) 126, E 3
Izu-Inseln 151, 5 F 6

J

Jabal Abu Rujmayn 127, G 5
Jabal al-Uwaynat 181, F 3
Jabal Marra 181, F 4
Jabal Nafusah 180, E 2
Jabal Ngaja 181, F 5
Jabalpur 152, E 4
Jabiru 148, 1 E 5
Jablonowyjgebirge 135, M 4
Jackson 201, E/F 3
Jacksonville 201, F/G 3
Jaén 122, B/C 4
Jaffna 152, E 6
Jahrom 161, F 6
Jaipur 152, D 4
Jakarta 146, C 4
Jakutien 135, M 3 – Q 3
Jakutsk 135, N 3
Jalta 127, F 2
Jalu 153, J 2
Jaluit 184, 1 G 4
Jamaika 191, 4 F 5
Jamantau 134, F 4
Jambi 146, C 4
Jamesbai 199, M 4
Jammu 152, D 3
Jamnagar 152, C/D 4
Jamshedpur 152, E 4
Jamsk 135, Q 4
Jämtland 104, E/F 4
Jan Mayen 199, U 2
Jana 135, O 3
Jangtsekiang (Jinsha Jiang) 152, F 3
Japan 141, 4 H 3
Japangraben 7, 1 R 4
Japanisches Meer (Ostmeer) 7, 1 Q 4
Japurá 212, C 3
Jari 212, D 3
Jaroslawl 131, F 2
Jarvis-Inseln 185, 1 K 4
Jataí 212, D 4
Jaunde (Yaoundé) 180, E 5
Java 146, C/D 4
Javasee 146, C 4
Jawhar 181, H 5
Jayapura 147, F/G 4
Jebel Oda 181, G 3
Jefferson City 201, E 3
Jefremow 130, F 3
Jegorlyk 131, G 5
Jeja 130, F 5
Jeju 153, J 3
Jekaterinburg 134, F 4
Jelez 130, F 3
Jelgava 105, G 5
Jemen 141, 4 D 4
Jenissej 134, K 4
Jenissejberge 134, K 3 – K 4
Jenissejsk 134, J/K 4
Jeonju 153, J 3
Jepore 158, 1 D 4
Jequié 212, E/F 4
Jerbogatschon 135, L/M 3
Jerewan 160, E 4
Jergenihügel 131, H 4 – H 5
Jersey 109, C 4
Jerusalem 161, D 5
Jeruslan 131, H 4
Jesenice 119, K 4
Jesi 119, K 7
Jewpatorija 127, F 2
Ji-Paraná 212, C 4
Jiagedagi 153, J 2
Jiamusi 153, J 2
Jiaozuo 153, H 3
Jiaxing 153, J 3
Jiayuguan 152, F 3
Jiddah 161, D 6
Jilin 153, J 2
Jimeta 180, E 5
Jimma 181, G 5
Jinan 153, H 3
Jingdezhen 153, H 4
Jining 153, H 2
Jinja 183, E 2
Jinsha Jiang = Jangtsekiang 152, F 3
Jinzhou 153, H/J 2
Jiu 115, G 4
Jiujiang 155, 1 F 4
Jizan 161, E 7
João Pessoa 212, F 3
Jodhpur 152, D 4
Joensuu 104, J 4
Johannesburg 182, D 5
John-F.-Kennedy-Raumfahrtzentrum 203, F 4
Johnston-Insel 185, 1 K 3
Johor Bahru 146, C 3
Joinville 213, E 5
Jökulsá á Fjöllum 104, C 1
Jolo 146, E 3
Jönköping 105, E 5
Jordan 127, F 5
Jordanien 141, 4 C 3
Jos 180, D 4
Joschkar-Ola 131, H/J 2
Jostedalsbre 104, C 4
Jotunheimen 104, C/D 4
Juan-Fernández-Inseln 213, A/B 6
Juazeiro 212, E/F 3
Juba 181, G 5
Jubba 181, H 5
Júcar 122, C 4
Jufrah-Oasen 180, E 3
Jug 131, H 1
Juist 112, F 1
Juiz de Fora 213, E 5
Juliaca 212, B 4
Julianehåb = Qatortoq 199, Q 3
Jülich 112, F 4
Julierpass 118, F 4
Julische Alpen 119, K 4
Juneau 198, G 4
Jungfrau 118, D 4
Junglinster 49, C – D 3
Jura 109, E 5
Juruá 212, B 3
Juruena 212, D 4
Juschkosero 104, J 3
Jushno-Sachalinsk 135, P 5
Jutaí 212, C 3
Jütland 105, D 5
Jyväskylä 104, H 4

K

K2 = Godwin Austen 152, D 3
Kabalo 182, D 3
Kabinda 182, D 3
Kabul 161, G 5
Kabwe 182, D 4
Kachiwkaer Stausee 130, E 5
Kaçkar 127, H 3
Kaduna 180, D 4
Kaduqli 181, F/G 4
Kaédi 180, B 4
Kafue 182, D 4
Kagera 183, E 3
Kagoshima 153, K 3
Kahler 49, B 3
Kahramanmaraş 127, F/G 4
Kaifeng 153, H 3
Kailas 152, E 3
Kaimana 147, F 4
Kainach 119, M 4
Kainji-Stausee 180, D 4
Kainuunselkä 104, H/J 3
Kairo 181, G 3
Kairouan 123, F 5
Kaiserstuhl 118, D 2
Kaiyuan 152, G 4
Kajaani 104, H 3
Kalabrien 123, H 4
Kalahari 182, D 5
Kalaharibecken 169, 3 H 8
Kalakan 135, M 4
Kalamata 126, C 4
Kalansho-Serir 181, F 3
Kalaus 131, G 5
Kalborn 48, C 1
Kaldygaity 131, K 4
Kalemie 182, D 3
Kalewala 107, M 1
Kalgoorlie 184, 1 C 8
Kalifornien 200, B 3
Kalifornischer Strom 42, 1 Q 3
Kalimantan = Borneo 146, D 3
Kaliningrad = Königsberg (Russland) 115, F/G 2
Kalisch (Kalisz) 114, F 3
Kalisz = Kalisch 114, F 3
Kalkutta (Kolkata) 152, E 4
Kallasee 104, H/J 4
Kalmar 105, E/F 5
Kaluga 130, F 3
Kama 134, F 4
Kamaishi 151, 5 G 4
Kamastausee 131, K 2
Kambalda 186, 1 B 4
Kambodscha 141, 4 G 4
Kamensk-Uralski 134, G 4
Kamerun 171, 3 C 3
Kamerunberg 180, D 5
Kamina 182, D 3
Kamioka 151, 5 E 5
Kamp 119, M 2
Kampala 183, E 2
Kampen (Niederlande) 112, E 2
Kamtschatka 135, Q/R 4
Kamyschin 131, H 4
Kanada 191, 4 E 3
Kanadischer Archipel 6, 1 D 2
Kanadischer Schild 6, 1 E 3
Kanal von Burgund 118, A 3
Kanalinseln 109, C 4
Kananga 182, D 3
Kanarische Inseln 180, B 3
Kanarisches Becken 6, 1 H 4
Kanasch 131, H/J 3
Kanazawa 153, K 3
Kandahar 161, G 5
Kandalakscha 104, H/J 3
Kandalakschabucht 104, K 3
Kandi 180, D 4
Kandy 158, 1 D 5
Kangean-Inseln 146, D 4
Känguru-Insel 184, 1 D 8
Kanin-Halbinsel 134, E 3
Kankan 180, C 5
Kano 180, D 4
Kanpur 152, D/E 4
Kansas 200, E 3
Kansas City 201, E 3
Kansk 137, K 4
Kantabrisches Gebirge 122, B/C 3
Kanton 185, 1 J 5
Kanton (Guangzhou) 153, H 4
Kaohsiung 153, H/J 4
Kaolack 180, B 4
Kap Adare 43, 4 K 2
Kap Akritas 126, C 4
Kap Alewin 135, Q 4
Kap Anamur 127, F 5
Kap Andreas 127, F 5
Kap Ann 43, 4 C 2
Kap Baba 126, D 4
Kap Barrow 198, E 2
Kap Bathurst 198, G/H 2
Kap Blanc (Mauretanien) 180, B 3
Kap Blanc (Tunesien) 180, D/E 2
Kap Bon 180, E 2
Kap Branco 6, 1 H 6
Kap Breton 199, P 5
Kap Breton-Insel 199, O/P 5
Kap Ca Mau 146, C 3
Kap Canaveral 201, F/G 4
Kap Catoche 201, F 4
Kap Chidley 199, O 3
Kap Cod 201, H 2
Kap Corrientes 200, D 4
Kap Corse 123, F 3
Kap Curz 201, G 5
Kap d'Ambre = Tanjona Bobaomby 183, F 4
Kap Dart 43, 4 M 2
Kap der Guten Hoffnung 7, 1 K 7
Kap Deschnew 135, T 3
Kap Dungeness 213, C 8
Kap Farvel (Uummannarsuaq) 199, Q 4
Kap Finisterre 122, A 3
Kap Flattery 200, B 2
Kap Gallinas 212, B 1
Kap Gelidonya 126, E 4
Kap Gracias a Dios 201, F 5
Kap Guardafui 7, 1 M 5
Kap Hatteras 201, G 3
Kap Hoorn 6, 1 F 8
Kap Jushnyj 135, Q 4
Kap Kamenjak 119, K 6
Kap Kamui 151, 5 F 2
Kap Komorin 152, D 6
Kap Leeuwin 184, 1 B 8
Kap Lopez 182, B 3
Kap Malea 126, C 4
Kap Maria van Diemen 184, 1 G 8
Kap Mendocino 200, B 2
Kap Negrais 152, F 5
Kap Norvegia 43, 4 R 2
Kap Oljutorskij 135, S 4
Kap Orange 212, D 2
Kap Palmas 180, C 5
Kap Passero 123, G 4
Kap Race 199, P 5
Kap Sable (Kanada) 199, O 5
Kap Sable (USA) 201, F 4
Kap Sainte Marie = Tanjona Vohimena 183, F 5
Kap San Antonio 201, F 4
Kap San Diego 213, C 8
Kap San Lucas 200, C/D 4
Kap São Vicente 122, A 4
Kap Shelanija (Eiskap) 134, G 2
Kap Tenaro 126, C 4
Kap Teulada 123, E 4
Kap Tjub-Karagan 131, J 5
Kap Tres Puntas 213, C 7
Kap Tscheljuskin 135, L/M 2
Kap Vals 147, F 4
Kap Verde 6, 1 J 5
Kap Verde (Staat) 171, 3 A 3
Kap Wilson 184, 1 E 8
Kap York 199, O 2
Kap-York-Halbinsel 147, G 5
Kapela 119, L/M 6
Kapfenberg 119, M 3
Kapıdağı 126, D 3
Kapland 169, 3 G 9
Kapschwelle 7, 1 K 8
Kapstadt (Cape Town) 182, C 6
Kapuas 146, D 3
Kapuas Hulu-Gebirge 146, D 3
Kapuvár 119, O 3
Kapverden 6, 1 H 5
Kapverdenschwelle 6, 1 G 4
Kapverdisches Becken 6, 1 H 5
Kapweiler 49, B 3
Kara 180, D 5
Kara-Bogas-Gol 160, F 4
Karabük 127, F 3
Karaca 127, G 4
Karachi 152, C 4
Karaganda = Qaraghandy 160, H 4
Karaginski-Insel 135, R 4
Karakayastausee 127, G 4
Karakorum (Gebirge) 152, D 3
Karakorum (Ruinenstätte) 152, G 2
Karakorumpass 152, D 3
Karakum 161, F/G 5
Karakumkanal 161, G 5
Karaman 127, F 4
Karamay 152, E 2
Karasberge 182, C 5
Karasee 134, G/H 2
Karasjok 104, H 2
Karastraße 134, F 2
Karatau 160, G 4
Karatepe 127, F 4
Karatschajewsk 127, H 3
Karawanken 119, K/L 4
Karelien 104, J 4
Karibasee 182, D 4
Karibisches Meer 201, F 5 – H 5
Karima 181, G 4
Karisimbi 182, D 3
Karleby = Kokkola 104, G 4
Karlö = Hailuoto 104, H 3
Karlobag 119, L/M 6
Karlovac 119, M 5
Karlskrona 105, E/F 5
Karlsruhe 118, E 1
Karlstad 105, E 5
Karnische Alpen 119, J/K 4
Kärnten 119, J – L 4
Karolinen 7, 1 R 5
Karpaten 130, B 4
Karpathos 126, D 5
Kars 127, H 3
Karst 119, K 5
Kartaly 134, G 4

Karthago 123, F 4
Karwendel 119, H 3
Kasachische Schwelle 160, G/H 4
Kasachstan 141, 4 D 2
Kasai (Fluss) 182, C 3
Kasai (Landschaft) 182, D 3
Kasama 183, E 3
Kasan 131, J 3
Kasbek 127, J 3
Kaschmir 152, D 3
Kashan 167, H 2
Kashi 152, D 3
Kashima 151, 5 G 6
Kaskadenkette 200, B 2
Kaskinen (Kaskö) 104, G 4
Kaskö = Kaskinen 104, G 4
Kasongo 182, D 3
Kaspische Senke 7, 1 M 3
Kaspisches Meer 7, 1 M 3
Kassala 181, G 4
Kassel 114, C 2
Kastilisches Scheidegebirge 122, B/C 3
Katalonien 122, D 3
Katanga 182, D 3
Katar 141, 4 D 3
Katerini 126, C 3
Katherine 147, F 5
Kathmandu 152, E 4
Katowice = Kattowitz 115, F 3
Katschberg 119, K 3
Katsina 180, D 4
Kattarasenke 181, F 3
Kattegat 105, D/E 5
Kattowitz (Katowice) 115, F 3
Katwijk 112, D 2
Kauai 185, 1 K 2
Kaufbeuren 118, G 3
Kaukasus 7, 1 L 3
Kaukopää 107, M 2
Kaunas 105, G 6
Kaundorf 48, B 2
Kaura Namoda 180, D 4
Kautenbach 48, C 2
Kavieng 147, H 4
Kawasaki 153, L 3
Kayes 180, B 4
Kayl 49, C 4
Kayseri 127, F/G 4
Kaz Dağı 126, D 4
Keban-Stausee 127, G 4
Kebnekajse 104, F 3
Kecskemét 115, F/G 4
Keele Peak 198, G/H 3
Keetmanshoop 182, C 5
Kefallinia 126, C 4
Keflavik 104, B 2
Keg River 198, J 4
Kehl 118, D 2
Kehlen 49, C 3
Kehmen 48, C 2
Keispelt 49, C 3
Keitelesee 104, H 4
Kelkit 127, G 3
Kelowna 198, J 5
Kem 104, K 3
Kemerowo 134, J 4
Kemi 104, H 3
Kemijärvi 104, H/J 3
Kemijoki 104, H 3
Kempen (Landschaft) 112, D/E 3
Kempten 118, G 3
Kendari 146, E 4
Kenia 171, 3 D 3
Kenitra 180, C 2
Kenora 199, L 5
Kentucky 201, F 3
Kerbala 127, H/J 5
Kerema 149, 1 G 4
Kerguelen 7, 1 N 8
Kerguelen-Gaußberg-Rücken 7, 1 N 8
Kerinci 146, C 4
Kerkenna-Inseln 123, F 5
Kerkrade 112, F 4
Kerkyra = Korfu 126, B 4
Kerkyra = Korfu (Insel) 126, B 4
Kermadec-Inseln 184, 1 H 8
Kermadecgraben 6, 1 A 7
Kerman 161, F 5
Kermanshah (Bakhtaran) 161, E 5
Kertsch 127, F/G 2
Kerulen 153, H 2
Keshma 135, L 4
Kestenga 104, J 3
Keszthely 119, O 4
Ket 134, J 4
Ketapang 146, D 4
Key West 201, F 4
Khabur 127, H 5
Khaiberpass 161, G/H 5
Khamis Mushayt 161, E 7
Khanaqin 127, J 5
Kharagpur 152, E 4
Khartum (Al-Khartum) 181, G 4
Khasigebirge 152, F 4
Khon Kaen 146, C 2
Khouribga 128, B 5
Khowst 161, G/H 5
Khulna 152, E/F 4
Khvoy 127, J 4
Kiamba 148, 1 E 3
Kidal 180, D 4
Kiel 114, D 2
Kielce 115, G 3
Kiew (Kyjiw) 130, D 4
Kigali 183, E 3
Kigoma 182, D 3
Kikwit 182, C 3
Kilimandscharo 183, E 3
Kilinç Tepesi 127, G 3
Killarney 108, A 3
Kimbe 147, G/H 4
Kimberley 182, D 5
Kimberley-Plateau 146, E 5
Kimchaek 153, J/K 2
Kinabalu 146, D 3
Kindu 182, D 3
Kineschma 131, G 2
Kingston (Jamaika) 201, G 5
Kingston (Kanada) 199, N 5
Kingston upon Hull 108, C/D 4
Kingstown 201, H/J 5
Kinsale Head 106, B 5
Kinshasa 182, C 3
Kinyeti (Agorro) 181, G 5
Kinzig 118, E 2
Kirensk 135, L 4
Kirgisistan 141, 4 E 2
Kiribati (Landschaft) 7, 1 S 5
Kiribati (Staat) 25, 1 T 5
Kiritimati (Christmas-Insel) 6, 1 A 5
Kirkenes 104, J 2
Kirkuk 127, J 5
Kirow 131, J 2
Kirow-Inseln 135, J/K 2
Kirowohrad 130, E 4
Kirowsk 104, K 3
Kirsanow 131, G 3
Kirtharkette 152, C 4
Kiruna 104, F/G 3
Kisalföld 119, N/O 3
Kisangani 182, D 2
Kischinau = Chişinău 130, D 5
Kisiljurt 127, J 3
Kislowodsk 127, H 3
Kismaayo 181, H 6
Kissidougou 166, A 5
Kisumu 183, E 3
Kita 166, B 4
Kitakata 151, 5 F 5
Kitakyushu 153, J/K 3
Kitimat 198, H 4
Kition 86, 1 F 3
Kitwe 182, D 4
Kivisee 104, H 4
Kivu 182, D 3
Kivusee 182, D 3
Kiyamaki 127, J 4
Kırıkkale 127, F 4
Kızılırmak (Roter Fluss) 127, G 4
Kızıltepe 127, G/H 4
Kjachta 135, L 4
Klagenfurt 119, L 4
Klaipeda = Memel 105, G 6
Klamono 149, 1 F 4
Klarälven 104, E 4
Klausenburg (Cluj-Napoca) 115, G/H 4
Kleinbettingen 49, B 3
Kleine Antillen 201, H 5
Kleine Karpaten 119, O 2
Kleine Sunda-Inseln 146, D/E 4
Kleine Syrte 180, E 2
Kleiner Aralsee 160, F/G 4
Kleiner Chingan 153, J 2
Kleiner Jenissej 135, K 4
Kleiner Sankt Bernhard 118, C 5
Kleiner Usen 131, J 4
Kleiner Zab 127, J 5
Kleve 112, F 3
Kljasina 131, G 2
Kljutschewskaja Sopka 135, Q/R 4
Klondike 198, F/G 3
Klosterneuburg 119, M/N 2
Kluchorski-Pass 127, H 3
Knaphoscheid 48, B 1
Knittelfeld 119, L 3
Knokke-Heist 112, C 3
Knossos 126, D 5
Knox-Küste 43, 4 F 2
Kobe 153, K 3
København = Kopenhagen 105, D/E 6
Koblenz 112, G 4
Kocaeli = İzmit 126, E 3
Kocher 118, F 2
Kochi 153, K 3
Kockelscheier 49, C 3
Kodiak 198, E 4
Kodiak (Insel) 198, E 4
Koerich 49, B 3
Koetschette 48, B 2
Köflach 119, L/M 3
Kokand 160, G/H 4
Kokenau 147, F 4
Kokkola (Karleby) 104, G 4
Kokopo 147, H 4
Kokos-Insel 24, 1 E 4
Kokos-Inseln 7, 1 O 6
Kökschetau 160, G/H 3
Kola 7, 1 L 2
Kolbeinsey 104, C 1
Kolberg (Kołobrzeg) 114, E 2
Kolding 105, D 6
Kolgujew 134, E 3
Kolhapur 152, D 5
Koli 104, J 4
Kolkata = Kalkutta 152, E 4
Köln 112, F 4
Kołobrzeg = Kolberg 114, E 2
Kolomna 130, F 3
Kolpaschewo 134, J 4
Kolpino 105, J 5
Kolumbien 191, 4 G 5
Kolwezi 182, D 4
Kolyma 135, Q 3
Kolymagebirge 135, Q/R 3
Komadugu 180, E 4
Komoren (Inseln) 7, 1 M 6
Komoren (Staat) 171, 3 E 4
Komotini 126, D 3
Kompassberg 182, D 6
Komsomolsk 135, O 4
Komsomolzen-Insel 135, J/K 1
Kongo (Demokratische Republik) 171, 3 C 4
Kongo (Fluss) 182, D 2
Kongo (Fluss) (Lualaba) 182, D 3
Kongo (Staat) 171, 3 C 3
Kongobecken 7, 1 K 5
Kongsvinger 105, D/E 5
Kongur Shan 152, D 3
Königin-Charlotte-Inseln 198, G 4
Königin-Elisabeth-Inseln 198, J 2 – N 1
Königin-Mary-Küste 43, 4 E 2
Königin-Maud-Land 43, 4 S 2
Königsberg (Russland, Kaliningrad) 115, F/G 2
Konin 117, H 2
Konstantinopel (hist. Istanbul) 89, 3
Konstanz 118, E/F 3
Konstanza (Constanța) 115, J 4
Kontagora 180, D 4
Konya 127, F 4
Kopenhagen (København) 105, D/E 6
Koper 119, K 5
Kopetdag 161, F/G 5
Kopstal 49, C 3
Korallensee 7, 1 R 6
Koralpe 119, L/M 4
Korana 119, M 5
Korba 152, E 4
Korçë 126, C 3
Kordillere von Mérida 212, B/C 2
Kordilleren = Anden 212/213, B 2 – C 6
Kordofan 181, F/G 4
Korea 7, 1 Q 4
Koreastraße 153, J/K 3
Korf 137, R 3
Korfu (Kerkyra, Insel) 126, B 4
Korfu (Kerkyra) 126, B 4
Korinth (Korinthos) 126, C 4
Korinthos = Korinth 126, C 4
Koriyama 151, 5 G 5
Korjakengebirge 135, R/S 3
Korjakskaja Sopka 135, Q/R 4
Korla 152, E 2
Körmend 119, N 4
Korneuburg 119, N 2
Köroğlu Tepesi 127, E 3
Köroğlugebirge 127, E/F 3
Koromandelküste 152, D/E 5
Korsakow 135, P 5
Korsika 123, E/F 3
Kortrijk 112, C 4
Kos 126, D 4
Košice 115, G 3
Köslin (Koszalin) 114, F 2
Kosovo 93, 5 H 4
Kosrae 184, 1 G 4
Kösscağı 127, G 3
Kostanai 160, G 3
Kosti 181, G 4
Kostomukscha 107, M 1
Kostroma 131, G 2
Koszalin = Köslin 114, F 2
Kota 152, D 4
Kota Bahru 146, C 3
Kota Kinabalu 146, D 3
Kotelnitsch 131, H/J 2
Kotelnyj-Insel 135, O 2
Kotka 104, H 4
Kotlas 134, E 3
Kotte 152, D 6
Kotui 135, K 3
Koudougou 180, C 4
Kourou 212, D 2
Koutiala 180, C 4
Kowdor 104, J 3
Kowel 130, C 4
Kowrow 131, G 2
Kowscha 130, F 1
Koyna 158, 1 C 4
Kozhikode = Calicut 152, D 5
Kpalimé 180, D 5
Kragujevac 126, B/C 2
Krakau (Kraków) 115, G 3
Kraków = Krakau 115, G 3
Kramatorsk 130, F 4
Kramfors 107, J 2
Kranj 119, L 4
Krasnodar 127, G 2
Krasnodarer Stausee 127, G/H 2
Krasnojarsk 134, J/K 4
Krasnokamensk 137, M 4
Krasnokamsk 131, K 2
Krefeld 112, F 3
Kréintgeshaff 49, C 3
Krékelsbierg 49, D 3
Krementschuk 130, E 4
Krementschuker Stausee 130, E 4
Krems 119, M 2
Kreta 126, D 5
Krim 127, F 2
Krimgebirge 127, F 2
Krishna 152, D 5
Kristiansand 105, D 5
Kristiansund 104, C 4
Kristineberg 107, J 1
Krk 119, L 6
Krk (Insel) 119, L 5
Kroatien 93, 5 G 4
Kronstadt (Braşov) 115, H 4
Kroton 86, 1 D 3
Kröv 112, F/G 4
Krševa 126, B 3
Krugersdorp 182, D 5
Krung Thep = Bangkok 146, C 2
Krywyj Rih 130, E 5
Kuala Lumpur 146, B/C 3
Kuala Terengganu 146, C 3
Kuantan 146, C 3
Kuba (Insel) 6, 1 F 4
Kuba (Staat) 191, 4 F 4
Kuban 127, G 2
Kubena 131, G 1
Kubenasee 130, F 2
Kuborn 48, B 2
Kuching 146, C 3
Kufra-Oasen 181, F 3
Kuh-i Sahand 127, J 4
Kuibyschew 134, H 4
Kuibyschewer Stausee 131, J 3
Kuito 182, C 4
Kujtoseen 104, J 3
Kuljab 161, G 5
Kulunda 134, H/J 4
Kum = Qom 161, F 5
Kuma 127, J 2
Kumamoto 153, K 3
Kumanovo 126, C 3
Kumasi 180, C 5
Kumul = Hami 152, F 2
Kunaschir = Kunashiri 135, P 5
Kunashiri (Kunaschir) 135, P 5
Kunduz 161, G 5
Kunene 182, C 4
Kungur 131, L 2
Kunlun Shan 7, 1 N 4
Kunming 152, G 4
Kuopio 104, H 4
Kupa 119, M 5
Kupang 146, E 5
Kura 160, E 4
Kurashiki 151, 5 C 6
Kurdistan 127, H/J 4
Kure 151, 5 C 6
Kurejka 134, J/K 3
Kurgan 134, G 4
Kuria-Muria-Inseln 161, F 7
Kurilen 135, P/Q 5
Kurland 105, G/H 5
Kurnool 152, D 5
Kursk 130, E/F 4
Kuruktag 152, E 2
Kurume 151, 5 B 7
Kuschka 161, G 5
Kuschun 131, J 4
Kushiro 153, L 2
Kuskokwimberge 198, E 3
Kusnezk 131, H 3
Küssnacht 118, E 3
Küstengebirge 6, 1 C 3
Küstenkanal 112, G 1
Küstenkette 200, B 2 – C 3
Kütahya 126, E 4
Kutaisi 127, H 3

Kuujjuaq (Fort Chimo) 199, O 4
Kuwait (Al-Kuwayt) 161, E 6
Kuwait (Staat) 141, 4 D 3
Kuytun 152, E 2
Kvarner 119, L 6
Kwangju 155, 1 G 3
KwaZulu/Natal 183, E 5
Kwekwe 183, E 4
Kyjiw = Kiew 130, D 4
Kykladen 126, D 4
Kyogasee 183, E 2
Kyoto 153, K 3
Kyrene 86, 1 E 3
Kysyl 134, K 4
Kysylkum 160, G 4
Kysylorda 160, G 4
Kythira 126, C 4
Kyushu 153, K 3

L

L'Hospitalet de Llobregat 122, D 3
L'viv = Lemberg (Ukraine) 130, B 4
La Banda 213, C 5
La Ceiba 201, F 5
La Chaux-de-Fonds 118, C/D 3
La Ciotat 118, B 7
La Coruña (A Coruña) 122, A 3
La Cumbre-Pass 213, C 6
La Línea 122, B 4
La Louvière 112, D 4
La Mancha 122, C 4
La Oroya 214, B 4
La Palma 180, B 3
La Paloma 215, D 6
La Paz (Bolivien) 212, C 4
La Paz (Mexiko) 200, C/D 4
La Pérouse-Straße 135, P 5
La Plata 213, D 6
La Rioja 213, C 5
La Rochelle 109, C 5
La Ronge 198, K 4
La Sagra 122, C 4
La Serena 213, B 5
La Skhirra 128, E 5
La Spezia 123, F 3
La Tène 86, 1 C 2
Labe = Elbe 114, E 3
Labrador 6, 1 F 3
Labrador City 203, H 1
Labradorbecken 6, 1 G 3
Labradorsee 199, P/Q 4
Labradorstrom 42, 1 M 3
Lac de la Haute Sûre 48, B 2
Lac de Vouglans 118, B 4
Lac du Bourget 118, B 5
Lacq 109, C 6
Lacus Brigantinus (Bodensee) 54, 1 C 5
Lacus Lemannus (Genfer See) 54, 1 B 5
Ladogasee 104, J/K 4
Lae 147, G 4
Lafayette 201, E 3
Lafia 180, D 5
Lagan 105, E 5
Lågen 104, D 4
Laghouat 180, D 2
Lago Maggiore 118, E 4
Lagos (Nigeria) 180, D 5
Lagos (Portugal) 122, A 4
Lahad Datu 146, D 3
Lahore 152, D 3
Lahti 104, H 4
Laisvall 107, J 1
Lake of the Woods 199, L 5
Lakkadiven 152, D 5
Laksefjord 104, H 2
Lallange 49, B 3
Lamadelaine 49, B 3
Lambaréné 182, B/C 3
Lambertgletscher 43, 4 D 2
Lamia 126, C 4
Lampang 146, B 2
Lancang Jiang (Mekong) 152, F 3
Land's End 109, B 4
Landeck 118, G 3
Landsberg (Polen, Gorzów Wielkopolski) 114, E 2
Landscheid 48, C 2
Landshut 119, J 2
Lang Son 146, C 1
Langanes 104, D 1
Langeoog 112, G 1
Langres 118, B 3
Languedoc 109, D 6 – E 5
Lanin 213, B 6
Lannen 49, B 2
Lansing 201, F 2
Lanzarote 180, B 3
Lanzhou 152, G 3
Lao Cai 146, C 1
Laon 112, C 5
Laos 141, 4 G 4
Lappeenranta 104, H/J 4
Lappland 104, F 3 – J 2
Laptewsee 7, 1 P 2
Laptewstraße 135, P 2
Larache = El Araich 122, B 5
Larderello 118, G 7
Larisa = Larissa 126, C 4
Larissa (Larisa) 126, C 4
Larnaca 127, F 5
Larne 108, B 3
Larochette 49, C 2
Las Heras 215, B 7
Las Palmas 180, B 3
Las Vegas 200, C 3
Lasauvage 49, B 3
Lashio 152, F 4
Latakia (Al-Laziqiya) 127, F 5
Latina 123, G 3
Lau-Gruppe 184, 1 J 6
Launceston 184, 1 E 9
Lausanne 118, C 4
Lautaret 118, C 5
Laval 109, C 5
Lavant 119, L 3
Lázaro Cárdenas 202, D 5
Le Cateau 112, C 4
Le Cornate 118, G 7
Le Creusot 109, E 5
Le Havre 109, C 4
Le Mans 109, D 5
Lecce 123, H 3
Lecco 118, F 5
Lech 118, G 2
Ledjanaja 135, R/S 3
Leeds 108, C 3
Leer 112, G 1
Leeuwarden 112, E 1
Lefkas (Leukas) 126, C 4
Lefkosia = Nikosia 127, F 5
Legaspi 146, E 2
Leh 152, D 3
Leibnitz 119, M 4
Leicester 108, C 3
Leiden 112, D 2
Leie 112, C 4
Leigh Creek 186, 1 C 4
Leipzig 114, E 3
Leitha 119, N 3
Leithagebirge 119, N 3
Leithum 48, C 1
Lek 112, D 3
Lellig 49, D 3
Lellingen 48, C 2
Lelystad 112, E 2
Leman Bank 106, E 4
Lemberg 118, E 2
Lemberg (Ukraine, L'viv) 130, B 4
Lena 135, L 4
Lenadelta 135, N/O 2
Lendery 104, J 4
Leninskoje 135, O 5
Lenningen 49, D 3
Lens 112, B 4
Lensk 135, M 3
Leoben 119, M 3
León (Mexiko) 200, D 4
León (Nicaragua) 201, F 5
León (Spanien) 122, B 3
Leonora 184, 1 C 7
Leopold II.-See = Mai Ndombe-See 182, C/D 3
Leptis Magna 86, 1 D 3
Lérida (Llerida) 122, D 3
Lerwick 108, C 1
Les Baux 118, A 7
Les-Deux-Alpes 118, C 6
Lesbos 126, D 4
Leshan 155, 1 E 4
Lesnoi 104, K 3
Lesosibirsk 134, J/K 4
Lesotho 171, 3 D 5
Leticia 212, B/C 3
Letnij Nawolok 104, L 3
Lettland 93, 5 H 3
Leudelange 49, C 3
Leukas = Lefkas 126, C 4
Leuser 146, B 3
Leuven = Löwen 112, D 4
Levanto 118, F 6
Levelange 49, B 3
Leverkusen 112, F 3
Levico 119, H 5
Leyte 146, E 2
Lhasa 152, F 4
Liangpran 146, D 3
Lianyungang 153, H/J 3
Libanon (Gebirge) 127, F 5
Libanon (Staat) 141, 4 C 3
Libenge 180, E 5
Liberia 171, 3 B 3
Libreville 182, B/C 2
Libyen 171, 3 C 2
Libysche Wüste 181, F 3
Lichinga 183, E 4
Lido di Jesolo 119, J 5
Liechtenstein 93, 5 G 4
Liefrange 48, B 2
Liège = Lüttich 112, E 4
Lieler 48, C 1
Lienz 119, J 4
Liepaja 105, G 5
Lier 112, D 3
Liévin 112, B 4
Liezen 119, L 3
Ligurische Alpen 118, D 7 – E 6
Ligurischer Apennin 118, E/F 6
Ligurisches Meer 123, E/F 3
Likasi 182, D 4
Lille 112, C 4
Lillehammer 104, D 4
Lillers 112, B 4
Lilongwe 183, E 4
Lilullaillaco 213, C 5
Lima 212, B 4
Limassol 127, F 5
Limburg (Provinz) 112, E 4 – F 3
Limerick 108, A 3
Limfjord 105, C/D 5
Limnos 126, D 4
Limoges 109, D 5
Limpach 49, B 3
Limpopo 182, D 5
Limpopo (Bundesstaat) 182, D 5
Linares 122, C 4
Lincoln 200, E 2
Lindau 118, F 3
Lindesnes 105, C 5
Lindi 182, D 2
Line-Inseln 185, 1 K 5
Linfen 153, G 3
Lingen 112, G 2
Linger 49, B 3
Lingga-Inseln 146, C 3
Linguère 180, B 4
Linhares 212, F 4
Linköping 105, E 5
Lintgen 49, C 3
Linyanti 182, D 4
Linz (Donau) 119, L 2
Liparische Inseln (Äolische Inseln) 123, G 4
Lipezk 130, F 3
Lipperscheid 48, C 2
Lira 183, E 2
Lisboa = Lissabon 122, A 4
Liski 130, F 4
Lissabon (Lisboa) 122, A 4
Litauen 93, 5 H 3
Little Rock 201, E 3
Liuzhou 153, G 4
Livange 49, C 3
Liverpool 108, C 3
Livingstone 182, D 4
Livland 105, H 5
Livorno 123, F 3
Lixos 86, 1 B 3
Lizard Point 109, B 4
Ljachow-Inseln 135, P 2
Ljamza 104, L 3
Ljubljana (hist. Laibach) 119, L 4
Ljusdal 104, F 4
Ljusnan 104, E 4
Llano Estacado 200, D 3
Llanos 6, 1 F 5
Llerida = Lérida 122, D 3
Lobito 182, C 4
Locarno 118, E 4
Lodi 118, F 5
Łódź 115, F 3
Lofoten 104, E 2 – E 3
Logroño 122, C 3
Loiblpass 119, L 4
Loire 109, E 5
Loja 212, B 3
Lokka 104, H/J 3
Lokoja 166, C 5
Lomaberge 180, B 5
Lomami 182, D 3
Lombardei 118, E 5 – G 5
Lomblen 146, E 4
Lombok 146, D 4
Lomé 180, D 5
Lomela 182, D 3
Lomme 112, B 4
Lommel 112, E 3
Lompobatang 146, D/E 4
London 108, C/D 4
Londonderry = Derry 108, B 3
Londrina 213, D 5
Long Xuyen 146, C 2
Longreach 186, 1 D 3
Longs Peak 200, D 2
Longsdorf 48, C 2
Longuyon 112, E 5
Longwy 109, A 6
Lons-le-Saunier 118, B 4
Loolmalasin 183, E 3
Lop Nur 152, F 2
Lorca 122, C 4
Lord-Howe-Insel 184, 1 F 8
Lorentzweiler 49, C 3
Loret del Mar 128, D 3
Loreto 123, G 3
Lorient 109, C 5
Los Alamos 202, D 3
Los Angeles 200, B/C 3
Lošinj 119, L 6
Lot 109, D 5
Lothringen 109, E 4
Loubomo 182, C 3
Lough Corrib 108, A 3
Lough Neagh 108, B 3
Lough Ree 108, A 3
Louisiade-Archipel 147, H 5
Louisiana (Bundesstaat) 201, E 3
Louisville 201, F 3
Loulan 152, E 2
Lourdes 109, C 6
Lowat 130, D 2
Löwen (Leuven) 112, D 4
Loyalty-Inseln 184, 1 G 7
Lualaba = Kongo (Fluss) 182, D 3
Luanda 182, C 3
Luang Prabang 146, C 1
Luangwa 183, E 4
Luanshya 182, D 4
Lubango 182, C 4
Lübeck 114, D 2
Lublin 115, G 3
Lubuk Linggau 146, C 4
Lubumbashi 182, D 4
Lucca 118, G 7
Lucentum 86, 1 B 3
Lucknow 152, E 4
Lüderitz 182, C 5
Ludhiana 152, D 3
Ludvika 105, E/F 4
Ludwigsburg 118, F 2
Luena 182, C/D 4
Luga 130, D 2
Lugano 118, E 4
Lugenda 183, E/F 4
Lugo 122, B 3
Luhansk 130, F 4
Lukenie 182, D 3
Lukuga 182, D 3
Lule älv 104, G 3
Luleå 104, G 3
Lullange 48, B 1
Lultzhausen 48, B 2
Lulua 182, D 3
Lumbowka 104, M 3
Lunda 182, C/D 3
Lundaschwelle 169, 3 G 8
Lundenburg (Břeclav) 119, N/O 2
Lunéville 109, B 7
Luoyang 153, H 3
Lure (Gebirge) 118, B 6
Lurio 183, E 4
Lusaka 182, D 4
Lut 161, F 5
Lutong 149, 2 D 3
Lüttich (Liège) 112, E 4
Luvua 182, D 3
Luxembourg (Stadt) 49, C 3
Luxemburg (Staat) 93, 5 F 3
Luxor 181, G 3
Luzern 118, E 3
Luzhou 155, 1 E 4
Luzk 130, C 4
Luzon 146, E 2
Luzonstraße 153, J 4
Lyck (Ełk) 115, G 2
Lynn Lake 199, K/L 4
Lyon 109, E 5
Lysekil 106, G 3
Lyswa 131, L 2

M

Mäander = Büyük Menderes 126, E 4
Maanselkä 104, J 3
Maanshan 155, 1 F 3
Maas 112, E 5
Maastricht 112, E 4
Macapá 212, D 2
Macau (Aomen) 153, H 4
Macdonellkette 184, 1 C 7
Maceió 212, F 3
Macerata 119, K 7
Machala 212, A/B 3
Machatschkala 134, E 5
Machilipatnam 158, 1 D 4
Machtum 49, D 3
Machu Picchu 212, B 4
Mackay 184, 1 E 7
Mackenzie 198, H 3
Mackenziegebirge 198, G/H 3
Mâcon 118, A/B 4
Macquarie-Insel 184, 1 F 10
Madagaskar (Insel) 169, 3 K 9
Madagaskar (Staat) 171, 3 E 4
Madagaskarbecken 7, 1 M 7
Madang 147, G 4
Madeira 180, B 2
Madéira 212, C 3
Mädelegabel 118, G 3
Madison 201, E/F 2
Madon 118, C 2

Madonna di Campiglio 118, G 4
Madras (Chennai) 152, E 5
Madrid 122, B/C 3
Madura 146, D 4
Madurai 152, D 6
Maebashi 151, 5 F 5
Mafia 183, E 3
Mafikeng 182, D 5
Magadan 135, P/Q 4
Magdalena 212, B 2
Magdeburg 114, D/E 2
Magellanstraße 213, B 8
Magerøya 104, H 2
Magnetischer Nordpol 42, 1 P 1
Magnetischer Südpol 43, 4 G 2
Magnitogorsk 134, F 4
Magnus 106, E 2
Magway 152, F 4
Mahabad 127, J 4
Mahajanga 183, F 4
Mahakam 146, D 4
Mahanadi 152, E 4
Mahé 183, G 3
Mahiljew 130, D 3
Mähren 114, E/F 3
Mai Ndombe-See (Leopold II.-See) 182, C/D 3
Maicuru 212, D 3
Maiduguri 180, E 4
Maikop 127, G/H 2
Mailand (Milano) 123, F 2
Maimana 158, 1 B 2
Maimanah 136, G 6
Main 114, D 3
Mainake 86, 1 B 3
Maine 201, G 2
Mainz 114, C/D 3
Maipo 213, C 6
Maizuru 151, 5 D 6
Maja 135, O 4
Majuro 184, 1 H 4
Makassar (Ujung Pandang) 146, D 4
Makat 160, F 4
Makedonien 126, C 3
Makemo 185, 1 M 6
Makgadikgadi-Salzpfanne 182, D 5
Makijiwka 130, F 5
Makin 160, H 3
Makira 184, 1 G 6
Makokou 182, C 2
Makurdi 180, D 5
Malabarküste 152, D 5 – D 6
Malabo 182, B 2
Malacky (Malatzka) 119, N 2
Málaga 122, B 4
Malaiischer Archipel 7, 1 P 5
Malakal 181, G 5
Malakatyn-Tas 135, O/P 2
Malake 86, 1 B 3
Malakka 146, C 3
Malakkastraße 146, C 3
Malang 146, D 4
Malanje 182, C 3
Mälarsee 105, F 5
Malatya 127, G 4
Malatzka = Malacky 119, N 2
Malawi 171, 3 D 4
Malawisee (Njassasee) 183, E 4
Malaysia 141, 4 G 4
Malbork = Marienburg 115, F 2
Malden-Insel 185, 1 L 5
Malediven (Landschaft) 7, 1 N 5
Malediven (Staat) 141, 4 E 4
Mali 171, 3 B 3
Mali Lošinj 119, L 6
Malili 146, E 4
Malindi 183, F 3
Malino 146, E 3
Mallnitz 119, J 4
Mallorca 122, D 4
Mallos 86, 1 F 3
Malmedy 112, F 4
Malmö 105, E 6
Maloelap-Atoll 184, 1 H 4
Malojapass 118, F 4
Maloschuika 104, L 4
Malpelo 212, A 2
Malta 93, 5 G 5
Malwinen = Falkland-Inseln 6, 1 G 8
Malyj Anjui 135, R 3
Mamer 49, C 3
Mamissonski-Pass 127, H 3
Mamore 212, C 4
Man 180, C 5
Man (Insel) 108, B 3
Manado 146, E 3
Managua 201, F 5
Manakara 183, F 5
Manama 161, F 6
Mananjary 183, F/G 5
Manaus 212, D 3
Manchester 108, C 3
Mandalay 152, F 4
Mandschurei 7, 1 Q 3
Mangalore 152, D 5
Mangoky 183, F 5
Manihiki 185, 1 K 6
Manila 146, D/E 2
Manisa 126, D 4
Manitoba 199, L 4
Manitobasee 199, K 4
Manitouwadge 203, F 2
Manizales 212, B 2
Mannheim 114, D 3
Manokwari 147, F 4
Manono 182, D 3
Manternach 49, D 3
Mantes 112, A 6
Mantos Blancos 214, B 5
Mantova = Mantua 118, G 5
Mantua (Mantova) 118, G 5
Manturowo 131, G/H 2
Mäntyluoto 104, G 4
Manytschniederung 131, G 5
Manytschsee 131, G 5
Manzanillo 200, D 5
Manzhouli 153, H 2
Maokegebirge 147, F 4
Maoming 153, H 4
Maputo 183, E 5
Mar del Plata 213, D 6
Marabá 212, D/E 3
Maracaibo 212, B/C 1
Maracaibosee 212, B 2
Maracay 212, C 1
Maradi 180, D 4
Maragheh 127, J 4
Marahuaca 212, C 2
Marand 127, J 4
Maranhão 212, E 3
Marañón 212, B 3
Marathon 126, D 4
Marbella 122, B 4
Marbourg (Luxembourg) 48, C 1
March 114, F 3
Marcha 135, M 3
Marche-en-Famenne 112, E 4
Marcus-Insel 147, H 1
Margarita 212, C 1
Marguareis 118, D 6
Marianen 7, 1 R 4
Marianengraben 7, 1 R 4
Mariazell 119, M 3
Maribor (hist. Marburg) 119, M 4
Marica 126, D 3
Marie-Byrd-Land 43, 4 N 2
Mariecourt 199, O 3
Marienburg (Malbork) 115, F 2
Marienthal 49, C 3
Mariupil 130, F 5
Marka 181, H 5
Marken 119, J/K 7
Markermeer 112, E 2
Marle 112, C 5
Marmarameer 126, D/E 3
Marmaris 126, E 4
Marmolada 119, H 4
Marnach 48, C 1
Marne (Fluss) 109, D 4
Maroantsetra 183, F 4
Marokko 171, 3 B 2
Maroua 180, E 4
Marovoay 183, F 4
Marquesas-Inseln 185, 1 N 5
Marrakech 180, C 2
Marsa al-Burayqah 180, E 3
Marsa el Brega 129, G 5
Marsa Matruh 129, J 5
Marsabit 183, E 2
Marsala 123, F/G 4
Marscherwald 46, D 2 – 3
Marseille 109, E 6
Marshall-Inseln 7, 1 S 5
Marshall-Inseln (Staat) 25, 1 S 4
Martigny 118, C/D 4
Martigues 118, B 7
Martinique 201, H/J 5
Mary 161, G 5
Maryborough 186, 1 E 3
Maryland 201, G 3
Marzuq 180, E 3
Mascara 122, D 5
Maseru 182, D 5
Mashhad = Meschhed 161, F 5
Mashonaland 183, E 4
Masindi 183, E 2
Masinlok 148, 1 D 2
Masirah 161, F 6
Maskarenen 7, 1 M 7
Maskarenenbecken 7, 1 M 6
Maskat 161, F 6
Massa 118, G 7
Massachusetts 201, G/H 2
Massaisteppe 183, E 3
Massawa 181, G 4
Masseler 48, C 2
Massif des Maures 118, C 7
Massilia (hist. Marseille) 86, 1 C 2
Masuku = Franceville 182, C 3
Masuren 115, G 2
Masvingo 183, E 5
Masyr 130, D 4
Matabeleland 182, D 4
Matadi 182, C 3
Mathura 158, 1 C 3
Mato Grosso 212, D 4
Mato Grosso do Sul 212, D 4
Matosinhos 122, A 3
Matrah 161, F 6
Matsu 153, H 4
Matsue 151, 5 C 6
Matsuyama 151, 5 C 7
Matterhorn 118, D 4
Mattersburg 119, N 3
Maubeuge 112, C 4
Maui 185, 1 L 2
Maun 182, D 4
Mauretanien 171, 3 B 3
Mauritius (Insel) 183, G 5
Mauritius (Staat) 171, 3 E 4
Mauthausen 119, L 2
Mawachi 148, 1 B 2
Maxixe 183, E 5
Mayotte 183, F 4
Mazagan 180, B/C 2
Mazar-e Sharif 161, G 5
Mazatlán 200, D 4
Mazedonien 93, 5 H 4
Mbabane 183, E 5
Mbala 183, E 3
Mbandaka 182, C/D 2
Mbeya 183, E 3
Mbinda 182, C 3
Mbomou 181, F 5
Mbuji-Mayi 182, D 3
McClure-Straße 198, H/J 2
McDonald-Insel 25, 1 M 7
McRobertson-Küste 43, 4 C 2
Meadow 202, D 1
Meaux 112, B 6
Mechelen 112, D 3
Mecher (bei Clervaux) 48, B – C 1
Mecher (bei Liefrange) 48, B 2
Mecklenburg 114, D/E 2
Mecklenburg 114, D/E 2
Medan 146, B 3
Medellín 212, B 2
Medernach 48, C 2
Medicine Hat 198, J 5
Medina 161, E 6
Medingen 49, C 3
Medjerda 123, F 4
Medny-Insel 135, R 4
Médoc 109, C 5
Medweshi-Inseln (Bären-Inseln) 135, R 2
Medwediza 131, G 4
Meekatharra 134, 1 B 7
Meeralpen 118, C/D 7
Meerut 152, D 4
Megara 86, 1 E 3
Meispelt 49, C 3
Mekele 181, G/H 4
Mekka 161, D/E 6
Meknès (Miknas) 180, C 2
Mekong = Lancang Jiang 152, F 4
Mekran 161, F/G 6
Melanesien 7, 1 Q 5
Melbourne 184, 1 E 8
Melekeok 147, F 3
Melilla 122, C 5
Melita 86, 1 D 3
Melitopol 130, E 5
Melk 119, M 2
Melville-Halbinsel 199, M 3
Melville-Insel (Australien) 147, F 5
Melville-Insel (Kanada) 199, J/K 2
Memel (Fluss) 105, G 6
Memel (Klaipeda) 105, G 6
Memmingen 118, G 3
Memphis (hist. Ort) 86, 1 E 3
Memphis (USA) 201, F 3
Mendocinostufe 6, 1 B 4
Mendoza 213, C 6
Menongue 182, C 4
Menorca 122, E 3
Mensdorf 49, D 3
Mentawai-Inseln 146, B 4
Menton 118, D 7
Meppel 112, F 2
Meppen 112, G 2
Merak 148, 1 C 4
Meran (Merano) 119, H 4
Merano = Meran 119, H 4
Merauke 147, F 4
Mercedes 213, C 6
Mergui = Myeik 152, F 5
Mérida (Mexiko) 201, E/F 4
Mérida (Spanien) 122, B 4
Mérida (Venezuela) 212, B 2
Merkholtz 48, B 2
Merlo 213, C/D 6
Meron 127, F 5
Mersch 49, C 2
Merscheid (bei Gralingen) 48, C 2
Merscheid (bei Heiderscheid) 48, B 2
Mersin (İçel) 127, F 4
Mertert 49, D 3
Mertzig 48, C 2
Meru 183, E 2
Meru (Berg) 183, E 3
Mesabi 203, E 2
Meschhed (Mashhad) 161, F 5
Mesen 134, E 3
Mesen (Fluss) 134, E 3
Mesopotamien 7, 1 L 4
Messina (Italien) 123, G 4
Messina (Südafrika) 183, E 5
Mestre (Venedig-) 119, J 5
Meta 212, B 2
Metauro 119, J 7
Metz 109, B 6
Meurthe 109, B 7
Mexicali 200, C 3
Mexiko (Staat) 191, 4 E 4
Mexiko-Stadt 200, D 4 – E 5
Meysembourg 49, C 2
Miami 201, F/G 4
Miandoab 127, J 4
Mianyang 152, G 3
Michelau 48, C 2
Michelbouch 48, C 2
Michigan 201, F 2
Michigansee 201, F 2
Middelburg 112, C 3
Middlesbrough 108, C/D 3
Midway-Inseln 184, 1 J 2
Mihara 151, 5 C 6
Mikkeli 104, H 4
Miknas = Meknès 180, C 2
Mikronesien (Insel) 184, 1 E 4
Mikronesien (Staat) 25, 1 R 4
Milano = Mailand 123, F 2
Mildura 184, 1 E 8
Milet 126, D 4
Milford Haven 108, B 4
Milkowo 135, Q 4
Millbech 49, C 3
Millennium-Insel (Caroline-Insel) 185, 1 L 5
Miller 106, E 3
Millerowo 131, G 4
Millstatt 119, K 4
Milos 126, D 4
Milwaukee 201, E/F 2
Mimizan 116, C 4
Min Shan 152, G 3
Minas (Indonesien) 148, 1 C 3
Minas (Uruguay) 213, D 6
Minas Gerais 212, E 4
Minatitlan 203, E 5
Mincio 118, G 5
Mindanao 146, E 3
Mindoro 146, D/E 2
Minho 122, A 3
Minna 180, D 5
Minneapolis 201, E 2
Minnesota 201, E 2
Minsk 130, C 3
Miri 146, D 3
Mirim-Lagune 213, D 6
Mirnyj 135, M 3
Miskolc 115, F/G 3
Misool 147, E 4
Misrata 180, E 2
Mississippi (Bundesstaat) 201, E/F 3
Mississippi (Fluss) 201, E 2
Mississippidelta 201, F 4
Missouri (Bundesstaat) 201, E 3
Missouri (Fluss) 200, D 2
Mistassinisee 199, N 4
Mistras 126, C 4
Mithapur 152, C 4
Mitla 200, E 5
Mito 151, 5 G 5
Mitschurinsk 131, G 3
Mittelamerika 6, 1 D 5
Mittelatlantischer Rücken 6, 1 H 3
Mitteldeutsches Revier 117, F 3
Mittelengland 106, D 4
Mittelmeer 7, 1 K 4
Mittelrussische Platte 130, E 3 – F 4
Mittelsibirisches Bergland 135, K/L 3
Mittlerer Taurus 127, F/G 4
Mitú 212, B 2
Mjøsensee 104, D 4
Mo i Rana 107, H 1
Mobile 201, F 3
Moco 182, C 4
Mocuba 183, E 4
Modane 118, C 5
Modena 123, F 2
Moen 147, H 3
Moenus (Main) 54, 1 C 4
Moers 112, F 3

REGISTER

Moersdorf 49, D – E 3
Moesdorf 49, C 2
Moestroff 48, C 2
Mogadischu (Muqdishu) 181, H 5
Mogontiacum (Mainz) 54, 1 B 4
Mogotscha 135, M/N 4
Mohenjo Daro 152, C 4
Mointy 160, H 4
Mokpo 153, J 3
Mokscha 131, G 3
Moldau (Fluss, Vltava) 114, E 3
Moldau (Staat) 93, 5 H 4
Molde 104, C 4
Molepolole 182, D 5
Möll 119, K 4
Mollendo 212, B 4
Mologa 130, E 2
Moloma 131, J 2
Molopo 182, D 5
Molukken 146, E 4
Molukkensee 146, E 4
Momagebirge 135, P 3
Mombasa 183, E/F 3
Mompach 49, D 2
Monaco 118, D 7
Monaco (Staat) 93, 5 F 4
Monbetsu 151, 5 H 1
Mönchengladbach 112, F 3
Monclova 202, D 4
Mondercange 49, B 3
Mondorf-lesIBains 49, D 3
Mondovi 118, D 6
Monfalcone 119, K 5
Mongolei 141, 4 F 2
Mongolischer Altai 152, E/F 2
Mongstad 106, F 2
Mongu 182, D 4
Monrovia 180, B 5
Mons 112, C 4
Mont Blanc 118, C 5
Mont des Fourches 118, B 2
Mont Lassois 86, 1 C 2
Mont Lozère 109, D 5
Mont Pilat 118, A 5
Mont St. Nicolas (Neklosbierg) 48, C 2
Mont Tendre 118, C 4
Mont Ventoux 118, B 6
Mont-Cenis 118, C/D 5
Montagne du Lubéron 118, B 7
Montana (Bundesstaat) 200, C/D 2
Montauban 109, D 5
Montbard 118, A 3
Montdidier 112, B 5
Monte Adamello 118, G 4
Monte Caseros 213, D 5
Monte Catria 119, J 7
Monte Cimone 118, G 6
Monte Cinto 123, F 3
Monte Cristallo 119, J 4
Monte Falterona 119, H 7
Monte Maggiorasca 118, F 6
Monte Pelat 118, C 6
Monte Pisano 118, G 7
Monte Rosa 123, E/F 2
Monte Venda 119, H 5
Monte Viso 123, E 2
Montélimar 118, A/B 6
Montenegro 93, 5 G 4
Montería 212, B 2
Monterrey 200, D/E 4
Montes Claros 212, E 4
Montevideo 213, D 6
Montfaucon 112, D/E 5
Montgenèvre 118, C 6
Montgomery 201, F 3
Monti del Chianti 119, H 7
Montluçon 109, D 5
Montmédy 112, E 5
Montone 119, H 6
Montpelier 201, G 2
Montpellier 109, D/E 6
Montréal 199, N 5
Montreuil 112, A 4
Montreux 118, C/D 4
Montschegorsk 104, J/K 3
Monza 118, F 5
Moomba 186, 1 D 3
Moosonee 199, M 4
Mopti 180, C 4
Mora 104, E 4
Moradabad 152, D/E 4
Moramanga 183, F/G 4
Moray Firth 108, C 2
Moree 186, 1 E 3
Morelia 200, D 5
Morez 118, B 4 – B 5
Morioka 153, L 3
Morlaix 109, C 4
Mormugao 152, D 5
Morogoro 183, E 3
Mörön 152, F 2
Morondava 183, F 5
Moroni 183, F 4
Morosowsk 131, G 4
Morotiri 185, 1 M 7
Morro Alto 212, E 4
Morvan 118, A 3
Morzine 118, C 4
Mosa (Maas) 54, 1 B 3
Mosambik 183, F 4
Mosambik (Staat) 171, 3 D 4
Mosdok 127, J 3
Mosel 112, G 4
Mosella (Mosel) 54, 1 B 4
Moselle 49, D 3
Moshga 131, K 2
Moshi 183, E 3
Mosjøen 107, H 1
Moskau (Moskwa) 130, F 3
Moskau-Wolga-Kanal 130, F 2
Moskito-Bank 201, F 5
Moskito-Küste 201, F 5
Moskwa = Moskau 130, F 3
Mossoró 212, F 3
Mostaganem 180, D 2
Mostar 126, B 3
Mosul 127, H 4
Motala 105, E 5
Motovun 119, K 5
Moulin de Bockholtz (Bockholtzermillen) 48, B 2
Moulin de Bourscheid ((Burschtermillen) 48, C 2
Moulin de Goebels (Goebelsmühle) 48, C 2
Moulin de Maulus (Maulusmillen) 48, C 1
Moulmein 152, F 5
Moulouya 180, C 2
Moundu 180, E 5
Mount Baker 198, F 3
Mount Bruce 184, 1 B 7
Mount Chamberlin 188, D 3
Mount Columbia 198, J 4
Mount Cook 184, 1 G 9
Mount Doonerak 198, E/F 3
Mount Erebus 43, 4 K 2
Mount Everest 152, E 4
Mount Fairweather 198, G 4
Mount Forel 199, R 3
Mount Fridtjof Nansen 43, 4 J 1
Mount Garnet 186, 1 D 2
Mount Hagen 147, G 4
Mount Hann 146, E 5
Mount Hood 200, B 2
Mount Isa 184, 1 D 7
Mount Katmai 198, E 4
Mount Kenia 183, E 3
Mount Kirkpatrick 43, 4 H 1
Mount Kosciusko 184, 1 E 8
Mount Logan 198, F/G 3
Mount Magnet 186, 1 A 3
Mount McKinley 198, E 3
Mount Menzies 43, 4 C 2
Mount Michelson 198, F 3
Mount Mitchell 201, F 3
Mount Rainier 200, B 2
Mount Robson 198, J 4
Mount Saint Helens 200, B 2
Mount Shasta 200, B 2
Mount Sidley 43, 4 N 2
Mount Smythe 198, H 4
Mount Veniaminof 198, E 4
Mount Victoria 147, G 4
Mount Vinson 6, 1 D 9
Mount Waddington 198, H 4
Mount Whitney 200, C 3
Mount Wilhelm 147, G 4
Moura 186, 1 D 3
Mouscron 112, C 4
Moutfort 49, D 3
Moûtiers 118, C 5
Moyale 183, E 2
Mpika 183, E 4
Mpumalanga 183, E 5
Mthatha 182, D 6
Mtwara 183, F 4
Muanda 182, C 3
Muaraenim 148, 1 C 4
Mubi 180, E 4
Muchingagebirge 183, E 4
Mudanjiang 153, J 2
Mueserskij 107, M 2
Mugodsharyberge 160, F 4
Mühlviertel 119, K/L 2
Muinak 136, F 5
Mujunkum 160, G/H 4
Mulhacén 122, C 4
Müllendorf 49, C 3
Müllerthal 49, D 2
Mulobezi 182, D 4
Multan 152, D 4
Mumbai = Bombay 152, D 5
Muna 135, M 3
München 119, H/J 2
Mungbere 182, D 2
Munku-Sardyk 152, F/G 1
Munnaberg 105, H 5
Munsbach 49, C – D 3
Münschecker 49, D 3
Munshausen 48, C 1
Münster 112, G 3
Münsterland 112, G 3
Muonio 104, G 3
Muonio älv 104, G 2
Muqdishu = Mogadischu 181, H 5
Mur (Mura) 119, L 3
Mura = Mur 119, L 3
Murallón 213, B 7
Muraschi 131, H/G 2
Muratdaği 126, E 4
Murchison 184, 1 B 7
Murcia 122, C 4
Murmanküste 104, K 2
Murmansk 104, K 2
Murom 131, G 3
Muroran 151, 5 G 2
Murray 184, 1 E 8
Murraystufe 6, 1 C 4
Murrumbidgee 184, 1 E 8
Murupara 187, 1 G 4
Mürz 119, M 3
Mürzzuschlag 119, M 3
Mus Chaja 135, O/P 3
Musala 126, C 3
Musoma 183, E 3
Mutare 183, E 4
Mutsamudu 183, F 4
Mwali 183, F 4
Mwanza 183, E 3
Mwene-Ditu 182, D 3
Mwerusee 182, D 3
Myanmar (Birma) 141, 4 F 3
Myeik (Mergui) 152, F 5
Myingyan 152, F 4
Myitkyina 152, F 4
Myjava 119, O 2
Mykene 126, C 4
Mykolajiw 130, D 5
Mykonos 126, D 4
Myrdalsjökull 104, C 2
Mysore 152, D 5
Myvatn 104, C 1
Mzuzu 183, E 4

N

N'Djamena 180, E 4
Nabereshnyje Tschelny 131, K 3
Nabeul 123, F 4
Nabire 147, F 4
Nacala 183, F 4
Nachodka 135, O 5
Nachtmanderscheid 48, C 2
Nador 122, C 5
Nadwoizy 136, D 3
Nadym 134, H 3
Nafplion = Nauplia 126, C 4
Nagano 151, 5 E 5
Nagaoka 151, 5 F 5
Nagasaki 153, J 3
Nagem 49, B 2
Nagoya 153, K 3
Nagpur 152, D 4
Nagqu 154, 1 D 3
Naha 153, J 4
Nahe 112, G 5
Nahe Inseln 198, B 4
Nain 199, O 4
Nairobi 183, E 3
Najran 161, E 7
Nakhon Ratchasima 146, C 2
Nakhon Sawan 146, B 2
Nakhon Si Thammarat 148, 1 C 3
Nakuru 183, E 3
Naltschik 127, H 3
Nam Co 152, E 3
Namaqualand 182, C 5
Namatanai 149, 1 H 4
Namib 7, 1 K 6/7
Namibe 182, C 4
Namibia 171, 3 C 4
Nampula 183, E/F 4
Namsos 104, D/E 3
Namur 112, D 4
Nan 146, C 2
Nan Shan 152, F/G 3
Nanchang 153, H 4
Nanchong 155, 1 E 3
Nancy 109, E 4
Nanda Devi 152, D 3
Nanded 152, D 5
Nanga Parbat 152, D 3
Nanjing 153, H 3
Nanning 153, G 4
Nanping 153, H 4
Nansei-Inseln 153, J 4
Nantes 109, C 5
Nantong 153, J 3
Naoetsu 151, 5 E 5
Napier 187, 1 G 4
Napoléonsgaard 48, B 2
Napoli = Neapel 123, G 3
Nara 180, C 4
Nares-Straße 199, N 2 – O 1
Narjan-Mar 134, F 3
Narmada 152, D 4
Narodnaja 134, F 3
Narotschsee 130, C 3
Narva 105, H 5
Narva (Fluss) 105, H 5
Narvabucht 105, H 5
Narvik 104, F 2
Naryn (Fluss) 160, H 4
Nashik 152, D 5
Nashville 201, F 3
Näsisee 104, G 4
Nassau 201, G 4
Nassersee 181, G 3
Natal 212, F 3
Natalbecken 7, 1 L 7
Natronsee 183, E 3
Natuna-Besar-Inseln (Bunguran-Inseln) 146, C 3
Naukratis 86, 1 E 3
Nauplia (Nafplion) 126, C 4
Nauru (Insel) 184, 1 G 5
Nauru (Staat) 25, 1 S 5
Navoiy 160, G 4
Nawadibu = Nouadhibou 180, B 3
Nawaksut = Nouakchott 180, B 4
Nawolok 104, L 4
Naxçıvan 127, J 4
Naxos 126, D 4
Naypyidaw 152, F 5
Nazilli 126, E 4
Nazret 181, G 5
Ndola 182, D 4
Neapel (Napoli) 123, G 3
Neapolis (historischer Ort) 86, 1 D 2
Nebraska 200, D/E 2
Necochea 213, D 6
Nedjd 161, E 6
Neftekamsk 131, K 3
Nefud 161, D/E 6
Negele 181, G 5
Négrine 123, E 5
Neidhausen 48, C 1
Neihaisgen 49, C 3
Neijiang 153, G 4
Neiva 212, B 2
Nelkan 135, O 4
Nelma 135, O/P 5
Nelson (Fluss) 199, L 4
Nelson (Förderstätte) 106, E 3
Nelson (Neuseeland) 187, 1 G 5
Nelspruit 183, E 5
Néma 166, B 4
Nemuro 151, 5 J 2
Nemurostraße 151, 5 J 1
Nepal 141, 4 F 3
Nephin 108, A 3
Nerjungri 135, N 4
Nertschinsk 135, M 4
Nertschinskij Sawod 154, 1 E 1
Nesebâr 126, D/E 3
Nestos 126, D 3
Neu-Delhi 152, D 4
Neubrandenburg 114, E 2
Neubritannien 147, H 4
Neuchâtel = Neuenburg 118, C/D 4
Neue Hebriden = Vanuatu 184, 1 G 6
Neuenburg (Neuchâtel) 118, C/D 4
Neuenburger See 118, C/D 4
Neufchâteau 118, B/C 2
Neufundland 199, P 5
Neufundlandbecken 6, 1 G 3
Neuguinea 147, F 4
Neuirland 147, H 4
Neukaledonien 184, 1 G 7
Neukastilien 122, B/C 3
Neumarkt in Steiermark 119, L 3
Neun-Grad-Kanal 152, D 6
Neunhausen 48, B 2
Neunkirchen 112, G 5
Neuquén 213, C 6
Neuschottland 199, O 5
Neuschwabenland 43, 4 S 2
Neuseeland (Landschaft) 7, 1 S 8
Neuseeland (Staat) 25, 1 S 6
Neusibirien 135, P 2
Neusibirische Inseln 135, O 2 – Q 2
Neusiedler See 119, N 3
Neuss 112, F 3
Neustettin (Szczecinek) 114, F 2
Neuwied 112, G 4
Nevada 200, C 3
Nevado de Colima 200, D 5
Nevado del Huila 212, B 2
New Amsterdam 212, D 2
New Brunswick 199, O 5
New Hampshire 201, G 2
New Jersey 201, G 3
New Mexico 200, D 3
New Orleans 201, F 4
New York 201, G 2

New York (Bundesstaat) 201, G 2
Newcastle (Australien) 184, 1 F 8
Newcastle upon Tyne 108, C 3
Newfoundland and Labrador 199, P 4
Newinnomyssk 127, H 2
Newman 184, 1 C 7
Newport 106, D 5
Ngaoundéré 180, E 5
Nguru 180, E 4
Nha Trang 146, C/D 2
Nhulunbuy (Gove) 186, 1 C 2
Niagarafälle 201, F 2
Niamey 180, D 4
Nias 146, B 3
Nicaragua 191, 4 F 5
Nicaraguasee 201, F 5
Nicaro 203, G 4
Nice = Nizza 109, E 6
Nicer (Neckar) 54, 1 C 4
Nichinan 151, 5 B 8
Niederanven 49, D 3
Niedercorn 49, B 3
Niederdonven 49, D 3
Niedere Tauern 119, K/L 3
Niederglabach 49, C 2
Niederguineaschwelle 7, 1 K 5
Niederkalifornien 200, C 3 – C 4
Niederlande 93, 5 F 3
Niederländische Antillen 201, H 5
Niederpallen 49, B 2
Niederwampach 48, B 1
Niete 180, C 5
Nieuwegein 112, E 3
Nieuwpoort 112, B 3
Niger (Fluss) 180, C 4
Niger (Staat) 171, 3 C 3
Nigerdelta 180, D 5
Nigeria 171, 3 C 3
Niigata 153, K 3
Niihama 151, 5 C 6
Nijmegen = Nimwegen 112, E 3
Nikel 104, J 2
Nikobaren 7, 1 O 5
Nikolajewsk 135, O/P 4
Nikolsk 131, H 2
Nikopol 130, E 5
Nikosia (Lefkosia) 127, F 5
Nil 181, G 4
Nîmes 109, E 6
Nimrud 127, H 4
Nimwegen (Nijmegen) 112, E 3
Ningbo 153, J 4
Ningxia 153, G 3
Ninive 161, E 5
Ninove 112, C/D 4
Nioro du Sahel 180, B/C 4
Niort 116, C 4
Nipigonsee 199, L/M 5
Niš 126, C 3
Nishnekamsk 131, J 3
Nishnekamsker Stausee 131, K 2
Nishnekolymsk 135, Q/R 3
Nishnewartowsk 134, H 3
Nishnij Nowgorod 131, H 2
Nishnij Tagil 136, G 4
Niterói 213, E 5
Niue 185, 1 K 6
Nivelles 112, D 4
Nizza (Nice) 109, E 6
Njagan 134, G 3
Njassasee = Malawisee 183, E 4
Njazidja 183, F 4
Njemen 130, C 3
Nkongsamba 180, E 5
Nobeoka 151, 5 B 7
Nocher 48, B 2
Noerdange 49, B 3
Noertrange 48, B 2
Noertzange 49, C 3
Nogales 200, C 3
Nogaltal 181, H 5
Noginsk 134, J/K 3
Nogliki 137, P 4
Nome 198, D 3
Nommern 49, C 2
Nong Khai 146, C 2
Noordwijk 112, D 2
Nordamerika 6, 1 D 3
Nordamerikanisches Becken 6, 1 F 4
Nordaustralisches Becken 7, 1 O 6
Nordböhmen 117, G 3
Nordbrabant 112, D/E 3
Norden 112, G 1
Norderney 112, F/G 1
Nordfjord 104, C 4
Nordhollandkanal 112, D 2
Nordhorn 112, F/G 2
Nordinsel 184, 1 H 8
Nordirland 93, 5 E 3
Nordjemen 141, 4 D 4
Nordkap (Norwegen) 104, H 2
Nordkap (Provinz, Südafrika) 182, D 6
Nordkorea 141, 4 H 3
Nördliche Dwina 134, E 3
Nördliche Marianen 147, G 2
Nördliche Sporaden 126, C/D 4
Nordostpazifisches Becken 6, 1 A 3
Nordpolarmeer 6, 1 G 1
Nordrussischer Landrücken 131, G 2 – K 1
Nordsee 7, 1 K 3
Nordseekanal 112, D 2
Nordsibirisches Tiefland 134, K 2 – M 2
Nordwest 182, D 5
Nordwestpazifisches Becken 7, 1 R 3
Norfolk 201, G 3
Norfolk-Insel 184, 1 G 7
Noricum 54, 1 E 5
Norilsk 134, J 3
Norman Wells 198, H 3
Normandie 109, C/D 4
Normanton 186, 1 D 2
Norne 106, F 1
Norrköping 105, F 5
Norrland 104, F 3
Norseman 186, 1 B 4
North Bay 199, M/N 5
North Carolina 201, F/G 3
North Dakota 200, D/E 2
North Platte 200, D 2
Northampton (Australien) 186, 1 A 3
Northampton (Großbritannien) 106, D 5
Northwest-Territories 198, H/J 3
Norwegen 93, 5 F 2
Norwich 108, D 3
Nospelt 49, C 3
Nossob 182, C 5
Nosy Boraha 183, G 4
Nothum 48, B 2
Notsee 104, J 2
Nottaway 199, N 4
Nottingham 108, C 3
Nouadhibou (Nawadibu) 180, B 3
Nouakchott (Nawaksut) 180, B 4
Nouméa 184, 1 G 7
Nova Gorica 119, K 4
Nova Iguaçu 213, E 5
Nova Scotia 199, O/P 5
Novaesium (Neuss) 54, 1 B 3
Novara 123, F 2
Novi Ligure 118, E 6
Novi Sad 126, B 2
Noviomagus (Nimwegen) 54, 1 A 3
Noviomagus (Speyer) 54, 1 B 4
Nowaja Kasanka 131, J 4
Nowaja Semlja 134, F/G 2
Nowokuibyschewsk 131, J 3
Nowokusnezk 134, J 4
Nowomoskowsk 130, F 3
Noworossijsk 134, D 5
Nowosibirsk 134, H/J 4
Nowosybkow 130, E 3
Nowotscheboksarsk 131, H/J 2
Nowotscherkassk 131, G 5
Nowyj Port 134, G/H 3
Nowyj Urengoi 134, H 3
Noyelles 112, A 4
Noyon 112, B/C 5
Nu Jiang (Saluën) 152, F 3
Nubien 181, F/G 4
Nubische Wüste 181, G 3
Nuevo Laredo 200, D/E 4
Nuku Hiva 185, 1 M 5
Nuku'alofa 184, 1 J 7
Nukus 160, F/G 4
Nullagine 186, 1 B 3
Nullarborebene 184, 1 C 8
Numazu 151, 5 F 6
Nunavut 199, K 3 – M 3
Nürnberg 114, E 4
Nuruhakdağı 127, G 4
Nuuk (Godthåb) 199, P 3
Nuviak-Insel 198, D 3
Nyala 181, F 4
Nyda 134, H 3
Nyeri 183, E 3
Nyíregyháza 115, G 3
Nyiru 183, E 2
Nyköping 105, F 5
Nynäshamn 107, J 3
Nyons 118, B 6
Nzérékoré 180, C 5
Nzwani 183, F 4

O

Oahe-Stausee 200, D 2
Oahu 185, 1 K 2
Oak Ridge 203, F 3
Oase Djalo 181, F 3
Oasen von Touat 180, C/D 3
Oaxaca 200, E 5
Ob 134, J 4
Oban 108, B 2
Obenthalt 49, C 3
Oberalppass 118, E/F 4
Oberanven 49, C 3
Obercorn 49, B 3
Oberdonven 49, D 3
Obereisenbach 48, C 1
Oberer See 201, F 2
Oberfeulen 48, C 2
Oberguineaschwelle 169, 3 D 5
Oberhausen 112, F 3
Oberpallen 49, B 3
Oberschlesisches Industrierevier 117, H 3
Oberstdorf 118, G 3
Obervolta = Burkina Faso 171, 3 B 3
Oberwampach 48, B 1
Oberwart 119, N 3
Obiou 118, B 6
Obschtschij Syrt 131, J/K 3
Ocean-Insel = Banaba 184, 1 G 5
Ocha 135, P 4
Ochotsk 135, P 4
Ochotskisches Meer 7, 1 R 3
Odda 104, C 4
Ödenburg (Sopron) 119, N 3
Odense 105, D 6
Oder (Odra, Polen) 114, F 3
Odessa 130, D 5
Odinzowo 130, F 3
Odra = Oder (Polen) 114, F 3
Oesling 48, B – C 2
Oetrange 49, D 3
Offenburg 118, D/E 2
Ogaden 181, H 5
Oglio 118, G 5
Ogooué 182, C 3
Ohanet 180, D 3
Ohio (Bundesstaat) 201, F 2
Ohio (Fluss) 201, F 3
Oimjakon 135, F 3
Ois = Ybbs 119, L 3
Oise 112, C 5
Oita 151, 5 B 7
Oituzpass 115, H 4
Ojos del Salado 213, C 5
Oka 130, F 3
Okaba 147, F 4
Okahandja 182, C 5
Okavango 182, D 4
Okavangobecken 182, D 4
Okayama 153, K 3
Okene 180, D 5
Okha 158, 1 B 3
Oki-Inseln 151, 5 C 5
Okinawa 153, J 4
Oklahoma 200, E 3
Oklahoma City 200, E 3
Oktjabrskij 131, K 3
Oktoberrevolutions-Insel 135, J 2 – L 2
Okushiri 151, 5 F 2
Öland 105, F 5
Olavarría 213, C 6
Olbia (historischer Ort) 86, 1 F 2
Olbia (Sardinien) 123, F 3
Oldenburg 114, C/D 2
Oldenzaal 112, F 2
Olenjok 135, L/M 3
Olenjok (Fluss) 135, L 3
Olga 135, O 5
Olingen 49, D 3
Oljokminsk 135, M/N 3
Olm 49, B – C 3
Olmütz (Olomouc) 114, F 3
Olomouc = Olmütz 114, F 3
Olsztyn = Allenstein 115, G 2
Olt 115, H 4
Olten 118, D 3
Oltu 127, H 3
Olymp 126, C 3
Olympia 200, B 2
Olympia (Ruinenstätte) 126, C 4
Olympic Dam 186, 1 C 4
Omaha 200, E 2
Oman 141, 4 D 3
Omangebirge 161, F 6
Omatako 182, C 5
Omdurman 181, F/G 4
Omo 181, G 5
Omolon 135, Q 3
Omsk 134, H 4
Omuta 151, 5 B 7
Onega 104, L 4
Onegasee 104, K 4
Onilahy 183, F 5
Onon 135, M 4
Onslow 186, 1 A 3
Ontario 199, M 4
Ontariosee 201, G 2
Oostende = Ostende 112, B/C 3
Oosterhout 112, D 3
Oosterschelde 112, C/D 3
Opala 182, D 3
Opatija 119, L 5
Opole = Oppeln 114, F 3
Oppeln (Opole) 114, F 3
Opua 184, 1 H 8
Oradea = Großwardein 115, G 4
Oral (Uralsk) 131, J 4
Oran (Wahran) 180, C 2
Orange (Australien) 186, 1 D 4
Orange (Frankreich) 118, A/B 6
Oranje 182, D 5
Orchies 112, C 4
Ord 146, E 5
Ordos 153, G/H 3
Ordu 127, G 3
Örebro 105, E 5
Orechowo-Sujewo 130, F 3
Oregon 200, B/C 2
Orenburg 131, K 4
Orense 122, A/B 3
Orinoco 212, C 2
Orinocodelta 212, C/D 2
Oristano 123, F 4
Orjol 130, F 3
Orkney-Inseln 108, C 2
Orlando 201, F 4
Orléans 109, D 4
Ormen Lange 106, F 2
Örnsköldsvik 107, J 2
Orontes = Asi 127, G 5
Orscha 130, D 3
Orsk 134, F 4
Ortisei = Sankt Ulrich 119, H/J 4
Orumiyeh = Urmia 127, J 4
Oruro 212, C 4
Osaka 153, K 3
Oseberg 106, E 2
Ösel (Saaremaa) 105, G 5
Oshogbo 180, D 5
Öskemen (Ust-Kamenogorsk) 160, H/J 4
Oskol 130, F 4
Ösling 46, B 2 – C 1
Oslo 105, D 5
Oslofjord 105, D 5
Osmaniye 127, F/G 4
Osnabrück 114, D 2
Osorno 213, B 7
Ospern 49, B 2
Ossiach 119, L 4
Ostafrikanisches Seenhochland 169, 3 J 7
Ostalpen 123, F 2
Ostchinesisches Meer 7, 1 Q 4
Ostende (Oostende) 112, B 3
Østerdal 104, D 4
Osterinsel 6, 1 D 7
Österreich 93, 5 G 4
Östersund 104, E/F 4
Ostfriesische Inseln 112, F/G 1
Ostfriesland 112, G 1
Ostghats 152, D/E 5
Ostiglia 119, H 5
Ostkap 182, D 6
Ostkarpaten 115, H 4
Ostkordillere 212, B 2
Östliche Sierra Madre 200, D/E 4
Östlicher Euphrat 127, H 4
Östlicher Großer Erg 180, D 3
Östlicher Taurus 127, G/H 4
Ostmeer = Japanisches Meer 7, 1 Q 4
Ostpazifischer Rücken 6, 1 B 8
Ostpreußen 115, G 2
Ostrau (Ostrava) 114, F 3
Ostrava = Ostrau 114, F 3
Ostsajan 134, K/L 4
Ostsee 7, 1 K 3
Ostsibirische See 7, 1 R 2
Oststeirisches Hügelland 119, M 4
Osttimor 141, 4 H 5
Ostwind-Drift 43, 4 H 2
Osumi-Inseln 153, K 3
Osweiler 49, D 2
Otaru 151, 5 G 2
Otočac 119, M 6
Otranto 123, H 4
Ötscher 119, M 3
Otta 104, C 4
Ottawa 199, N 5
Ötztaler Alpen 118, G 4
Ouadda 181, F 5
Ouagadougou 180, C/D 4
Ouargla 180, D 2
Oudenaarde 112, C 4
Ougebirge 151, 5 G 4
Oujda 122, C 5
Oulu (Uleåborg) 104, H 3
Oulujoki 104, H 3
Oulusee 104, H 3
Ounasjoki 104, H 3
Our 48, C 1
Ourthe 112, E 4
Ovamboland 182, C 4
Overath 112, G 4

Oviedo 122, B 3
Owando 182, C 3
Oxford 108, C 4
Oya-Schio 42, 1 A 3
Oyem 182, C 2
Oyo 180, D 5

P

Pachacamac 212, B 4
Pachuca 200, E 4
Padang 146, B/C 4
Padova = Padua 123, F 2
Padua (Padova) 123, F 2
Pafebierg 49, D 2
Pag 119, M 6
Pag (Insel) 119, L 6
Pago Pago 185, 1 K 6
Päijänne 104, H 4
Paiyinchang 155, 1 E 3
Pakistan 141, 4 E 3
Pakxé 146, C 2
Palana 135, Q 4
Palangkaraya 146, D 4
Palanpur 152, D 4
Palau 141, 4 H 4
Palawan 146, D 2
Palembang 146, C 4
Palencia 122, B 3
Palermo 123, G 4
Palikir 147, H 3
Palkstraße 152, D 6 – E 5
Pallastunturi 104, G/H 2
Palma de Mallorca 122, D 4
Palmas 212, E 4
Palmer-Archipel 43, 4 P 2
Palmerland 43, 4 P 2
Palmyra (Insel) 185, 1 K 4
Palmyra (Ruinenstätte) 127, G 5
Palopo 146, E 4
Palu 146, D 4
Pamekasan 146, D 4
Pamir 161, H 5
Pampa 6, 1 F 7
Pamplona (Iruña) 122, C 3
Panaji 158, 1 C 4
Panamá (Staat) 191, 4 F 5
Panamá-Stadt 201, G 6
Panaro 119, H 6
Panay 146, E 2
Pangkalpinang 146, C 4
Panhandle 202, D 3
Pantanal 212, D 4
Pantelleria 123, G 4
Pantifer Höhen 105, H 5
Pantikapaion 86, 1 F 2
Pápa 119, O 3
Papeete 185, 1 M 6
Papua (Irian Jaya) 147, F 4
Papua-Neuguinea 141, 4 J 5
Papuagolf 147, G 4
Pará 212, D 3
Paraburdoo 186, 1 A 3
Paracel-Inseln 153, H 5
Paraguay (Fluss) 213, D 5
Paraguay (Staat) 191, 4 G 7
Paraíba 212, F 3
Parakou 180, D 5
Paramaribo 212, D 2
Paramuschir 135, Q 4
Paraná 213, C/D 6
Paraná (Bundesstaat) 213, D 5
Paraná (Fluss) 213, C/D 6
Paranaguá 213, E 5
Paranapanema 213, D 5
Paraschwelle 6, 1 G 6
Parauapebas 212, E 3
Pardo 213, D 5
Pardubice = Pardubitz 114, E/F 3
Pardubitz (Pardubice) 114, E/F 3
Parece Vela 147, F 1
Parepare 146, D 4
Paris 109, D 4
Pariser Becken 180, D 1
Parma 123, F 2
Parnaíba 212, E 3
Parnaiba (Fluss) 212, E 3
Parnaß 126, C 4
Pärnu (Pernau) 105, H 5
Paros 86, 1 E 3
Parry-Inseln 199, J 2 – L 2
Passau 119, K 2
Pasto 212, B 2
Patagonien 6, 1 F 8
Patkaigebirge 152, F 4
Patna 152, E 4
Patomhochland 135, M 4
Patos de Minas 212, E 4
Patos-Lagune 213, D 6
Patrai = Patras 126, C 4
Patras (Patrai) 126, C 4
Pattaya 148, 1 C 2
Pau 109, C 6
Paulistana 214, E 3
Paulo Afonso 212, F 3
Pavia 118, F 5
Pawlodar 160, H 3
Pawlohrad 130, E/F 4
Paysandú 215, D 6
Paz de Rio 214, B 2
Pazifisch-Antarktisches Becken 6, 1 A 9
Pazifischer Ozean 6, 1 A 4
Pazifischer Strom 42, 1 R 3
Peace River 198, J 4
Pécs 115, F 4
Pegu (Bagu) 152, F 5
Peipussee 105, H 5
Pekanbaru 146, C 3
Peking (Beijing) 153, H 3
Pelagische Inseln 123, G 5
Peledui 135, M 4
Peloponnes 126, C 4
Pelotas 213, D 6
Pelotas (Fluss) 213, D 5
Pelvoux-Ecrins 118, C 6
Pematangsiantar 146, B/C 3
Pemba 183, F 4
Pemba (Insel) 183, E 3
Pembroke 106, B 5
Peñalara 122, B 3
Peñiscola 122, D 3
Pennines 108, C 3
Pennsylvania 201, G 2
Penong 186, 1 C 4
Penrhyn (Tongareva) 185, 1 K 5
Pensa 131, H 3
Penshina 135, R 3
Pentland Firth 108, B 2
Penzance 109, B 4
Peoria 203, E 2
Peppange 49, C 3
Pergamon 126, D 4
Périgueux 109, D 5
Perlé 48, B 2
Perm 131, K/L 2
Pernambuco 212, F 3
Pernau = Pärnu 105, H 5
Pernik 126, C 3
Péronne 112, B 5
Perpignan 109, D 6
Persepolis 161, F 6
Persischer Golf 161, E/F 6
Perth 184, 1 B 8
Peru 191, 4 G 6
Perubecken 6, 1 D 6
Perugia 123, G 3
Perugraben 6, 1 E 6
Perwomaisk 130, D 4
Pesaro 119, J/K 7
Pescara 123, G 3
Peschnoi 131, J 5
Peshawar 152, D 3
Pétange 49, B 3
Petare 212, C 1
Peter-I.-Insel 43, 4 O 2
Petermann Bjerg 199, R/S 2
Petit-Nobressart 49, B 2
Petra 86, 1 F 4
Petrolina 212, E/F 3
Petropawl 160, G 3
Petropawlowsk-Kamtschatskij 135, Q/R 4
Petrópolis 213, E 5
Petrosawodsk 104, K 4
Petrowsk-Sabaikalski 137, L 4
Petschenga 104, J/K 2
Petschora 134, F 3
Petschora (Fluss) 134, F 3
Pettingen 49, C 2
Peureulak 146, B 3
Pewek 135, S 3
Pfefferküste 180, B/C 5
Pforzheim 118, E 2
Phaseliis 86, 1 E 3
Phasis 86, 1 F 2
Philadelphia 201, G 3
Philippeville 112, D 4
Philippinen (Inseln) 7, 1 Q 5
Philippinen (Staat) 141, 4 H 4
Philippinenbecken 7, 1 Q 4
Philippinengraben 7, 1 Q 5
Phitsanulok 146, C 2
Phnom Penh 146, C 2
Phoenix 200, C/D 3
Phokaia 86, 1 E 3
Phönixinseln 7, 1 T 6
Phuket 146, B 3
Piacenza 123, F 2
Piatra Neamt 115, H 4
Piauí 212, E 3
Piave 123, G 2
Picardie 112, B 5 – D 5
Pico Bolívar 212, B 2
Pico da Bandeira 213, E 5
Pico da Neblina 212, C 2
Pico de Aneto 122, D 3
Pico del Teide 180, B 3
Pico Duarte 201, G 5
Pico Ruivo 180, B 2
Picos 212, E 3
Picton 187, 1 G 5
Pidurutalagala 152, E 6
Pielinen-See 104, J 4
Piemont 118, D 6
Pierre 200, D/E 2
Piešťany 119, O 2
Pietermaritzburg 183, E 5
Pietersburg = Polokwane 182, D 5
Pietra Ligure 118, E 6
Pik Ismail Samani 160, H 5
Pik Pobedy 152, D/E 2
Pilatus 118, E 4
Pillau (Baltisk) 115, F/G 2
Pilsen (Plzeň) 114, E 3
Pinar del Rio 201, F 4
Pindaré 212, E 3
Pindos 126, C 3
Pine Point 198, J 3
Pinerolo 118, D 6
Pingdingshan 153, H 3
Pingxiang 155, 1 F 4
Pinsk 130, C 3
Pintsch 48, C 2
Piombino 117, F 5
Piraieus = Piräus 126, C 4
Piran 119, K 5
Piräus (Piraieus) 126, C 4
Pirmasens 112, G 5
Pisa 123, F 3
Pisac 212, B 4
Pisco 214, B 4
Pissange 49, B – C 3
Pistoia 118, G 7
Pitcairn-Insel 185, 1 O 7
Piteå 107, K 1
Pitești 115, H 4
Piton des Neiges 183, G 5
Pittsburgh 201, F/G 3
Piura 212, A 3
Piz Bernina 118, F/G 4
Piz Linard 118, F/G 4
Pjandsh 161, G 5
Pjasee 104, J 3
Pjatigorsk 127, H 2
Pjöngjang 153, J 3
Plateau von Langres 118, B 3
Plateau von Mato Grosso 212, D 4
Plateau von Tademaït 180, D 3
Platen 49, B 2
Platte (Fluss) 200, E 2
Platte (Insel) 183, G 3
Plattensee (Balaton) 114, F 4
Pleven 126, D 3
Plitvicer Seen 119, M 6
Pljussa 130, D 2
Płock 117, H 2
Plöckenpass 119, J 4
Ploiești 115, H 4
Plovdiv 126, D 3
Plymouth 109, B/C 4
Po 123, F 2
Pobeda 135, P 3
Podeba-Insel 43, 4 E 3
Podelta 119, J 6
Podgorica 126, B 3
Podolsk 130, F 3
Pohnpei 147, H 3
Pointe du Raz 109, B 5
Pointe-Noire 182, B/C 3
Poitiers 109, C/D 5
Poix 112, A 5
Polazk 130, D 3
Polcirkeln 104, G 3
Polen 93, 5 G 3
Polesje 130, C 4 – D 3
Poligny 118, B 4
Polokwane (Pietersburg) 182, D 5
Poltawa 130, E 4
Polynesien 6, 1 A 4
Pomalaa 149, 2 E 4
Pommerloch 48, B 2
Pommern 114, E/F 2
Pompeji 123, G 3
Ponce 201, H 5
Ponoi 104, M 3
Ponoi (Fluss) 104, L 3
Pons Aeni (Rosenheim) 54, 1 D 5
Ponta Grossa 213, D/E 5
Ponta Porã 214, D 5
Pontarlier 118, C 4
Pontevedra 122, A 3
Pontianak 146, C 3
Pontisches Gebirge 127, F 3
Pontoise 112, A/B 5
Pontpierre 49, C 3
Pontremoli 118, F/G 6
Poona (Pune) 152, D 5
Poopósee 212, C 4
Popayán 212, B 2
Popocatépetl 200, D/E 5
Popondetta 147, G 4
Porangatu 212, D/E 4
Porbandar 152, C 4
Porcupine 203, F 2
Porcupine (Fluss) 198, F/G 3
Pordenone 119, J 4
Pordoi 119, H 4
Poreč 119, K 5
Porjus 104, G 3
Porsangerfjord 104, H 2
Porsgrunn 106, G 3
Port Arthur 203, E 4
Port Augusta 184, 1 D 8
Port Blair 146, B 2
Port Cartier 203, H 2
Port Elizabeth 182, D 6
Port Gentil 182, B 3
Port Harcourt 180, D 5
Port Hedland 184, 1 B 6
Port Lincoln 186, 1 C 4
Port Louis 183, G 4
Port Moresby 147, G 4
Port Nolloth 182, C 5
Port of Spain 201, H/J 5
Port Pirie 186, 1 C 4
Port Radium 198, J 3
Port Said 181, G 2
Port Sudan 181, G 3
Port Vila 184, 1 G 6
Port-au-Prince 201, G 5
Port-Vendres 109, D/E 6
Porta Orientala 115, G 4
Portimão 122, A 4
Portland (Australien) 186, 1 C 4
Portland (USA, Maine) 203, G 2
Portland (USA, Oregon) 200, B 2
Porto 122, A 3
Porto Alegre 213, D/E 5
Porto Franco 212, E 3
Porto Novo 180, D 5
Porto Seguro 212, F 4
Pôrto Velho 212, C 3
Portofino 118, F 6
Portsmouth 106, D 5
Porttipahta 104, H 3
Portugal 93, 5 D 5
Porvoo 107, L 2
Posadas 213, D 5
Posen (Poznań) 114, F 2
Poso 146, E 4
Postojna 119, L 5
Potenza 123, G/H 3
Poti 127, H 3
Potosi 212, C 5
Potsdam 114, E 2
Powell-Stausee 200, C/D 3
Poyang Hu 153, H 4
Poysdorf 119, N 2
Poznań = Posen 114, F 2
Pra Loup 118, C 6
Prabumulih 146, C 4
Prag (Praha) 114, E 3
Praha = Prag 114, E 3
Prärien = Great Plains 6, 1 D 3
Pratas = Dongsha 153, H 4
Prato 119, H 7
Pratomagno 119, H 7
Pratz 48, B 2
Predeal 115, H 4
Pregel 115, G 2
Pretoria 182, D 5
Prettange 49, C 3
Primorsko-Achtarsk 127, G 2
Prince Albert 198, K 4
Prince George 198, H 4
Prince of Wales-Insel 199, K/L 2
Prince of Wales-Straße 198, J 2
Prince Rupert 198, G 4
Prince-Edward-Island 199, O 5
Príncipe 182, B 2
Prinz-Eduard-Inseln 25, 1 L 7
Prinzessin-Astrid-Küste 43, 4 A 2
Prinzessin-Martha-Küste 43, 4 S 2
Prinzessin-Ragnhild-Küste 43, 4 B 2
Priosersk 104, J 4
Pripjat 130, C 4
Pripjatsümpfe 130, C 3 – D 4
Prislop 115, H 4
Priština 126, C 3
Prizren 126, C 3
Prochladny 127, H/J 3
Provençalische Alpen 118, C 6 – C 7
Provence 109, E 6
Providence 201, G/H 2
Prudhoe Bay 198, F 2
Pruth 130, D 5
Pschisch 127, H 3
Psiol 130, E 4
Pskow 130, D 2
Pskower See 130, C 2
Ptuj 119, M 4
Pucallpa 212, B 3
Puebla 200, E 5

Pueblo 200, D 3
Puerto Aisén 213, B 7
Puerto Barrios 201, F 5
Puerto Cabello 214, C 1
Puerto Carreño 212, C 2
Puerto Deseado 213, C 7
Puerto Limón 201, F 5
Puerto Madryn 213, C 7
Puerto Montt 213, B 7
Puerto Plata 201, G/H 5
Puerto Rico 201, H 5
Puerto Santa Cruz 213, C 8
Puerto Vallarta 200, D 4
Puertollano 122, B 4
Pugatschow 131, J 4
Pula 119, K 5
Pulog 146, E 2
Puncak Jaya 147, F 4
Pune = Poona 152, D 5
Punjab 152, D 3 – D 4
Puno 212, C 4
Punta Arenas 213, B 8
Punta la Marmora 123, F 3
Punta Parinas 6, 1 E 6
Puntarenas 201, F 5
Purmerend 112, D 2
Purus 212, B 4
Puschkino 131, H 4
Pustertal 119, H/J 4
Putoranagebirge 135, K 3
Putrajaya 146, B 3
Putscheid 48, C 2
Putumayo 212, B 3
Puy de Sancy 109, D 5
Puyang 153, H 3
Pyay 152, F 5
Pyinmana 152, F 5
Pyramiden 181, F/G 3
Pyrenäen 122, C 3

Q

Qaanaaq (Thule) 199, O 2
Qacentina = Constantine 180, D 2
Qaidambecken 152, F 3
Qal'at Bishah 161, E 6
Qamdo 152, F 3
Qaraghandy (Karaganda) 160, H 4
Qardho 181, H/J 5
Qarqan 152, E 3
Qarshi 161, G 5
Qatortoq (Julianehåb) 199, Q 3
Qazvin 161, E 5
Qeqertarsuaq (Godhavn) 199, P 3
Qin Ling 152, G/H 3
Qina 181, G 3
Qingdao = Tsingtau 153, J 3
Qinghai Hu 152, F 3
Qinhuangdao 153, H/J 2
Qiqihar 153, J 2
Qom (Kum) 161, F 5
Qongirot 160, F 4
Québec 199, N 5
Québec (Provinz) 199, N 4
Queenstown (Australien) 186, 1 D 5
Queenstown (Neuseeland) 184, 1 G 9
Queenstown (Südafrika) 182, D 6
Quelimane 183, E 4
Quellon 213, B 7
Querétaro 200, D/E 4
Quetta 152, C 3
Quezaltenango 201, E/F 5
Quezon City 146, E 2
Qui Nhon 146, C/D 2
Quiberon 116, C 4
Quilpie 186, 1 D 3
Quimper 109, B/C 5
Quito 212, B 3
Qurnat as Sawda 127, F 5

R

Raab (Fluss, Rába) 119, O 3
Raab (Ungarn, Györ) 119, O 3
Raahe 104, G 3
Rab 119, L 6
Rába = Raab (Fluss) 119, O 3
Rabat 180, C 2
Rabaul 149, 1 H 4
Rachamps 48, B 1
Radom 115, G 3
Radstädter Tauernpass 119, K/L 3
Raetia 54, 1 D 5
Rafsanjan 161, F 5
Ragusa 123, G 4
Raiatea 185, 1 L 6
Raipur 152, E 4
Raivavae 185, 1 M 7
Rajkot 152, D 4
Rajshahi 152, E 4
Rakka = Ar-Raqqah 127, G 4
Raleigh 201, G 3
Ralikgruppe 184, 1 G 4
Rambouillet 112, A 6
Rambrouch 48, B 2
Ramelau 146, E 4
Rameldange 49, C 3
Râmnicu Vâlcea 115, G/H 4
Rancagua 213, B 6
Ranchi 152, E 4
Ranghulu 153, J 2
Rangiroa 185, 1 M 6
Rangun (Yangon) 152, F 5
Rankin 186, 1 A 2
Ranong 148, 1 B 3
Rantemario 146, D/E 4
Rapa 185, 1 M 7
Rapallo 118, F 6
Rapid City 200, D 2
Rapperswil 118, E/F 3
Rarotonga 185, 1 K 7
Ras al-Haad 161, F 6
Ras Daschan 181, G 4
Ras Kaboudia 123, F 5
Ras Mohammed 181, G 3
Ras Xaafun 181, J 4
Rasdan 127, J 3
Rasht 161, E 5
Ratakgruppe 184, 1 G 3
Rätikon 118, F 3
Rätische Alpen 118, F/G 4
Ratten-Inseln 198, B 5
Raufarhöfn 104, C 1
Rauma 104, G 4
Raumfahrtzentrum Bajkonyr 136, G 5
Raumfahrtzentrum Jiuquan 155, 1 D 2
Raumfahrtzentrum Plessezk 136, E 3
Raumfahrtzentrum Sriharikota 158, 1 D 4
Ravenna 123, G 2
Ravensburg 118, F 3
Rawalpindi 152, D 3
Rax 119, M 3
Rébierg 49, B 3
Recife 212, F 3
Reckange 49, C 3
Reckange-sur-Mess 49, C 3
Reckenerwald 46, C 3
Recklinghausen 112, G 3
Red Lake 203, E 1
Red River 200, E 3
Redange 49, B 2
Regensburg 119, J 2
Reggâne (Riggan) 180, C/D 3
Reggio di Calabria 123, G/H 4
Reggio nell'Emilia 118, G 6
Regina 198, K 4
Rehoboth 182, C 5
Reichlange 49, B 2
Reimberg 49, B 2
Reims 109, E 4
Reisdorf 48, D 2
Remerschen 49, D 4
Remich 49, D 3
Remscheid 112, G 3
Renmark 186, 1 C 4
Rennel 184, 1 F 6
Rennes 109, C 4
Reno 200, C 3
Reno (Fluss) 119, H 6
Rentiersee 199, K 4
Reprêsa Balbina 212, D 3
Reschenpass 118, G 4
Resistencia 213, C/D 5
Reşiţa 115, G 4
Resko Tepe 127, H 4
Rethel 112, D 5
Retz 119, M/N 2
Reuland 49, D 2
Reuler 48, C 1
Réunion 183, G 5
Reuß 118, E 4
Reutlingen 118, E/F 2
Revillagigedo-Inseln 200, C/D 5
Reykjanes 104, B 2
Reykjavik 104, B 1
Reynosa 200, D/E 4
Rezekne 105, H 5
Rhegion 86, 1 D 3
Rhein 112, F 3
Rhein 114, D 3
Rhein-Main 76, 1 C 3
Rhein-Neckar 76, 1 C 4
Rhein-Ruhr 76, 1 B 3
Rheinau (Baden) 52, C 4
Rheine 112, G 2
Rheinwaldhorn 118, E/F 4
Rhenus (Rhein) 54, 1 B 3
Rhode Island 201, G/H 2
Rhodopen 126, C/D 3
Rhodos 126, E 4
Rhodos (Insel) 126, E 4
Rhön 114, D 3
Rhube 127, G 5
Riad 161, E 6
Ribadeo 122, B 3
Ribeirão Prêto 213, E 5
Riberalta 212, C 4
Riccione 119, J 6
Richards Bay 183, E 5
Richmond 201, G 3
Rienz 119, H 4
Riga 105, G 5
Rigaischer Meerbusen 105, G/H 5
Riggan = Reggâne 180, C/D 3
Rigi 118, E 3
Riiser-Larsen-Halbinsel 43, 4 B 2
Rijeka 126, A 2
Rimatara 185, 1 L 7
Rimini 123, G 2
Rindschleiden 48, B 2
Ringel 48, C 2
Rinjani 146, D 4
Rio Branco 212, B 3
Rio Branco (Fluss, Weißer Fluss) 212, C 2
Rio Bravo del Norte 200, D 4
Rio Cuarto 213, C 6
Rio de Janeiro 213, E 5
Rio de Janeiro (Bundesstaat) 213, E/F 5
Rio de la Plata 213, D 6
Río Gallegos 213, C 8
Río Grande (Argentinien) 213, C 8
Rio Grande (Brasilien) 213, D/E 6
Rio Grande (Fluss, Brasilien) 212, D/E 4
Rio Grande (Fluss, USA) 200, D 3
Rio Grande do Norte 212, F 3
Rio Grande do Sul 213, D 5
Rio Negro (Argentinien) 213, C 6 – C 7
Rio Negro (Brasilien) 212, C 2
Rio Negro (Uruguay) 213, D 6
Rio Tercero 215, C 6
Rio Verde 212, D/E 4
Rio-Grande-Schwelle 6, 1 G 7
Rioni 127, H 3
Rippig 49, D 3
Rippweiler 49, B 2
Rishiri 151, 5 G 1
Riva 118, G 5
Rivera 213, D 6
Riviera 123, F 2
Riviera di Levante 118, E 6 – F 7
Riviera di Ponente 118, D/E 7
Riwne 130, C 4
Rjasan 130, F 3
Rjashsk 131, G 3
Robinson-Crusoe-Insel 213, B 6
Rochefort 112, E 4
Rochester 201, G 2
Rockhampton 184, 1 F 7
Rocky Mountains (Felsengebirge) 6, 1 C 2
Rocroi 112, D 5
Rodange 49, B 3
Rodenbourg 49, D 3
Roder 48, C 1
Roedgen 49, C 3
Roedt 49, D 3
Roermond 112, E 3
Roeselare 112, C 4
Roeser 49, C 3
Rolling 49, D 3
Rollingen 49, C 3
Rom (Roma) 123, G 3
Roma (Australien) 186, 1 D 3
Roma (Italien) = Rom 123, G 3
Romans-sur-Isère 118, B 5
Romanshorn 118, F 3
Rombach-Martelange 48, A – B 2
Ronda 122, B 4
Rondane 104, D 4
Rondônia 212, C 4
Rondonópolis 212, D 4
Rongcheng (Guangdong) 153, H 4
Ronne-Schelfeis 43, 4 P 2
Ronse 112, C 4
Roodt (bei Lannen) 49, B 2
Roodt (Eisch) 49, B – C 3
Roodt-sur-Syre 49, D 3
Roosendaal 112, D 3
Roosevelt-Insel 43, 4 L 1
Roraima 212, C 2
Roraima (Berg) 212, C 2
Røros 104, D 4
Rosario 213, C 6
Roseau 201, H 5
Rosenberg (Rožmberk nad Vltavou) 119, L 2
Rosenheim 119, H/J 3
Roslawl 130, E 3
Rosport 48, D – E 2
Ross-Insel 43, 4 J 2
Ross-Schelfeis 43, 4 K 1
Rossano 123, H 4
Rossbarriere 43, 4 K 2
Rosslare 108, B 3
Rossmeer 7, 1 S 9
Rosso 180, B 4
Rostock 114, D/E 2
Rostow 130, F 5
Rota 147, G 2
Rotenturmpass 115, G/H 4
Roter Fluss (China) 152, G 4
Roter Fluss (Türkei) = Kızılırmak 127, G 4
Rotes Becken 153, G 3
Rotes Meer 7, 1 L 4
Roti 146, E 5
Rotterdam 112, D 3
Rotuma 184, 1 H 6
Roubaix 112, C 4
Rouen 109, D 4
Roullingen 48, B 2
Rourkela 152, E 4
Rouscht 49, C 2
Rovaniemi 104, H 3
Rovereto 119, H 5
Rovigo 119, H 5
Rovinj 119, K 5
Rovuma 183, E 4
Royan 116, C 4
Roye 112, B 5
Rshew 130, E 2
Ruaha 183, E 3
Ruanda 171, 3 D 4
Ruapehu 184, 1 H 8
Rubesch 104, L 4
Rubzowsk 134, J 4
Rudnyj 136, G 4
Rudolfsee = Turkanasee 183, E 2
Rufiji 183, E 3
Rügen 114, E 2
Ruhrgebiet 116, E 3
Rukwasee 183, E 3
Rumänien 93, 5 H 4
Rumbek 181, F/G 5
Rumelange 49, C 4
Rumlange 48, B 1
Rungwe 183, E 3
Ruoqiang 152, E 3
Rur 112, F 4
Ruruty 185, 1 L 7
Ruse 126, D 3
Ruseifa 129, L 5
Russland 141, 4 E 1
Rustawi 127, J 3
Rustenburg 182, D 5
Rutog 152, E 3
Ruwais 167, H 3
Rybinsk 134, D 4
Rybinsker Stausee 130, F 2
Ryukyu-Inseln 153, J 4
Rzeszów 115, G 3

S

Saalburg 54, 1 C 3
Saane 118, D 4
Saar 112, F 5
Saar (Wirtschaftsregion) 76, 1 B 4
Saarbrücken 112, F/G 5
Saarburg (Frankreich, Sarrebourg) 118, C 2
Saaremaa = Ösel 105, G 5
Saarlouis 112, F 5
Saas-Fee 118, D/E 4
Sabadell 122, D 3
Sabah 146, D 3
Sabha 180, E 3
Sabi 183, E 5
Sable-Insel 199, O 5
Sabratha 86, 1 C 3
Sabrinaküste 43, 4 G 2
Sachalin 135, P 4
Sacramento 200, B 3
Sacramento (Fluss) 200, B 2
Sadiya 148, 1 B 1
Sado 151, 5 E 4
Sadon 129, M 3
Saeul 49, B – C 3
Safaga 167, F 3
Safi 180, B/C 2
Sagis 131, K 4
Saguenay 199, N 5
Sahara (Landschaft) 6, 1 J 4
Sahara (Staat) 171, 3 B 2
Saharaatlas 180, C/D 2
Saharanpur 152, D 4
Sahel 7, 1 J 5
Saïda 122, D 5
Saigon = Ho-Chi-Minh-Stadt 146, C/D 2
Saimaakanal 104, J 4
Saimaasee 104, H/J 4
Saint Denis 183, G 5
Saint George's 201, H 5
Saint John (Kanada) 199, O 5
Saint John (USA) 201, H 5

Saint John's (Antigua und Barbuda) 201, H/J 5
Saint John's (Kanada) 199, P/Q 5
Saint Kitts und Nevis 191, 4 G 5
Saint Louis 201, E/F 3
Saint Lucia 191, 4 G 5
Saint Paul 201, E 2
Saint Paul (Insel) 6, 1 H 5
Saint Petersburg 201, F 4
Saint Vincent und die Grenadinen 191, 4 G 5
Saint-Brieuc 109, C 4
Saint-Claude 118, B 4
Saint-Denis 112, B 6
Saint-Dizier 118, A/B 2
Saint-Étienne 109, D/E 5
Saint-Germain-en-Laye 112, A/B 6
Saint-Jean-de-Maurienne 118, C 5
Saint-Louis 180, B 4
Saint-Malo 109, C 4
Saint-Nazaire 109, C 5
Saint-Omer 112, B 4
Saint-Paul 25, 1 N 6
Saint-Pierre und Miquelon 199, P 5
Saint-Pol-sur-Ternoise 112, B 4
Saint-Quentin 109, D 4
Saint-Raphaël 118, C/D 7
Saint-Tropez 118, C 7
Sainte-Baume 118, B/C 7
Saipan 147, G 2
Saissan 160, J 4
Saissansee 160, J 4
Sajak 160, H 4
Sajan 138, 1 F 3
Sajnschand 153, H 2
Saka 122, C 5
Sakarya 126, E 3
Sakata 151, 5 F 4
Sakol 131, G 2
Sal 131, G 5
Sala y Gómez 24, 1 D 6
Sála-y-Gómez-Rücken 6, 1 D 7
Salado 213, C 5
Salalah 161, F 7
Salamanca 122, B 3
Salamat 180, E 4
Salamis 86, 1 F 3
Salar de Atacama 213, C 5
Salar de Uyuni 212, C 4
Salawat 131, K 3
Saldanha 182, C 6
Salé 122, B 5
Salechard 134, G/H 3
Salem 200, B 2
Salerno 123, G 3
Salihorsk 130, C/D 3
Salima 183, E 4
Salina Cruz 200, E 5
Salkhad 127, G 5
Salomon-Inseln 184, 1 F 5
Salomonen 25, 1 S 5
Salomonsee 147, G 4
Saloniki = Thessaloniki 126, C 3
Salpausselkä 104, H/J 4
Salsk 131, G 5
Salsomaggiore Terme 118, F 6
Salt Lake City 200, C/D 2
Salta 213, C 5
Saltillo 200, D 4
Salto 213, D 6
Salueiro 214, E 3
Saluën = Nu Jiang 152, F 3
Saluzzo 118, D 6
Salvador 212, F 4
Salza 119, L 3
Salzach 119, J 2
Salzburg 119, K 3
Salzburger Kalkalpen 119, J/K 3
Salzburger Kalkalpen 119, J/K 3
Salzkammergut 119, K 3
Samara 131, J 3
Samara (Fluss) 131, K 3
Samarinda 146, D 4
Samarkand 160, G 5
Sambesi 182, D 4
Sambia 171, 3 D 4
Sambre 112, D 4
Samoa 25, 1 T 5
Samoa-Inseln 184, 1 J 6
Samoded 104, L 4
Samos 126, D 4
Samsun 127, G 3
San 115, G 3
San Ambrosio 213, B 5
San Andrés 201, F/G 5
San Antonio 200, E 4
San Antonio Oeste 215, C 7
San Bernardino 200, C 3
San Bernardino (Pass) 118, F 4
San Borja 212, C 4
San Carlos de Bariloche 213, B/C 7
San Cristóbal 212, B 2
San Cyprían 116, B 5
San Diego 200, B 3
San Félix 213, A 5
San Fernando 146, D/E 2
San Francisco 200, B 3
San Gimignano 118, G 7
San Ignacio 212, C/D 4
San Joaquin 200, B 3
San Jorge-Golf 213, C 7
San José (Costa Rica) 201, F 6
San José (Guatemala) 201, E 5
San Jose (USA, California) 200, B 3
San José de Jáchal 215, C 6
San Juan (Argentinien) 213, C 6
San Juan (Puerto Rico) 201, H 5
San Justo 213, D 6
San Lorenzo 212, A/B 2
San Lorenzo (Berg) 213, B 7
San Luis 213, C 6
San Luis Potosí 200, D 4
San Marino 93, 5 G 4
San Matías-Golf 213, C 7
San Miguel de Tucumán 213, C 5
San Pédro 180, C 5
San Pedro Sula 201, F 5
San Rafael 213, C 6
San Remo 118, D/E 7
San Salvador 201, E/F 5
San Salvador de Jujuy 213, C 5
San Valentín 213, B 7
Sana 161, E 7
Sanaga 180, E 5
Sandakan 146, D 3
Sandoa 182, D 3
Sandweiler 49, C 3
Sanem 49, B 3
Sangar 135, N 3
Sangatte 112, A 4
Sangha 182, C 2
Sankt Anton 118, G 3
Sankt Gallen 118, F 3
Sankt Georg 115, J 4
Sankt Goar 112, G 4
Sankt Gotthard 118, E 4
Sankt Helena 7, 1 J 6
Sankt Moritz 118, F/G 4
Sankt Paul 7, 1 N 7
Sankt Petersburg 134, C/D 4
Sankt Pölten 119, M 2
Sankt Ulrich (Ortisei) 119, H/J 4
Sankt Veit an der Glan 119, L 4
Sankt Vith 112, F 4
Sankt-Eliasberge 198, F/G 3
Sankt-Georgs-Kanal 108, B 3 – B 4
Sankt-Lorenz-Golf 199, O 5
Sankt-Lorenz-Insel 198, C 3
Sankt-Lorenz-Strom 199, O 5
Sankuru 182, D 3
Şanlıurfa 127, G 4
Sannar 181, G 4
Sannikowstraße 135, O/P 2
Sansibar (Insel) 183, E/F 3
Sansibar-Stadt 183, E/F 3
Santa Barbara 202, D 4
Santa Catarina 213, D 5
Santa Clara 201, F/G 4
Santa Cruz de la Sierra 212, C 4
Santa Cruz de Tenerife 180, B 3
Santa Fe (Argentinien) 213, C 6
Santa Fe (USA) 200, D 3
Santa Isabel 184, 1 F 5
Santa Maria 213, D 6
Santa Marta 212, B 1
Santa Rosa 213, C 6
Santa-Cruz-Inseln 184, 1 G 6
Santander 122, B/C 3
Santanilla 201, F 5
Santarém 212, D 3
Santerno 119, H 6
Santiago (Dominikanische Republik) 201, G/H 5
Santiago de Chile 213, B/C 6
Santiago de Compostela 122, A 3
Santiago de Cuba 201, G 5
Santiago del Estero 213, C 5
Säntis 118, F 3
Santo Domingo 201, G/H 5
Santo Domingo de los Colorados 212, A/B 2
Santorin 126, D 4
Santos 213, E 5
Sanya (Yaxian) 153, G 5
São Francisco 212, E 4
São José do Rio Prêto 213, D/E 5
São Luis 212, E 3
São Manuel 212, D 3
São Paulo 213, E 5
São Paulo (Bundesstaat) 213, E 5
São Tomé 182, B 2
São Tomé (Insel) 182, B 2
São Tomé und Principe 171, 3 B 3
Saône 109, E 5
Sapitwa 183, E 4
Saporishshja 130, E/F 5
Sappada 119, J 4
Sapporo 153, L 2
Sarai-Berke 131, H 4
Sarajevo 126, B 3
Saransk 131, H 3
Sarapul 131, K 2
Saratow 131, H 4
Saratower Stausee 131, J 3
Sarawak 146, D 3
Sarca 118, G 4
Sardes 126, E 4
Sardinien 123, E/F 4
Sarek 104, F 3
Sargassosee 6, 1 F 4
Sargodha 152, D 3
Sarh 180, E 5
Sariyar-Stausee 127, E 4
Sarmi 147, F 4
Sarmiento 215, B 7
Sarpasee 131, H 5
Sarrebourg = Saarburg (Frankreich) 118, C 2
Sárvár 119, N 3
Sasebo 151, 5 A 7
Saskatchewan 198, K 4
Saskatoon 198, K 4
Sasowo 131, G 3
Sassandra 180, C 5
Sassari 123, F 3
Sassel 48, B 1
Sassnitz 114, E 2
Satawan-Atoll 147, H 3
Satpuragebirge 152, D 4
Satu Mare 115, G 4
Saualpe 119, L 4
Saudi-Arabien 141, 4 C 3
Sault Sainte Marie 199, M 5
Saurimo 182, D 3
Savaii 184, 1 J 6
Savannah 201, F 3
Savannah (Fluss) 201, F 3
Savannakhet 146, C 2
Save 126, B 2
Savelbur 48, D 2
Savio 119, J 7
Savona 118, E 6
Sawu 146, E 5
Sayda = Sidon 127, F 5
Scafell Pike 108, C 3
Schaarbeek = Schaerbeek 112, D 4
Schachty 131, G 5
Schachunja 131, H 2
Schaerbeek (Schaarbeek) 112, D 4
Schaffhausen 118, E 3
Schajyq = Ural (Fluss) 131, K 4
Schalkar 160, F/G 4
Schalkar (See) 131, J/K 4
Schandel 49, B 2
Schantar-Inseln 135, O 4
Scharja 131, H 2
Schefferville 199, O 4
Scheidel 48, C 2
Scheidgen 49, D 2
Scheierbierg 49, D 3
Schelde 112, D 3
Schelichowgolf 135, Q 3
Schengen 49, D 4
Scherbach 49, C 2
Scheveningen 112, C/D 2
Schieren 48, C 2
Schiermonnikoog 112, E/F 1
Schifflange 49, C 3
Schilka 135, M 4
Schimpach 48, B 1
Schio 119, H 5
Schladming 119, K 3
Schlangeninsel 115, J 4
Schleif 48, B 2
Schlesien 114, E/F 3
Schlindermanderscheid 48, C 2
Schneeberg (Österreich) 119, M/N 3
Schoberpass 119, L 3
Schoenfels 49, C 3
Schonen 105, E 6
Schooffiels 49, C 3
Schoos 49, C 2
Schöpfl 119, M 2
Schott al Hodna 122, E 5
Schott Djerid 123, F 5
Schott Melrhir 123, E 5
Schottland 108, C 2
Schouweiler 49, B 3
Schrassig 49, C – D 3
Schrondweiler 48, C 2
Schruns 118, F 3
Schuls (Scuol) 118, G 4
Schuttrange 49, C – D 3
Schwaarzenhiwel 48, C 1
Schwäbische Alb 118, G 2 – F 2
Schwarzer Fluss (Brasilien) = Rio Negro 212, C 2
Schwarzer Fluss (China) 152, G 4
Schwarzer Irtysch 152, E 2
Schwarzer Volta 180, C 4
Schwarzes Meer 7, 1 L 3
Schwarzmeertiefland 130, E 5
Schwarzwald 118, D 3 – E 2
Schwebach 49, B 3
Schwebsange 49, D 3
Schweden 93, 5 G 2
Schweich 49, B 3
Schweiz 93, 5 F 4
Schweizer Jura 118, C/D 4
Schwerin 114, D/E 2
Schwiedelbrouch 48, B 2
Schwyz 118, E 3
Scilly-Inseln 109, B 4
Scoresbysund = Ittoqqortoormiit 199, S/T 2
Scott-Insel 43, 4 K 2
Scrivia 118, E 6
Scuol = Schuls 118, G 4
Seattle 200, B 2
Sebou 122, B 5
Secchia 118, G 6
Sedan 112, D 5
Seeland 105, D 6
Seetaler Alpen 119, L 3
Segesha 104, K 4
Ségou 180, C 4
Segovia 122, B 3
Segre 122, D 3
Segsee 104, K 4
Segura 122, C 4
Seikantunnel 151, 5 F 3
Seim 130, E 4
Seinäjoki 104, G 4
Seine 109, D 4
Seja 135, N 4
Seja (Fluss) 135, N 4
Sejmtschan 135, Q 3
Sekondi-Takoradi 180, C 5
Selam 152, D 5
Selenga 152, G 2
Selenodolsk 131, J 3
Selenograd 130, E/F 2
Selentschukskaja 127, H 3
Seliger-See 130, E 2
Selinunt 123, G 4
Selinus 86, 1 D 3
Selscheid 48, B 1
Selvas 212, B 3 – D 3
Semarang 146, C 4
Semei (Semipalatinsk) 160, H/J 3
Semeru 146, D 4
Semipalatinsk = Semei 160, H/J 3
Semmering 119, M/N 3
Semnan 161, F 5
Sendai 153, L 3
Senegal (Fluss) 180, B 4
Senegal (Staat) 171, 3 A 3
Senigallia 119, K 7
Senj 119, L/M 6
Senningen 49, C 3
Senningerberg 49, C 3
Seoul (Seul) 153, J 3
Sepik 147, G 4
Sept-Îles 199, O 4
Septfontaines 49, B 3
Serain 118, A 3
Seraing 112, E 4
Seram 147, E 4
Seramsee 146, E/F 4
Serbien 93, 5 H 4
Serchio 118, G 6
Serdar 161, F 5
Seremban 146, C 3
Sereth = Siret 115, H 4
Sergijew Posad 130, F 2
Sergipe 212, F 4
Serio 118, F 5
Serow 134, G 4
Serowe 182, D 5
Serpuchow 130, E 3
Serra da Estrêla 122, A/B 3
Serra da Mantiqueira 213, E 5
Serra do Caiapo 212, D 4
Serra do Espinhaço 212, E 4
Serra do Navio 214, D 2
Serra dos Cachimbo 212, D 3
Serra dos Parecis 212, C/D 4
Serra Dourada 212, E 4
Serra Geral 213, D 5
Serra Pacaraima 212, C 2
Serrai 126, C 3
Sesia 118, E 5
Sestrière 118, D 6
Sète 109, D 6
Setesdal 105, C 5
Sétif 180, D 2
Setúbal 122, A 4
Seul = Seoul 153, J 3
Severn 108, C 4
Sevilla 122, B 4
Sewansee 127, J 3
Seward 198, F 4
Seward-Halbinsel 198, D 3

Sewastopol 127, F 2
Sewernaja Semlja 135, K 1
Sewerodonezk 130, F 4
Seychellen (Inseln) 183, G 3
Seychellen (Staat) 25, 1 M 5
Seydişehir 129, K 4
Seydisfjörður 104, D 1
Sfax 180, D/E 2
Shache (Yarkand) 152, D 3
Shackleton-Schelfeis 43, 4 E 2
Shandong 153, H 3
Shanghai (Schanghai) 153, J 3
Shannon 108, A 3
Shantou 153, H 4
Shaoguan 155, 1 F 4
Sharm-el-Sheikh 129, K 6
Shashi 153, H 3
Shay Gap 186, 1 B 3
Shebele 181, H 5
Sheffield 108, C 3
Shelesnogorsk (Kursk Oblast) 130, E 3
Shelesnogorsk-Ilimsk 137, L 4
Shenyang 153, J 2
Shenzhen 153, H 4
Sherbrooke 201, G 2
Sheskasgan 160, G 4
Shetland-Inseln 108, C/D 1
Shigansk 135, N 3
Shihezi 152, E 2
Shijiazhuang 153, H 3
Shikoku 153, K 3
Shiliguri 152, E 4
Shillong 152, F 4
Shimizu 151, 5 E 6
Shinjo 151, 5 F 4
Shinyanga 183, E 3
Shipkipass 152, D 3
Shiraz 161, F 6
Shire 183, E 4
Shkodër = Skutari 126, B 3
Sholapur 152, D 5
Shossaly 160, G 4
Shreveport 201, E 3
Shuangliao 153, J 2
Shule He 152, F 2
Shytomyr 130, D 4
Šiauliai 105, G 6
Šibenik 119, M 7
Siberut 146, B 4
Sibirien 7, 1 N 2
Sibiu = Hermannstadt 115, G/H 4
Sibolga 146, B 3
Sibu 146, D 3
Sibut 180, E 5
Sichote-Alin 135, O 5
Sichuan 152, G 3
Sicuani 212, B/C 4
Side 86, 1 F 3
Sidi bel Abbès 180, C/D 2
Sidi Ifni 180, B 3
Sidon (Sayda) 127, F 5
Sidra 129, G 5
Siebenaler 48, C 1
Siebenbürgen 115, G/H 4
Siedlce 115, G 2
Siegburg 112, G 4
Siena 123, F 3
Sierra Leone 171, 3 B 3
Sierra Morena 122, B/C 4
Sierra Nevada (Spanien) 122, C 4
Sierra Nevada (USA) 200, B 2 – C 3
Sierra-Leone-Schwelle 6, 1 H 5
Siglufjörður 104, C 1
Sigmaringen 118, F 2
Signal de la Sauvette 118, C 7
Siirt 127, H 4
Sikasso 180, C 4
Sil 122, B 3
Siljansee 104, E 4
Silkeborg 106, G 3
Sillajhuay 212, C 4
Silvretta 118, F/G 4
Sima 137, L 4
Simav 126, E 4
Simav (Fluss) 126, E 4
Simbabwe (Ruinenstätte) 183, E 5
Simbabwe (Staat) 171, 3 D 4
Simeuluë 146, B 3
Simferopol 127, F 2
Šimkent 160, G/H 4
Simplonpass 118, D/E 4
Sinai 181, G 3
Sincelejo 212, B 2
Sind 152, C 4
Sindelfingen 118, E 2
Sines 122, A 4
Singapur 146, C 3
Singapur (Staat) 141, 4 G 4
Singen 118, E/F 3
Singkawang 146, C 3
Sinjar 127, H 4
Sinkiang (Xinjiang) 152, E/F 2
Sinop (Brasilien) 212, D 4
Sinop (Türkei) 127, F 3
Sinope = Sinop 86, 1 F 2
Sint-Niklaas 112, C/D 3
Sintang 146, D 3
Sinuiju 153, J 2
Sion = Sitten 118, D 4
Sioux City 200, E 2
Sioux Falls 200, E 2
Siping 153, J 2
Siracusa = Syrakus 123, G 4
Siret (Sereth) 115, H 4
Sirjan 161, F 6
Sisteron 118, B 6
Sitka 198, G 4
Sittard-Geleen 112, E/F 3
Sitten (Sion) 118, D 4
Sittwe = Akyab 152, F 4
Sivas 127, G 4
Siwa 181, F 3
Siwalikkette 152, D 3
Sizilien 123, G 4
Skagerrak 105, C/D 5
Skagway 198, G 4
Skanden 104, D 4 – G 2
Skandinavien 7, 1 K 3
Skellefte älv 104, F 3
Skellefteå 104, G 3
Skien 105, D 5
Skikda 180, D 2
Skjold 106, F 4
Sklavenfluss 198, J 3
Sklavenküste 180, D 5
Skopje 126, C 3
Skoworodino 135, N 4
Skutari (Shkodër) 126, B 3
Skutarisee 126, B 3
Skyros 126, D 4
Slatina 129, H 3
Slatoust 134, F 4
Slavonski Brod 126, B 2
Slawonien 126, B 2
Sleipner 106, E 3
Sligo 108, A 3
Sliven 126, D 3
Sljeme 119, M 5
Slowakei 93, 5 G 4
Slowenien 93, 5 G 4
Slowjansk 130, F 4
Sluis 112, C 3
Słupsk = Stolp 114, F 2
Smallwoodreservoir 199, O 4
Smolensk 130, D/E 3
Smyrna = İzmir 126, D 4
Snäfellsjökull 104, B 1
Snake River 200, C 2
Sneek (Snits) 112, E 1
Snits = Sneek 112, E 1
Snøhetta 104, D 4
Snorre 106, E 2
Snowdon 108, B/C 3
Sobat 181, G 5
Sobral 212, E/F 3
Soča = Isonzo 119, K 4
Socompapass 213, C 5
Söderhamn 104, F 4
Soe 146, E 4
Sofia (Sofija) 126, C 3
Sofija = Sofia 126, C 3
Sognefjord 104, C 4
Sohag 181, G 3
Soignies 112, C/D 4
Soissons 112, C 5
Sok 131, J 3
Sokodé 180, D 5
Sokoto 180, D 4
Sokotra 161, F 7
Sokskije Jary 131, J 3
Sol-Ilezk 131, K 4
Sölden 118, G 4
Soleuvre 49, B 3
Solferino 118, G 5
Solingen 112, F/G 3
Solothurn 118, D 3
Solowezki-Inseln 104, K/L 3
Solus 86, 1 D 3
Solway Firth 108, B/C 3
Somalia 171, 3 E 3
Somalibecken 7, 1 M 5
Somalihalbinsel 169, 3 K 5
Somes = Szamos 115, G 3
Somme 112, B 5
Sommerküste 104, L 3
Sondrio 118, F 4
Songea 183, E 4
Songhua Jiang 153, J 2
Songkhla 148, 1 C 3
Songpan 155, 1 E 3
Sonlez 48, B 2
Sopron = Ödenburg 119, N 3
Soria 122, C 3
Soroako 149, 2 E 4
Sorong 147, F 4
Sørøy 104, G 2
Sortavala 104, J 4
Sosch 130, D 3
Sotschi 127, G 3
Sousse 180, E 2
South Carolina 201, F/G 3
South Dakota 200, D/E 2
South Tarawa 184, 1 H 4
Southampton 108, C 4
Southampton-Insel 199, M 3
Southend-on-Sea 108, D 4
Southport 184, 1 F 7
Sowjetsk = Tilsit 115, G 2
Sowjetskaja-Gawan 135, O/P 5
Spa 112, E 4
Spanien 93, 5 E 5
Sparta 126, C 4
Spencergolf 184, 1 D 8
Spiekeroog 112, G 1
Spielfeld 119, M 4
Spiez 118, D 4
Spijkenisse 112, D 3
Spittal 119, K 4
Spitzbergen 7, 1 K 2
Split 126, B 3
Splügenpass 118, F 4
Spokane 200, C 2
Spratly-Inseln 146, D 3
Springfield 201, E 3
Sprinkange 49, B 3
Sretensk 135, M 4
Sri Lanka (Insel) 152, E 6
Sri Lanka (Staat) 141, 4 F 4
Srinagar 152, D 3
Stadtbredimus 49, D 3
Stanley (Australien) 186, 1 D 5
Stanley (Falkland-Inseln) 213, D 8
Stanowoigebirge 7, 1 Q 3
Stara Zagora 126, D 3
Staraja Russa 130, D 2
Starbuck-Insel 185, 1 K 5
Starnberg 119, H 2
Starnberger See 119, H 3
Staryj Oskol 130, F 4
Statfjord 106, E 2
Stausee von Kiew 130, D 4
Stausee von Tscheboksary 131, H 2
Stavanger 105, C 5
Stawropol 127, H 2
Stawropoler Hochland 127, H 2
Steenwijk 112, E/F 2
Stefaniesee 181, G 5
Stegen 48, C 2
Steinamanger (Szombathely) 119, N 3
Steinborn 49, C 2
Steinfort 49, B 3
Steinheim 48, D 2
Steinige Tunguska 135, K 3
Steinkjer 104, D 3
Steinsel 49, C 3
Stekenjåkk 107, H 1
Stenay 112, E 5
Ster 130, C 4
Sterlitamak 131, K 3
Sterzing (Vipiteno) 119, H 4
Stewart-Insel 184, 1 G 9
Steyr 119, L 2
Stilfser Joch 118, G 4
Stockem 48, B 1
Stockholm 105, F 5
Stoke-on-Trent 108, C 3
Stolp (Słupsk) 114, F 2
Stolzembourg 48, C 2
Stora Lulevatten 104, F 3
Storavan 104, F 3
Stralsund 114, E 2
Stranraer 108, B 3
Straße von Dover 108, D 4
Straße von Gibraltar 122, B 5
Straße von Hormus 161, F 6
Straße von Kertsch 127, G 2
Straße von Mosambik 183, E 5 – F 4
Straße von Otranto 126, B 3 – B 4
Straße von Yucatán 201, F 4
Strassen 49, C 3
Stratford-upon-Avon 108, C 3
Straubing 119, J 2
Stromboli 123, G 4
Struma 126, C 3
Stubaier Alpen 119, H 3
Stuhleck 119, M 3
Stung Treng 146, C 2
Stura 118, D 6
Stuttgart 118, F 2
Subotica 126, B/C 2
Suceava 115, H 4
Suchona 131, G 1
Suchumi 127, H 3
Suckling 147, G 4
Sucre 212, C 4
Suda 130, F 2
Südafrika 171, 3 D 5
Südamerika 6, 1 F 6
Sudan 171, 3 D 3
Südantillenbecken 6, 1 F 8
Südaustralisches Becken 7, 1 P 7
Sudbury 199, M 5
Südchinesisches Bergland 7, 1 P 4
Südchinesisches Meer 7, 1 P 5
Sudd 181, F/G 5
Sudeten 114, E/F 3
Südgeorgien 6, 1 G 8
Südindisches Becken 7, 1 O 7
Südinsel 184, 1 H 9
Südjemen 141, 4 D 4
Südkarpaten 115, G 4
Südkorea 141, 4 H 3
Südliche Sierra Madre 200, D/E 5
Südliche Sporaden 126, D 4
Südlicher Polarkreis 7, 1 L 9
Südorkney-Inseln 43, 4 Q 2
Südpazifisches Becken 6, 1 A 7
Südsandwich-Inseln 6, 1 H 8
Südshetland-Inseln 43, 4 P 3
Südsudan 171, 3 D 3
Südtirol 118, G 4
Südwest-Indisches Becken 7, 1 N 7
Suez 181, G 2
Suhar 161, F 6
Sühbaatar 152, G 1
Suhl 114, D 3
Suihua 153, J 2
Sukkosero 104, K 4
Sukkur 152, C 4
Sula 130, E 4
Sulaimangebirge 152, C/D 4
Sulak 127, J 3
Sulak (Fluss) 127, J 3
Sulawesi (Celebes) 146, D/E 4
Sulci 86, 1 C 3
Sullom Voe 106, D 2
Sulu-Inseln 146, D/E 3
Sulusee 146, D/E 3
Sumatra 7, 1 O 6
Sumba 146, D 5
Sumbawa 146, D 4
Šumen 126, D 3
Sumy 130, E 4
Sunagawa 151, 5 H 2
Sundagraben 7, 1 P 6
Sundastraße 146, C 4
Sunderland 108, C 3
Sundsvall 104, F 4
Sungaipenuh 146, C 4
Sunndalsøra 106, F 2
Suntar 135, M 3
Suojärvi 104, K 4
Suomenselkä 104, G/J 4
Süphan 127, H 4
Sur (Oman) 161, F 6
Sur = Tyros 127, F 5
Sura 131, H 3
Surabaya 146, D 4
Surakarta 146, D 4
Surat 152, D 4
Sûre (Rivière) 48, B 2
Surgut 134, H 3
Surigao 146, E 3
Suriname 191, 4 H 5
Surré 48, B 2
Surt 180, E 2
Surtsey 104, B 2
Susa (Iran) 161, E 5
Susa (Italien) 118, D 5
Sussuman 135, P/Q 3
Sutlej 152, D 4
Suva 184, 1 H 6
Suzhou (Jiangsu) 153, J 3
Svealand 105, E/F 5
Sverdrup-Inseln 199, K/L 2
Swakop 182, C 5
Swakopmund 182, C 5
Swansea 108, C 4
Swasiland 171, 3 D 5
Swero-Jenissejskij 137, K 3
Swir 104, K 4
Swobodnyj 135, N 4
Sydney (Australien) 184, 1 F 8
Sydney (Kanada) 199, O/P 5
Syktywkar 134, F 3
Syracuse 203, G 2
Syrakus (Siracusa) 123, G 4
Syrdarja 160, G 4
Syre 49, D 3
Syren 49, C 3
Syrien 141, 4 C 3
Syrische Wüste 161, D/E 5
Syrjanka 135, P/Q 3
Sysran 131, H/J 3
Szamos (Somes) 115, G 3
Szczecinek = Neustettin 114, F 2
Szeged 115, G 4
Székesfehérvár 115, F 4
Szentgotthárd 119, N 4
Szombathely = Steinamanger 119, N 3

T

Ta'izz 161, E 7
Tabana-Ntlenyana 182, D 5
Tabas 161, F 5
Tabatinga 212, C 3
Tabora 183, E 3
Täbris (Tabriz) 161, E 5
Tabriz = Täbris 161, E 5
Tabuaeran (Fanning-Insel) 185, 1 L 4
Tabuk 161, D 6
Tacloban 146, E 2
Tacna 212, B 4
Tadler 48, B 2
Tadmor (Tudmor) 127, G 5
Tadschikistan 141, 4 E 3
Taegu 155, 1 G 3
Taejon 155, 1 G 3
Tafelberg 182, C 6
Taganrog 130, F 5
Tagliamento 119, J 4
Tahan 146, C 3
Tahat 180, D 3
Tahir-Pass 127, H 4
Tahiti 185, 1 M 6
Tahoua 180, D 4
Tai'an 153, H 3
Taichung 153, J 4
Taif 161, E 6
Taimyr-Halbinsel 7, 1 O 2
Taimyrsee 135, L 2
Tainan 153, H 4
Taipeh (Taipei) 153, H 4
Taipei = Taipeh 153, H 4
Taiping 146, B/C 3
Taischet 135, K/L 4
Taivalkoski 104, H/J 3
Taiwan (Insel) 153, J 4
Taiwan (Staat) 141, 4 H 3
Taiyuan 153, H 3
Taizhou 153, J 3
Tajo 122, C 3
Tajumulco 201, E 5
Takamatsu 151, 5 D 6
Takaoka 151, 5 E 5
Takasaki 151, 5 F 5
Takase 181, G 4
Tal des Todes 200, C 3
Talara 214, A 3
Talaud-Inseln 146, E 3
Talca 213, B 6
Tall Afar 127, H 4
Tallahassee 201, F 3
Tallinn (hist. Reval) 105, H 5
Tamale 180, C/D 5
Tamanrasset (Tamenghest) 180, D 3
Tamanusi 149, 2 E 4
Tambora 146, D 4
Tambow 131, G 3
Tamenghest = Tamanrasset 180, D 3
Tampa 201, F 4
Tampere 104, H 4
Tampico 200, E 4
Tamsweg 119, K/L 3
Tamworth 186, 1 E 4
Tana (Kenia) 183, E 3
Tana (Norwegen) 104, H 2
Tanais 86, 1 F 2
Tanana 198, F 3
Tanaro 118, D/E 6
Tanasee 181, G 4
Tandel 48, C 2
Tandil 215, D 6
Tanezrouft 180, C/D 3
Tanga 183, E 3
Tanganjikasee 182, D 3
Tanger 180, C 2
Tanggula Shan 152, E/F 3
Tanggula-Pass 152, F 3
Tangshan 153, H/J 3
Tanimbar-Inseln (Timorlaut-Inseln) 147, F 4
Tanjona Bobaomby (Kap d'Ambre) 183, F 4
Tanjona Vohimena (Kap Sainte Marie) 183, F/G 5
Tannugebirge 134, K 4
Tansam 183, E 3
Tansania 171, 3 D 4
Tanta 181, G 2
Taolagnaro 183, F 5
Taormina 123, G 4
Taoudenni 180, C 3
Taourirt 122, C 5
Tapachula 201, E 5
Tapajós 212, D 3
Tara 134, H 4
Tarabulus (Libanon) = Tripoli 127, F 5
Tarabulus (Libyen) = Tripolis 180, E 2
Tarai 152, E 4
Tarakan 146, D 3
Taranto = Tarent 123, H 3
Tarapoto 212, B 3
Taras 86, 1 D 2
Taraz 160, H 4
Tarbagatai 160, J 4
Tarbes 116, D 5
Tarchamps 48, B 2
Tarcoola 186, 1 C 4
Tarent (Taranto) 123, H 3
Tarfaya 166, A 3
Tarija 213, C 5
Tarim 167, G 4
Tarim (Fluss) 152, E 2
Tarimbecken 7, 1 N 4
Tarlac 146, D/E 2
Tarn 109, D 6
Tarnów 115, G 3
Taro 118, F 6
Tarragona 122, D 3
Tarsus 127, F 4
Tartessos 86, 1 B 3
Tartu (Dorpat) 105, H 5
Tartus 127, F 5
Tarvisio 119, K 4
Tas 134, J 3
Taschkent 160, G 4
Taschtagol 134, J/K 4
Tasiilaq (Ammassalik) 199, R 3
Tasmanbecken 7, 1 R 8
Tasmanien 184, 1 E 9
Tasmanschwelle 7, 1 R 8
Tasmansee 184, 1 F 8
Tasowskij 137, H 3
Tassili der Adjer 180, D 3
Tatarensund 135, P 4 – 5
Tatarsk 134, H 4
Tatvan 127, H 4
Taunggyi 152, F 4
Tauranga 187, 1 G 4
Taurus 138, 1 C 4
Tavoy 152, F 5
Tawau 146, D 3
Tawda 134, G 4
Tawda (Fluss) 134, G 4
Tawkar = Tokar 181, G 4
Taxila 152, D 3
Tayma 161, D 6
Taza 122, B 5
Tchab 127, G 2
Tczew = Dirschau 115, F 2
Tebessa 180, D 2
Tegucigalpa 201, F 5
Teheran (Tehran) 161, F 5
Tehran = Teheran 161, F 5
Tejo 122, A 4
Tekirdağ 126, D 3
Tel Aviv-Jaffa 161, D 5
Telemark 105, C/D 5
Tellatlas 180, C 2
Tema 180, D 5
Tembilahan 146, C 4
Temeschburg (Timişoara) 115, G 4
Temirtau 136, H 5
Temuco 213, B 6
Tendapass 118, D 6
Ténéré 180, D 3 – E 4
Teneriffa 180, B 3
Tengis 136, F 5
Tengissee 160, G 3
Tennant Creek 186, 1 C 2
Tennessee (Bundesstaat) 201, F 3
Tennessee (Fluss) 201, F 3
Teófilo Otôni 212, E 4
Tepic 200, D 4
Teraina (Washington-Insel) 185, 1 L 4
Terek 127, J 3
Terek (Fluss) 127, J 3
Terek-Kuma-Niederung 127, J 2
Teresina 212, E 3
Tergnier 112, C 5
Teriberka 104, K/L 2
Terische Küste 104, L/M 3
Termiz 161, G 5
Ternate 146, E 3
Ternej 135, O 5
Terneuzen 112, C/D 3
Terni 123, G 3
Ternopil 130, C 4
Terpenijabai 135, P 5
Terschelling 112, E 1
Teruel 122, C 3
Tessin 118, E 4
Tessiner Alpen 118, E 4
Tétange 49, C 4
Tete 183, E 4
Tëtelbierg 49, B 3
Teteriw 130, D 4
Tétouan 180, C 2
Tetrino 104, L 3
Teurnia 54, 1 E 5
Texas 200, D/E 3
Texel 112, D 1
Thai Nguyen 148, 1 C 1
Thailand 141, 4 F 4
Thana 152, D 5
Thanh Hoa 146, C 2
Tharr 7, 1 N 4
Tharros 86, 1 C 3
Thartharsee 127, H 5
Thasos 86, 1 E 2
Thasos (Insel) 126, D 3
Thaya 119, M 2
The Pas 199, K 4
The Wash 108, D 3
Theben 86, 1 F 4
Theben (Ruinenstätte) 181, G 3
Theben (Thiva) 126, C 4
Themse 108, C 4
Thera 86, 1 E 3
Thermopylen 126, C 4
Thessaloniki (Saloniki) 126, C 3
Thiès 180, B 4
Thika 183, E 3
Thimphu 152, E/F 4
Thisted 105, D 5
Thivai = Theben 126, C 4
Thjórsá 104, C 1
Thompson 202, E 1
Thorn (Torún) 115, F 2
Thorshavn 108, B 1
Thrakien 126, D 3
Thule = Qaanaaq 199, O 2
Thun 118, D 4
Thunder Bay 199, M 5
Thuner See 118, D 4
Thurston-Insel 43, 4 O 2
Tian Shan 7, 1 N 4
Tianjin 153, H 3
Tianshui 153, G 3
Tiaret 122, D 5
Tiber 123, G 3
Tibesti 169, 3 G 4
Tibesti-Serir 180, E 3
Tibet (Xizang) 152, E 3
Ticleni 129, H 3
Tidjikdja 180, B/C 4
Tiefe Rinne 112, B 3
Tienen 112, D/E 4
Tierra del Fuego = Feuerland 213, B/C 8
Tiflis 160, E 4
Tignes 118, C 5
Tigris 161, E 5
Tihuța 115, H 4
Tijuana 200, C 3
Tikal 201, F 5
Tikrit 127, H 5
Tiksi 135, N 2
Tilburg 112, D/E 3
Tilitschiki 135, R 3
Tilsit (Sowjetsk) 115, G 2
Timanrücken 134, E/F 3
Timbuktu (Tombouctou) 180, C 4
Timimoun 180, D 3
Timiş 115, G 4
Timişoara = Temeschburg 115, G 4
Timor 146, E 4
Timorlaut-Inseln = Tanimbar-Inseln 147, F 4
Timorsee 146, E 5
Tinduf 180, C 3
Tingis 86, 1 B 3
Tintummasteppe 180, E 4
Tirana (Tiranë) 126, B/C 3
Tiranë = Tirana 126, B/C 3
Tirano 118, G 4
Tiraspol 130, D 5
Tirek 166, C 3
Tirich Mir 161, H 5
Tirol 119, H 3
Tiruchchirappalli 152, D/E 5
Titicacasee 212, C 4
Titlis 118, E 4
Tizi-Ouzou 122, D/E 4
Tjulenji-Inseln 131, J 5
Tjumen 134, G 4
Tjung 135, M 3
Tlemcen 122, C 5
Toamasina 183, F/G 4
Tobago 201, H/J 5
Tobelo 146, E 3
Toblach (Dobbiaco) 119, J 4
Tobol 134, G 4
Tobolsk 134, G/H 4
Tobruk (Tubruq) 181, F 2
Tocantins (Bundesstaat) 212, E 4
Tocantins (Fluss) 212, E 3
Toce 118, E 4
Tocopilla 213, B 5
Tödi 118, E/F 4
Togliatti 131, J 3
Togo 171, 3 B 3
Toili 146, E 4
Tokai Mura 151, 5 G 5
Tokar (Tawkar) 181, G 4
Tokat 127, G 3
Tokelau-Inseln 185, 1 J 5
Tokio 153, L 3
Tokushima 151, 5 C 7
Tokuyama 151, 5 B 7
Toledo (Spanien) 122, B 4
Toledo (USA) 201, F 2
Toliara 183, F 5
Tolitoli 148, 1 E 3
Tolmezzo 119, J 4
Tolmin 119, K 4
Toluca 200, D 5
Tomakomai 151, 5 G 2
Tombouctou = Timbuktu 180, C 4
Tommot 135, N 4
Tomoi 86, 1 E 2
Tomsk 134, J 4
Tonalepass 118, G 4
Tonga (Insel) 6, 1 A 7
Tonga (Staat) 24, 1 A 5
Tongagraben 6, 1 A 6
Tongareva = Penrhyn 185, 1 K 5
Tongchuan 155, 1 E 3
Tongeren 112, E 4
Tongliao 153, J 2
Tongling 155, 1 F 3
Tonkin 146, C 1
Toowoomba 184, 1 E 7
Topeka 200, E 3
Topsee 104, J 3
Torgai 160, G 4
Torgaisenke 160, G 3
Torino = Turin 123, E/F 2
Torne älv 104, G 3
Torneträsk 104, F 2
Toronto 199, M/N 5
Torremolinos 122, B/C 4
Torrenssee 184, 1 D 8
Torreón 200, D 4
Torresstraße 147, G 5
Tortona 118, E/F 6
Tortosa 122, D 3
Torún = Thorn 115, F 2
Toskana 123, F 3
Toskanischer Apennin 118, G/H 6
Totma 131, G 1
Touba 180, B 4
Touggourt 180, D 2
Toul 118, B 2
Toulon 109, E 6
Toulouse 109, D 6
Tourcoing 112, B/C 4
Tournai 112, C 4
Tours 109, D 5
Toussidé 180, E 3
Townsville 184, 1 E 6
Toyama 151, 5 E 5
Toyohashi 151, 5 E 6
Toyota 151, 5 E 6
Tozar 123, E/F 5
Trabzon 127, G/H 3
Trail 202, C 2
Transantarktisches Gebirge 43, 4 O 1
Transhimalaya 152, E 3
Transkei 182, D 6
Transpadana 54, 1 B 5
Transsilvanien 129, H 2
Trapezunt 86, 1 F 2
Trasimenischer See 119, J 7
Traunstein 119, J 3
Trbovlje 119, L/M 4
Trdinov vrh 119, M 5
Trebbia 118, F 6
Trelew 213, C 7
Trelleborg 105, E 6
Trent 108, C 3
Trento = Trient 119, H 4
Trenton 201, G 2
Trepča 117, J 5
Tres Marias-Inseln 200, D 4
Tretterbaach 48, B 1
Treviso 119, J 5
Trient (Trento) 119, H 4
Trier 112, F 5
Triest (Trieste) 119, K 5
Trieste = Triest 119, K 5
Triglav 119, K 4
Trikala 129, H 4
Trindade 25, 1 H 6
Trinidad (Bolivien) 212, C 4
Trinidad (Insel) 201, H/J 5
Trinidad und Tobago 191, 4 G 5
Trintange 49, D 3
Tripoli (Tarabulus, Libanon) 127, F 5
Tripolis (Tarabulus, Libyen) 180, E 2
Tripolitanien 180, E 2
Tristan da Cunha 7, 1 H 7
Trivandrum 152, D 6
Trnava 119, O 2
Trobriand-Inseln 147, H 4
Troine 48, B 1
Trois-Rivières 199, N 5
Troisvierges 48, C 1
Troja 126, D 4
Troll 106, E 2
Trollhättan 107, H 3
Trombetas 212, D 2
Tromsø 104, F 2
Tronador 213, B 7

Trondheim 104, D 4
Trondheimsfjord 104, D 4
Troyes 109, D/E 4
Trujillo 212, A/B 3
Tsaratananamassiv 183, F 4
Tschad 171, C 3
Tschadbecken 169, 3 G 5
Tschadsee 180, E 4
Tschagda 135, O 4
Tschagodostscha 130, E 2
Tschagos-Inseln 7, 1 N 6
Tscheboksary 131, H 2
Tschechische Republik 93, 5 G 4
Tschegdomyn 135, N/O 4
Tscheljabinsk 134, G 4
Tschenstochau (Częstochowa) 115, F/G 3
Tschepza 131, J 2
Tscheremchowo 137, K 4
Tscheremschan 131, J 3
Tscherepowez 130, F 2
Tscherkassy 130, D 4
Tscherkessk 127, H 2
Tschernihiw 130, D 4
Tschernowzy 130, C 4
Tscherskigebirge 135, O/P 3
Tschita 135, M 4
Tschoibalsan 153, H 2
Tschokurdach 135, P 2
Tschu 160, H 4
Tschu (Fluss) 160, H 4
Tschugusch 127, H 3
Tschuktschen-Halbinsel 135, S/T 3
Tschuktschensee 135, T/U 3
Tschumikan 135, O 4
Tshikapa 182, C/D 3
Tshuapa 182, D 3
Tsingtau (Qingdao) 153, J 3
Tsumeb 182, C 4
Tsungarustraße 151, 5 G 3
Tuamotu-Archipel 185, 1 M 6
Tuapse 127, G 3
Tubai-Insel 185, 1 L 7
Tubarão 213, E 5
Tübingen 118, F 2
Tubruq = Tobruk 181, F 2
Tubuai-Inseln (Austral-Inseln) 185, 1 M 7
Tucson 200, C 3
Tucuruí 212, D/E 3
Tudmor = Tadmor 127, G 5
Tuguegarao 146, E 2
Tula 130, F 3
Tulcea 115, J 4
Tulln 119, N 2
Tuloma 104, J/K 2
Tulun 135, L 4
Tumaco 214, B 2
Tunesien 171, 3 C 2
Tunis 180, E 2
Tunja 212, B 2
Tuntange 49, C 3
Tura 135, L 3
Turan 160, F/G 4
Turgutlu 126, D 4
Turin (Torino) 123, E/F 2
Turkanasee (Rudolfsee) 183, E 2
Türkei 93, 5 J 5
Türkische Ägäis 129, J 4
Türkische Riviera 129, K 4
Türkistan 160, G 4
Turkmenabat 161, G 5
Turkmenbashy 160, F 4
Turkmenistan 141, 4 D 2
Turks-Inseln 201, G/H 4
Turku (Åbo) 104, G 4
Turnhout 112, D 3
Turpan 152, E 2
Turquino 201, G 4
Turuchansk 134, J/K 3
Tuticorin 158, 1 C 5
Tutuila 185, 1 J 6
Tuvalu (Insel) 7, 1 S 6
Tuvalu (Staat) 25, 1 S 5
Tuwaik 161, E 7
Tuxtla Gutiérrez 201, E 5
Tuz gölü 127, F 4
Tuzla 126, B 2
Twer 130, E 2
Tymfristos 126, C 4
Tynda 135, N 4
Tyras 86, 1 E 2
Tyros (Sur) 127, F 5

U

Uaupés 212, B 2
Ubangi 182, C 2
Ube 151, 5 B 7
Uberaba 214, E 4
Uberlândia 212, E 4
Ubon Ratchathani 146, C 2
Ubundu 182, D 3
Ucayali 212, B 3
Uchta 134, F 3
Uda 135, O 4
Udaipur 158, 1 C 3
Udatschnij 135, M 3
Uddjaure 104, F 3
Udine 119, K 4
Uebersyren 49, D 3
Uele 182, D 2
Ufa 131, K 3
Ufa (Fluss) 131, L 3
Uganda 171, 3 D 3
Ugarit 86, 1 F 3
Uglegorsk 137, P 5
Ugra 130, E 3
Uil 131, K 4
Ujda = Oujda 180, C 2
Ujung Pandang = Makassar 146, D 4
Ukraine 93, 5 H 4
Ulaanbaatar = Ulan Bator 153, G 2
Ulaangom 152, F 2
Ulan Bator (Ulaanbaatar) 153, G 2
Ulan Hot 153, J 2
Ulan-Chol 129, N 2
Ulan-Ude 135, L 4
Tubruq = Tobruk 181, F 2
Uleåborg = Oulu 104, H 3
Uliastaj 152, F 2
Uljanowsk 131, H/J 3
Ullung 153, K 3
Ulm 118, F 2
Ulsan 153, J/K 3
Ulster (Landschaft) 108, A/B 3
Uludağ 126, E 4
Umag 119, K 5
Umbrischer Apennin 119, J 7
Umbsee 104, K 3
Ume älv 104, F 3
Umeå 104, G 4
Una 119, M 6
Ungarn 93, 5 G 4
Ungava-Halbinsel 199, N 3
Ungavabai 199, O 4
Unscha 131, G 2
Untere Tunguska 135, K/L 3
Untereisenbach 48, C 1
Upa 130, F 3
Upington 182, D 5
Upolu 184, 1 J 6
Uppsala 105, F 5
Ur 161, E 5
Ural 131, K 4
Uralgebirge 134, F 4 – G 3
Uralsk = Oral 131, J 4
Uranium City 198, K 3
Urbino 119, J 7
Urgentsch 160, G 4
Urmia (Orumiyeh) 127, J 4
Urmiasee 127, J 4
Urspelt 48, C 1
Uruguay (Fluss) 213, D 5
Uruguay (Staat) 191, 4 H 7
Uruk 161, E 5
Urumchi 152, E 2
Urup 135, P 5
USA = Vereinigte Staaten von Amerika 191, 4 E 4
Uşak 126, E 4
Usbekistan 141, 4 D 2
Useldange 49, B 2
Ushirombo 183, E 3
Ushorod 130, B 4
Ushuaia 213, C 8
Usolje-Sibirskoje 135, L 4
Uspenka 160, H 4
Ussa 134, F 3
Ussuri 135, O 5
Ussurijsk 135, O 5
Ust-Bargusin 135, L/M 4
Ust-Ilimsk 135, L 4
Ust-Jansk 135, O/P 2
Ust-Kamenogorsk = Öskemen 160, H/J 4
Ust-Kamtschatsk 135, R 4
Ust-Kut 135, L 4
Ust-Nera 135, P 3
Ustjurt-Plateau 160, F 4
Usumacinta 201, E 5
Utah 200, C 3
Utete 183, E 3
Utica 86, 1 C 3
Utrecht 112, E 2
Utsunomia 151, 5 F 5
Uturuncu 213, C 5
Uummannarsuaq = Kap Farvel 199, Q 4
Uvs Nuur 152, F 1
Uwajima 151, 5 C 7
Uyuni 213, C 5
Uzaym 127, J 5
Užice 126, B 3

V

Vaal 182, D 5
Vaasa 104, G 4
Vác 115, F 4
Vadodara 152, D 4
Vaduz 118, F 3
Vaganski vrh 119, M 6
Váh = Waag 119, O 2
Vailly 112, C 5
Vaison-la-Romaine 118, B 6
Val-d'Isère 118, D 5
Val-d'Or 203, G 2
Valdepeñas 122, C 4
Valdez 198, F 3
Valdivia 213, B 6
Valence 109, E 5
Valencia (Spanien) 122, C/D 4
Valencia (Venezuela) 212, C 2
Valenciennes 112, C 4
Valentia 108, A 4
Valladolid 122, B 3
Vallatum (Manching) 54, 1 D 4
Valletta 123, G 5
Valli di Comacchio 119, H/J 6
Valmy 118, A 1
Valparaíso 213, B 6
Van 127, H 4
Vancouver 198, H 5
Vancouver-Insel 198, H 5
Vänersborg 105, E 5
Vänersee 105, E 5
Vangaindrano 183, F/G 5
Vansee 127, H 4
Vantaa 104, H 4
Vanua Levu 184, 1 H 6
Vanuatu (Neue Hebriden) 184, 1 G 6
Var 118, D 7
Varanasi 152, E 4
Varanger-Halbinsel 104, J 2
Varangerfjord 104, J 2
Vardø 104, J 2
Varese 118, E 5
Vârful Pietrosu 115, G/H 4
Varkaus 104, J 4
Värmland 105, D 5
Varna 126, D 3
Värnamo 105, E 5
Västerås 105, F 5
Vatikanstadt 93, 5 G 4
Vatnajökull 104, C 1
Vättersee 105, E 5
Växjö 105, E 5
Vechta 112, G 2
Veendam 112, F 1
Veenendal 112, E 2/3
Vejle 106, G 4
Velebit 126, A 2
Velenje 119, M 4
Velsen 112, D 2
Veltlin 118, F/G 4
Vence 118, D 7
Venedig (Venezia) 123, G 2
Venetia 54, 1 D 5
Veneten 119, H/J 5
Venezia = Venedig 123, G 2
Venezianer Alpen 119, J 5
Venezuela 191, 4 G 5
Vénissieux 118, A 5
Venlo 112, F 3
Venray 112, E 3
Ventimiglia 118, D 7
Ventspils 105, G 5
Veracruz 200, E 5
Verbania 118, E 5
Vercelli 118, E 5
Vercors 118, B 6
Verdon 118, C 7
Verdun 112, E 5
Vereinigte Arabische Emirate 141, 4 D 3
Vereinigte Arabische Republik 171, 3 D 2
Vereinigte Staaten von Amerika (USA) 191, 4 E 4
Vereinigtes Königreich von Großbritannien und Nordirland 93, 5 E 3
Vermont 201, G 2
Verona 123, F 2
Versailles 109, D 4
Verviers 112, E 4
Vervins 112, C 5
Verwallgruppe 118, G 3
Vesoul 118, C 3
Vestfjord 104, E 3 – E 2
Vestmannaeyjar 104, B 2
Vesuv 123, G 3
Vetera (Xanten) 54, 1 B 3
Veurne 112, B 3
Viadua (Oder) 54, 1 E 2
Vianden 48, C 2
Viareggio 118, F 7
Vicenza 123, F 2
Vichada 212, C 2
Vichten 48, B – C 2
Vichy 109, D 5
Victoria (Fluss) 147, F 5
Victoria (Kanada) 198, H 5
Victoria (Seychellen) 183, G 3
Victoria-Insel 199, K 2
Victoria-Nil 183, E 2
Victoria-Straße 199, K 3
Victorialand 43, 4 H 2
Victoriasee 183, E 3
Viedma 213, C 7
Viehberg 119, L 2
Vienne 118, A 5
Vientiane 146, C 2
Vierwaldstätter See 118, E 4
Vietnam 141, 4 G 4
Vigevano 118, E 5
Vigo 122, A 3
Vijayawada 152, E 5
Vik 104, C 2
Vilhelmina 104, F 3
Villach 119, K 4
Villahermosa 201, E 5
Villard-de-Lans 118, B 5
Villavicencio 212, B 2
Villaviciosa 122, B 3
Ville 112, F 4
Villefranche 118, A 5
Villeurbanne 118, A/B 5
Villingen-Schwenningen 118, E 2
Vilnius 105, H 6
Viña del Mar 213, B 6
Vinci 118, G 7
Vindhyagebirge 152, D 4
Vinh 146, C 2
Vipiteno = Sterzing 119, H 4
Virginia 201, F/G 3
Virunum (Tollfeld) 54, 1 F 5
Visakhapatnam 152, E 5
Visby 105, F 5
Viscount-Melville-Sund 199, J 2 – L 2
Visurgis (Weser) 54, 1 C 2
Viti Levu 184, 1 H 6
Vitória 213, E/F 5
Vitoria-Gasteiz 122, C 3
Vitry-le-François 112, D 6
Vittel 116, E 3
Vittorio Veneto 119, J 5
Viviscus (Vevey) 54, 1 B 5
Vix 86, 1 C 2
Vjosë 126, C 3
Vlieland 112, D 1
Vlissingen 112, C 3
Vlorë 126, B 3
Vltava = Moldau (Fluss) 114, E 3
Vöcklabruck 119, K 2
Vogelkopf 147, F 4
Voi 183, E 3
Voiron 118, B 5
Volci 86, 1 D 2
Völkermarkt 119, L 4
Völklingen 112, F/G 5
Volos 126, C 4
Volta-Stausee 180, C/D 5
Volterra 118, G 7
Voss 104, C 4
Vostock-Insel 185, 1 L 5
Vouziers 112, D 5
Vrsac 126, C 2
Vulkaninseln 147, G 1

W

Waag (Váh) 119, O 2
Waal 112, E 3
Waalwijk 112, E 3
Wachau 119, M 2
Wad Madani 181, G 4
Waddan 128, G 6
Wadi al-Ghudaf 127, H 5
Wadi Azaouak 180, D 4
Wadi Djedi 180, D 2
Wadi Draa 180, C 3
Wadi el Melik 181, F 4
Wadi Halfa 181, G 3
Wadi Hauran 127, H 5
Wadi Miyah 127, G 5
Wadi Saoura 180, C 2
Wadi Tafassasset 180, D 3
Wadi Tharthar 127, H 5
Wadi Touil 122, D 5
Waga 131, G 1
Wager Bay 199, L 3
Wagga Wagga 186, 1 D 4
Waha 166, D 3
Wahl 48, B 2
Wahlhausen 48, C 2
Wahran = Oran 180, C 2
Waidhofen an der Thaya 119, M 2
Waidhofen an der Ybbs 119, L 3
Waigatsch 134, F 3
Waigeo 147, F 3
Waihi 187, 1 G 4
Waingapu 146, E 4
Wakayama 153, K 3
Wake 184, 1 G 3
Wakkanai 153, K/L 2
Waldaihöhe 130, D 2
Waldbillig 49, D 2
Waldbredimus 49, C – D 3
Waldkraiburg 119, J 2
Waldviertel 119, M 2

Wales 108, B 3
Walferdange 49, C 3
Walfischbai (Walvis Bay) 182, C 5
Walfischrücken 7, 1 K 7
Walgett 186, 1 D 4
Wall des Dschingis Khan 153, H 2
Wallendorf-Pont 48, D 2
Wallis (Insel) 184, 1 J 6
Wallis (Landschaft) 118, D 4
Walliser Alpen 118, D 5
Walsdorf 48, C 2
Waluiki 130, F 4
Walvis Bay = Walfischbai 182, C 5
Wamba 182, C 3
Wanadsor 127, J 3
Wandhaff 49, B 3
Wangerooge 112, G 1
Wanxian 153, G 3
Warangal 152, D 5
Wark 48, C 2
Warken 48, C 2
Warrnambol 186, 1 D 4
Warschau (Warszawa) 115, G 2
Warszawa = Warschau 115, G 2
Warta = Warthe (Fluss) 114, F 2
Warthe (Fluss) (Warta) 114, F 2
Wasatchkette 200, C 3
Washington (Bundesstaat) 200, B 2
Washington (USA, D. C.) 201, G 3
Washington-Insel = Teraina 185, 1 L 4
Wasjugaebene 134, H 4
Wasserbillig 49, D 3
Watampone 146, E 4
Waterford 108, B 3
Waterloo 112, D 4
Watrange 48, B 2
Watson Lake 198, H 3
Wattenmeer 112, E/F 1
Watzmann 119, J 3
Waw 181, F 5
Wecker 49, D 3
Weda 146, E 4
Weddellmeer 6, 1 G 9
Weddellmeer Drift 43, 4 R 3
Weert 112, E 3
Weicherdange 48, B 1
Weichsel 115, G 3
Weiler 48, B 1
Weiler 48, C 2
Weiler-la-Tour 49, C 3
Weilerbach 48, D 2
Weinviertel 119, N 2
Weipa 186, 1 D 2
Weißer Fluss = Rio Branco (Fluss) 212, C 2
Weißer Nil (Bahr al-Abiad) 181, G 4
Weißer See 130, F 1
Weißer Volta 180, C 4
Weißes Meer 134, D 3
Weißkugel 118, G 4
Weißmeer-Ostsee-Kanal 104, K 3
Weißrussland 93, 5 H 3
Weiswampach 48, C 1
Weiz 119, M 3
Welfrange 49, D 3
Weliki Nowgorod 130, D 2
Welikije Luki 130, D 2
Welkom 182, D 5
Wellenstein 49, D 3
Wellesley-Inseln 147, F 5
Wellington 184, 1 H 9
Wellington-Insel 213, B 7
Wels 119, L 2
Welscheid 48, C 2
Wemperhardt 48, C 1
Wenzhou 153, J 4
Werchojansk 135, O 3
Werchojansker Gebirge 7, 1 Q 2
Wertach 118, G 2
Wesel 112, F 3
Weser 114, D 2
Wesjelyjstausee 131, G 5
West Palm Beach 201, F/G 4
West Virginia 201, F 3
Westalpen 109, E 5
Westaustralisches Becken 7, 1 O 7
Westerschelde 112, C 3
Westeuropäisches Becken 6, 1 H 3
Westfriesische Inseln 112, D 1
Westghats 152, D 4
Westkap 182, D 6
Westkordillere 212, B 2
Westliche Dwina 130, D 3
Westliche Morava 126, C 3
Westliche Sierra Madre 200, D 3
Westlicher Euphrat 127, G 4
Westlicher Großer Erg 180, C 3 – D 2
Westlicher Indischer Rücken 7, 1 M 8
Westlicher Taurus 126, E 4
Westport 187, 1 G 5
Westsajan 134, J/K 4
Westsibirisches Tiefland 134, G/J 3
Weststeirisches Hügelland 119, M 4
Westwind-Drift 43, 4 H 3
Wetar 146, E 4
Wetluga 131, H 2
Wewak 147, G 4
Weydig 49, D 3
Whangarei 187, 1 G 4
Wheeler Peak 200, D 3
Whitecourt 202, C 1
Whitehorse 198, G 3
Whyalla 186, 1 C 4
Wichita 200, E 3
Wick 108, C 2
Wicklow Mountains 108, B 3
Wickrange 49, B – C 3
Widdebierg 49, D 3
Wien 119, N 2
Wiener Neustadt 119, M/N 3
Wiener Wald 119, M/N 2
Wieringerwerf 112, E 2
Wiesbaden 114, C/D 3
Wiesenufer 131, H 4
Wight 108, C 4
Wildspitze 118, G 4
Wilhelmshaven 114, C/D 2
Wiljui 135, L 3
Wiljuisk 135, N 3
Wilkesland 43, 4 G 2
Wilkizkistraße 135, K/L 2
Willemstad 201, H 5
Willeroo 147, F 5
Williams Lake 202, B 2
Wiltz (Rivière) 48, B – C 2
Wiltz (Stadt) 48, B 2
Wilwerdange 48, C 1
Wilwerwiltz 48, C 2
Wincrange 48, B 1
Windhuk 182, C 5
Winnipeg 199, L 5
Winnipeg-See 199, L 4
Winnyzja 130, D 4
Winschoten 112, F/G 1
Winseler 48, B 2
Winterswijk 112, F 3
Winterthur 118, E 3
Wintrange 49, D 3
Wirzsee 105, H 5
Wisconsin 201, E/F 2
Wismar 114, D 2
Witim 135, M 4
Witimplateau 135, M 4
Wittenberge 114, D/E 2
Wittlich 112, F 5
Wizebsk 130, D 3
Wjatka 131, J 2
Wjatskije-Poljany 131, J 2
Wladikawkas 127, J 3
Wladimir 131, G 3
Wladiwostok 135, O 5
Włocławek 115, F 2
Wodla 104, L 4
Wodlasee 104, L 4
Wodonga 186, 1 D 4
Wolchow 130, E 2
Wolchow (Fluss) 130, E 2
Wolfsberg 119, L 4
Wolfsburg 114, D 2
Wolga 134, D 4
Wolga-Don-Kanal 131, G 4
Wolga-Ostsee-Kanal 104, K 4
Wolgaplatte 131, H 3 – H 4
Wolgodonsk 131, G 5
Wolgograd 131, G/H 4
Wolgograder Stausee 131, H 4
Wollongong 184, 1 F 8
Wologda 131, G 2
Wolpert 49, D 2
Wolshskij 131, H 4
Wolsk 131, H 3
Woltz 48, B – C 1
Wolwelange 48, B 2
Wolynien 130, C 4
Wonsan 153, J 3
Woodlark 147, H 4
Worcester 108, C 3
Workuta 134, G 3
Wormeldange 49, D 3
Worona 131, G 3
Woronesch 130, F 4
Worskla 130, E 4
Wörthersee 119, L 4
Woschega 131, G 1
Woschesee 130, F 1
Wostok 43, 4 F 2
Wotkinsker Stausee 131, K 2
Wrangel-Insel 135, T 2
Wrocław = Breslau 114, F 3
Wuhai 153, G 3
Wuhan 153, H 3
Wuhu 153, H 3
Wuppertal 112, G 3
Würzburg 114, D 3
Wüste Takla Makan 152, E 3
Wüste Tharr 138, 1 E 4
Wuwei 152, G 3
Wuxi 153, J 3
Wuyi Shan 153, H 4
Wuzhou 153, H 4
Wyborg 134, C 3
Wyg 104, K 4
Wygsee 104, K 4
Wyndham 146, E 5
Wyoming 200, D 2
Wytschegda 134, F 3

X

Xaafun 181, J 4
Xai-Xai 183, E 5
Xi'an 153, G/H 3
Xiamen 153, H 4
Xiangfan 153, H 3
Xianggang = Hongkong 153, H 4
Xiangtan 153, H 4
Xianyang 153, G 3
Xichang 152, G 4
Xigazê 152, E 4
Xingu 212, D 3
Xining 152, G 3
Xinjiang = Sinkiang 152, E/F 2
Xixón = Gijón 122, B 3
Xizang = Tibet 152, E 3
Xuanhua 155, 1 F 2
Xuguit Qi 153, H/J 2
Xuzhou 153, H 3

Y

Ya'an 152, G 3
Yacuiba 213, C 5
Yalinga 181, F 5
Yamagata 151, 5 F 4
Yambio 181, F 5
Yamdena 147, F 4
Yamoussoukro 180, C 5
Yanbu al-Bahr 161, D 6
Yandal 186, 1 B 3
Yangon = Rangun 152, F 5
Yanji 153, J 2
Yantai 153, J 3
Yaoundé = Jaunde 180, E 5
Yap-Inseln 147, F 3
Yapen 147, F 4
Yaren 184, 1 G 5
Yarkand (Fluss) 152, D 3
Yarkand = Shache 152, D 3
Yarlung Tsangpo 152, E 4
Yatsushiro 151, 5 A 7
Yaviza 201, G 6
Yaxian = Sanya 153, G 5
Yazd 161, F 5
Ybbs (Ois) 119, L 3
Yellowknife 198, J 3
Yellowstone 200, D 2
Yellowstonesee 200, C/D 2
Yenice 127, F 4
Yerupajá 212, B 4
Yeşılırmak (Grüner Fluss) 127, F/G 3
Yibin 152, G 4
Yichang 153, H 3
Yichun 153, J 2
Yin Shan 153, G/H 2
Yinchuan 153, G 3
Ying He 153, H 3
Yining 152, E 2
Yitulihe 153, J 1
Yogan 213, B/C 8
Yogyakarta 146, C/D 4
Yokkaichi 151, 5 E 6
Yokohama 153, K/L 3
York 108, C 3
York Factory 199, L/M 4
Yos Sudarso 147, F 4
Ypern (Ieper) 112, B 4
Yu Jiang 153, G 4
Yu Shan 153, J 4
Yueyang 153, H 4
Yukon (Bundesstaat) 198, G 3
Yukon (Fluss) 198, G 3
Yulin 155, 1 F 4
Yumen 155, 1 D 3
Yunhe = Großer Kanal 153, H 3
Yünnan 152, F/G 4
Yverdon-les-Bains 118, C 4

Z

Za 122, C 5
Zaanstad 112, D 2
Zabol 161, G 5
Zacatecas 202, D 4
Zadar 126, A 2
Zagreb 126, B 2
Zagrosgebirge 161, E 5 – F 6
Zahedan 161, F/G 6
Zahrez Chergui 122, D 5
Zahrez Rharbi 122, D 5
Zakhu 127, H 4
Zakopane 117, J 3
Zakynthos 126, C 4
Zala 119, N 4
Zalatun 153, J 2
Zamboanga 146, D/E 3
Zamora 122, B 3
Zandvoort 112, D 2
Zaozhuang 155, 1 F 3
Zapala 213, B/C 6
Zaragoza 122, C 3
Zard Kuh 161, E/F 5
Zaria 180, D 4
Zarzaïtine 128, E 6
Zawarat = Zouérat 180, B 3
Zeebrugge 112, C 3
Zeist 112, E 2
Zell am See 119, J 3
Zelten 129, H 6
Zenica 126, B 2
Zentralafrikanische Republik 171, 3 C 3
Zentralafrikanische Schwelle 169, 3 H 8
Zentralindischer Rücken 7, 1 O 7
Zentralindisches Becken 7, 1 N 6
Zentralkordillere 212, B 2
Zentralpazifisches Becken 6, 1 A 5
Zermatt 118, D 4
Zeroud 123, F 5
Zhangjiakou 153, H 2
Zhangye 152, G 3
Zhanjiang 153, G/H 4
Zhengzhou 153, H 3
Zhongba 152, E 4
Zhuhai 155, 1 F 4
Žiar 117, H 3
Zibo 153, H 3
Zielona Góra = Grünberg (Polen) 114, E 2
Zigana-Pass 127, G 3
Zighen 181, F 3
Ziguinchor 180, B 4
Žilina 115, F 3
Zillertaler Alpen 119, H 3
Zimljansker Stausee 131, G 4
Zinder 180, D/E 4
Zirknitzer See 119, L 5
Zittig 49, D 3
Zlatni Pjasâci (Goldstrand) 126, E 3
Zna 131, G 3
Znaim (Znojmo) 119, N 2
Znojmo = Znaim 119, N 2
Zoetermeer 112, D 2
Zolverknapp 49, B 3
Zonguldak 127, E/F 3
Zouar 180, E 3
Zouérat (Zawarat) 180, B 3
Zuckerhütl 119, H 4
Zudachar 127, J 3
Zueitina 129, H 5
Zug 118, E 3
Zugspitze 118, G 3
Zululand 183, E 5
Zumbo 183, E 4
Zunyi 153, G 4
Zürich 118, E 3
Zürichsee 118, E 3
Zuwara 180, E 2
Zweibrücken 112, G 5
Zwettl 119, M 2
Zwickau 114, D/E 3
Zwolle 112, F 2
Zypern 93, 5 J 5

Autorenverzeichnis

Lasse Blanke 188/189
Prof. Dr. Dieter Böhn, Würzburg 154.1
Ursula Drießen, Dortmund 36
Prof. Dr. Ludwig Ellenberg, Berlin 202.1
Prof. Mag. Franz Forster, St. Ulrich-Steyr 18/19.1, 120/121, 174/175
Prof. Dr. Peter Frankenberg, Bad Dürkheim 12/13
Christian J. Gross, Göttingen 207
Erwin Hardy, Bendorf 124.3
Prof. Dr. Wolfgang Hassenpflug, Kronshagen 154.1
Knut Heyden, Ratzeburg 32
Prof. Dr. Volker Hochschild, Tübingen 43.4
Prof. Dr. Fouad Naguib Ibrahim, Wunstorf 39.2, 175.5
Prof. Dr. Volker Kaminske, Pfinztal 10/11
Prof. Dr. Heinz Karrasch, Bammental 211.5
Dr. Thomas Kistemann, Bonn 40.2
Prof. Dr. Werner Klohn, Vechta 39.2, 194.1, 202.1
Prof. Dr. Gerd Kohlhepp, Tübingen 214.1, 216.1
Masami Komiya, Tokio 150.3
Prof. Dr. Dirk Lange, Oldenburg 24.2, 25.3–4
Lukas Leibe, Braunschweig 110.1, 111.3
Rainer Lukhaup, Mannheim 162.2
Prof. Dr. Jürgen Newig, Kiel 16/17, 18.2, 210.1
Prof. Dr. Dieter Nohlen, Heidelberg 28.2
Prof. Dr. H. Nuhn, Marburg 195.3
Prof. Dr. Stefan Rahmstorf, Potsdam 43.5
Katrin Reitz, Bonn 179.2
Eckehard Rothenberg, Berlin 242/243
Dieter Sajak, Hemmingen 139.2
Prof. Dr. Hans-Jörg Sander, Bonn 210.1–2
Christian Schlechte, Berlin 28/29
Dr. Konrad Schliephake, Würzburg 165
Prof. Dr. Fred Scholz, Berlin 166/167
Katja Schönhofen, Hannover 86
Prof. Dr. Jürgen Schweikart, Berlin 33.3
Dr. Andreas Schulz, Bonn 82.2, 242/243
Dr. Christian Seeber, Borgsdorf 38/39.1
Dr. Hanns-Frank Seller, Benediktbeuren 22/23
Prof. Dr. Alexander Siegmund, Heidelberg 98/99, 143.2–5, 172/173, 192/193
Dr. Frank Suhling, Braunschweig 177.4
Jan Tiedemann, Hamburg 156.2
Dr. Leon Vankan, Grave 113
Daniel Volz, Heidelberg 98/99, 143.2–5, 172/173, 192/193
Prof. Dr. Bernd Wiese, Köln 176, 178/179
Alfred Wittstock, Mainz 163.5
Dr. Dr. Herbert Wüst, Braunschweig 150/151
Claudia-Fé Zimmermann, Berlin 148/149

Organisationen

amnesty international (ai), Berlin
Archenhold-Sternwarte, Berlin
Carta, The Israel Map & Publishing Co. Ltd., Jerusalem
Deutsche Stiftung Weltbevölkerung, Hannover
Gemeinde Beckerich, Beckerich
German Centre for Industry and Trade, Shanghai-Pudong
Globalization and World Cities Study Network (GaWC), Loughborough
Grand-Duchy of Luxembourg, Luxemburg
Greenpeace, Hamburg
Harry Oppenheimer Okavango Research Centre, Maun (Botsuana)
HIV/Aids-Hilfswerk der Vereinten Nationen (UNAIDS), Genf
Hoher Flüchtlingskommissar der Vereinten Nationen (UNHCR), Genf
Humanitarian Information Centre for Darfur, Khartum
Institut Luxembourgeois de Régulation, Luxemburg
Internationale Arbeitsorganisation (ILO), Genf
Internationale Bank für Wiederaufbau und Entwicklung (Weltbankgruppe), Washington D.C.
Internationale Walfangkommission (IWC), Histon, UK
Ministère de L'Intérieur et de L'Aménagement du Territoire, Administration de la Geston de L'Eau, Luxembourg
Organisation für Ernährung und Landwirtschaft (FAO), Rom
Palästinensisches UN-Büro für Humanitäre Angelegenheiten (OCHA-oPT), Jerusalem
Petroleum Economist Ltd., London
Solargis, Bratislava
Staatsbibliothek Preußischer Kulturbesitz, Berlin
SEBES, Esch-sur-Sûre
Statistisches Amt der Europäischen Union (Eurostat), Luxemburg
The Wind Power, Buc
United Nations Statistical Division, New York
US Census Bureau, Washington D.C.
US Energy Information Administration, Washington D.C.
USGS EDC Distributed Active Archive Center, Sioux Falls
USGS Minerals Information, Washington D.C.
Weltgesundheitsorganisation (WHO), Genf
Weltkinderhilfswerk der Vereinten Nationen (UNICEF), New York
World Conservation Monitoring Center, Cambridge
World Resources Institute, New York

Bildquellenverzeichnis

Administration du cadastre et de la topographie, Grand-Duché de Luxembourg: 44.1, 44.2
© 2006 Aerowest/Google Inc.: 67.1 li., 67.1 re.
AGORA s.à r.l. & cie, secs, L-Esch-sur-Alzette: 44 m.li.
Astrofoto, Sörth: 38.1
Bilderberg, Hamburg: 145.2 u.re. (Dinodia)
Blank, Gerhard, München: 71.2e Finanzen
BMW AG, München: 71.2a Auto
Cargolux Airlines International S.A., Luxembourg: 73 o.m.
civicart.com: 165 u.re.
Diercke Globus online: 44.6, 44.7
dreamstime.com: 69 o.li. (Europhotos)
eoVision, Salzburg: 45.3a, 45.4, 45.5, 75.6, 82/83.1, 83.2, 83.3
F1 online, Frankfurt/M.: 211.4 u. (Victor Elias/AGE)
fotolia.com: 65.2 re. (luna), 69 o.m. (maxime57), 53 re.u. (Raymond Thill), 211.4 o. (Jürgen Reitz)
Goodyear Dunlop Tires Operations S.A., L-Colmar-Berg: 71.2 b
Huber, Bildagentur, Garmisch-Partenkirchen: 110 u.li. (Ripani Massimo), 111 u.li. (Gräfenhain), 165 u.m.li. (R. Schmid)
Imaginechina, Shanghai: 156 re.o., 156 re.u.
Kuttig, Siegfried, Lüneburg: 55.2 o.
Leighty, Robert S., USA-Gilbert: 207.5
LOOK, München: 110 u.re. (age fotostock)
NASA, Houston: 45 u.re., 172.2, 172.5, 217.4
NASA/GSFC, Image courtesy of MODIS Rapid Response Project: 174.2, 217.3
NOAA, USA: 193.4
picture-alliance/dpa, Frankfurt/M.: 71.2d Presse (Peter Kneffel/lby), 72 o.re. (dpa/Günter Bratke), 73 o.re. (ZB/Euroluftbild), 111 u.re. (Lars Halbauer)
Rheinische Industriekultur e.V., Köln: 72 o.m.
© Ruth, Michael, Teligent Inc., USA – Die mit einem Geographischen Informationssystem simulierte Bildperspektive wurde erstellt unter Verwendung von angepassten digitalen Geländedaten der Firma 3D-Metric Inc.: 209.2
Storoni, Alex: 51.1-8, 52 li.u.
Tack, Jochen, Essen: 165 u.m.re.
ullstein bild, Berlin: 165 u.li. (TopFoto)
USGS, NASA/GSFC: 206.3
Ville de Luxembourg, Photothèque: 68 o.re. (Batty Fischer), 68 o.m. (Batty Fischer)
Weber, Christof, Luxemburg: 52 u.li., 52 u.m., 52 u.re., 71.2 c, 73 o.li.
www.ont.lu: 69 o.re., 52 li.o., 53 re.o., 53 u.li., 53 u.m., 53 u.re.

Kartographische Mitarbeit

Rainer Arndt, Manuela Franke, Bernd Fuckert, Annette Hermes, Harald Iden, Florian Kronfeldt, Klaus Kühner, Petra Neumann Peter Peckmann, Michael Perkovic, Arndt Russ, Henrik Selle, Heiko Strothmann, Sascha Vahlberg, Lars Vonau

1 Milchstraßensystem (Galaxie)

2 Das Sonnensystem

Unsere Sonne ist ein Stern in der Milchstraße. Ein Stern ist eine glühende Gaskugel mit sehr großer Masse. Die Sonne wird von 8 Planeten umkreist. Planeten leuchten nicht selbst, sondern reflektieren das Sonnenlicht. Einige Planeten werden von kleinen Himmelskörpern begleitet, die man Monde nennt. Sonne, Planeten und Monde bilden das Sonnensystem.

Die Sonne strahlt auch geladene Sonnenteilchen aus (Protonen und Elektronen), den Sonnenwind, der bei heftigen Protuberanzen (Abb. 3) besonders stark ist. Dieser Teilchenschauer wird durch das irdische Magnetfeld weitgehend von der Erde abgehalten (Abb. 4). In Erdnähe befindet sich der Van-Allen-Strahlungsgürtel, der abgelenkte Sonnenteilchen und kosmische Strahlung einschließt und so die Erde schützt.

3 Größenvergleich Sonne und Planeten

4 Erde – Magnetfeld

Ein Teil des Sonnenwindes tritt an den Polen in die Erdatmosphäre ein und erzeugt die Polarlichter. Weitere Sonnenteilchen zirkulieren erdnah im Van-Allen-Strahlungsgürtel (V). Andere Sonnenteilchen werden in einem riesigen Schweif (ca. 100 Erdradien lang) auf der sonnenabgewandten Seite in den Weltraum abgelenkt.

5 Die Mondphasen

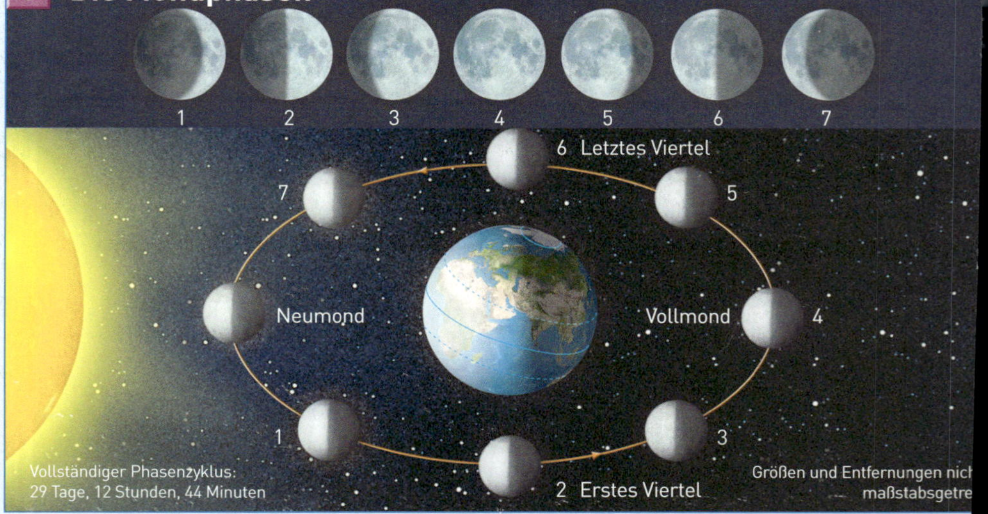